大学物理

叶伟国 主　编
余国祥 副主编

清華大學出版社
北　京

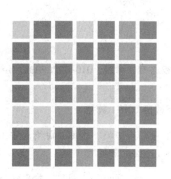

内容简介

本书系统地阐述了物理学的基本规律和基本概念。主要内容包括：力和运动、动量、功和能、刚体的转动、机械振动和波动、气体分子动理论、热力学基础、真空中的静电场、静电场中的导体和电介质、恒定电流的磁场、电磁感应、波动光学、狭义相对论和量子物理基础，共13章。

本书的内容紧紧围绕大学物理课程的基本要求，难度适中，物理概念清晰，论述深入浅出，例题丰富。书中概念的引入明确而完整，并有一定的技术应用和理论扩展，力求简明而不简单，深入而不深奥。本书可作为一般理工类专业的大学物理教材，也可作为各类工程技术院校有关专业的自主学习教材，还可供中学物理教师参考。

图书在版编目（CIP）数据

大学物理/叶伟国主编.--北京：清华大学出版社，2012.12（2024.1重印）

ISBN 978-7-302-30378-7

Ⅰ.①大… Ⅱ.①叶… Ⅲ.①物理学－高等学校－教材 Ⅳ.①O4

中国版本图书馆CIP数据核字(2012)第242167号

责任编辑：邹开颜 赵从棉
封面设计：常雪影
责任校对：王淑云
责任印制：沈 露

出版发行：清华大学出版社
网 址：https://www.tup.com.cn，https://www.wqxuetang.com
地 址：北京清华大学学研大厦A座 **邮 编：**100084
社 总 机：010-83470000 **邮 购：**010-62786544
投稿与读者服务：010-62776969，c-service@tup.tsinghua.edu.cn
质量反馈：010-62772015，zhiliang@tup.tsinghua.edu.cn
印 装 者：三河市铭诚印务有限公司
经 销：全国新华书店
开 本：185mm×260mm **印 张：**28 **字 数：**656千字
版 次：2012年12月第1版 **印 次：**2024年1月第13次印刷
定 价：79.00元

产品编号：043364-06

前言

大学物理是工程技术类专业一门十分重要的基础课。为适应教学改革的新形势，根据教育部高等学校物理基础课程教学指导分委员会2011年大学物理和大学物理实验课程教学基本要求的主要精神，结合编审人员多年的教学经验以及当前国内外物理教材改革的动态，绍兴文理学院物理系经集体讨论编写了本书。

本教材共有13章。编者的初衷是为一般工程技术类专业大学本科生提供一套难度合适、深入浅出、篇幅不大、易教易学的大学物理教材。在编写过程中，编者充分体会到实现这一目标的困难和艰辛。

本书的内容紧紧围绕大学物理课程的基本要求，并以工程技术，特别是新技术中广泛应用的基本物理原理为依据，尽量做到科学性和思想性相统一，理论联系实际，侧重知识的应用性、启发性和趣味性相结合的原则。为此，在编写过程中，适量引用了相关的物理学史资料，其中包括重要的物理实验和有关科学家的思想和贡献。这样可增强物理学理论的真实感和生动感，有助于学生形成科学的学习方法和研究方法，有利于激发学生的学习兴趣和培养学生的创新能力。本书努力体现如下特点：①充分利用高等数学这一重要工具求解物理学问题，通过本课程的学习，帮助和引导学生学会使用高等数学，把“物”与“理”密切结合；②精选内容，尽量做到“少课少时”，切实减轻学生负担，既还学生以时间和空间，又保证为后续课程提供必要的基础；③注重从实验规律引出概念，适当介绍物理学发展史上的重大事件，使学生了解科学发展的规律、科学研究的方法以及科学家的精神；④充分利用物理学与许多近代和前沿课题、高新技术、现代生活的联系，适当介绍相关科学研究的新成果，开阔学生的眼界，启迪他们的思维，提高学生的科学素质。

本教材内容相对比较完整，所以老师们在讲解时可以根据大纲要求选择相应的内容，或者选择与本专业关联度大一点的部分作为教学内容，容易做到学时与内容相对应，具有一定的灵活性。

绍兴文理学院物理系的老师仔细阅读了书中的相关内容，提出了许多宝贵的意见和建议，在此表示衷心的感谢。由于编者水平有限，加之时间仓促，缺点和疏漏一定不少，恳请广大读者批评指正。

编　者

2012年9月

目录

希腊字母表

白正体		白斜体		黑正体		黑斜体		英文读音	中文读音
Α	α	*Α*	*α*	**Α**	**α**	***Α***	***α***	alpha	阿尔法
Β	β	*Β*	*β*	**Β**	**β**	***Β***	***β***	beta	贝塔
Γ	γ	*Γ*	*γ*	**Γ**	**γ**	***Γ***	***γ***	gamma	伽马
Δ	δ	*Δ*	*δ*	**Δ**	**δ**	***Δ***	***δ***	delta	德耳塔
Ε	ε	*Ε*	*ε*	**Ε**	**ε**	***Ε***	***ε,ϵ***	epsilon	艾普西隆
Ζ	ζ	*Ζ*	*ζ*	**Ζ**	**ζ**	***Ζ***	***ζ***	zeta	截塔
Η	η	*Η*	*η*	**Η**	**η**	***Η***	***η***	eta	艾塔
Θ	θ	*Θ*	*θ*	**Θ**	**θ**	***Θ***	***θ,ϑ***	theta	西塔
Ι	ι	*Ι*	*ι*	**Ι**	**ι**	***Ι***	***ι***	iota	约塔
Κ	κ	*Κ*	*κ*	**Κ**	**κ**	***Κ***	***κ***	kappa	卡帕
Λ	λ	*Λ*	*λ*	**Λ**	**λ**	***Λ***	***λ***	lambda	兰布达
Μ	μ	*Μ*	*μ*	**Μ**	**μ**	***Μ***	***μ***	mu	米尤
Ν	ν	*Ν*	*ν*	**Ν**	**ν**	***Ν***	***ν***	nu	纽
Ξ	ξ	*Ξ*	*ξ*	**Ξ**	**ξ**	***Ξ***	***ξ***	xi	克西
Ο	ο	*Ο*	*ο*	**Ο**	**ο**	***Ο***	***ο***	omicron	奥密克戎
Π	π	*Π*	*π*	**Π**	**π**	***Π***	***π***	pi	派
Ρ	ρ	*Ρ*	*ρ*	**Ρ**	**ρ**	***Ρ***	***ρ***	rho	洛
Σ	σ	Σ	*σ*	**Σ**	**σ**	**Σ**	***σ***	sigma	西格马
Τ	τ	*Τ*	*τ*	**Τ**	**τ**	***Τ***	***τ***	tau	陶
Υ	β	Υ	*υ*	**Υ**	**υ**	***Υ***	***υ***	upsilon	宇普西隆
Φ	φ	*Φ*	*φ*	**Φ**	**φ**	***Φ***	***φ***	phi	斐
Χ	χ	*Χ*	*χ*	**Χ**	**χ**	***Χ***	***χ***	chi	喜
Ψ	ψ	*Ψ*	*ψ*	**Ψ**	**ψ**	***Ψ***	***ψ***	psi	普西
Ω	ω	*Ω*	*ω*	**Ω**	**ω**	***Ω***	***ω***	omega	奥米伽

一些基本物理常数

国际科技数据委员会基本常数组(CODATA)2002年国际推荐值

物 理 量	符号	数 值	一般计算取用值	单 位
真空中光速	c	$2.997\,924\,58\times10^{8}$	3.00×10^{8}	m/s
真空磁导率	μ_0	$4\pi\times10^{-7}$	$4\pi\times10^{-7}$	N/A^2
真空电容率	ε_0	$8.854\,187\,817\times10^{-12}$	8.85×10^{-12}	$C^2/(N\cdot m^2)$
电子电荷	e	$1.602\,176\,53(14)\times10^{-19}$	1.60×10^{-19}	C
引力常数	G	$6.672\,42(10)\times10^{-11}$	6.67×10^{-11}	$N\cdot m^2/kg^2$
阿伏伽德罗常数	N_A	$6.022\,141\,5(10)\times10^{23}$	6.02×10^{23}	mol^{-1}
摩尔气体常数	R	$8.314\,472(15)$	8.31	J/(mol·K)
玻耳兹曼常数	k	$1.380\,650\,5(24)\times10^{-23}$	1.38×10^{-23}	J/K
电子质量	m_e	$9.109\,382\,6(16)\times10^{-31}$	9.11×10^{-31}	kg
质子质量	m_p	$1.672\,621\,71(29)\times10^{-27}$	1.67×10^{-27}	kg
中子质量	m_n	$1.674\,927\,28(29)\times10^{-27}$	1.67×10^{-27}	kg
原子质量常数	m_u	$1.660\,538\,86(28)\times10^{-27}$	1.66×10^{-27}	kg
普朗克常数	h	$6.626\,069\,3(11)\times10^{-34}$	6.63×10^{-34}	J·s
康普顿波长	λ_C	$2.426\,310\,238(16)\times10^{-12}$	2.43×10^{-12}	m
斯特藩-玻耳兹曼常数	σ	$5.670\,400(40)\times10^{-8}$	5.67×10^{-8}	$W/(m^2\cdot K^4)$
维恩位移定律常数	b	$2.897\,768\,5(51)\times10^{-3}$	2.898×10^{-3}	m·K
里德伯常数	R_H	$1.097\,373\,153\,4\times10^{7}$	1.097×10^{7}	m^{-1}
玻尔半径	a_0	$0.529\,177\,210\,8(18)\times10^{-10}$	0.529×10^{-10}	m

绪 论

0.1 物理学的意义和研究对象

我们周围的世界都是物质的，它们都处在运动和发展之中。什么是物质？大至日、月、星辰，小到分子、原子、电子，都是物质。固体、液体、气体和等离子体，这些实物是物质，电场、磁场、重力场和引力场也是物质。总之，自然界的无数事物，形态不一，都是运动着的物质的不同形态。

人类最初对物质运动及其表现的认识，是直接通过感知了解的，然后向更广和更深的层次探索，大到天体和宇宙演变，小到原子，乃至基本粒子。在这两个大小悬殊的极端之间，排列着物质世界中各种不同层次的实体，它们在结构上互相结合、彼此重叠，尽管被认识的程度还不完善，但它们既服从共同的普遍规律，又各自有其独特的规律，对各种不同物质运动形式的研究，形成了自然科学的各个学科。

物理学研究自然界物质存在的各种基本形式、主要性质与内部结构，从而认识这些结构的组元及其相互作用、运动和转化的基本规律。随着实践的扩展和深入，物理学的内容时有更新，但归根结底都是物质运动最一般的规律和物质的基本结构。由于物理学所研究的运动普遍地存在于其他较高级和较复杂的物质运动形式（例如化学的、生物学的等）之中，所以，物理学研究的物质运动规律，具有极大的普适性。例如，万有引力定律、能量的转化和守恒定律，对于宇宙间任何物体，不论其化学性质如何，或有无生命，都一概遵从。这就决定了物理学的任务是力图寻找一切物理现象的基本规律，从而统一地理解所有物理事实。物理学家的这种努力和新物理规律的不断发现，都表明人们对物理世界的探究是无穷无尽的。

综上所述，物理学是研究物质、能量和它们相互作用的学科，而物质、能量的研究必须涉及物质运动的普遍形式。这些普遍的运动形式包括机械运动、分子热运动、电磁运动、原子和原子核内的运动等，它们普遍地存在于其他高级的、复杂的物质运动形式之中，因此，物理学所研究的规律具有极大的普遍性。

0.2 物理实验和理论结构

物理学的发展是从实验现象的观测开始的，先形成假说，再经实验的检验，从而建立起理论，并继续受到实验的检验，使理论日臻完善，不断更新。可见，物理实验既是物理学研究的基础或出发点，又是最后检验理论正确与否的唯一标准。

当然，单纯描述个别实验现象而不进行系统地分析是没有意义的。必须通过对许多不同而又相互有关的实验所获得的大量资料进行比较、分析，抽象成物理模型，产生假说，形成概念，建立定律，再经广泛的概括，从而构成系统化的知识，这就是理论。理论能使许多实验事实联系起来；同时还在一定程度上预言新的现象，进一步指导新的实验。将实验结果与理论的预期加以对比，而检验这个理论是否正确或有多大误差，以此再对理论进行修正或更新。这样，物理实验和理论之间相互依存、相互促进的关系，使物理学在理论与实际相结合的基础上稳步前进。如果没有理论指导，则实验上可能发现一大堆无用的事实；如果没有实验的约束和限制，则理论上可能得出一连串空想的结论。

物理学理论体系是包括假说、模型、概念、定律和定理，以一定的逻辑框架有序地组合起来的。它能解释广泛范围内的现象，并能回答现实中的有关问题。在物理学理论体系的构成和发展中，科学家对理论简明性的信念以及对世界图景统一性的追求，使得理论随着实验不断发展，甚至有时连基本理论框架都发生根本性的变革。

物理学的长足进展，使得其自身的研究方法不断演变和革新。这种独特的物理学方法论是物理学根本的研究方法和对物理学理论的建立与发展起着指导作用的普遍原理，它是在观察与实验的基础上，运用逻辑思维与数学分析相结合的方法，这种方法是学生学习科学知识和研究科学技术所必须具备的实用方法。

0.3 物理学和科学技术

物理学是研究最普遍的物质运动形式的，这就使得它对整个科学的发展有着重要的影响，一直被认为是其他自然科学和各门工程技术的基础。事实上，化学、生物学、天文学，甚至心理学中，都包含有许多物理现象。数学上的很多发现都和物理学有着密切的关系，而数学中的许多方法都在物理学中首先得到应用，既可描述物理现象和规律，还可提供最优美的表达形式。

物理学的发展已经经历了三次大突破，在17、18世纪，由于牛顿力学的建立和热力学的发展，不仅有力地推动了其他学科的进展，而且适应了研制蒸汽机和发展机械工业的社会需要，机械能、热能的有效应用引起了第一次工业革命。到了19世纪，在电磁理论的推动下，人们成功地制造了电机、电器和电信设备，引起了工业电气化，使人类进入了应用电能的时代，这就是第二次工业革命。20世纪以来，由于相对论和量子力学的建立，人们对原子、原子核结构的认识日益深入，由此实现了原子核能和人工放射性同位素的利用，促成了半导体、核磁共振、激光、超导、红外遥感、信息技术等新兴技术的发明，许多边缘学科也发展起来了。

近代科学的发展，更加促进了物理学与其他学科领域的联系，从而形成了许多边缘科学，这是物理学横向发展的新开拓。第二次世界大战以来，许多物理学家把物理学的理论、研究方法和实验手段用于自然科学的其他领域，从而形成了许多交叉学科，如量子力学渗透到化学而形成量子化学；量子力学渗透到生物学而形成量子生物学。此外，还有宇宙学、天体物理学、地球物理学、材料物理学、物理仿生学、遗传工程学等。物理学向其他学科的渗透，开拓了横向研究的新领域，推动了科学技术的发展。

人们的生产和技术活动需要物理学提供知识养料作为理论指导，反过来也为物理学研究工作提供进一步开展科学实验的先进装备。因此，科学技术同时也成了物理学研究的源泉和物理学发展的动力。

0.4 物理学与人才培养

我国高等学校肩负着培养各类高级工程技术专门人才的重任，要使我们培养的工程技术人员能在飞速发展的科学技术面前有所创新、有所前进，对人类做出较大的贡献，就必须加强基础理论特别是物理学的学习。通过学习能对物质最普遍、最基本的运动形式和规律有比较全面而系统的认识，掌握物理学中的基本概念和基本原理以及研究问题的方法，同时在科学实验能力、计算能力以及创新思维和探索精神等方面受到严格的训练，也能使分析问题和解决问题的能力得到培养，能提高科学的素质，能实现知识、能力、素质的协调发展。

探索未知是人类的天性，人类正是在不断探索自然世界的过程中形成和发展了物理学，因此，从这个意义上来说，物理学是人类在探索和创新过程中的经验总结，人们学习物理学就是在学习前人的经验和成果。

第1章 力和运动

自然界是物质世界，即它是由不停地运动着的物质所组成的。在物质的各种运动形式中，最简单、最基本的是一个物体相对另一个物体或者是一个物体的某些部分相对于其他部分的位置的变化。这种位置的变化称为机械运动。如星体在太空中的运动，机器运转中各部件的运动及车辆在行驶中相对位置的改变等。力学就是研究机械运动规律及其应用的学科。

本章首先描述质点的机械运动，为了建立质点运动方程，引出了位移、速度和加速度等概念，并以此阐明了质点作直线运动、抛体运动和圆周运动的基本规律，最后简略地讨论牛顿运动三定律及其初步应用。

1.1 质点运动的描述

1.1.1 质点

任何物体都有一定的大小和形状，运动时，物体上各点的位置变化一般说来是各不相同的。因此，要精确描述实际物体的运动并不是一件十分简单的事。但在某些情况下，物体各点的运动状态完全相同，或者各点运动状态的差别可以忽略不计(如物体本身线度远小于问题中其他线度)，这时可以将物体抽象为一个只具有质量而无形状、大小的几何点，这种理想的模型称为质点。可否把物体当作质点，要看具体情况。例如研究地球绕太阳公转时，由于地球到太阳的平均距离(约为 1.5×10^8 km)比地球的半径(约 6370 km)大得多，地球上各点相对于太阳的运动可以看作是相同的，这时，就可把地球当作质点。但是，在研究地球本身自转时，地球上各点的运动并不相同，这时就不可再把地球当作质点了。因此，把物体当作质点是有条件的，是相对的。

1.1.2 参考系和坐标系

1. 参考系

自然界中所有物体都在不停地运动着，放在室内桌上的书看来是静止的，但它是随地球一起绕太阳运动。太阳也不是静止的。自然界中大至天体，小至分子、原子、基本粒子，都无时无刻不在运动。所以，物体的运动是普遍的、绝对的。但是，要描述一个物体的机械运动，却又是相对的。因为在研究一个物体的机械运动时，总是指该物体相对另一个物体(或另一些物体)的位置发生变化而言的。所以要确定一个物体的位置,就必须选择另一个标准物体作参考。如观察公路上行驶着的汽车位置变化时,最方便的是以地面上某一静止的物体作标准。研究行星绕太阳公转运动时,可以以太阳为参考,这时可认为太阳是静止的。这些为描述物体的运动而选定的物体(或物体组)叫做参考系。

不同的参考系对同一物体运动情况的描述是不同的。如在作匀速直线运动的火车上研究一物体自由下落时,若以运动着的火车为参考系,则该物体是铅直下落的;若以车站作参考系,则该物体的运动轨迹是向下的抛物线。因此,在阐述物体的运动规律时,必须指明选用的是什么参考系。

在研究物体运动时,参考系的选择是任意的,它由问题的性质、要求和处理的简便程度决定。

2. 坐标系

物体的运动就是物体相对于参考系的位置的变化。为了定量地确定物体相对于参考系的位置,应该在参考系上建立一个固定的坐标系,最常用的是直角坐标系。它是在参考系中先选择一固定点 O,称为坐标原点,通过这一点,作三条互相垂直的轴,分别标作 x 轴、y 轴和 z 轴。物体在直角坐标系 $Oxyz$ 中处于 P 点,位置可以用 x、y、z 三个坐标值来确定(图 1.1),如果物体在 Oxy 平面上运动,则只要用 x、y 两个坐标值就可以确定它的位置;如果物体作直线运动,则只要用一个坐标值,例如 x,就可以完全确定它的位置。x、y、z 的单位为长度单位,在国际单位制中,长度单位用米(m)来表示。

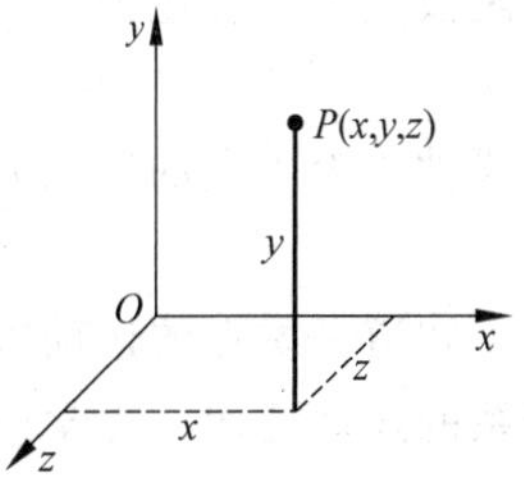

图 1.1 位置坐标

1.1.3 位置矢量和位移

1. 位置矢量

描述质点的运动,首先要确定它的位置。若质点在某一时刻位于坐标系 $Oxyz$ 中的 P 点位置,则这一质点可以用它的三个坐标值 x、y 和 z 来确定,也可用自原点 O 指向 P 点的有向线段 $\boldsymbol{r}$ 来表示,如图 1.2 所示。这个有向线段叫做位置矢量,简称位矢。显然,坐标值 x、y、z 就是位矢 $\boldsymbol{r}$ 沿坐标轴的三个分量,即

$$\boldsymbol{r} = x\boldsymbol{i} + y\boldsymbol{j} + z\boldsymbol{k} \tag{1.1}$$

式中 $\boldsymbol{i}$、$\boldsymbol{j}$、$\boldsymbol{k}$ 分别是沿 x、y、z 轴的三个单位矢量。

位矢 $\boldsymbol{r}$ 的大小为

$$r = |\boldsymbol{r}| = \sqrt{x^2 + y^2 + z^2}$$

位矢的方向由三个方向余弦来确定,它们分别是

$$\cos\alpha = \frac{x}{r}, \quad \cos\beta = \frac{y}{r}, \quad \cos\gamma = \frac{z}{r}$$

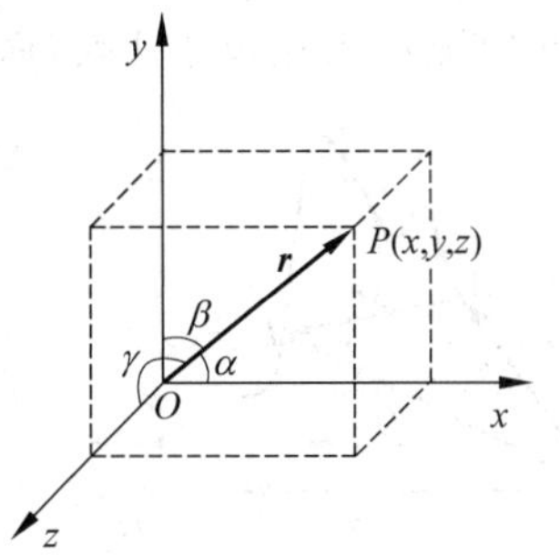

图 1.2 位置矢量

位矢 $\boldsymbol{r}$ 有以下三个特性:

(1) 矢量性 $\boldsymbol{r}$ 是矢量,即不仅有大小,而且有方向,并

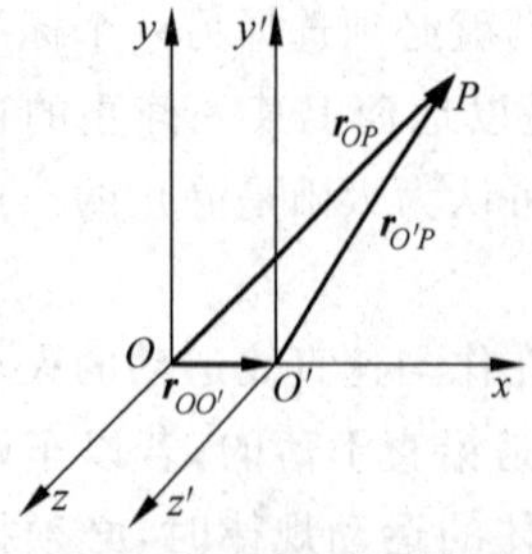

图 1.3 位矢与坐标原点的选择有关

遵循平行四边形的合成法则。

(2) 瞬时性 位矢 $\boldsymbol{r}$ 既然被用来确定质点在任一时刻 t 的位置，那么，质点在运动过程中，每一瞬时的位矢是不同的。

(3) 相对性 运动质点在空间某一点的位置，在不同的坐标系中的表述是各不相同的。如图 1.3 所示，空间任一点的位置 P，在 $Oxyz$ 坐标系中，P 点的位置矢量为 $\boldsymbol{r}_{OP}$；而在 $O'x'y'z'$ 坐标系中，P 点的位置矢量为 $\boldsymbol{r}_{O'P}$，两者是不相等的，但它们之间有如下关系：

$$\boldsymbol{r}_{OP} = \boldsymbol{r}_{OO'} + \boldsymbol{r}_{O'P} \tag{1.2}$$

2. 运动方程

质点相对于参考系的运动，可归结为质点的位矢 $\boldsymbol{r}$ 随时间的变化。位矢 $\boldsymbol{r}$ 随时间变化的函数关系可表述为

$$\boldsymbol{r} = \boldsymbol{r}(t) \tag{1.3}$$

上式被称为质点的运动方程。其分量式为

$$x = x(t), \quad y = y(t), \quad z = z(t) \tag{1.4}$$

知道了质点的运动方程，就能确定任一时刻质点的位置，同时也就阐明了质点相对于参考系的运动规律。力学的主要任务之一，就是在已知质点受力作用的情况下，寻求质点的运动规律。

运动质点在空间所经过的路径称为轨道或轨迹。若质点的运动轨迹为一曲线，则称质点作曲线运动。从式(1.4)中消去 t，就可得到轨迹方程。

例如，一质点的运动方程为

$$x = v_0 t, \quad y = \frac{1}{2}gt^2$$

消去 t 后得到质点的轨迹方程为

$$y = \frac{g}{2v_0^2}x^2$$

这表示质点的运动轨迹是一条抛物线，如图 1.4 所示。

3. 位移

设曲线AB是质点运动轨道的一部分，如图1.5所示，即在时刻t，质点位于A点，而在

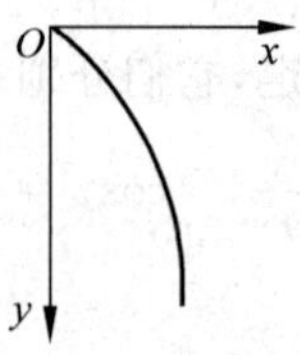

图 1.4 轨迹为抛物线

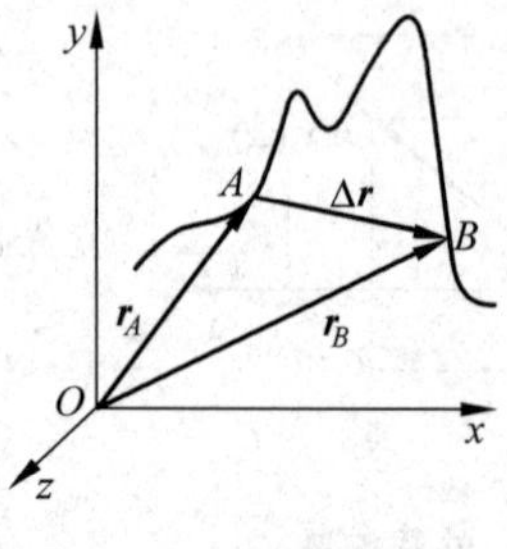

图 1.5 位移矢量

另一时刻 $t+\Delta t$，质点位于 B 点，A、B 两点的位置矢量分别可用 $\boldsymbol{r}_A$ 和 $\boldsymbol{r}_B$ 来表示。在时间 Δt 内，质点位置的变化，可用从 A 点到 B 点的有向线段 $\Delta\boldsymbol{r}$，即位置矢量的增量来表示，它称为质点的位移矢量，简称位移。显然，它和质点真实的运动轨迹是不相同的，但是当 Δt 趋向无限小时，$\Delta\boldsymbol{r}$ 就和质点的运动方向完全一致。由图 1.5 可得

$$\Delta\boldsymbol{r}=\boldsymbol{r}_B-\boldsymbol{r}_A \tag{1.5}$$

位移 $\Delta\boldsymbol{r}$ 具有以下两个特性。

(1) 矢量性　位移也是一个矢量，它只决定于质点的起始位置和终点位置，而与中间经过的路径无关。通常将质点在这段时间内所经过的路径总长度叫做路程，一般用 Δs 来表示，它是一个标量，故位移不等于路程，这不仅表现在方向上，而且也表现在它们的大小上。例如图 1.5 中，质点位移的大小是 AB 间的直线距离 $|\Delta\boldsymbol{r}|$，而路程则是曲线 AB 的曲线长 Δs。即使在直线运动中，位移的值和路程也是截然不同的。例如质点沿直线从 C 点到 D 点又折回到 C 点，其路程等于 C、D 间距离的两倍，而位移的值则等于零。

(2) 相对性　位移的大小和方向与参考系的选择有关。例如，船对水从南向北划行，水对岸从西向东流动，则船相对于岸是向东北方向运动的(图 1.6)。如果以 $\Delta\boldsymbol{r}_1$ 表示船对水的位移，$\Delta\boldsymbol{r}_2$ 表示水对岸的位移，$\Delta\boldsymbol{r}$ 表示船对岸的位移，根据矢量合成法则有

$$\Delta\boldsymbol{r}=\Delta\boldsymbol{r}_1+\Delta\boldsymbol{r}_2 \tag{1.6}$$

这就是变换参考系时的位移变换法则，也叫位移合成定律。

应当注意，当参考系确定以后，质点的位移 $\Delta\boldsymbol{r}$ 则与坐标系的选取无关。这一点与位矢 $\boldsymbol{r}$ 依赖于坐标系的选取不同。如图 1.7 所示，图中有一质点在坐标系 Oxy 中处于 A 点和 B 点的位矢分别为 $\boldsymbol{r}_A$ 和 $\boldsymbol{r}_B$，而在 $O'x'y'$ 坐标系中的位矢分别为 $\boldsymbol{r}'_A$ 和 $\boldsymbol{r}'_B$，显然，这两个坐标系中对应的位矢是不相等的，即 $\boldsymbol{r}_A\neq\boldsymbol{r}'_A$，$\boldsymbol{r}_B\neq\boldsymbol{r}'_B$，但位移却是同一个，即

$$\Delta\boldsymbol{r}=\boldsymbol{r}_B-\boldsymbol{r}_A=\boldsymbol{r}'_B-\boldsymbol{r}'_A$$

这就是说质点的位矢取决于坐标系原点的选取，而其位移则与坐标系原点的选取无关。

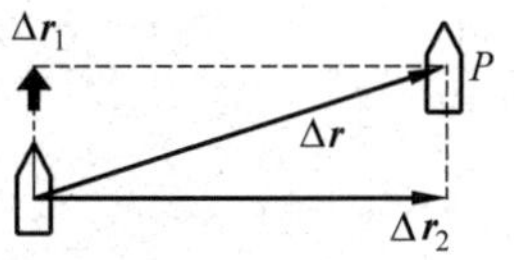

图 1.6　位移与参考系的选择有关

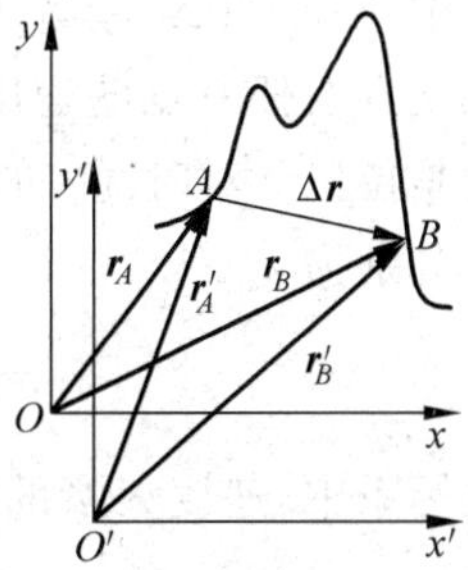

图 1.7　位移与坐标原点的选择无关

位置矢量和位移的量纲都是长度，在国际单位制中这两个量的单位用米(m)表示。

1.1.4　速度和加速度

1. 速度

位移说明了质点位置的变化，但完成相同位移所需要的时间可长可短。在研究质点运

动时,为了描述质点位置变化的快慢和方向需引入速度的概念。

在力学中,若仅知道质点在某时刻的位矢,还不能确定质点的运动状态。只有当质点的位矢和速度同时被确定时,其运动状态才被确知。所以,位矢和速度是描述质点运动状态的两个物理量。

图1.8示出了一质点在平面上沿轨迹 $CABD$ 作曲线运动。在时刻 t,它处于 A 点,其位矢为 $\boldsymbol{r}_1(t)$;在时刻 $t+\Delta t$,它处于 B 点,其位矢为 $\boldsymbol{r}_2(t+\Delta t)$。从 A 点到 B 点,其位移为 $\Delta\boldsymbol{r}=\boldsymbol{r}_2-\boldsymbol{r}_1$,称 $\Delta\boldsymbol{r}$ 与 Δt 的比为质点在时间 Δt 内的平均速度,可写成

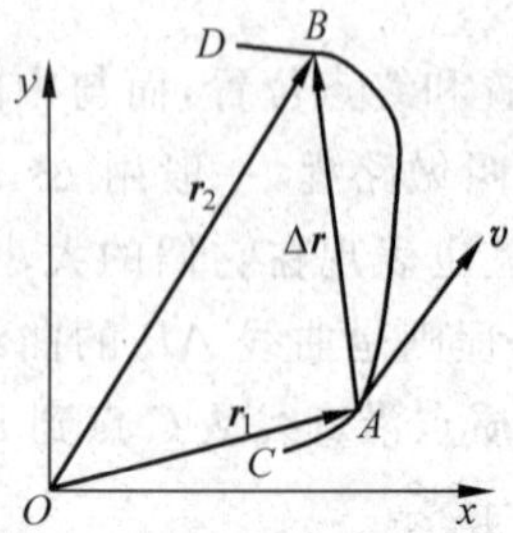

图1.8 平均速度和瞬时速度

$$\bar{\boldsymbol{v}}=\frac{\boldsymbol{r}_2-\boldsymbol{r}_1}{\Delta t}=\frac{\Delta\boldsymbol{r}}{\Delta t} \tag{1.7}$$

平均速度也是矢量,平均速度的大小等于 $\frac{|\Delta\boldsymbol{r}|}{\Delta t}$,它的方向与位移方向相同。通常,质点运动的平均速度是随着时间间隔的不同而有所差别的,所以在说平均速度时,必须指明是哪一段时间(或哪一段位移)内的平均速度。

平均速度 $\bar{\boldsymbol{v}}$ 反映了质点在一段时间间隔内运动过程的特点。它只能粗略地描述质点的运动状况。一般来说,Δt 越大,这种描述越粗略,要精确地描述质点的运动,应将 Δt 取得足够小。当 Δt 逐渐减小直至趋近于零时,它就是平均速度 $\frac{\Delta\boldsymbol{r}}{\Delta t}$ 的极限值,反映着某一时刻质点的位置矢量随时间的变化率,也就是质点在某一时刻的瞬时速度,简称速度,其数学表达式为

$$\boldsymbol{v}=\lim_{\Delta t\to 0}\frac{\Delta\boldsymbol{r}}{\Delta t}=\frac{\mathrm{d}\boldsymbol{r}}{\mathrm{d}t} \tag{1.8}$$

即速度是位矢对时间的一阶导数。

在图1.8中,当时间 Δt 趋近于零时,B 点无限接近于 A 点,相应的割线 $\overline{AB}$ 趋近于 A 点的切线。所以质点在任一点的速度方向是沿着该点运动轨迹的切线方向。

速度既然是位矢 $\boldsymbol{r}$ 对时间 t 的导数,而位矢 $\boldsymbol{r}$ 在直角坐标轴上的分量是 x、y、z,所以速度的三个分量分别为

$$v_x=\frac{\mathrm{d}x}{\mathrm{d}t},\quad v_y=\frac{\mathrm{d}y}{\mathrm{d}t},\quad v_z=\frac{\mathrm{d}z}{\mathrm{d}t} \tag{1.9}$$

在直角坐标系中,速度矢量的数学表达式为

$$\boldsymbol{v}=v_x\boldsymbol{i}+v_y\boldsymbol{j}+v_z\boldsymbol{k} \tag{1.10a}$$

二维坐标系中的表达式为

$$\boldsymbol{v}=v_x\boldsymbol{i}+v_y\boldsymbol{j} \tag{1.10b}$$

速度的大小为

$$|\,\boldsymbol{v}\,|=\sqrt{v_x^2+v_y^2+v_z^2}$$

速度的方向在直角坐标中可用下列方向余弦表示:

$$\cos\alpha=\frac{v_x}{v},\quad \cos\beta=\frac{v_y}{v},\quad \cos\gamma=\frac{v_z}{v}$$

在二维坐标系中

$$|\boldsymbol{v}|=\sqrt{v_x^2+v_y^2},\quad \cos\alpha=\frac{v_x}{v},\quad \cos\beta=\frac{v_y}{v}$$

可见,速度也有三个特性:

(1) 矢量性。

(2) 瞬时性　平常所说的速度,若无特别说明,都是指某时刻的瞬时速度。质点在变速运动中,不同时刻的速度一般是不相同的。

(3) 相对性　在不同的参考系中,质点运动的速度大小和方向是不相同的。根据位置矢量的相对关系(式(1.2)),可以得到

$$\boldsymbol{v}_{OP}=\boldsymbol{v}_{OO'}+\boldsymbol{v}_{O'P} \tag{1.11}$$

上式又称速度合成定理。

另外,为了描述质点沿轨迹移动的快慢,也可用"速率"这个物理量,即把路程 Δs 与时间间隔 Δt 的比值 $\frac{\Delta s}{\Delta t}$ 称为质点在 Δt 时间间隔内的平均速率,它是一标量,且总是正的。一般情况下,质点所经过的路径长度 Δs 并不等于位移 $\Delta\boldsymbol{r}$ 的大小,因此同一 Δt 时间间隔内的平均速率和平均速度的大小一般并不相等。只有在运动方向不变的直线运动中两者才相等;或当 Δt 趋于零时,由于路程的极限趋近于位移的大小,才有

$$v=\lim_{\Delta t\to 0}\frac{\Delta s}{\Delta t}=\frac{\mathrm{d}s}{\mathrm{d}t}=\lim_{\Delta t\to 0}\frac{|\Delta\boldsymbol{r}|}{\Delta t}=\left|\frac{\mathrm{d}\boldsymbol{r}}{\mathrm{d}t}\right|=|\boldsymbol{v}|$$

所以说,瞬时速度的大小等于瞬时速率,简称速率。

在国际单位制中,速度或速率的单位用米/秒(m/s)表示。

2. 加速度

质点在运动中一般说来不仅它的位置要改变,而且它的速度也会随着时间而改变。为了描述质点运动速度的变化,我们引入加速度的概念。

今有一质点作曲线运动,在 t 时刻它位于 A 点,其速度为 $\boldsymbol{v}_A$,在 $t+\Delta t$ 时刻,它到达 B 点,这时它的速度为 $\boldsymbol{v}_B$,如图 1.9 所示。可见在 Δt 时间间隔内速度的大小和方向都发生了变化。为看清这一变化,将 $\boldsymbol{v}_B$ 平行移至 A 点并作出速度三角形,可得速度增量 $\Delta\boldsymbol{v}$ 为

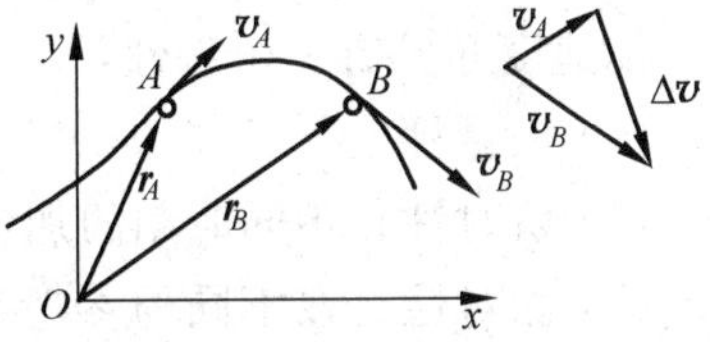

图 1.9　曲线运动的加速度

$$\Delta\boldsymbol{v}=\boldsymbol{v}_B-\boldsymbol{v}_A$$

和速度一样,定义在 Δt 时间间隔内的速度增量 $\Delta\boldsymbol{v}$ 与 Δt 之比为质点在 Δt 时间间隔内的平均加速度,即

$$\bar{\boldsymbol{a}}=\frac{\Delta\boldsymbol{v}}{\Delta t} \tag{1.12}$$

平均加速度只是反映在时间间隔 Δt 内速度的平均变化率,为了精确地描述质点在任一时刻 t(或任一位置)的速度变化率,必须引入瞬时加速度的概念。

质点在某时刻或某处的瞬时加速度(以下简称加速度)等于时间间隔 Δt 趋近于零时平均加速度的极限值,其数学表达式为

$$\boldsymbol{a}=\lim_{\Delta t\to 0}\frac{\Delta\boldsymbol{v}}{\Delta t}=\frac{\mathrm{d}\boldsymbol{v}}{\mathrm{d}t}=\frac{\mathrm{d}^2\boldsymbol{r}}{\mathrm{d}t^2} \tag{1.13}$$

即加速度等于速度对时间的一阶导数或位矢对时间的二阶导数。

如果将速度矢量和位置矢量在直角坐标系中的表达式代入式(1.13),可以得到加速度在直角坐标系中的分量表达式

$$\boldsymbol{a}=\frac{\mathrm{d}v_x}{\mathrm{d}t}\boldsymbol{i}+\frac{\mathrm{d}v_y}{\mathrm{d}t}\boldsymbol{j}+\frac{\mathrm{d}v_z}{\mathrm{d}t}\boldsymbol{k}=\frac{\mathrm{d}^2x}{\mathrm{d}t^2}\boldsymbol{i}+\frac{\mathrm{d}^2y}{\mathrm{d}t^2}\boldsymbol{j}+\frac{\mathrm{d}^2z}{\mathrm{d}t^2}\boldsymbol{k}=a_x\boldsymbol{i}+a_y\boldsymbol{j}+a_z\boldsymbol{k} \tag{1.14}$$

式中 a_x、a_y、a_z 为加速度矢量在直角坐标系中的三个分量,它们分别为

$$\begin{cases}a_x=\dfrac{\mathrm{d}v_x}{\mathrm{d}t}=\dfrac{\mathrm{d}^2x}{\mathrm{d}t^2}\\ a_y=\dfrac{\mathrm{d}v_y}{\mathrm{d}t}=\dfrac{\mathrm{d}^2y}{\mathrm{d}t^2}\\ a_z=\dfrac{\mathrm{d}v_z}{\mathrm{d}t}=\dfrac{\mathrm{d}^2z}{\mathrm{d}t^2}\end{cases} \tag{1.15}$$

加速度的大小为

$$a=|\boldsymbol{a}|=\sqrt{a_x^2+a_y^2+a_z^2}$$

加速度的方向余弦为

$$\cos\alpha=\frac{a_x}{a},\quad \cos\beta=\frac{a_y}{a},\quad \cos\gamma=\frac{a_z}{a}$$

在二维坐标系中

$$\boldsymbol{a}=a_x\boldsymbol{i}+a_y\boldsymbol{j}$$

大小

$$a=|\boldsymbol{a}|=\sqrt{a_x^2+a_y^2}$$

方向

$$\cos\alpha=\frac{a_x}{a},\quad \cos\beta=\frac{a_y}{a}$$

加速度亦具有三个特性:

(1) 矢量性。

(2) 瞬时性 不同时刻的加速度一般是不相同的。

(3) 相对性 在不同的参考系中,加速度的大小和方向是不相同的,根据速度合成定理,容易得到

$$\boldsymbol{a}_{OP}=\boldsymbol{a}_{OO'}+\boldsymbol{a}_{O'P} \tag{1.16}$$

由上式可知,如果两个参考系 O 和 O' 之间没有相对加速度,即 $\boldsymbol{a}_{OO'}=\boldsymbol{0}$,则物体相对于参考系 O 的加速度与相对于参考系 O' 的加速度相同,即

$$\boldsymbol{a}_{OP}=\boldsymbol{a}_{O'P}$$

在国际单位制中,加速度的单位用米/秒^2($\mathrm{m/s^2}$)表示。

1.1.5 自然坐标系下的速度和加速度

在研究质点的平面曲线运动时,有时也采用自然坐标系。在质点运动轨迹上取质点所在处为坐标系的原点 O,在运动质点上沿轨迹的切线方向和法线方向建立两个相互垂直的坐标轴。规定切向坐标轴的方向指向质点前进的方向,其单位矢量用 $\boldsymbol{e}_t$ 表示,法向坐标轴

的方向指向曲线的凹侧，其单位矢量用 $\boldsymbol{e}_n$ 来表示，运动质点在轨迹上某一点的坐标用距离初始位置的路程 s 表示，这样的坐标系称为自然坐标系，如图 1.10 所示。

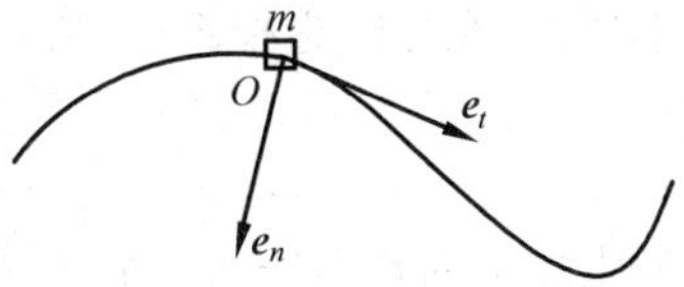

图 1.10 自然坐标系

运动质点的位置坐标随时间 t 的变化规律可表示为

$$s = s(t) \tag{1.17}$$

这就是自然坐标系中的运动方程。

因为质点运动的速度总是沿轨迹切线方向，所以在自然坐标系中速度矢量可以表示为

$$\boldsymbol{v} = v\boldsymbol{e}_t = \frac{\mathrm{d}s}{\mathrm{d}t}\boldsymbol{e}_t \tag{1.18}$$

根据加速度的定义有

$$\boldsymbol{a} = \frac{\mathrm{d}\boldsymbol{v}}{\mathrm{d}t} = \frac{\mathrm{d}(v\boldsymbol{e}_t)}{\mathrm{d}t} = \frac{\mathrm{d}v}{\mathrm{d}t}\boldsymbol{e}_t + v\frac{\mathrm{d}\boldsymbol{e}_t}{\mathrm{d}t} \tag{1.19}$$

上式中，第一项$\frac{\mathrm{d}v}{\mathrm{d}t}\boldsymbol{e}_t$ 的大小为质点速率的变化率，其方向指向曲线的切线方向，称为切向加速度，用 $\boldsymbol{a}_t$ 表示，即

$$\boldsymbol{a}_t = \frac{\mathrm{d}v}{\mathrm{d}t}\boldsymbol{e}_t = \frac{\mathrm{d}^2 s}{\mathrm{d}t^2}\boldsymbol{e}_t \tag{1.20}$$

下面讨论式(1.19)中第二项的$\frac{\mathrm{d}\boldsymbol{e}_t}{\mathrm{d}t}$。如图 1.11(a)所示，质点在 Δt 时间内沿曲线经过的路程为一段弧线$\widehat{AB}$，该处的曲率半径为 ρ，相应的曲率中心为 O 点。当时间间隔 Δt 很小时，曲线上的路程 Δs 可以看成半径为 ρ 的一段圆弧长度，即 $\Delta s=\widehat{AB}$。单位矢量 $\boldsymbol{e}_t$ 在 t 到 $t+\Delta t$ 时间内的增量为 $\Delta\boldsymbol{e}_t=\boldsymbol{e}_t(t+\Delta t)-\boldsymbol{e}_t(t)$，表示了质点运动方向在 Δt 时间内的变化。如图 1.11(b)所示为单位矢量增量的矢量三角形，当 $\Delta t\to 0$ 时，$\Delta\theta\to 0$，B 点趋近于 A 点，此时 $\Delta\boldsymbol{e}_t$ 的方向趋向于 $\boldsymbol{e}_t$ 的垂直方向，即法线 $\boldsymbol{e}_n$ 的方向。其大小为

$$|\Delta\boldsymbol{e}_t| \approx |\boldsymbol{e}_t| \cdot \Delta\theta = \Delta\theta = \frac{\Delta s}{\rho}$$

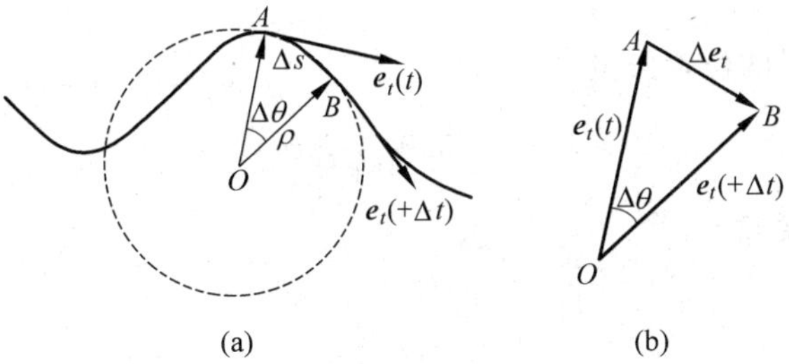

图 1.11 切向单位矢量随时间的变化率

所以有

$$\frac{\mathrm{d}\boldsymbol{e}_t}{\mathrm{d}t} = \lim_{\Delta t\to 0}\frac{\Delta\boldsymbol{e}_t}{\Delta t} = \lim_{\Delta t\to 0}\frac{\Delta\theta}{\Delta t}\boldsymbol{e}_n = \lim_{\Delta t\to 0}\frac{\Delta s}{\rho\Delta t}\boldsymbol{e}_n = \frac{1}{\rho}\frac{\mathrm{d}s}{\mathrm{d}t}\boldsymbol{e}_n = \frac{v}{\rho}\boldsymbol{e}_n$$

故式(1.19)中第二项可表示为 $v\frac{\mathrm{d}\boldsymbol{e}_t}{\mathrm{d}t}=\frac{v^2}{\rho}\boldsymbol{e}_n$，称为法向加速度，用 $\boldsymbol{a}_n$ 表示，即

$$\boldsymbol{a}_n = \frac{v^2}{\rho}\boldsymbol{e}_n \tag{1.21}$$

综上所述,在自然坐标系中,质点的加速度 $\boldsymbol{a}$ 可表示为

$$\boldsymbol{a}=\boldsymbol{a}_t+\boldsymbol{a}_n=\frac{\mathrm{d}v}{\mathrm{d}t}\boldsymbol{e}_t+\frac{v^2}{\rho}\boldsymbol{e}_n \tag{1.22}$$

即质点在平面作曲线运动的加速度等于质点的切向加速度与法向加速度的矢量和。加速度的大小为

$$a=\sqrt{a_t^2+a_n^2}$$

加速度的方向与切线方向的夹角 θ 可表示为

$$\tan\theta=\frac{a_n}{a_t}$$

切向加速度 $\boldsymbol{a}_t$ 反映了速度大小的变化;法向加速度 $\boldsymbol{a}_n$ 反映了速度方向的变化。

1.2 求解运动学问题举例

在质点运动学中,常见的求解问题一般可以分成两类。一类是已知质点的运动方程,求解某时刻质点的位矢、速度和加速度;另一类是已知质点在初始时刻的位矢、速度和任意时刻的加速度,求解任意时刻质点的速度和运动方程。此外,由于质点通常是作曲线运动,且其速度 $\boldsymbol{v}$ 和加速度 $\boldsymbol{a}$ 又是时间的函数,因此,在求解这类运动学问题时,必须使用矢量和微积分知识,并注意位矢 $\boldsymbol{r}$、速度 $\boldsymbol{v}$ 和加速度 $\boldsymbol{a}$ 的瞬时性、矢量性和相对性。下面举几个这方面的例题。

例 1-1 已知质点在直角坐标系中作平面运动,其运动方程为

$$\boldsymbol{r}(t)=(t+2)\boldsymbol{i}+\left(\frac{1}{4}t^2+2\right)\boldsymbol{j}\quad(\text{SI 单位})$$

求:(1)质点从 1 s 到 2 s 时间内的位移;(2)$t=3$ s 时的速度和任意时刻的加速度;(3)质点的轨迹方程。

解 (1) $t=1$ s 时的位置矢量

$$\boldsymbol{r}_1=3\boldsymbol{i}+\frac{9}{4}\boldsymbol{j}(\mathrm{m})$$

$t=2$ s 时的位置矢量

$$\boldsymbol{r}_2=4\boldsymbol{i}+3\boldsymbol{j}(\mathrm{m})$$

位移

$$\Delta\boldsymbol{r}=\boldsymbol{r}_2-\boldsymbol{r}_1=\boldsymbol{i}+\frac{3}{4}\boldsymbol{j}(\mathrm{m})$$

位移大小

$$|\Delta\boldsymbol{r}|=\sqrt{1^2+\left(\frac{3}{4}\right)^2}=1.25(\mathrm{m})$$

位移方向

$$\tan\theta=\frac{\Delta y}{\Delta x}=\frac{3}{4},\quad\theta=36.9^\circ$$

(2) 先求出任意时刻的速度，即

$$\boldsymbol{v}=\frac{\mathrm{d}\boldsymbol{r}}{\mathrm{d}t}=\boldsymbol{i}+\frac{t}{2}\boldsymbol{j}$$

$t=3$ s 时

$$\boldsymbol{v}=\frac{\mathrm{d}\boldsymbol{r}}{\mathrm{d}t}=\boldsymbol{i}+\frac{3}{2}\boldsymbol{j}(\mathrm{m/s})$$

大小

$$v=\sqrt{1^2+\left(\frac{3}{2}\right)^2}=1.8(\mathrm{m/s})$$

方向

$$\theta=\arctan\frac{v_y}{v_x}=\arctan\frac{3}{2}=56.3^\circ$$

任意时刻的加速度

$$\boldsymbol{a}=\frac{\mathrm{d}\boldsymbol{v}}{\mathrm{d}t}=\frac{1}{2}\boldsymbol{j}(\mathrm{m/s^2})$$

(3) 由运动方程可知

$$x=t+2$$

$$y=\frac{1}{4}t^2+2$$

消去时间 t 后，得质点的轨迹方程为

$$y=\frac{1}{4}x^2-x+3=\left(\frac{1}{2}x-1\right)^2+2$$

显然，质点运动的轨迹是一抛物线。

例 1-2 如图 1.12 所示，A、B 两物体由一长为 l 的刚性细杆相连，两物体可在光滑轨道上滑行，如物体 A 以恒定的速率 v 向左滑行，当 $\alpha=60^\circ$ 时，物体 B 的速度是多少？

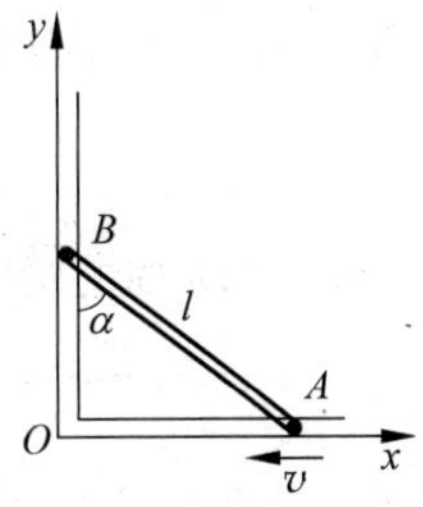

图 1.12

解 按如图 1.12 所选的坐标，物体 A 的速度为

$$\boldsymbol{v}_A=\boldsymbol{v}_x=\frac{\mathrm{d}x}{\mathrm{d}t}\boldsymbol{i}=-v\boldsymbol{i} \tag{1}$$

式中负号表示 A 沿 x 轴负方向运动，而物体 B 的速度则为

$$\boldsymbol{v}_B=\boldsymbol{v}_y=\frac{\mathrm{d}y}{\mathrm{d}t}\boldsymbol{j} \tag{2}$$

由于△OAB 是一直角三角形，故有

$$x^2+y^2=l^2 \tag{3}$$

对式(3)求导得

$$2x\frac{\mathrm{d}x}{\mathrm{d}t}+2y\frac{\mathrm{d}y}{\mathrm{d}t}=0$$

其中 $\frac{\mathrm{d}l}{\mathrm{d}t}=0$，$\frac{\mathrm{d}x}{\mathrm{d}t}=-v$，则有

$$\frac{\mathrm{d}y}{\mathrm{d}t}=\frac{x}{y}v$$

又 $\tan\alpha=\dfrac{x}{y}$，于是可得物体 B 的速度为

$$\boldsymbol{v}_B = \frac{\mathrm{d}y}{\mathrm{d}t}\boldsymbol{j} = v\tan\alpha\cdot\boldsymbol{j}$$

当 $\alpha=60°$时，物体 B 的速度大小为

$$v_B = 1.73v$$

沿 y 轴正方向。

例 1-3 如图 1.13 所示，一木块在外力推动下，从斜面底端静止出发，以 $a=8\ \mathrm{m/s^2}$ 的加速度向上作匀变速直线运动，试求：(1)木块的运动方程；(2)根据运动方程计算木块在 2 s 到 2.1 s 时间内的平均速度；(3)木块在 2 s 时的瞬时速度。

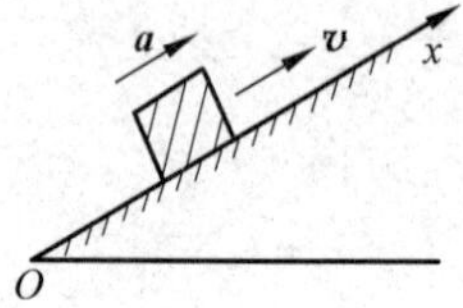

图 1.13

解 (1) 以斜面底端木块的出发点 O 作为原点，沿斜面向上 x 轴正方向。当 $t=0$ 时，$x_0=0$，$v_0=0$，由匀变速直线运动公式

$$x = x_0 + v_0t + \frac{1}{2}at^2$$

得

$$x = \frac{1}{2}at^2$$

将 $a=8\ \mathrm{m/s^2}$ 代入上式，得木块的运动方程为

$$x = 4t^2$$

(2) $t=2$ s 时，木块的坐标为

$$x_2 = 4\times 2^2 = 16(\mathrm{m})$$

$t=2.1$ s 时，木块的坐标为

$$x_{2.1} = 4\times 2.1^2 = 17.64(\mathrm{m})$$

由以上结果，按平均速度的定义得

$$\bar{v} = \frac{17.64-16}{2.1-2} = 16.4(\mathrm{m/s})$$

(3) t 时刻的瞬时速度为

$$v = \frac{\mathrm{d}x}{\mathrm{d}t} = 8t$$

当 $t=2$ s 时的瞬时速度为

$$v = 8\times 2 = 16(\mathrm{m/s})$$

例 1-4 质点以加速度 a(a 为常量)沿 x 轴运动，开始时，速度为 v_0，处于 x_0 的位置，求质点在任意时刻的速度和位置。

解 因为是沿 x 轴的一维运动，各个运动量都可作为标量来处理。即 $a=\dfrac{\mathrm{d}v}{\mathrm{d}t}$，得

$$\mathrm{d}v = a\mathrm{d}t$$

两边积分，有

$$\int_{v_0}^{v}\mathrm{d}v = \int_0^t a\mathrm{d}t = at$$

任意时刻的速度

$$v = v_0 + at$$

同理，由 $v=\frac{\mathrm{d}x}{\mathrm{d}t}$，得 $\mathrm{d}x=v\mathrm{d}t$，两边积分，有

$$\int_{x_0}^{x}\mathrm{d}x = \int_0^t v\mathrm{d}t = \int_0^t (v_0 + at)\mathrm{d}t$$

任意时刻的位置

$$x = x_0 + v_0 t + \frac{1}{2}at^2$$

这就是质点的运动方程。当 $a>0$ 时，称为匀加速直线运动；当 $a<0$ 时，称为匀减速直线运动。在 v 和 t 的表达式中消去 t，还可以得到速度与位置间的函数关系。这一关系也可从下述推导中得到：

$$a = \frac{\mathrm{d}v}{\mathrm{d}t} = \frac{\mathrm{d}v}{\mathrm{d}x}\frac{\mathrm{d}x}{\mathrm{d}t} = v\frac{\mathrm{d}v}{\mathrm{d}x}$$

即

$$v\mathrm{d}v = a\mathrm{d}x$$

两边积分有

$$\int_{v_0}^{v} v\mathrm{d}v = \int_{x_0}^{x} a\mathrm{d}x$$

得

$$v^2 - v_0^2 = 2a(x - x_0)$$

这些结论都是我们熟知的匀变速直线运动公式。

例 1-5 一个热气球以 1 m/s 的速率从地面匀速上升，由于风的影响，气球的水平速度随着上升的高度而增大，其关系式为 $v_x=2y$(SI 单位)，如图 1.14 所示。求：(1)气球的运动方程；(2)气球运动的轨迹方程；(3)气球在任意时刻的速度和加速度。

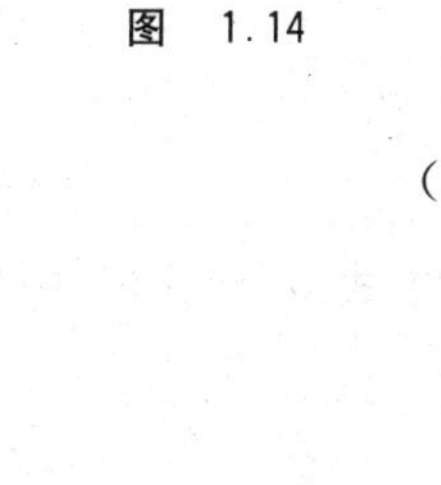

图 1.14

解 (1) 设坐标原点在地面上，显然 $t=0$ 时气球位于坐标原点处，则由题意得

$$v_y = \frac{\mathrm{d}y}{\mathrm{d}t} = 1, \quad \mathrm{d}y = \mathrm{d}t$$

积分得

$$y = t \tag{1}$$

同理，在水平方向上的速度分量为

$$v_x = \frac{\mathrm{d}x}{\mathrm{d}t} = 2y, \quad \mathrm{d}x = 2y\mathrm{d}t = 2t\mathrm{d}t$$

积分得

$$x = t^2 \tag{2}$$

气球的运动方程为

$$\boldsymbol{r} = t^2\boldsymbol{i} + t\boldsymbol{j}$$

(2) 消去式(1)和式(2)中的 t，得气球运动的轨迹方程

$$x = y^2$$

(3) 气球的速度和加速度分别为

$$\boldsymbol{v} = \frac{\mathrm{d}x}{\mathrm{d}t}\boldsymbol{i} + \frac{\mathrm{d}y}{\mathrm{d}t}\boldsymbol{j} = 2t\boldsymbol{i} + \boldsymbol{j}(\mathrm{m/s})$$

$$\boldsymbol{a} = \frac{\mathrm{d}\boldsymbol{v}}{\mathrm{d}t} = 2\boldsymbol{i}(\mathrm{m/s})$$

例 1-6 如图1.15所示,设在地球表面附近有一个可视为质点的物体,以初速度$\boldsymbol{v}_0$在Oxy平面内沿与水平方向成α角抛出,并略去空气阻力对物体的作用。求:(1)物体的运动方程和其运动的轨迹方程;(2)物体的射程以及它的最大射程。

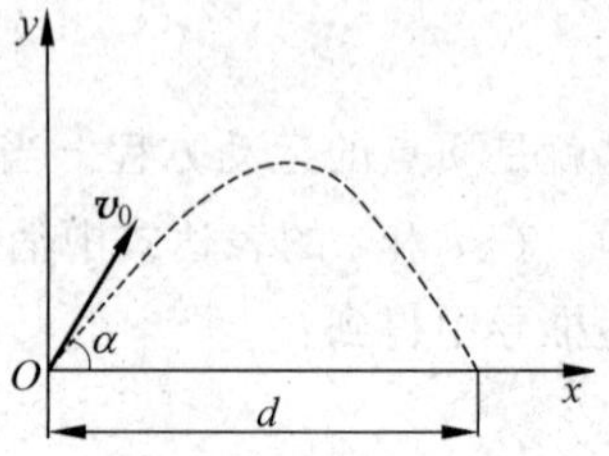

图 1.15

解 (1) 取如图1.15所示的平面直角坐标系,物体的加速度为

$$\boldsymbol{a} = -g\boldsymbol{j}$$

我们把运动沿x轴和y轴进行分解,沿x轴方向,物体的运动方程为

$$x = v_0\cos\alpha \cdot t \tag{1}$$

在y轴方向,物体的初速度为$v_0\sin\alpha$,加速度为$a_y=-g$,则由$a_y=\frac{\mathrm{d}v_y}{\mathrm{d}t}$,得

$$\mathrm{d}v_y = a_y\mathrm{d}t = -g\mathrm{d}t$$

两边积分

$$\int_{v_0\sin\alpha}^{v_y}\mathrm{d}v_y = -\int_0^t g\mathrm{d}t$$

得

$$v_y = v_0\sin\alpha - gt$$

又由$v_y=\frac{\mathrm{d}y}{\mathrm{d}t}$,得

$$\mathrm{d}y = v_y\mathrm{d}t = (v_0\sin\alpha - gt)\mathrm{d}t$$

两边积分

$$\int_0^y\mathrm{d}y = \int_0^t(v_0\sin\alpha - gt)\mathrm{d}t$$

得

$$y = v_0\sin\alpha \cdot t - \frac{1}{2}gt^2 \tag{2}$$

消去式(1)和式(2)中的t,得

$$y = x\tan\alpha - \frac{g}{2v_0^2\cos^2\alpha}x^2 \tag{3}$$

这就是斜抛物体的轨迹方程,它表示在略去空气作用的情况下,抛体在空间运动的轨迹是抛物线。

(2) 当抛体落回地面,即$y=0$时,抛体距原点O的距离称为射程,用d表示。

将$x=d$,$y=0$代入式(3),得

$$d = \frac{2v_0^2}{g}\sin\alpha\cos\alpha = \frac{v_0^2}{g}\sin2\alpha$$

显然，射程 d 是抛射角 α 的函数。最大射程的条件为

$$\frac{\mathrm{d}d}{\mathrm{d}\alpha}=\frac{2v_0^2}{g}\cos2\alpha=0$$

解得 $\alpha=\frac{\pi}{4}$。这就是说，当 $\alpha=\frac{\pi}{4}$ 时，抛体的射程最远，其值为

$$d_{\max}=\frac{v_0^2}{g}$$

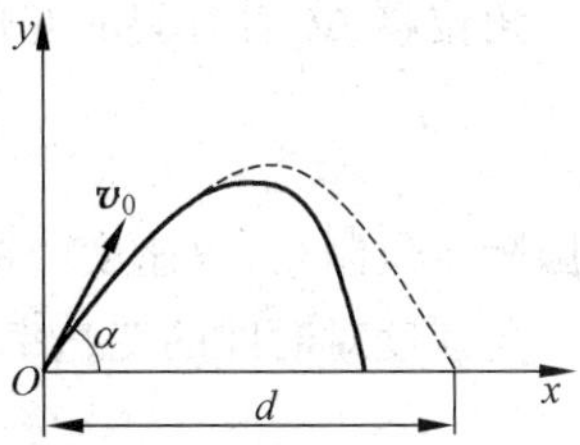

图 1.16 有空气阻力时的抛体运动轨迹

在上述讨论中，忽略了空气阻力。若空气阻力较大，则抛体经过的路径为一不对称的曲线，实际射程往往比真空中射程小很多，如图 1.16 所示，其中虚线是真空中路径，实线是实际路径。

1.3 圆周运动

质点在作平面曲线运动的过程中，若其曲率中心和曲率半径始终保持不变，则其运动轨迹是一个平面圆，我们称质点作圆周运动。圆周运动是曲线运动中一个非常重要的特例。质点作圆周运动的速度为

$$\boldsymbol{v}=v\boldsymbol{e}_t \tag{1.23}$$

切向加速度

$$\boldsymbol{a}_t=\frac{\mathrm{d}v}{\mathrm{d}t}\boldsymbol{e}_t=\frac{\mathrm{d}^2s}{\mathrm{d}t^2}\boldsymbol{e}_t$$

法向加速度（此时也可称为向心加速度）

$$\boldsymbol{a}_n=\frac{v^2}{R}\boldsymbol{e}_n$$

其中 R 为圆周半径，总加速度矢量为

$$\boldsymbol{a}=\frac{\mathrm{d}v}{\mathrm{d}t}\boldsymbol{e}_t+\frac{v^2}{R}\boldsymbol{e}_n \tag{1.24}$$

根据圆周运动的特点，除了可以用位移、速度和加速度等所谓的线量来描述运动外，还经常采用角位移、角速度及角加速度等角量来描述。设质点在平面内以原点 O 为中心作半径为 R 的圆周运动，如图 1.17(a)所示。

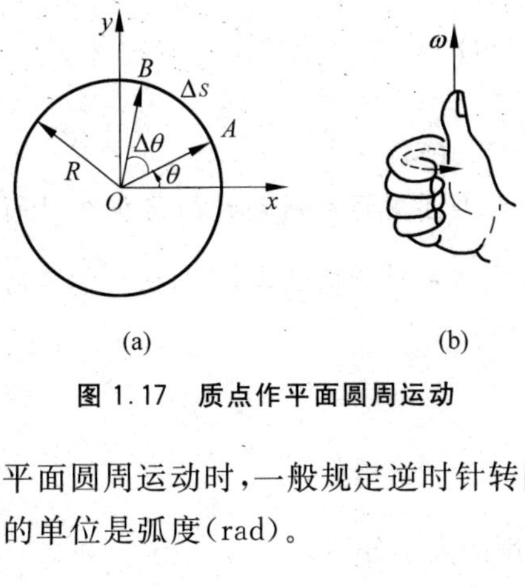

图 1.17 质点作平面圆周运动

t 时刻质点位于 A 点，其位矢与 x 轴正方向的夹角称为角位置，记作 θ。角位置 θ 随时间 t 变化的函数关系可表示为

$$\theta=\theta(t) \tag{1.25}$$

上式也可以称为质点的角量运动方程。

经过时间 Δt 以后，质点由 A 点运动到 B 点，位矢转过的角度 $\Delta\theta$ 称为质点对于圆心 O 的角位移。角位移不但有大小而且还有正负之分。质点作平面圆周运动时，一般规定逆时针转向的角位移为正，而顺时针转向的角位移为负。角位移的单位是弧度(rad)。

角位移 $\Delta\theta$ 对时间的变化率定义为角速度，用 ω 表示，即

$$\omega = \lim_{\Delta t \to 0} \frac{\Delta\theta}{\Delta t} = \frac{d\theta}{dt} \tag{1.26}$$

在国际单位制中，角速度的单位为弧度每秒(rad/s)或者秒分之一(s^{-1})。

角速度对时间的变化率定义为角加速度，用 α 表示，即

$$\alpha = \frac{d\omega}{dt} = \frac{d^2\theta}{dt^2} \tag{1.27}$$

在国际单位制中，角加速度的单位为弧度每二次方秒(rad/s^2)或者秒平方分之一(s^{-2})。

由图 1.17 可以看出，质点从 A 点到 B 点所经过的路程与角位移的关系为

$$\Delta s = R\Delta\theta$$

通过上式两边分别对时间 t 求导，可得质点的线量与角量之间的关系：

$$v = \frac{ds}{dt} = R\frac{d\theta}{dt} = R\omega \tag{1.28a}$$

$$a_t = \frac{dv}{dt} = \frac{d}{dt}(R\omega) = R\frac{d\omega}{dt} = R\alpha \tag{1.28b}$$

$$a_n = \frac{v^2}{R} = R\omega^2 \tag{1.28c}$$

质点在作一般空间圆周运动时，我们可以把角速度看成是矢量$\boldsymbol{\omega}$，这在讨论一些较复杂的问题时，尤其是在解决角速度合成问题时会有很大的方便。角速度的方向由右手螺旋法则确定，即右手的四指循着质点的运动方向弯曲，大拇指的指向即为角速度矢量$\boldsymbol{\omega}$的方向，如图 1.17(b)所示。

例 1-7 一质点沿半径为 R 的圆周运动，其角量运动方程为 $\theta=\pi t+\pi t^2$(SI)，求质点的角速度、角加速度、切向加速度和法向加速度。

解 根据题意，由式(1.26)可得质点的角速度为

$$\omega = \frac{d\theta}{dt} = \pi + 2\pi t \quad \text{(SI)}$$

由式(1.27)可得质点的角加速度为

$$\alpha = \frac{d\omega}{dt} = 2\pi(\text{rad/s}^2)$$

由式(1.28)可得质点的切向加速度为

$$a_t = R\alpha = 2\pi R \quad \text{(SI)}$$

质点的法向加速度为

$$a_n = R\omega^2 = R(\pi + 2\pi t)^2 \quad \text{(SI)}$$

例 1-8 设有一质点作半径为 R 的圆周运动，质点沿圆周运动所经过的路程与时间的函数关系为 $s=\frac{bt^2}{2}$，其中 b 为一常数。求：(1)此质点在某一时刻的速率；(2)法向加速度和切向加速度的大小；(3)总加速度。

解 (1) 由题意可得，质点在圆周上的速率为

$$v = \frac{ds}{dt} = bt$$

(2) 在任意时刻，质点的切向加速度和法向加速度的大小分别为

$$a_t = \frac{\mathrm{d}v}{\mathrm{d}t} = b$$

$$a_n = \frac{v^2}{R} = \frac{(bt)^2}{R}$$

(3) 总加速度的大小

$$a = \sqrt{a_t^2 + a_n^2} = b\left(\frac{b^2t^4}{R^2} + 1\right)^{\frac{1}{2}}$$

$\boldsymbol{a}$ 与切向加速度之间的夹角为

$$\varphi = \arctan\frac{a_n}{a_t} = \arctan\frac{bt^2}{R}$$

例 1-9 在例 1-5 中，求气球上升到 h 高度时，它的切向加速度和法向加速度的大小。

解 由已知条件可知

$$v_x = 2y, \quad v_y = 1\ \mathrm{m/s}$$

气球的运动速率

$$v = \sqrt{v_x^2 + v_y^2} = \sqrt{4y^2 + 1}$$

气球在高度为 y 处的切向加速度大小为

$$a_t = \frac{\mathrm{d}v}{\mathrm{d}t} = \frac{4y}{\sqrt{4y^2 + 1}}$$

气球的加速度已在例 1-5 中计算，即

$$\boldsymbol{a} = 2\boldsymbol{i}\ \mathrm{m/s^2}$$

因此气球在高度为 y 处的法向加速度大小为

$$a_n = \sqrt{a^2 - a_t^2} = \frac{2}{\sqrt{4y^2 + 1}}$$

当气球上升到 $y=h$ 高度时，它的切向加速度和法向加速度的大小分别为

$$a_t = \frac{4h}{\sqrt{4h^2 + 1}}$$

$$a_n = \frac{2}{\sqrt{4h^2 + 1}}$$

* **例 1-10** 已知质点的运动方程是

$$\boldsymbol{r} = a\cos(\omega t)\boldsymbol{i} + b\sin(\omega t)\boldsymbol{j}$$

其中 a、b、ω 均为正值常数。(1)试证质点运动的轨迹是一椭圆，其长轴与短轴分别为 $2a$ 与 $2b$；(2)计算质点在任意一点的速度和加速度，并证明质点的加速度恒指向椭圆中心。

解 (1) 已知

$$\boldsymbol{r} = a\cos\omega t\boldsymbol{i} + b\sin\omega t\boldsymbol{j}$$

则有

$$x = a\cos\omega t, \quad y = b\sin\omega t$$

消去 t 后即得

$$\left(\frac{x}{a}\right)^2 + \left(\frac{y}{b}\right)^2 = 1$$

即运动轨迹为一椭圆,其长轴和短轴分别为 $2a$ 及 $2b$。

(2) $v_x=\dfrac{\mathrm{d}x}{\mathrm{d}t}=-a\omega\sin\omega t$, $v_y=\dfrac{\mathrm{d}y}{\mathrm{d}t}=b\omega\cos\omega t$,则有

$$v=\sqrt{v_x^2+v_y^2}=\omega\sqrt{a^2\sin^2\omega t+b^2\cos^2\omega t}$$

$$\tan\theta=\frac{v_y}{v_x}=-\frac{b}{a}\mathrm{lot}\omega t$$

或

$$\boldsymbol{v}=-a\omega\sin\omega t\boldsymbol{i}+b\omega\cos\omega t\boldsymbol{j}$$

其加速度为

$$a_x=-a\omega^2\cos\omega t,\quad a_y=-b\omega^2\sin\omega t$$

$$a=\sqrt{a_x^2+a_y^2}=\omega^2\sqrt{a^2\cos^2\omega t+b^2\sin^2\omega t}$$

$$\tan\varphi=\frac{a_y}{a_x}=\frac{b}{a}\tan\omega t$$

或

$$\boldsymbol{a}=-a\omega^2\cos\omega t\boldsymbol{i}-b\omega^2\sin\omega t\boldsymbol{j}=-\omega^2(a\cos\omega t\boldsymbol{i}+b\sin\omega t\boldsymbol{j})=-\omega^2\boldsymbol{r}$$

可见 $\boldsymbol{a}$ 的方向与 $\boldsymbol{r}$ 的方向相反,即恒指向椭圆中心。

由

$$a_t=\frac{\mathrm{d}v}{\mathrm{d}t}=\frac{\omega^2(a^2-b^2)\sin\omega t\cos\omega t}{\sqrt{a^2\sin^2\omega t+b^2\cos^2\omega t}}$$

分析可知,只有当 $\omega t=0,\dfrac{\pi}{2},\pi,\dfrac{3}{2}\pi,2\pi$ 时,才有 $a_t=0$,即质点运动到这些点时,其速度矢量和加速度矢量才相互垂直,其余各点均不相互垂直。

*1.4 绝对时空条件下的相对运动

1.4.1 时间与空间

在图1.18中,小车以较低的速度 $\boldsymbol{v}$ 沿水平轨道先后通过 A 点和 B 点。如站在地面上的人测得通过 A 点和 B 点的时间为 $\Delta t=t_B-t_A$,而站在车上的人测得通过 A、B 两点的时间为 $\Delta t'=t'_B-t'_A$,两者测得的时间是相等的,即 $\Delta t=\Delta t'$。也就是说,在两个作相对直线运动的参考系(地面和小车)中,时间的测量是绝对的,与参考系无关。

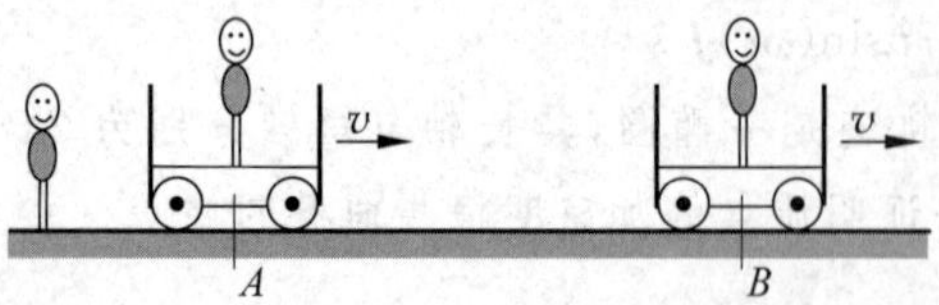

图1.18 在低速运动时,时间和空间的测量是绝对的

同样,在地面上的人和在小车上的人测得 A、B 两点之间的距离也相等,都等于 $|AB|$,也就是说,两个作相对运动的参考系中,长度的测量也是绝对的,与参考系无关。在人们的日常生活和一般的科技活动中,上述关于时间和空间量度的结论是毋庸置疑的。时间和长度的绝对性是经典力学或牛顿力学的基础。时间

测量的绝对性和长度测量的绝对性构成了牛顿的绝对时空观，这种绝对时空观在过去相当长的一段时期内被人们当作客观真理。直至1905年，爱因斯坦建立了狭义相对论以后，人们才逐渐认识到空间和时间都是相对的，与物体的运动有关，这种相对性在物体作高速运动（与真空中的光速 $c=3\times10^8$ m/s 接近）时表现得较为明显。因此，本节中得到的结论只适用于低速运动的物体。

1.4.2 相对运动

物体的运动总是相对于某个参考系而言的。由于所选取的参考系不同，在描述同一物体的运动时将给出不同的结果，这就是运动描述的相对性。例如，在没有风的雨天，站在地面上的观察者（以地面为参考系）会看到雨滴从空中铅直下落；但是在行驶着的汽车中的观察者（以汽车为参考系）看来，雨滴沿某个倾斜方向下落。

以下我们来讨论同一个质点相对于两个不同参考系的运动之间的关系。

如图1.19所示，设有两个参考系 S 和 S'，S' 系相对于 S 系以速度 $\boldsymbol{u}$ 作直线运动，运动质点 P 在 S 系中的位置矢量为 $\boldsymbol{r}$，在 S' 系中的位置矢量为 $\boldsymbol{r}'$，原点 O' 在 S 系中的位置矢量为 $\boldsymbol{r}_0$。由矢量相加法，有

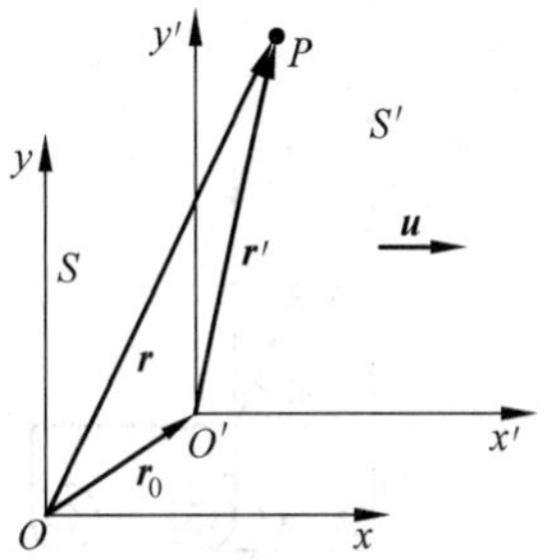

图 1.19　质点相对于两个不同参考系的运动

$$\boldsymbol{r}=\boldsymbol{r}_0+\boldsymbol{r}' \tag{1.29}$$

将式(1.29)两边对时间 t 求导，可得

$$\frac{\mathrm{d}\boldsymbol{r}}{\mathrm{d}t}=\frac{\mathrm{d}\boldsymbol{r}_0}{\mathrm{d}t}+\frac{\mathrm{d}\boldsymbol{r}'}{\mathrm{d}t}$$

上式中，$\frac{\mathrm{d}\boldsymbol{r}}{\mathrm{d}t}$是质点相对于 S 系的运动速度，用 $\boldsymbol{v}$ 表示；$\frac{\mathrm{d}\boldsymbol{r}'}{\mathrm{d}t}$是质点相对于 S' 系的运动速度，用 $\boldsymbol{v}'$ 表示，称为相对速度；$\frac{\mathrm{d}\boldsymbol{r}_0}{\mathrm{d}t}$则是 S' 系相对于 S 系的运动速度 $\boldsymbol{u}$，称为牵连速度。因此，有

$$\boldsymbol{v}=\boldsymbol{u}+\boldsymbol{v}' \tag{1.30}$$

上式给出了运动质点在两个作相对运动的参考系中的速度关系，称为伽利略速度变换式，如图1.20所示。

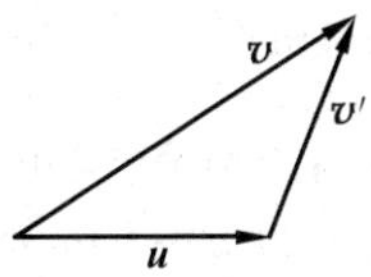

图 1.20　速度的相对性

倘若 S' 系相对于 S 系以加速度 $\boldsymbol{a}_0$ 沿 x 轴方向作匀加速直线运动，则进一步将式(1.30)两边对时间求导，可得

$$\frac{\mathrm{d}\boldsymbol{v}}{\mathrm{d}t}=\frac{\mathrm{d}\boldsymbol{u}}{\mathrm{d}t}+\frac{\mathrm{d}\boldsymbol{v}'}{\mathrm{d}t}$$

式中，$\frac{\mathrm{d}\boldsymbol{v}}{\mathrm{d}t}$是运动质点相对于 S 系的加速度，用 $\boldsymbol{a}$ 表示；$\frac{\mathrm{d}\boldsymbol{v}'}{\mathrm{d}t}$是运动质点相对于 S' 系的加速度，用 $\boldsymbol{a}'$ 表示；$\frac{\mathrm{d}\boldsymbol{u}}{\mathrm{d}t}$即为 S' 系相对于 S 系的加速度 $\boldsymbol{a}_0$，由此可得加速度的变换式

$$\boldsymbol{a}=\boldsymbol{a}_0+\boldsymbol{a}' \tag{1.31}$$

当 S' 系相对于 S 系作匀速直线运动（$\boldsymbol{a}_0=\boldsymbol{0}$）时，则有

$$\boldsymbol{a}=\boldsymbol{a}' \tag{1.32}$$

上式表明，在相对作匀速直线运动的不同参考系中观察同质点的运动时，所测得的加速度相同。

例 1-11 如图 1.21 所示，一实验者 A 在以 10 m/s 的速率沿水平轨道前进的平板车上控制一台弹射器，此弹射器在与车前进的反方向呈 60°角的方向上斜向上射出一弹丸，此时站在地面上的另一实验者 B 看到弹丸铅直向上运动。求弹丸上升的高度。

解 设地面参考系为 S 系，其坐标系为 Oxy，平板车参考系为 S' 系，其坐标系为 $O'x'y'$，且 S' 系相对于 S 系以速率 $u=10$ m/s 沿 Ox 轴正向运动，如图 1.22 所示。由图中所选定的坐标可知，在 S' 系中的实验者 A 射出的弹丸，其速度 $\boldsymbol{v}'$ 在 x'、y' 轴上的分量分别为 v'_x 和 v'_y，它们与抛射角 α 的关系为

$$\tan\alpha = \frac{v'_y}{v'_x} \tag{1}$$

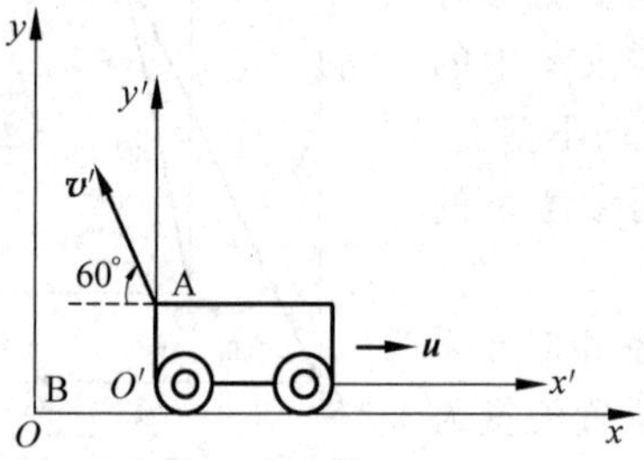

图 1.21

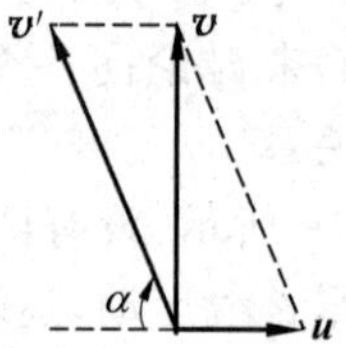

图 1.22

以 $\boldsymbol{v}$ 代表弹丸相对 S 系的速度，那么它在 x、y 轴上的分量分别为 v_x 和 v_y，由速度变换式(1.30)及题意可得

$$v_x = u + v'_x \tag{2}$$

$$v_y = v'_y \tag{3}$$

由于 S 系(地面)的实验者 B 看到弹丸是铅直向上运动的，故有 $v_x=0$，于是有

$$v'_x = -u = -10(\text{m/s})$$

另由式(3)和式(1)可得

$$|v_y| = |v'_y| = |v'_x\tan\alpha| = 10\tan60° = 17.3(\text{m/s})$$

由匀变速直线运动公式可得弹丸上升的高度为

$$h = \frac{v_y^2}{2g} = 15.3(\text{m})$$

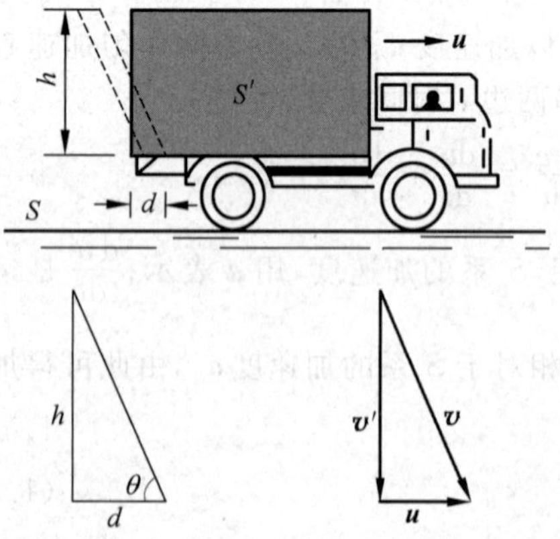

图 1.23

例 1-12 一辆带篷的卡车，篷高 $h=2$ m。当它停在公路上时，雨滴可落入车内 $d=1$ m 处，如图 1.23 所示。现在卡车以 15 km/h 的速度沿平直公路匀速行驶，雨滴恰好不能落入车内。求雨滴相对于地面的速度和雨滴相对于卡车的速度。

解 取公路路面为 S 系，卡车为 S' 系，已知 S' 系相对于 S 系的运动速率为

$$u = 15 \text{ km/h}$$

设雨滴相对于卡车的速度为 $\boldsymbol{v}'$，相对于地面的速度为 $\boldsymbol{v}$，由速度变换式(1.30)可得

$$\boldsymbol{v} = \boldsymbol{u} + \boldsymbol{v}'$$

根据已知条件，$\boldsymbol{v}$ 的方向与地面的夹角为

$$\alpha = \arctan \frac{h}{d} = 63.4^\circ$$

$\boldsymbol{v}$ 的大小为

$$v = \frac{u}{\cos\alpha} = \frac{15}{\cos 63.4^\circ} = 33.5(\text{km/h})$$

$\boldsymbol{v}'$与 $\boldsymbol{u}$ 垂直，$\boldsymbol{v}'$的大小为

$$v' = v\sin\alpha = 33.5 \times \sin 63.4^\circ = 29.95(\text{km/h})$$

1.5 牛顿运动定律及其应用

前面只讨论了如何描述质点运动，没有涉及质点运动状态发生变化的原因。本节将着重研究物体间的相互作用，及它对物体运动状态的变化的影响。牛顿运动定律解释了作用力和运动的关系，牛顿第二定律是质点动力学的基本规律，也是整个牛顿力学的基础。

1.5.1 牛顿运动定律的基本内容

1. 牛顿第一定律

牛顿第一定律的内容是：任何物体都保持其相对静止或匀速直线运动状态，直到其他物体所作用的力迫使它改变这种状态为止。

牛顿第一定律包含惯性和力这两个重要概念。按照牛顿第一定律，当物体不受到其他物体对它的作用时，物体将保持相对静止或匀速直线运动状态。这表明任何物体都具有保持运动状态不变的性质，这种物体的固有属性称为惯性。故牛顿第一定律又称为惯性定律。根据牛顿第一定律，要改变物体的运动状态，必须有其他物体对它施以作用，这种作用称为力。然而，自然界中完全不受其他物体作用的物体是不存在的，因此，牛顿第一定律不能简单地用实验直接加以验证。

我们已经明确，任何物体的运动状态都是相对某个参考系而言的。如果物体在某参考系中不受其他物体作用而保持静止或匀速直线运动状态，那么这个参考系就称为惯性系。若有另一参考系以恒定速度相对惯性系运动，显然，该参考系也是惯性系。但是，参考系相对某惯性系作加速运动，那么，此参考系就是非惯性系了。虽然地球有自转和绕太阳公转，但在研究地球表面附近物体的运动时，地球的自转加速度和绕太阳公转的加速度都比较小，故地球虽不是严格的惯性系，但仍可以近似视为惯性系。

2. 牛顿第二定律

若物体的质量为 m，其运动速度为 $\boldsymbol{v}$，则将其质量和速度的乘积称为该物体的动量，用 $\boldsymbol{p}$ 表示，即 $\boldsymbol{p}=m\boldsymbol{v}$。

显然，物体的动量是由该物体运动状态决定的一个矢量，其方向与速度方向相同。当外

力作用于物体时，其动量要发生变化。牛顿把作用于物体的外力与物体动量变化之间的关系表示为

$$\boldsymbol{F}=\frac{\mathrm{d}\boldsymbol{p}}{\mathrm{d}t} \tag{1.33a}$$

上式表明，动量为 $\boldsymbol{p}$ 的物体，在外力作用下，其动量随时间的变化率等于作用于该物体的合外力，称为牛顿第二定律。

当物体在低速情况下运动时，即物体的运动速度 v 远小于光速 $c(v\ll c)$，则物体的质量可以视为是不依赖于速度的恒量。于是式(1.33a)可写成

$$\boldsymbol{F}=\frac{\mathrm{d}\boldsymbol{p}}{\mathrm{d}t}=\frac{\mathrm{d}(m\boldsymbol{v})}{\mathrm{d}t}=m\frac{\mathrm{d}\boldsymbol{v}}{\mathrm{d}t}$$

其中 $\mathrm{d}\boldsymbol{v}/\mathrm{d}t=\boldsymbol{a}$ 是物体的加速度，因此，物体在低速运动时的牛顿第二定律可以表示为

$$\boldsymbol{F}=m\boldsymbol{a} \tag{1.33b}$$

上式表明，在低速运动情况下，任何物体在外力作用下运动状态发生变化，物体的加速度的大小与所受合外力的大小成正比，与物体的质量成反比，加速度的方向与合外力方向相同。式(1.33b)有时也被称为质点动力学的基本方程。

在应用牛顿第二定律式(1.33b)时，应注意以下几点：

(1) 牛顿第二定律只适用于质点运动。物体作平动时，物体的运动可看作是质点的运动，质点的质量就是整个物体的质量。以后如不特别指明，在论及物体的平动时，都是把物体当作质点来处理的。

(2) 第二定律中的 $\boldsymbol{F}$ 是物体所受的合外力，即

$$\boldsymbol{F}=\sum_i\boldsymbol{F}_i$$

(3) 第二定律表示的是力与加速度之间的瞬时关系。也就是说，加速度只在有力作用时才产生；力改变时，加速度随之改变。所以力仅是改变物体运动状态的原因，不是使物体保持运动的原因。

(4) 公式(1.33b)是矢量式，实际应用时，常常采用分量式，在直角坐标系中的分量式为

$$\begin{cases}F_x=ma_x=\dfrac{\mathrm{d}^2x}{\mathrm{d}t^2}\\[2ex]F_y=ma_y=\dfrac{\mathrm{d}^2y}{\mathrm{d}t^2}\\[2ex]F_z=ma_z=\dfrac{\mathrm{d}^2z}{\mathrm{d}t^2}\end{cases} \tag{1.34}$$

在处理曲线运动问题时，常用到式(1.33b)沿切线方向和法线方向的分量式

$$\begin{cases}F_t=ma_t=m\dfrac{\mathrm{d}v}{\mathrm{d}t}\\[2ex]F_n=ma_n=m\dfrac{v^2}{R}\end{cases} \tag{1.35}$$

式中 F_t、F_n 分别表示物体所受合外力在切线方向上的分量和法线方向上的分量，简称为切向力和法向力(法向力也叫向心力)；a_t、a_n 分别表示切向加速度和法向加速度。

3. 牛顿第三定律

牛顿第三定律的内容是：当一个物体对另一个物体有一个作用力 $\boldsymbol{F}$ 时，另一个物体必

然同时对该物体一个反作用力 $\boldsymbol{F}'$；作用力和反作用力大小相等、方向相反，且在同一条直线上。它的数学表达式为

$$\boldsymbol{F}=-\boldsymbol{F}' \tag{1.36}$$

牛顿第三定律是分析物体受力的基础，应用牛顿第三定律时，应当注意：

(1) 作用力和反作用力互以对方为自己存在的条件，即同时产生，同时消失，任何一方都不能孤立地存在。

(2) 作用力和反作用力分别作用在两个物体上，因此不能相互抵消，但它们属于同种性质的力。如作用力是万有引力，那么反作用力也一定是万有引力。

(3) 牛顿第三定律不涉及运动的描述，所以它与参考系无关。

牛顿运动三定律是互相紧密联系的。第一、第二定律分别说明物体运动状态变化和作用力之间的关系，并定量地给出其关系式；第三定律反映物体间相互联系和相互制约的关系。只有将三个定律结合起来理解，才能正确分析力与物体运动的关系。

1.5.2 力学中常见的几种力

力学中常见的力有如下几种。

1. 万有引力

据传说，苹果落地引起了牛顿的注意，他进而思索，为什么月亮不会掉下来呢？从而导致了万有引力的发现。不管这个故事的真实性如何，牛顿确实把地面附近物体的下落与月亮的运动认真地作过一番比较。当我们站在地面上，沿水平方向抛射出一个物体时，物体的轨道将是一条抛物线，物体的落地点与抛射点间的距离与物体的初速度成正比。可以设想，由于地球表面是弯曲的，当物体的抛射速度大到一定的量值时，物体将围绕地球运动而永远不会落地。牛顿认为，落体的产生是由于地球对物体的引力，并认为，如果这种引力确实存在的话，它必然对月亮也有作用。月亮之所以不掉下来，是因为月亮具有相当大的抛射初速度。进一步联想到行星绕太阳的运转和月亮绕地球的运动十分相似，那么行星也必定受到太阳的引力作用。这使牛顿领悟到宇宙间任何物体之间都存在引力作用。继而，促进牛顿进一步去思考：这种引力的大小与物体之间的距离有何种关系呢？

牛顿在前人研究行星运动规律的基础上，总结出了万有引力定律。它的内容是：任何两个质点之间都存在着相互吸引的力，称为引力，引力的大小与两质点的质量的乘积成正比，与两质点间距离 r 的平方成反比，引力的方向沿着两质点的连线。引力的大小的表达式为

$$F=G\frac{m_1m_2}{r^2} \tag{1.37}$$

式中，$G=6.67\times10^{-11}\ \mathrm{N\cdot m^2/kg^2}$，称为万有引力常数。

在地面附近的物体，都受到地球的引力，其大小为

$$F=G\frac{mM}{R^2}$$

式中，M 为地球的质量，m 为物体的质量，R 为地球的半径。在忽略地球自转的情况下，物体受地球引力作用所产生的加速度称为重力加速度，用 g 表示，则有

$$g = G\frac{M}{R^2}$$

通常把产生重力加速度的力称为重力，其大小称为物体的重量，所以一个质量为 m 的物体，其重量为

$$P = mg$$

2. 弹性力

当物体在外力作用下发生形变时，物体内部就产生一种企图恢复原来形状的力，称为弹性力。

弹性力是普遍存在的，最常见的是弹簧的弹性力。由胡克定律可知，在弹性限度内，弹性力 $\boldsymbol{F}$ 的大小与弹簧的伸长量(或压缩量)x 成正比，即

$$F = -kx$$

式中 k 为弹簧的劲度系数，负号表示弹性力的方向与伸长或压缩的方向相反。

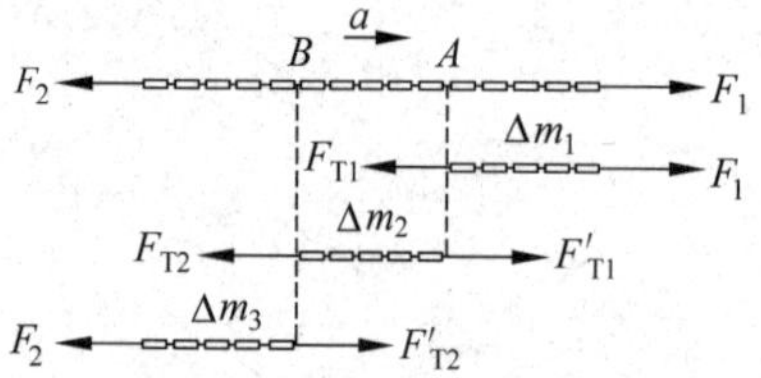

图 1.24 绳子的张力

当一根绳子在外力作用下被拉紧时，绳子内部相邻两部分之间有相互拉伸的作用力，这个力就是弹性力，常被称为拉力或张力。今有两个不等的力 $\boldsymbol{F}_1$、$\boldsymbol{F}_2$ 作用于绳的两端，如图 1.24 所示，若把绳子分成质量为 Δm_1、Δm_2、Δm_3 等小段，则每相邻两小段间 A 点和 B 点两侧都有企图恢复原状的张力 F_{T_1}、F'_{T_1} 和 F_{T_2}、F'_{T_2}，而且 F_{T_1}、F'_{T_1} 和 F_{T_2}、F'_{T_2} 分别是在 A 点和 B 点处的一对作用力和反作用力。当绳子以加速度 $\boldsymbol{a}$ 向右侧前进时，根据牛顿第二定律，对每一小段绳子可列出方程

$$F_1 - F_{T_1} = \Delta m_1 a$$
$$F'_{T_1} - F_{T_2} = \Delta m_2 a$$
$$F'_{T_2} - F_2 = \Delta m_3 a$$

其中 $F_{T_1} = F'_{T_1}$ 和 $F_{T_2} = F'_{T_2}$，联立求解可得

$$F_{T_1} = F_1 - \Delta m_1 a$$
$$F_{T_2} = F_1 - (\Delta m_1 + \Delta m_2)a$$

这说明绳上各点的张力是不等的。但在下列两种特殊情况下，绳上各点张力是相等的，而且等于外力：①绳子静止或作匀速直线运动，即加速度 $\boldsymbol{a}=\boldsymbol{0}$，则 $F_{T_1} = F_{T_2} = F_1 = F_2$；②绳子的质量很小，$\Delta m_1$、$\Delta m_2$、$\Delta m_3$ 可视为零，即使绳子作加速运动，也有

$$F_{T_1} = F_{T_2}$$

此外，当两物体因相互挤压而发生形变时，由此产生的弹性力叫做正压力。正压力的方向垂直于接触面(或接触点的切面)并指向被作用的物体，如图 1.25 所示。

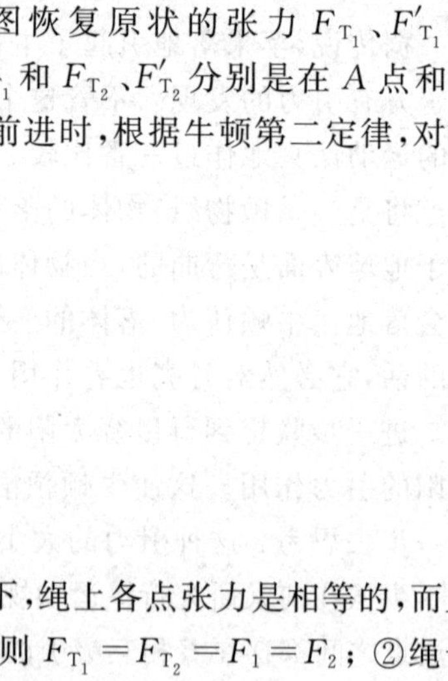

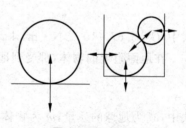

图 1.25 正压力

在通常情况下，物体因互相挤压，或绳、杆因拉伸而产生的形变都很微小，且也难于确定，分析物体的运动时，完全可以不计这些形变；但是在分析物体受力时，则又必须考虑因这些微小形变而出现的作用力。这时，一般不能由

形变计算得出这些弹性力,而应当根据各个物体的运动,利用牛顿定律来确定。

3. 摩擦力

当两个相互接触的物体间发生相对运动或具有相对运动趋势时,在物体接触面间产生的阻碍相对运动或与相对运动趋势相反的力称为摩擦力。摩擦力又分为静摩擦力和滑动摩擦力两种。

静摩擦力是指两物体相对静止,但沿接触面有相对运动趋势时出现的摩擦力。静摩擦力总是与接触面平行地分别作用在两个物体的接触面上,每个物体所受静摩擦力的方向与该物体相对于另一物体的运动趋势的方向相反,大小由两物体相对静止时的具体受力情况根据平衡条件而定,可以是从零到某一最大值之间的任一值。这个最大值称为最大静摩擦力 $F_{f_{max}}$。实验表明,最大静摩擦力是确定的,它和这两个接触物体之间的正压力成正比,即

$$F_{f_{max}} = \mu_0 F_N \tag{1.38}$$

其中 μ_0 为静摩擦系数,数值与两接触物的材料及其表面的性质有关。

分析一个物体所受的静摩擦力,应注意两点:①式(1.38)所计算的是最大静摩擦力,如用 F_f 表示一般情况下的静摩擦力,则

$$F_f \leqslant F_{f_{max}} = \mu_0 F_N$$

一般情况下的静摩擦力 F_f 只能应用牛顿定律来确定:当物体具有运动趋势但处于静止状态时,物体受到的静摩擦力应当和物体受到的其他外力平衡,因此,静摩擦力与其他外力的总合力等值而反向。②一个物体所受静摩擦力的方向与它相接触物体的相对运动趋势的方向相反,而不与物体自己运动的方向相反。

当物体之间有相对滑动时,出现在接触面上的摩擦力称为滑动摩擦力。滑动摩擦力的方向和相对运动方向相反,大小和这两个接触物之间的正压力成正比,即

$$F_f = \mu F_N \tag{1.39}$$

式中 μ 为滑动摩擦系数。μ 略小于 μ_0,它不仅和接触面材料、性质有关,而且也随相对速率的变化而改变。在通常的速率范围内可以认为 μ 与速率无关,而且在一般问题的计算中,可近似认为 μ 与 μ_0 相等。

当物体在另一个物体上滚动(或有滚动趋势)时受到的阻碍作用,一般用阻力矩来量度。其大小主要与接触物体的材料、表面状况及滚动物体的重量有关。在其他条件相同时,克服滚动摩擦所需要的力比滑动摩擦力要小得多,因此,人们常设法把相对滑动的情况改变为相互滚动的情况。

如果两个相接触的物体之间不存在摩擦力,则物体的接触称为光滑的。

以上讨论了力学中常见的三种力。一般说来,万有引力或重力不受质点运动状态和质点所受其他作用力的影响,有其独立的方向和大小,处于主动地位,称为主动力;其在力学问题中常作为已知力而出现。绳索内的张力、摩擦力以及物体间的挤压弹性力,它们的大小和方向,由物体所受的其他力及物体的运动状态来决定,称为被动力;其在力学问题中常作为未知力出现。

1.5.3 单位制和量纲

物理学中出现的各种物理量都有单位。如果每个物理量都独立地选取单位,那将带来

许多麻烦，使运算复杂化。其实，只要选定一组数目最少的物理量作为基本量，把它们的单位规定为基本单位，其他物理量的单位就可以根据有关的物理关系式（定义或定律）推导出来，这些物理量称为导出量，它们的单位称为导出单位。

由于选取的基本单位不同，力学中有几种不同的单位制，本书采用国际单位制（国际代号为 SI），取长度、质量和时间作为力学的基本量，并规定长度的单位为米，代号为 m；质量的基本单位为千克，代号为 kg，时间的基本单位为秒，代号为 s。其他物理量都是导出量，它们的单位可以从这三个基本单位导出。例如：

速度 $\boldsymbol{v}=\frac{\mathrm{d}\boldsymbol{r}}{\mathrm{d}t}$，单位是 m/s；

加速度 $\boldsymbol{a}=\frac{\mathrm{d}\boldsymbol{v}}{\mathrm{d}t}$，单位是 $\mathrm{m/s^2}$；

力 $\boldsymbol{F}=m\boldsymbol{a}$，单位是 $\mathrm{kg\cdot m/s^2}$(N)。

如上所述，导出量可以用基本量的某种组合来表示，我们把表示一个物理量如何由基本量组合的式子称为该物理量的量纲。在国际单位中，用字母 L、M 和 T 分别代表长度、质量和时间这三个基本量的量纲，其他物理量的量纲就可以用这三个字母的某种组合来表示。我们在物理量符号外加方括号来表示该物理量的量纲，如$[v]$、$[a]$、$[F]$等。v、a、F 的量纲可根据有关定义或定律得到：

$$[v]=\left[\frac{\mathrm{d}r}{\mathrm{d}t}\right]=\frac{\mathrm{L}}{\mathrm{T}}=\mathrm{LT^{-1}}$$

$$[a]=\left[\frac{\mathrm{d}v}{\mathrm{d}t}\right]=\frac{\mathrm{L}}{\mathrm{T^2}}=\mathrm{LT^{-2}}$$

$$[F]=[m][a]=\mathrm{MLT^{-2}}$$

只有量纲相同的物理量才能相加减和用等号连接，这就是量纲法则。可以分别检查等式两边各项量纲是否相同，来初步校核方程或公式的正确性。例如，在匀变速直线运动中有

$$x=x_0+v_0t+\frac{1}{2}at^2$$

很容易看出，上式中每一项的量纲都是 L，所以仅从量纲上来看是正确的。至于数字系数是否正确，不能由量纲分析来检验，还有待于从另外角度进一步检查。

1.5.4 牛顿运动定律的应用

应用牛顿运动定律求解质点动力学问题，一般可归纳为下列三种类型。

(1) 已知质点的运动状态，即已知质点在任一时刻的位置，或者已知质点在任一时刻的速度或加速度，求质点所受的作用力。

(2) 已知质点所受的作用力，求该质点的运动状态，即求某时刻的位置、速度和加速度。

(3) 已知质点的部分运动状态与部分受力情况，求质点运动规律及全部受力的情况。这实际是前两类问题的交叉或综合。

在这三类问题中，第一类比较简单，只需将运动方程微分，求出加速度，就可求出力，如果已知加速度则这类问题就更简单。第二类、第三类比较复杂，其复杂程度由力的性质而定，若力为恒力，也比较简单，若力是变力，一般要用积分的方法才能求解，所以这类问题会

比较复杂，本节的重点是变力作用的情况。

运用牛顿运动定律解题，一般按下列步骤进行：

(1) 根据问题的要求和计算方便，选取研究对象(利用隔离法确定研究对象)；

(2) 对每个研究对象作受力分析，并画出受力图；

(3) 建立坐标系、列出方程和求解；

(4) 对结果进行分析讨论。

例 1-13 如图 1.26(a)所示，A、B 两物体的质量分别为 m_1 和 m_2，用细绳相连，跨越滑轮两侧。开始时控制整个装置静止不动。滑轮质量和轴承处摩擦力均不计，绳子质量很小且不可伸长。求释放后物体的加速度和物体对绳的拉力。

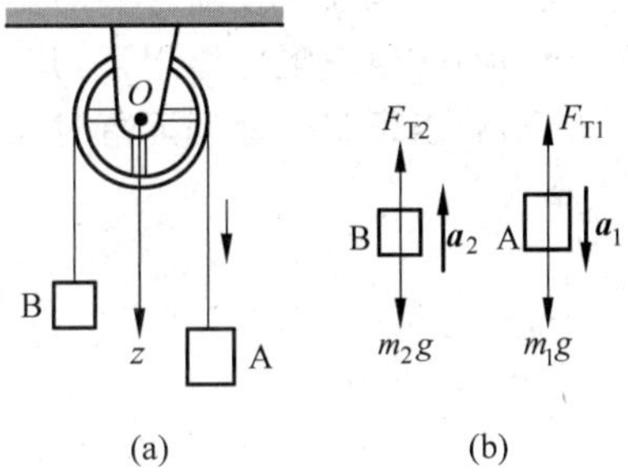

图 1.26

解 (1) 把 m_1、m_2 作为研究对象，并视为质点。

(2) 分析 m_1、m_2 的受力情况，画出受力图，如图 1.26(b)所示，F_{T_1} 和 F_{T_2} 表示绳在 A、B 两处的张力。因不计绳与滑轮的质量和滑轮的摩擦力，故滑轮两侧的张力值应相等，即

$$F_{T_1} = F_{T_2} = F_T$$

(3) 重物释放后将作加速度运动，由于绳子不能伸长，因此两物体的加速度值应相等，但方向相反，即 $\boldsymbol{a}_1 = -\boldsymbol{a}_2$。

(4) 建立直线坐标系 Oz，方向如图 1.26(a)所示。根据牛顿第二定律，有

$$m_1 g - F_T = m_1 a_1$$

$$m_2 g - F_T = m_2 a_2 = -m_2 a_1$$

由上两式得

$$a_1 = -a_2 = \frac{m_1 - m_2}{m_1 + m_2} g$$

及

$$F = m_1(g - a_1) = \frac{2m_1 m_2}{m_1 + m_2} g$$

(5) 讨论：若 $m_1 > m_2$，则 a_1 为正，a_2 为负，表示物体 A 的加速度与 z 轴同向；若 $m_1 < m_2$，a_1 为负，则表示物体 A 的加速度与 z 轴反向；若 $m_1 = m_2$，则加速度为零，即保持原先的静止状态。上述装置也称为阿特伍德机，可以用来验证牛顿第二定律。

例 1-14 一个质量为 m 的雨滴在空气中自高处自由下落，设雨滴下落过程中受到的空气阻力与其速率成正比(比例系数为 μ)，方向与运动速度方向相反，即 $f_r = -\mu v$。以开始下落时为计时零点，求此雨滴落地前任意时刻的速度和雨滴的运动方程。

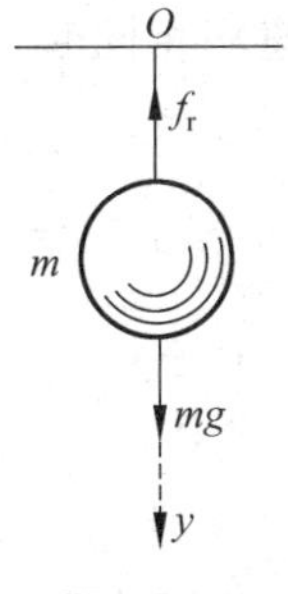

图 1.27

解 雨滴受力情况如图 1.27 所示。取 y 轴正方向竖直向下，原点 O 为起始位置，设某一时刻雨滴的加速度为 a，则根据牛顿第二定律有

$$mg - \mu v = ma = m\frac{dv}{dt} \tag{1}$$

上式可化为

$$\frac{dv}{\frac{mg}{\mu} - v} = \frac{\mu}{m} dt$$

两边积分并根据初始条件得

$$\ln\frac{\frac{mg}{\mu}-v}{\frac{mg}{\mu}}=-\frac{\mu}{m}t$$

即

$$v=\frac{mg}{\mu}(1-\mathrm{e}^{-\frac{\mu}{m}t}) \tag{2}$$

这就是雨滴落地前速度随时间的变化规律。

当雨滴在空气阻力作用下，其加速度会越来越小，最终以恒定的速度(称为收尾速度)下落。当雨滴以恒定的速度下落时，其加速度为零，即 $\mathrm{d}v/\mathrm{d}t=0$，这样由式(1)可得收尾速度的大小为

$$v=\frac{mg}{\mu}$$

由式(2)可得

$$\mathrm{d}y=\frac{mg}{\mu}(1-\mathrm{e}^{-\frac{\mu}{m}t})\cdot\mathrm{d}t$$

两边积分，并由初始条件 $t=0$ 时，$y_0=0$ 可得

$$y=\frac{mg}{\mu}t-\frac{m^2}{\mu^2}g(1-\mathrm{e}^{-\frac{\mu}{m}t})$$

该式即为所求雨滴的运动方程。

思 考 题

1.1 试述位移和路程的区别，速度和速率的区别。

1.2 速度的方向代表物体的运动方向，还是加速度方向代表物体的运动方向？下列运动情况是否可能？请举例说明。(1)物体加速度方向与物体的运动方向相反；(2)物体的加速度大小恒定，而其运动方向不断改变；(3)物体的加速度不变，但运动方向在不断改变。

1.3 判断下列说法是否正确。说明原因，并举例说明。(1)静止物体一定不受力的作用，运动物体一定受到不为零的合外力的作用；(2)合力的方向一定和物体运动方向一致；(3)物体受力越大，速度必然越大；(4)运动速率保持不变的物体，所受合力必为零。

1.4 绳的一端拴一重物，以手握其另一端使物体作圆周运动。(1)当每秒钟的转数相同时，长的绳子容易断，还是短的绳子容易断？为什么？(2)当重物运动的线速率相同时，长的绳子容易断，还是短的绳子容易断？为什么？

习 题

1.1 一个质点在作匀速率圆周运动时(　　)。

A. 切向加速度改变，法向加速度也改变　　B. 切向加速度不变，法向加速度改变

C. 切向加速度不变,法向加速度也不变　　D. 切向加速度改变,法向加速度不变

1.2　一质点在平面上运动,已知质点位置矢量的表达式为 $\boldsymbol{r}=at^2\boldsymbol{i}+bt^2\boldsymbol{j}$(其中 a、b 为常量),则该质点作(　　)。

A. 匀速直线运动　　B. 变速直线运动　　C. 抛物线运动　　D. 一般曲线运动

1.3　质点作曲线运动,在时刻 t 质点的位置矢量为 $\boldsymbol{r}$,速度为 $\boldsymbol{v}$,速率为 v,t 至 $t+\Delta t$ 时间内的位移为 $\Delta\boldsymbol{r}$,路程为 Δs,位矢大小的变化量为 Δr(或者 $\Delta|\boldsymbol{r}|$),平均速度为 $\bar{\boldsymbol{v}}$,平均速率为 $\bar{v}$。

(1) 根据上述情况,则下列表述正确的是(　　)。

A. $|\Delta\boldsymbol{r}|=\Delta s=\Delta r$

B. $|\Delta\boldsymbol{r}|\neq\Delta s\neq\Delta r$,当 $\Delta t\to 0$ 时,有 $|\mathrm{d}\boldsymbol{r}|=\mathrm{d}s\neq\mathrm{d}r$

C. $|\Delta\boldsymbol{r}|\neq\Delta r\neq\Delta s$,当 $\Delta t\to 0$ 时,有 $|\mathrm{d}\boldsymbol{r}|=\mathrm{d}r\neq\mathrm{d}s$

D. $|\Delta\boldsymbol{r}|\neq\Delta s\neq\Delta r$,当 $\Delta t\to 0$ 时,有 $|\mathrm{d}\boldsymbol{r}|=\mathrm{d}s=\mathrm{d}r$

(2) 根据上述情况,则下列表述正确的是(　　)。

A. $|\boldsymbol{v}|=v,|\bar{\boldsymbol{v}}|=\bar{v}$　　B. $|\boldsymbol{v}|\neq v,|\bar{\boldsymbol{v}}|\neq\bar{v}$

C. $|\boldsymbol{v}|=v,|\bar{\boldsymbol{v}}|\neq\bar{v}$　　D. $|\boldsymbol{v}|\neq v,|\bar{\boldsymbol{v}}|=\bar{v}$

1.4　根据瞬时速度矢量 $\boldsymbol{v}$ 的定义,在直角坐标系下,其大小 $|\boldsymbol{v}|$ 可表示为(　　)。

A. $\dfrac{\mathrm{d}r}{\mathrm{d}t}$　　B. $\dfrac{\mathrm{d}x}{\mathrm{d}t}+\dfrac{\mathrm{d}y}{\mathrm{d}t}+\dfrac{\mathrm{d}z}{\mathrm{d}t}$

C. $\left|\dfrac{\mathrm{d}x}{\mathrm{d}t}\boldsymbol{i}\right|+\left|\dfrac{\mathrm{d}y}{\mathrm{d}t}\boldsymbol{j}\right|+\left|\dfrac{\mathrm{d}z}{\mathrm{d}t}\boldsymbol{k}\right|$　　D. $\sqrt{\left(\dfrac{\mathrm{d}x}{\mathrm{d}t}\right)^2+\left(\dfrac{\mathrm{d}y}{\mathrm{d}t}\right)^2+\left(\dfrac{\mathrm{d}z}{\mathrm{d}t}\right)^2}$

1.5　质点作曲线运动,$\boldsymbol{r}$ 表示位置矢量,$\boldsymbol{v}$ 表示速度,$\boldsymbol{a}$ 表示加速度,s 表示路程,a_t 表示切向加速度,下列表达式中(　　)。

(1) $\mathrm{d}v/\mathrm{d}t=a$　(2) $\mathrm{d}r/\mathrm{d}t=v$　(3) $\mathrm{d}s/\mathrm{d}t=v$　(4) $|\mathrm{d}\boldsymbol{v}/\mathrm{d}t|=a_t$

A. 只有(1)、(4)是对的　　B. 只有(2)、(4)是对的

C. 只有(2)是对的　　D. 只有(3)是对的

1.6　一个圆锥摆的摆线长为 l,摆线与竖直方向的夹角恒为 θ,如图所示。则摆锤转动的周期为(　　)。

A. $\sqrt{\dfrac{l}{g}}$　　B. $\sqrt{\dfrac{l\cos\theta}{g}}$

C. $2\pi\sqrt{\dfrac{l}{g}}$　　D. $2\pi\sqrt{\dfrac{l\cos\theta}{g}}$

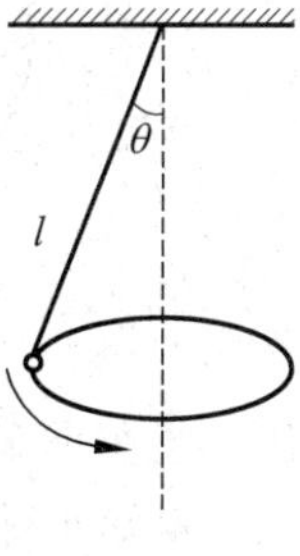

题 1.6 图

1.7　一段路面水平的公路,转弯处轨道半径为 R,汽车轮胎与路面间的摩擦系数为 μ,要使汽车不至于发生侧向打滑,则汽车在该处的行驶速率应满足(　　)。

A. 不得小于 $\sqrt{\mu gR}$　　B. 不得大于 $\sqrt{\mu gR}$

C. 必须等于 $\sqrt{2gR}$　　D. 还应由汽车的质量 M 决定

1.8　有一质点沿 x 轴作直线运动,t 时刻的坐标为 $x=4.5t^2-2t^3$(SI)。试求:

(1) 第 2s 内的平均速度;

(2) 第 2s 末的瞬时速度和加速度;

(3) 第 2s 内的路程。

1.9 质点的运动方程为 $\boldsymbol{r}=(-10t+30t^2)\boldsymbol{i}+(15t-20t^2)\boldsymbol{j}$ (SI)。求：(1)初速度的大小和方向；(2)加速度的大小和方向。

1.10 一质点沿 x 轴运动，其加速度为 $a=4t$ (SI)，已知 $t=0$ 时，质点位于 $x_0=10\ \text{m}$ 处，初速度 $v_0=0$。试求其位置和时间的关系式。

1.11 由楼窗口以水平初速度 $\boldsymbol{v}_0$ 射出一发子弹，取枪口为原点，沿 $\boldsymbol{v}_0$ 方向为 x 轴，竖直向下为 y 轴，并取发射时刻 t 为 0，试求：

(1) 子弹在任一时刻 t 的位置坐标及轨迹方程；

(2) 子弹在 t 时刻的速度、切向加速度和法向加速度。

1.12 质点在 Oxy 平面内运动，其运动方程为 $\boldsymbol{r}=2t\boldsymbol{i}+(19-2t^2)\boldsymbol{j}$ (SI)。求：(1) 质点的轨迹方程；(2) $t=1.0\ \text{s}$ 时的速度及切向和法向加速度；(3) $t=1.0\ \text{s}$ 时质点所在处轨道的曲率半径 ρ。

1.13 一半径为 0.50 m 的飞轮在启动时的短时间内，其角速度与时间的平方成正比。在 $t=2.0\ \text{s}$时测得轮缘一点的速度值为 4.0 m/s。求：(1)该轮在 $t'=0.5\ \text{s}$ 时的角速度，轮缘一点的切向加速度和总加速度；(2)该点在 2.0 s 内所转过的角度。

1.14 (1) 对于在 Oxy 平面内、以原点 O 为圆心作匀速圆周运动的质点，试用半径 r、角速度 ω 和单位矢量 $\boldsymbol{i}$、$\boldsymbol{j}$ 表示其 t 时刻的位置矢量。已知在 $t=0$ 时，$y=0$，$x=r$，角速度 ω 如图所示。

(2) 由(1)导出速度 $\boldsymbol{v}$ 与加速度 $\boldsymbol{a}$ 的矢量表示式；

(3) 试证加速度指向圆心。

1.15 当火车静止时，乘客发现雨滴下落方向偏向车头，偏角为 30°，当火车以 35 m/s 的速率沿水平直路行驶时，发现雨滴下落方向偏向车尾，偏角为 45°。假设雨滴相对于地的速度保持不变，试计算雨滴相对地的速度大小。

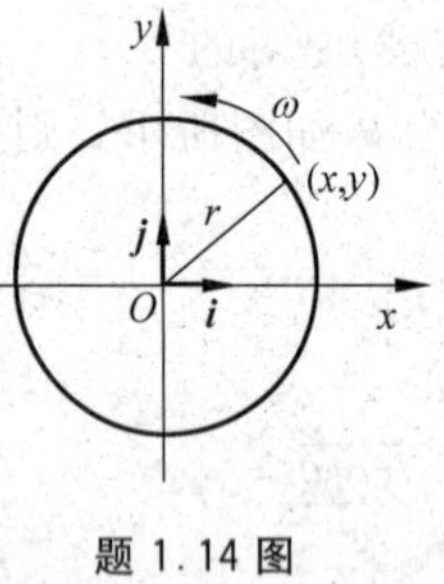

题 1.14 图

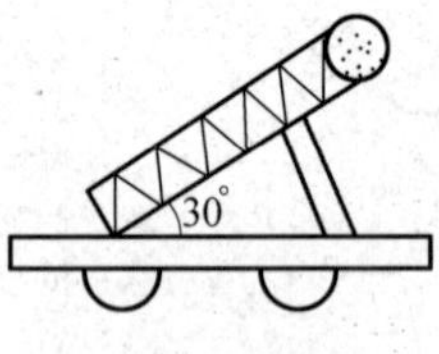

题 1.16 图

1.16 装在小车上的弹簧发射器射出一小球，根据小球在地上水平射程和射高的测量数据，得知小球射出时相对地面的速度为 10 m/s，小车的反冲速度为 2 m/s，求小球射出时相对于小车的速率。已知小车位于水平面上，弹簧发射器仰角为 30°。

1.17 当一列火车以 36 km/h 的速率水平向东行驶时，相对于地面匀速竖直下落的雨滴，在列车的窗子上形成的雨迹与竖直方向成 30°角。问：

(1) 雨滴相对于地面的水平速度有多大？相对于列车的水平速度有多大？

(2) 雨滴相对于地面的速度如何？相对于列车的速度如何？

1.18 质量为 2 kg 的质点，所受外力为 $\boldsymbol{F}=6t\boldsymbol{i}$ (SI)，该质点从 $t=0$ 时刻，$x_0=10\ \text{m}$ 处，由静

止开始运动，求：(1)质点在任意时刻的速度；(2)质点的运动方程。

1.19 一质量为 2 kg 的质点沿 x 轴运动，其所受外力 F 与位置坐标 x 的关系为

$$F = 4 + 12x^2 \quad (\mathrm{SI})$$

如果质点在原点处的速度为零，试求其在任意位置处的速度。

1.20 质量为 10 kg 的质点，所受合外力为 $\boldsymbol{F}=(120t+40)\boldsymbol{i}$ (SI)，该质点在 $t=0$ 时刻，位于 $x_0=5.0$ m 处，其速度为 $v_0=6.0$ m/s。求质点在任意时刻的速度和位置。

1.21 一质量为 m 的物体，以初速 v_0 上抛，设空气阻力与抛体速度大小的一次方成正比，即 $\boldsymbol{f}=-mk\boldsymbol{v}$，其中 k 为常数。求：(1)上抛过程中任一时刻物体速率的表达式；(2) 物体上升到最大高度所需的时间。

第2章 动量 功和能

人们在研究机械运动及它与其他运动形式之间的相互联系和相互转化过程中，逐步形成了另一些物理概念，并得出了另一些力学规律，其中特别重要的是能量、动量和角动量三个基本概念及相应的三个守恒定律。这些守恒定律可以从牛顿运动定律推导出来，但是，它们在理论和实践上比牛顿运动定律用得更为普遍。

本章首先研究动量、动能、势能等基本概念，及其所遵从的规律——动量定理和动量守恒定律，动能定理和机械能守恒定律；最后通过实例说明这些定理或守恒定律，可以直接将其作为解题的依据，使问题的解决变得简便和直接。因此，这些定理及其相应的守恒定律为解决质点动力学问题开辟了另一条途径。

2.1 动量 冲量 动量定理

2.1.1 动量

由1.5.1节可知，物体动量的定义为

$$\boldsymbol{p} = m\boldsymbol{v} \tag{2.1}$$

在国际单位制中，动量的单位为千克·米/秒(kg·m/s)。

正如前述，动量是一个矢量，其方向与速度方向相同。与速度可表示物体运动状态一样，动量也是表述物体运动状态的物理量，但动量较之速度其涵义更为广泛，意义更为重要。

动量的概念最早由伽利略提出，牛顿则明确给出动量的定义，并用式(1.33a)的形式表示了他的第二定律。此后，一直认为动量是一个重要的可观察量，对描述相互作用物体的运动很有用处。

2.1.2 冲量

物体间的相互作用力总有一定的作用时间，即使在碰撞和冲击过程中力的作用时间很短暂，但总还是经历了一段时间间隔。力和力的作用时间是不可分的；力的时间累积效应，不仅与力的大小有关，而且与力的作用时间有关。我们把力 $\boldsymbol{F}$ 与力作用时间间隔 Δt 的乘积称为力 $\boldsymbol{F}$ 的冲量，简称冲量，用 $\boldsymbol{I}$ 表示，即

$$\boldsymbol{I} = \boldsymbol{F} \cdot \Delta t \tag{2.2}$$

在一般情况下，力的大小和方向都随时间变化，从 t_1 到 t_2 的时间间隔内，变力的冲量可写为

$$\boldsymbol{I}=\int_{t_1}^{t_2}\boldsymbol{F}\cdot \mathrm{d}t \tag{2.3}$$

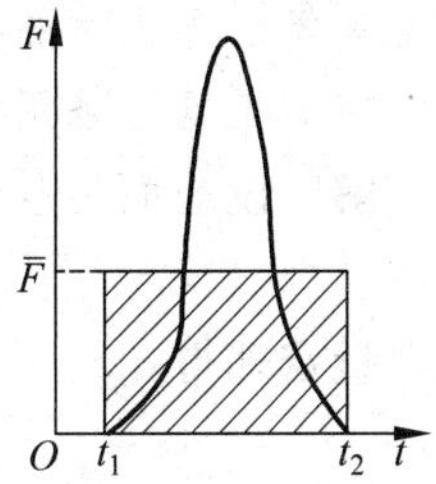

图 2.1 冲力

在物体间相互碰撞和冲击的过程中，相互作用力的时间很短，而力却很大，且通常随时间迅速变化。这种量值很大、变化很快、作用时间又很短的力，通常称为冲力。

由于冲力随时间的变化一般很复杂，所以常用平均冲力来表示。如果有一个恒力在相同的时间内与变力的冲量相等，这个恒力称为变力 $\boldsymbol{F}$ 的平均冲力，用 $\bar{\boldsymbol{F}}$ 表示，如图 2.1 所示。图 2.1 中 $\bar{F}$ 横线下的矩形面积和变力 F 曲线下的面积是相等的。按定义

$$\boldsymbol{I}=\int_{t_1}^{t_2}\boldsymbol{F}\cdot \mathrm{d}t=\bar{\boldsymbol{F}}(t_2-t_1) \tag{2.4}$$

上式在各坐标轴方向上的分量式为

$$\begin{cases} I_x=\int_{t_1}^{t_2}F_x\mathrm{d}t=\bar{F}_x(t_2-t_1)\\ I_y=\int_{t_1}^{t_2}F_y\mathrm{d}t=\bar{F}_y(t_2-t_1)\\ I_z=\int_{t_1}^{t_2}F_z\mathrm{d}t=\bar{F}_z(t_2-t_1)\end{cases} \tag{2.5}$$

冲量的单位由力和时间的单位决定。在国际单位制中是牛顿·秒(N·s)。

2.1.3 动量定理

由式(1.33a)和式(2.1)可得

$$\boldsymbol{F}\cdot \mathrm{d}t=\mathrm{d}\boldsymbol{p}=\mathrm{d}(m\boldsymbol{v}) \tag{2.6}$$

对上式积分，并设 $t=t_1$ 时 $\boldsymbol{v}=\boldsymbol{v}_1$，$t=t_2$ 时 $\boldsymbol{v}=\boldsymbol{v}_2$，则有

$$\int_{t_1}^{t_2}\boldsymbol{F}\cdot \mathrm{d}t=m\boldsymbol{v}_2-m\boldsymbol{v}_1 \tag{2.7}$$

上式表明，物体所受合外力的冲量等于物体动量的增量。这一结论称为动量定理。

式(2.7)是质点动量定理的矢量表达式，在直角坐标系中，其分量式为

$$\begin{cases} I_x=\int_{t_1}^{t_2}F_x\mathrm{d}t=mv_{2x}-mv_{1x}\\ I_y=\int_{t_1}^{t_2}F_y\mathrm{d}t=mv_{2y}-mv_{1y}\\ I_z=\int_{t_1}^{t_2}F_z\mathrm{d}t=mv_{2z}-mv_{1z}\end{cases} \tag{2.8}$$

动量定理表明，力的时间累积效应使物体的动量发生变化。由此看来，既可以根据力的冲量来确定物体的动量变化，也可以由物体的动量变化来确定力的冲量。

对于一些复杂的变力，要计算它的冲量是很困难的。但动量定理告诉我们，不必考虑这种力的复杂变化的细节，而只要由物体始末两状态的动量变化就可以确定它所受的力的冲量。

例 2-1 飞机以 300 m/s 的速度飞行，撞到一只质量为 2.00 kg 的鸟，鸟的长度为 0.30 m。

假定鸟撞到飞机后随同飞机一起运动，试估算它们相撞时的平均冲击力的大小。为了安全，现在有的机场已采用特殊声响或纵放猛禽等办法，驱逐飞翔在机场附近的鸟。

解 设地面为参考系，把鸟看作是质点，它在与飞机碰撞前后的速度分别为

$$v_0 = 0 \quad 和 \quad v = 300 \text{ m/s}$$

由动量定理得

$$mv - mv_0 = \bar{F}(t - t_0)$$

假定碰撞经历的时间等于飞机飞过的距离 l（鸟的长度）所需的时间，可得平均冲击力为

$$\bar{F} = \frac{m(v - v_0)}{t - t_0} = \frac{mv(v - v_0)}{l} = 6.0 \times 10^5 (\text{N})$$

例 2-2 质量 $M = 3 \times 10^3$ kg 的重锤，自高 $h = 1.0$ m 处自由落到受锻压的工件上，在 $\Delta t = 10^{-3}$ s时间内完全停止，如图 2.2 所示。求锤对工件的平均冲力。

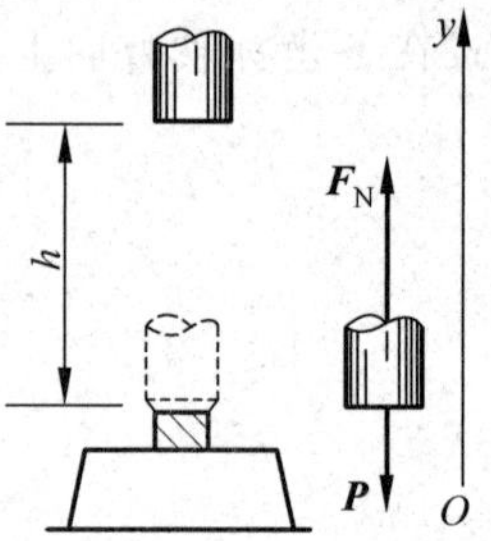

图 2.2

解 由于工件无状态变化，所以取重锤为研究对象，在 Δt 这段时间内，作用在锤上的力有两个：重力 $\boldsymbol{P}$，方向向下；工件对锤的抵抗力 $\boldsymbol{F}_N$，方向向上。抵抗力是个变力，在 Δt 时间内迅速变化，故用平均抵抗力 $\bar{F}_N$ 来代替。

重锤刚接触工件的速度，由自由落体公式可得为 $v_0 = \sqrt{2gh}$。在极短时间 Δt 内，锤的速度由初速度 v_0 变到末速度 $v = 0$。如取竖直向上的方向为坐标轴的正方向，那么根据动量定理可得

$$(\bar{F}_N - P)\Delta t = 0 - (-Mv_0) = M\sqrt{2gh}$$

由此得

$$\bar{F}_N = \frac{M\sqrt{2gh}}{\Delta t} + Mg = \frac{3 \times 10^3 \sqrt{2 \times 9.8 \times 1}}{10^{-3}} + 3 \times 10^3 \times 9.8$$
$$= 13.31 \times 10^6 (\text{N})$$

$\bar{F}_N$ 是重锤所受的平均抵抗力，方向向上，它的反作用力就是重锤对工件的平均冲力 $\overline{F'_N}$，方向相下，即

$$\overline{F'_N} = -\bar{F}_N = -13.31 \times 10^6 \text{ N}$$

如果将重锤放在工件上，只能产生 29.4×10^3 N 的压力，而在冲击时却能产生 450 倍以上的压力，从这里可大致体会到锻压的作用。

例 2-3 一弹性钢球，质量为 $m = 0.3$ kg，以速率 $v = 5$ m/s 沿与墙的法线成 $\alpha = 60°$ 的方向运动并与墙碰撞。碰撞后速率不变，方向与法线另一侧成 60°角，如图 2.3 所示。已知球和墙碰撞的作用时间 $\Delta t = 0.05$ s，求在碰撞时间内球和墙的平均相互作用力。

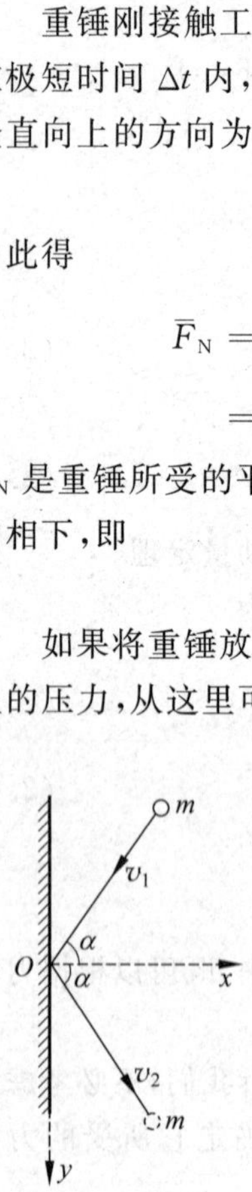

图 2.3

解 设墙对小球的平均作用力为 $\bar{\boldsymbol{F}}$（忽略小球重力），根据动量定理，有

$$\bar{\boldsymbol{F}} \cdot \Delta t = m\boldsymbol{v}_2 - m\boldsymbol{v}_1$$

将上式分别沿如图所示的 x 和 y 两方向分解，可写成分量式

$$\bar{F}_x \cdot \Delta t = mv_{2x} - mv_{1x}$$
$$\bar{F}_y \cdot \Delta t = mv_{2y} - mv_{1y}$$

因为

$$v_1 = v_2 = v$$

所以

$$\bar{F}_x \cdot \Delta t = mv_2\cos\alpha - (-mv_1\cos\alpha) = 2mv\cos\alpha$$

$$\bar{F}_x = \frac{2mv\cos\alpha}{\Delta t} = \frac{2\times 0.3\times 5\times 0.5}{0.05} = 30(\text{N})$$

方向与 x 方向相同，而

$$\bar{F}_y \cdot \Delta t = mv_2\sin\alpha - mv_1\sin\alpha = 0$$

所以

$$\bar{F}_y = 0$$

即墙与小球在 y 方向无相互作用力，在 x 方向墙与小球有平均相互作用力，为

$$\bar{F}_x = 30\ \text{N}$$

2.2 质点系的动量定理及动量守恒定律

现在讨论由若干个质点组成的质点系在受力作用时，其动量变化和转移的规律。

2.2.1 质点系的动量定理

在力学问题中，常把两个或两个以上相互作用的质点作为一个系统来研究，称这个系统为质点系。在分析系统内各质点受力情况时，可把力分为内力和外力。系统内各质点间的相互作用力称为系统的内力；系统外的其他物体（或称外界）作用于系统内质点的力称为外力。

若质点系由 n 个质点组成，则系统内各质点的动量分别为 $\boldsymbol{p}_1,\boldsymbol{p}_2,\cdots,\boldsymbol{p}_n$（一般说来，每个质点都要受到外力和内力的作用）。根据牛顿第二定律，则有

$$\boldsymbol{f}_{12} + \boldsymbol{f}_{13} + \cdots + \boldsymbol{f}_{1n} + \boldsymbol{F}_1 = \frac{\mathrm{d}\boldsymbol{p}_1}{\mathrm{d}t}$$

$$\boldsymbol{f}_{21} + \boldsymbol{f}_{23} + \cdots + \boldsymbol{f}_{2n} + \boldsymbol{F}_2 = \frac{\mathrm{d}\boldsymbol{p}_2}{\mathrm{d}t}$$

$$\vdots$$

$$\boldsymbol{f}_{n1} + \boldsymbol{f}_{n2} + \cdots + \boldsymbol{f}_{m-1} + \boldsymbol{F}_n = \frac{\mathrm{d}\boldsymbol{p}_n}{\mathrm{d}t}$$

式中 $\boldsymbol{f}_{12},\boldsymbol{f}_{13},\cdots,\boldsymbol{f}_{1n}$ 表示第一个质点所受系统内其他质点的作用力，$\boldsymbol{f}_{21},\boldsymbol{f}_{23},\cdots,\boldsymbol{f}_{2n}$ 表示第二个质点所受系统内其他质点的作用力，依此类推；$\boldsymbol{F}_1$ 表示系统外的物体对第一个质点的总作用力，$\boldsymbol{F}_2$ 表示系统外物体对第二个质点的总作用力，依此类推。将上述 n 个方程式相加，由于导数和加法运算符合交换律，于是可得

$$\sum_{i\neq j}\boldsymbol{f}_{ij} + \sum_i \boldsymbol{F}_i = \frac{\mathrm{d}}{\mathrm{d}t}\sum_i \boldsymbol{p}_i = \frac{\mathrm{d}}{\mathrm{d}t}\boldsymbol{p}$$

式中 $\boldsymbol{p} = \sum \boldsymbol{p}_i$ 为质点系的总动量。由于 $\boldsymbol{f}_{ij} = -\boldsymbol{f}_{ji}$，且内力总是成对出现的，故有 $\sum\limits_{i\neq j}\boldsymbol{f}_{ij} = \boldsymbol{0}$，

这样上式可写为

$$\sum_i \boldsymbol{F}_i = \frac{\mathrm{d}}{\mathrm{d}t}\boldsymbol{p} \tag{2.9}$$

故在外力作用的一段时间内质点系的总动量变化为

$$\int_{t_1}^{t_2} \sum_i \boldsymbol{F}_i \cdot \mathrm{d}t = \boldsymbol{p}_2 - \boldsymbol{p}_1 \tag{2.10}$$

即质点系在 t_1 到 t_2 时间间隔内总动量的增量，等于该系统所受外力的矢量和在这一时间间隔内的总冲量。这就是质点系的动量定理。

*2.2.2 质心和质心运动定理

研究质点系的运动时，还可以引入一个很重要的概念——质心。由 n 个质量分别为 $m_1, m_2, \cdots, m_n$，位置矢量分别为 $\boldsymbol{r}_1, \boldsymbol{r}_2, \cdots, \boldsymbol{r}_n$ 的质点所组成的质点系，定义

$$\boldsymbol{r}_C = \frac{m_1\boldsymbol{r}_1 + m_2\boldsymbol{r}_2 + \cdots + m_n\boldsymbol{r}_i}{m_1 + m_2 + \cdots + m_n} = \frac{\sum m_i\boldsymbol{r}_i}{m} \tag{2.11}$$

此为质点系质心的位置矢量，式中 $m = \sum m_i$，是质点系的总质量。这意味着在质点系内有一虚拟点 —— 质心，是全部质量集中在该点上的位置。上式的 x、y、z 方向的分量式为

$$x_C = \frac{\sum m_i x_i}{m}, \quad y_C = \frac{\sum m_i y_i}{m}, \quad z_C = \frac{\sum m_i z_i}{m}$$

将式(2.11)对时间求导后，可得

$$\boldsymbol{p} = \sum m_i \boldsymbol{v}_i = m\boldsymbol{v}_C \tag{2.12}$$

这说明，质点系的总动量可以用系统的总质量乘以质心的速度来表示，这相当于系统的全部质量 m 集中在质心的一个质点运动时所具有的动量。

由于系统的动量变化只决定于它所受的外力

$$\sum \boldsymbol{F}_i = \frac{\mathrm{d}}{\mathrm{d}t}\boldsymbol{p}$$

将式(2.12)代入此式，得到

$$\sum \boldsymbol{F}_i = \frac{\mathrm{d}}{\mathrm{d}t}(m\boldsymbol{v}_C) = m\frac{\mathrm{d}\boldsymbol{v}_C}{\mathrm{d}t} = m\boldsymbol{a}_C \tag{2.13}$$

即对于质点系来说，作用于系统的外力的矢量和等于系统的总质量乘以质心加速度 $\boldsymbol{a}_c$。这就是所谓的质心运动定理。

2.2.3 动量守恒定律

由质点系的动量定理可知，如果系统不受到外力的作用或总外力的矢量和为零(即 $\sum \boldsymbol{F}_i = \boldsymbol{0}$) 时，则有

$$\frac{\mathrm{d}\boldsymbol{p}}{\mathrm{d}t} = \frac{\mathrm{d}}{\mathrm{d}t}\left(\sum m_i \boldsymbol{v}_i\right) = \boldsymbol{0}$$

于是

$$\boldsymbol{p}=\sum m_i\boldsymbol{v}_i=\text{恒矢量}\quad(\text{当}\sum \boldsymbol{F}_i=\boldsymbol{0}\text{时})\tag{2.14}$$

即系统的总动量保持不变。这就是众所周知的动量守恒定律。它指出：在系统的总外力为零的前提下，系统内各物体相互作用的内力虽然能引起每个质点的动量改变，但并不能引起系统总动量的改变，这就是说，系统的总动量守恒。

由于动量守恒定律的数学表达式是一矢量式，故在实际应用时，要用它的分量式，即

$$\begin{cases}\sum m_iv_{ix}=\text{恒量} & (\text{当}\sum F_{ix}=0\text{ 时})\\ \sum m_iv_{iy}=\text{恒量} & (\text{当}\sum F_{iy}=0\text{ 时})\\ \sum m_iv_{iz}=\text{恒量} & (\text{当}\sum F_{iz}=0\text{ 时})\end{cases}\tag{2.15}$$

上式表明，虽然系统所受的合外力不等于零，系统总动量也不守恒，但当合外力在某一方向上的分量为零时，则总动量在该方向上的分量仍然是守恒的。此外，有时系统所受的合外力虽不为零，但与系统的内力相比较，外力远小于内力，这时可以略去外力对系统的作用，仍可认为系统的动量是守恒的。像碰撞、打击、爆炸等这类问题，一般都可以这样来处理，这是因为参与碰撞的物体的相互作用时间很短，相互作用内力很大，而一般的外力（如空气阻力、摩擦力或重力）与内力比较可忽略不计，所以在碰撞的过程中可以认为参与碰撞的物体系统的总动量保持不变。

现代物理学表明，动量守恒定律在条件满足时不仅适用于宏观物体，而且也适用于微观粒子的运动。所以，它是普遍适用的自然规律之一。

例 2-4 如图 2.4 所示，一辆拉煤车以速率 v=3.0 m/s 从煤斗下面通过，每秒钟落入车厢中的煤为 500 kg。若使车厢速率不变，应该用多大的牵引力拉车厢（忽略车厢与轨道之间的摩擦力）？

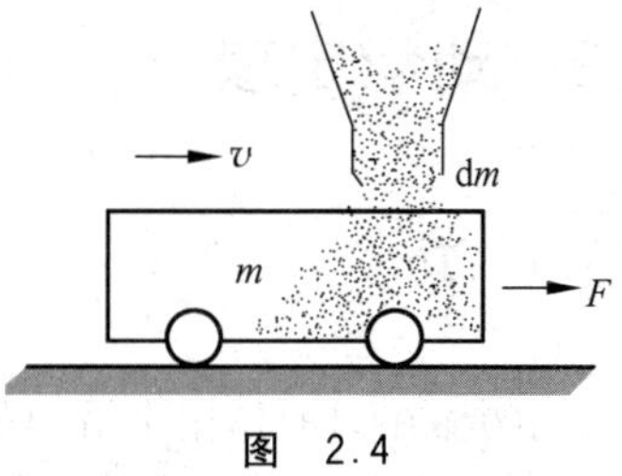

图 2.4

解 用 m 表示在 t 时刻已经落入车厢的煤和车厢的总质量，设在 $\mathrm{d}t$ 时间内落入车厢的煤质量为 $\mathrm{d}m$；取 m 和 $\mathrm{d}m$ 作为质点系，以保证在 t 到 $t+\mathrm{d}t$ 过程中系统的质量不变。规定车厢运行方向为正方向，则系统在 t 时刻的动量为

$$mv+\mathrm{d}m\cdot 0=mv$$

在 $t+\mathrm{d}t$ 时刻的动量为

$$(m+\mathrm{d}m)v$$

在 $\mathrm{d}t$ 时间内系统动量的增量

$$\mathrm{d}p=(m+\mathrm{d}m)v-mv=v\mathrm{d}m$$

设系统所受外力（牵引力）为 F，根据质点系的动量定理，注意车厢速率不变，则有

$$F\cdot\mathrm{d}t=\mathrm{d}p\rightarrow F=\frac{\mathrm{d}p}{\mathrm{d}t}=v\frac{\mathrm{d}m}{\mathrm{d}t}$$

将 v=3.0 m/s 和 $\mathrm{d}m/\mathrm{d}t$=500 kg/s 代入上式，得

$$F=3\times 500=1.5\times 10^3(\mathrm{N})$$

用这一牵引力拉车厢，车厢的速率不变。

例 2-5 一放射性原子核最初处于静止状态，通过辐射出一电子和中微子而衰变。若电子与中微子运动方向互成直角，电子的动量等于 1.2×10^{-22} kg·m/s，中微子的动量等于

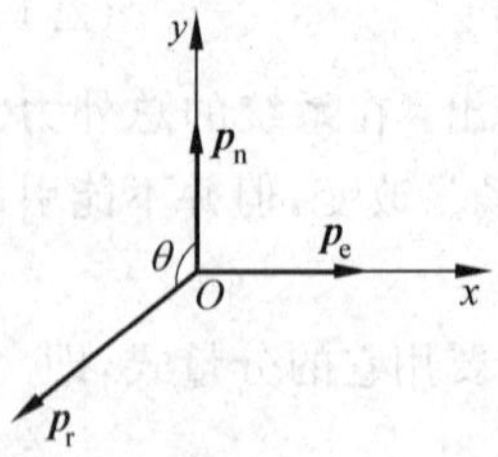

图 2.5

6.4×10^{-23} kg·m/s，求衰变后新原子核反冲动量的大小和方向。

解 新原子核、电子和中微子是一质点系，用实验室参照系来描述它们的运动。已知辐射前总动量为零；辐射后，各部分动量的分配如图2.5所示，其中 $\boldsymbol{p}_e$ 和 $\boldsymbol{p}_n$ 分别表示电子和中微子的动量，$\boldsymbol{p}_r$ 表示新原子核的动量。设它与中微子运动方向的夹角为 θ。

根据动量守恒定律有

$$\boldsymbol{p}_n+\boldsymbol{p}_e+\boldsymbol{p}_r=\boldsymbol{0}$$

若 Oxy 平面直角坐标系如图2.5所示，且 $\boldsymbol{p}_e$ 沿 x 轴，$\boldsymbol{p}_n$ 沿 y 轴。则上式的分量式是

$$Ox \quad p_e-p_r\cos(\theta-90°)=0$$

$$Oy \quad p_n-p_r\sin(\theta-90°)=0$$

由上两式得

$$\tan(\theta-90°)=\frac{p_n}{p_e}=\frac{0.64\times10^{-22}}{1.2\times10^{-22}}=0.53$$

$$\theta-90°=28°4'$$

故

$$\theta=90°+28°4'=118°4'$$

将 θ 值代入可得

$$p_r=1.36\times10^{-22}(\text{kg}\cdot\text{m/s})$$

2.3 动能定理

2.3.1 功

当物体在力的作用下沿力的方向移动了一段位移时，这时可以说力对物体做了功。可见，功是描述力对空间累积效应的物理量。

1. 恒力的功

若物体在恒力 $\boldsymbol{F}$ 作用下沿直线方向移动了一段位移 $\Delta\boldsymbol{r}$，力 $\boldsymbol{F}$ 与位移 $\Delta\boldsymbol{r}$ 间的夹角为 θ，则定义力 $\boldsymbol{F}$ 对物体所做的功 W 为

$$W=F\,|\,\Delta\boldsymbol{r}\,|\,\cos\theta \tag{2.16a}$$

式中 $F\cos\theta$ 是作用力在位移方向上的分量，$|\Delta\boldsymbol{r}|$ 是位移的大小。上式表明，恒力对质点所做的功等于力在质点位移方向的分量和质点位移大小的乘积。

由于力和位移都是矢量，式(2.16a)可用矢量的标积来表示，即

$$W=\boldsymbol{F}\cdot\Delta\boldsymbol{r} \tag{2.16b}$$

功是标量但有正有负。由式(2.16)可知，当 $\theta<\frac{\pi}{2}$ 时，功为正值，表示力对物体做正功，使它运动状态发生改变；但当 $\theta>\frac{\pi}{2}$ 时，功为负值，表示物体反抗外力做功。当 $\theta=\frac{\pi}{2}$ 时，功

值为零，表示力不做功。例如，曲线运动中，法向力对物体是不做功的。

值得注意的是，由于功定义中包含位移 $\Delta\boldsymbol{r}$，而位移与参考系的选择有关，因此功和参考系的选择有关。即同一力对物体所做的功在不同的参考系里是不同的。

在国际单位制中，功的单位是用牛顿·米(N·m)表示的，称为焦耳(J)，即

$$1\ \mathrm{N\cdot m}=1\ \mathrm{J}$$

2. 变力的功

物体作曲线运动时，作用于物体上的力的大小和方向通常都在不断地改变着。为了计算变力对物体沿曲线路径所做的功，可以将曲线分成许多足够小的线段，每一小段都可近似地看成一直线段，如图 2.6 中的 $\Delta\boldsymbol{r}_i$，这些小段又称为位移元。在每一位移元上，力 $\boldsymbol{F}_i$ 的大小和方向都可以认为是不变的。这样，可认为物体是在恒力作用下作直线运动，功元或称为元功 ΔW_i 可表示为

$$\Delta W_i=\boldsymbol{F}_i\cdot\Delta\boldsymbol{r}_i$$

这样变力沿曲线 s 所做的总功近似为

$$W=\sum\Delta W_i=\sum\boldsymbol{F}_i\cdot\Delta\boldsymbol{r}_i$$

当位移元的数目无限增多，即位移元无限地趋近于零时，则上式的极限就是变力对物体沿曲线做功的精确值，即

$$W=\lim_{\Delta\boldsymbol{r}_i\to\boldsymbol{0}}\sum\boldsymbol{F}_i\cdot\Delta\boldsymbol{r}_i=\int_A^B\boldsymbol{F}\cdot\mathrm{d}\boldsymbol{r}\tag{2.17}$$

此时位移元为 $\mathrm{d}\boldsymbol{r}$，元功为 $\mathrm{d}W$。

其实，在一般计算中变力往往是时间、空间的函数，都可用 $\boldsymbol{F}$ 表示，如图 2.7 所示。若在 $\mathrm{d}t$ 时间内质点在变力 $\boldsymbol{F}$ 作用下产生的位移元为 $\mathrm{d}\boldsymbol{r}$，则该力 $\boldsymbol{F}$ 所做的元功可以表示为

$$\mathrm{d}W=F\mid\mathrm{d}\boldsymbol{r}\mid\cos\theta=\boldsymbol{F}\cdot\mathrm{d}\boldsymbol{r}\tag{2.18a}$$

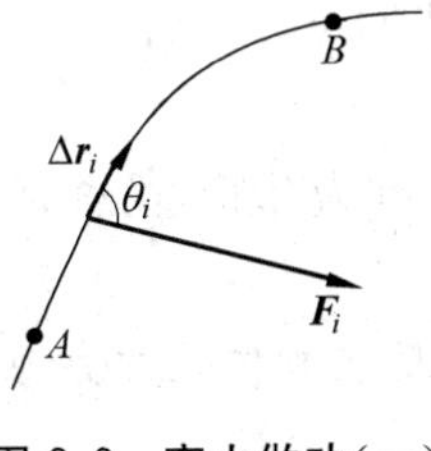

图 2.6 变力做功(一)

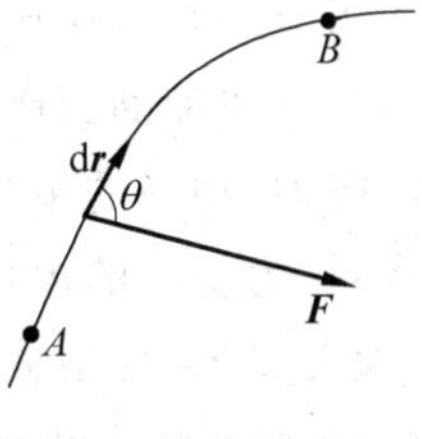

图 2.7 变力做功(二)

如用 $\mathrm{d}s$ 表示质点在 $\mathrm{d}t$ 时间内所走过的路程，由于 $|\mathrm{d}\boldsymbol{r}|=\mathrm{d}s$，所以上述元功又可写成

$$\mathrm{d}W=F\cdot\mathrm{d}s\cdot\cos\theta\tag{2.18b}$$

质点从 A 运动到 B 时，力 $\boldsymbol{F}$ 所做的总功为

$$W=\int\mathrm{d}W=\int_A^B\boldsymbol{F}\cdot\mathrm{d}\boldsymbol{r}\tag{2.18c}$$

或者写成

$$W=\int\mathrm{d}W=\int_A^B F\cdot\mathrm{d}s\cdot\cos\theta\tag{2.18d}$$

如果物体同时受到 n 个力 $\boldsymbol{F}_1,\boldsymbol{F}_2,\cdots,\boldsymbol{F}_n$ 的作用，它们的合力为 $\boldsymbol{F}$，即

$$F = F_1 + F_2 + \cdots + F_n$$

由于矢量的标积服从分配律，则合力对物体所做的功为

$$\begin{aligned} W &= \int_A^B \boldsymbol{F} \cdot \mathrm{d}\boldsymbol{r} = \int_A^B (\boldsymbol{F}_1 + \boldsymbol{F}_2 + \cdots + \boldsymbol{F}_n) \cdot \mathrm{d}\boldsymbol{r} \\ &= \int_A^B \boldsymbol{F}_1 \cdot \mathrm{d}\boldsymbol{r} + \int_A^B \boldsymbol{F}_2 \cdot \mathrm{d}\boldsymbol{r} + \cdots + \int_A^B \boldsymbol{F}_n \cdot \mathrm{d}\boldsymbol{r} \\ &= W_1 + W_2 + \cdots + W_i + \cdots + W_n \\ &= \sum_i W_i \end{aligned} \tag{2.19}$$

即，合力对物体所做的功等于各分力分别对该物体所做功的代数和。因此，计算合力做的功时不必先求合力，可以直接分别计算各个分力所做的功，然后求其代数和。

2.3.2 功率

在许多实际问题中，不仅要知道力所做的功，还要考虑做功的快慢。为此，引入功率这个物理量。功和做功时间之比称为功率，它在数值上等于单位时间内力对物体所做的功。

若在时间 Δt 内力对物体所做的功是 ΔW，则在这段时间内的平均功率是

$$\overline{P} = \frac{\Delta W}{\Delta t}$$

当 Δt 趋于零时，则反映了某一时刻的瞬时功率（简称功率），即

$$P = \lim_{\Delta t \to 0} \frac{\Delta W}{\Delta t} = \frac{\mathrm{d}W}{\mathrm{d}t} \tag{2.20}$$

若把 $\mathrm{d}W = \boldsymbol{F} \cdot \mathrm{d}\boldsymbol{r}$ 代入上式，则又可得

$$P = \frac{\mathrm{d}W}{\mathrm{d}t} = \boldsymbol{F} \cdot \frac{\mathrm{d}\boldsymbol{r}}{\mathrm{d}t} = \boldsymbol{F} \cdot \boldsymbol{v} \tag{2.21}$$

即功率又可表示为力与受它作用的物体速度的标积。据此我们可以理解功率一定的汽车在上坡时必须减慢运行速度的原因。

在国际单位制中，功率的单位是用焦耳/秒(J/s)表示的，称为瓦特，简称瓦(W)；工程上习惯用千瓦(kW)作为功率的单位，$1\ \mathrm{kW} = 10^3\ \mathrm{W}$。

例 2-6 质量为 2 kg 的物体由静止出发沿直线运动，作用在物体上的力为 $F = 6t$ (SI)。试求在头 2 s 内，此力对物体做的功。

解 由题意可知，这是变力做功问题，由于是作直线运动，所以在 $\mathrm{d}t$ 时间内变力 $\boldsymbol{F}$ 对质点所做的元功为

$$\mathrm{d}W = F \cdot \mathrm{d}x = 6t \cdot \mathrm{d}x$$

要求在头 2 s 内的总功，必须对上式进行积分。显然需把上式的积分变量统一，由牛顿第二定律可得质点作直线运动的加速度

$$a_x = \frac{F}{m} = \frac{6t}{2} = 3t$$

由 $a_x = \mathrm{d}v_x/\mathrm{d}t$ 可得

$$\mathrm{d}v_x = a_x \mathrm{d}t = 3t\mathrm{d}t$$

对上式积分

$$\int_0^{v_x} \mathrm{d}v_x = \int_0^t 3t\mathrm{d}t$$

得

$$v_x = \frac{3}{2}t^2$$

又由 $v_x = \mathrm{d}x/\mathrm{d}t$ 得

$$\mathrm{d}x = v_x\mathrm{d}t = \frac{3}{2}t^2\mathrm{d}t$$

将上式代入元功表达式，得

$$\mathrm{d}W = F \cdot \mathrm{d}x = 6t \cdot \mathrm{d}x = 9t^3\mathrm{d}t$$

得头 2 s 内的总功

$$W = \int \mathrm{d}W = \int_0^2 9t^3\mathrm{d}t = 36.0(\mathrm{J})$$

2.3.3 质点的动能定理

高速运动的子弹射入很厚的墙体，子弹克服墙体的摩擦阻力做了功，这表明运动的子弹具有能量，这种能量通过做功的方式转化为热能，使墙砖的温度升高。运动着的物体所具有的能量称为动能。物体机械能量的大小表现为其做功的本领。以下我们从机械功出发，来讨论动能的表达形式。

设有一质量为 m 的物体，在合外力 $\boldsymbol{F}$ 的作用下由初始位置 A 经由某一路径到达终止位置 B，如图 2.8 所示，设质点的初速度为 $\boldsymbol{v}_1$，末速度为 $\boldsymbol{v}_2$。在这段路径中，合外力 $\boldsymbol{F}$ 对质点所做的功为

$$W = \int_A^B \boldsymbol{F} \cdot \mathrm{d}\boldsymbol{r}$$

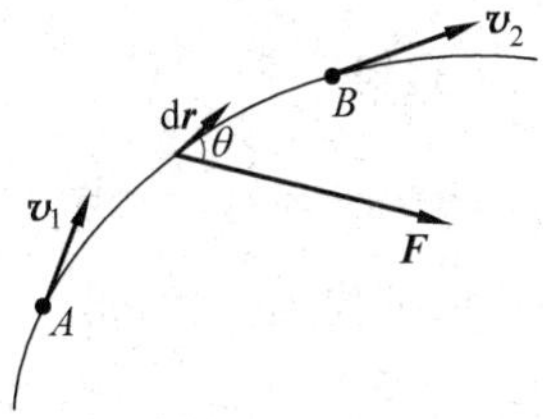

图 2.8 推导动能定理用图

由牛顿第二定律

$$\boldsymbol{F} = m\boldsymbol{a} = m\frac{\mathrm{d}\boldsymbol{v}}{\mathrm{d}t}$$

代入上式得

$$W = \int_A^B \boldsymbol{F} \cdot \mathrm{d}\boldsymbol{r} = \int_A^B m\frac{\mathrm{d}\boldsymbol{v}}{\mathrm{d}t} \cdot \mathrm{d}\boldsymbol{r} = \int_A^B m\mathrm{d}\boldsymbol{v} \cdot \frac{\mathrm{d}\boldsymbol{r}}{\mathrm{d}t} = \int_{v_1}^{v_2} m\mathrm{d}\boldsymbol{v} \cdot \boldsymbol{v}$$

$$= \int_{v_1}^{v_2} \mathrm{d}\left(\frac{1}{2}mv^2\right) = \frac{1}{2}mv_2^2 - \frac{1}{2}mv_1^2 \tag{2.22}$$

等式左边为合外力所做的功，而等式右边则表示合外力对质点做功所产生的效应是要引起 $\frac{1}{2}mv^2$ 这个状态量的改变。$\frac{1}{2}mv^2$ 是质点速率的函数，具有能量量纲，它是表示质点运动状态的一个新物理量，我们把它称为质点的动能，记作 E_k。则有

$$E_\mathrm{k} = \frac{1}{2}mv^2 \tag{2.23}$$

通常用 $E_{\mathrm{k}1}$ 表示质点初状态的动能，用 $E_{\mathrm{k}2}$ 表示质点末状态的动能，则上式就可写成

$$W = E_{\mathrm{k}2} - E_{\mathrm{k}1} \tag{2.24}$$

上式表明，合外力对质点所做的功等于质点动能的增量。这一结论称为质点的动能定理。

当合外力做正功($W>0$)时，质点的动能增加；当合外力做负功($W<0$)时，质点的动能减小。

在运用动能定理时，应注意以下几点。

(1) 动能与功的概念不能混淆，质点的运动状态一旦确定，相应的动能就唯一地确定了，动能是运动状态的函数；而功与质点受力的过程有关，功是一个过程量，是能量转变的一种量度。

(2) 动能定理适用于惯性系，在不同的惯性系中，由于质点的速度和位移都不同，因此，功和动能的数值均依赖于惯性参考系的选取，而式(2.24)的关系依然成立。

在国际单位制中能量的单位与功相同，也是用焦耳(J)表示。

例 2-7 如图 2.9 所示，有一质量为 4 kg 的质点，在力 $\boldsymbol{F}=2xy\boldsymbol{i}+3x^2\boldsymbol{j}$ (SI)的作用下，由静止开始沿曲线 $x^2=9y$ 从 $O(0,0)$ 点运动到 $Q(3,1)$ 点。试求质点运动到 Q 点时的速度。

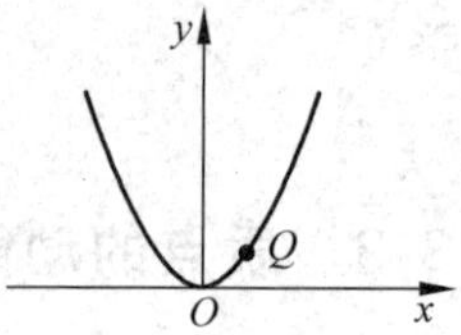

图 2.9

解 根据功的定义有

$$W=\int_O^Q \boldsymbol{F}\cdot \mathrm{d}\boldsymbol{r}$$

其中

$$\boldsymbol{F}=2xy\boldsymbol{i}+3x^2\boldsymbol{j}$$
$$\mathrm{d}\boldsymbol{r}=\mathrm{d}x\boldsymbol{i}+\mathrm{d}y\boldsymbol{j}$$

代入上式得

$$W=\int_O^Q (F_x\mathrm{d}x+F_y\mathrm{d}y)=\int_O^Q (2xy\mathrm{d}x+3x^2\mathrm{d}y)$$

将 $x^2=9y$ 代入上式，得

$$W=\int_O^Q\left(\frac{2}{9}x^3\mathrm{d}x+27y\mathrm{d}y\right)=\int_0^3\frac{2}{9}x^3\mathrm{d}x+\int_0^1 27y\mathrm{d}y=18(\mathrm{J})$$

根据动能定理得

$$W=\frac{1}{2}mv_2^2-\frac{1}{2}mv_1^2$$

其中 $v_1=0$，故质点运动到 Q 点时的速度为

$$v_2=\sqrt{\frac{2W}{m}}=\sqrt{\frac{36}{4}}=3.0(\mathrm{m/s})$$

例 2-8 用质量为 M 的铁锤把质量为 m 的钉子敲入木板。设木板对钉子的阻力与钉子进入木板的深度成正比，若第一次敲击，能把钉子钉入木板 1 cm 深；第二次敲击时，保持第一次敲击钉子时的速度，问第二次能把钉子钉入多深？

解 设铁锤敲打钉子前的速度为 v_0，敲打后两者的共同速度为 v。取 x 轴向下，则由动量守恒定律有

$$Mv_0=(M+m)v$$

$$v=\frac{Mv_0}{M+m}$$

一般而言，由于钉子的质量与铁锤的质量相比甚小，即 $M\gg m$，所以钉子进入木板时的速度

$v\approx v_0$。

根据题意，铁锤第一次敲打时，克服阻力做功，将钉子钉入 $x_1=1$ cm 深，并知钉子所受阻力的大小为 $F=kx$（k 为比例系数），则应用动能定理可得

$$0-\frac{1}{2}mv_0^2=\int_0^{x_1}-kx\,\mathrm{d}x=-\frac{1}{2}kx_1^2$$

设铁锤第二次敲打时能钉入木板的深度为 Δx，则同样应用动能定理可得

$$0-\frac{1}{2}mv_0^2=\int_{x_1}^{x_1+\Delta x}-kx\,\mathrm{d}x=-\left[\frac{1}{2}k(x_1+\Delta x)^2-\frac{1}{2}kx_1^2\right]$$

由以上两式可得

$$(x_1+\Delta x)^2=2x_1^2$$

由此可求得第二次能够把钉子钉入的深度为

$$\Delta x=\sqrt{2}x_1-x_1=0.41(\mathrm{cm})$$

显然，铁锤两次敲打，把钉子钉入木板的深度是不相同的。

例 2-9 如图 2.10 所示，一质量为 1.0 kg 的小球系于长为 1.0 m 的细绳下端，绳的上端固定在天花板上。起初把绳子放在与竖直线成 30°角处，然后放手使小球沿圆弧下落。试求绳与竖直线成 10°角时，小球的速率。

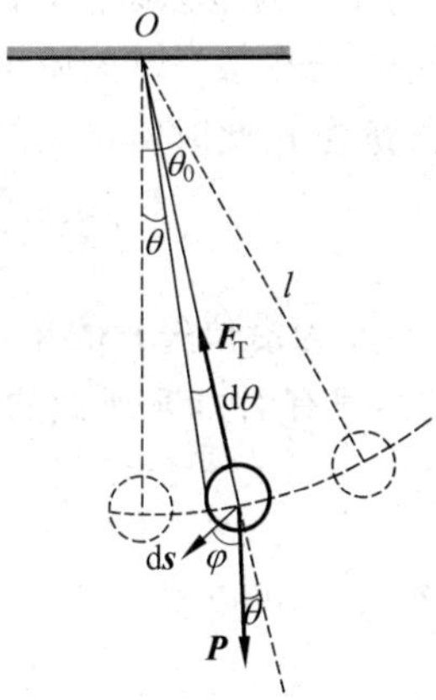

图 2.10

解 设小球的质量为 m，细绳长为 l，在起始时刻细绳与竖直线的夹角为 θ_0，小球的速率 $v_0=0$，在某一时刻细绳与竖直线成 θ 角时，小球的速率为 v，小球受到绳的拉力 $\boldsymbol{F}_\mathrm{T}$ 和重力 $\boldsymbol{P}$ 的作用。小球在圆弧上有无限小位移 d$\boldsymbol{s}$ 时，合外力 $\boldsymbol{F}$ 所做的功为

$$\mathrm{d}W=\boldsymbol{F}\cdot\mathrm{d}\boldsymbol{s}=\boldsymbol{F}_\mathrm{T}\cdot\mathrm{d}\boldsymbol{s}+\boldsymbol{P}\cdot\mathrm{d}\boldsymbol{s}$$

由于

$$\boldsymbol{F}_\mathrm{T}\cdot\mathrm{d}\boldsymbol{s}=0,\quad \boldsymbol{P}\cdot\mathrm{d}\boldsymbol{s}=P\cos\varphi\cdot\mathrm{d}s$$

又 $\varphi+\theta=\pi/2$，所以

$$\boldsymbol{P}\cdot\mathrm{d}\boldsymbol{s}=P\cos\varphi\cdot\mathrm{d}s=P\sin\theta\cdot\mathrm{d}s$$

d$\boldsymbol{s}$ 的大小为 $\mathrm{d}s=l|\mathrm{d}\theta|$，方向与角位移 d$\theta$ 的计时零点方向相反，故有 $\mathrm{d}s=-l\mathrm{d}\theta$，于是

$$\mathrm{d}W=\boldsymbol{P}\cdot\mathrm{d}\boldsymbol{s}=-mgl\sin\theta\cdot\mathrm{d}\theta$$

摆角由 θ_0 改变为 θ 时，合外力所做的功为

$$W=\int\mathrm{d}W=\int_{\theta_0}^{\theta}-mgl\sin\theta\cdot\mathrm{d}\theta=mgl(\cos\theta-\cos\theta_0)$$

由动能定理得

$$W=mgl(\cos\theta-\cos\theta_0)=\frac{1}{2}mv^2-\frac{1}{2}mv_0^2$$

由此得在某一时刻细绳与竖直线成 θ 角时，小球的速率为

$$v=\sqrt{2gl(\cos\theta-\cos\theta_0)}$$

将已知数据代入得

$$v=1.53\ \mathrm{m/s}$$

2.4 保守力与非保守力 势能

上一节我们介绍了作为机械运动能量之一的动能。本节将介绍另一种机械运动的能量——势能，为此，我们将从万有引力、重力、弹性力以及摩擦力等力的做功特点出发，引出保守力和非保守力的概念，然后介绍引力势能、重力势能和弹性势能。

2.4.1 万有引力、重力、弹性力的做功特点

1. 万有引力做功

设有两个质量分别为 m_1 和 m_2 的质点，质点 m_2 固定不动，质点 m_1 在质点 m_2 的引力作用下由 A 点沿任意路径到达 B 点，如图 2.11 所示。取 m_2 的位置为坐标原点，A、B 两点到 m_2 的距离分别为 r_A 和 r_B。若在某一时刻质点 m_1 距质点 m_2 的距离为 r，其位置矢量为 $\boldsymbol{r}$，此时质点 m_1 受到质点 m_2 的万有引力 $\boldsymbol{F}$ 为

$$\boldsymbol{F}=-G\frac{m_1 m_2}{r^2}\boldsymbol{e}_r$$

式中，$\boldsymbol{e}_r$ 为沿位矢 $\boldsymbol{r}$ 的单位矢量。当质点 m_1 产生位移元 $\mathrm{d}\boldsymbol{r}$ 时，万有引力 $\boldsymbol{F}$ 所做的元功为

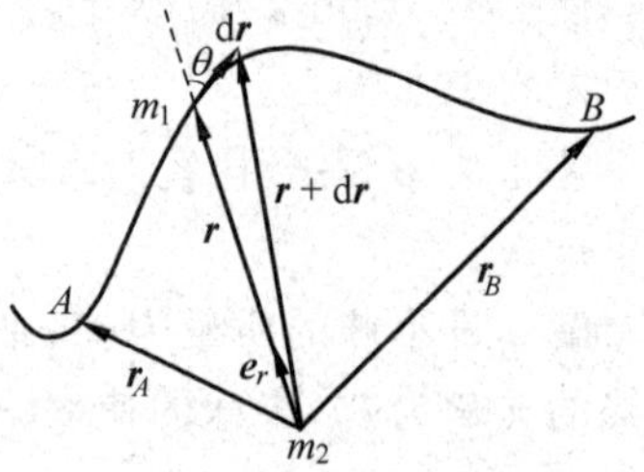

图 2.11 万有引力做功

$$\mathrm{d}W=\boldsymbol{F}\cdot\mathrm{d}\boldsymbol{r}=-G\frac{m_1 m_2}{r^2}\boldsymbol{e}_r\cdot\mathrm{d}\boldsymbol{r}$$

由图 2.11 可以看出

$$\boldsymbol{e}_r\cdot\mathrm{d}\boldsymbol{r}=|\boldsymbol{e}_r|\cdot|\mathrm{d}\boldsymbol{r}|\cos\theta=|\mathrm{d}\boldsymbol{r}|\cos\theta=\mathrm{d}r$$

于是，上式变为

$$\mathrm{d}W=-G\frac{m_1 m_2}{r^2}\mathrm{d}r$$

所以，质点 m_1 从 A 点沿任意路径到达 B 点的过程中，万有引力做的功为

$$W=\int_A^B\mathrm{d}W=-Gm_1 m_2\int_{r_A}^{r_B}\frac{1}{r^2}\mathrm{d}r=G\frac{m_1 m_2}{r_B}-G\frac{m_1 m_2}{r_A}$$

即

$$W=-\left[\left(-G\frac{m_1 m_2}{r_B}\right)-\left(-G\frac{m_1 m_2}{r_A}\right)\right]\tag{2.25}$$

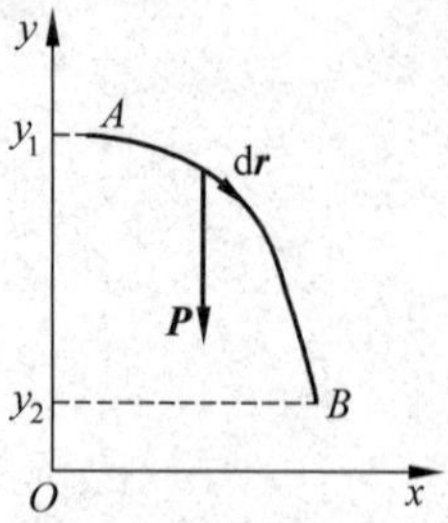

图 2.12 重力做功

上式表明，万有引力做功只与质点的始、末位置有关，而与具体路径无关。

2. 重力做功

如图 2.12 所示，设有一质量为 m 的质点，在重力作用下从 A 点沿某一任意路径到达 B 点，A 点和 B 点距地面的高度分别为 y_1 和

y_2。因为质点运动的路径为一曲线，所以重力和质点运动方向之间的夹角是不断变化的。若在任一时刻的很短时间内，质点的位移元为 $\mathrm{d}\boldsymbol{r}$，在直角坐标系中可以表示为

$$\mathrm{d}\boldsymbol{r} = \mathrm{d}x\boldsymbol{i} + \mathrm{d}y\boldsymbol{j}$$

质点的重力为 $\boldsymbol{P}$，即

$$\boldsymbol{P} = -mg\boldsymbol{j}$$

则重力所做的元功为

$$\mathrm{d}W = \boldsymbol{P}\cdot\mathrm{d}\boldsymbol{r} = -mg\boldsymbol{j}\cdot(\mathrm{d}x\boldsymbol{i} + \mathrm{d}y\boldsymbol{j}) = -mg\,\mathrm{d}y$$

质点从 A 点运动到 B 点的过程中，重力做的总功为

$$W = \int_A^B \mathrm{d}W = -mg\int_{y_1}^{y_2}\mathrm{d}y = mgy_1 - mgy_2$$

即

$$W = -(mgy_2 - mgy_1) \tag{2.26}$$

上式也表明，重力做功也仅取决于质点的始、末位置，与质点经过的具体路径无关。

3. 弹性力做功

如图 2.13 所示，将一轻弹簧的一端固定，另一端与一质量为 m 的质点相联结，放在光滑的水平面上。设 O 点为弹簧的自然长度时质点的位置，称为平衡位置。以平衡位置 O 为原点，并取向右为 x 轴的正方向。当弹簧发生形变(在弹性限度内)时，物体所受的弹性力 $\boldsymbol{F}$ 可由胡克定律确定：

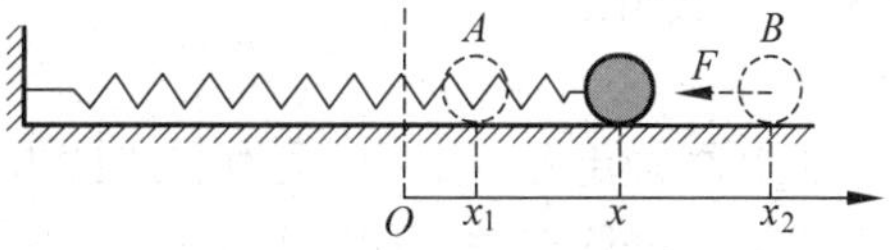

图 2.13 弹性力做功

$$\boldsymbol{F} = -kx\boldsymbol{i}$$

式中 k 为弹簧的劲度系数。显然，弹簧的弹性力是变力，但若质点的位移是位移元 $\mathrm{d}\boldsymbol{x}$ 时，弹性力 $\boldsymbol{F}$ 可近似看成是不变的，于是，当质点产生位移 $\mathrm{d}\boldsymbol{x}$ 时，弹性力所做元功为

$$\mathrm{d}W = \boldsymbol{F}\cdot\mathrm{d}\boldsymbol{x} = -kx\boldsymbol{i}\cdot\mathrm{d}x\boldsymbol{i} = -kx\,\mathrm{d}x$$

这样，质点从 A 点运动到 B 点的过程中，弹性力所做的总功为

$$W = \int_A^B \mathrm{d}W = \int_{x_1}^{x_2} -kx\,\mathrm{d}x = \frac{1}{2}kx_1^2 - \frac{1}{2}kx_2^2$$

或

$$W = -\left(\frac{1}{2}kx_2^2 - \frac{1}{2}kx_1^2\right) \tag{2.27}$$

上式表明，弹性力做功只与质点的始、末位置有关，与质点所经过的路径无关。

2.4.2 保守力与非保守力

从以上讨论可以看出，万有引力、重力和弹性力做功具有一个共同的特点，即做功只与始、末位置有关，而与质点所经历的路径无关，我们把具有这种做功特点的力称为保守力。力学中的万有引力、重力和弹性力都是保守力。

对于保守力的性质，还可用另一种方法来表述，即：质点沿任意闭合路径运动一周，保守力对它所做的功为零，数学表达式为

$$W = \oint_l \boldsymbol{F} \cdot \mathrm{d}\boldsymbol{r} = 0 \tag{2.28}$$

并非所有的力都是保守力，如果力所做的功不仅取决于质点的始、末位置，而且还与质点所经过的路径有关，或者说，力沿任意闭合路径所做的功不等于零，则这种力称为非保守力。摩擦力就是非保守力。设在地面上把一物体由 A 点经路径 s 移到 B 点，如图 2.14 所示，摩擦力做的负功为

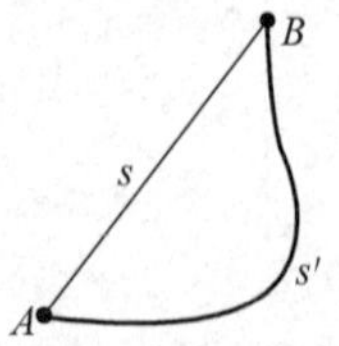

图 2.14 摩擦力做功

$$W_s = -F_f \cdot s$$

假设 F_f 为恒定的摩擦力，若物体沿另一路径 s' 由 A 点到 B 点，则摩擦力做的负功为

$$W_{s'} = -F_f \cdot s'$$

可见，移动的路径不同，摩擦力做的功也不同。也就是说，物体由 A 点出发沿路径 s 和 s' 再回到 A 点，摩擦力做功为

$$W = W_s + W_{s'} = -F_f(s + s') \neq 0$$

总之，物体间的相互作用力按其做功与路径是否有关的性质可分为两类：保守力和非保守力。

2.4.3 势能

从上面关于万有引力、重力和弹性力做功的讨论中，我们发现这些保守力所做的功均与质点的始末位置有关。同时我们也注意到式(2.25)～式(2.27)的左边都是三种保守力的功，右边都是与质点位置有关的函数，而功又是能量变化的量度，因此，上述三式中的能量一定包含在位置函数里，显然这些函数具有能量的性质。为此，我们把这种与质点位置有关的能量函数称为质点的势能，用符号 E_p 表示。根据上述三式，可得三种势能：

引力势能

$$E_\mathrm{p} = -G\frac{m_1 m_2}{r}$$

重力势能

$$E_\mathrm{p} = mgy$$

弹性势能

$$E_\mathrm{p} = \frac{1}{2}kx^2$$

也许有读者会问，为什么取“势能”，而不取其他的能量名称呢？关于这个问题，我们不妨这样来理解它的物理意义：在建筑工地上，我们常能看到打桩机把重锤高高举起，然后落下砸向桩顶，把桩柱打入地下。重锤从高处下落的过程中释放出的能量，用于桩柱克服地层阻力做功。显然，重锤从高处下落过程中所释放出的能量是重锤位置变化的能量，这个能量可以用与重锤位置有关的函数来表示，如式(2.26)的右边的函数所示。这样看来，与质点位置有关的能量是潜在的能量，因此，我们把与质点位置有关的潜在能量用“势能”来命名是再恰当不过的了。

依据式(2.25)～式(2.27)的分析，如果把 $E_{\mathrm{p}2} - E_{\mathrm{p}1}$ 称为势能的增量，则保守力做功与势能的关系可表示为

$$W = -(E_{p2} - E_{p1}) = -\Delta E_p \tag{2.29}$$

上式表明，保守力对质点所做的功等于质点势能增量的负值。

关于势能，需要注意以下几点：

(1) 势能是状态的函数。在不同保守力作用的情况下，尽管势能的表达式各不相同，但都与所经历的路径无关，所以说势能是坐标的单值函数，即 $E_p = E_p(x, y, z)$。

(2) 势能的值是相对的。由于空间的位置是相对的，势能的大小只具有相对意义，只有在确定了势能的参考零点后，各空间点才有确定的势能值。而势能零点的选取是任意的，可以根据处理问题的需要而定。在习惯上，通常把引力势能的零点取在无穷远处，把重力势能零点取在地面上，把弹性势能零点取在弹簧原长的平衡位置上。具有真正意义的是势能差，不管把势能零点取在何处，空间任意两点之间的势能差总是确定的。

(3) 势能是属于系统的。势能是由于系统内质点之间的保守力做功而形成的。单就一个质点谈势能是没有意义的。例如，重力势能属于物体和地球组成的系统，如果没有地球，则没有重力做功，也就不存在重力势能。

势能 $E_p = E_p(x, y, z)$ 是空间位置的函数，势能随位置变化的关系曲线称为势能曲线。图 2.15 给出了重力势能、弹性势能和引力势能的势能曲线。

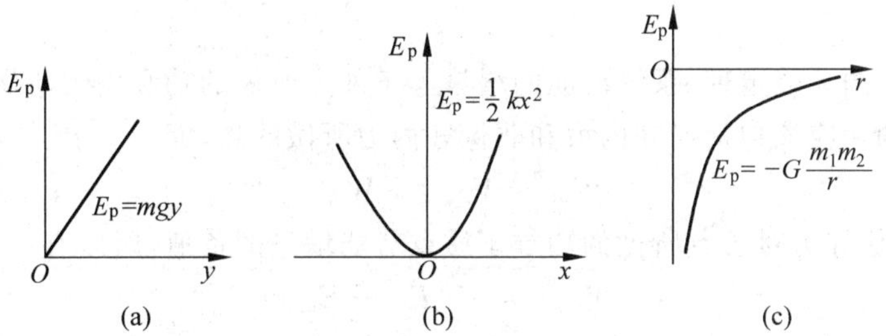

图 2.15 势能曲线

2.5 功能原理 机械能守恒定律

本节讨论由几个物体组成的系统(可看作质点系)的功和能之间的关系。

2.5.1 质点系的动能定理

设一个质点系由 n 个质量分别为 $m_1, m_2, \cdots, m_n$ 的质点组成，若其中任一个质量为 m_i 的质点所受到的合外力与合内力分别做的功为 $W_{i外}$ 和 $W_{i内}$，使质点从速率 v_{i1} 的状态变为速率为 v_{i2} 的状态，则由质点的动能定理可得

$$W_{i外} + W_{i内} = \frac{1}{2}m_i v_{i2}^2 - \frac{1}{2}m_i v_{i1}^2$$

对系统中每个质点都可写出这样的方程，把所有的方程相加，得到的方程为

$$\sum W_{i外} + \sum W_{i内} = \sum \frac{1}{2}m_i v_{i2}^2 - \sum \frac{1}{2}m_i v_{i1}^2$$

其中$\sum \frac{1}{2}m_iv_i^2$为系统内所有质点的动能之和，称为质点系的总动能，以E_k表示。这样，方程右边可用$E_{k2}-E_{k1}$表示，它代表着质点系在状态变化中总动能的增量。$\sum W_{i外}$为质点外力所做功的代数和，而$\sum W_{i内}$为各质点内力所做功的代数和。令

$$W_{外}=\sum W_{i外},\quad W_{内}=\sum W_{i内}$$

则有

$$W_{外}+W_{内}=E_{k2}-E_{k1} \tag{2.30}$$

上式表明：系统内质点总动能的变化，是由于外力和内力对系统所做的总功引起的，这就是质点系的动能定理，其文字表述为：质点系动能的增量等于作用于系统的所有外力和内力做功的代数和。

值得注意的是，从质点系的动能定理可看出，内力所做的功同样可以改变系统的总动能，这与质点系的动量定理不同（内力不改变系统的总动量）。例如，在荡秋千时，把人和秋千看成一个系统，依靠人对秋千的内力做功，可以使系统的动能增大，秋千越荡越高。

2.5.2 功能原理

根据质点系的动能定理，系统动能的增量等于外力所做的功和内力所做的功的代数和，其中内力所做的功应该包括保守内力和非保守内力所做的功，即

$$W_{内}=W_{保内}+W_{非保内}$$

根据式(2.29)，保守力对质点所做的功等于质点势能增量的负值，所以有

$$W_{保内}=-(E_{p2}-E_{p1})$$

式中E_{p1}、E_{p2}分别表示系统始、末两态的势能。将上述两式代入式(2.30)，并整理后得

$$W_{外}+W_{非保内}=(E_{k2}+E_{p2})-(E_{k1}+E_{p1})$$

在力学中，把某一时刻系统的动能与势能之和称为系统的机械能，用E表示，即$E=E_k+E_p$，若用E_1和E_2分别表示系统在初状态和末状态的机械能，则上式可写为

$$W_{外}+W_{非保内}=E_2-E_1 \tag{2.31}$$

上式表明，质点系机械能的增量等于所有外力和所有非保守内力所做功的代数和。这就是质点系的功能原理。

功能原理是从质点系的动能定理推导出来的，因此它们之间并无本质上的区别。使用动能定理可解决的问题，使用功能原理同样也可以解决。由于功能原理中将保守内力所做的功用相应的势能增量的负值代替了，而计算势能的增量往往比直接计算功来得方便，因此，功能原理更适用于讨论机械能和其他形式能量之间的转化问题。

2.5.3 机械能守恒定律

由功能原理的表达式可以看出，在外力和非保守内力都不做功或它们所做的总功为零，即$W_{外}+W_{非保内}=0$时，则有

$$E_2=E_1$$

或者

$$E_k + E_p = \text{常量} \tag{2.32}$$

上式的物理意义是：当作用于质点系的外力和非保守内力不做功时，质点系的总机械能保持不变。或者，当系统中只有保守内力做功时，质点系的总机械能保持不变。这就是机械能守恒定律。

外力不做功，表明系统与外界没有能量交换；非保守内力不做功，表明系统的内部不发生机械能与其他形式能量的转化。当这两个条件同时满足时，系统内部只能发生动能与势能之间的相互转化，而总机械能则保持不变。

在运用机械能守恒定律时，还要注意参考系的选择，因为质点系的功能原理是从牛顿定律推导出来的，所以它只适用于惯性系，在非惯性系中不能直接使用。即使在惯性系中，由于外力做功与参考系的选择有关，因此，可能在某一惯性系中系统的机械能守恒，而在另一惯性系中系统的机械能不守恒。

例 2-10 一质量 $m=0.3$ kg 的石子自高出地面 $h=10$ m 处以 $v_0=15$ m/s 的速率向上抛出，(1)若空气阻力忽略不计，求石块到达地面时的速率；(2)如果考虑空气阻力，而石块落地时速率变为 $v=16$ m/s，求空气阻力所做的功。

解 (1) 把石块和地球看作一个系统，抛出后，空气阻力不计，则石块只受重力作用，因此该系统的机械能是守恒的，有

$$\frac{1}{2}mv_0^2 + mgh = \frac{1}{2}mv^2 + 0$$

得

$$v = \sqrt{v_0^2 + 2gh} = \sqrt{15^2 + 2 \times 9.8 \times 10} = 20.52(\text{m/s})$$

(2) 仍把石块和地球看作一个系统，在抛出后，除重力(内力)外，还有外力——空气阻力做功，因此机械能不守恒，应用系统的功能原理，外力做功等于系统机械能的增量，得

$$\begin{aligned} W_{\text{阻}} &= \frac{1}{2}mv^2 - \frac{1}{2}mv_0^2 - mgh = \frac{m}{2}(v^2 - v_0^2 - 2gh) \\ &= \frac{1}{2} \times 0.3 \times (16^2 - 15^2 - 2 \times 9.8 \times 10) \\ &\approx -15(\text{J}) \end{aligned}$$

负号表明空气阻力对石块做负功，即石块克服空气阻力做功。

例 2-11 从地面上发射火箭，要使它脱离地球引力束缚，最小速度(第二宇宙速度)应是多少？

解 从地面起飞的火箭，既有初动能，又有引力势能；通常取无穷远处的势能为零，则火箭在地面所具有的势能应为

$$E_p = -G\frac{mM}{R}$$

式中 R 为地球半径。根据机械能守恒定律，火箭脱离地球引力束缚的最小速度 v 应满足以下关系：

$$E_k + E_p = \frac{1}{2}mv^2 - G\frac{mM}{R} = 0$$

由于地球表面引力

$$F = G\frac{mM}{R^2} = mg$$

代入上式，可得

$$\frac{1}{2}mv^2 = mgR$$

故

$$v = \sqrt{2gR}$$

将 $R=6.4\times10^5$ m，$g=9.8$ m/s² 代入，得

$$v = 11.2\times10^3\ \mathrm{m/s}$$

这就是通常所说的第二宇宙速度。

原子中电子的情况与此相类似，设电子完全脱离原子时的静电势能为零，则电子在核的静电力吸引下，势能是负的。因此当电子具有负能量时，它总是被束缚在原子内，即处于束缚状态。在氢原子中，它的最低势能是 $-13.6\text{eV}=-2.18\times10^{-18}$ J，即稳定的基态，故必须输入 2.18×10^{-18} J 的能量，才能使它脱离原子而被电离出来。

例 2-12 在水平光滑桌面上有两个质量都为 m 的物体，用一根劲度系数为 k 的轻弹簧相连并处于静止状态，如图 2.16 所示。今用棒击其中一个物体，使之获得一指向另一物体的速度 v_0。求棒击后弹簧的最大压缩长度。

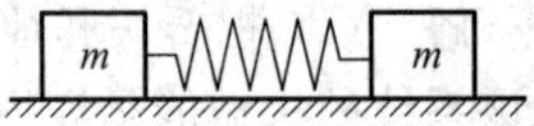

图 2.16

解 方法一：以桌面为参考系，选两个物体和弹簧作为系统。设棒击后的某一时刻两个物体的运动速度分别为 v 和 v'，弹簧压缩长度为 x。因桌面光滑，在水平方向系统不受外力作用，系统的动量守恒，即有

$$mv_0 = mv + mv'$$

得

$$v' = v_0 - v$$

棒击后只有弹簧的弹性力做功，所以系统的机械能守恒，即

$$\frac{1}{2}mv_0^2 = \frac{1}{2}mv^2 + \frac{1}{2}mv'^2 + \frac{1}{2}kx^2$$

将 $v'=v_0-v$ 代入得

$$\frac{kx^2}{2m} = \frac{1}{2}\left[v_0^2 - v^2 - (v_0 - v)^2\right] = v_0 v - v^2$$

当 $\mathrm{d}x/\mathrm{d}v=0$ 时，x 值最大，此时 $v=v_0/2$，因此得弹簧的最大压缩长度为

$$x_{\max} = \sqrt{\frac{m}{2k}}\cdot v_0$$

方法二：仍以桌面为参考系，选两个物体和弹簧作为系统。棒击一物体后，系统将向同一方向运动，当两物体以相同的速度运动时，弹簧的压缩长度最大，设此时的压缩长度为 x，由动量守恒得

$$mv_0 = 2mv$$

即

$$v = v_0/2$$

由机械能守恒得

$$\frac{1}{2}mv_0^2 = \frac{1}{2}mv^2 \times 2 + \frac{1}{2}kx^2$$

将 $v=v_0/2$ 代入上式得

$$x = \sqrt{\frac{m}{2k}} \cdot v_0$$

2.6 碰撞

物理学中说的碰撞，要比在日常生活中所说的广泛得多。两个或两个以上作相对运动的物体相互靠近时，无论是否接触，只要在极短的时间内相互作用使得它们的运动状态发生显著的变化，相互交换了动量和能量，这个过程就称为碰撞。因此，除了击球、打桩、锻铁外，分子、原子、原子核等微观粒子之间的某些相互作用过程也可以看成是碰撞。

碰撞过程的特点是相互作用的历时极短，相互作用力(称为冲力)极大，这时其他的作用力相对地说来可以忽略不计。因此，将相互碰撞的物体作为一个系统来考虑，就可以认为系统在碰撞过程中仅有内力的作用，它应遵从动量守恒定律。下面以两球碰撞为例进行讨论。

如果两球碰撞前的速度在两球中心的连线上，那么碰撞时相互作用的冲力和碰撞后的速度也都在这一连线上，这种碰撞称为对心碰撞或称正碰撞。取两球中心连线为 x 轴，向右为正方向，如图 2.17 所示。设已知两球碰撞前的速度分别为 v_{10} 和 v_{20}，碰撞后的速度分别为 v_1 和 v_2，质量分别为 m_1 和 m_2，则应用动量守恒定律可得

$$m_1 v_{10} + m_2 v_{20} = m_1 v_1 + m_2 v_2 \tag{2.33}$$

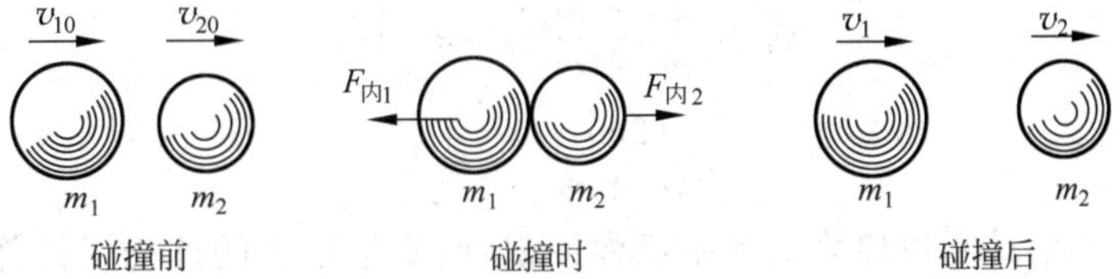

图 2.17 碰撞

这里假定两球碰撞前后都是向右运动，如果计算得到的速度是负值，就表示实际的速度与假定的方向相反。

要从两球碰撞前的速度 v_{10} 和 v_{20} 求两球碰撞后的速度 v_1 和 v_2，因为有两个未知数，所以还需列出第二个方程，这由组成两球材料的性质决定。如果在碰撞后两球的机械能完全没有损失，就称为完全弹性碰撞，这是理想的极限情形。通常，两球碰撞后，总要损失一部分机械能，这种碰撞称为非弹性碰撞；如果两物体在碰撞后结为一体，以同一速度运动，则称为完全非弹性碰撞。

2.6.1 完全弹性碰撞

两球在完全弹性碰撞时，如果其相互作用仅是弹性力，则其碰撞过程可分为两个阶段：一为压缩阶段，这时一部分动能转化为弹性势能；二为恢复阶段，这时弹性势能又完全转化

为两球的动能。因此，在完全弹性碰撞中，两球的机械能之和是不变的，即

$$\frac{1}{2}m_1 v_1^2 + \frac{1}{2}m_2 v_2^2 = \frac{1}{2}m_1 v_{10}^2 + \frac{1}{2}m_2 v_{20}^2 \tag{2.34}$$

式(2-33)和式(2-34)又可以分别改写为

$$m_1(v_{10} - v_1) = m_2(v_2 - v_{20})$$

及

$$m_1(v_{10}^2 - v_1^2) = m_2(v_2^2 - v_{20}^2)$$

由此可解得

$$v_{10} - v_{20} = v_2 - v_1$$

上式表明，在弹性碰撞中，两球碰撞前相互趋近的相对速度$(v_{10} - v_{20})$等于碰撞后相互分开的相对速度$(v_2 - v_1)$。

另外又可解得

$$v_1 = \frac{m_1 - m_2}{m_1 + m_2}v_{10} + \frac{2m_2}{m_1 + m_2}v_{20}, \quad v_2 = \frac{m_2 - m_1}{m_1 + m_2}v_{20} + \frac{2m_1}{m_1 + m_2}v_{10} \tag{2.35}$$

下面讨论几种常见的特殊情况。

(1) 若 $m_1 = m_2$，则式(2.35)可改写成

$$v_1 = \frac{2m_2}{m_1 + m_2}v_{20} = v_{20}$$

$$v_2 = \frac{2m_1}{m_1 + m_2}v_{10} = v_{10}$$

即两个质量相等的小球完全弹性碰撞后互相交换速度。

(2) 若 $m_2 \gg m_1$，且 $v_{20} = 0$，则可得

$$v_1 = \frac{m_1 - m_2}{m_1 + m_2}v_{10} \approx -v_{10}$$

$$v_2 = \frac{2m_1}{m_1 + m_2}v_{10} \approx 0$$

即碰撞后质量很小的球将以原来的速率反弹回来，而质量很大的球仍保持静止。橡皮球在与墙壁或地面碰撞时，近似是这种情形。

(3) 若 $m_2 \ll m_1$，且 $v_{20} = 0$，则可得

$$v_1 = \frac{m_1 - m_2}{m_1 + m_2}v_{10} \approx v_{10}$$

$$v_2 = \frac{2m_1}{m_1 + m_2}v_{10} \approx 2v_{10}$$

这个结果表明，一个质量很大的球体，当它与质量很小的球体碰撞时，它的速度不发生显著改变，但质量很小的球却以近于两倍于大球体的速度向前运动。一个铅球与静止的乒乓球相碰撞时，就是这种情形。

例 2-13 1932 年查德威克做了演示中子存在的实验。实验方法是用 α 射线轰击铍后产生的不带电的粒子分别碰撞含氢物质(石蜡)中的氢核和含氮物质(仲氰)中的氮核，测出被碰撞后氢核的速率 v_H 和被碰撞后氮核的速率 v_N 之比约为 7.5。试证明这种不带电粒子的质量接近于质子的质量，它就是中子。

解 用 m 表示这种不带电粒子的质量，m_H 和 m_N 分别表示氢核和氮核的质量，那么，

当这种不带电粒子以速度 v_0 分别与静止的氢核或氮核发生完全弹性碰撞时，根据式(2.35)有

$$v_H = \frac{2m}{m+m_H}v_0, \quad v_N = \frac{2m}{m+m_N}v_0$$

因为 $m_N \approx 14m_H$，故由上两式消去 v_0 后，得到

$$\frac{v_H}{v_N} = \frac{m+14m_H}{m+m_H}$$

由实验测得 $v_H/v_N \approx 7.5$，于是得出

$$\frac{m}{m_H} \approx 1.0$$

可见，这种不带电的粒子是一种质量接近于质子(氢核)质量的重粒子；由于它不带电，所以把它叫做中子。

2.6.2 完全非弹性碰撞

小球通过完全非弹性碰撞后，其碰撞后速度关系式满足

$$v_1 = v_2 = v$$

代入式(2.33)化简得

$$v = \frac{m_1 v_{10} + m_2 v_{20}}{m_1 + m_2}$$

利用上式，可以算出完全非弹性碰撞后机械能(动能)的损失为

$$\Delta E = \Delta E_k = \left(\frac{1}{2}m_1 v_{10}^2 + \frac{1}{2}m_2 v_{20}^2\right) - \frac{1}{2}(m_1+m_2)v^2 = \frac{m_1 m_2 (v_{10}-v_{20})^2}{2(m_1+m_2)}$$

以上的分析对于锻铁、打桩等情形也是适用的。设在锻铁时锤头质量为 m_1，锻件和砧座的质量为 m_2，锤头打在锻件上的速度为 v_0，则可认为 $v_{10}=v_0$，$v_{20}=0$，故动能的损失率 ΔE_k 与原有动能 $\frac{1}{2}m_1 v_0^2$ 之比为

$$\frac{\Delta E_k}{\frac{1}{2}m_1 v_0^2} = \frac{m_2}{m_1+m_2}$$

若锻件和砧座的质量为锤头质量的 20 倍，即 $m_2=20m_1$，则由上式求得动能的损失率为 20/21≈95%，可见原有动能的 95%变成锻件的形变能量，打击的效率是很高的。为了提高打击效率，砧座质量应该比锤头的质量大得多。如果用同样的方法来分析打桩的问题，那么容易看到，锤的质量 m_1 与桩的质量 m_2 之比越大，则动能的损失越小，碰撞后仍有较大的动能使桩能打入土内，因此，提高比值 $\frac{m_1}{m_2}$ 有利于提高打桩的效率。

*2.6.3 非弹性碰撞

在非弹性碰撞中，两球相碰形变不能完全恢复原状，有一部分机械能已转变成其他形式的能量，因而碰撞前后的总动能不守恒。牛顿总结实验结果得出：碰撞后两球的分离速度

(v_2-v_1)与碰撞前两球的接近速度$(v_{10}-v_{20})$不相等，它们之间可由一公式表示，即

$$e=\frac{v_2-v_1}{v_{10}-v_{20}}$$

称 e 为恢复系数，其数值由组成两球材料的性质决定。完全弹性碰撞的 e 值为 1，完全非弹性碰撞的 $e=0$，故非弹性碰撞的 e 值介于两者之间，即 $0<e<1$。

通过简单的实验就可以粗略测出材料的恢复系数 e。将一种材料做成球，另一种材料做成平板，水平放置。令球从一定高度 H 处自由下落到板上，设其反跳的高度为 h，则由于

$$v_{10}=\sqrt{2gH},\quad v_{20}=0$$

$$v_1=-\sqrt{2gh},\quad v_2\approx 0$$

代入上式即得

$$e\approx\sqrt{\frac{h}{H}}$$

测出 H 和 h，就可求出两种材料的恢复系数。

如果两小球在碰撞过程中所受外力的矢量和为零，已知它们的恢复系数为 e，则根据动量守恒定律和恢复系数的定义，可得碰撞后的速度为

$$\begin{cases}v_1=\dfrac{(m_1-em_2)v_{10}+(1+e)m_2v_{20}}{m_1+m_2}\\[2ex] v_2=\dfrac{(1+e)m_1v_{10}+(m_2-em_1)v_{20}}{m_1+m_2}\end{cases}\tag{2.36}$$

显然，如果 $e=0$ 或 $e=1$，则上式分别是完全弹性碰撞和完全非弹性碰撞的结果。

例 2-14 冲击摆的装置如图 2.18 所示，可用它来测定子弹的速率。设质量为 M 的沙箱悬挂在线的下端，如果一个质量为 m、速率为 v_0 的子弹水平射入沙箱并陷在箱中，使沙箱摆动升至某一高度 h 处，试求子弹的飞行速率 v_0。

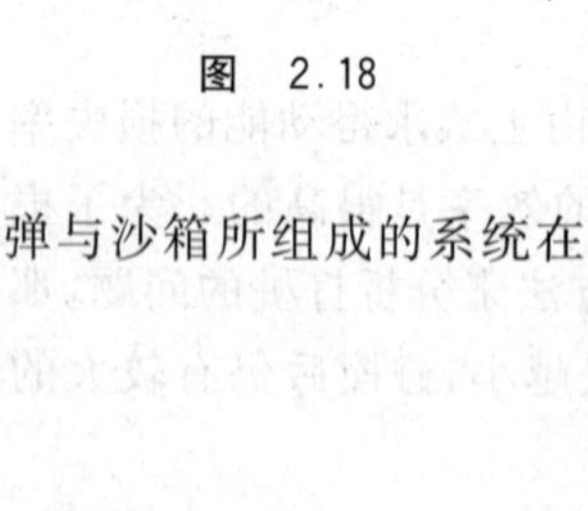

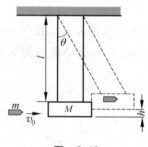

图 2.18

解 冲击摆的运动过程可以分成两个阶段。

第一阶段是从子弹射进沙箱时起，到子弹陷入沙箱中使两者具有同一速度 v 时为止，这是一种完全非弹性碰撞。由于这一阶段时间很短，沙箱虽受冲击但还来不及发生显著的运动，可认为仍处于铅直悬挂状态。因此，沙箱受到的外力（即悬线的拉力与重力）的冲量在水平方向的分量为零，于是，子弹与沙箱所组成的系统在水平方向的动量是守恒的，因此有

$$mv_0=(m+M)v$$

即

$$v=\frac{mv_0}{m+M}$$

这一阶段的机械能是不守恒的，子弹的相当一部分动能转化为热能。

第二阶段是从子弹与沙箱一起以速度 v 上升，到沙箱摆动到最大高度 h 为止。因为沙箱的运动路径和悬线垂直，所以悬线的拉力沿法向不做功。而重力是保守力，所以系统的机械能守恒，即

$$\frac{1}{2}(m+M)v^2 = (m+M)gh$$

把前式代入上式得

$$v_0 = \frac{m+M}{m}\sqrt{2gh}$$

如果已知 m 和 M，并测出沙箱升高 h 的数值，就能算出子弹的速率 v_0。通常 h 值很小，不易测准，所以大都通过测量摆动角 θ 和悬线长度 l 来算出 h。从图 2.18 可以看出

$$h = l - l\cos\theta = l(1-\cos\theta)$$

所以

$$v_0 = \frac{M+m}{m}\sqrt{2gl(1-\cos\theta)}$$

例 2-15 设在宇宙中有密度为 ρ 的尘埃，这些尘埃相对惯性参考系是静止的。有一质量为 m_0 的航天器以初速 v_0 穿过宇宙尘埃，由于尘埃粘贴到航天器上，致使航天器的速度发生改变。求航天器的速度与其在尘埃中飞行时间的关系。假设航天器与宇宙尘埃的接触面积为 S。

解 根据题意，可以认为尘埃与航天器作完全非弹性碰撞，把尘埃与航天器作为一个系统，考虑到航天器在自由空间中飞行，无外力作用在这个系统上，因此，系统的动量守恒。设某一时刻 t 航天器的质量和速度分别为 m 和 v，则有

$$m_0 v_0 = mv \tag{1}$$

由于宇宙尘埃与航天器作完全非弹性碰撞，所以在 $\mathrm{d}t$ 时间内航天器所增加的质量为 $\mathrm{d}m$，即

$$\mathrm{d}m = \rho S v \mathrm{d}t \tag{2}$$

由式(1)得

$$\mathrm{d}m = -\frac{m_0 v_0}{v^2}\mathrm{d}v$$

代入式(2)得

$$\rho S v \mathrm{d}t = -\frac{m_0 v_0}{v^2}\mathrm{d}v$$

积分

$$-\int_{v_0}^{v}\frac{\mathrm{d}v}{v^3} = \frac{\rho S}{m_0 v_0}\int_0^t \mathrm{d}t$$

得

$$\frac{1}{2}\left(\frac{1}{v^2}-\frac{1}{v_0^2}\right) = \frac{\rho S}{m_0 v_0}t$$

于是有

$$v = \left(\frac{m_0}{2\rho S v_0 t + m_0}\right)^{\frac{1}{2}} v_0$$

思 考 题

2.1 物体沿粗糙的斜面下滑时，哪些力做正功？哪些力做负功？哪些力不做功？

2.2 设有两个质量相同的物体，把其中一个物体竖直上抛，把另一物体向上斜抛，它们的初

动能相等。问两物体各自到达最高点的动能是否相同？势能是否相同？

2.3 “跳伞员张伞后匀速下降，重力与空气阻力相等，合力所做的功为零，因此机械能应守恒”。根据机械能守恒的条件分析上面的叙述是否正确。

2.4 汽车以匀速 v 沿水平路面前进。车中一人以相对于车的速度 u 向上或向前抛一质量为 m 的小球，若将坐标系选在车上，小球的动能是多少？若将坐标系选在地面上，小球的动能又是多少？

2.5 分析在下面几种运动情形中，运动物体的动量有没有增加，动量的增量的大小和方向如何：(1)匀速直线运动；(2)匀速圆周运动，转动一周；(3)自由落体；(4)竖直上抛运动；(5)斜抛运动。

2.6 两物体质量相同，从同一高度落下，一个落在泥地上静止不动，一个落在石板上弹回某一个高度，问泥地受到的冲量和石板受到的冲量是否相等？

2.7 试比较功和冲量、动能和动量、动能定理和动量定理在哪些方面类似，在哪些方面不同。

2.8 动量守恒定律的内容是什么？怎样解释内力不影响系统的总动量？动量守恒的条件和机械能守恒的条件有什么不同？

习 题

2.1 对质点组有以下几种说法：(1)质点组总动量的改变与内力有关；(2)质点组总动能的改变与内力有关；(3)质点组机械能的改变与保守内力有关。下列对上述说法判断正确的是(　　)。

A. 只有(1)是正确的　　B. 只有(2)是正确的

C. 只有(3)是正确的　　D. (2)、(3)是正确的

2.2 如图所示，质量分别为 m_1 和 m_2 的物体 A 和 B 置于光滑的桌面上，A 和 B 之间连有一轻弹簧。另有质量 m_1 和 m_2 的物体 C 和 D 分别置于物体 A 与 B 之上，且物体 A 和 C、B 和 D 之间的摩擦系数均不为零。先用外力沿水平方向相向推压 A 和 B，使弹簧被压缩，然后撤掉外力，则 A 和 B 弹开过程中，对 A、B、C、D 以及弹簧组成的系统，有(　　)。

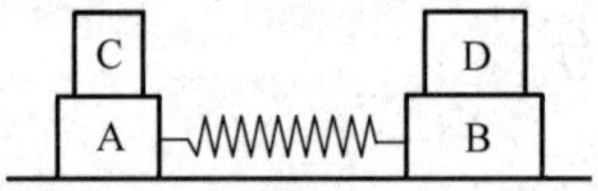

题 2.2 图

A. 动量守恒，机械能守恒　　B. 动量不守恒，机械能守恒

C. 动量不守恒，机械能不守恒　　D. 动量守恒，机械能不一定守恒

2.3 两辆小车 A、B 可在光滑平直轨道上运动。A 以 3 m/s 的速率向右与静止的 B 碰撞，A 和 B 的质量分别为 1 kg 和 2 kg，碰撞后 A、B 车的速度分别为 −1 m/s 和 2 m/s，则碰撞的性质为(　　)。

A. 完全弹性碰撞　　B. 完全非弹性碰撞

C. 非完全弹性碰撞　　D. 无法判断

2.4 质量为 m 的运动质点受到某力的冲量后，速度 v 的大小不变，而方向改变了 θ 角，则这个力的冲量的大小为(　　)。

A. $2mv\sin\dfrac{\theta}{2}$　　B. $2mv\cos\dfrac{\theta}{2}$　　C. $mv\sin\dfrac{\theta}{2}$　　D. $mv\cos\dfrac{\theta}{2}$

2.5 对功的概念有以下几种说法：(1)保守力做正功时，系统内相应的势能增加；(2)质点运动经一闭合路径，保守力对质点做的功为零；(3)作用力和反作用力大小相等、方向相反，所以两者所做功的代数和为零。下列对上述说法判断正确的是(　　)。

A. (1)、(2)是正确的　　B. (2)、(3)是正确的

C. (1)、(3)是正确的　　D. 只有(2)是正确的

2.6 火车相对于地面以恒定的速度 u 运动。最初相对火车为静止的质点 m，在时间 t 内受一恒力作用而被加速。若质点的加速度 a 与 u 的方向相同，那么以地面为参考系，质点动能的增量为(　　)。

A. $\frac{1}{2}ma^2t^2$　　B. $\frac{1}{2}ma^2t^2+\frac{1}{2}mu^2+maut$

C. $\frac{1}{2}ma^2t^2+\frac{1}{2}mu^2$　　D. $\frac{1}{2}ma^2t^2+maut$

2.7 子弹射入放在水平光滑地面上静止的木块而不穿出，如图所示，以地面为参考系，下列说法中正确的是(　　)。

A. 子弹的动能转变为木块的动能

B. 子弹-木块系统的动量守恒、机械能守恒

C. 子弹动能的减少等于子弹克服木块阻力所做的功

D. 子弹克服木块阻力所做的功等于这一过程中产生的热量

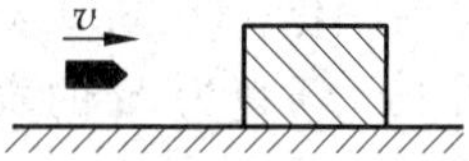

题 2.7 图

2.8 质量为 m 的物体，在水平面上 O 点以初速度 v_0 抛出，v_0 与水平面成仰角 α。若不计空气阻力，求：(1)物体从发射点 O 到最高点的过程中，重力的冲量；(2)物体从发射点 O 到落回至同一水平面的过程中，重力的冲量。

2.9 一物体的质量为 $m=2$ kg，在合外力 $F=(3+2t)$ (SI)的作用下，从静止开始沿某一直线运动，求当 $t=1$ s 时物体速度的大小。

2.10 质量为 $M=1.5$ kg 的物体，用一根长为 $l=1.25$ m 的细绳悬挂在天花板上，今有一质量为 $m=10$ g 的子弹以 $v_0=500$ m/s 的水平速度射穿物体，刚穿出物体时子弹的速度大小 $v=30$ m/s。设穿透时间极短，求：

(1)子弹刚穿出时绳中张力的大小；

(2) 子弹在穿透过程中所受的冲量。

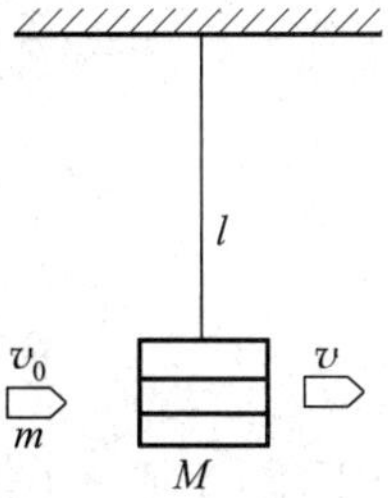

题 2.10 图

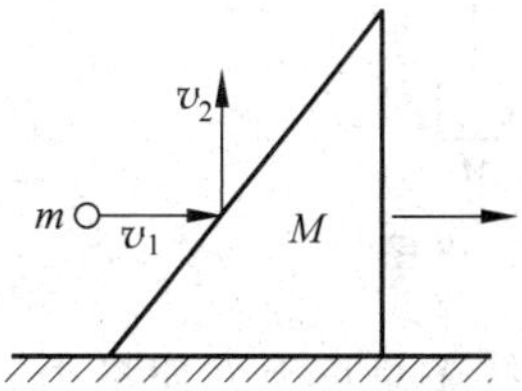

题 2.11 图

2.11 如图所示，质量为 M 的滑块正沿着光滑水平地面向右滑动。一质量为 m 的小球水平向右飞行，以速度 $\boldsymbol{v}_1$（对地）与滑块斜面相碰，碰后竖直向上弹起，速率为 v_2（对地）。若碰撞时间为 Δt，试计算此过程中滑块对地的平均作用力和滑块速度增量的大小。

2.12 一人从 10.0 m 深的井中提水，起始桶中装有 10.0 kg 的水，由于水桶漏水，每升高 1.00 m要漏去 0.20 kg 的水。水桶被匀速地从井中提到井口。求人所做的功。

2.13 一质量为 2 kg 的质点受合力 $\boldsymbol{F}=3t^2\boldsymbol{i}$(N)作用从静止开始作直线运动，则从 $t=0$ 到 $t=2$ s这段时间内，求力对质点所做的功。

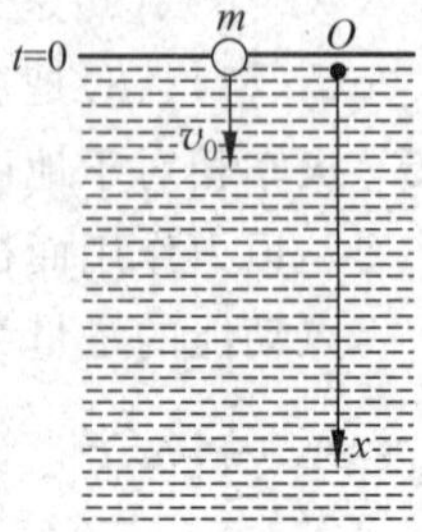

题 2.14 图

2.14 如图所示，一质量为 m 的小球竖直落入水中，刚接触水面时其速率为 v_0。设此球在水中所受的浮力与重力相等，水的阻力 $F_r=-bv$，b 为一常量。求阻力对球做的功与时间的函数关系。

2.15 设一颗质量为 5.00×10^3 kg 的地球卫星以半径 8.00×10^3 km沿圆形轨道运动。由于微小阻力，使其轨道半径收缩到 6.50×10^3 km。试计算：(1)速率的变化；(2)动能和势能的变化；(3)机械能的变化。(已知地球的质量 $M_E=5.98\times10^{24}$ kg，万有引力系数 $G=6.67\times10^{-11}\ \mathrm{N\cdot m^2/kg^2}$)

2.16 质量为 M 的质点，$t=0$ 时位于 x_0 处，速率为 v_0，在变力 $\boldsymbol{F}=-k/x^2\boldsymbol{i}$ 的作用下作直线运动，求：(1)当质点运动到 x 处的速率；(2)变力所做的功。

2.17 一质量为 m 的物体按 $x=ct^3$ 的规律作直线运动，设介质对物体的阻力与速率的平方成正比，比例系数为 k。求：(1)物体从 $x_0=0$ 运动到 $x=l$ 时，阻力所做的功；(2)主动力所做的功。

2.18 一质量为 m 的子弹穿过如图所示的摆锤，速率从 v_0 减小到 $v_0/2$。已知摆锤的质量为 M，摆线长为 b。如果摆锤能在垂直平面内完成一个完全的圆周运动，子弹入射速度的最小值应为多少？

2.19 如图所示，质量分别为 m 和 M 的两木块由劲度系数为 k 的弹簧相连，静止地放在光滑地面上。质量为 m_0 的子弹以水平初速 v_0 射入木块 m，设子弹射入过程的时间极短。试求弹簧的最大压缩长度。

*2.20 在上题(2.19)中，求木块 M 相对于地面的最大速度和最小速度。

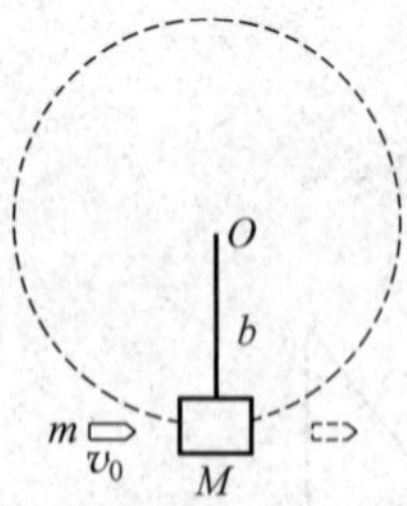

题 2.18 图

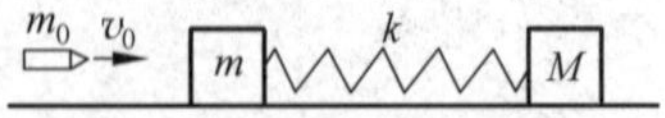

题 2.19 图

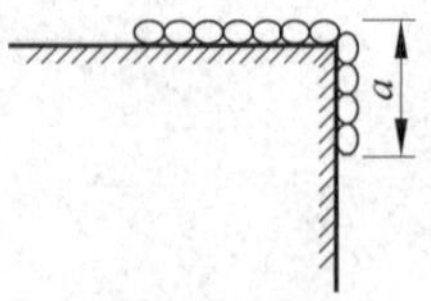

题 2.21 图

*2.21 一链条总长为 l，质量为 m，放在桌面上，并使其部分下垂，下垂一段的长度为 a，如图所示。设链条与桌面之间的滑动摩擦系数为 μ。令链条由静止开始运动，则：(1)当链条全部离开桌面的过程中，摩擦力对链条做了多少功？(2)链条正好离开桌面时的速率是多少？

第3章

刚体的转动

在研究物体的转动时，由于构成物体的各质点的运动状态并不相同，故不能用一个质点的运动来代表整个物体的运动。通常，物体在外力作用下，其大小和形状总要发生某些变化，因此研究它们的运动规律比较复杂。但在某些情况下，物体在外力作用下，其大小和形状变化甚微，可以忽略不计，这样，对它们的运动规律的研究相对地来说就要简单得多。这时，将物体看作刚体这样一种理想的力学模型来处理。所谓刚体，就是在外力作用下，其形状和大小都不发生变化的物体。也就是说刚体内部各质点间的距离永远保持不变。

本章主要讨论刚体绕定轴的转动，即把刚体看成由无数彼此间距离保持不变的质点所组成的系统，从质点力学出发，导出刚体定轴转动的一般规律，最后介绍角动量及角动量定理和角动量守恒定律。

3.1 刚体的定轴转动

3.1.1 平动和转动

刚体的基本运动是平动和转动。如图3.1所示，当刚体运动时，若连接刚体内任意两点得到直线(图中 AB)的方向始终保持不变，也就是该直线始终保持平行，那么这种运动称为平动。例如汽缸中活塞的运动、刨床上刨刀的运动、平直轨道上车厢的运动等都是这种情形。刚体平动时，体内各点的运动轨迹完全一致，任一时刻各点的速度、加速度都相同。因此，其中任意一点的运动状态都可以代表整个刚体的运动状态。所以，刚体的平动可以用质点的运动加以处理。

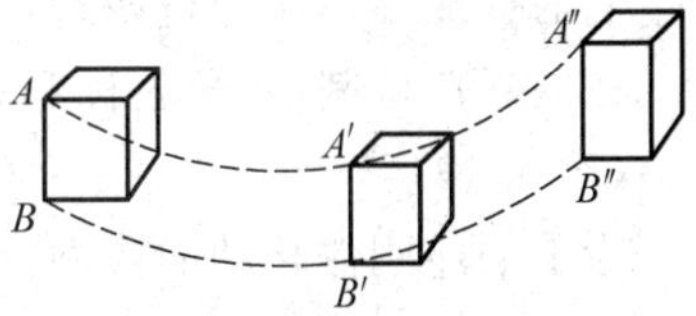

图3.1　刚体的平动

如果刚体运动时体内各点都绕同一直线作圆周运动，这种运动称为转动，此直线就是转轴。例如门窗的开关、风扇叶轮的运动、地球的自转等都是转动。如果转轴相对于所选取的参考系是固定不动的，则这种转动称为刚体的定轴转动。

刚体的一般运动是平动和转动的组合运动。

3.1.2 刚体定轴转动的运动学描述

1. 刚体定轴转动的特点

(1) 刚体内各质点(除轴线上的质点外)都在作半径不同的圆周运动；

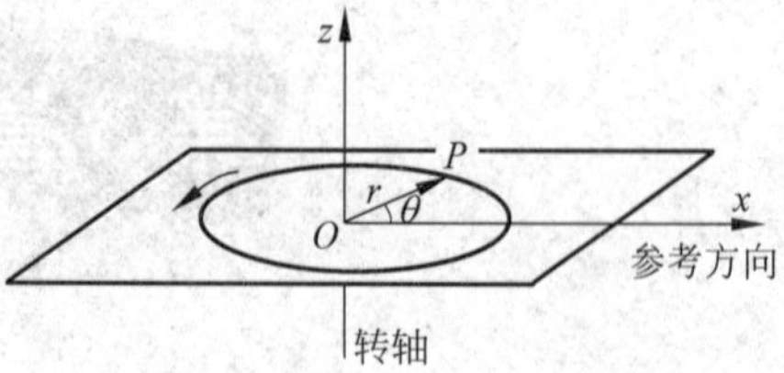

图 3.2 转动平面

(2) 各质点作圆周运动的平面垂直于轴线，圆心在轴线上；

(3) 各圆周的半径在相同的时间内转过相同的角度。

基于上述三个特点，故在研究刚体定轴转动时，通常任意选取一个垂直于转轴的平面，通常称该平面为转动平面，如图 3.2 所示。只要把刚体在这一平面内某一点 P 的运动情况描述清楚了，整个刚体的运动情况也就说清楚了。

2. 描述刚体转动的物理量

刚体作定轴转动时，由于转动平面上各点离开转轴的距离 r 不同，故各点的位移、速度和加速度一般是不同的。显然，用上述这些量来描述刚体的转动是很不方便的。为此，我们引入角位移、角速度和角加速度等物理量来描述刚体的转动，这些物理量有时被称为角量。

(1) 角坐标

为了描述转动平面内某一点的位置，通常取平面与转轴的交点 O 为原点建立坐标系或选一参考方向，如图 3.2 所示。这样，刚体上任一点 P 的位置就可以由矢径 $\boldsymbol{r}$ 与 Ox 轴之间的夹角 θ 来确定。θ 角称为刚体的角位置或角坐标。

(2) 角位移

刚体作定轴转动时，其角坐标 θ 随时间改变，函数 $\theta=\theta(t)$ 就是转动时的运动方程，设 t 时刻刚体的角坐标是 θ，$t+\Delta t$ 时刻角坐标为 $\theta+\Delta\theta$，则 $\Delta\theta$ 称为在 Δt 时间内刚体的角位移。$\Delta\theta$ 可正可负，它表示刚体有左旋或右旋之分。因此角位移可以用一个有方向的线段表示，这个线段可落在 z 轴上，若方向和 z 轴的正方向一致，则表示左旋；反之则表示右旋。线段的长短可表示角位移的大小。值得注意的是：角位移是一个有方向的量，但它不是矢量，因为它们的合成不遵循平行四边形法则。

在国际单位制中，角坐标和角位移的单位都是弧度(rad)。

(3) 角速度

为了描述刚体转动的快慢，引入角速度这一物理量。角速度的定义已由式(1.26)给出。

角速度是矢量，其表示方法如图 3.3 所示。在转轴上取一有向线段，线段的长度表示角速度的大小；角速度的方向与转动方向之间的关系和角位移一样用右手螺旋法则来确定：用右手握住转轴并使拇指垂直其余四指，四指顺着转动方向，大拇指指向就是角速度矢量的方向。在刚体作定轴转动的情况下，角速度矢量的方向只能有两种取向，规定了轴的正方向后，用正、负号即可表示其方向。所以，在定轴转动中，可以把角速度当作代数量来处理。应注意，角速度是矢量，因为可以证明它的合成遵循平行四边形法则。

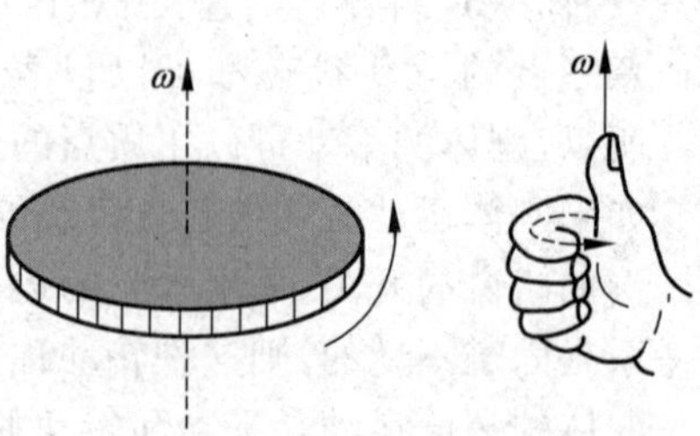

图 3.3 角速度矢量

(4) 角加速度

通常刚体的角速度要随时间变化，故需引入角加速度以描述角速度变化的快慢。角加速度的定义由式(1.27)给出。角加速度也是矢量，但在定轴转动中，角加速度也可用代数量表示。

刚体作定轴转动时，刚体内所有质点在各自转动平面内作的圆周运动是同步的，即有相同的角位移、相同的角速度和相同的角加速度。因此，对刚体内任一质点的角量描述，也是对所有质点的共同描述。于是，角量可用来描述定轴转动刚体的整体运动，是共性的物理量。

至于角量与线量的关系与第1章圆周运动的式(1.28)是一样的，即

$$v = R\omega$$

$$a_t = R\alpha$$

$$a_n = R\omega^2$$

(5) 匀变速转动公式

刚体作定轴转动时，若角加速度

$$\alpha = \frac{\mathrm{d}\omega}{\mathrm{d}t} = 0$$

则角速度 ω 为常量，这种转动被称为刚体的匀速转动。若角加速度 $\alpha \neq 0$，则刚体作变速转动。如果角加速度 α=常量(不等于零)，则刚体作匀变速转动。设刚体转动的初始条件为：$t=0$ 时，$\theta=\theta_0$，$\omega=\omega_0$，则从以上各角量的定义出发，可导出定轴转动的运动学公式。推导方法与质点作直线运动的情形相似，其结果如下：

刚体作匀速转动时，即 ω=常量，有

$$\theta = \theta_0 + \omega t \tag{3.1}$$

刚体作匀变速转动时，即 α=常量，有

$$\omega = \omega_0 + \alpha t \tag{3.2}$$

$$\theta = \theta_0 + \omega_0 t + \frac{1}{2}\alpha t^2 \tag{3.3}$$

$$\omega^2 = \omega_0^2 + 2\alpha(\theta - \theta_0) \tag{3.4}$$

以上四式与质点作直线运动的几个重要公式具有相同的形式，差别仅在于用描述刚体转动的角量代替质点作直线运动时相应的线量而已。

3.2 刚体定轴转动的动力学描述

3.2.1 力对转轴的力矩

要使刚体发生转动，或使转动的刚体改变角速度，就必须有外力作用。事实表明：外力对刚体转动的作用效果，不仅与力的大小和方向有关，而且与力的作用点相对转轴的位置有关。例如，开关门窗时，如果力的作用与转轴平行或通过转轴，那就不能把门窗打开或关上。为了反映力的大小、方向和作用点三要素对刚体转动的影响，需要引入力矩这一物理量。

设刚体所受外力 $\boldsymbol{F}$ 位于垂直于转轴 Oz 的平面内，如图 3.4 所示。转轴到力的作用线的垂直距离 d 称为力对转轴的力臂。力和力臂的乘积定义为力对转轴的力矩的大小，用 M 表示。从图 3.4 中可以看到 $d=r\sin\theta$，θ 为力 $\boldsymbol{F}$ 与矢径 $\boldsymbol{r}$ 之间的夹角，所以力矩的大小为

$$M = Fd = Fr\sin\theta \tag{3.5}$$

在国际单位制中，力矩的单位是牛顿·米(N·m)。

如果外力 $\boldsymbol{F}$ 不在垂直于转轴的平面内，如图 3.5 所示，则必须把外力分解成两个分力：一个是与转轴平行的分力 $\boldsymbol{F}_1$，它对刚体的转动不起作用；另一个是在垂直于转轴的平面内的分力 $\boldsymbol{F}_2$，这时式(3.5)中的 F 应理解为 F_2，它对刚体转轴的力矩会使刚体的转动状态发生改变。

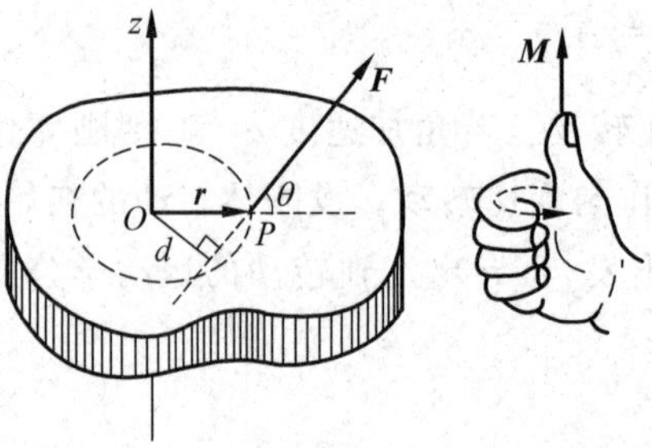

图 3.4 力矩

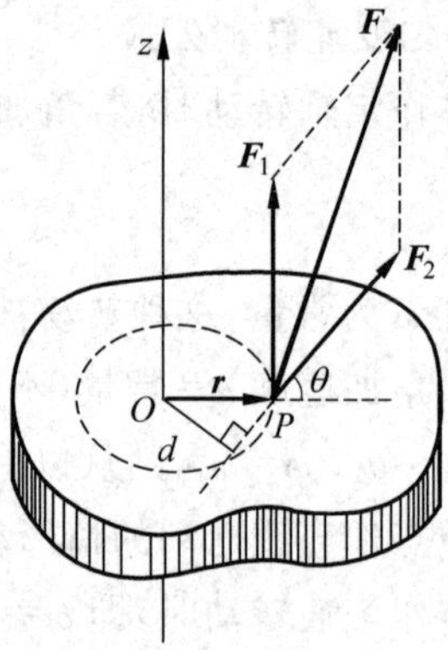

图 3.5 投影力的力矩

力矩是矢量。力矩的方向是按右手螺旋法则确定的，即右手四指由矢径 $\boldsymbol{r}$ 的方向经过小于 180° 的角转到力 $\boldsymbol{F}$ 的方向，这时拇指的指向即为力矩的方向，如图 3.4 所示。故力矩可用矢径与力的矢积表示，即

$$\boldsymbol{M} = \boldsymbol{r} \times \boldsymbol{F} \tag{3.6}$$

在定轴转动中，若外力处在垂直于转轴的平面内，则力矩的方向是沿着转轴的。如果有几个外力同时作用在刚体上时，则其合力矩等于诸分力矩的矢量和。如果诸外力均位于转动平面内，则对于刚体作定轴转动而言，其合力矩等于诸分力矩的代数和。

如图 3.6 所示，如果有三个外力同时作用在一个绕定轴转动的刚体上，而且这几个外力都在与转轴相垂直的转动平面内，则它们的合外力矩等于这几个外力矩的代数和，即

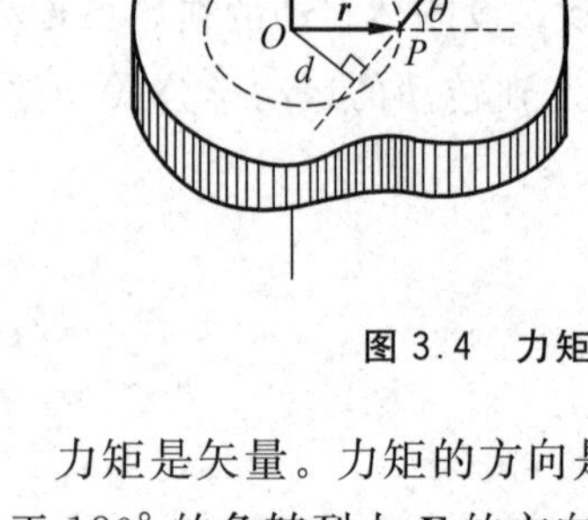

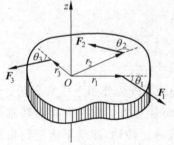

图 3.6 多力的力矩

$$M = -F_1r_1\sin\theta_1 + F_2r_2\sin\theta_2 + F_3r_3\sin\theta_3$$

上面我们仅讨论了作用于刚体上的外力的力矩，而实际上，刚体内各质点间还有相互作用的内力，在讨论刚体的定轴转动时，这些内力的力矩要不要考虑呢？

设刚体由 n 个质点组成，其中任意选取第 i 个质点和第 j 个质点间的相互作用力分别为 $\boldsymbol{f}_i$ 和 $\boldsymbol{f}_j$(均在转动平面内)，它们是一对作用力与反作用力，即 $\boldsymbol{f}_i=-\boldsymbol{f}_j$，如

图 3.7 所示。若取刚体为一系统，则这两个力属系统的内力。从图 3.7 中可以看出，$r_i\sin\theta_i = r_j\sin\theta_j = d$，这两个力对转轴 Oz 的合力矩为

$$M_{ij} = -f_i r_i \sin\theta_i + f_j r_j \sin\theta_j = -f_i d + f_j d = 0$$

上述结果表明，沿同一作用线的大小相等、方向相反的两个作用力对转轴的合力矩为零。

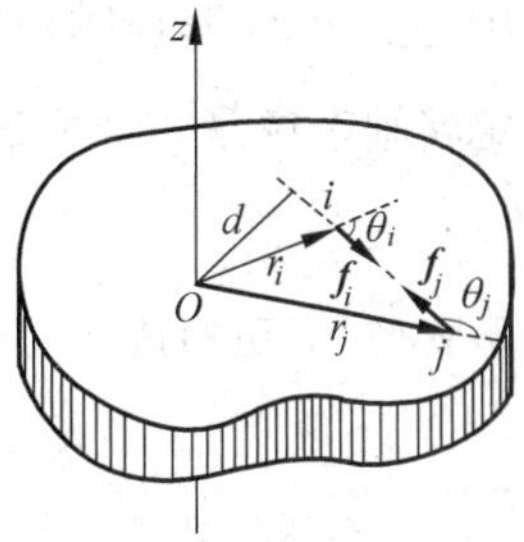

图 3.7 刚体内力的力矩

由于刚体内质点间的相互作用力总是成对出现的，并遵循牛顿第三定律，因此，刚体内各质点间的相互作用的内力对转轴的总内力矩也为零，即

$$M_{内} = \sum_{i \neq j} M_{ij} = 0 \tag{3.7}$$

3.2.2 转动定律

图 3.8 表示一个绕固定轴 Oz 转动的刚体。设刚体中任意一质点 P 的质量为 Δm_i，它到转轴的距离为 r_i，质点 P 除了受到合外力 $\boldsymbol{F}_i$ 的作用外，还受到合内力(刚体中其他所有质点的作用力) $\boldsymbol{f}_i$ 的作用，为简单起见，假设 $\boldsymbol{F}_i$ 和 $\boldsymbol{f}_i$ 都位于质点 P 所在的转动平面内。质点 P 在总合力的作用下作半径为 r_i 的圆周运动，故合外力 $\boldsymbol{F}_i$ 和合内力 $\boldsymbol{f}_i$ 均可分解成法向力 F_{in} 和 f_{in} 与切向力 F_{it} 和 f_{it}。由于法向力的作用线通过转轴，其力矩为零，对改变转动状态不起作用，这样看来，改变刚体运动状态的只有切向力。所以根据牛顿第二定律，质点 P 在切线方向的动力学方程为

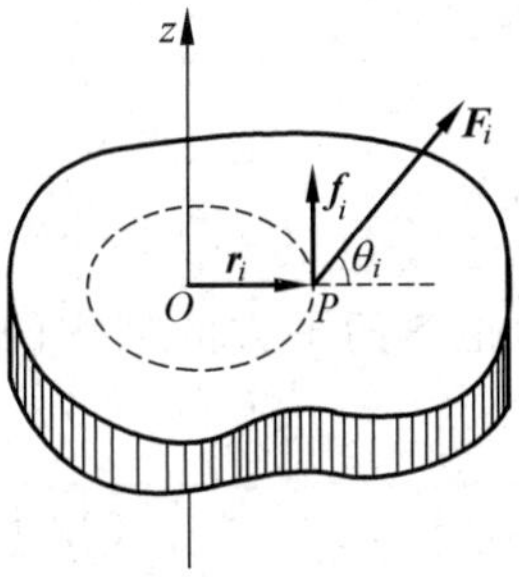

图 3.8 推导转动定律用图

$$F_{it} + f_{it} = \Delta m_i a_{it}$$

式中 a_{it} 是质点 P 的切向加速度，根据线量与角量的关系式

$$a_{it} = r_i \alpha$$

所以有

$$F_{it} + f_{it} = \Delta m_i r_i \alpha$$

将上式两边同乘以 r_i 得

$$F_{it} r_i + f_{it} r_i = \Delta m_i r_i^2 \alpha$$

对构成刚体的每一个质点，都可以写出这样一个方程。把所有这些方程相加，由于各质点的角加速度 α 相同，故有

$$\sum_i F_{it} r_i + \sum_i f_{it} r_i = \left(\sum_i \Delta m_i r_i^2\right)\alpha$$

上式左边第一项是刚体所受各外力对转轴的力矩的代数和，称为合外力矩，用 M 表示；左边第二项是刚体各质点所受内力对转轴的力矩的代数和，由式(3.7)可知，刚体的合内力矩等于零，即 $\sum_i f_{it} r_i = 0$。于是有

$$M = \left(\sum_i \Delta m_i r_i^2\right)\alpha \tag{3.8}$$

式中 $\sum_i \Delta m_i r_i^2$ 是由刚体本身质量分布和转轴位置所决定的物理量，它对一定质量的刚体和给定转轴来说是一个恒量，称之为刚体对给定转轴的转动惯量，常用 J 表示，即

$$J = \sum_i \Delta m_i r_i^2$$

于是式(3.8)可写成

$$M = J\alpha \tag{3.9}$$

式(3.9)表明，刚体在合外力矩作用下所获得的角加速度与合外力矩成正比，与它对同一转轴的转动惯量成反比。这一关系称为刚体对给定轴的转动定律。它反映了合外力矩对刚体的瞬时作用效应，具有与牛顿第二定律同等的效应。

3.2.3 转动惯量

由转动定律可知，在相同的外力矩作用下，转动惯量大的刚体获得的角加速度小，也就是说转动惯量大的刚体改变其转动状态的难度大。可见，转动惯量是刚体转动惯性大小的量度，它和牛顿第二定律中的质量相当，即质量反映其平动惯性。

根据转动惯量的定义

$$J = \sum_i \Delta m_i r_i^2 = \Delta m_1 r_1^2 + \Delta m_2 r_2^2 + \cdots + \Delta m_i r_i^2 + \cdots \tag{3.10a}$$

可知，转动惯量 J 等于刚体中每个质点的质量与这一质点到转轴距离的平方的乘积的总和。由于刚体的质量是连续分布的，故上式应写成积分形式：

$$J = \int_m r^2 \mathrm{d}m = \int_V r^2 \rho \mathrm{d}V \tag{3.10b}$$

式中 $\mathrm{d}V$ 表示相应于 $\mathrm{d}m$ 的体积元，ρ 表示体积元处的密度，r 是体积元到转轴的距离。在国际单位制中，转动惯量的单位是千克·米^2($\mathrm{kg \cdot m^2}$)。

从式(3.10)可以看出刚体的转动惯量与下列三个因素有关：①与刚体的质量有关；②在质量一定的情况下，与质量分布有关，也就是与刚体的大小、形状及各部分的密度有关；③与转轴的位置有关。转动惯量一般可以用实验方法来测定。对于几何形状对称、密度均匀的刚体的转动惯量，才可以用积分方法计算。表 3.1 就是根据其定义式(3.10)计算得到的几种常见的刚体对不同转轴的转动惯量。

表 3.1 几种刚体的转动惯量

细棒，转轴通过中心并与细棒垂直	细棒，转轴通过棒的一端并与细棒垂直
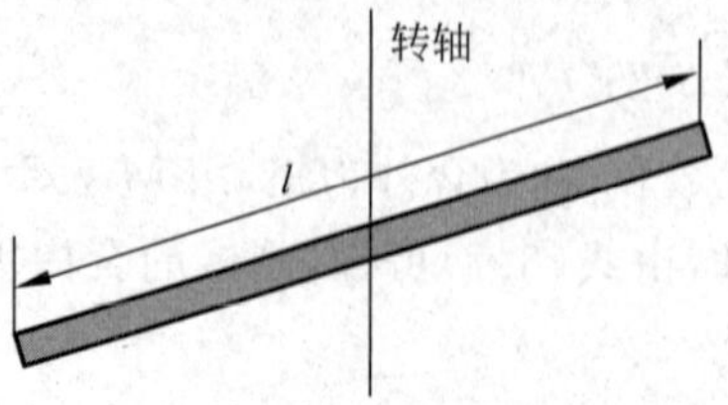 $J=\frac{1}{12}ml^2$	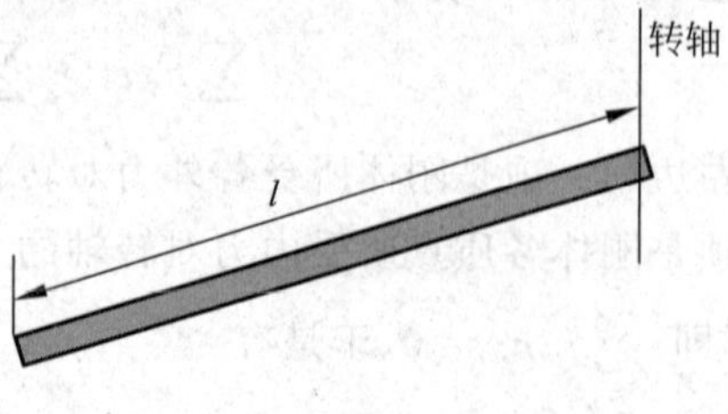 $J=\frac{1}{3}ml^2$

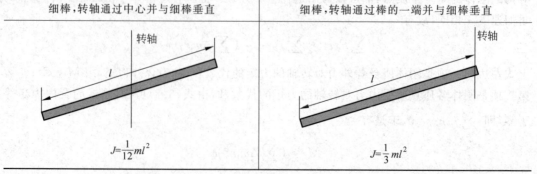

续表

圆环,转轴通过中心并与环面垂直	圆盘(包括圆柱体),转轴通过中心并与盘面垂直
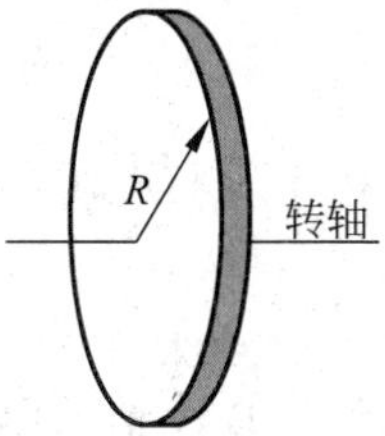 $J=mR^2$	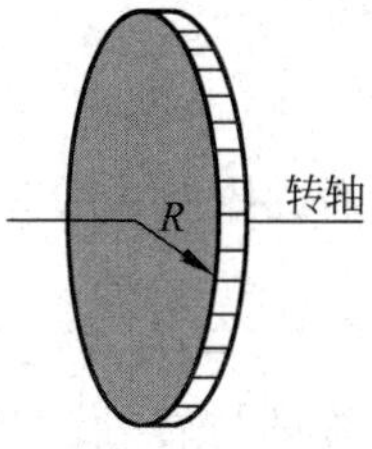 $J=\frac{1}{2}mR^2$
圆筒,转轴通过中心并与筒面垂直	**球体,转轴沿球的任一直径**
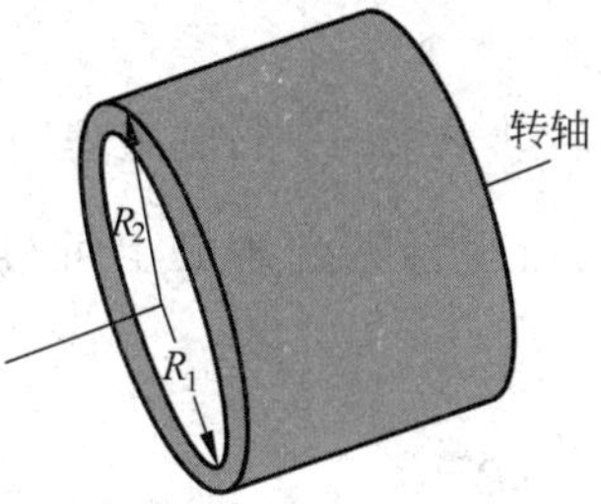 $J=\frac{1}{2}m(R_1^2+R_2^2)$	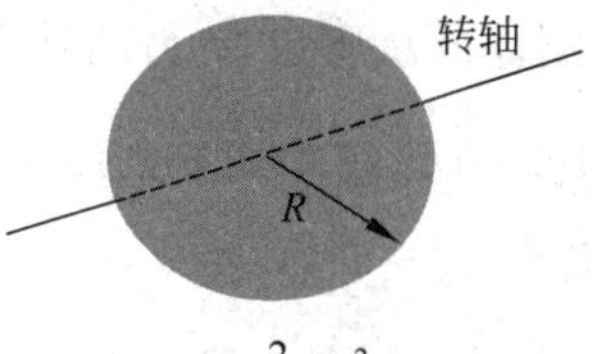 $J=\frac{2}{5}mR^2$

例 3-1 在边长为 l 的正方形的 4 个顶点上,分别固定有质量均为 m 的 4 个质点,如图 3.9 所示,试求此系统对下列转轴的转动惯量:(1)转轴过 A 点,且垂直于质点所在的平面;(2)转轴过 O 点,且垂直于质点所在的平面;(3)转轴过 A、D 两点,且在质点所在的平面内。

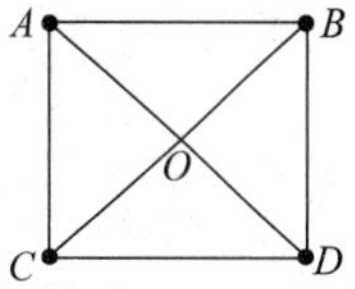

图 3.9

解 按转动惯量的定义可得各转轴的转动惯量为

$$(1)\ J_A=\sum_{i=1}^{4}m_ir_i^2=0+2ml^2+m(l^2+l^2)=4ml^2$$

$$(2)\ J_O=\sum_{i=1}^{4}m_ir_i^2=4m\left(\frac{\sqrt{l^2+l^2}}{2}\right)^2=2ml^2$$

$$(3)\ J_{AD}=\sum_{i=1}^{4}m_ir_i^2=2m\left(\frac{\sqrt{l^2+l^2}}{2}\right)^2=ml^2$$

例 3-2 求质量为 m、长为 l 的均匀细棒对给定转轴的转动惯量:(1)转轴通过棒的中心并与棒垂直;(2)转轴通过棒的一端并与棒垂直。

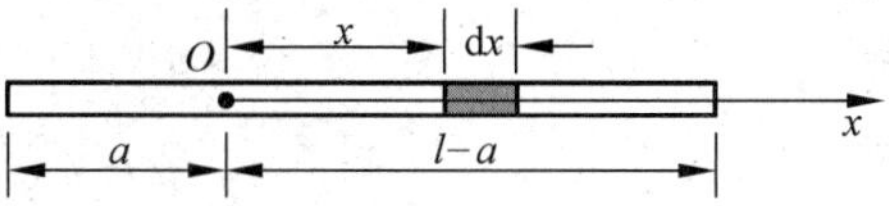

图 3.10

解 如图 3.10 所示,设转轴离棒的一端为 a。在细棒上任取一长度元 $\mathrm{d}x$,离轴距离为 x,质量为 $\mathrm{d}m=\lambda\mathrm{d}x$,其中 $\lambda=m/l$ 为细棒的质量线密度。根据转动惯量定义

$$J=\int r^2\mathrm{d}m$$

得

$$J=\int x^2\mathrm{d}m=\int_{-a}^{l-a}x^2\lambda\mathrm{d}x=\frac{1}{3}\lambda[x^3]_{-a}^{l-a}=\frac{1}{3}m(l^2-3la+3a^2)$$

(1)当转轴通过中心并与棒垂直时，则 $a=l/2$，将其代入上式得

$$J_C=\frac{1}{12}ml^2$$

(2)当转轴通过棒的一端并与棒垂直时，$a=0$ 或 $a=l$，将其代入上式得

$$J_{端}=\frac{1}{3}ml^2$$

由此可见，转动惯量与转轴的位置有关：同一刚体，相对于不同的转轴，其转动惯量是不同的。

*平行轴定理：若已知刚体对于通过质心某一固定轴的转动惯量为 J_C，则刚体对于平行此轴的任意一个转轴的转动惯量 J 满足下列关系：

$$J=J_C+md^2 \tag{3.11}$$

式中，m 为刚体的总质量，d 为两轴之间的距离。这就是转动惯量的平行轴定理。

如例 3-2，在已经求出(1)$J_C=\frac{1}{12}ml^2$ 的基础上，利用平行轴定理马上可得(2)的结果，为

$$J_{端}=\frac{1}{12}ml^2+m\left(\frac{l}{2}\right)^2=\frac{1}{3}ml^2$$

例 3-3 用落体观测法测量车轮转动惯量的装置如图 3.11(a)所示。将车轮支承起来，使它能绕水平轴转动；在轮缘上绕一细绳，绳的一端系着质量为 m 的重物。测得重物由静止开始下落高度 H 的时间为 t，车轮的半径为 R，假设轴承的摩擦忽略不计，试求车轮的转动惯量。

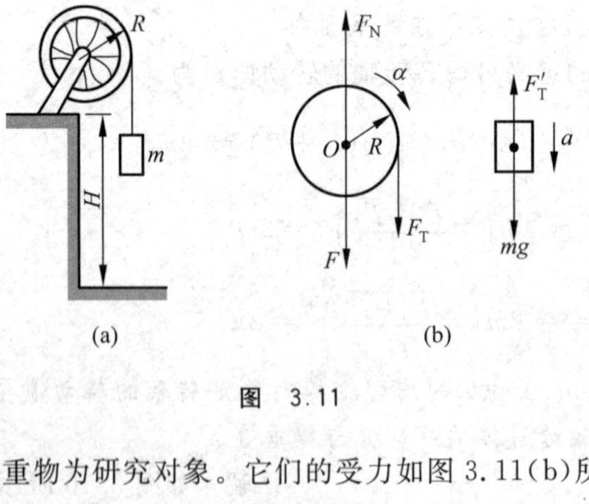

图 3.11

解 分别以车轮和重物为研究对象。它们的受力如图 3.11(b)所示。规定沿顺时针转动方向为正方向，根据转动定律，对车轮可列出方程

$$F_TR=J\alpha \tag{1}$$

规定竖直向下为正方向，根据牛顿第二定律，对重物可列出方程

$$mg-F'_T=ma \tag{2}$$

依照切向加速度与角加速度的关系，有

$$a=R\alpha \tag{3}$$

再由匀变速直线运动公式得

$$H=\frac{1}{2}at^2 \tag{4}$$

联立以上 4 个方程，其中 $F'_{\mathrm{T}}=F_{\mathrm{T}}$，解得车轮的转动惯量为

$$J=mR\left(\frac{gt^2}{2H}-1\right)$$

例 3-4 质量分别为 m_1 和 m_2 的两个物体 A、B 分别悬挂在图 3.12(a)所示的组合轮两端。设两轮的半径分别为 R 和 r，两轮的转动惯量分别为 J_1 和 J_2，轮与轴承间、绳索与轮间的摩擦力均略去不计，绳的质量也略去不计。试求两物体的加速度和绳的张力。

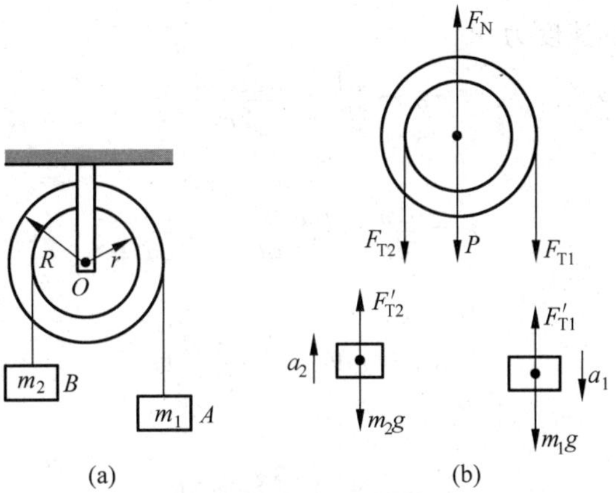

图 3.12

解 分别对两物体及组合轮作受力分析，如图 3.12(b)所示。根据牛顿定律有

$$m_1g-F'_{\mathrm{T1}}=m_1a_1 \tag{1}$$

$$F'_{\mathrm{T2}}-m_2g=m_2a_2 \tag{2}$$

根据转动定律有

$$F_{\mathrm{T1}}R-F_{\mathrm{T2}}r=(J_1+J_2)\alpha \tag{3}$$

其中

$$F'_{\mathrm{T1}}=F_{\mathrm{T1}},F'_{\mathrm{T2}}=F_{\mathrm{T2}} \tag{4}$$

$$a_1=R\alpha \tag{5}$$

$$a_2=r\alpha \tag{6}$$

联立并求解上述方程组，可得

$$a_1=\frac{m_1R-m_2r}{J_1+J_2+m_1R^2+m_2r^2}gR$$

$$a_2=\frac{m_1R-m_2r}{J_1+J_2+m_1R^2+m_2r^2}gr$$

$$F_{\mathrm{T1}}=\frac{J_1+J_2+m_2R^2+m_2Rr}{J_1+J_2+m_1r^2+m_2r^2}m_1g$$

$$F_{\mathrm{T2}}=\frac{J_1+J_2+m_1R^2+m_1Rr}{J_1+J_2+m_1R^2+m_2r^2}m_2g$$

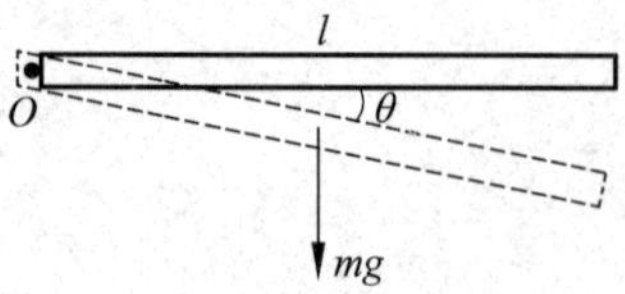

图 3.13

例 3-5 如图 3.13 所示，一个可绕固定轴 O 自由转动的均质细棒，质量为 m，长度为 l，初始时刻处于水平位置。求其自由释放至 θ 角时的角加速度和角速度。

解 取垂直于纸面向里为转轴的正方向，则当棒释放至 θ 角时，棒所受重力对 O 轴的力矩为

$$M = \frac{1}{2}mgl\cos\theta$$

棒绕 O 轴的转动惯量为

$$J = \frac{1}{3}ml^2$$

由转动定律，得棒的角加速度为

$$\alpha = \frac{M}{J} = \frac{3g\cos\theta}{2l}$$

由角加速度的定义，得

$$\alpha = \frac{\mathrm{d}\omega}{\mathrm{d}t} = \frac{\mathrm{d}\omega}{\mathrm{d}\theta}\frac{\mathrm{d}\theta}{\mathrm{d}t} = \omega\frac{\mathrm{d}\omega}{\mathrm{d}\theta}$$

所以

$$\omega\mathrm{d}\omega = \alpha\mathrm{d}\theta = \frac{3g\cos\theta}{2l}\mathrm{d}\theta$$

积分

$$\int_0^\omega \omega\mathrm{d}\omega = \int_0^\theta \frac{3g}{2l}\cos\theta\mathrm{d}\theta$$

得棒的角速度为

$$\omega = \sqrt{\frac{3g\sin\theta}{l}}$$

3.3 角动量 角动量守恒定律

3.3.1 角动量

1. 质点相对于给定点的角动量

在自然界中经常会遇到质点绕着某一固定中心运转的事例。例如，行星绕太阳的公转、人造卫星绕地球的运行、原子中的电子绕原子核旋转等。现以质量为 m 的质点在一平面内绕某一给定点 O 的运动为例，引入角动量的概念。设某一时刻质点相对于中心点 O 的位置矢量为 $\boldsymbol{r}$，质点的速度为 $\boldsymbol{v}$，也即质点的动量 $\boldsymbol{p}=m\boldsymbol{v}$。那么质点对 O 点的角动量 $\boldsymbol{L}$ 定义为

$$\boldsymbol{L} = \boldsymbol{r} \times m\boldsymbol{v} = \boldsymbol{r} \times \boldsymbol{p} \tag{3.12}$$

角动量的大小为

$$L = pr\sin\theta$$

其中 θ 是位矢 $\boldsymbol{r}$ 与动量 $\boldsymbol{p}$ 之间小于 180°的夹角，角动量的方向由右手螺旋法则确定，与 $\boldsymbol{r}$ 和 $\boldsymbol{v}$ 构成的平面相垂直，如图 3.14 所示。

当质点绕参考点 O 作圆周运动时，$\theta=90°$，即 $\sin\theta=1$，如图 3.15 所示，此时，对圆心（参考点）O 的角动量大小为

$$L = rp = mvr = mr^2\omega \tag{3.13}$$

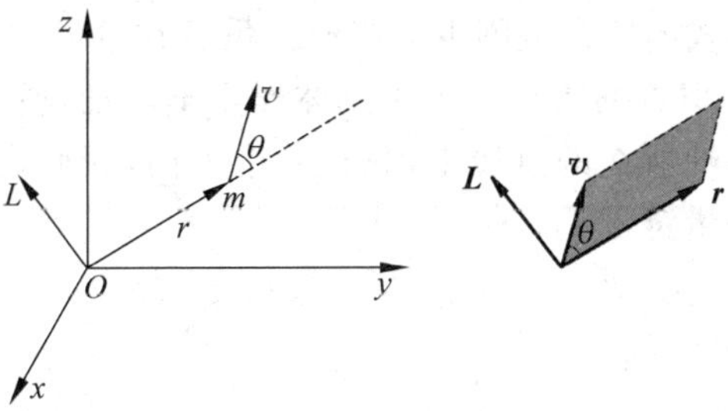

图 3.14 质点的角动量

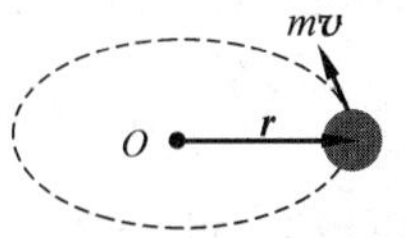

图 3.15 质点作圆周运动的角动量

因为角动量 $\boldsymbol{L}$ 的定义式中含有动量 $\boldsymbol{p}$ 的因子，所以 $\boldsymbol{L}$ 与所取的惯性系有关，$\boldsymbol{L}$ 中还含有位矢 $\boldsymbol{r}$ 因子，所以 $\boldsymbol{L}$ 又与参考点的位置有关。对不同的参考点，同一质点的角动量一般是不同的，为了明确角动量与参考点的关系，作图时一般将表示角动量 $\boldsymbol{L}$ 的有向线段的起点置于参考点上，如图 3.14 所示。

角动量的表达式 $\boldsymbol{L}=\boldsymbol{r}\times\boldsymbol{p}$ 和力矩的表达式 $\boldsymbol{M}=\boldsymbol{r}\times\boldsymbol{F}$ 相似，因此，角动量可看作动量相对于某一给定点的矩，故有时也称角动量为动量矩。

2. 刚体绕定轴转动的角动量

刚体绕定轴转动的角动量，就是刚体内所有质点对该轴的角动量的总和。设刚体绕 z 轴转动，其中各点的角速度都是 ω。设第 i 个质点的质量为 Δm_i，它与转轴的垂直距离为 r_i，如图 3.16 所示，则它的线速度为 $v_i=r_i\omega$，根据质点的角动量定义，即第 i 个质点对 z 轴的角动量为

$$L_i = \Delta m_i v_i r_i = \Delta m_i r_i^2\omega$$

所以，整个刚体对 z 轴的角动量为

$$L = \sum_i L_i = \left(\sum_i \Delta m_i r_i^2\right)\omega$$

式中 $\sum\limits_i \Delta m_i r_i^2$ 是刚体对转轴的转动惯量 J，故刚体绕 z 轴的角动量为

$$L = J\omega \tag{3.14}$$

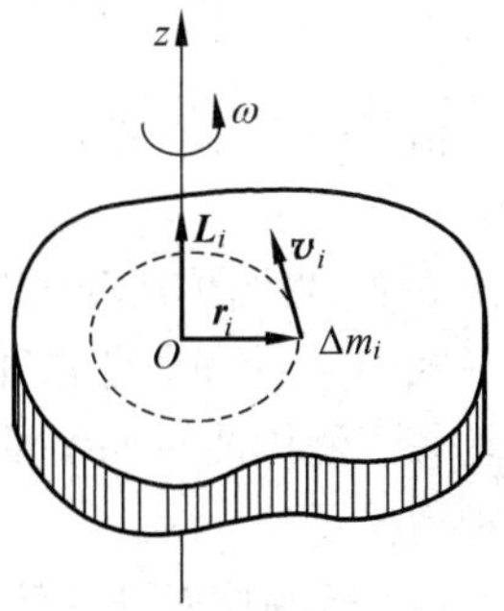

图 3.16 刚体的角动量

上式表明，刚体对转轴的角动量等于它对该轴的转动惯量与角速度的乘积。

在国际单位制中，角动量的单位用千克·米^2/秒（$\mathrm{kg\cdot m^2/s}$）表示。

3.3.2 刚体定轴转动的角动量定理

如果刚体对某一固定轴的转动惯量 J 为常量，那么转动定律的数学表达式可表示为

$$M = J\alpha = J\frac{\mathrm{d}\omega}{\mathrm{d}t}$$

可写成矢量式：

$$\boldsymbol{M}=\frac{\mathrm{d}(J\boldsymbol{\omega})}{\mathrm{d}t}=\frac{\mathrm{d}\boldsymbol{L}}{\mathrm{d}t} \tag{3.15}$$

上式表明，刚体作定轴转动时，其角动量对时间的变化率等于作用在刚体上的合外力矩。这是转动定律的另一种表达式，它比 $M=J\alpha$ 形式的适合范围更为广泛。虽然在推导中假设 J 是恒量，但可证明，式(3.15)也适用于 J 为非恒量的情形。由于刚体作定轴转动，所以其角速度、角动量和力矩等物理量的方向均在转轴所在的直线上，只有两个方向，因此，可以用正、负来表示它们的方向，这样就可以去掉矢量符号了。

由式(3.15)得

$$M\mathrm{d}t=\mathrm{d}L$$

将上式两边积分，得

$$\int_{t_0}^{t} M\mathrm{d}t=L-L_0=J\omega-J_0\omega_0 \tag{3.16}$$

上式中 $\int_{t_0}^{t} M\mathrm{d}t$ 是描写合外力矩在 t_0 到 t 这段时间内积累效应的物理量，称为冲量矩，也有称为角冲量。式(3.16)说明，作用于定轴转动刚体的冲量矩等于在作用时间内刚体对该定轴角动量的增量，这个关系称为角动量定理。显然，式(3.15)表示的是外力矩的瞬时效应，而式(3.16)则表示的是外力矩在 t_0 到 t 时间内的积累效应。

如果研究对象在 Δt 时间内始终受到恒力矩的作用，则角动量定理可写为

$$M\Delta t=J\omega-J_0\omega_0 \tag{3.17}$$

在国际单位制中，冲量矩的单位是牛顿·米·秒(N·m·s)。

3.3.3 角动量守恒定律

由式(3.15)可见，当 $M=0$ 时，则刚体的角动量为一恒量，即

$$L=J\omega=\text{恒量} \tag{3.18}$$

上式表明，当刚体所受合外力矩为零时，其角动量保持不变，这就是角动量守恒定律。

式(3.18)为普遍的角动量守恒定律在刚体作定轴转动情形下的表达式。由于刚体的角动量等于刚体的转动惯量和角速度的乘积，所以，刚体作定轴转动时，角动量守恒的情形有两种情况：

(1) 若刚体对轴的转动惯量不变，则角速度也保持不变。例如，绕轴转动的飞轮，当所受外力矩为零时，保持匀速转动。回转仪就是根据这一特性制成的装置，它可作为定向装置(回转罗盘)，用于舰船、飞机及导弹上。

(2) 若物体对轴的转动惯量发生变化，则角速度也发生变化，但两者的乘积保持不变。例如，当芭蕾舞演员或花样滑冰运动员绕自身的竖直轴旋转时，由于地面所施摩擦阻力距甚小，故可近似认为她们对竖直轴的角动量守恒，当她们利用手臂的伸屈来改变对竖直轴的转动惯量时，身体的旋转速度也随之变化；对于跳水运动员，在空中由于要完成各种动作，所以身体必须收缩进行快速转动，但当快要接触水面时，为了能让身体垂直入水，所以此时身体必须伸展使其绕水平轴转动的转动惯量增大，让转速慢下来。

角动量守恒定律和动量守恒定律、能量守恒定律一样，都可从经典力学推导出来，但适用范围却超出原有的条件：它们不仅适用于牛顿力学，而且也适用于量子力学和相对论力

学等物理领域。这说明上述三条守恒定律是近代物理理论的基础。

刚体绕定轴转动的规律，与质点直线运动的规律有相似的形式，现将它们的一些重要公式列于表 3.2 中。

表 3.2 转动与平动的对比

质点直线运动(刚体平动)		刚体定轴转动	
速度	$\boldsymbol{v}=\frac{\mathrm{d}\boldsymbol{r}}{\mathrm{d}t}$	角速度	$\omega=\frac{\mathrm{d}\theta}{\mathrm{d}t}$
加速度	$\boldsymbol{a}=\frac{\mathrm{d}\boldsymbol{v}}{\mathrm{d}t}$	角加速度	$\alpha=\frac{\mathrm{d}\omega}{\mathrm{d}t}$
匀速直线运动	$x=vt$	匀角速转动	$\theta=\omega t$
匀变速直线运动	$v=v_0+at$ $x=v_0t+\frac{1}{2}at^2$ $v^2-v_0^2=2ax$	匀变速转动	$\omega=\omega_0+\alpha t$ $\theta=\omega_0t+\frac{1}{2}\alpha t^2$ $\omega^2-\omega_0^2=2\alpha\theta$
力	F	力矩	M
质量	m	转动惯量	J
牛顿第二定律	$F=ma$	转动定律	$M=J\alpha$
力的功	$W=\int\boldsymbol{F}\cdot\mathrm{d}\boldsymbol{r}$	力矩的功	$W=\int M\mathrm{d}\theta$
功率	$P=Fv$	力矩的功率	$P=M\omega$
动能	$E_\mathrm{k}=\frac{1}{2}mv^2$	转动动能	$E_\mathrm{k}=\frac{1}{2}J\omega^2$
动能定理	$W=\int\boldsymbol{F}\cdot\mathrm{d}\boldsymbol{r}=\frac{1}{2}mv^2-\frac{1}{2}mv_0^2$	动能定理	$W=\int M\mathrm{d}\theta=\frac{1}{2}J\omega^2-\frac{1}{2}J\omega_0^2$
动量	mv	角动量	$J\omega$
力的冲量	$\int\boldsymbol{F}\mathrm{d}t$	力矩的冲量	$\int M\mathrm{d}t$
动量定理	$\int\boldsymbol{F}\mathrm{d}t=m\boldsymbol{v}-m\boldsymbol{v}_0$	角动量定理	$\int M\mathrm{d}t=J\omega-J_0\omega_0$
动量守恒定律	$\sum m\boldsymbol{v}=$ 恒矢量	角动量守恒定律	$\sum J\omega=$ 恒量

例 3-6 如图 3.17 所示，有一质量为 m_1、长度为 l 的均质细棒，原先静止地平放在水平桌面上，它可绕通过其端点 O 且与桌面垂直的固定轴转动，另有一质量为 m_2 的水平运动的小滑块，从棒的侧面沿垂直于棒的方向与棒的另一端 A 相碰撞，并被棒反向弹回，设碰撞时间极短。已知小滑块碰撞前、后的速率分别为 v 和 u，桌面与细棒的滑动摩擦系数为 μ。求：(1) 从碰撞到细棒停止运动所需的时间；(2) 从碰撞到细棒停止运动，细棒转过的圈数。

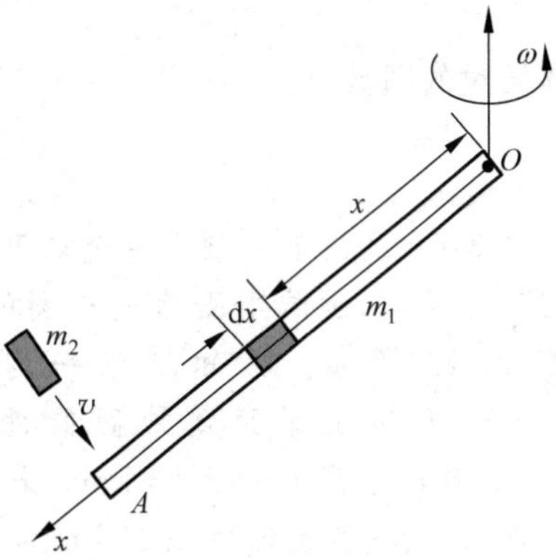

图 3.17

解 (1) 取细棒与小滑块为一系统，在短促的碰撞过程中，摩擦力矩的作用是可以忽略不计的，系统对 O 轴的角动量守恒，即

$$m_2vl=J\omega_0-m_2ul \qquad (1)$$

式中 ω_0 是细棒在碰撞后瞬间转动的角速度，J 是细棒绕 O 轴的转动惯量。于是有

$$J\omega_0 = m_2 l(v+u)$$

建立如图 3.17 所示的坐标，$\mathrm{d}x$ 段细棒所受的摩擦力为

$$\mathrm{d}F_f = \mu g\,\mathrm{d}m = \mu g\,\frac{m_1}{l}\mathrm{d}x$$

它对 O 轴的摩擦力矩为

$$\mathrm{d}M_f = -x\,\mathrm{d}F_f = -\mu g\,\frac{m_1}{l}x\,\mathrm{d}x$$

整个细棒所受的摩擦力矩为

$$M_f = \int \mathrm{d}M_f = -\int_0^l \mu g\,\frac{m_1}{l}x\,\mathrm{d}x = -\frac{1}{2}\mu m_1 g l \tag{2}$$

由角动量定理 $\int_{t_0}^{t} M\mathrm{d}t = L - L_0 = J\omega - J\omega_0$ 可得

$$\int_0^t -\frac{1}{2}\mu m_1 g l\,\mathrm{d}t = 0 - J\omega_0$$

即

$$\frac{1}{2}\mu m_1 g l t = m_2 l(v+u)$$

故细棒运动的时间为

$$t = \frac{2m_2(v+u)}{\mu m_1 g}$$

(2) 由转动定律可得

$$\alpha = \frac{M_f}{J} = -\frac{3}{2l}\mu g = 常量$$

其中 $J=\frac{1}{3}ml^2$，故细棒是作匀减速转动，由 $\omega^2-\omega_0^2=2\alpha\theta$ 得

$$0-\omega_0^2 = 2\alpha\theta$$

由式(1)得

$$\omega_0 = \frac{3m_2(v+u)}{m_1 l}$$

代入上式得

$$\theta = \frac{3m_2^2(v+u)^2}{\mu m_1^2 g l}$$

细棒转过的圈数

$$N = \frac{\theta}{2\pi} = \frac{3m_2^2(v+u)^2}{2\pi\mu m_1^2 g l}$$

例 3-7 我国第一颗人造地球卫星绕地球作椭圆轨道运动，地球中心为该椭圆的一个焦点，如图 3.18 所示。已知地球平均半径 $R=6378\ \mathrm{km}$，人造卫星距离地面最近距离 $h_1=439\ \mathrm{km}$，最远距离 $h_2=2384\ \mathrm{km}$。若人造卫星在近地点 A_1 的速度为 $v_1=8.10\ \mathrm{km/s}$，求其在远地点 A_2 的速度。

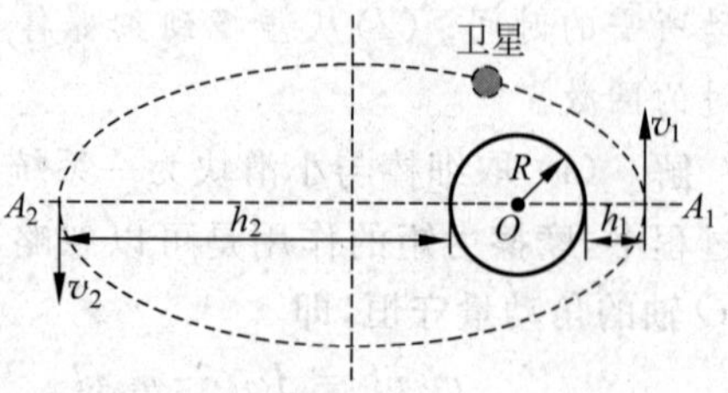

图 3.18

解 如果认为人造卫星在运动中只受到地球对它的引力，该引力始终通过地球中心点O，因而对O点来说，卫星所受到的力矩为零。所以人造卫星在运动过程中对O点的角动量守恒。人造卫星在近地点和远地点的速度都与卫星对O的矢径垂直，所以人造卫星在近地点A_1的角动量是

$$L_1 = mv_1(R+h_1)$$

在远地点A_2的角动量是

$$L_2 = mv_2(R+h_2)$$

其中v_2是远地点A_2的速度。因为角动量守恒，所以

$$m_1v_1(R+h_1) = mv_2(R+h_2)$$

于是

$$v_2 = \frac{R+h_1}{R+h_2}v_1$$

将R、h_1、h_2和v_1各值代入，得

$$v_2 = 6.13\ \text{km/s}$$

例 3-8 两个飞轮A与B可通过摩擦作用接合起来构成摩擦接合器，使它们以相同的转速一起转动。如图3.19所示，A和B两飞轮的轴杆在同一轴线上。已知A轮对轴的转动惯量$J_A=10\ \text{kg}\cdot\text{m}^2$，B轮对轴的转动惯量$J_B=20\ \text{kg}\cdot\text{m}^2$，开始时，A轮的转速$n_A=600\text{r/min}$，B轮静止。求两轮接合后的转速$n$。

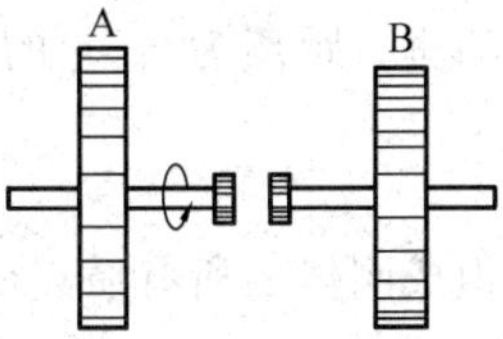

图 3.19

解 把飞轮A、B作为一个系统来考虑，在接合过程中系统受到轴向正压力和接合面的摩擦力，前者对轴的力矩为零，后者对轴有力矩，但属于系统的内力矩。系统没有受到其他外力矩的作用，所以系统的角动量守恒，即接合前系统对轴的角动量与接合后系统对轴的角动量相等，故得

$$J_A\omega_A + J_B\omega_B = (J_A+J_B)\omega$$

式中ω_A、ω_B分别为A、B两轮接合前的角速度，ω为接合后的角速度。接合前B静止，$\omega_B=0$，由上式得

$$\omega = \frac{J_A}{J_A+J_B}\omega_A$$

因此得

$$n = \frac{J_A}{J_A+J_B}n_A$$

把各量的数值代入，得

$$n = \frac{10}{10+20}\times 600 = 200(\text{r/min})$$

例 3-9 一半径为R、质量为M的圆盘可绕铅直的中心轴Oz转动，圆盘上距转轴$R/2$处站着一质量为m的人。设开始时圆盘与人相对于地面以角速度ω_0转动，求当此人走到圆盘边缘时，人和圆盘一起转动的角速度ω。

解 取人与圆盘为一系统，由于圆盘和人的重力以及转轴对圆盘的支持力都平行于转轴，这些力对转轴的力矩为零，因此，系统对该转轴的角动量守恒。

初始时刻，系统的角动量为

$$L_0 = \frac{1}{2}MR^2\omega_0 + m\left(\frac{R}{2}\right)^2\omega_0$$

在末状态时，系统的角动量为

$$L = \frac{1}{2}MR^2\omega + mR^2\omega$$

由 $L=L_0$，得

$$\omega = \frac{2M+m}{2M+4m}\omega_0$$

3.4 刚体定轴转动的动能定理

3.4.1 转动动能

已知运动着的物体都有动能。刚体绕固定轴转动时，其转动动能应该等于组成刚体全部质点的动能之和。以角速度 ω 绕 Oz 轴转动的刚体，其中第 i 个质点的质量为 Δm_i，离转轴的垂直距离为 r_i，它的线速度 $v_i=r_i\omega$，则该质点具有的动能为

$$E_{ki} = \frac{1}{2}\Delta m_i v_i^2 = \frac{1}{2}\Delta m_i r_i^2\omega^2$$

把组成刚体的所有质点的动能加起来，即得刚体的转动动能

$$E_k = \sum_i \frac{1}{2}\Delta m_i^2\omega^2 = \frac{1}{2}\left(\sum_i \Delta m_i r_i^2\right)\omega^2$$

式中括号内的量是刚体的转动惯量 J，上式可改写成

$$E_k = \frac{1}{2}J\omega^2 \tag{3.19}$$

可见刚体绕定轴转动的动能等于刚体对此轴的转动惯量与角速度平方乘积的一半。显然，这一关系式与质点的动能公式$\frac{1}{2}mv^2$在形式上是类似的，转动惯量 J 与质量 m 对应，角速度 ω 与线速度 v 对应。

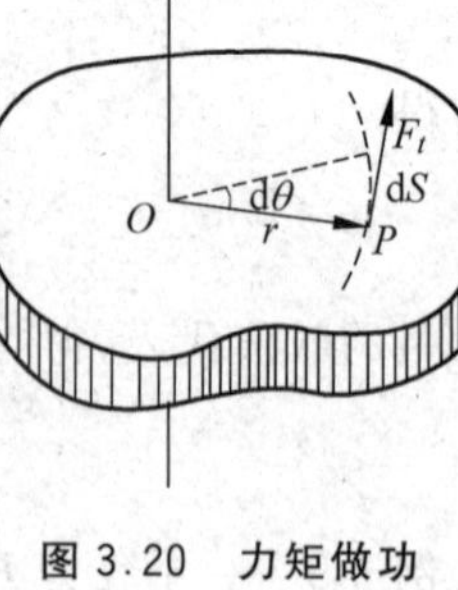

图 3.20 力矩做功

3.4.2 力矩的功和功率

当刚体受到外力矩的作用而作加速转动时，刚体的转动动能增加，可以说这是由于外力矩对刚体做功的结果。现在计算力矩对转动刚体所做的功。

图 3.20 表示一刚体在外切向力 F_t 作用下绕 Oz 轴转动，经过时间 dt，它转过一微小的角位移 $d\theta$，切向力 F_t 的作用点 P 的位移为 ds。由几何关系得知：$ds=r\cdot d\theta$。根据功的定义，外切向力 F_t 对转动刚体所做的元功为

$$dW = F_t ds = F_t r d\theta$$

而 $F_t r=M$，是 P 点的切向力 F_t 相对于转轴的力矩，故上式可写成

$$dW = Md\theta \tag{3.20}$$

若刚体受到的是任意方向的外力，则可将外力分解成切向力 F_t 和法向力 F_n，而法向力对转轴的力矩等于零，因此，作用于刚体上任意方向的外力只有切线方向的分力有力矩。可见，外力对刚体所做的元功，就是切向分力 F_t 所做的元功，它可以用这个力对转轴的力矩和刚体转过的角位移元的乘积表示。为此有时简称为力矩的功。

当刚体在力矩作用下，从角坐标 θ_0 转到角坐标 θ 时，力矩对刚体所做的总功为

$$W = \int_{\theta_0}^{\theta} Md\theta \tag{3.21}$$

如果刚体受到几个外力的作用，上式中的 M 应是合外力矩。

式(3.21)是力矩对刚体做功的一般表达式。当力矩为常量时，则力矩所做的功为

$$W = M(\theta - \theta_0) \tag{3.22}$$

即恒力矩的功等于力矩与角位移的乘积。

按功率的定义，力矩的功率为

$$P = \frac{dW}{dt} = M\frac{d\theta}{dt} = M\omega \tag{3.23}$$

即力矩的功率等于力矩与角速度的乘积。

3.4.3 刚体绕定轴转动的动能定理

设刚体在外力矩的作用下，绕定轴转动刚体的角速度从角坐标 θ_1 处的 ω_1 增加到角坐标 θ_2 处的 ω_2，则合外力矩对刚体所做的功是

$$W = \int_{\theta_1}^{\theta_2} Md\theta$$

根据转动定律

$$M = J\alpha = J\frac{d\omega}{dt}$$

因此，有

$$W = \int_{\theta_1}^{\theta_2} J\alpha d\theta = \int_{\omega_1}^{\omega_2} J\frac{d\theta}{dt}d\omega = \int_{\omega_1}^{\omega_2} J\omega d\omega = \frac{1}{2}J\omega_2^2 - \frac{1}{2}J\omega_1^2 \tag{3.24}$$

此式表明，刚体绕定轴转动时，合外力矩对刚体所做的功等于刚体转动动能的增量。这就是刚体绕定轴转动时的动能定理。当外力矩与刚体转动方向相同时，外力矩做正功，转动动能增大；而当外力矩与刚体转动方向相反时，外力矩做负功，也就是说转动刚体克服外力矩而做功，转动动能减少。

在机械制造业中，有许多机器内配置有转动惯量较大的飞轮，其目的就是可将能量以转动动能的形式储存起来，在需要时可对外做功释放能量。

例 3-10 图 3.21 示出一质量为 M、半径为 R、可绕一无摩擦的水平轴转动的圆盘。今有一绳索，它的一端系在圆盘的边缘上，另一端系一

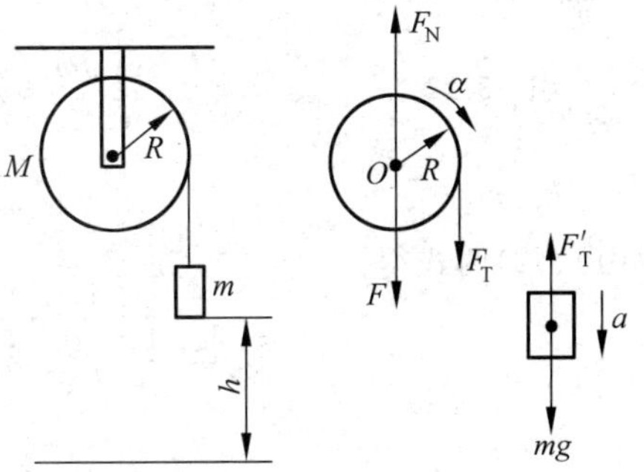

图 3.21

质量为 m 的重物。求重物由静止下落了高度 h 时的速度值(绳索的质量略去不计)。

解 画出圆盘和重物的受力图,方向如图所示,则在重物下落的过程中,拉力 F_T 的力矩对圆盘做正功,根据转动动能定理,有

$$F_T R\Delta\theta = \frac{1}{2}J\omega^2 - \frac{1}{2}J\omega_0^2$$

式中,$\Delta\theta$ 为重物下落过程中圆盘转过的角度。

对于重物(可视为质点),在下落过程中重力做正功,绳的拉力 F'_T(对轻绳 $F'_T = F_T$)做负功,根据质点的动能定理,有

$$mgh - F'_T h = \frac{1}{2}mv^2 - \frac{1}{2}mv_0^2$$

因绳子不可伸长,且与圆盘间无相对滑动,故有

$$R\Delta\theta = h, \quad v = R\omega$$

此外,重物是由静止开始下落,即 $v_0=0$,$\omega_0=0$,于是可得

$$v = \sqrt{\frac{2mgh}{m + \frac{J}{R^2}}}$$

已知圆盘的转动惯量 $J=\frac{1}{2}MR^2$,代入上式即得

$$v = 2\sqrt{\frac{mgh}{M+2m}}$$

例 3-11 如图 3.22 所示,一长为 l、质量为 m_0 的均质细杆,可绕水平轴 O 在铅直平面内转动。设初始时细杆铅直悬挂,今有一质量为 m 的子弹以速度 $\boldsymbol{v}_0$ 水平射入杆的一端,并陷入杆中与杆一起绕轴 O 转动至与竖直线成 30°角处,求子弹的速度 $\boldsymbol{v}_0$ 的大小。

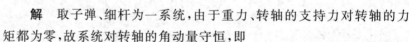

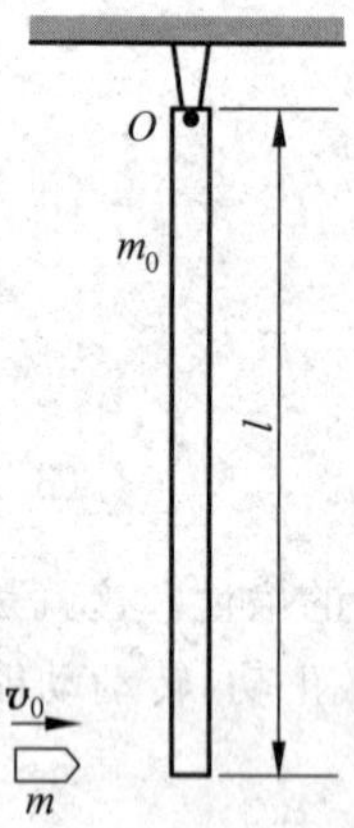

图 3.22

解 取子弹、细杆为一系统,由于重力、转轴的支持力对转轴的力矩都为零,故系统对转轴的角动量守恒,即

$$mv_0 l = ml^2\omega + \frac{1}{3}m_0 l^2\omega \tag{1}$$

其中 ω 是子弹和细杆一起转动瞬间的角速度。子弹射入细杆后,细杆在摆动过程中只有重力做功,故如以子弹、细杆和地球为一系统,则此系统机械能守恒,于是有

$$\frac{1}{2}J\omega^2 = \frac{1}{2}\left(\frac{1}{3}m_0 l^2 + ml^2\right)\omega^2 = mgl(1-\cos30°) + m_0 g\frac{l}{2}(1-\cos30°) \tag{2}$$

解(1)、(2)两式得

$$v_0 = \frac{1}{m}\sqrt{\frac{gl}{6}(2-\sqrt{3})(2m+m_0)(3m+m_0)}$$

思　考　题

3.1 地球表面不同纬度处的物体因地球自转而引起的角速度是否相同？线速度是否相同？地球表面不同地点的物体的法向加速度是否均指向地心？

3.2 在推导转动定律 $M=J\alpha$ 过程中，哪些步骤用到了定轴转动的条件？为什么说对于任意外力只要考虑它在与转轴垂直的平面内的分量就可以了？

3.3 有两个圆盘用密度不同的金属制成，它们的质量和厚度都相同，问哪个圆盘具有较大的转动惯量？

3.4 一个滑轮，质量为 m，半径为 r，转轴在水平位置并且没有摩擦力，滑轮上绕有细绳，如果我们用 10 kg 的力拉细绳或者在绳上拴一个 10 kg 的重物，滑轮就会转动起来，试分析在这两种情况下：(1)滑轮的角加速度是否相同；(2)绳中的张力是否相同。

3.5 一圆盘可绕着通过其中心并与盘面垂直的光滑铅直轴转动。设盘原来是静止的，盘上站着一人，当人沿着某一圆周匀速走动时，试问以人和盘为系统，其角动量是否守恒？单就圆盘来说，其角动量是否守恒？

习　　题

3.1 有两个半径相同、质量相等的细圆环 A 和 B，A 环的质量分布均匀，B 环的质量分布不均匀。它们对通过环心并与环面垂直的轴的转动惯量分别为 J_A 和 J_B，则(　　)。

A. $J_A>J_B$　　B. $J_A<J_B$

C. $J_A=J_B$　　D. 不能确定 J_A、J_B 哪个大

3.2 关于刚体对轴的转动惯量，下列说法中正确的是(　　)。

A. 只取决于刚体的质量，与质量的空间分布和轴的位置无关

B. 取决于刚体的质量和质量的空间分布，与轴的位置无关

C. 取决于刚体的质量、质量的空间分布和轴的位置

D. 只取决于转轴的位置，与刚体的质量和质量的空间分布无关

3.3 关于力矩有以下几种说法：(1)对某个定轴转动刚体而言，内力矩不会改变刚体的角加速度；(2)一对作用力和反作用力对同一转轴的力矩之和一定为零；(3)质量相等、形状和大小不同的两个刚体，在相同力矩的作用下，它们的运动状态一定相同。对上述说法下列判断正确的是(　　)。

A. 只有(1)是正确的　　B. 只有(3)是正确的

C. 只有(1)、(2)是正确的　　D. 只有(2)、(3)是正确的

3.4 一圆盘绕过盘心且与盘面垂直的光滑固定轴 O 以角速度 ω 按图示方向转动。若如图所示的情况那样，将两个大小相等、方向相反但不在同一条直线的力 F 沿盘面同时作用到圆盘上，则圆盘的角速度 ω 将会(　　)。

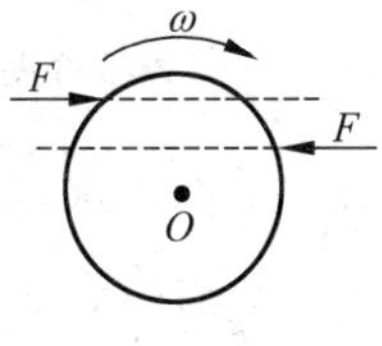

题 3.4 图

A. 必然增大　　　　B. 必然减少

C. 不会改变　　　　D. 如何变化,不能确定

3.5 均匀细棒 OA 可绕通过其一端 O 而与棒垂直的水平固定光滑轴转动,如图所示。今使棒从水平位置由静止开始自由下落,在棒摆动到竖直位置的过程中,下述说法哪一种是正确的?(　　)

A. 角速度从小到大,角加速度从大到小　　B. 角速度从小到大,角加速度从小到大

C. 角速度从大到小,角加速度从大到小　　D. 角速度从大到小,角加速度从小到大

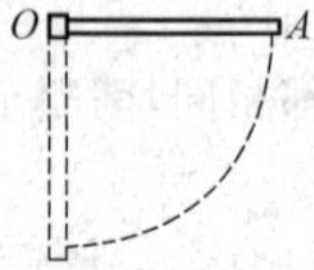

题 3.5 图

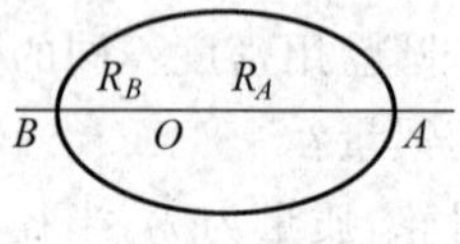

题 3.6 图

3.6 一人造地球卫星到地球中心 O 的最大距离和最小距离分别是 R_A 和 R_B。设卫星对应的角动量分别是 L_A、L_B,动能分别是 E_{kA}、E_{kB},则应有(　　)。

A. $L_B>L_A, E_{kA}>E_{kB}$　　B. $L_B>L_A, E_{kA}=E_{kB}$

C. $L_B<L_A, E_{kA}=E_{kB}$　　D. $L_B=L_A, E_{kA}<E_{kB}$

3.7 一汽车发动机曲轴的转速在 120 s 内由 1200 rad/min 均匀地增加到 3000 rad/min,试求:(1)它的角加速度;(2)在此时间内,曲轴转了多少转。

3.8 如图所示,一个质量为 m 的物体与绕在定滑轮上的绳子相连,绳子质量可以忽略,它与定滑轮之间无滑动。假设定滑轮质量为 M、半径为 R,其转动惯量为 $\frac{1}{2}MR^2$,滑轮轴光滑。试求该物体由静止开始下落的过程中,下落速度与时间的关系。

3.9 一长为 1 m 的均匀直棒可绕过其一端且与棒垂直的水平光滑固定轴转动,如图所示。抬起另一端使棒向上与水平面成 60°,然后无初转速地将棒释放。已知棒对轴的转动惯量为 $\frac{1}{3}ml^2$,其中 m 和 l 分别为棒的质量和长度。求:(1) 放手时棒的角加速度;(2) 棒转到水平位置时的角加速度。

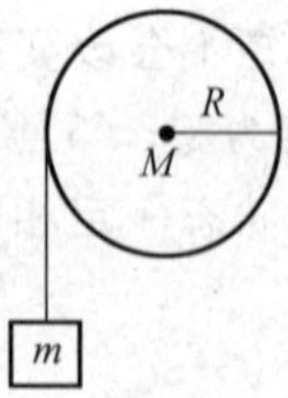

题 3.8 图

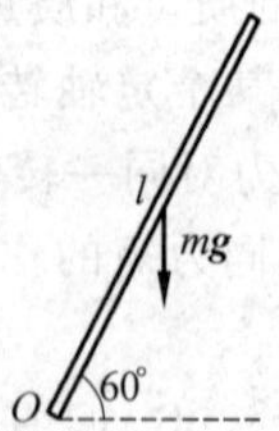

题 3.9 图

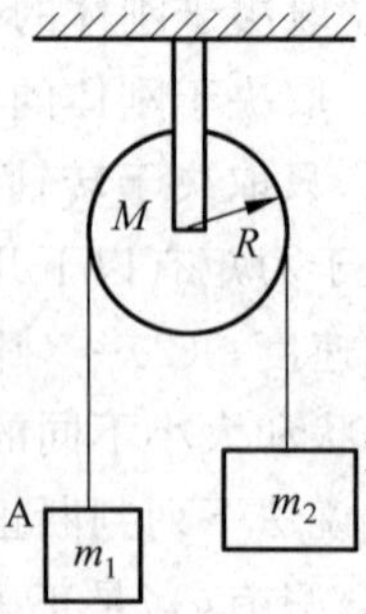

题 3.10 图

3.10 如图所示,定滑轮半径为 R,质量为 M,可视为质量均匀分布的圆柱体(转动惯量 $J=\frac{1}{2}MR^2$),滑轮两边分别悬挂质量为 m_1 和 m_2 的物体 A 和 B,已知 $m_2>m_1$。若轮轴间、绳轮间的摩擦力均可忽略,绳子质量不计,求物体运动的加速度和绳子的张力。

3.11 如图所示，一圆盘形定滑轮的半径为 r，质量为 m，滑轮两边分别悬挂质量为 m_1 和 m_2 的物体 A、B。A 置于倾角为 θ 的光滑斜面上，若 B 向下作加速运动时，求：(1)其下落的加速度大小；(2)滑轮两边绳子的张力。(设绳的质量及伸长均不计，滑轮轴光滑，绳与滑轮间无相对滑动。)

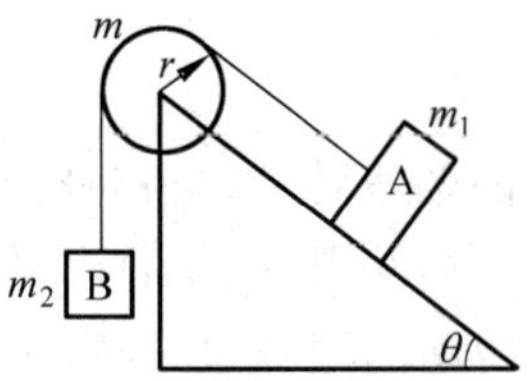

题 3.11 图

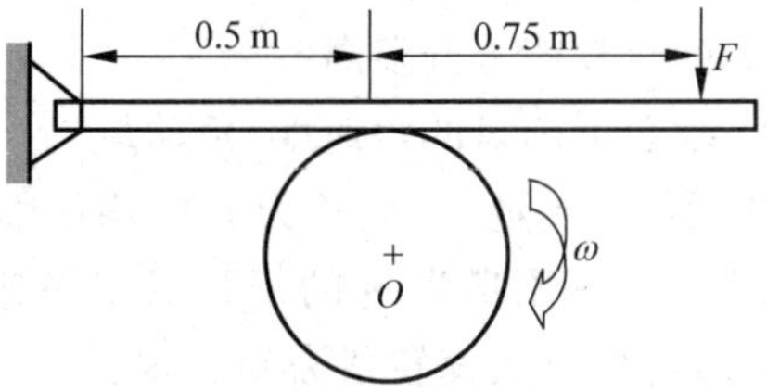

题 3.12 图

3.12 如图所示，飞轮的质量为 60 kg，直径为 0.5 m，转速为每分钟 1000 转，现用闸瓦制动，使其在 5 s 内停止转动，求制动力 F。(设闸瓦与飞轮间的摩擦系数为 $\mu=0.4$，并设飞轮的质量都集中在轮缘上。)

3.13 有一半径为 R 的圆形平板平放在水平桌面上，平板与水平桌面的摩擦系数为 μ，若平板绕通过其中心且垂直板面的固定轴以角速度 ω_0 开始旋转，它将在旋转几圈后停止？(已知圆形平板的转动惯量 $J=\frac{1}{2}mR^2$，其中 m 为圆形平板的质量。)

3.14 光滑圆盘面上有一质量为 m 的物体 A，拴在一根穿过圆盘中心 O 处光滑小孔的细绳上，如图所示。开始时，该物体距圆盘中心 O 的距离为 r_0，并以角速度 ω_0 绕盘心 O 作圆周运动。现向下拉绳，当质点 A 的径向距离由 r_0 减少到 $\frac{1}{2}r_0$ 时，向下拉的速度为 v，求下拉过程中拉力所做的功。

3.15 有一半径为 R 的均匀球体，绕通过其一直径的光滑固定轴匀速转动，转动周期为 T_0。如它的半径由 R 自动收缩为 $\frac{1}{2}R$，求球体收缩后的转动周期。(球体对于通过直径的轴的转动惯量为 $J=2mR^2/5$，式中 m 和 R 分别为球体的质量和半径。)

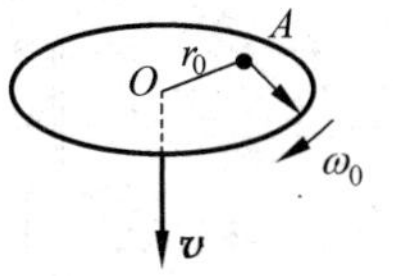

题 3.14 图

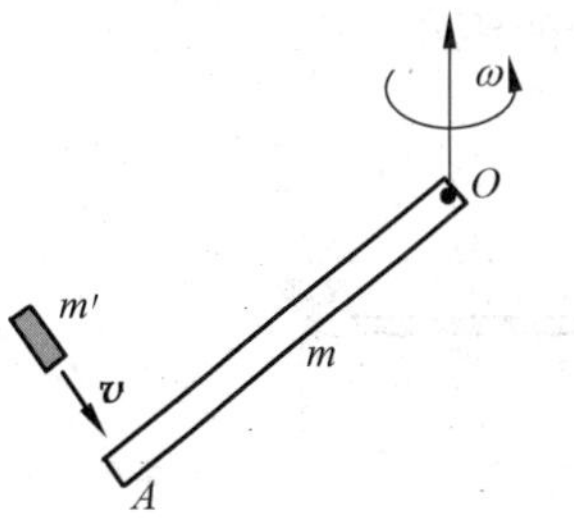

题 3.16 图

3.16 一根放在水平光滑桌面上的均质棒，可绕通过其一端的竖直固定光滑轴 O 转动。棒的质量为 $m=1.5$ kg，长度为 $l=1.0$ m，对轴的转动惯量为 $J=\frac{1}{3}ml^2$。初始时棒静止。今有一水平运动的子弹垂直地射入棒的另一端，并留在棒中，如图所示。已知子

弹的质量为 $m'=0.020\ \mathrm{kg}$，速率为 $v=400\ \mathrm{m/s}$。试问：

(1) 棒开始和子弹一起转动时角速度 ω 有多大？

(2) 若棒转动时受到大小为 $M_r=4.0\ \mathrm{N\cdot m}$ 的恒定阻力矩作用，棒能转过多大的角度 θ？

3.17 设有一质量为 M、半径为 R，并以角速度 ω 旋转着的飞轮，某瞬时有一质量为 m 的碎片从飞轮飞出。假设碎片脱离圆盘时的瞬时速度方向正好竖直向上，如图所示。

(1) 问碎片能上升多高？

(2) 求余下圆盘的角速度、角动量。

3.18 如图所示，质量为 M、长为 L 的均质细杆可绕水平光滑的轴线转动，最初杆静止于铅直方向。一质量为 m 的子弹以水平速度 $\boldsymbol{v}_0$ 射向杆的下端并以 $\boldsymbol{v}_0/2$ 的水平速度飞出，若杆的最大偏转角为 60°，求：(1)子弹飞出瞬间杆转动的角速度；(2)子弹的初速度的大小。

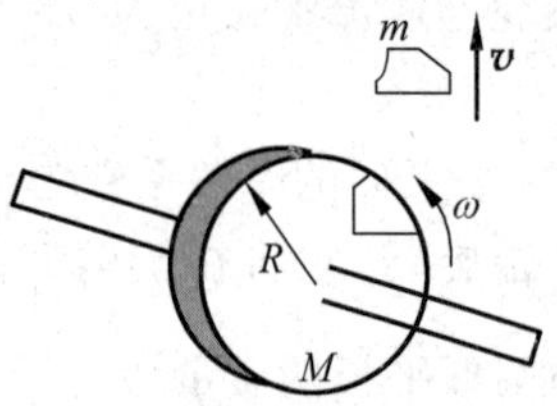

题 3.17 图

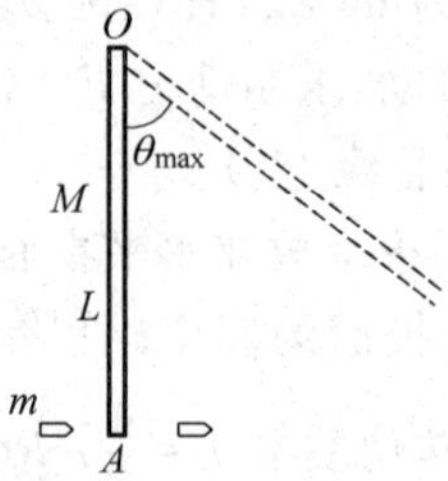

题 3.18 图

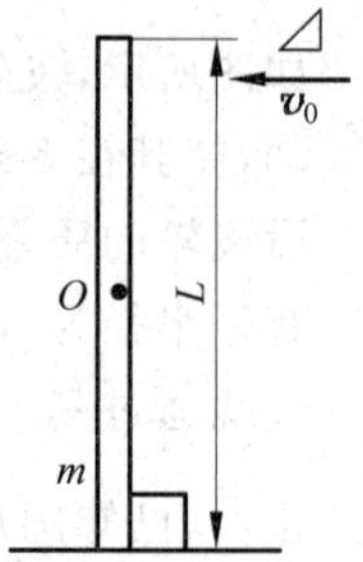

题 3.19 图

3.19 长为 L、质量为 m 的均质杆，可绕过垂直于纸面的 O 轴转动，初始位置如图所示。在水平面上有一质量为 m 的物体紧贴于杆，现有一质量为 $\dfrac{m}{2}$ 的子弹以初速度 v_0 射入杆的上端点，求：物体在水平面上滑过的距离。设物体与水平面之间的摩擦系数为 μ。

3.20 如图所示，长为 l、质量 m 的均质杆，可绕点 O 在竖直平面内转动，今杆从水平位置由静止摆下，在竖直位置与质量为 $\dfrac{m}{2}$ 的物体发生完全弹性碰撞，碰撞后物体沿摩擦系数为 μ 的水平面滑动。求：(1)当杆下落到竖直位置时的角速度；(2)物体在水平面上滑行的距离。

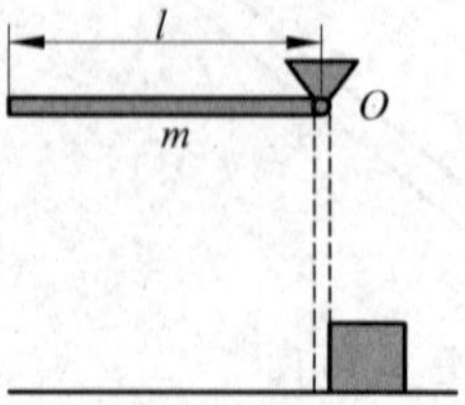

题 3.20 图

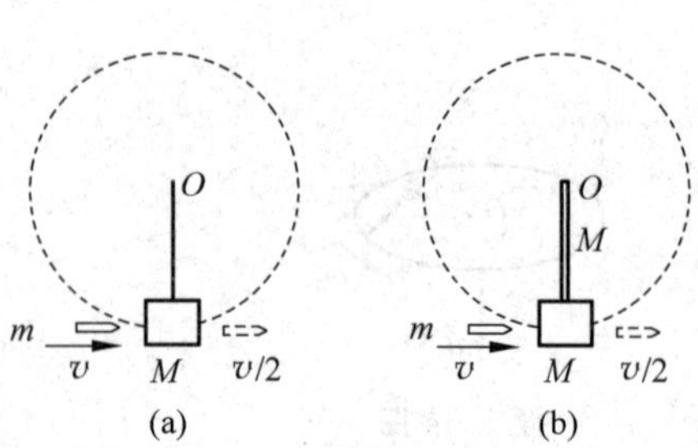

题 3.21 图

3.21 如图所示，一质量为 m 的子弹穿过质量为 M 的摆锤，速率减半，已知摆线的长度为 b，如果摆锤能在垂直平面内完成一个完全的圆周运动，子弹速率的最小值应为多少？若以质量为 M 的细棒代替细绳，其他条件不变，则子弹速率的最小值又为多少？

3.22 一质量均匀分布的圆盘，质量为 M，半径为 R，放在一粗糙水平面上（圆盘与水平面之间的摩擦系数为 μ），圆盘可绕通过其中心 O 的竖直固定光滑轴转动，如图所示。开始时，圆盘静止，一质量为 m 的子弹以水平速度 v_0 垂直于圆盘半径打入圆盘边缘并嵌在盘边上，求：

(1) 子弹击中圆盘后，盘所获得的角速度；

(2) 经过多少时间后，圆盘停止转动。

（圆盘绕通过 O 的竖直轴的转动惯量为 $\frac{1}{2}MR^2$，忽略子弹重力造成的摩擦阻力矩。）

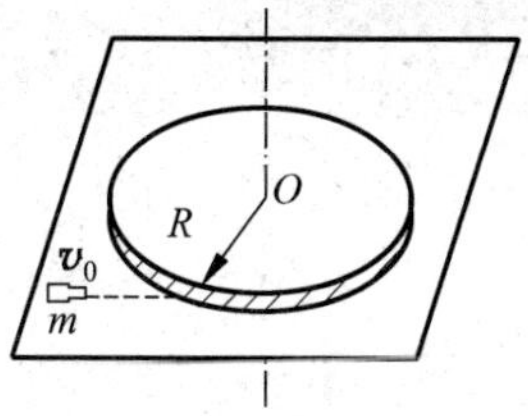

题 3.22 图

第 4 章 机械振动和波动

物体在某一平衡位置附近作来回往复的运动称为机械振动，简称振动。例如钟摆的运动、琴弦的振动，等等。波动是振动的传播，振动状态在空间的传播称为波动，机械振动在弹性媒质中的传播称为机械波，如水波、声波、地震波等。振动和波动是自然界中常见的运动形式。

振动并不限于机械振动，如在交流电路中的电流或电压围绕着一定量值往复的变化，也是一种振动。从广义上讲，描述物质运动状态的物理量在某一量值附近作往复变化的过程都叫做振动。至于波动，也不限于机械振动的传播，如无线电波和光波以及 X 射线等都是电磁振荡在空间的传播，通称电磁波。尽管机械振动和机械波与电磁振荡和电磁波在本质上完全不同，产生的条件和方法也不相同，它们与物质相互作用的规律也不同，但都具有振动和波动的共同特征，描写它们的运动形式都可以用同样的数学方法进行。

振动和波动是横跨物理学不同领域的一种普遍而又重要的运动形式。本章只讨论机械振动和机械波的有关问题，但它的基本原理和研究方法，是光学、电磁学以及近代物理学的理论基础，在科学研究和生产技术中有着极为广泛的应用。

4.1 简谐运动

机械振动的形式是多种多样的，情况大多比较复杂。简谐运动是最简单、最基本的振动，而且研究表明，任何复杂的振动原则上都可以由若干个或无限多个不同的简谐运动合成而得到。下面以弹簧振子和单摆为例，讨论简谐运动的基本规律。

4.1.1 简谐运动的基本特征

工程中一些典型的振动系统，可以简化为如图 4.1 所示的弹簧振子的理想模型。所谓弹簧振子，是由一个质量可以忽略的弹簧和一个可视为质点的物体所构成的振动系统。

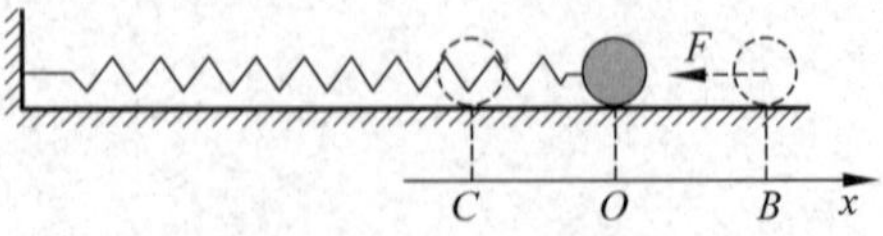

图 4.1 弹簧振子的振动

弹簧振子放在光滑水平面上，左端固定，右端自由，如图 4.1 所示。弹簧不受力时的原长为 l_0，这时物体所在处 O 点为平衡位置。若选 O 为原点，沿弹簧轴线取 x 坐标轴，正方向指向右侧，则物体在任一瞬时的位置可以由坐标 x 确定。当物体从 O 点向右偏离 x 时，弹簧受拉伸，这时物体受指向 x 负方向的弹性力的作用；当物体从 O 点向左偏离 x 时，弹簧被压缩，弹性力指向 x 轴的正方向。可见，弹性力始终指向原点 O，力图使物体回到平衡位置，故这种力又称为回复力。

现将物体从 O 向右拉至 B 点，然后放手，物体在弹性力作用下向左作加速运动；回到 O 点时，弹性力变为零，但物体具有速度，由于惯性将使它继续向左运动；过原点 O 以后，弹性力使物体减速，直到它的速度等于零，此时弹性力又使物体开始向右运动。这样，物体将在平衡位置附近作往复运动。在无阻尼的情况下，这种运动将循环进行，永不停止。单摆的运动（摆角很小时）也是如此，但单摆作曲线运动时的回复力是重力的切向分力，常称为准弹性力。这类理想化的运动，人们称之为简谐运动，其特点如下：

(1) 物体是作周期性运动。由于回复力的作用和物体的惯性，系统在平衡位置附近作周期性的往复运动。

(2) 物体是受到线性弹性力的作用。物体在任意时刻所受的弹性力 F，与物体离开平衡位置的位移 x 满足胡克定律（在弹性限度内）：

$$F = -kx \tag{4.1}$$

其中 k 是弹簧的劲度系数。上式表明，在简谐运动中，力与位移成正比且与位移的方向相反，这就促使物体返回平衡位置。

(3) 物体是作变加速运动。设 m 为物体的质量，根据牛顿第二定律得

$$ma = -kx$$

即

$$a = -\frac{k}{m}x \tag{4.2}$$

对于一定的振动系统，k、m 都是正值恒量。可见，简谐运动的加速度和位移成正比，而且它的方向与位移的相反。

(4) 将弹簧振子或单摆的振动系统作为研究对象，可见弹性力和重力都是保守力，所以，这两个系统都是保守系统，遵从机械能守恒定律。

(5) 物体在这类力的作用下，它的运动规律遵循正弦或余弦规律，即它们的位移是时间的正弦或余弦函数。

由于一维系统的加速度 $a=\mathrm{d}^2x/\mathrm{d}t^2$，并令 $\frac{k}{m}=\omega^2$，故式(4.2)可改写成

$$\frac{\mathrm{d}^2x}{\mathrm{d}t^2} = -\omega^2 x$$

或

$$\frac{\mathrm{d}^2x}{\mathrm{d}t^2} + \omega^2 x = 0 \tag{4.3}$$

上式称为简谐运动的动力学方程。求解这个二阶线性齐次微分方程，可得物体的运动方程为

$$x = A\cos(\omega t + \varphi) \tag{4.4}$$

上式也称为简谐运动的表达式。式中 A 和 φ 是积分常数，它由初始条件确定。

将式(4.4)中的位移对时间求一阶、二阶导数，就可得到物体的振动速度和加速度为

$$v = \frac{\mathrm{d}x}{\mathrm{d}t} = -\omega A\sin(\omega t + \varphi) \tag{4.5}$$

$$a = \frac{\mathrm{d}v}{\mathrm{d}t} = -\omega^2 A\cos(\omega t + \varphi) \qquad (4.6)$$

由此可见，物体作简谐运动时，其速度和加速度也随时间作周期性变化，加速度大小与位移大小成正比，但两者方向相反。图 4.2 画出了简谐运动的位移、速度、加速度与时间的关系。人们通常把其中的 x-t 曲线称为振动曲线。

一般说来，不管 x 代表什么物理量，只要它的变化规律遵循微分方程式(4.3)，就表示这个物理量在作简谐运动，而其中的 ω 则是取决于系统本身性质的一个参量。

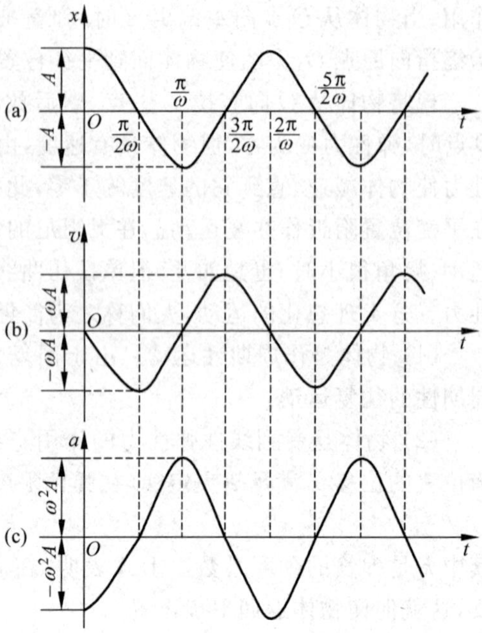

图 4.2 简谐运动图解($\varphi=0$)

4.1.2 描述简谐运动的物理量

简谐运动的表达式(4.4)中出现了三个反映其特征的物理量 A、ω 及 φ，分别称为振幅、角频率和初相位。以下就三个物理量进行讨论。

1. 振幅

由式 $x=A\cos(\omega t+\varphi)$ 可知，因 $|\cos(\omega t+\varphi)|\leqslant 1$，所以物体的位移 x 的绝对值最大为 A，显然，A 表示物体作简谐运动时离开平衡位置的最大位移，因此把它称为振幅。振幅 A 给出了物体的振动范围：$-A\leqslant x\leqslant A$。

2. 周期 频率 角频率

物体作一次完整振动所需的时间称为振动的周期，常用 T 表示。据此定义，应有

$$A\cos(\omega t + \varphi) = A\cos[\omega(t + T) + \varphi]$$

T 是时间变量，由于余弦函数的周期为 2π，故有

$$\omega T = 2\pi$$

可得振动周期为

$$T = \frac{2\pi}{\omega} \qquad (4.7)$$

对于弹簧振子，$\omega^2=\dfrac{k}{m}$，代入式(4.7)得

$$T = 2\pi\sqrt{m/k} \qquad (4.8)$$

可见，弹簧振子的周期完全由振动系统固有的性质(m、k)所决定。因此，通常称 T 为固有振动周期或本征振动周期。

单位时间内系统所作的完整振动的次数称为振动的频率，它等于周期的倒数，用 ν 表示，即

$$\nu = \frac{1}{T} = \frac{\omega}{2\pi} \qquad (4.9)$$

其中 ω 称为角频率或圆频率，表示为

$$\omega = \frac{2\pi}{T} = 2\pi\nu \tag{4.10}$$

可见，ω 与 ν 仅差一个常数因子 2π，2π 相当于 $360°$，即物体转动一圈所经历的角位移。所以上式表示单位时间内转过多少角度，故称它为圆频率或角频率。

ω 的单位是 rad/s 或者 s^{-1}。物体振动得越快，周期就越小，频率和角频率就越大。所以频率、角频率与周期一样，都反映了振动的快慢。

3. 相位

由式(4.4)～式(4.6)可知，当角频率 ω 和振幅 A 一定时，物体振动的位移、速度和加速度都取决于$(\omega t+\varphi)$，所以它能反映出振动物体在任一时刻的运动状态，因而把$(\omega t+\varphi)$称为相位。例如由式(4.4)和式(4.5)可知，某时刻的相位 $\omega t+\varphi=0$ 时，有 $x=A$，$v=0$，表示振动物体的位移达到最大值，而速度为零；若某时刻的相位 $\omega t+\varphi=\frac{\pi}{2}$，则有 $x=0$，$v=-\omega A$，表示振动物体正越过平衡位置并以最大速率 ωA 向 x 轴的负方向运动……可见，在一个周期内振动物体在各时刻的运动状态完全由振动相位决定的。

常量 φ 是 $t=0$ 时的相位，称为振动的初相位，简称初相。它反映初始时刻振动物体的运动状态。若 $\varphi=0$，则当 $t=0$ 时，$x_0=A$，$v_0=0$，它表示在初始时刻，物体在距离平衡位置的正最大位移处，其速度为零；若 $\varphi=\frac{\pi}{2}$，则当 $t=0$ 时，得 $x_0=0$，$v_0=-\omega A$，表示在初始时刻，物体在平衡位置处，并以速率 ωA 沿 x 轴负向运动。

4. 常数 A 和 φ 的确定

在角频率 ω 给定的情况下，振幅 A 和初相 φ 是由初始条件确定的，即由物体在初始时刻 $t=0$ 时的初位移 x_0 和初速度 v_0 决定。例如，用手将弹簧振子拉到 x_0 并给它一个初速度 v_0，就可以用 $t=0$，$x=x_0$，$v=v_0$ 代入式(4.4)、式(4.5)得

$$\begin{cases} x_0 = A\cos\varphi \\ v_0 = -\omega A\sin\varphi \end{cases} \tag{4.11}$$

联立上述两式即可求得 A、φ 分别为

$$A = \sqrt{x_0^2 + v_0^2/\omega^2} \tag{4.12}$$

$$\varphi = \arctan\left(-\frac{v_0}{\omega x_0}\right) \tag{4.13}$$

可见简谐运动的振幅与时间无关，故它是等幅振动。

综上所述，振幅、频率(或周期)以及相位这三个量是描述简谐运动的三个特征量，只要这三个量被确定，简谐运动也就完全被确定了。在这三个特征量中，角频率 ω 取决于系统本身的动力学性质，而振幅 A 和初相 φ 则由初始条件确定。

此外，利用相位的概念还可以比较两个同频率简谐运动物体的运动状态。设两物体 P 和 Q 的简谐运动表达式分别为

$$x_1 = A_1\cos(\omega t + \varphi_1)$$
$$x_2 = A_2\cos(\omega t + \varphi_2)$$

我们把两个同频率的振动的相位之间的差值称为相位差，则 P、Q 两简谐运动的相位差为

$$\Delta\varphi = (\omega t + \varphi_2) - (\omega t + \varphi_1) = \varphi_2 - \varphi_1$$

上式表明，对于两个同频率的简谐运动而言，在任意时刻它们的相位差都等于它们的初相位之差，与时间无关。

由式(4.4)、式(4.5)可知，若相位差为零或 2π 的整倍数($2k\pi$)，两振动的位移、速度一般可不同，但同时达到各自的最大位移，且同时经过平衡位置，即两振动的步调完全一致，这种情形我们称它们为同步，在相位上称它们为同相，如图 4.3(a)所示；反之，若两振动的相位差为 π 或 π 的奇数倍$[(2k+1)\pi]$，两者虽然同时到达平衡位置，但当一个振动达到正最大位移时，另一个振动处于负的最大位移处，即运动方向恰好相反，故被称为反相，如图 4.3(b)所示。

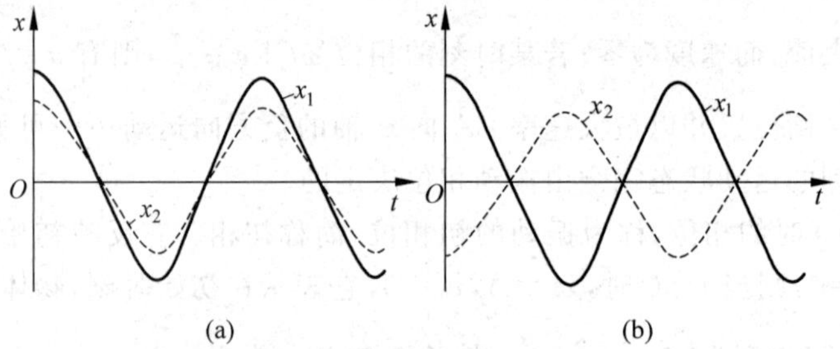

图 4.3 同相和反相的 x-t 曲线

如果 $\Delta\varphi=\varphi_2-\varphi_1>0$，我们说振动物体 Q 的相位超前于振动物体 P 的相位为 $\Delta\varphi$，或者说振动物体 P 的相位落后于振动物体 Q 的相位为 $\Delta\varphi$。

如果 $\Delta\varphi=\varphi_2-\varphi_1<0$，我们说振动物体 P 的相位超前于振动物体 Q 的相位为$|\Delta\varphi|$。由于相位差 2π 表示相同的运动状态，所以在相位超前和落后的描述中存在相对性。例如当 $\Delta\varphi=\frac{3}{2}\pi$ 时，我们可以说振动物体 Q 的相位超前振动物体 P 的相位为$\frac{3}{2}\pi$，但是通常往往描述为：振动物体 Q 的相位落后于振动物体 P 的相位为$\frac{\pi}{2}$，或者说振动物体 P 的相位超前于振动物体 Q 的相位为$\frac{\pi}{2}$。通常我们把$|\Delta\varphi|$的值限制在 $0\sim\pi$ 以内来描述相位的超前与落后。

例 4-1 如图 4.4 所示，细线的一端固定在 A 点，另一端悬挂一体积很小、质量为 m 的小球，细线的质量和伸长可忽略不计。细线静止地处于铅直位置时，小球在位置 O 点，此时，作用在小球上的合外力为零。若把小球从平衡位置略微移开后放手，小球就在平衡位置附近作往复运动，这一振动系统叫做单摆。试证单摆的小角度振动是简谐运动，并求出它的周期。

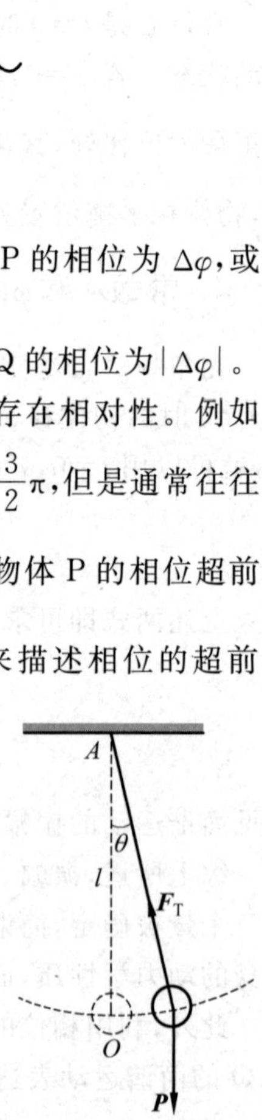

图 4.4 单摆

解 对于单摆，摆所受力的切向力 F_t 的大小为 $mg\sin\theta$，且指向 $\theta=0°$的平衡位置(如图 4.4 所示)。在角位移很小($\theta<5°$)时，$\sin\theta\approx\theta$，于是有

$$F_t = -mg\theta$$

式中负号表示切向力与角位移反向，它促使单摆返回平衡位置。

设细线长为 l，质量忽略不计，则小球的切向加速度 a_t 和角加速度 α 的关系为

$$a_t = l\alpha = l\frac{\mathrm{d}^2\theta}{\mathrm{d}t^2}$$

根据牛顿第二定律 $F_t = -mg\theta = ma_t$，则有

$$ml\frac{\mathrm{d}^2\theta}{\mathrm{d}t^2} = -mg\theta$$

令 $\frac{g}{l} = \omega^2$，上式可改写成

$$\frac{\mathrm{d}^2\theta}{\mathrm{d}t^2} + \omega^2\theta = 0 \tag{4.14}$$

式(4.14)和式(4.3)的形式完全一样。可见，当角位移很小时，单摆运动也是简谐运动。只是式(4.14)是对角量 θ 而言的，所以通常称为角简谐运动。

将 $\omega^2 = \frac{g}{l}$ 代入式(4.7)得单摆的周期为

$$T = 2\pi\sqrt{\frac{l}{g}} \tag{4.15}$$

例 4-2 一轻弹簧受 3.0 N 力的作用时，伸长了 0.09 m，今在此弹簧下悬一质量为 2.5 kg的重物，待其平衡后将重物从平衡位置拉下 0.06 m处，然后放手，任其自由振动(如图 4.5 所示)，问：

(1) 系统的运动是不是简谐运动？

(2) 如果是简谐运动，则其周期多大？

(3) 写出其运动方程式。

(4) 若开始将重物置于平衡位置处，且给予 0.219 m/s速度上抛，它的运动方程又是如何？

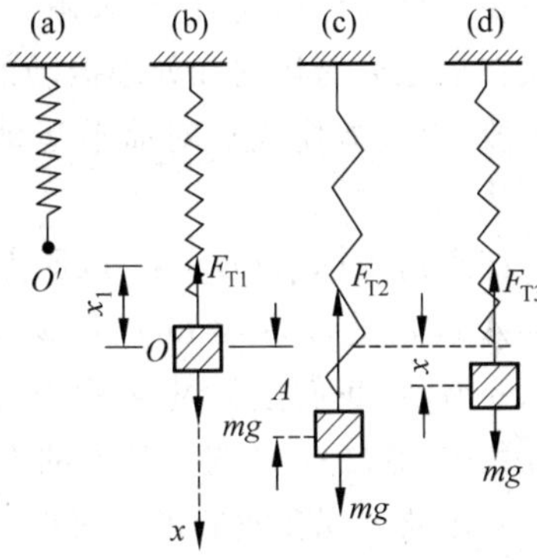

图 4.5

解 (1) 如图 4.5(a)、(b)所示，O'点为弹簧自然长度的下端点，O 为挂重物后的平衡位置；它们之间的距离为 x_1，它等于$\frac{mg}{k}$。取 O 为坐标原点，竖直向下为 x 轴正方向(图 4.5(b))，则当重物离开 O 向下移动 x 时(图 4.5(d))，所受到的弹性力 $F_{T3} = k(x_1 + x)$，方向向上；重力 mg，方向向下。根据牛顿第二定律有

$$mg - k(x_1 + x) = m\frac{\mathrm{d}^2 x}{\mathrm{d}t^2}$$

将 x_1 的值代入上式，可得

$$\frac{\mathrm{d}^2 x}{\mathrm{d}t^2} + \omega^2 x = 0$$

上式和式(4.3)完全一样，可知此系统作简谐运动。

(2) 由 $k = \frac{F}{x} = \frac{3.0}{9\times10^{-2}}$(N/m)代入弹簧振子的周期公式可得

$$T = 2\pi\sqrt{\frac{m}{k}} = 2\times 3.14\sqrt{\frac{\frac{2.5}{3.0}}{9\times 10^{-2}}} = 1.9(\mathrm{s})$$

(3) 当 $t=0$ 时，$x_0=A=A\cos\varphi$，则 $\varphi=0$，将 $A=0.06\ \mathrm{m}$，$\varphi=0$ 和 $\omega=\frac{2\pi}{T}=1.17\pi(\mathrm{s}^{-1})$ 代入简谐运动表达式可得

$$x = A\cos(\omega t+\varphi) = 0.06\cos(1.17\pi t)$$

(4) 已知 $t=0$ 时，$x_0=0$，$v_0=-0.219\ \mathrm{m/s}$，可得

$$A = \sqrt{x_0^2+\frac{v_0^2}{\omega^2}} = \sqrt{\frac{(-0.219)^2}{(1.17\pi)^2}} = 0.06(\mathrm{m})$$

$$\tan\varphi = -\frac{v_0}{\omega x_0} = \infty,\quad 即\quad \varphi = \frac{\pi}{2}$$

所以其运动方程为

$$x = 0.06\cos\left(1.17\pi t+\frac{\pi}{2}\right)$$

4.2 简谐运动的旋转矢量表示法

在研究简谐运动时，常采用一种比较直观的几何描述方法，被称为旋转矢量法。该方法不仅在描述简谐运动和处理振动的合成问题时提供了简捷的手段，而且能使我们对简谐运动的三个特征量有更进一步的认识。

在直角坐标系 Oxy 中，以原点 O 为始端作一矢量 $\boldsymbol{A}$，让矢量 $\boldsymbol{A}$ 以角速度 ω 绕 O 点作逆时针方向的匀速转动，如图 4.6 所示。我们把矢量 $\boldsymbol{A}$ 称为旋转矢量。矢量 $\boldsymbol{A}$ 在旋转的过程中，其端点 P 在 x 轴上的投影点 M 将以 O 点为中心作往复运动。现在我们来考察投影 M 点的运动规律。

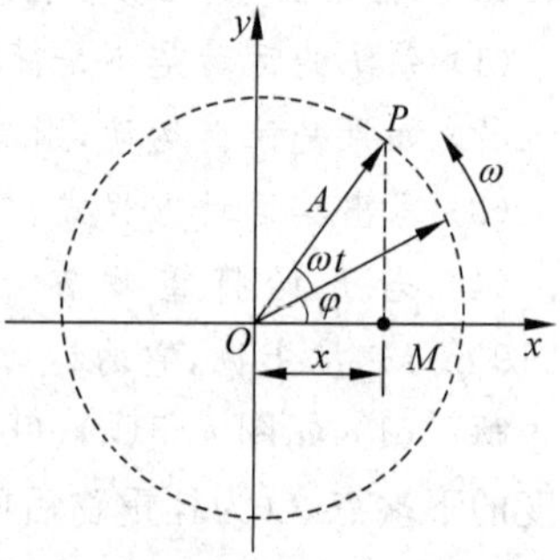

图 4.6 旋转矢量

设 $t=0$ 时，矢量 $\boldsymbol{A}$ 与 x 轴之间的夹角为 φ，经过时间 t，矢量 $\boldsymbol{A}$ 与 x 轴之间的夹角变为 $(\omega t+\varphi)$，此时，M 点的运动方程为

$$x = A\cos(\omega t+\varphi)$$

由此可见，旋转矢量 $\boldsymbol{A}$ 的端点 P 在 x 轴上的投影点 M 的运动是简谐运动。不难看出：矢量 $\boldsymbol{A}$ 的长度即为简谐运动的振幅 A，矢量 $\boldsymbol{A}$ 的角速度即为振动的角频率 ω，在初始时刻($t=0$)，矢量 $\boldsymbol{A}$ 与 x 轴之间的夹角为 φ，即为初相位，任意时刻矢量 $\boldsymbol{A}$ 与 x 轴之间的夹角，即为振动的相位 $(\omega t+\varphi)$。旋转矢量 $\boldsymbol{A}$ 的某一特定位置对应于简谐运动系统的一个运动状态，它转过一周所需的时间就是简谐运动的周期 T，两个简谐运动的相位差就是两个旋转矢量之间的夹角 $\Delta\varphi$，如图 4.7 所示。所以旋转矢量法把描述简谐运动的三个特征量和其他一些物理量都非常直观地表

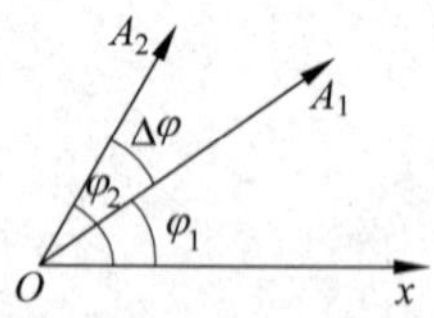

图 4.7 A_1 与 A_2 间的相位差

示出来了。

例 4-3 一物体沿 x 轴作简谐运动，平衡位置在坐标原点 O，振幅 $A=0.06$ m，周期 $T=2$ s。当 $t=0$ 时，物体的位移 $x=0.03$ m，且向 x 轴正方向运动。求：(1)此简谐运动的表达式；(2)$t=0.5$ s 时物体的位移、速度和加速度；(3)物体从 $x=-0.03$ m 处向 x 轴负方向运动，到第一次回到平衡位置所需的时间。

解 (1) 设简谐运动的表达式为

$$x = A\cos(\omega t + \varphi)$$

其中 $A=0.06$ m，$\omega=\dfrac{2\pi}{T}=\pi(\mathrm{s}^{-1})$，初相 φ 可通过两种方法求得。

第一种方法为解析法：将初始条件 $t=0$ 时，$x_0=0.03$ m 代入运动方程得

$$0.03 = 0.06\cos\varphi$$

可得 $\cos\varphi=\dfrac{1}{2}$，$\varphi=\pm\dfrac{\pi}{3}$，其中正负号取决于初始时刻速度的方向。

$t=0$ 时刻，物体向 x 轴正方向运动，则有

$$v_0 = -A\sin\varphi > 0$$

所以初相应取

$$\varphi = -\frac{\pi}{3}$$

第二种方法为旋转矢量法：根据初始条件可画出如图 4.8(a)所示的旋转矢量的初始位置图，从而得出

$$\varphi = -\frac{\pi}{3}$$

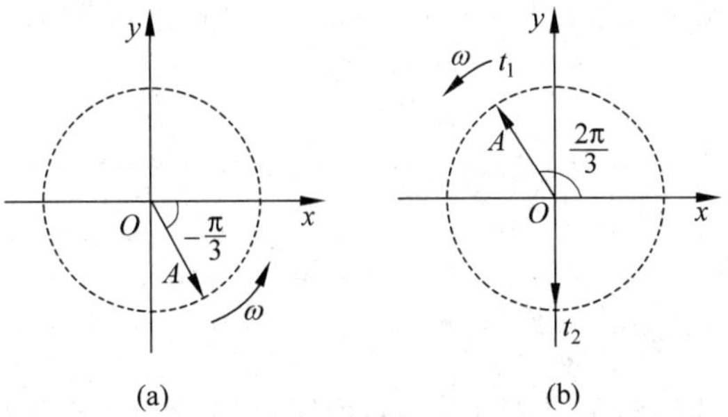

图 4.8

由此得出简谐运动的表达式为

$$x = 0.06\cos\left(\pi t - \frac{\pi}{3}\right) \quad \text{(SI)}$$

(2) 将上述简谐运动表达式对 t 求导，可得

$$v = -0.06\pi\sin\left(\pi t - \frac{\pi}{3}\right)$$

$$a = -0.06\pi^2\cos\left(\pi t - \frac{\pi}{3}\right)$$

把 $t=0.5$ s 代入上述各式，可得位移、速度和加速度分别为

$$x = 0.052\ \text{m}$$
$$v = -0.094\ \text{m/s}$$
$$a = -0.52\ \text{m/s}^2$$

(3) 根据题意画出旋转矢量图如图 4.8(b)所示，由图可知，物体从 $x=-0.03\ \text{m}$ 处向 x 轴负方向运动，到第一次回到平衡位置所需的时间应为

$$\Delta t = t_2 - t_1$$

其对应的旋转矢量所转过的角度为

$$\omega\Delta t = \frac{\pi}{3} + \frac{\pi}{2} = \frac{5\pi}{6}$$

得所需时间为

$$\Delta t = \frac{5\pi/6}{\pi} = 0.83(\text{s})$$

例 4-4 如图 4.1 所示，一轻弹簧的一端连着一物体，弹簧的劲度系数 $k=0.72\ \text{N/m}$，物体的质量 $m=20\ \text{g}$。把物体从平衡位置向右拉到 $x=0.05\ \text{m}$ 处停下后再释放。(1)求简谐运动方程；(2)求物体从初位置运动到第一次经过 $\frac{A}{2}$ 处时的速度；(3)求物体在最大位移处时所受到的弹性力大小；(4)如物体在 $x=0.05\ \text{m}$ 处时速度不等于零，而是具有向右的初速度 $v_0=0.30\ \text{m/s}$，求其运动方程。

解 (1) 要求出物体的简谐运动方程，就需要确定振幅、角频率和初相三个物理量。

角频率

$$\omega = \sqrt{\frac{k}{m}} = 6.0(\text{s}^{-1})$$

振幅和初相由初始条件确定，已知 $x_0=0.05\ \text{m}$，$v_0=0$，于是由式(4.12)和式(4.13)得：

振幅

$$A = \sqrt{x_0^2 + \frac{v_0^2}{\omega^2}} = x_0 = 0.05(\text{m})$$

初相

$$\tan\varphi = \frac{-v_0}{\omega x_0} = 0,\quad \varphi = 0 \quad 或者 \quad \varphi = \pi$$

根据已知条件作出相应的旋转矢量图 4.9(a)，由图可知 $\varphi=0$，于是得简谐运动方程为

$$x = 0.05\cos 6t \quad (\text{SI})$$

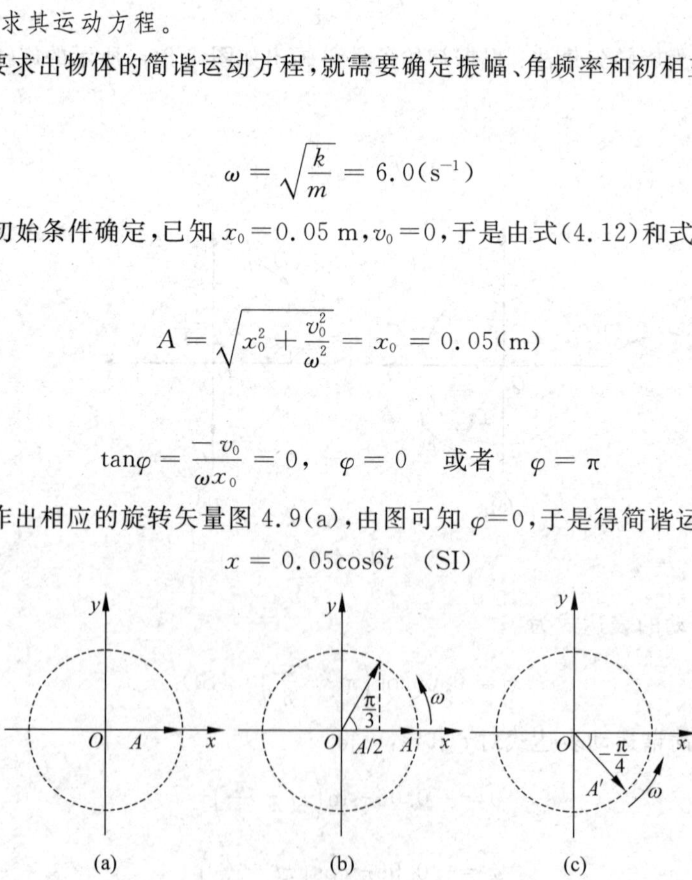

图 4.9

(2) 欲求$\frac{A}{2}$处的速度，需先求出物体从初位置运动到第一次经过$\frac{A}{2}$处时的相位 $\omega t+\varphi$，因 $\varphi=0$，则由 $x=A\cos(\omega t+\varphi)=A\cos\omega t=\frac{A}{2}$，得

$$\cos\omega t=\frac{1}{2}\rightarrow\omega t=\frac{\pi}{3}\quad 或者\quad \omega t=\frac{5}{3}\pi$$

作相应的旋转矢量图如图 4.9(b)所示，由图可知

$$\omega t=\frac{\pi}{3}$$

由此得速度的大小为

$$v=-A\omega\sin\frac{\pi}{3}=-0.26(\mathrm{m/s})$$

负号表示速度的方向沿 Ox 轴负方向。

(3) 当物体运动到最大位移处时，$x=A$，故其所受到的弹性力大小为

$$F=-kx=-kA=-0.0036(\mathrm{N})$$

(4) 因 $x_0=0.05\ \mathrm{m}$，$v_0=0.30\ \mathrm{m/s}$，故振幅和初相分别为

$$A'=\sqrt{x+\frac{v_0^2}{\omega^2}}=0.0707(\mathrm{m})$$

$$\tan\varphi'=\frac{-v_0}{\omega x_0}=-1,\quad \varphi=-\frac{\pi}{4}\quad 或者\quad \varphi=\frac{3}{4}\pi$$

由旋转矢量图 4.9(c)可知，$\varphi=-\frac{\pi}{4}$，于是得简谐运动方程为

$$x=0.0707\cos\left(6t-\frac{\pi}{4}\right)\quad(\mathrm{SI})$$

例 4-5 一个作简谐运动的物体，其振动曲线如图 4.10(a)所示。试写出该振动的表达式。

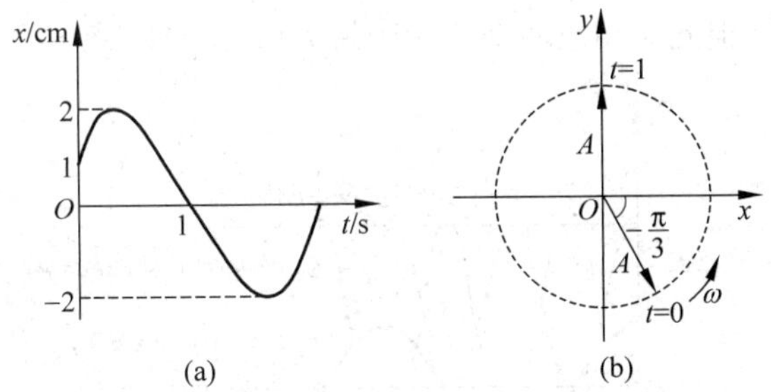

图 4.10

解 任何简谐运动都可以表示为

$$x=A\cos(\omega t+\varphi)$$

由振动曲线可知，振幅 $A=0.02\ \mathrm{m}$，初始条件为 $t=0$ 时，$x_0=\frac{A}{2}=0.01(\mathrm{m})$，$v_0>0$。由初始条件，利用解析法或者旋转矢量图 4.10(b)，都可得出初相 $\varphi=-\frac{\pi}{3}$。

由图4.10(a)可知，当 $t=1\text{ s}$ 时，$x=0$，此时物体向负方向运动，即 $v<0$。由旋转矢量图4.10(b)可知其对应的相位为

$$\omega t+\varphi=\frac{\pi}{2}$$

即

$$\omega\times 1-\frac{\pi}{3}=\frac{\pi}{2}$$

得

$$\omega=\frac{5}{6}\pi(\text{s}^{-1})$$

由此可写出简谐运动的表达式为

$$x=0.02\cos\left(\frac{5\pi}{6}t-\frac{\pi}{3}\right)\quad(\text{SI})$$

4.3 简谐运动的能量

现仍以图4.1所示的弹簧振子为例来说明振动系统的能量。设在时刻 t，振动物体的速度为 v，则系统的动能为

$$E_k=\frac{1}{2}mv^2=\frac{1}{2}m\omega^2A^2\sin^2(\omega t+\varphi)\tag{4.16}$$

若此时物体的位移为 x，则系统的势能为

$$E_p=\frac{1}{2}kx^2=\frac{1}{2}kA^2\cos^2(\omega t+\varphi)\tag{4.17}$$

这表明，系统的动能和势能都是时间 t 的周期函数。图4.11显示了 x、E_p、E_k 与 $(\omega t+\varphi)$ 之间的关系：当物体的位移最大时，势能也达到最大值，但此时相应的动能为零；当物体的位移为零时，势能也为零，但此时相应的动能达到最大值。

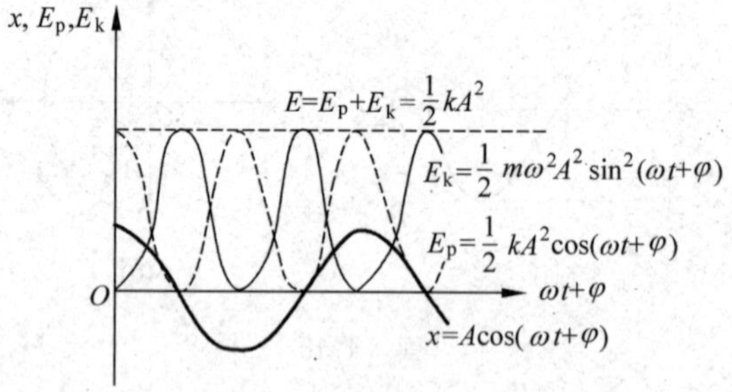

图4.11 简谐运动的能量

系统的总机械能为

$$E=E_p+E_k=\frac{1}{2}m\omega^2A^2\sin^2(\omega t+\varphi)+\frac{1}{2}kA^2\cos(\omega t+\varphi)\tag{4.18}$$

因为 $\omega^2=\dfrac{k}{m}$，所以有

$$E = \frac{1}{2}m\omega^2 A^2 = \frac{1}{2}kA^2 \tag{4.19}$$

上式表明，弹簧振子作简谐运动时，其总机械能与时间无关，它只和振幅的平方成正比。这是由于弹性力是保守力，所以，在振动过程中，E_k 与 E_p 不断地进行相互转换，但总机械能永远保持恒定。

例 4-6 质量为 0.10 kg 的物体，以振幅 0.01 m 作简谐运动，其最大加速度为 4.0 m/s²，求：(1)振动的周期；(2)通过平衡位置时的动能；(3)总能量；(4)物体在何处其动能和势能相等？

解 (1) 由 $a_{max}=A\omega^2$，得

$$\omega = \sqrt{\frac{a_{max}}{A}} = 20(\text{s}^{-1})$$

得周期

$$T = \frac{2\pi}{\omega} = 0.314(\text{s})$$

(2) 因通过平衡位置时的速度最大，所以此时的动能也最大，即

$$E_{kmax} = \frac{1}{2}mv_{max}^2 = \frac{1}{2}mA^2\omega^2$$

将已知数据代入得

$$E_{kmax} = 2.0 \times 10^{-3}\ \text{J}$$

(3) 总能量

$$E = E_{kmax} = 2.0 \times 10^{-3}\ \text{J}$$

(4) 当 $E_p=E_k$ 时，$E_p=1.0\times10^{-3}$ J，由 $E_p=\frac{1}{2}kx^2=\frac{1}{2}m\omega^2x^2$，得

$$x^2 = \frac{2E_p}{m\omega^2} = 0.5 \times 10^{-4}(\text{m}^2)$$

即

$$x = \pm 7.07 \times 10^{-3}\ \text{m}$$

4.4 一维简谐运动的合成 拍现象

在实际问题中，经常遇到一个物体同时受到几个弹性力的作用的现象。例如人坐在汽车内的弹簧座位上，当汽车在凹凸不平的路上行驶时，人就同时受到两个弹性力的作用(汽车车厢的振动和弹簧座位的振动)。本节只介绍几种特殊的简谐运动的合成。

4.4.1 两个同方向同频率简谐运动的合成

设一物体同时参与两个频率相同、沿同一方向的简谐运动，两个简谐运动的振幅和初相分别为 A_1、A_2 和 φ_1、φ_2，角频率为 ω，即在 t 时刻的运动方程分别为

$$x_1 = A_1\cos(\omega t + \varphi_1)$$

$$x_2 = A_2\cos(\omega t + \varphi_2)$$

由于运动在同一直线上进行，因此这两个简谐运动在任一时刻的合位移 x 仍应在同一直线上，而且等于这两个分振动位移 x_1、x_2 的代数和，即

$$x = x_1 + x_2 = A_1\cos(\omega t + \varphi_1) + A_2\cos(\omega t + \varphi_2)$$

利用三角公式把上式展开、整理，得

$$x = (A_1\cos\varphi_1 + A_2\cos\varphi_2)\cos\omega t - (A_1\sin\varphi_1 + A_2\sin\varphi_2)\sin\omega t \tag{4.20}$$

令

$$A_1\cos\varphi_1 + A_2\cos\varphi_2 = A\cos\varphi$$
$$A_1\sin\varphi_1 + A_2\sin\varphi_2 = A\sin\varphi \tag{4.21}$$

把式中(4.21)代入式(4.20)得

$$x = A\cos\varphi\cos\omega t - A\sin\varphi\sin\omega t = A\cos(\omega t + \varphi) \tag{4.22}$$

式中 A 和 φ 分别为合振动的振幅和初相，由式(4.21)可求得

$$A = \sqrt{A_1^2 + A_2^2 + 2A_1A_2\cos(\varphi_2 - \varphi_1)} \tag{4.23}$$

$$\tan\varphi = \frac{A_1\sin\varphi_1 + A_2\sin\varphi_2}{A_1\cos\varphi_1 + A_2\cos\varphi_2} \tag{4.24}$$

以上结果表明，同方向同频率的两个简谐运动合成仍是一个简谐运动，且频率与分振动的频率相同，合振动的振幅和初相由分振动的振幅和初相决定。

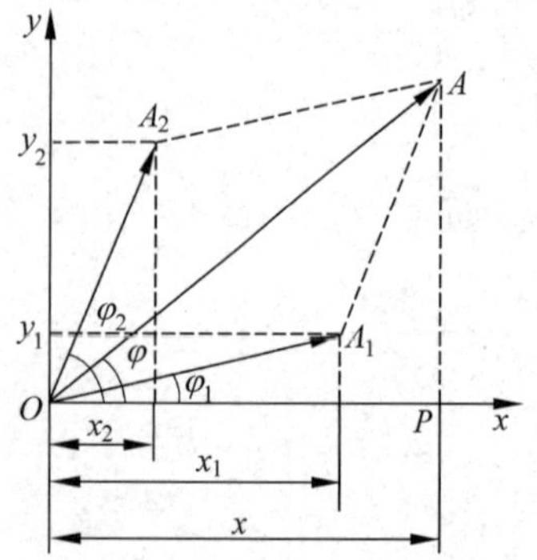

图 4.12 用旋转矢量法求振动的合成

其实，上述合运动的振幅和初相还可以用更直观、简捷的方法——旋转矢量法求得。如图 4.12 所示，以 O 点为中心作旋转矢量 $\boldsymbol{A}_1$ 和 $\boldsymbol{A}_2$，$t=0$ 时，它们与 x 轴的夹角分别为 φ_1、φ_2。x_1 和 x_2 分别为分振动旋转矢量 $\boldsymbol{A}_1$ 和 $\boldsymbol{A}_2$ 在 x 轴上的投影，用平行四边形法则 $\boldsymbol{A}_1+\boldsymbol{A}_2=\boldsymbol{A}$ 来合成合运动的 $\boldsymbol{A}$ 矢量，故 x 是 $\boldsymbol{A}_1$ 和 $\boldsymbol{A}_2$ 的合矢量 $\boldsymbol{A}$ 在 x 轴上的投影；显然合矢量 $\boldsymbol{A}$ 的投影等于分矢量 $\boldsymbol{A}_1$ 和 $\boldsymbol{A}_2$ 的投影之和，即

$$x = x_1 + x_2$$

因为 $\boldsymbol{A}_1$ 和 $\boldsymbol{A}_2$ 均以相同的角速度 ω 作匀速旋转，所以，在旋转过程中，平行四边形的形状保持不变；显然合矢量 $\boldsymbol{A}$ 的长度也保持不变，并以相同的角速度 ω 匀速旋转。由此可知，合振动也是简谐运动，其表达式为

$$x = A\cos(\omega t + \varphi)$$

由图 4.12，根据余弦定理可求得合振动的振幅

$$A = \sqrt{A_1^2 + A_2^2 + 2A_1A_2\cos(\varphi_2 - \varphi_1)}$$

利用直角三角形 OAP 可求得合振动的初相，即

$$\tan\varphi = \frac{y_1 + y_2}{x_1 + x_2} = \frac{A_1\sin\varphi_1 + A_2\sin\varphi_2}{A_1\cos\varphi_1 + A_2\cos\varphi_2}$$

从式(4.23)可知，合振动的振幅不仅与两分振动的振幅有关，而且还与它们的相位差 $(\varphi_2-\varphi_1)$ 有关。下面讨论两种有用的特例。

(1) 当相位差 $\varphi_2-\varphi_1=2k\pi$ 时，其中 $k=0,\pm1,\pm2,\cdots$，则

$$A=\sqrt{A_1^2+A_2^2+2A_1A_2}=A_1+A_2$$

即合振动的振幅等于原来两个分振动的振幅之和，此时合成振动相互加强，振幅最大，如图 4.13 所示。这意味着两个作用于物体的弹性力始终保持同方向。

(2) 当相位差 $\varphi_2-\varphi_1=(2k+1)\pi$ 时，其中 $k=0,\pm1,\pm2,\cdots$，则

$$A=\sqrt{A_1^2+A_2^2-2A_1A_2}=|A_1-A_2|$$

即合振动的振幅(振幅是正量，故取绝对值)等于原来两个分振动的振幅之差，此时合成振动相互削弱，振幅最小，如图 4.14 所示。如果 $A_1=A_2$，则 $A=0$，振动合成后，互相抵消，使质点保持原来的静止状态。这意味着两个作用于物体的弹性力其大小相等，方向始终相反。

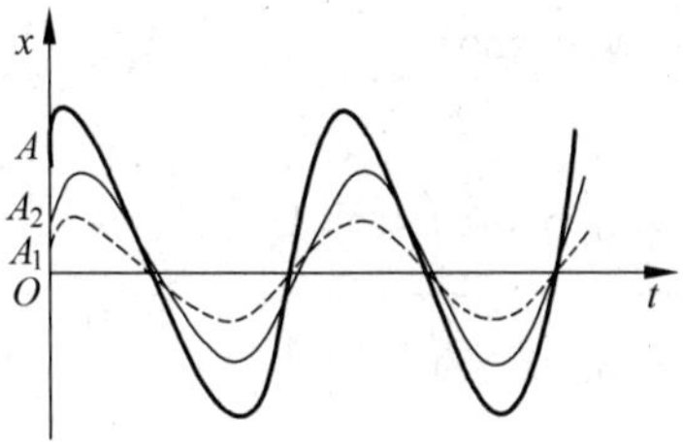

图 4.13 合成振动相互加强

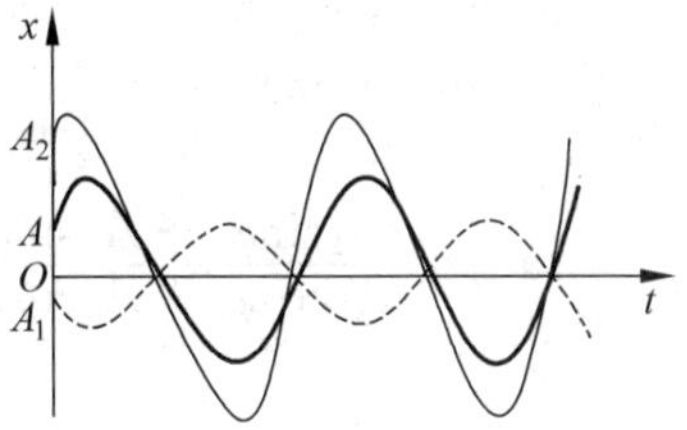

图 4.14 合成振动相互减弱

在一般情况下，相位差 $\varphi_2-\varphi_1$ 可取任意值，这样合成振动的振幅值是在 A_1+A_2 和 $|A_1-A_2|$ 之间。

上述结果表明，两个分振动的相位差对合振动的运动状态起着重要的作用。

例 4-7 试求下列二组简谐运动合成后的合振动的振幅：

第一组
$$\begin{cases} x_1=0.05\cos\left(2t+\dfrac{\pi}{3}\right) \\ x_2=0.05\cos\left(2t+\dfrac{7}{3}\pi\right) \end{cases} \quad \text{(SI)}$$

第二组
$$\begin{cases} x_1=0.05\cos\left(4t+\dfrac{\pi}{3}\right) \\ x_2=0.05\cos\left(4t+\dfrac{4}{3}\pi\right) \end{cases} \quad \text{(SI)}$$

解 可根据两简谐运动的相位差来确定其合振幅。第一组两分振动相位差

$$\Delta\varphi=\frac{7}{3}\pi-\frac{\pi}{3}=2\pi$$

即两分振动同相。故

$$A=A_1+A_2=0.10(\mathrm{m})$$

第二组两振动的位相差

$$\Delta\varphi=\frac{4}{3}\pi-\frac{\pi}{3}=\pi$$

即两振动反相，故

$$A=|A_1-A_2|=0$$

用旋转矢量法也可以十分清楚地获得同样的结果。

例 4-8 一质点同时参与两个在同一直线上的简谐运动，其表达式分别为

$$\begin{aligned} x_1 &= 0.04\cos\left(2t+\frac{\pi}{6}\right) \\ x_2 &= 0.03\cos\left(2t-\frac{5}{6}\pi\right) \end{aligned} \quad \text{(SI)}$$

试求质点的合成振动的运动方程。

解 由于质点参与两个同方向同频率的简谐运动，合成后仍是简谐运动，其方向、频率和分振动相同。只要求出合成振动的振幅和初相就可以写出运动方程。

合振动的振幅、初相用式(4.23)和式(4.24)求得：

$$\begin{aligned} A &= \sqrt{A_1^2+A_2^2+2A_1A_2\cos(\varphi_2-\varphi_1)} \\ &= \sqrt{0.04^2+0.03^2+2\times0.04\times0.03\times\cos(-\pi)} \\ &= 0.01(\text{m}) \end{aligned}$$

$$\tan\varphi = \frac{A_1\sin\varphi_1+A_2\sin\varphi_2}{A_1\cos\varphi_1+A_2\cos\varphi_2} = \frac{0.04\times\frac{1}{2}+0.03\times\left(-\frac{1}{2}\right)}{0.04\times\frac{\sqrt{3}}{2}+0.03\times\left(-\frac{\sqrt{3}}{2}\right)} = \frac{\sqrt{3}}{3}$$

即

$$\varphi = \frac{\pi}{6} \quad 或 \quad \varphi = -\frac{5\pi}{6}$$

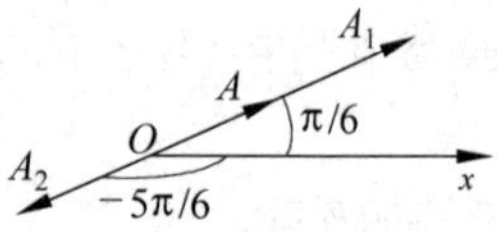

图 4.15

由旋转矢量图 4.15 可知，$\varphi=\frac{\pi}{6}$，同时也可从图 4.15 的旋转矢量中看出合振动的振幅

$$A = 0.04-0.03 = 0.01(\text{m})$$

因此合振动的运动方程为

$$x = 0.01\cos\left(2t+\frac{\pi}{6}\right) \quad \text{(SI)}$$

4.4.2 两个同方向不同频率简谐运动的合成

设两个同方向的分振动的振幅相等，初相都等于零，它们的频率不同，但都较大且频率差很小。分振动的运动规律可以分别表示为

$$x_1 = A\cos\omega_1 t$$
$$x_2 = A\cos\omega_2 t$$

合振动的运动方程为

$$x = x_1+x_2 = A(\cos\omega_1 t+\cos\omega_2 t) = 2A\cos\left(\frac{\omega_2-\omega_1}{2}t\right)\cos\left(\frac{\omega_2+\omega_1}{2}t\right)$$

由于 $\omega_2-\omega_1=\Delta\omega$，故可认为因子 $2A\cos\left(\frac{\omega_2-\omega_1}{2}t\right)$ 是该合振动随时间作缓慢变化的振幅，$\cos\frac{\omega_2+\omega_1}{2}t$ 反映振动相位的变化。由于 $\omega_2\approx\omega_1\approx\omega$，故 $\frac{\omega_1+\omega_2}{2}\approx\omega$。因此合振动可认为是一个振幅作缓慢周期性变化的准简谐运动，如图 4.16 所示。

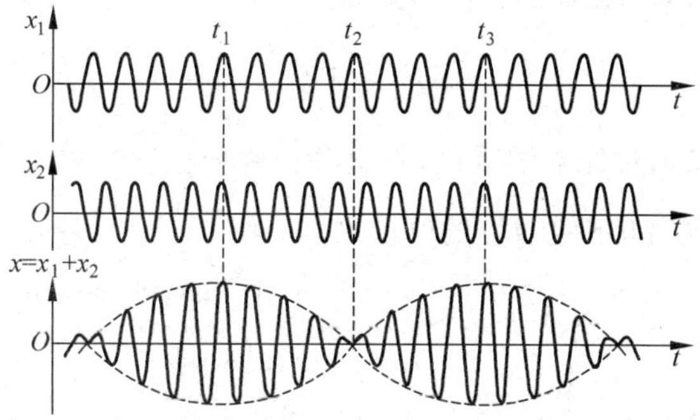

图 4.16 两个不同频率简谐运动的合成

我们把两个同方向、不同频率但频率差不大的简谐运动叠加后出现合振动振幅时大时小的现象称为拍。合振幅变化的频率应该为

$$\nu_{拍} = \frac{\omega_2 - \omega_1}{2\pi} = \nu_2 - \nu_1 \tag{4.25}$$

$\nu_{拍}$ 称为拍频。拍的周期为

$$T = \frac{1}{\nu_2 - \nu_1}$$

合振动的频率为

$$\nu = \frac{1}{2}(\nu_1 + \nu_2)$$

它比 $\nu_{拍}$ 要大得多。

拍现象可用于振动频率的测定。如有一待测声振动频率的系统发出声波，它与一已知频率的标准音叉振动发出的声波同时会合，当两者频率相近时，就可听到时强时弱的"嗡……嗡……"的拍频声，用仪器记录下拍现象的频率，就能得出未知声振动系统的频率。

*4.4.3 相互垂直的同频率简谐运动的合成

当一个质点同时参与两个不同方向的振动时，质点的合位移是两个分振动位移的矢量和。一般情况下，质点将在两个分振动位移所确定的平面内作曲线运动，其轨迹取决于两个分振动的频率、振幅和相位差。

设两个分振动的角频率都是 ω，它们的振动方向分别在相互垂直的 x 和 y 轴上，振动表达式分别为

$$x = A_1\cos(\omega t + \varphi_1)$$
$$y = A_2\cos(\omega t + \varphi_2)$$

消去上式中的参量 t，可得质点的轨迹方程为

$$\frac{x^2}{A_1^2} + \frac{y^2}{A_2^2} - \frac{2xy}{A_1A_2}\cos(\varphi_2 - \varphi_1) = \sin^2(\varphi_2 - \varphi_1) \tag{4.26}$$

这是一个椭圆方程，在一般情况下，它的轨迹为一椭圆，椭圆的形状由两个分振动的振幅和相位差 $(\varphi_2 - \varphi_1)$ 所决定。下面讨论相位差的几种特殊情形。

(1) 若 $\varphi_2-\varphi_1=0$,即两振动的相位相同,此时式(4.26)可简化为

$$y=\frac{A_2}{A_1}x$$

即合振动的轨迹是一条通过原点的直线,斜率等于两分振动振幅之比$\frac{A_2}{A_1}$,如图 4.17(a)所示。在任意时刻 t,质点离开平衡位置的位移大小 s 为

$$s=\sqrt{x^2+y^2}=\sqrt{A_1^2+A_2^2}\cos(\omega t+\varphi)$$

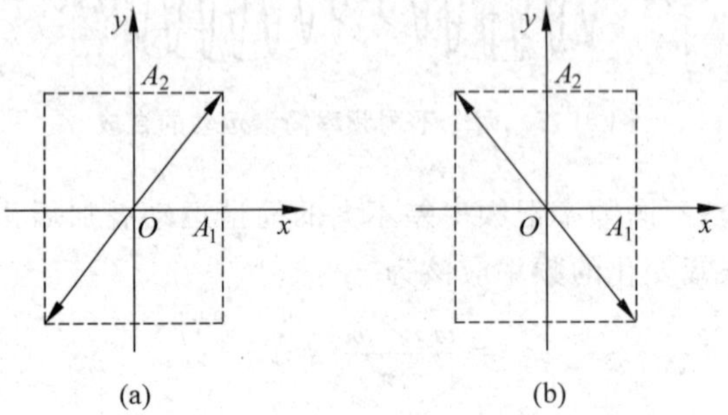

图 4.17 相互垂直的同频率简谐运动合成(一)

(a) $\varphi_2-\varphi_1=0$; (b) $\varphi_2-\varphi_1=\pi$

由上式可见,合振动也是简谐运动,频率与分振动频率相同,振幅为$\sqrt{A_1^2+A_2^2}$。

(2) 若 $\varphi_2-\varphi_1=\pm(2k+1)\pi$, $k=0,1,2,\cdots$,即相位反相,由式(4.26)可得

$$y=-\frac{A_2}{A_1}x$$

它是一条斜率为$-\frac{A_2}{A_1}$的直线,如图 4.17(b)所示。质点沿此直线作简谐运动,其振幅仍为$\sqrt{A_1^2+A_2^2}$,角频率同为 ω。

(3) 当 $\varphi_2-\varphi_1=\pi/2$ 时,式(4.26)简化为

$$\frac{x^2}{A_1^2}+\frac{y^2}{A_2^2}=1$$

这是一个正椭圆方程,表明质点运动的轨迹是椭圆,它们的长短轴分别落在 Ox 和 Oy 轴上,如图 4.18(a)所示。因为 y 方向振动比 x 方向振动超前 $\pi/2$,所以质点的运动方向是顺时针

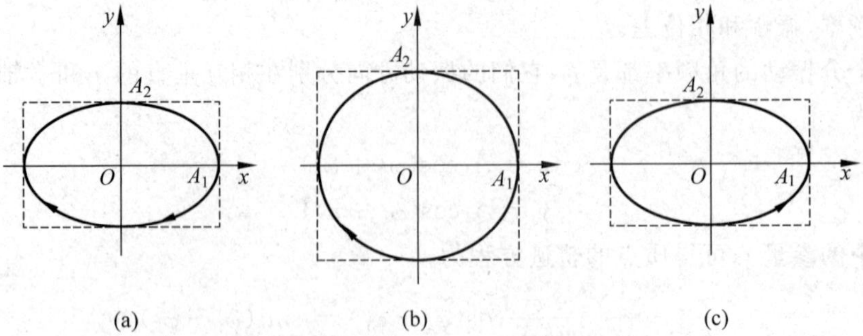

图 4.18 相互垂直的同频率简谐运动合成(二)

(a) $\varphi_2-\varphi_1=\pi/2$; (b) $A_1=A_2$; (c) $\varphi_2-\varphi_1=-\pi/2$

的，称为右旋椭圆运动。

如果 $A_1 = A_2$，则椭圆轨道变为圆轨道，如图 4.18(b)所示。

如果 $\varphi_2 - \varphi_1 = -\pi/2$，则 y 方向的振动比 x 方向的振动落后 $\pi/2$。这时质点的运动方向和上述的方向相反，称为左旋椭圆运动，如图 4.18(c)所示。

在一般情况下，即当相位差不是上述特殊值时，质点的运动轨迹也是椭圆，但椭圆的长、短轴与原来两个振动方向不重合。椭圆的方位及质点的运动方向都取决于相位差。图 4.19示出不同相位差时两互相垂直同频率简谐运动的合振动轨迹。

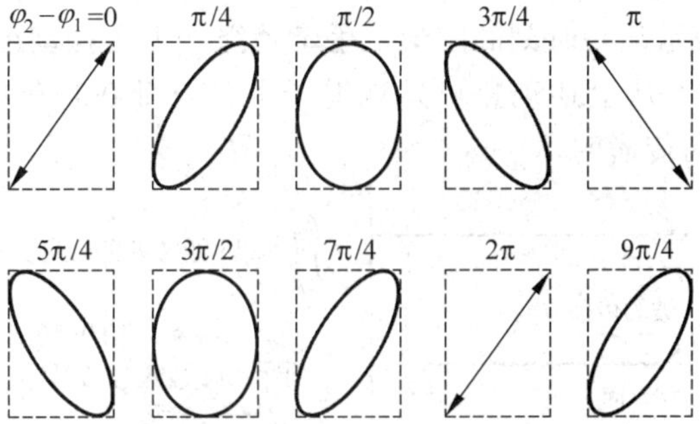

图 4.19　相互垂直的同频率简谐运动合成(三)

如果两个分振动的频率有很小的差异，相位差就不是定值，而是周期性地缓慢变化，因而合振动的轨迹也将不断地按照图 4.19 所示的顺序，在上述的矩形范围内由直线逐渐变为椭圆，又由椭圆逐渐变成直线，并重复进行下去。

4.5　机械波的产生和传播

波是自然界中一种常见的物质运动形式，在日常生活中人们无时无刻不在与波打交道。我们所看到的一切事物都是因为光波把周围的信息带入眼睛才被感知到的，而人们相互之间的沟通和交流是通过声波在空气中的传递而实现，当我们接听手机时，首先是手机把空中的电磁波接收下来，然后通过扬声器以声波的形式将声音传播到我们的耳朵里。

从宏观上来说，自然界存在两种不同的波，它们是机械波和电磁波。机械波必须在弹性介质中才能传播，例如声波、水波、地震波等；而电磁波则可以在真空中传播，无线电波、光波乃至一些射线(红外线、紫外线、X 射线等)都是电磁波。现代物理学指出，微观粒子具有波动性，这种波称为物质波，它是量子力学的基础。虽说各种波的物理本质不同，但是都具有波的某些共同特征。下面几节，我们仅就机械波的特征和基本规律进行讨论，并由此获得关于波的共性知识。

4.5.1　机械波的产生和传播

人们最早认识波动也许在孩童时代，孩子们在河边玩耍，将小石子投入水中，水面出现了波纹，并以石子入水点为中心由近及远向四周传播。这就是机械波。所谓机械波就是机械振动在弹性介质中的传播。而弹性介质指由无穷多的质元通过相互之间的弹性力组合在一起的连续介质。当介质中的某一质元因受外界的扰动而偏离平衡位置时，邻近质元将对它施加一个弹性回复力，使其在平衡位置附近产生振动。与此同时，根据牛顿第三定律，这个质元也将给其邻近质元以弹性回复力的作用，迫使邻近质元也在各自的平衡位置附近振动起来。这样，弹性介质中一个质元的振动会引起它邻近质元的振动，依次通过质元之间弹性力的带动，使振动以一定的速度由近及远地传播开去，形成了波动。由此可见，产生机械波需要满足两个条件：一是波源（振动源），二是能够传播机械波振动的弹性介质。

如将绳子的一端固定，另一端用手拉平后上下振动，于是，在绳子上就形成了凹凸相间的机械波，图 4.20(a)表示某一时刻的图形。手牵动绳子上下振动的一端可称为波源；绳子是传播振动的弹性介质。从上述现象可发现绳子上各点都在自己的平衡位置附近上下振动，而波却是沿水平方向传播的。

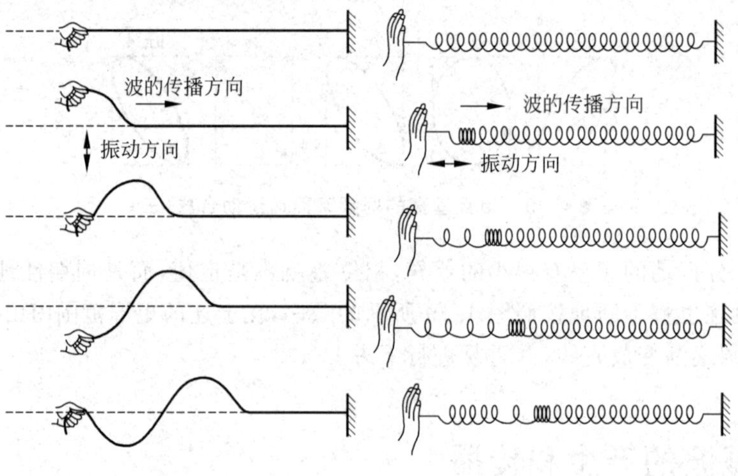

图 4.20 机械波的产生与传播

(a) 横波；(b) 纵波

再如将一根水平放置长弹簧的一端固定起来，用手去拍打另一端，各部分弹簧就依次左右振动起来，形成疏密相间的机械波，如图 4.20(b)所示。手振动端为波源，弹簧是传播振动的介质。从上述现象可以看出，弹簧上各点都在自己的平衡位置附近左右振动，而波是沿着水平方向传播的。

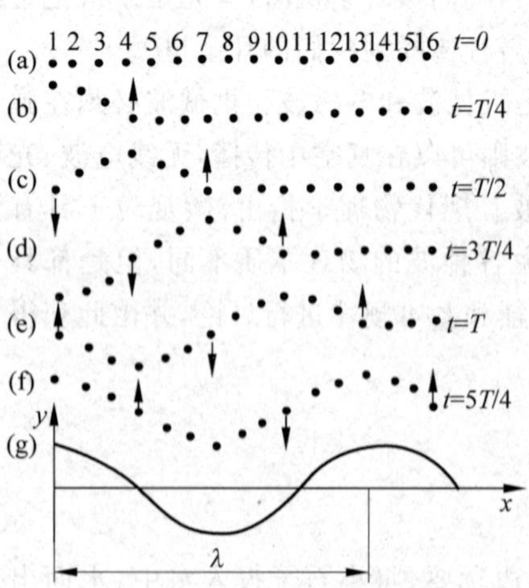

图 4.21 振动状态的传播

显然，传播波的介质中各个质点都只在各自的平衡位置附近来回振动，它们并没有随波逐流。有关这一点我们仍可以水波为例，如果我们凝视着水面上一片叶子的运动，会发现叶子并不随波而去，而是在原地上下振动。因此，波所传递的是振动状态。但是，振动状态可以由相位来描述，所以波动的过程也是相位的传播过程，如图 4.21 所示。

按照介质中质元的振动方向和波的传播方向的关系，可将机械波分为两类。质元振动方向与波传播方向相垂直的波称为横波，如图 4.20(a)所示，其波形特征表现为呈现波峰和波谷；质元振动方向与波传播方向平行的波称为纵波，如图 4.20(b)所示，鼓膜、琴弦或音叉的振动使周围空气受到压缩和膨胀，从而在空气中传播开去形成的声波就是纵波。所以纵波的波形特征表现为稀疏和稠密区域相间分布。气体、液体和固体在拉伸(膨胀)或压缩时分子之间会产生弹性力，借助这种弹性力可以形成纵波。因此纵波可以在气体、液体和固体中传播；至于横波，由于它的振动方向与传播方向垂直，因此只能在固体中传播，而不能在气体和液体中传播。这是由于气体和液体难以承受剪切形变，因而质元之间形成不了切向弹性力，所以介质中一个质元的振动带动不了周围质元的振动。

自然界中有些实际的波动是横波和纵波的组合，如水面波就是一种非常复杂的波动。当然，任何一种复杂的波都可以认为由若干个最基本的波叠加而成。

4.5.2 波动过程的描述

1. 波线 波面 波前

为了形象地描述波在介质中传播的情形，常引入波线和波面的概念。在均匀的介质中，波从波源出发向各个方向传播，沿着波的传播方向画一些带有箭头的线，它们被称为波线或波射线。在某一时刻，介质中由相位相同的各点所连成的面叫波面，显然，波面可以有无穷多个。在某一时刻，由波源初始振动状态传播所达到的各点连成的面，也就是最前面的一个波面，叫做波前或波阵面。在任意时刻只有一个波前。波前是平面的波叫平面波，如图 4.22(a)所示；波前为球面的波叫做球波面，如图 4.22(b)所示。在各向同性的均匀介质中，波线总是与波面处处垂直。

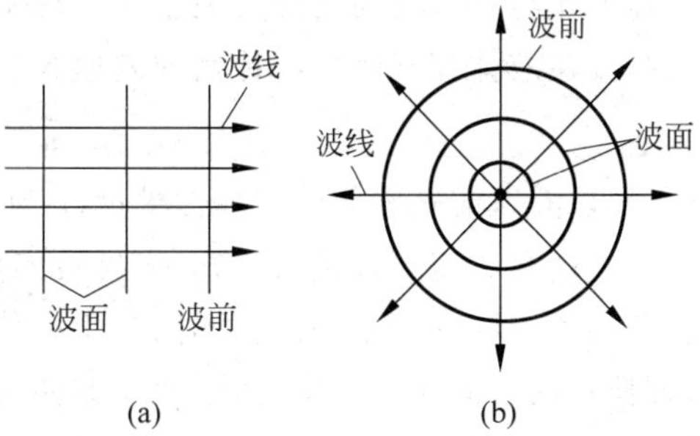

图 4.22
(a) 平面波；(b) 球面波

在各向同性均匀介质中，点波源激起球面波，线波源激起柱面波。无论何种波源，在离波源较远处，其波面上的某一个局部总可以近似看成是一个平面，因此，凡离波源较远的波，一般都可近似认为是平面波。例如太阳发出的光波应该是球面波，但是当它照射到地球上时，可以把它当作平面波来处理。

2. 波长 周期(频率) 波速

波长、周期(频率)和波速是描述波动的重要物理量。沿着波的传播方向两个相邻的、相位差为 2π 的振动质元之间的距离，即一个完整波形的长度称为波长，用 λ 表示。显然，横波上两相邻波峰之间或者两个相邻波谷之间的距离都是一个波长，如图 4.21 中质点 1 到质点 13(或质点 3 到质点 15)的距离是该波的波长；纵波上两个相邻密部或者两个相邻疏部对应点之间的距离，也是一个波长。

波的周期是波前进一个波长的距离所需要的时间，用 T 表示。周期 T 的倒数称为波的频率,用 ν 表示,即 $\nu=\frac{1}{T}$,频率是在单位时间内波前进的完整波长的数目。从图 4.21 可知,当质点 1(图 4.21(e))作一次完全振动时,波动恰好传播一个波长的距离,所以,波的周期等于波源振动的周期。因此,波的周期(或频率)由波源决定,与介质无关。

在波动过程中,某一振动状态(即振动相位)在单位时间内所传播的距离称为波速,用 u 表示。由于一个周期 T 内,振动状态传播的距离为一个波长 λ,于是有

$$u=\frac{\lambda}{T}=\lambda\nu \tag{4.27}$$

这就是波速、波长和周期(或频率)三者之间的基本关系,它把波的时间周期性和空间周期性联系了起来。

在弹性介质中,波速取决于介质的性质,在不同的介质中,波速是不同的。在标准状态下,声波在空气中传播的速度为 331 m/s,而在氢气中传播的速度为 1263 m/s,在海水中的速度为 1530 m/s。在固体中横波和纵波的传播速度分别为

$$u=\sqrt{\frac{G}{\rho}}\quad(\text{横波}) \tag{4.28}$$

$$u=\sqrt{\frac{Y}{\rho}}\quad(\text{纵波}) \tag{4.29}$$

式中,G、Y 分别为介质的切变弹性模量和杨氏弹性模量,ρ 是介质的密度。这里提及的弹性模量是反映材料形变与内应力关系的物理量,其单位是 N/m^2。

纵波在液体和气体内部传播的波速为

$$u=\sqrt{B/\rho} \tag{4.30}$$

式中,B 是液体或气体的体变弹性模量,ρ 为它们的密度。

从上述几个速度表达式可知,机械波的传播速度取决于介质的弹性模量和密度,而与波的频率无关。同一频率的波在不同介质中传播时的速度不同,由式(4.27)推知,其波长也不同;即使在同一固体介质中,由于切变弹性模量和杨氏弹性模量的数值不同,横波和纵波的传播速度也不同。

地球上某处发生地震时,地震波中既有纵波又有横波。在靠近地球表面处纵波的传播速度为 7～8 km/s,而横波的传播速度为 4～5 km/s。纵波被称为P波,横波被称为S波。由于纵波的波速大于横波的波速,因此,地震监测仪根据接收到的P波和S波的时间差就可以判断出震源离监测站的距离。

此外,波速还和介质的温度有关。在同一介质中,温度不同时,波速一般也不相同。例如在 $t=0$℃时,声波在空气中传播的速度为 331 m/s,在 $t=20$℃时的声速为 343.65 m/s。

4.6 平面简谐波

在平面波传播的过程中,若介质中各质元均作同频率、同振幅的简谐运动,则称该平面波为平面简谐波。平面简谐波是最简单、最基本的波动,许多复杂的波都可以看成由不同频率的简谐波叠加而成。因此,研究简谐波具有重要意义。本节主要讨论介质对波没有能量

吸收的情况下，在各向同性的均匀介质中传播的平面简谐波。

4.6.1 平面简谐波的波函数

平面简谐波在传播时，同相面(即波面)是一系列垂直于波线的平面，在每一个同相面上各点的振动状态完全一样，因此，在任取的一条波线上各点的振动状态就代表了整个波动的情况。

设一平面简谐波在均匀介质中沿 x 轴的正方向传播(由于波源传出的是一种向前行进的简谐波，故有时也称为简谐行波)，速度为 u，纵坐标 y 表示 x 轴上各质元相对于平衡位置的振动位移，如图 4.23 所示。设坐标原点 O 处质元的简谐运动表达式为

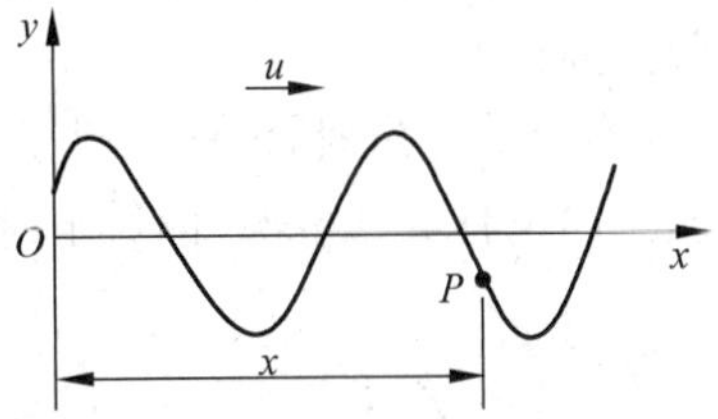

图 4.23 波形图

$$y_O = A\cos(\omega t + \varphi)$$

其中 A 为振幅，ω 为角频率，y_O 是质元 O 在时刻 t 离开平衡位置的位移。设 P 为波线上某一点，它离 O 点的距离为 x。因为振动从 O 点以波速 u 传播到 P 点，其所需要的时间为$\frac{x}{u}$，这意味着在时刻 t，当振源 O 点处的振动状态传到 P 点处质元后，相当于 O 点处质元振动了 t 时间，而 P 点处的质元只振动了$\left(t-\frac{x}{u}\right)$的时间，即当 O 点处质元振动相位为$(\omega t+\varphi)$时，P 点处质元的振动相位为$\left[\omega\left(t-\frac{x}{u}\right)+\varphi\right]$，故 P 处质元在时刻 t 的位移为

$$y_P = A\cos\left[\omega\left(t-\frac{x}{u}\right)+\varphi\right]$$

由于 P 点的位置是任意的，因此可把 y_P 的下标 P 省去，这样就可以得到波线上任一点 x 处的质元的位移随时间的变化规律

$$y = A\cos\left[\omega\left(t-\frac{x}{u}\right)+\varphi\right] \tag{4.31}$$

这就是沿 x 轴正方向传播的平面简谐波的波函数，或平面简谐波的波动表达式或称波动方程。考虑到 $\omega=\frac{2\pi}{T}=2\pi\nu$，$u=\lambda\nu=\frac{\lambda}{T}$，式(4.31)亦可表示为

$$y = A\cos\left(\omega t-\frac{2\pi x}{\lambda}+\varphi\right) \tag{4.32}$$

$$y = A\cos\left[2\pi\left(\frac{t}{T}-\frac{x}{\lambda}\right)+\varphi\right] \tag{4.33}$$

式(4.31)～式(4.33)为表示沿 x 轴方向传播的平面简谐波的波动方程，也称正行波方程。若平面简谐波沿 x 轴反方向传播，则其波动表达式为

$$y = A\cos\left[\omega\left(t+\frac{x}{u}\right)+\varphi\right]$$

它也可称为负或反行波方程。

波函数的物理意义如下：

波函数中含有 x 和 t 两个自变量，它给出了任意时刻 t 在 x 轴上任意位置的质点作简

谐运动的情况。

(1) 当 x 一定时，即考察 x 轴上某一指定点的质元，则它的位移 y 只是时间 t 的余弦函数。这时波函数只表示离原点 x 处的质元在各个不同时刻的位移，波动方程就变成了一指定点的振动方程，它的初相为 $-\frac{2\pi x}{\lambda}+\varphi$。因此，离原点 O 不同距离的各质元的初相是不同的；x 越大，初相落后得越多。而且，每隔一个波长 λ 的距离，初相就差 2π。可见波长反映了空间的周期性。

(2) 当 t 一定时，位移 y 只是 x 的余弦函数。这时波函数表示在给定时刻 t 时波线上各个质元的位移分布情况，即给定时刻的波形。

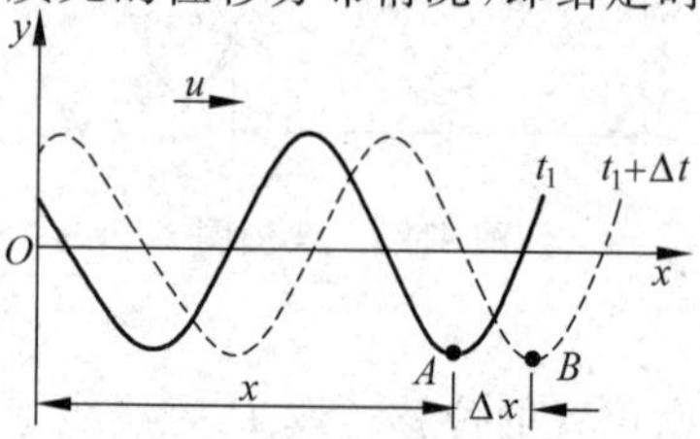

图 4.24 波形的传播

(3) 如果 x 和 t 都在变化，则 y 是 x 和 t 的二元函数，波函数表示波线上任一点在任意时刻的位移。图 4.24 中实线表示 t_1 时刻的波形，虚线表示 $t_1+\Delta t$ 时刻的波形。在 t_1 时刻的波形上任取一点 A，在 $t_1+\Delta t$ 时刻的波形上取一与 A 点相对应的点 B，显然，A、B 两点具有相同的位移和速度。若 A、B 两点的位置坐标分别为 x 和 $x+\Delta x$，由波函数式(4.31)可知，A 点的相位为 $\omega\left(t_1-\frac{x}{u}\right)+\varphi$，$B$ 点的相位为 $\omega\left(t_1+\Delta t-\frac{x+\Delta x}{u}\right)+\varphi$。由于 A、B 两点的位移和速度相同，所以它们的相位相同，即有

$$\omega\left(t_1-\frac{x}{u}\right)+\varphi=\omega\left(t_1+\Delta t-\frac{x+\Delta x}{u}\right)+\varphi$$

解得

$$\Delta x=u\Delta t$$

由此可见，在 Δt 时间内整个波形沿 x 轴方向移动了 $u\Delta t$ 的距离。所以把这种在空间中行进的波称为行波。

综上所述，波函数不仅表示波线上给定点的振动情况和某一时刻的波形，它也反映了质元振动状态的传播和波形的传播，即它具有时间和空间的双重周期性。

例 4-9 一横波在弦上传播，其方程是

$$y=0.02\cos\pi(5x-200t)\quad(\text{SI})$$

(1)试求波的振幅、波长、频率、周期和波速；(2)求介质中质元振动的最大速度；(3)画出时刻 $t=0$ 和 $t=0.0025$ s 时的波形图。

解 (1) 先将上式改写成标准的波动方程形式，从而求出各量：

$$\begin{aligned}y&=0.02\cos\pi(5x-200t)=0.02\cos\pi(200t-5x)\\&=0.02\cos200\pi\left(t-\frac{5x}{200}\right)\\&=0.02\cos2\pi\left(\frac{t}{0.01}-\frac{x}{0.4}\right)\end{aligned}$$

与波动方程的标准形式式(4.31)～式(4.33)比较后得

振幅 $A=0.02$ m，波长 $\lambda=0.4$ m

频率 $\nu=100$ Hz，周期 $T=0.01$ s

$$波速\ u = 40\ \mathrm{m/s}$$

(2) 介质中质元的振动速度为

$$v = \frac{\mathrm{d}y}{\mathrm{d}t} = 0.02 \times 200\pi \sin\pi(5x - 200t)$$

所以速度最大值为

$$v_{\max} = 4\pi = 12.6(\mathrm{m/s})$$

(3) 当 $t=0$ 时,波形表达式为

$$y = 0.02\cos\pi 5x = 0.02\cos 2\pi \frac{x}{0.4}$$

当 $t=0.0025$ s 时的波形表达式为

$$y = 0.02\cos\pi(5x - 0.5) = 0.02\sin 5\pi x$$

于是便可画出两条波形曲线如图 4.25 所示。

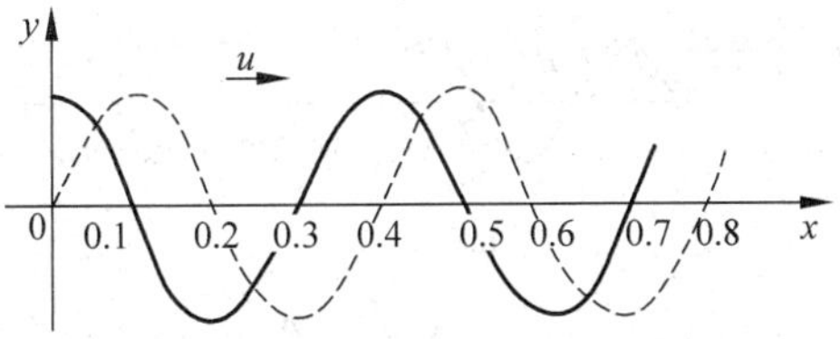

图 4.25

例 4-10 有一平面简谐波沿 x 轴正方向传播,已知振幅 $A=1.0$ m,周期 $T=2.0$ s,波长 $\lambda=2.0$ m。在 $t=0$ 时,坐标原点处的质点位于平衡位置沿 y 轴的正方向运动。求:(1)波动方程;(2)$x=0.5$ m 处质点的振动规律,并画出该质点的位移与时间的关系曲线。

解 (1) 根据所给条件,取波动方程为如下形式:

$$y = A\cos\left[2\pi\left(\frac{t}{T} - \frac{x}{\lambda}\right) + \varphi\right]$$

式中 φ 是坐标原点振动的初相。由于在 $t=0$ 时,坐标原点处的质点位于平衡位置沿 y 轴的正方向运动,所以画出旋转矢量图如图 4.26 所示。由图可知 $\varphi=-\pi/2$,代入所给数据,得波动方程

$$y = 1.0\cos\left[2\pi\left(\frac{t}{2} - \frac{x}{2}\right) - \frac{\pi}{2}\right]$$

(2) 将 $x=0.5$ m 代入上式,得该处质点的运动规律为

$$y = 1.0\cos\left[2\pi\left(\frac{t}{2} - \frac{0.5}{2}\right) - \frac{\pi}{2}\right] = 1.0\cos(\pi t - \pi) = -1.0\cos\pi t$$

于是画出 y-t 曲线如图 4.27 所示。

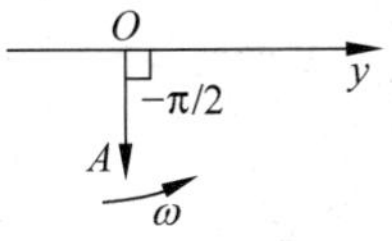

图 4.26

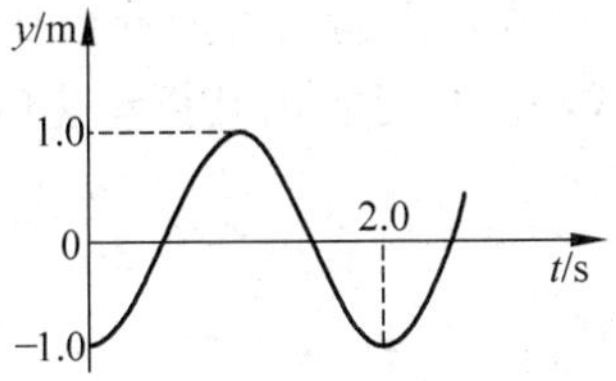

图 4.27

例 4-11 图 4.28(a)所示为一平面简谐波在 $t=0$ 时的波形曲线,在波线上 $x=1$ m 处,质元 P 的振动曲线如图 4.28(b)所示。求该平面简谐波的波函数。

解 由 $t=0$ 时的波形曲线可得 $A=0.02$ m,$\lambda=2.0$ m,由 P 处质元的振动曲线可知,周期 $T=0.2$ s,由此可得到波速为

$$u = \frac{\lambda}{T} = \frac{2}{0.2} = 10(\mathrm{m/s})$$

由图 4.28(b)可知，P 点处质元在 $t=0$ 时刻向下运动，结合 $t=0$ 时的波形曲线分析，可知此波向 x 轴负方向传播。所以坐标原点处质元在 $t=0$ 时刻正好通过平衡位置向 y 轴正方向运动，由此画出旋转矢量图如图 4.29 所示，由图可知

$$\varphi=-\frac{\pi}{2}$$

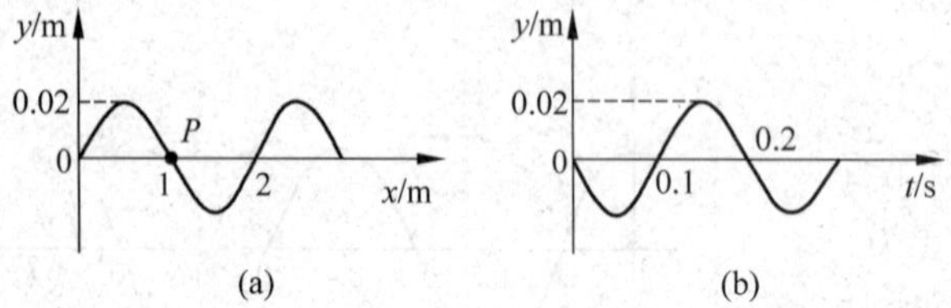

图 4.28

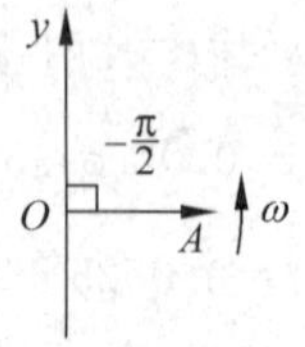

图 4.29

于是可得其波函数为

$$y=A\cos\left[2\pi\left(\frac{t}{T}+\frac{x}{\lambda}\right)+\varphi\right]=0.02\cos\left[2\pi\left(\frac{t}{0.2}+\frac{x}{2}\right)-\frac{\pi}{2}\right]$$

$$=0.02\cos\left[10\pi\left(t+\frac{x}{10}\right)-\frac{\pi}{2}\right]\quad(\text{SI})$$

通过本例可以比较出波形曲线与质点振动曲线在物理意义上的联系与区别。

4.6.2 平面简谐波的能量

1. 波的能量

在机械波的传播过程中，波源的振动状态在弹性介质中由近及远地推移开去，一些原来处于静止状态的质元逐个获得了能量，并开始在各自的平衡位置附近振动，这就表明波的传播伴随着能量的传播。各质元在振动中不但具有动能，而且在振动过程中介质要产生形变，因而具有弹性势能。以下以简谐横波为例讨论其中某一体积元的动能、势能以及总能量的变化规律。

图 4.30(a)表示平衡位置处的形变，在有简谐波传播的介质中，取一微小的体积元，根据波动方程式(4.31)可求出其振动速度等于

$$v=\frac{\mathrm{d}y}{\mathrm{d}t}=-\omega A\sin\left[\omega\left(t-\frac{x}{u}\right)+\varphi\right]$$

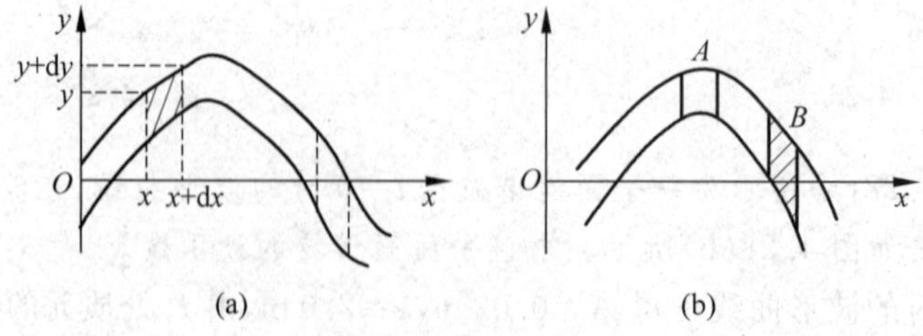

图 4.30 波的能量

设介质密度为 ρ，并用 $\mathrm{d}V$ 表示体积元的体积，因为 $\mathrm{d}m=\rho\mathrm{d}V$，所以该体积元的动能为

$$\mathrm{d}E_{\mathrm{k}}=\frac{1}{2}\rho\mathrm{d}Vv^2=\frac{1}{2}\rho\mathrm{d}V\omega^2A^2\sin^2\left[\omega\left(t-\frac{x}{u}\right)+\varphi\right]$$

可以证明,该体积元所具有的弹性势能为

$$\mathrm{d}E_{\mathrm{p}}=\frac{1}{2}\rho\mathrm{d}V\omega^2A^2\sin^2\left[\omega\left(t-\frac{x}{u}\right)+\varphi\right] \tag{4.34}$$

由此可知,在波动过程中,某一体积元的动能和势能具有相同的数值,它们同时到达最大值和最小值,也即动能和势能的变化是同相的(请读者想一想为什么)。体积元的总能量等于动能和势能之和,即

$$\mathrm{d}E=\mathrm{d}E_{\mathrm{k}}+\mathrm{d}E_{\mathrm{p}}=\rho\mathrm{d}V\omega^2A^2\sin^2\left[\omega\left(t-\frac{x}{u}\right)+\varphi\right] \tag{4.35}$$

由式(4.35)可知,对任一体积元来说,不同时刻它的能量是不同的,而随时间作周期性变化。图 4.30(b)可以帮助我们直观地理解体积元的动能、势能以及总能量的变化规律。当体积元通过平衡位置时(如体积元 B),其形变最大,而且振动速度也最大,故动能和势能都达到最大值;当体积元到达最大位移处(如体积元 A)时,振动速度为零,而且几乎也不发生形变,故这时体积元的动能和势能都等于零。就这样,它们不断地从邻近一侧体积元接受能量,使能量由零增至最大,同时又向邻近另一侧体积元释放能量,使能量又从最大变为零,并且周期性地重复这个过程,能量也就随着波动的行进而传播出去。

2. 能量密度、能流和波的强度

波动中不同坐标位置的质元具有不同的能量,为了描述波动中的能量分布,人们引入了能量密度的概念。单位体积介质所具有的能量称为能量密度,用 w 表示,由式(4.35)可得

$$w=\frac{\mathrm{d}E}{\mathrm{d}V}=\rho\omega^2A^2\sin^2\left[\omega\left(t-\frac{x}{u}\right)+\varphi\right]$$

可见,波在空间任一点处的能量密度也是随时间变化的,通常取其在一个周期内能量密度的平均值,称为平均能量密度,用 $\overline{w}$ 表示。因为正弦的平方在一周期内的平均值为 $\frac{1}{2}$,故有

$$\overline{w}=\frac{1}{T}\int_0^T w\mathrm{d}t=\frac{1}{T}\int_0^T\rho A^2\omega^2\sin^2\left[\omega\left(t-\frac{x}{u}\right)+\varphi\right]\mathrm{d}t=\frac{1}{2}\rho A^2\omega^2 \tag{4.36}$$

上式表明,对于确定的弹性介质,平面简谐波的平均能量密度与波的频率的平方及振幅的平方成正比,这个结论具有普遍意义。虽然它是从平面简谐波的特殊情况中推出的,但对于所有的弹性波均适用。

3. 能流密度和平均能流密度

为了反映波动中能量传播的特点,人们又引入了平均能流的概念。单位时间内垂直通过介质中某一面积的能量称为通过该面积的能流。今在介质中垂直于波速 u 方向取面积为 S 的小平面,在单位时间内通过 S 面的能量等于在体积 uS 中的能量,如图 4.31 所示。这能量是周期性变化的,取一个周期内的平均值,就可得到通过 S 面的平均能流,即

$$\overline{p}=\overline{w}uS=\frac{1}{2}\rho A^2\omega^2uS \tag{4.37}$$

平均能流的单位为瓦特(W),因此,也把波的能流称为波的功率。

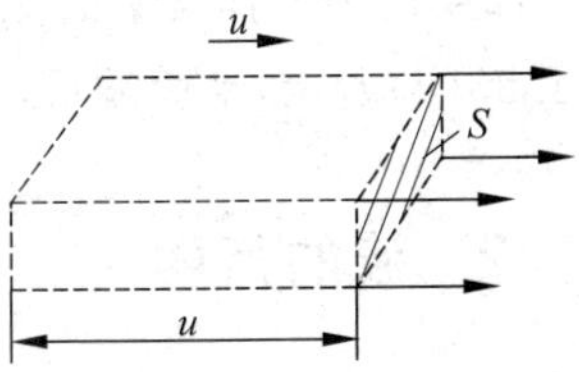

图 4.31 波的能流

单位时间内垂直通过单位面积的平均能量，称为能流密度或波的强度，用 I 表示，即

$$I=\frac{\bar{P}}{S}=\bar{w}u=\frac{1}{2}\rho\omega^2A^2u$$

能流密度的单位是 W/m^2。能流密度是矢量，其大小等于单位时间内通过与波传播方向垂直的单位面积的平均能量，其方向沿着波的传播方向，其矢量形式为

$$\boldsymbol{I}=\frac{1}{2}\rho\omega^2A^2\boldsymbol{u} \tag{4.38}$$

4.7 惠更斯原理 波的衍射

4.7.1 惠更斯原理

波在各向同性的均匀介质中以直线传播，但在实验中我们发现了一个很有趣的现象，即当波在传播过程中遇到障碍物时会出现绕过障碍物继续传播的现象。图 4.32 表示一列平面水波在通过一狭缝时绕过了两侧的障碍，继续向前沿各方向传播。我们把波能够绕过障碍物继续传播的现象称为波的衍射。

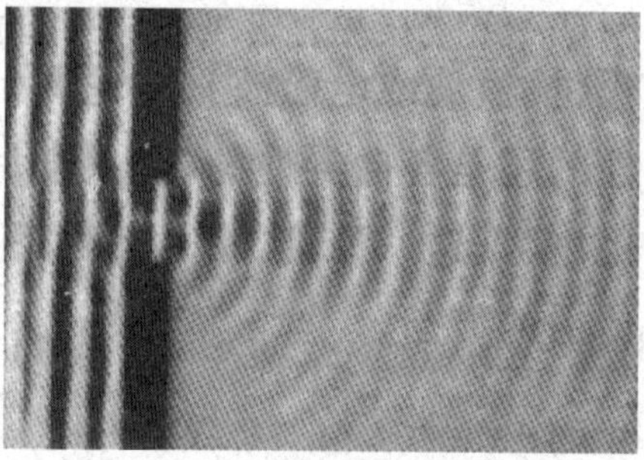

图 4.32 水波绕过障碍物继续传播

为了解释波的衍射现象，荷兰物理学家惠更斯于 1690 年提出了以他的名字命名的惠更斯原理。惠更斯总结了大量类似于上述的实验现象后认为：在波的传播过程中，波前上的每一点都可看成发射子波的新波源，在 t 时刻这些子波源发出的子波，经 Δt 时间后形成半径为 $u\Delta t$（u 为波速）的球形波阵面，在波的前进方向上这些子波阵面的包迹就是 $t+\Delta t$ 时刻的新波前。

惠更斯原理对于任何波动过程都适用，且不论波所经历的介质是均匀的或非均匀的，是各向同性的或各向异性的，只要知道某一时刻的波前，就可以根据这一原理，用作图的方法确定下一时刻的波前。

在均匀的各向同性的介质中，从波源 O 发出的波以速度 u 向周围传播，已知在时刻 t 波前是半径为 R_1 的球面 S_1（如图 4.33(a)所示），经过 Δt 时间后，波所经历的距离为 $u\Delta t$，若以 S_1 面上各点为中心点，以 $u\Delta t$ 为半径作出一系列球形子波，联结各子波的包迹，它就是时刻 $t+\Delta t$ 的球面形波前 S_2。

如果已知平面波某时刻的波面为 S_1，用惠更斯原理也可求出下一时刻的波面 S_2，如图 4.33(b)所示，平面波可以看作其半径趋于无穷大的球面波。

4.7.2 波的衍射

波在传播过程中遇到障碍物边缘或孔隙时所发生的展衍现象，称为波的衍射（旧称绕

射)。如图 4.34 所示,平面波通过宽度与波长相近的缝时,除波长与缝宽相等部分的波仍为直线外,两端还有弯曲的波阵面,这说明波能够绕过缝的边缘前进。根据惠更斯原理,把经过狭缝时的波阵面上各点看成是发射子波的新波源,就可得到这种两端弯曲的波阵面。事实表明,缝隙越小,波长越长,波前弯曲越甚,波绕过障碍物的展衍现象越明显。所以只有当障碍物的宽度小于等于波长时,才有比较明显的衍射现象。

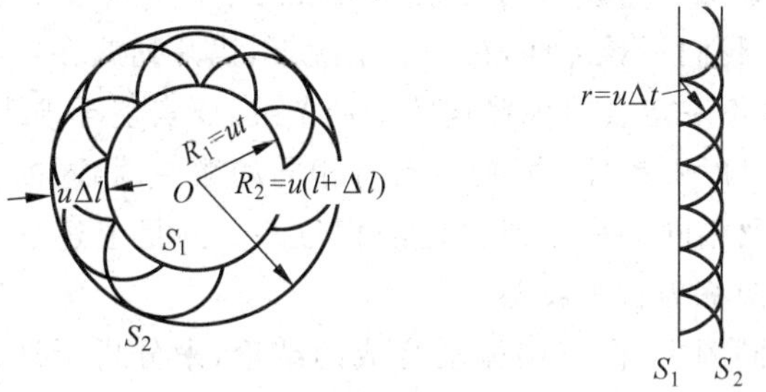

图 4.33 用惠更斯原理求波前

(a) 球面波;(b) 平面波

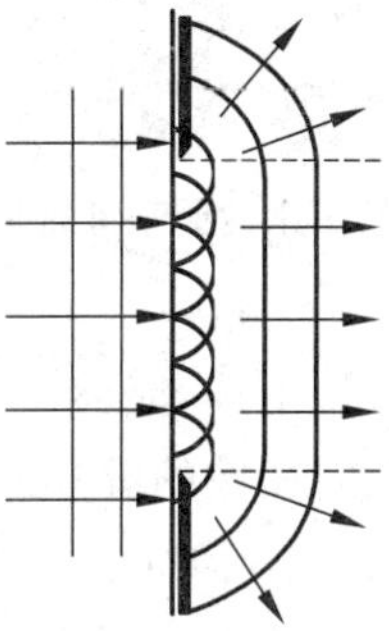

图 4.34 波的衍射

衍射现象是波动的特征之一。惠更斯原理只能定性地说明衍射现象,后来菲涅耳发展了惠更斯原理,才可以定量地讨论光波的衍射。

4.8 波的叠加

4.8.1 波的叠加原理

实验表明,当几列波在空间某处相遇后,各自仍将保持其原有的频率、波长、振幅和振动方向等特征继续沿原来的传播方向前进,好像在各自的传播过程中,并没有遇到过其他的波一样。这种现象称为波传播的独立性。管弦乐队合奏时,我们能辨别出各种乐器的声音;天线上有各种无线电信号,但我们仍能接收到任一频率的信号;若我们将两石子同时投入平静的水面不同处,水面会泛起两列水波,虽然在两列水波相遇的区域将由于两列波的叠加而出现特殊的波纹,但是一旦这两列水波分离后仍将保持原有的特征继续按原方向传播。这些都是波传播独立性的例子。

由于波的传播具有独立性,所以在介质中几列波相遇的区域内,任一质元的位移等于各列波单独传播所引起的该质元的位移的矢量和,这一规律称为波的叠加原理。

4.8.2 波的干涉

波的叠加一般是空间各点振动瞬时值的叠加,情况比较复杂,但其中一种最简单、最有用的是由两个频率相同、振动方向相同、相位相同或相位差恒定的波源所发出的波的叠加。这两列波在空间交叠区中,某些点的振动加强,另一些点的振动减弱或完全抵消。我们不仿

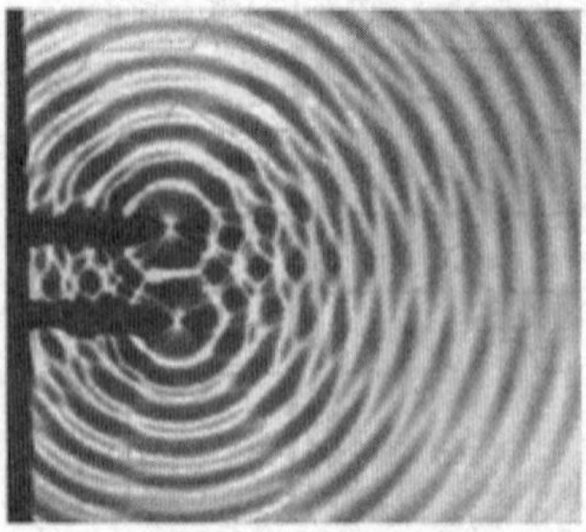

图 4.35 水波的干涉现象

可以观察一个实验，两个音叉在水中不断地振动，掀起两列水波，并在空间相遇而叠加。叠加结果如图 4.35 所示，水面出现稳定的波纹花样，水面上有些地方的质元振动始终微弱，甚至静止不动，而有些地方的质元，振动始终较强。我们把波叠加后形成某些区域振动始终加强而另一些区域振动始终减弱的现象称为波的干涉现象。根据以上分析，我们不难发现，在一般情况下，当几列波在空间相遇时，并不一定会出现稳定的干涉条纹，要实现干涉现象，必须满足以下条件：两列波具有相同的频率、相同的振动方向以及相同的相位或恒定的相位差。满足上述三个条件的波称为相干波，能够产生相干波的波源称为相干波源。

下面我们从波的叠加原理出发，应用同频率、同方向振动合成的结论，来分析干涉现象的产生，并确定干涉加强和减弱的条件。

设有两个相干波源 S_1 和 S_2，如图 4.36 所示，假定它们的振动方向都与图面垂直，并且都作简谐运动，角频率均为 ω，但振幅分别为 A_{10} 和 A_{20}，初相分别为 φ_1 和 φ_2，即振动方程为

$$y_1 = A_{10}\cos(\omega t + \varphi_1)$$

$$y_2 = A_{20}\cos(\omega t + \varphi_2)$$

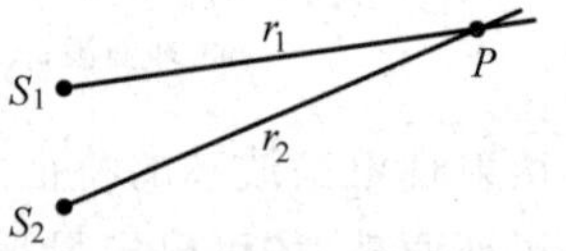

图 4.36 两列相干波在 P 点叠加

这两个振动在图面内向四周传播，它们在空间某一点 P 相遇。设 P 点离 S_1 和 S_2 的距离分别为 r_1 和 r_2，考虑介质对波能量的吸收，故假设这两列波到达 P 点的振幅分别为 A_1 和 A_2，波长为 λ，则在 P 点的两个分振动分别为

$$y_1 = A_1\cos\left(\omega t + \varphi_1 - \frac{2\pi r_1}{\lambda}\right)$$

$$y_2 = A_2\cos\left(\omega t + \varphi_2 - \frac{2\pi r_2}{\lambda}\right)$$

在 P 点的合振动为

$$y = y_1 + y_2 = A\cos(\omega t + \varphi)$$

式中 A 和 φ 依次为合振动的振幅和初相，即有

$$A = \sqrt{A_1^2 + A_2^2 + 2A_1A_2\cos\left(\varphi_2 - \varphi_1 - 2\pi\frac{r_2 - r_1}{\lambda}\right)} \tag{4.39}$$

$$\tan\varphi = \frac{A_1\sin\left(\varphi_1 - \frac{2\pi r_1}{\lambda}\right) + A_2\sin\left(\varphi_2 - \frac{2\pi r_2}{\lambda}\right)}{A_1\cos\left(\varphi_1 - \frac{2\pi r_1}{\lambda}\right) + A_2\cos\left(\varphi_2 - \frac{2\pi r_2}{\lambda}\right)} \tag{4.40}$$

在图面上某一点 P 的两个分振动的相位差为

$$\Delta\varphi = \varphi_2 - \varphi_1 - \frac{2\pi(r_2 - r_1)}{\lambda} \tag{4.41}$$

上式中 $\varphi_2 - \varphi_1$ 是两个波源的初相差，是一个恒量；令 $r_2 - r_1 = \delta$ 是两个相干波源 S_2 和 S_1 到 P 点的路程差，称为波程差。对于 P 点来说，其相位差 $\Delta\varphi$ 取决于两波源的初相差，以及由于传播路程不同而引起的波程差。但由于 $\varphi_2 - \varphi_1$ 是恒定的，因此，P 点的相位差 $\Delta\varphi$ 实际上

取决于两波源的波程之差 $\delta=r_2-r_1$。对于空间某一确定的点，其波程差 δ 一定，则 $\Delta\varphi$ 也恒定，所以该点的合振幅 A 有稳定不变的值。对于空间不同的点，波程差 δ 一般不相等，从而合振动的振幅 A 也各不相同，有些点合振幅大，有些点合振幅小。由此可知，两列相干波在空间相遇时，在叠加区域内各点合振动的振幅 A 将在空间形成一种稳定的分布，某些点的振动始终加强，而在另外一些点的振动始终减弱，呈现出波的干涉现象。

由合振幅 A 的表达式(4.39)可以看出，介质中合振幅 A 为最大的那些点，其相位差应满足以下条件：

$$\Delta\varphi=\varphi_2-\varphi_1-2\pi\frac{r_2-r_1}{\lambda}=\pm 2k\pi,\quad k=0,1,2,\cdots \tag{4.42}$$

这些点称为干涉相长点，其振幅为

$$A=A_1+A_2$$

当 $A_1=A_2$ 时，$A_{max}=2A_1$ 或者 $A_{max}=2A_2$。

介质中因干涉相消而引起振幅最小的点的相位差所应满足的条件为

$$\Delta\varphi=\varphi_2-\varphi_1-2\pi\frac{r_2-r_1}{\lambda}=\pm(2k+1)\pi,\quad k=0,1,2,\cdots \tag{4.43}$$

这些点称为干涉相消点，其振幅为 $A=|A_1-A_2|$。当 $A_1=A_2$ 时，$A=0$。

其他各点的位相差 $\Delta\varphi$ 介于以上两式之间，故合振幅 A 介于 A_1+A_2 和 $|A_1-A_2|$ 之间。

如果两相干波源的初相相同，即 $\varphi_1=\varphi_2$，这时上述条件可以简化为

$$\begin{aligned}\Delta\varphi&=2\pi\frac{r_2-r_1}{\lambda}=\pm 2k\pi,\quad k=0,1,2,\cdots(\text{加强})\\ \Delta\varphi&=2\pi\frac{r_2-r_1}{\lambda}=\pm(2k+1)\pi,\quad k=0,1,2,\cdots(\text{减弱})\end{aligned} \tag{4.44}$$

由于当两相干波的初相相同时，合振动的相位差仅取决于波程差，所以式(4.44)也可用波程差来表示合振幅 A 大小的条件，即

$$\begin{aligned}\delta&=r_2-r_1=\pm k\lambda,\quad k=0,1,2,\cdots(\text{加强})\\ \delta&=r_2-r_1=\pm(2k+1)\frac{\lambda}{2},\quad k=0,1,2,\cdots(\text{减弱})\end{aligned} \tag{4.45}$$

上式表示：当两列相干波的初相相同时，在波的叠加区域内，波程差等于零或波长的整数倍的各点的振幅最大；波程差等于半波长的奇数倍的各点的振幅最小。

干涉现象是波动的又一特征。

图 4.37 表示水波的干涉现象。由两个波源 S_1 和 S_2 发出的两列相干波相遇叠加，图中实线表示两列波的波峰，虚线表示两列波的波谷，在两列波的波峰和波峰相遇处(实线与实线的交点)以及波谷和波谷的相遇处(虚线与虚线的交点)合振幅最大，合成波最强；在两列波的波峰和波谷相遇处(实线与虚线的交点)，合振幅最小，合成波最弱。

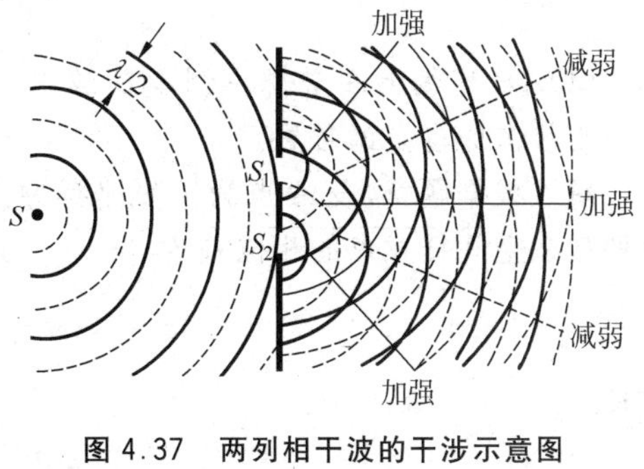

图 4.37 两列相干波的干涉示意图

例 4-12 图 4.38 中，S_1 和 S_2 为两相干波源，间距为 $\frac{\lambda}{4}$，S_1 的相位超前于 S_2 的相位 $\frac{\pi}{2}$。问在 S_1、S_2 连线上，S_1 的左侧和 S_2 的右侧各点的振幅分别为多少？

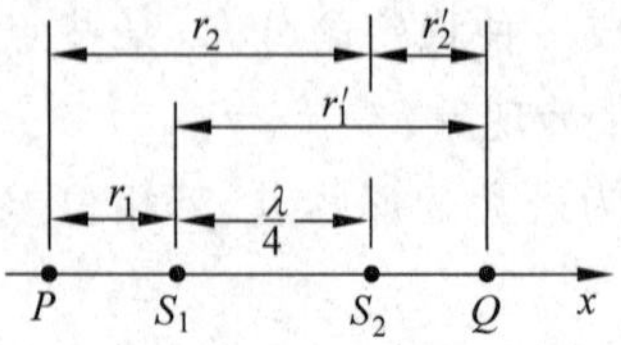

图 4.38

解 在 S_1、S_2 连线上于 S_1 的左侧任取一点 P，两列波在 P 点引起的合振动的相位差为

$$\Delta\varphi = (\varphi_2 - \varphi_1) - \frac{2\pi(r_2 - r_1)}{\lambda}$$

题中已知 $\varphi_2 - \varphi_1 = -\frac{\pi}{2}$，由波程差引起的相位差为

$$2\pi\frac{r_2 - r_1}{\lambda} = \frac{\pi}{2}$$

总位相差为

$$\Delta\varphi = -\frac{\pi}{2} - \frac{\pi}{2} = -\pi$$

所以 P 点的振幅减弱，振幅为 $A = |A_1 - A_2|$。由于 P 点是 S_1 外侧的任意一点，$\Delta\varphi$ 与 P 点位置无关，所以 S_1 的左侧各点振幅均为 $|A_1 - A_2|$。

同理，在 S_2 的右侧任取一点 Q，则两波在 Q 点的合相位差为

$$\Delta\varphi = \varphi_2 - \varphi_1 - 2\pi\frac{r_2' - r_1'}{\pi} = -\frac{\pi}{2} - \left(-\frac{\pi}{2}\right) = 0$$

所以 S_2 的右侧各点的振幅均为 $A_1 + A_2$。

例 4-13 同一介质中的两个波源，分别位于 A、B 两点，如图 4.39(a)所示，设其振幅相等，频率都是 100 Hz，初相差为 π。若 A、B 两点相距 30 m，波在介质中传播速度为 400 m/s，求：

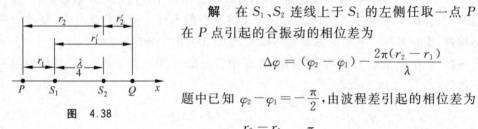

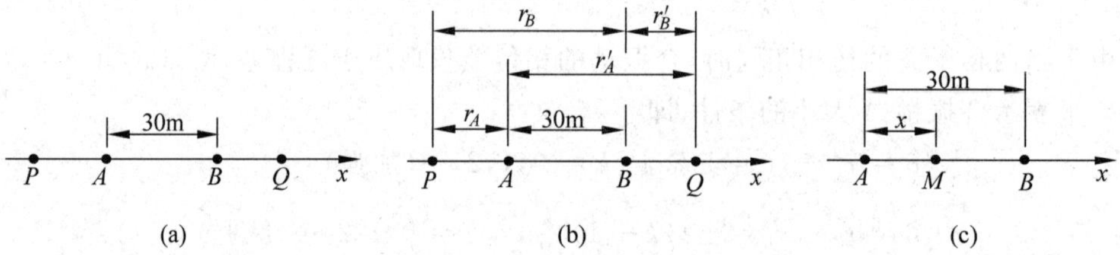

图 4.39

(1)AB 连线上 A 波源左侧和 B 波源右侧各点的合振幅；(2)A、B 波源之间因干涉而处于静止状态的各点的位置。

解 根据题意，设 A 点为 x 轴坐标原点 O，A 波源的初相为 φ_A，B 波源的初相为 φ_B，则两列波在空间任意点的相位差为

$$\Delta\varphi = (\varphi_B - \varphi_A) - \frac{2\pi(r_B - r_A)}{\lambda}$$

波长

$$\lambda = \frac{u}{v} = \frac{400}{100} = 4(\text{m})$$

(1) 如图 4.39(b)所示，在 A 波源左侧取任意点 P，则这两列波到达 P 点的合位相差为

$$\Delta\varphi = \varphi_B - \varphi_A - \frac{2\pi(r_B - r_A)}{\lambda} = \pi - \frac{2\pi \times 30}{4} = -14\pi$$

A 点左侧各点的相位差 $\Delta\varphi=2k\pi$，表明此区域内各点均为干涉相长点，无干涉静止点。

同理，在 B 波源右侧取任意点 Q，则两波到达 Q 点时的合位相差为

$$\Delta\varphi=\varphi_B-\varphi_A-\frac{2\pi(r_B-r_A)}{\lambda}=\pi-\frac{2\pi\times(-30)}{4}=16\pi$$

显然，在此区域内也没有干涉静止点。由此可见，在 x 轴上 P、Q 两点的左右两侧均无干涉静止点，其两侧各点的合振幅均为 $2A$。

(2) 在 A、B 波源之间任取一点 M，如图 4.39(c)所示，则两列波在 M 点的合相位差为

$$\Delta\varphi=\pi-\frac{2\pi[(30-x)-x]}{\lambda}=\pi-(15-x)\pi=(x-14)\pi$$

因干涉而静止的条件为 $\Delta\varphi=(2k+1)\pi$，所以 x 值应满足以下条件：

$$(x-14)\pi=(2k+1)\pi$$

解得

$$x=2k+15,\quad k=0,\pm1,\pm2,\cdots,\pm7$$

所以，只有 $x=1,3,\cdots,29$ m 共 15 个点处于静止状态。

*4.8.3 驻波

1. 驻波的形成与特征

驻波是由振动方向、频率、振幅都相同，而传播方向相反的两列简谐行波相干叠加形成。图 4.40 是用弦线作驻波实验的示意图。弦线的一端系在音叉上，另一端系着砝码使弦线拉紧。当音叉振动时，调节劈尖至适当的位置，可以看到 AB 段弦线被分成几段长度相等的稳定振动的部分。线上各点的振幅不同，有的点始终静止不动，而另一些点则振动最强，即振幅为最大。这种波形称为驻波。

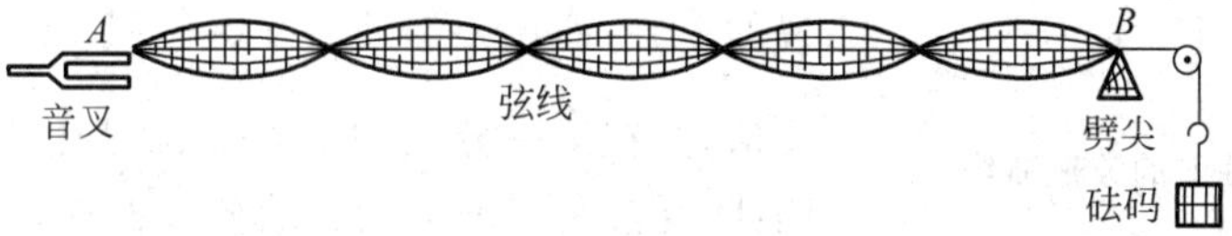

图 4.40 驻波实验

实验发现，驻波的波形不移动，弦线中各点都以相同的频率振动，但各点的振幅随位置的不同而不同。那些振幅最大的点称为波腹；而另一些始终静止不动的点称为波节。如果按相邻两个波节之间的距离分段的话，那么驻波相当于是一种分段的振动，同一分段上的各点，或者同时向上运动，或者同时向下运动，它们具有相同的振动相位。以上说的是横驻波，两列反向传播的纵波也可以叠加形成纵驻波。下面以横驻波为例说明驻波的一些特性。

我们知道，两列振幅相同、振动频率相同、初相皆为零且分别沿 Ox 轴正、负方向传播的简谐波的波动方程为

$$y_1=A\cos2\pi\left(\nu t-\frac{x}{\lambda}\right)$$

$$y_2=A\cos2\pi\left(\nu t+\frac{x}{\lambda}\right)$$

式中，A 为波的振幅，ν 为频率，λ 为波长。利用三角函数的和差化积公式，可以得到在两波相遇处各质元的合位移为

$$y = y_1 + y_2 = 2A\cos 2\pi \frac{x}{\lambda}\cos(2\pi\nu t) = 2A\cos 2\pi \frac{x}{\lambda}\cos\omega t \tag{4.46}$$

其中 $\omega=2\pi\nu$。上式就是驻波的波函数，或称为驻波方程。它不是 $t-\frac{x}{u}$ 的函数，所以驻波的相位和能量都不传播。这也正是"驻"的含义。

式(4.46)由两个因子组成，其中 $\cos\omega t$ 只与时间有关，代表简谐运动；$\left|\frac{2A\cos 2\pi x}{\lambda}\right|$ 只与位置有关，代表坐标 x 处质元振动的振幅。由 $\left|\frac{2A\cos 2\pi x}{\lambda}\right|=1$ 可知，波腹的位置为

$$x = k\frac{\lambda}{2}, \quad k = 0, \pm 1, \pm, 2, \cdots \tag{4.47}$$

由 $\left|\frac{2A\cos 2\pi x}{\lambda}\right|=0$ 可知，波节的位置为

$$x = \left(k+\frac{1}{2}\right)\frac{\lambda}{2}, \quad k = 0, \pm 1, \pm, 2, \cdots \tag{4.48}$$

由以上两式可见，相邻两波腹之间或相邻两波节之间的距离都是 $\frac{\lambda}{2}$，而相邻波节和波腹之间的距离为 $\frac{\lambda}{4}$。图 4.41 给出了 $t=0, \frac{T}{8}, \frac{T}{4}, \frac{T}{2}$ 各时刻驻波的波形曲线。

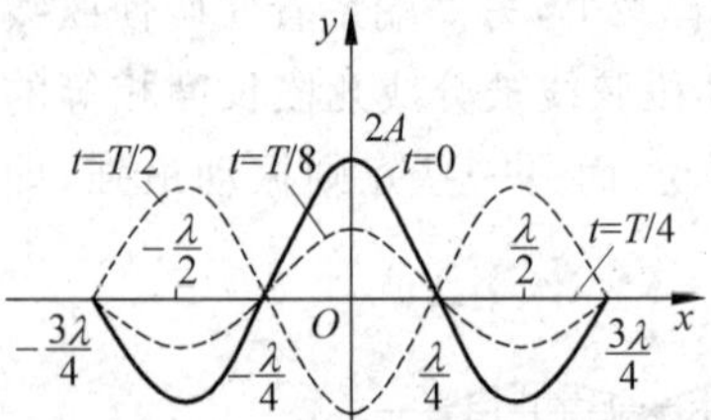

图 4.41 驻波的波形曲线

由图 4.41 可以看出驻波分段振动的特点。设某一时刻 $\cos\omega t$ 为正，由于在相邻波节 $x=\frac{-\lambda}{4}$ 和 $x=\frac{\lambda}{4}$ 之间 $\frac{\cos 2\pi x}{\lambda}$ 取正值，所以在这一分段中的各点都处于平衡位置的上方；而在相邻波节 $x=\frac{\lambda}{4}$ 和 $x=\frac{3\lambda}{4}$ 之间 $\frac{\cos 2\pi x}{\lambda}$ 取负值，则在这一分段中的各点都处于平衡位置的下方。因此，驻波是以波节划分的分段振动，在相邻波节之间，各点的振动相位相同；在波节两边，各点振动反相。正是由于分段振动，驻波才不传播。

驻波的能量在整体上不传播，但这并不意味着各质元的能量不发生变化。由图 4.41 可以看出，当 $t=0$ 时全部质元的位移都达到各自的最大值，各质元的速度为零，这时动能为零，但此时弦线各段都有不同程度的形变，且越靠近波节处的形变就越大，因此，这时驻波的能量具有势能的形式，基本上集中于波节附近。当 $t=\frac{T}{4}$ 时，全部质元都通过平衡位置并恢复到自然状态，这时形变消失，势能为零，但此时各质元的振动速度都达到各自的最大值，且处于波腹处质元的速度最大，所以此时驻波的能量具有动能的形式，基本上集中于波腹附近。至于其他时刻，则动能与势能同时存在。可见驻波的动能和势能不断地相互转换，形成了能量交替地由波腹附近传向波节附近，再由波节附近转回到波腹附近的情形。虽然各质元的能量在不断变化，但由于波节静止、波腹处不形变，所以能量既不能通过波节，也不能通过波腹进行传播，只能在相邻的波节和波腹之间的 $\frac{\lambda}{4}$ 区域内流动。

2. 半波损失

在图 4.40 所示的驻波实验中，反射点 B 处弦线上的质元固定不动，它是驻波的波节。这说明，反射波所引起的 B 点振动相位与入射波的相反，或者说反射使 B 点振动的相位突变 π。这相当于入射波多走了半个波后再反射的情形，如图 4.42(a)所示，因此称为半波损失。如果反射点是自由的，则反射波与入射波在反射点同相，反射点是驻波的波腹，这时反射波没有半波损失。

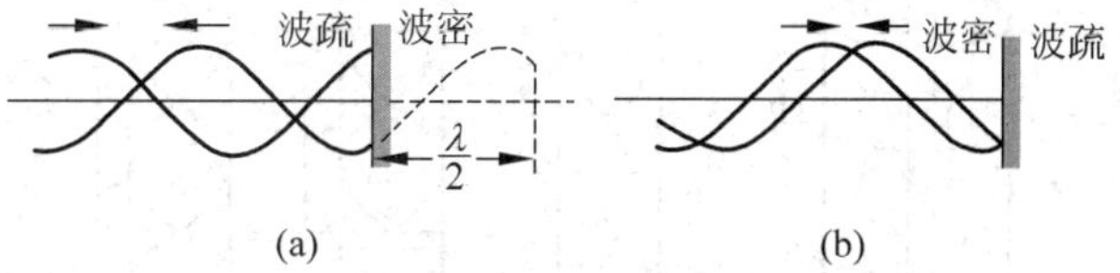

图 4.42 波的反射

反射波在界面处能否发生半波损失，决定于这两种介质的密度和波速的乘积 ρu，相比之下，ρu 较大的介质称为波密介质，ρu 较小的介质称为波疏介质。实验表明，在与界面垂直入射的情况下，如果波从波疏介质入射到波密介质，则在界面处的反射波有半波损失，反射点是驻波的波节(图 4.42(a))；如果波从波密介质入射到波疏介质，则没有半波损失，反射点是波腹，如图 4.42(b)所示。对于透射波来说，在任何情况下都不发生半波损失。

3. 简正模式

如图 4.43 所示，拨动一根两端固定的张紧的弦，在弦中形成驻波。由于弦的两端固定，所以它们一定是驻波的波节。其实并不是任意波长的波都能在一定线度的介质中形成驻波，只有当半波长的整数倍正好等于弦长 L 时，才能在弦中显著地激发起驻波。即

$$L = n\frac{\lambda_n}{2}, \quad n = 1,2,3,\cdots \tag{4.49}$$

由频率与波长之间的关系 $\nu = u/\lambda$，可得相应驻波的频率为

$$\nu_n = n\frac{u}{2L}, \quad n = 1,2,3,\cdots \tag{4.50}$$

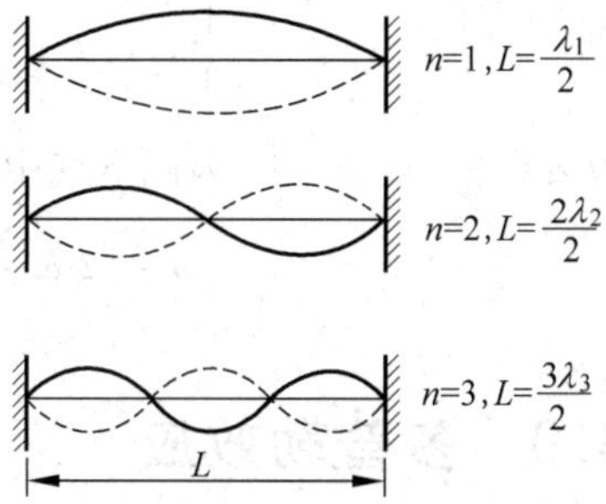

图 4.43 两端固定弦振动的简正模式

其中 u 代表波在弦中传播的速度。

由式(4.50)给出的一系列频率的特征值，称为本征频率或简正频率。最低的本征频率 $\nu_1 = \frac{u}{2L}$ 称为基频，$\nu_n = n\nu_1$ 称为 n 次谐频，例如 ν_2、ν_3 称为二次谐频、三次谐频。简正频率对应的驻波(弦上的振动方式)称为简正模式。图 4.43 给出的是两端固定弦中频率为 ν_1、ν_2、ν_3 的三种简正模式。

任何一个实际的振动都可以看成由各种简正模式的线性叠加，其中各个简正模式的相位和振幅的大小由初始扰动的性质决定。

对于一个可以形成驻波的系统，当周期性驱动力的频率等于系统的某一简正频率时，就

会使该频率驻波的振幅变得最大，这种现象也叫共振。

例 4-14 用共振方法测量空气中的声速。如图 4.44(a)所示，在水槽中插入一根两端开口的玻璃管，管中空气柱的长度 l 可通过水面的高低来调节。把振动频率为 ν 的音叉置于管的一端，让水面由管的顶端逐渐下降到 $l=a$ 时，声音的强度第一次达到极大值；此后，当管中的水面相继下降到 $l=d+a$，$l=2d+a$ 时，声音的强度第二、第三次达到极大值。如果音叉的频率 $\nu=1080$ Hz，测得 $d=15.3$ cm，求空气中的声速。

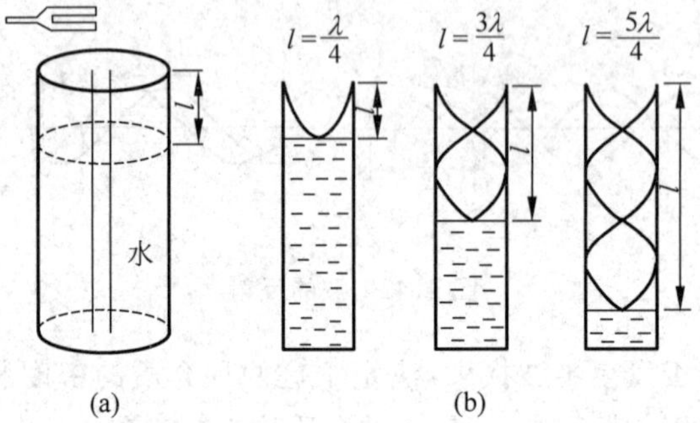

图 4.44

解 声音强度出现极大值，表示音叉频率与管内空气柱的固有频率相同而发生共振。空气柱的下端是空气和水的界面，声波由空气(波疏介质)入射到水(波密介质)有半波损失，共振时反射点必为驻波的波节；反之，空气柱的上部开口处内外都是空气，是声波振动的自由端，共振时必为驻波的波腹。图 4.44(b)给出了在第一、二、三次出现声强极大时声驻波简正模式的波形，不难看出

$$a=\frac{1}{4}\lambda,\quad a+d=\left(\frac{1}{4}+\frac{1}{2}\right)\lambda,\quad a+2d=\left(\frac{1}{4}+1\right)\lambda$$

可得 $d=\frac{\lambda}{2}$，而 $\nu=\frac{u}{\lambda}$，因此空气中的声速为

$$u=2d\nu=2\times0.153\times1080=330(\mathrm{m/s})$$

*4.9 多普勒效应

1842 年奥地利物理学家多普勒(C. J. Doppler)发现：当波源或观测者相对介质运动时，观测者接收到的频率与波源的振动频率不同，这种现象称为多普勒效应。在现实生活中我们经常会遇到多普勒效应。如对于站台上的观测者来说，进站的火车鸣笛声音调高于正常音调，而出站火车鸣笛音调低于正常音调。

现用 u 代表机械波在介质中的波速，它与波源及观测者的运动无关。设在以下的讨论中波源与观测者沿二者连线方向(纵向)运动。

4.9.1 波源不动，观测者相对介质以速度 v_0 运动

若观测者在 P 点向着波源(S 点)运动，如图 4.45 所示。先假定观测者不动，波以速度

$\boldsymbol{u}$ 向着 P 点传播，$\mathrm{d}t$ 时间内波传播距离为 $u\mathrm{d}t$，观测者接收到的完整波数，即为分布在距离 $u\mathrm{d}t$ 中的波数。而现在观测者是以 $\boldsymbol{v}_0$ 迎着波的传播方向运动，$\mathrm{d}t$ 时间内移动距离为 $v_0\mathrm{d}t$，因此，分布在距离 $v_0\mathrm{d}t$ 中的波也应被观测者接收到。总体来看，应是在 $(u+v_0)\mathrm{d}t$ 距离内的波都被观测者接收了，相当于波相对于观测者以 v_0+u 的速度传播，所以观测者接收到的频率（完整波数）为

$$\nu' = \frac{v_0 + u}{\lambda_b}$$

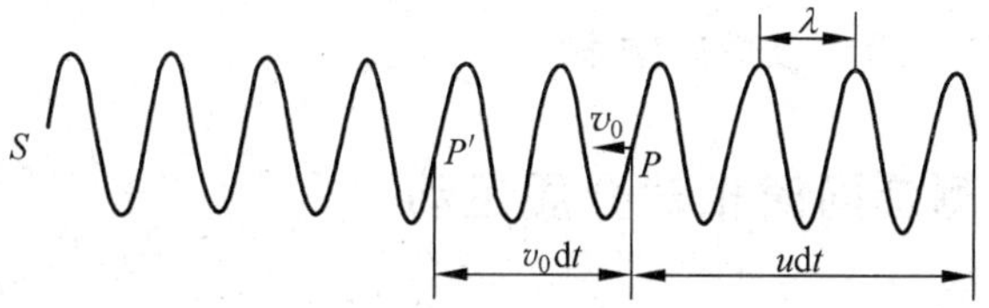

图 4.45 观测者运动时的多普勒效应

式中 λ_b 为波在介质中的波长，且 $\lambda_b = u/\nu_b$。由于波源在介质中静止，所以波的频率 ν_b 等于波源的频率 ν。于是，上式可以写成

$$\nu' = \frac{u + v_0}{u}\nu \tag{4.51}$$

上式表明，当观测者向着静止波源运动时，观测者接收到的频率为波源频率的 $\left(1+\frac{v_0}{u}\right)$ 倍，即 ν' 高于 ν。

若观测者远离波源运动时，同理可得观测者接收到的频率为

$$\nu' = \frac{u - v_0}{u}\nu \tag{4.52}$$

即此时接收到的频率低于波源的频率。

4.9.2 观测者不动，波源相对介质以速度 v_S 运动

设观测者静止，波源相对介质以速度 v_S 趋近观测者运动时，这时波源发出的球面波的波阵面不再同心，如图 4.46 所示。在观测者处两个相邻的同相球面之间的距离减小为 $\lambda_b = \lambda - v_S T$。由图 4.47 可知，观测者所接收到波的波长为

$$\lambda_b = \lambda - v_S T = (u - v_S)T$$

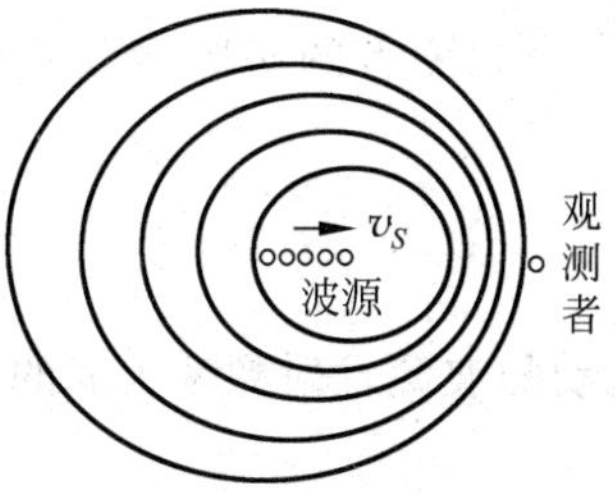

图 4.46 波源运动时的多普勒效应

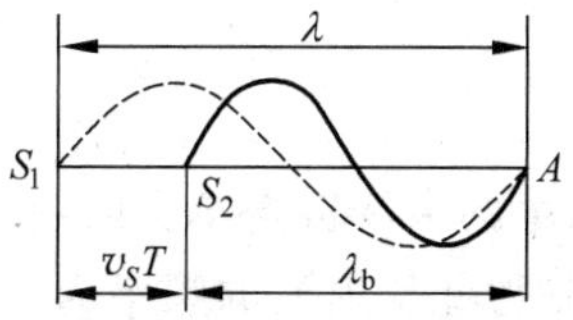

图 4.47 波源运动的前方波长变短

其中 $\lambda=uT$ 为波源静止时的波长。由于波速 u 与波源的运动无关，所以观测者接收到的频率就是波的频率，即

$$\nu'=\frac{u}{\lambda_b}=\frac{u}{u-v_S}\frac{1}{T}=\frac{u}{u-v_S}\nu \tag{4.53}$$

这说明，当波源向着静止的观测者运动时，观测者接收到的频率高于波源的频率。

如果波源远离静止的观测者运动时，则同理可得观测者接收到的频率为

$$\nu'=\frac{u}{u+v_S}\nu \tag{4.54}$$

此时观测者接收到的频率低于波源的频率。

4.9.3 波源和观测者同时相对介质运动

综合以上两种情况，可得当波源与观测者同时相对介质运动时，观测者所接收到的频率为

$$\nu'=\frac{u\pm v_0}{u\mp v_S}\nu \tag{4.55}$$

上式中，观测者向着波源运动时，v_0 前取正号，远离时取负号；波源向着观测者运动时，v_S 前取负号，远离时取正号。

综上所述，不论是波源运动还是观测者运动，或是两者同时运动，定性地说，只要两者互相接近，接收到的频率就高于原来波源的频率；若两者互相远离时，接收到的频率就低于原来波源的频率。

应该指出，即使波源与观测者并非沿着它们的连线运动，以上所得各式仍可适用，只是其中 $\boldsymbol{v}_0$ 和 $\boldsymbol{v}_S$ 应投影到两者连线的方向上，因垂直于连线方向的分量是不产生多普勒效应的。

不仅机械波有多普勒效应，电磁波也有多普勒效应。由于电磁波传播的速度为光速，所以要运用相对论来处理这个问题，且观测者接收频率的公式将与式(4.55)有所不同。然而，波源与观测者互相接近时频率变大、互相远离时频率变小的结论，仍然是相同的。

多普勒效应在科学技术上有着广泛的应用，利用声波反射波的多普勒效应可以测量物体运动的速度、检测心脏的跳动和血管中血液的流速。

例 4-15 一静止波源在海水中向前发射频率 $\nu=30$ kHz 的超声波，射在一艘向前运动的潜艇上反射回来。在波源处测得声源发射波与潜艇反射波合成后的拍频 $\Delta\nu=100$ Hz。已知海水中的声速 $u=1.54\times10^3$ m/s，求潜艇运动的速度。

解 设潜艇的速度为 v_0，因潜艇远离波源运动，则作为观测者的潜艇接收到的声波频率为

$$\nu'=\frac{u-v_0}{u}\nu$$

然而，该频率的声波被潜艇反射，相当于潜艇作为一个运动的波源发射频率为 ν' 的声波。在原波源处测得此反射波的频率为

$$\nu''=\frac{u}{u+v_0}\nu'=\frac{u-v_0}{u+v_0}\nu$$

因此，声源发射波与潜艇反射波合成后的拍频为

$$\Delta\nu = \nu - \nu'' = \left(1 - \frac{u - v_0}{u + v_0}\right)\nu = \frac{2v_0}{u + v_0}\nu$$

由此解出潜艇的速度为

$$v_0 = \frac{u\Delta\nu}{2\nu - \Delta\nu} = \frac{1.54 \times 10^3 \times 100}{2 \times 30 \times 10^3 - 100} = 2.57(\text{m/s})$$

4.9.4 冲击波

当波源运动速度 v_S 超过波的传播速度 u 时，波源将位于波的前方，多普勒效应就失去了意义，即式(4.55)无意义。图 4.48 表示了这种情况。

波源在 P_1 位置时发出的波在其后 t 时刻的波阵面为半径等于 ut 的球面，但此时波源已经前进了 v_St 的距离到达 P_2 位置。在整个 t 时间内，波源发出的波的各波前的切面形成一个圆锥面，这个圆锥面称为马赫锥。这种圆锥波面的合成波称为冲击波，或马赫波。圆锥面的半顶角 α 满足以下表达式：

$$\sin\alpha = \frac{ut}{v_St} = \frac{u}{v_S} = \frac{1}{Ma} \tag{4.56}$$

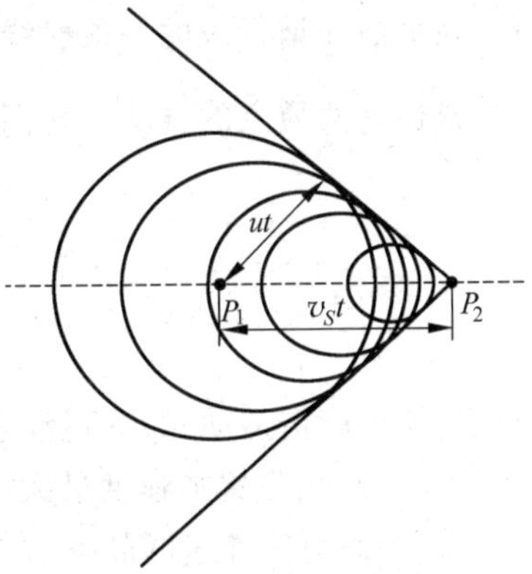

图 4.48 冲击波的产生

其中 $Ma = \frac{v_S}{u}$ 称为马赫数。锥面就是受扰动的介质与未受扰动介质的分界面，在两侧有压强、密度和温度的突变，所以可能造成巨大的破坏作用。飞机、炮弹等以超音速飞行时，都会在空气中激起冲击波。冲击波面掠过的区域，由于空气压强突然增大使物体遭到损坏(如使玻璃窗碎裂)，这种现象称为声暴。冲击波的能量集中在锥面上，能提供非常强大的压力。医学上利用冲击波击碎结石。

按照相对论，任何物体的速度都不能超过真空中的光速，但可以超过介质中的光速。当在介质里穿行的带电粒子速度超过该介质中的光速时，会辐射锥形的电磁波，这种辐射称为切连科夫辐射。高能物理实验中利用这种现象来测定粒子的速度。

思 考 题

4.1 下列几种情况哪些是简谐运动？哪些不是？试说明理由：(1)完全弹性球在硬地面上的跳动；(2)活塞的往复运动；(3)浮在水面的木块使之上下浮动，不计阻力；(4)小球在半径很大的光滑的凹球面底部所作的往返滚动；(5)一质点作匀速圆周运动，它在某一直径上的投影点的运动。

4.2 简谐运动的位移曲线如图所示，试写出它的简谐运动方程。

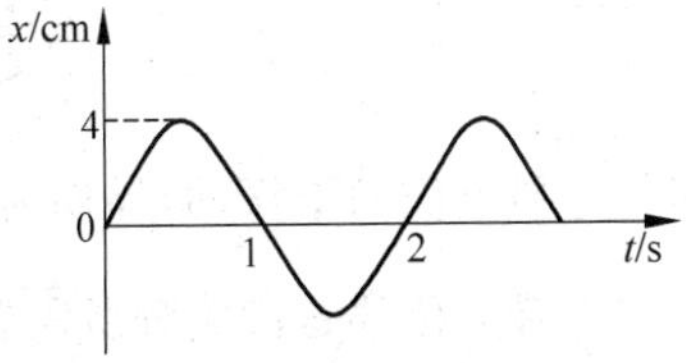

思考题 4.2 图

4.3 一弹簧振子，在 $t=0$ 时刻：(1)从 $x=-\frac{\sqrt{2}}{2}A$ 处向正方向运动；(2)从 $x=\frac{\sqrt{2}}{2}A$ 处向负方向运动。有人说，这两种情况下的初相相等，对吗？

4.4 在简谐运动方程 $x=A\cos(\omega t+\varphi)$ 中，相应于初相 $\varphi=0,\frac{\pi}{2},\frac{3\pi}{2}$ 时，水平位置的弹簧振子的初位置分别在哪里？初速度如何？

4.5 为了描述一波动，要写出它的波动方程，在波动方程中，所选择的坐称系的原点一定要放在波源处吗？

4.6 关于波长的概念有三种说法，试分析它们是否一致：(1)相邻振动步调一致的两点间的距离；(2)相位差为 2π 的两点间的距离；(3)在一个周期内，相位传播的距离。

4.7 在平面简谐行波的一条射线上写出距原点为 $\frac{\lambda}{4}$ 和 $\frac{\lambda}{2}$ 处的振动方程。试用矢量图示法描述这两质点的振动。它们有何异同？

习 题

4.1 物体作简谐运动时，下列叙述中正确的是(　　)。

A. 在平衡位置加速度最大

B. 在平衡位置速度最小

C. 在运动路径两端加速度最大

D. 在运动路径两端加速度最小

4.2 两个同周期简谐运动曲线如图所示。x_1 的相位比 x_2 的相位(　　)。

A. 落后 $\frac{\pi}{2}$　　B. 超前 $\frac{\pi}{2}$

C. 落后 π　　D. 超前 π

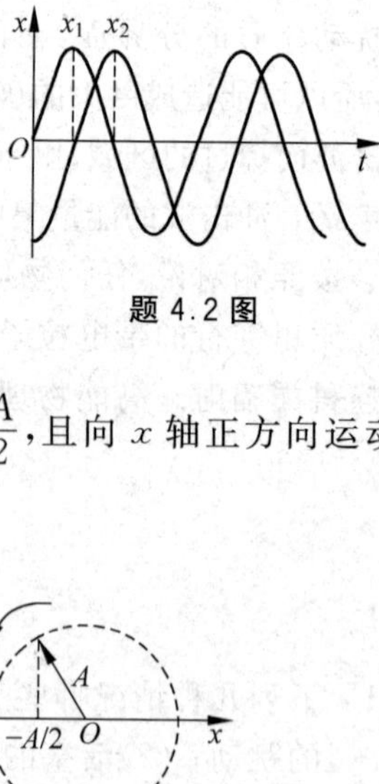

题 4.2 图

4.3 一质点作简谐运动，振幅为 A，在起始时刻质点的位移为 $-\frac{A}{2}$，且向 x 轴正方向运动，代表此简谐运动的旋转矢量为(　　)。

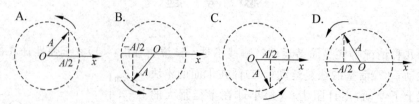

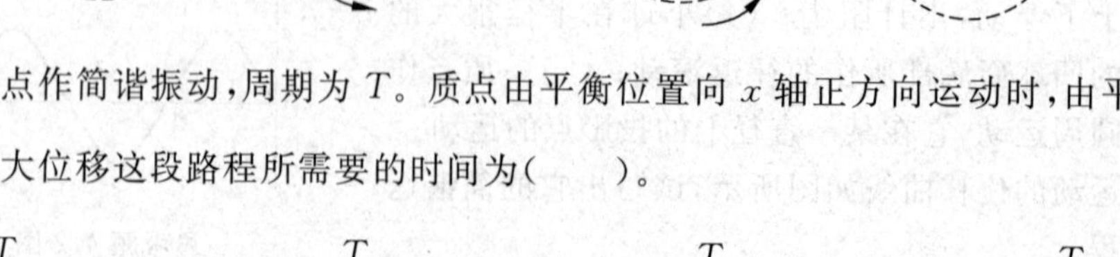

4.4 一质点作简谐振动，周期为 T。质点由平衡位置向 x 轴正方向运动时，由平衡位置到 $\frac{1}{2}$最大位移这段路程所需要的时间为(　　)。

A. $\frac{T}{4}$　　B. $\frac{T}{6}$　　C. $\frac{T}{8}$　　D. $\frac{T}{12}$

4.5 同相位的两相干波源 S_1、S_2 相距 $\frac{\lambda}{2}$，如图所示。已知 S_1、S_2 的振幅都为 A，它们产生的波在 P 点叠加后的振幅为(　　)。

A. 0　　B. $\sqrt{2}A$

C. $2A$　　D. 以上情况都不是

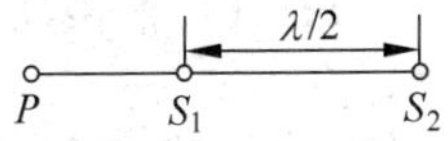

题 4.5 图

4.6 图中三条曲线分别表示简谐振动中的位移 x、速度 v 和加速度 a。下列说法中哪一个是正确的？(　　)

A. 曲线 3、1、2 分别表示 x、v、a 曲线　　B. 曲线 2、1、3 分别表示 x、v、a 曲线

C. 曲线 1、2、3 分别表示 x、v、a 曲线　　D. 曲线 2、3、1 分别表示 x、v、a 曲线

4.7 一弹簧振子作简谐振动，当位移大小为振幅的一半时，其势能为总能量的(　　)。

A. 1/4　　B. 1/2　　C. $1/\sqrt{2}$　　D. 3/4

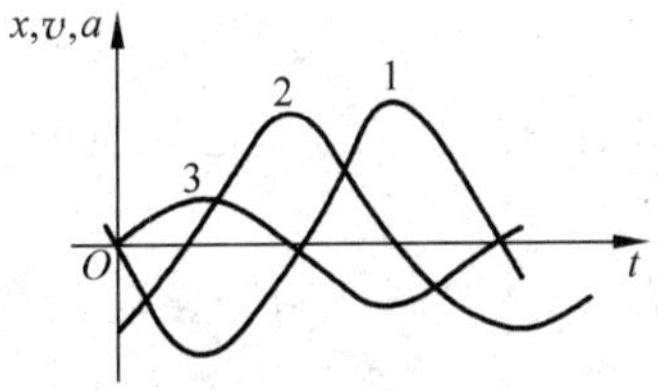

题 4.6 图

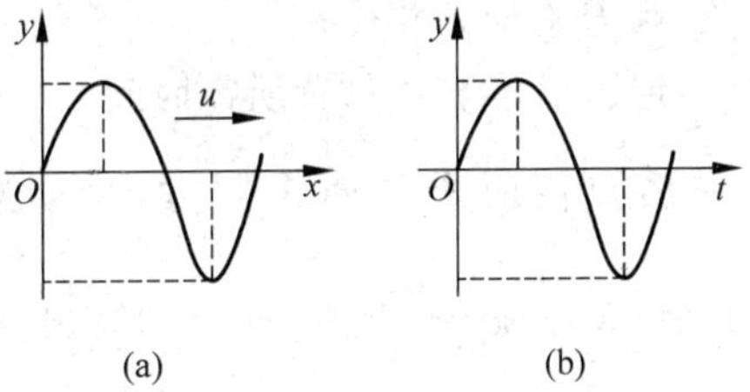

题 4.8 图

4.8 图(a)表示 $t=0$ 时的简谐波的波形图，波沿 x 轴正方向传播；图(b)为一质点的振动曲线。则图(a)中所表示的 $x=0$ 处质点振动的初相位与图(b)所表示的振动的初相位(　　)。

A. 均为零　　B. 均为 $\pi/2$

C. 均为 $-\pi/2$　　D. 分别为 $\pi/2$ 与 $-\pi/2$

4.9 一平面简谐波在弹性介质中传播，在某一瞬时，介质中某质元正处于平衡位置，此时它的能量是(　　)。

A. 动能为零，势能最大　　B. 动能为零，势能为零

C. 动能最大，势能最大　　D. 动能最大，势能为零

4.10 质量为 10 g 的小球与轻弹簧组成的系统，按 $x=0.5\cos\left(8\pi t+\frac{\pi}{3}\right)$ 的规律振动，式中 x 以 m 为单位，t 以 s 为单位。试求：(1)振动的角频率、周期、初相、速度及加速度的最大值；(2)$t=1$ s，2 s，10 s 时刻的相位。

4.11 若简谐运动方程为 $x=0.1\cos\left(20\pi t+\frac{\pi}{4}\right)$ (SI)，求：(1)振幅、角频率、周期和初相；(2)$t=2s$时的位移、速度和加速度。

4.12 一质点沿 x 轴作简谐运动，其角频率 $\omega=10$ rad/s。试分别写出以下两种初始状态下的振动方程：

(1) 其初始位移 $x_0=7.5$ cm，初始速度 $v_0=75.0$ cm/s；

(2) 其初始位移 $x_0=7.5$ cm，初始速度 $v_0=-75.0$ cm/s。

4.13 有一个放在光滑水平面上的弹簧振子，弹簧的劲度系数为 0.8 N/m，小球的质量为

0.2 kg，弹簧的左端固定。现将小球从平衡位置向右拉长 $A=0.1$ m，然后释放。试求：(1)谐振动的运动方程；(2)小球从初位置运动到第一次经过 $\frac{A}{2}$ 处所需的时间；(3)小球在第一次经过 $\frac{A}{2}$ 时的速度和加速度。

4.14　有一个和轻质弹簧相连的小球，沿 x 轴作振幅为 A 的简谐运动，其表示式用余弦函数表示。若 $t=0$ 时，球的运动状态为：(1) $x_0=-A$；(2)过平衡位置向 x 轴正方向运动；(3)过 $x=\frac{A}{2}$ 处向 x 轴负方向运动；(4)过 $x=\frac{A}{\sqrt{2}}$ 处向 x 轴正方向运动。试用矢量图法确定相应的初相的值，并写出振动表达式。

4.15　一质点的振动曲线如图所示。求：

(1)振动的表达式；

(2)点 P 对应的相位；

(3)到达 P 点相应位置所需时间。

4.16　一质点同时参与两个同方向、同频率的简谐运动，$x_1=4\cos\left(2\pi t+\frac{\pi}{4}\right)$(cm)，$x_2=4\cos\left(2\pi t+\frac{3\pi}{4}\right)$(cm)。(1)写出合振动的振动方程；(2)画出两分振动及合振动的旋转矢量；(3)计算合振动最大速度的大小。

4.17　一质量为 0.20 kg 的质点作简谐运动，其振动方程为

$$x=0.6\cos\left(5t+\frac{1}{2}\pi\right)\quad \text{(SI)}$$

求：(1)质点的初速度；(2)质点在正向最大位移一半处所受的力。

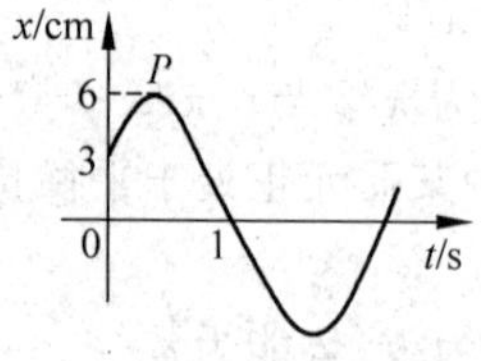

题 4.15 图

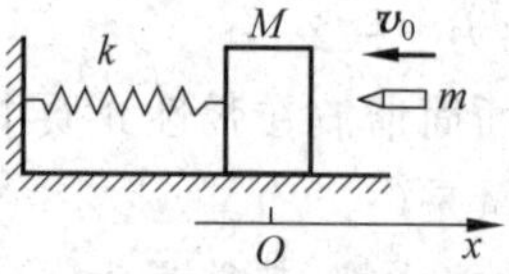

题 4.18 图

4.18　由质量为 M 的木块和劲度系数为 k 的轻质弹簧组成在光滑水平面上运动的谐振子，如图所示。开始时木块静止在 O 点，一质量为 m 的子弹以速率 v_0 沿水平方向射入木块并嵌在其中，然后木块(内有子弹)作简谐振动。若以子弹射入木块并嵌在木块中时开始计时，试写出系统的振动方程。取 x 轴如图所示。

4.19　在一竖直轻弹簧下端悬挂质量 $m=5$ g 的小球，弹簧伸长 $\Delta l=1$ cm 而平衡。经推动后，该小球在竖直方向作振幅为 $A=4$ cm 的振动，求：(1)小球的振动周期；(2)振动的总能量；(3)小球运动的最大速度。

4.20　质量为 100 g 的物体作简谐运动，振幅为 1.0 cm，加速度的最大值为 4.0 cm/s^2，以平衡位置势能为零。求：(1)总振动能；(2)过平衡位置时的动能；(3)何处势能和动能相等。

4.21　一横波沿绳子传播，其波的表达式为

$$y = 0.05\cos(100\pi t - 2\pi x) \quad \text{(SI)}$$

(1) 求此波的振幅、波速、频率和波长；

(2) 求绳子上各质点的最大振动速度和最大振动加速度；

(3) 求 $x_1=0.2$ m 处和 $x_2=0.7$ m 处二质点振动的相位差。

4.22 如图所示，一平面简谐波在介质中以波速 $u=20$ m/s 沿 x 轴正方向传播，已知 A 点的振动方程为

$$y = 3\times 10^{-2}\cos 4\pi t \quad \text{(SI)}$$

(1) 以 A 点为坐标原点写出波的表达式；

(2) 以距 A 点 5 m 处的 B 点为坐标原点，写出波的表达式。

4.23 如图为一平面简谐波在 $t=0$ 时刻的波形图，已知波速 $u=20$ m/s。(1)写出波动方程；(2)写出 Q 处质点的振动方程并画出相应的振动曲线。

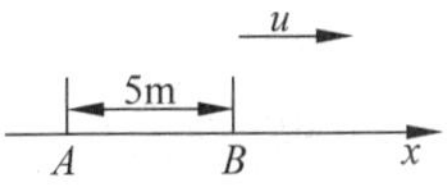

题 4.22 图

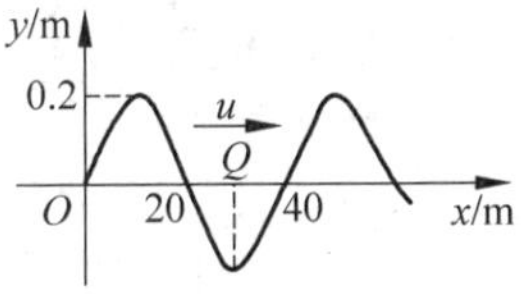

题 4.23 图

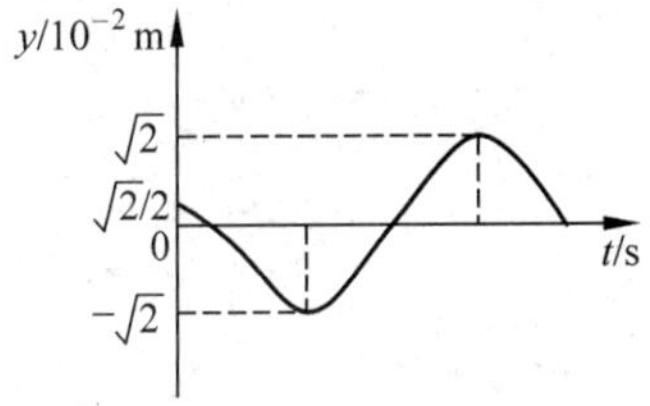

题 4.24 图

4.24 一简谐波沿 Ox 轴正方向传播，波长 $\lambda=4$ m，周期 $T=4$ s，已知 $x=0$ 处质点的振动曲线如图所示。

(1) 写出 $x=0$ 处质点的振动方程；

(2) 写出波的表达式；

(3) 画出 $t=1$ s 时刻的波形曲线。

4.25 一平面波的波源作振幅为 0.1 m 的简谐运动，周期为 0.02 s，若该振动以 $u=100$ m/s 的速度沿直线传播，已知 $t=0$ 时，波源处的质点经平衡位置向 y 轴正方向运动。求：(1)波动方程；(2)距波源 5 m 处质点的运动方程和初相；(3)距波源分别为 16.0 m 和 17.0 m 的两质点间的相位差。

4.26 图中 A、B 是两个相干的点波源，它们的振动相位差为 π(反相)。A、B 相距 30 cm，观察点 P 和 B 点相距 40 cm，且 $\overline{PB}\perp\overline{AB}$。若发自 A、B 的两波在 P 点处最大限度地互相削弱，求波长最长能是多少。

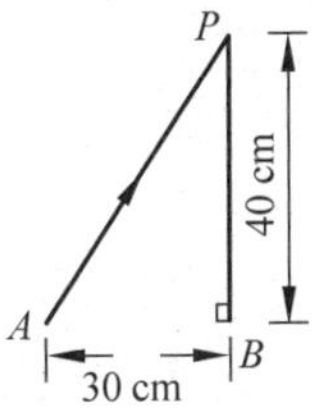

题 4.26 图

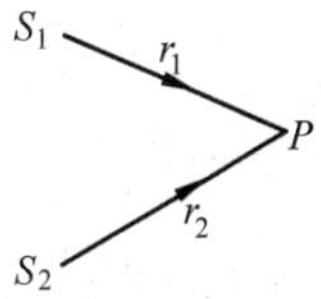

题 4.27 图

4.27 如图所示，S_1、S_2 为两平面简谐波相干波源。S_2 的相位比 S_1 的相位超前 $\pi/4$，波长 $\lambda=8.00$ m，$r_1=12.0$ m，$r_2=14.0$ m，S_1 在 P 点引起的振动振幅为 0.30 m，S_2 在 P 点引起的振动振幅为 0.20 m，求 P 点的合振幅。

4.28 相干波源 S_1 和 S_2 相距 11 m，S_1 的相位比 S_2 超前 $\pi/2$。这两个相干波在 S_1、S_2 连线和延长线上传播时可看成两等幅的平面余弦波，它们的频率都等于 100 Hz，波速都等于 400 m/s。试求在 S_1、S_2 连线外侧的延长线上各点的干涉强度。

4.29 相干波源 S_1 和 S_2 相距 11 m，S_1 的相位比 S_2 超前 $\pi/2$。这两个相干波在 S_1、S_2 连线和延长线上传播时可看成两等幅的平面余弦波，它们的频率都等于 100 Hz，波速都等于 400 m/s。试求在 S_1、S_2 的连线中间因干涉而静止不动的各点位置。

*4.30 用多普勒效应来测量心脏壁的运动速度。现以 5 MHz 的超声波直射心脏壁，测出接收与发出的波频差为 500 Hz。已知声波在软组织中的速度为 1500 m/s，求此时心脏壁的运动速度。

第5章 气体分子动理论

自然界中的物体都是由大量的、不连续的、彼此相隔一定距离的分子组成的；所有分子都在永不停息地作无规则运动——热运动。每一个分子都具有一定的体积、质量、动量和能量等。这些表征个别分子性质的量称为微观量，是很难用实验直接测定的；而能由实验直接测量的是表征大量分子集体特征的量，这些量称为宏观量，例如，物体的温度、压强和热容等都是宏观量。宏观量与微观量之间必然存在着联系。虽然个别分子的运动是无规则的，但就大量分子的集体表现来看，却存在一定的规律性，就是统计规律性。

本章从物质结构的观点出发，以气体为研究对象，运用统计规律性来解释和探求宏观量和微观量之间的关系，从而揭示某些宏观热现象的本质。

5.1 分子动理论的基本概念

5.1.1 统计规律

虽然个别分子的运动是无规则的，但就大量分子的集体表现来看，却存在一定的规律性，即统计规律性。现在以加尔顿板实验为例，对统计规律的性质和特点作一些说明。

在一块竖直的木板中部，有规律地钉着若干排铁钉，下部隔有等宽的狭槽，上部置有可以投入小球的漏斗形开口。木板的前面嵌有玻璃，可观察小球的下落情况。这样的装置称为加尔顿板，如图5.1所示。如果从漏斗形开口处投入一个小球，则小球在下落过程中与许多铁钉相碰后，弹跳到某个狭槽内；重复几次实验可以发现小球落到哪个狭槽内完全是偶然的。如果把大量的小球从漏斗形开口处投入，则可以发现落到各狭槽内小球的数目并不相等，中间多，两侧少。可以把小球按狭槽的分布情况用笔在玻璃板上画一条连续曲线来表示。重复多次就可以发现每次的分布曲线彼此近似地重合，即当投入大量小球时，小球按狭槽的分布是稳定的，或者说，落到某一狭槽内的小球都有一个稳定的平均值。

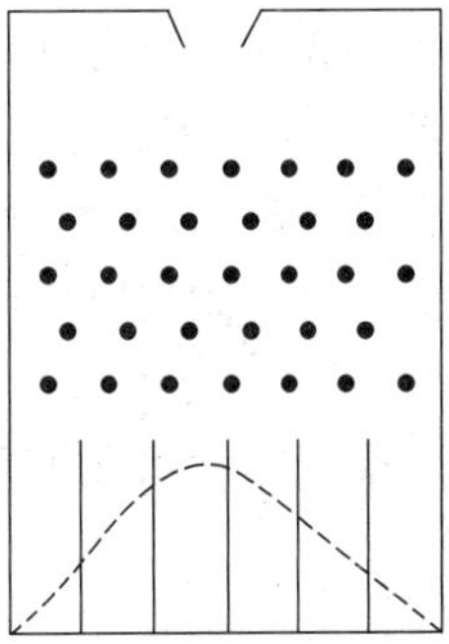

图5.1 加尔顿板实验

此外还发现，如果就某一次实验来说，落到某一狭槽内的小球数与该狭槽内小球数的平均值是有偏差的，可能大于或小于平均值，这种现象称为涨落现象；而且当投放的小球数越多时，涨落现象就越不显著。

上述实验表明，单个小球落到某狭槽内是个偶然事件，大量小球按狭槽的分布则遵从确定的规律。这种对大量偶然事件的整体起作用的规律称为统计规律。个别偶然事件的出现虽然有各自的原因(例如每个小球的运动仍然服从力学规律),但是对大量偶然事件而言,个别事件的特征退居到次要地位,重要的是在整体上显示的统计规律性。出现统计规律的前提是必须有大量的偶然事件,参与的偶然事件的数量越大,则规律性越明显,并越趋于稳定。如果每次实验用的小球很少,就得不到玻璃板上稳定的分布曲线。分子运动论研究对象中含有的分子数是巨大的——1 mol 物质就有 6.02×10^{23} 个分子,所以寻求统计规律不仅有可能,而且有必要。

上述实验还表明,对大量的偶然事件的整体来说,存在着所谓涨落现象,就是实际出现的情况与统计规律发生某些偏离,也就是某一次观测量与按统计规律求出的平均值之间出现偏离,这就是统计规律的另一特点。构成整体的偶然事件的数量越大,涨落现象就越不显著;不过,涨落现象是不可避免的。对于分子运动论研究的对象来说,虽然它们含有的分子数相当巨大,但毕竟是有限的,所以涨落现象同样也是不可避免的。统计规律与涨落现象之间不可分割,测量值与平均值之间总会出现偏离,正反映了必然性和偶然性之间相互依存的关系。

5.1.2 物质的微观模型 分子力

分子动理论是从物质的微观结构出发来阐明宏观现象规律的一种理论。根据大量实验事实,对物质的微观结构模型概括为以下三点:①宏观物体是由大量分子(或原子)组成的;②分子在不停地作无规则运动,其剧烈程度与物体的温度有关;③分子之间有相互作用力即分子力。下面对分子力作一说明。

由于分子力的复杂性,通常采用某种简化模型来处理,即假设分子力具有球对称性,近似地用一个半经验公式来表示,即

$$f=\frac{\lambda}{r^s}-\frac{\gamma}{r^t},\quad s>t \tag{5.1}$$

式中,r 为两个分子中心间的距离;λ、γ、s、t 都是正数,通常 $s>t$,它们都由实验确定。式中第一项为正值,表示斥力;第二项为负值,表示引力。由于 s 和 t 都比较大,所以分子力的大小随分子间距离的增大而急剧减小。一般认为分子力具有一定的有效作用距离,当分子间距离大于这个距离时,分子力可以忽略;这个有效作用距离称为分子力作用半径,其数量级为 10^{-9} m。

图 5.2 示出分子间的相互作用势能和分子间的距离的关系。图中 r_0 为分子间的平衡距离,即当两个分子中心相距为 r_0 时,每个分子所受到的斥力和引力正好相等对应的分子作用势能最低。当两个分子中心的距离 $r>r_0$ 时,分子间表现为引力作用,并随 r 的增大引力逐渐趋近于零;当两个分子中心的距离 $r<r_0$ 时,分子间表现为斥力作用,并且随 r 的减小斥力急剧增大。宏观物体不能无限制地压缩,正好反映了这种斥力作用的存在。

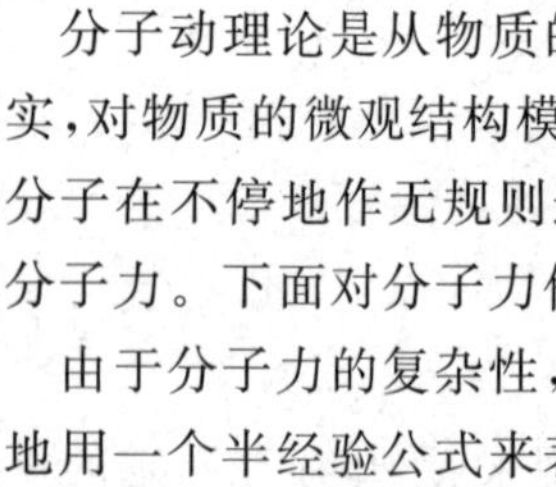

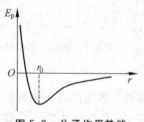

图 5.2 分子作用势能

在式(5.1)中,由于 $s>t$,所以斥力的有效作用距离比引力的有效作用距离小得多,见图 5.2,只有当 $r<r_0$ 时,分子间才表现为斥力作用。r_0 的数量级为 10^{-10} m,与分子自身线度的数量级相同。对于气体,在通常压强下,分子间的作用力表现

为引力;而在低压条件下,分子间距离变大,引力作用变小,甚至可以忽略。

5.2 理想气体及其状态描述

5.2.1 理想气体的微观模型

从分子运动论的观点看,理想气体与物质分子结构的某种微观模型相对应。由于气体很容易压缩,当它凝结成液体时,体积缩小了上千倍;而液体中分子几乎是紧密排列的,可知气体中两相邻分子中心之间的平均距离大约是分子本身线度的10倍。所以,可把气体看作平均间距很大的分子的集合。为了便于讨论气体的基本现象,常用一个简化的微观模型来看待气体分子,其主要特点如下:

(1) 分子本身的大小与分子之间的平均距离相比较可忽略不计,即在未发生碰撞时,分子可视为质点;

(2) 分子间距较大,除分子碰撞时受分子力的瞬时作用外,绝大部分时间内分子间相互作用可以忽略不计,分子间无相互作用势能,对不十分大的容器来说,分子所受的重力也可以忽略不计;

(3) 分子之间以及分子与容器壁之间的碰撞是完全弹性的,即气体分子的动能不因碰撞而损失。

这样,把理想气体就可看作是自由地、无规则地运动着的弹性小球状的分子的集合,显然这是一个理想的微观模型。事实上,存在于自然界的实际气体接近于该模型,故在一定条件下可以由此来解释实际气体的宏观性质。

5.2.2 理想气体状态的描述

1. 气体的状态参量

在研究质点的机械运动时,一个质点的运动状态是由质点的位置矢量和速度矢量来描述的。在研究大量气体分子组成的系统的运动时,它的状态可用其体积V、压强p和温度T来描述。这三个物理量称为气体的状态参量。从分子运动论的观点看,气体的体积是指分子无规则运动所能达到的空间体积,而不是气体分子本身所占有体积的总和。气体的压强是指气体作用于容器器壁单位面积上的垂直压力的大小,是由大量气体分子与器壁相碰撞而产生的。气体的温度,宏观上表示气体的冷热程度,微观上反映了气体中分子热运动的激烈程度。

2. 平衡状态和准静态过程

在这一章气体分子动理论和下一章热力学基础中,平衡态和准静态过程是两个重要的概念,下面先作一概括性的介绍。

把一定量的气体装在一给定容积容器中,由于气体分子的热运动和相互碰撞,经过一段时间以后，容器中各部分气体的压强 p、温度 T 和单位体积中的分子数(即分子数密度)n 都将相同，此时气体的三个状态参量具有确定的值。如果容器中的气体与外界没有能量交换，气体分子的能量也没有转化为其他形式的能量，那么气体的温度、压强和分子数密度处处相同的状态将在相当长的时间内保持稳定，即在不受外界条件影响的情况下，描述气体状态的各个参量将不随时间而变化，这样的状态称为平衡状态，简称平衡态。不过，应当指出：①气体处于平衡状态时，其状态参量虽不再随时间变化，但从微观来看，构成气体的分子仍在不停地运动着，只是大量分子运动的平均效果不随时间改变而已。所以，气体的平衡状态实际上是一种热动平衡状态。②既然气体处于热动平衡，描述它的状态参量是大量分子的平均效应，所以由实际测得的各宏观参量与其平均值之间总会有偏差(即涨落)。一定量的气体中包含的分子数极其巨大，通常这种涨落是可以忽略的。③容器中的气体总不可避免地与外界发生程度不同的能量交换，严格的平衡状态在实际上是难以存在的。然而，若气体状态的变化很微小，以致可以忽略不计时，就可近似地把气体的状态看成是平衡状态(本章所讨论的气体状态，除特别指明外，指的都是平衡状态)。

当气体与外界交换能量时，它原来的平衡状态就要受到破坏，气体从某一个平衡状态开始，不断地变化到另一个新的平衡状态，期间所经历的过渡方式称为状态变化过程(简称过程)。如果过程所经历的所有中间状态都无限接近平衡状态，这样的过程就称为准静态过程。(6.1节有详细论述。)

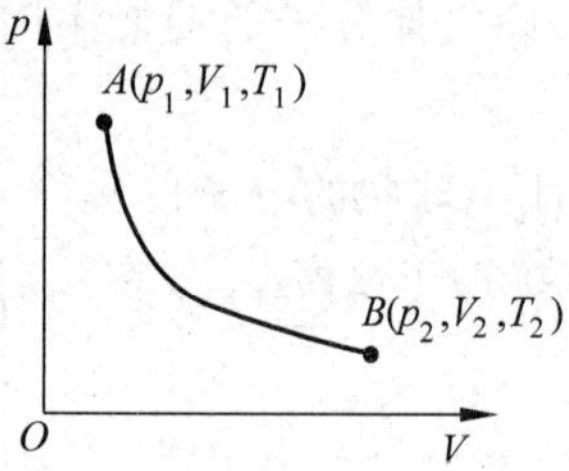

图5.3 p-V图上的平衡态

对于给定气体来讲，每一个平衡状态都可以用一组状态参量 p、V、T 来描述。在以 p 为纵轴、V 为横轴的 p-V 图上，任一点都代表一个平衡状态，如图5.3中的点 $A(p_1,V_1,T_1)$ 和点 $B(p_2,V_2,T_2)$；任一条曲线代表一个准静态过程，如图5.3中的曲线 AB。

在平衡状态下，气体分子的空间分布处处均匀，所以有：①在任何时刻沿各个方向运动的分子数相等；②分子速度在各个方向的分量的各种平均值也相等，例如 $\overline{v_x^2}=\overline{v_y^2}=\overline{v_z^2}$。又因每个分子的速率 v 可表示为 $v^2=v_x^2+v_y^2+v_z^2$，故对所有分子速率平方的平均值为

$$\overline{v^2}=\overline{v_x^2}+\overline{v_y^2}+\overline{v_z^2}$$

由此可得

$$\overline{v_x^2}=\overline{v_y^2}=\overline{v_z^2}=\frac{1}{3}\overline{v^2} \tag{5.2}$$

3. 理想气体状态方程

在平衡状态下，描述气体状态的参量 p、V 和 T 之间的关系称为气体的状态方程。理想气体状态方程为

$$pV=\frac{m}{M}RT \tag{5.3a}$$

式中 m 和 M 分别为气体的质量和摩尔质量；R 为普适气体常数，它的量值与状态参量的单位有关。在国际单位制中，压强的单位为 Pa(即 N/m^2)，体积的单位为 m^3，温度的单位为 K，R 的量值为

$$R = 8.31(\mathrm{N/m^2})\cdot \mathrm{m^3/(mol\cdot K)} = 8.31\ \mathrm{J/(mol\cdot K)}$$

由于 $m=Nm_0$，$M=N_A m_0$（m_0 为气体分子的质量），$N/V=n$（分子数密度），$R/N_A=k$（玻尔兹曼常数），N_A 为阿伏伽德罗常数，于是理想气体状态方程也可表示为

$$p = nkT \tag{5.3b}$$

式中，$k=1.38\times10^{-23}\ \mathrm{J/K}$，$N_A=6.02\times10^{23}\ \mathrm{mol^{-1}}$。

理想气体严格遵从理想气体状态方程，但理想气体只是一种抽象的模型，它的行为大致描述了实际气体的共同特征。实验证明，在高温、低压的条件下，各种实际气体的行为都很接近理想气体，故可用理想气体的状态方程加以描述；反之，在低温、高压的条件下，各种实际气体的行为在不同程度上偏离理想气体，故对描述它的状态方程需要作一定的修正。

5.3 理想气体的压强和温度

5.3.1 理想气体的压强公式

稀疏的雨点打到伞上，我们感到伞上各处受力是不均匀的，而且是间断的；但大量密集的雨点打到伞上，我们就会感受到一个均匀的、持续向下的压力。气体压强产生的原因与此相似。下面从理想气体微观模型出发，根据力学原理和统计规律来得出理想气体的压强公式。

为计算方便，设在一边长为 l_1、l_2、l_3 的长方形容器内装有某种气体，如图 5.4 所示，其中气体分子的总数是 N，每个分子的质量为 m_0，忽略重力的影响。

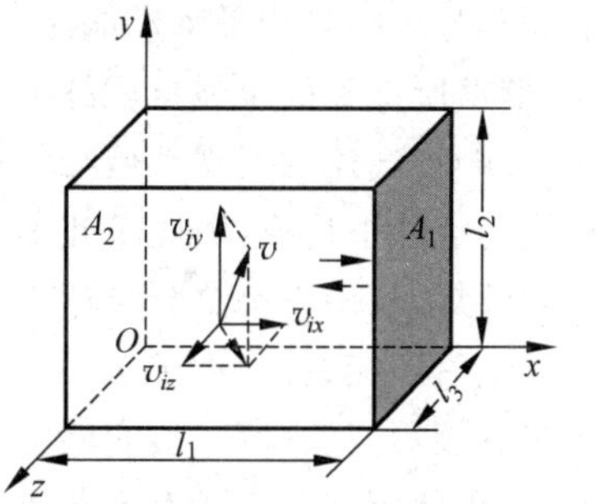

图 5.4 推导压强公式用图

在平衡状态下，器壁各处的压强应该完全相同，故只要计算气体分子作用在容器某一个面的压强就能代表全部了。下面计算器壁 A_1 面所受到的压强。为此，建立如图 5.4 所示的直角坐标系。如果第 i 个分子的速度为 $\boldsymbol{v}_i$，沿坐标轴的三个分量为 v_{ix}、v_{iy}、v_{iz}，当它与器壁 A_1 面碰撞时，由于碰撞是完全弹性的，速度的 x 分量将以 $-v_{ix}$ 而弹回，故动量的改变为 $-m_0v_{ix}-m_0v_{ix}=-2m_0v_{ix}$。根据动量定理，器壁 A_1 面施于第 i 个分子的冲量为 $-2m_0v_{ix}$；根据牛顿第三定律，可得该分子施于器壁 A_1 面的冲量为 $2m_0v_{ix}$，方向指向 x 轴正向。

这第 i 个分子从 A_1 面弹回后，沿 x 轴负方向运动，再与 A_2 面发生碰撞，碰撞后也被弹回，再与 A_1 面相碰。整个过程中，分子速度的 x 分量 v_{ix} 的大小不变，相邻两次碰撞间所经历的路程为 $2l_1$，相应的时间间隔为 $\dfrac{2l_1}{v_{ix}}$，故单位时间内碰撞的次数为 $\dfrac{v_{ix}}{2l_1}$。于是，单位时间内第 i 个分子施于器壁 A_1 面的冲量为

$$2m_0v_{ix}\frac{v_{ix}}{2l_1}=\frac{m_0v_{ix}^2}{l_1}$$

这就是第 i 个分子施于器壁 A_1 面的平均力 $\overline{F_i}$，即

$$\overline{F}_i=\frac{m_0v_{ix}^2}{l_1}$$

这样容器内 N 个分子施于器壁 A_1 面的总平均力 $\overline{F}$ 的大小，应等于 N 个分子分别施于器壁 A_1 面的各平均力 $\overline{F_1},\cdots,\overline{F_i},\cdots,\overline{F_N}$ 的总和，即

$$\overline{F}=\sum_{i=1}^{N}\overline{F_i}=\sum_{i=1}^{N}\frac{m_0 v_{ix}^2}{l_1}=\frac{m_0}{l_1}\sum_{i=1}^{N}v_{ix}^2$$

按压强定义得器壁 A_1 面所受到的压强为

$$p=\frac{\overline{F}}{l_2 l_3}=\frac{m_0}{l_1 l_2 l_3}\sum_{i=1}^{N}v_{ix}^2=\frac{Nm_0}{l_1 l_2 l_3}\left(\frac{v_{1x}^2+v_{2x}^2+\cdots+v_{Nx}^2}{N}\right)$$

式中括号内的量是容器内 N 个分子在 x 方向上的速度分量的平方平均值 $\overline{v_x^2}$，而 $\frac{N}{l_1 l_2 l_3}=n$，n 为分子数密度，所以上式可写成

$$p=nm_0\overline{v_x^2} \tag{5.4}$$

再由式(5.2)，可以得出

$$p=\frac{1}{3}nm_0\overline{v^2} \tag{5.5}$$

如以 $\bar{\varepsilon}_k=\frac{1}{2}m_0\overline{v^2}$ 表示分子的平均平动动能，则有

$$p=\frac{2}{3}n\left(\frac{1}{2}m_0\overline{v^2}\right)=\frac{2}{3}n\bar{\varepsilon}_k \tag{5.6}$$

式(5.6)称为理想气体的压强公式。从上式可见，理想气体的压强决定于单位体积内的分子数 n 和分子的平均平动动能 $\bar{\varepsilon}_k$。容器中单位体积内的分子数越多，分子的平均平动动能越大，器壁所受到的压强也就越大。另外，p 是描述气体性质的宏观量，而 n、$\bar{\varepsilon}_k$ 是微观量，所以式(5.6)将气体的宏观性质与气体的微观运动联系起来。由于 $\bar{\varepsilon}_k$ 是对大量分子而言的平动动能的统计平均值，因此 p 也具有统计平均的意义，它是大量分子作热运动时撞击器壁的平均效果，故谈论单个分子产生的压强是无意义的。

最后还应指出，由于 p 可以直接由实验测定，但 $\bar{\varepsilon}_k$ 不能从实验直接测定，所以式(5.6)无法直接用实验验证，但它能满意地解释或推演许多实验定律，也能完满地解释压强的物理意义，因此压强公式具有十分重要的意义。

5.3.2 温度与气体分子平均平动动能的关系

将理想气体压强公式和状态方程加以比较，可以得出气体的温度与分子平均平动动能之间的关系，从而了解温度概念的微观实质。

将式(5.3b)的理想气体状态方程 $p=nkT$ 与式(5.6)比较，可得

$$\bar{\varepsilon}_k=\frac{3}{2}kT \tag{5.7}$$

式(5.7)表明理想气体分子的平均平动动能 $\bar{\varepsilon}_k$ 只和温度 T 成正比，或者说，气体温度是分子平均平动动能的标志。它把分子的微观量的平均值 $\bar{\varepsilon}_k$ 和宏观量温度 T 联系起来，阐明了温度的微观实质。所以，温度是大量分子热运动的集体表现，和压强一样只具有统计意义。对单个分子，说它的温度是没有意义的。气体分子平均平动动能 $\bar{\varepsilon}_k$ 越大，分子的无规则热运动就越剧烈，这时温度就越高。因此温度是分子热运动剧烈程度的量度。

5.3.3 方均根速率

将$\bar{\varepsilon}_k=\frac{1}{2}m_0\overline{v^2}$代入式(5.7)，则可得到

$$\sqrt{\overline{v^2}}=\sqrt{\frac{3kT}{m_0}}=\sqrt{\frac{3RT}{M}} \tag{5.8}$$

式中$\sqrt{\overline{v^2}}$为大量分子速率平方的平均值的平方根，称为方均根速率。因为上式是一个统计关系式，所以知道了宏观量 T 和 M 后，只能求出微观量 v 的一个统计平均值$\sqrt{\overline{v^2}}$，而不能算出每个分子的运动速率。虽然如此，但算出了统计平均值$\sqrt{\overline{v^2}}$后，就可对气体分子运动的统计情况有所了解。例如$\sqrt{\overline{v^2}}$越大，就可推知气体中速率大的分子较多。表 5.1 所示为若干种气体在温度 0℃时的方均根速率。

表 5.1 几种气体在 0℃时的方均根速率

气体	摩尔质量 $M/(10^{-3}\ \mathrm{kg/mol})$	方均根速率$\sqrt{\overline{v^2}}/(\mathrm{m/s})$
H_2	2.0	1.84×10^3
N_2	28.0	4.93×10^2
空气	28.8	4.85×10^2
O_2	32.0	4.51×10^2
CO_2	44.0	3.93×10^2

从上表可以看出：①不同摩尔质量的分子，在相同温度下，其方均根速率是彼此不同的，质量大的，方均根速率小；②各种不同气体分子的方均根速率，其数量级一般为 10^2 m/s。

但也应该注意，各种不同气体在相同温度的条件下，分子的平均平动动能必然相等，而和它们的质量无关。

例 5-1 目前可获得的极限真空度(容器中气体稀薄的程度叫真空度，它用气体的压强来表示，压强越小，真空度越高)约为 10^{-13} mmHg 高的数量级，问在此真空度下每立方米内有多少个空气分子？设空气的温度为 27℃。

解 已知 $p=10^{-13}\ \mathrm{mmHg}=10^{-13}\times1.33\times10^2\ \mathrm{Pa}$，$T=273+27=300(\mathrm{K})$，则有

$$n=\frac{p}{kT}=\frac{10^{-13}\times1.33\times10^2}{1.38\times10^{-23}\times300}=3.21\times10^9(\mathrm{m^{-3}})$$

即在每立方米体积内有 32.1 亿个分子。

例 5-2 若分子质量为 5×10^{-26} kg 的某种气体分子有 10^{23}个，储于 1 L 的容器中，它的方均根速率为 400 m/s，问气体的压强是多少？这些分子总的平均平动动能是多少？温度是多少？

解 (1) $p=\frac{2}{3}n\bar{\varepsilon}_k=\frac{2N}{3V}\frac{1}{2}m_0\overline{v^2}=\frac{2}{3}\times\frac{10^{23}}{10^{-3}}\times\frac{1}{2}\times5\times10^{-26}\times400^2$

$=2.67\times10^5(\mathrm{Pa})$

(2) 这些分子总的平均平动动能

$$E_k = N\bar{\varepsilon}_k = N \cdot \frac{1}{2}m_0\ \overline{v^2} = 10^{23} \times \frac{1}{2} \times 5 \times 10^{-26} \times 400^2 = 400(\text{J})$$

(3) 根据$\bar{\varepsilon}_k = \frac{3}{2}kT$，得气体的温度为

$$T = \frac{2\ \bar{\varepsilon}_k}{3k} = \frac{2}{3k}\ \frac{1}{2}m_0\ \overline{v^2} = \frac{m\overline{v^2}}{3k} = \frac{5 \times 10^{-26} \times 400^2}{3 \times 1.38 \times 10^{-23}} = 193(\text{K})$$

5.4 能量按自由度均分定理　理想气体的内能

前面在讨论分子热运动时，是把气体分子当作质点，而且只考虑分子的平动。实际上，气体分子具有一定的大小和比较复杂的结构，因此，一般分子的热运动并不只限于平动，还有转动和分子内原子间的振动。在计算分子热运动能量时应将各种运动能量都予以考虑。

5.4.1 分子运动的自由度数

在力学中，把为了确定物体（或物体系）运动状态而需要的独立变量的数目称为自由度。

一个质点在空间自由运动，它的运动状态由三个独立坐标变量就可以确定，所以，质点的运动有三个自由度。质点在一个平面或曲面上运动，只有两个自由度。质点在一条直线或一条曲线上运动，只有一个自由度。

刚体在空间的运动，既有平动，也有转动，其自由度可按下面的步骤来确定；①刚体上某点（通常取其质心）C 的位置的平动，应由三个独立坐标 x、y 和 z 确定；②过 C 点的轴线 QQ' 在空间的取向，可由其方位角 α、β 和 γ 中任意两个来确定（因有 $\cos^2\alpha + \cos^2\beta + \cos^2\gamma = 1$）；③刚体绕轴线 QQ' 转动，可由其角位置 θ 确定。所以，刚体的运动共有六个自由度，其中三个是平动的，三个是转动的，如图 5.5 所示。如果刚体运动受到某些限制，则其自由度会相应减少。

单原子分子看作自由运动的质点，则有三个平动自由度。刚性双原子分子看作是两端各有一个质点的直线，整体的平动应由三个自由度确定，两个原子的连线方位应由两个自由度确定，所以共有五个自由度，刚性多原子分子则与刚体相同，有六个自由度。

另外，由分子光谱的分析表明，双原子分子和多原子分子除了平动和转动这两种运动形式之外，它们是非刚性联结的，故分子内部的原子还要发生振动，因此还存在振动自由度。考虑了振动自由度后，双原子分子和多原子分子可以分别用图5.6中(a)和(b)的模型来描

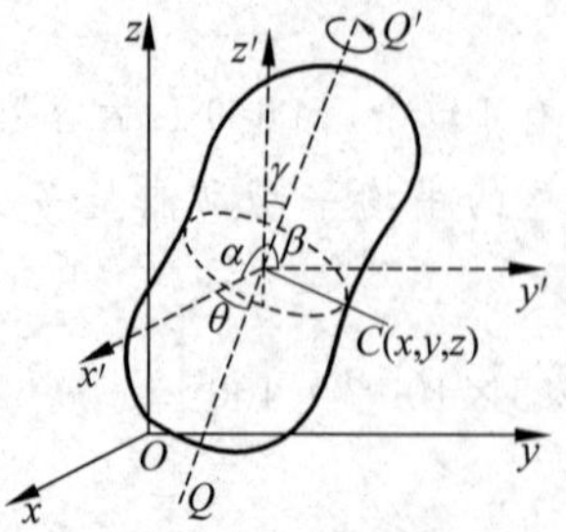

图 5.5　刚体的自由度

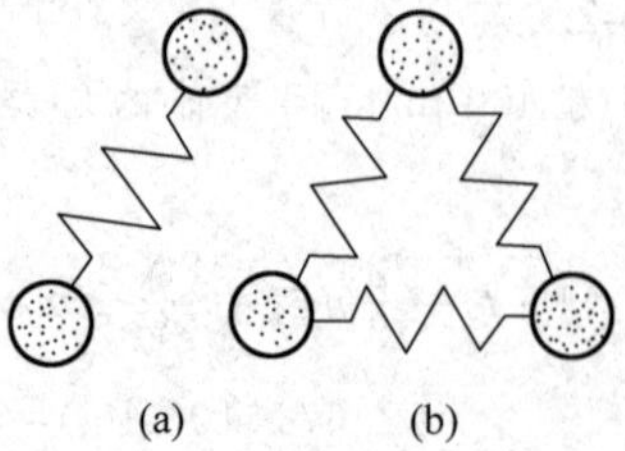

图 5.6　非刚性分子

述,即联结质点的不是刚性棒,而是弹簧。对于非刚性双原子分子,除了 3 个平动自由度和 2 个转动自由度外,还有 2 个振动自由度,故共有 7 个自由度。关于 2 个振动自由度的问题,我们还可以从热学理论对自由度的定义中来理解。在热学中,定义分子能量中独立的速度和坐标的二次方项数目为分子能量自由度的数目,据此可以得出非刚性双原子分子的自由度为:在三个速度方向上的三个平动动能(3 个)+二个转动动能(2 个)+一个振动动能和一个振动势能(2 个),共 7 个平方项,即 7 个自由度。一般说来,由 n 个原子组成的分子有 $3n$ 个自由度,其中平动自由出度 3 个,转动自由度 3 个,以及振动自由度 $3n-6$ 个。

表 5.2 给出了不同刚性分子的自由度,我们把总自由度记作 i。

表 5.2 刚性分子的自由度

分子种类	平动自由度 t	转动自由度 r	总自由度 i
单原子分子	3	0	3
双原子分子	3	2	5
多原子分子	3	3	6

5.4.2 能量按自由度均分定理

我们已经知道理想气体分子的平均平动动能为

$$\bar{\varepsilon}_k = \frac{1}{2}m_0\overline{v^2} = \frac{3}{2}kT$$

由式(5.2)及上式,可得

$$\frac{1}{2}m_0\overline{v_x^2} = \frac{1}{2}m_0\overline{v_y^2} = \frac{1}{2}m_0\overline{v_z^2} = \frac{1}{2}kT$$

这就是说,对于有三个平动自由度的气体分子,它的平均平动动能$\frac{3}{2}kT$均匀地分配在每一个平动自由度上。每一个自由度具有相同的平均动能,其数值为$\frac{1}{2}kT$。

这个结论可以推广到分子的转动和振动。根据经典统计力学的基本原理,可以导出一个普遍的定理——能量按自由度均分定理(简称能量均分定理):在温度为 T 的平衡状态下,每一个分子在每个运动自由度上所具有的平均能量都等于$\frac{1}{2}kT$。

如果分子的平动自由度为 t,转动自由度为 r,振动自由度为 s。根据能量均分定理,分子的平均平动动能、平均转动动能和平均振动能量分别为$\frac{t}{2}kT$、$\frac{r}{2}kT$和$\frac{s}{2}kT$。所以,一个分子的平均总能量为

$$\bar{\varepsilon} = \frac{1}{2}(t+r+s)kT = \frac{i}{2}kT \tag{5.9}$$

式中 $i=t+r+s$,称为分子的总自由度。由于在常温下,把分子看作刚性分子,也能得出与实验大致相符的结果;所以作为统计概念的初步介绍,下面仅考虑分子的平动自由度和转动自由度。若将平动自由度和转动自由度之和记为 $i(i=t+r)$。则这时分子的平均能量为

$$\bar{\varepsilon} = \frac{i}{2}kT \tag{5.10}$$

对于单原子分子，$i=3$，$\bar{\varepsilon}=\frac{3}{2}kT$；对于刚性双原子分子，$i=5$，$\bar{\varepsilon}=\frac{5}{2}kT$；对于刚性多原子分子，$i=6$，$\bar{\varepsilon}=\frac{6}{2}kT=3kT$。

能量均分定理是关于分子热运动能量的统计规律，是对大量分子的统计平均结果。对于个别分子的某一时刻的总能量，完全可能与按能量均分定理所确定的平均值有差别，而且能量分配也很可能不按自由度均分，这是由于分子的无规则碰撞的结果。在碰撞过程中，一个分子的能量可以传递给另一个分子，一种形式的能量可以转化为另一种形式的能量，而且能量还可以从一个自由度转移到另一个自由度。分配于某一形式或某一自由度上的能量多了，则在碰撞时，能量由这种形式或这一自由度转移到其他形式或其他自由度的机会就比较大。但是，在达到平衡状态时，能量可以认为是按自由度均匀分配的。

5.4.3 理想气体的内能

一般说来，气体分子除了具有平动动能、转动动能以及分子内部原子的振动动能和原子间的振动势能外，由于分子之间还存在着相互作用的分子力，所以分子还具有与这种力有关的势能。气体各分子原有的总能量再加上分子间相互作用的势能的总和，称为气体的内能。

由于理想气体分子之间除碰撞的瞬间外，没有相互作用力，不存在分子间的势能，所以理想气体的内能只是分子各种运动形式的能量和分子内部原子间的作用势能的总和。

由式(5.9)或式(5.10)，可得 1 mol 理想气体的内能为

$$E_0 = N_A \cdot \frac{i}{2}kT = \frac{i}{2}RT \tag{5.11}$$

显然，质量为 m(单位为 kg，下式中 M 为摩尔质量)的理想气体的内能为

$$E = \frac{m}{M}N_A \cdot \frac{i}{2}kT = \frac{m}{M}\frac{i}{2}RT \tag{5.12}$$

从上式可知，一定量的理想气体的内能完全决定于气体的热力学温度，而与气体的体积及压强无关。可见，理想气体的内能只是温度的单值函数，即 $E=E(T)$。当温度变化 ΔT 时，由式(5.12)可得

$$\Delta E = \frac{m}{M}\frac{i}{2}R\Delta T \tag{5.13}$$

即当一定质量的理想气体在不同的状态变化过程中，只要温度的变化量相同，它的内能的变化量也相同，而与过程无关。

例 5-3 容器中装有氮气，其温度为 0℃，压强为 1.0×10^{-2} atm。问：(1)气体分子的平均平动动能和平均转动动能各为多少？(2)容器单位体积内分子的动能为多少？(3)若容器中的氮气质量为 7.0×10^{-3} kg，则其内能为多少？

解 (1) 在常温下，氮气可视为理想气体，N_2 分子可看成是刚性双原子分子，其中有 3 个平动自由度和 2 个转动自由度，所以根据能量均分定理可得

$$\bar{\varepsilon}_k = 3\times\frac{1}{2}kT = \frac{3}{2}\times1.38\times10^{-23}\times273 = 5.65\times10^{-21}\,(\text{J})$$

$$\bar{\varepsilon}_r = 2 \times \frac{1}{2}kT = 1 \times 1.38 \times 10^{-23} \times 273 = 3.77 \times 10^{-21}(\text{J})$$

(2) 单位体积内的分子数

$$n = \frac{p}{kT}$$

单位体积内分子的动能

$$\varepsilon = n\frac{i}{2}kT = \frac{p}{kT}\frac{i}{2}kT = \frac{i}{2}p = \frac{5}{2} \times 1.0 \times 10^{-2} \times 1.013 \times 10^5$$
$$= 2.53 \times 10^3(\text{J})$$

(3) 氮的内能为

$$E = \frac{m}{M}\frac{i}{2}RT = \frac{7.0 \times 10^{-3}}{28 \times 10^{-3}} \times \frac{5}{2} \times 8.31 \times 273 = 1.42 \times 10^3(\text{J})$$

例 5-4 体积为 $2\times10^{-3}\ \text{m}^3$ 的刚性双原子分子理想气体，其内能为 6.75×10^2 J。(1)求气体的压强；(2)设分子总数为 5.4×10^{22} 个，求分子的平均平动动能及气体的温度。

解 (1) 由理想气体的内能公式 $E=\frac{m}{M}\frac{i}{2}RT$ 和理想气体的状态方程 $pV=\frac{m}{M}RT$

可得

$$E = \frac{i}{2}pV$$

即

$$p = \frac{2E}{iV} = \frac{2 \times 6.75 \times 10^2}{5 \times 2 \times 10^{-3}} = 1.35 \times 10^5(\text{Pa})$$

(2) 内能中有 $\frac{3}{5}$ 为平动动能，$\frac{2}{5}$ 为转动动能。因此分子的平均平动动能为

$$\bar{\varepsilon}_k = \frac{3}{5}\frac{E}{N} = \frac{3}{5} \times \frac{6.75 \times 10^2}{5.4 \times 10^{22}} = 7.5 \times 10^{-21}(\text{J})$$

由 $\bar{\varepsilon}_k = \frac{3}{2}kT$ 得

$$T = \frac{2\bar{\varepsilon}_k}{3k} = \frac{2 \times 7.5 \times 10^{-21}}{3 \times 1.38 \times 10^{-23}} = 362(\text{K})$$

5.5 麦克斯韦速率分布律

5.5.1 麦克斯韦速率分布函数

根据气体动理论，处于热运动中的分子各自以不同的速度作杂乱无章的运动，并且由于相互碰撞，每个分子的速度都在不断地变化着。如果在某一个瞬间去观察某一个分子，则它的速度具有怎样的大小和方向完全是偶然的。然而，就大量分子整体来看，它们的速度分布却遵从一定的统计规律。1859 年，麦克斯韦把统计方法引入到分子动理论中，首先从理论上导出了气体分子的速度分布律。以下我们不去考虑速度的方向，仅就平衡态下气体分子的速率分布进行讨论。

设处于 $v \sim v+\text{d}v$ 区间内的分子数为 $\text{d}N$，占总分子数的比率为 $\text{d}N/N$，显然，比率

dN/N与所取区间 dv 的大小有关,为便于比较,可取比值$\frac{dN}{Ndv}$,它表示在速率 v 附近,处于单位速率区间内的分子数占总分子数的比率。麦克斯韦指出,对于处于平衡态的给定的气体,$\frac{dN}{Ndv}$是 v 的确定函数。将其用 $f(v)$表示,即

$$f(v)=\frac{dN}{Ndv} \tag{5.14}$$

这个函数称为气体分子的速率分布函数。

速率分布函数 $f(v)$的物理意义为在某一速率附近,分布在单位速率区间内的分子数占总分子数的比率。如果要确定分布在有限速率区间 $v_1\sim v_2$ 内的分子数比率,可在 $v_1\sim v_2$ 的速率范围内对分布函数 $f(v)$进行积分,即

$$\frac{\Delta N}{N}=\int_{v_1}^{v_2} f(v)dv \tag{5.15}$$

因为所有 N 个分子的速率必然处于 $0\sim\infty$之间,也就是在速率区间从 $0\sim\infty$的范围内的分子数占总分子数的比率为1,即

$$\int_0^{\infty} f(v)dv=1 \tag{5.16}$$

这是由分布函数 $f(v)$本身的物理意义所决定的,是分布函数必须满足的条件,称为归一化条件。

麦克斯韦进一步指出,在平衡状态下,当气体分子间的相互作用可以忽略时,分子速率分布函数 $f(v)$可表示为

$$f(v)=\frac{dN}{Ndv}=4\pi\left(\frac{m_0}{2\pi kT}\right)^{3/2}e^{-m_0v^2/2kT}v^2 \tag{5.17}$$

式中,T 是气体热力学温度,m_0 是分子的质量,k 为玻尔兹曼常数。式(5.17)称为麦克斯韦速率分布律。

图5.7中画出了 $f(v)$与 v 的关系曲线,这条曲线称为气体分子的速率分布曲线。它基本上与实验结果相一致。这表明麦克斯韦从理论上得到的气体分子速率分布规律,能够反映气体分子速率分布的客观实际。

由图5.7可见,在速率区间 $v_1\sim v_2$ 内的分子数比率$\frac{\Delta N}{N}$等于曲线下从 $v_1\sim v_2$ 之间的面积,如图中阴影部分所示。显然,速率从 $0\sim\infty$之间的分子数比率,等于整个曲线下的面积。根据归一化条件,这个面积也必定等于1。

由式(5.17)可知,对于确定的某种气体(m_0 一定),分布曲线形状将随温度而变;而对同一温度 T(T 一定),分布曲线形状则因气体种类不同(m_0 不同)而异。图5.8画出在两个不

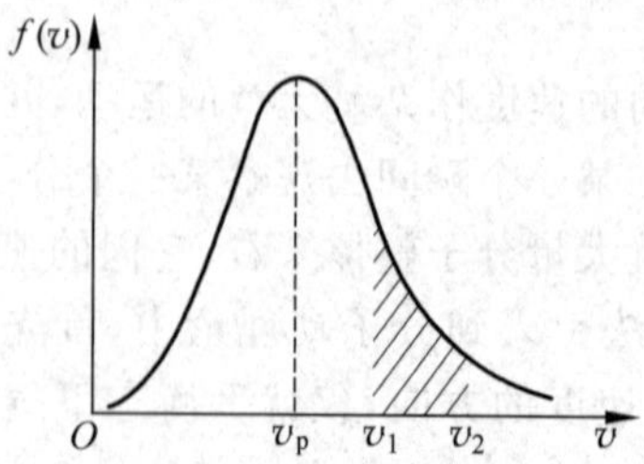

图5.7 速率分布曲线

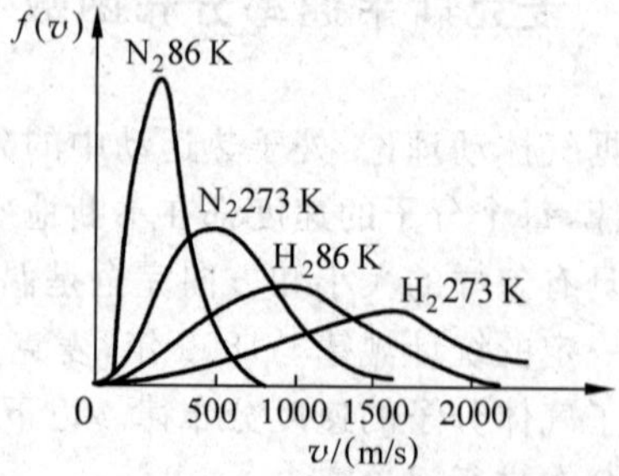

图5.8 不同分子在不同温度下的分布曲线

同温度下，氢气和氮气分子的速率分布。由图 5.8 可以看出：温度越高，分子热运动速率越大，大速率分子增多，曲线必定向右延伸。但由于曲线的面积恒等于 1，所以曲线的高度要降低。可见，对于同一种气体，高温曲线较低温曲线平缓。由图 5.8 还可以看出，在相同温度下，小质量分子组成的气体的速率分布曲线较大质量分子组成的气体速率分布曲线平缓（这个结论可由与上面情况的相似分析中得出）。

5.5.2 三种统计速率

从速率分布曲线可以看出，气体分子的速率可以取自零到无穷大之间的任一数值。但速率很大和很小的分子，其相对分子数或概率都很小；而具有中等速率的分子，其相对分子数或概率却很大。这里讨论三种具有代表性的分子速率，它们是分子速率的三种统计平均值。

1. 最概然速率 v_p

与分布函数 $f(v)$ 的极大值相对应的速率称为最概然速率，用 v_p 表示。从速率分布曲线（图 5.7）可见，位于速率 v_p 附近单位速率区间内的分子数比率最大。v_p 的数值可以从速率分布函数 $f(v)$ 对速率 v 的一阶导数等于零求得，即由 $\frac{df(v)}{dv}=0$ 得

$$v_p=\sqrt{\frac{2kT}{m_0}}=\sqrt{\frac{2RT}{M}}=1.41\sqrt{\frac{RT}{M}} \tag{5.18}$$

最概然速率 v_p 是反映速率分布特征的物理量，并不是分子运动的最大速率。同一种气体，当温度增加时，最概然速率 v_p 向 v 增大的方向移动；在温度相同的条件下，不同气体的最概然速率 v_p 随着分子质量 m_0 的增大而减小，如图 5.8 所示。

2. 平均速率 $\bar{v}$

大量分子速率的算术平均值称为平均速率，用 $\bar{v}$ 表示。按定义应有

$$\begin{aligned}\bar{v}&=\frac{\int_0^\infty v\,dN}{N}=\frac{\int_0^\infty Nf(v)v\,dv}{N}=\int_0^\infty f(v)v\,dv\\&=4\pi\left(\frac{m_0}{2\pi kT}\right)^{\frac{3}{2}}\int_0^\infty e^{-m_0v^2/2kT}v^3\,dv\\&=\sqrt{\frac{8kT}{\pi m_0}}=\sqrt{\frac{8RT}{\pi M}}\approx 1.60\sqrt{\frac{RT}{M}}\end{aligned} \tag{5.19}$$

应该注意，我们讨论的是平均速率，而不是平均速度。在平衡态时，由于分子向各个方向运动的概率相等，所以分子的平均速度为零。

3. 方均根速率 $\sqrt{\overline{v^2}}$

大量分子无规则运动速率平方的平均值的平方根称为方均根速率，表示为 $v_{rms}=\sqrt{\overline{v^2}}$。这个速率在讲述理想气体温度的统计意义时提到过，现在我们利用麦克斯韦速率分布函数，通过统计平均的方法来获得。根据统计平均的定义，有

$$\overline{v^2}=\frac{\int_0^\infty v^2\,\mathrm{d}N}{N}=\int_0^\infty f(v)v^2\,\mathrm{d}v$$

将麦克斯韦速率分布函数式(5.17)代入上式，并算出积分，得

$$v_{\mathrm{rms}}=\sqrt{\overline{v^2}}=\sqrt{\frac{3kT}{m_0}}=\sqrt{\frac{3RT}{M}}\approx 1.73\sqrt{\frac{RT}{M}} \tag{5.20}$$

由上面的结果可以看出，气体的三种速率都与$\sqrt{T}$成正比，与$\sqrt{m_0}$(或$\sqrt{M}$)成反比。在数值上$\sqrt{\overline{v^2}}$最大，$\bar{v}$次之，v_p最小。这三种速率对不同问题有各自的应用：在计算分子的平均平动动能时，用到方均根速率；在讨论速率的分布时，用到最概然速率；在计算分子运动的平均距离时，用到平均速率。

例 5-5 计算 $t=27$℃时氮气的三种速率。

解 氮气的摩尔质量 $M=28\times10^{-3}$ kg/mol，所以有

$$v_p=\sqrt{\frac{2RT}{M}}=\sqrt{\frac{2\times8.31\times300}{28\times10^{-3}}}=422(\mathrm{m/s})$$

$$\bar{v}=\sqrt{\frac{8RT}{\pi M}}=\sqrt{\frac{8\times8.31\times300}{\pi\times28\times10^{-3}}}=476(\mathrm{m/s})$$

$$\sqrt{\overline{v^2}}=\sqrt{\frac{3RT}{M}}=\sqrt{\frac{3\times8.31\times300}{28\times10^{-3}}}=516(\mathrm{m/s})$$

可见，在室温下，这三种速率一般为每秒几百米，是气体中声速的数量级。

例 5-6 求在标准状态下，1.0 m³ 氮气中速率处于 500～501 m/s 之间的分子数目。

解 标准状态下的温度 $T=273$ K，压强 $p=1.013\times10^5$ Pa，氮气的摩尔质量 $M=28\times10^{-3}$ kg/mol，氮分子的质量

$$m_0=\frac{M}{N_A}=\frac{28\times10^{-3}}{6.022\times10^{23}}=4.65\times10^{-26}(\mathrm{kg})$$

由理想气体状态方程 $p=nkT=\frac{N}{V}kT$，得

$$N=\frac{pV}{kT}=\frac{1.013\times10^5\times1.0}{1.38\times10^{-23}\times273}=2.7\times10^{25}(\text{个})$$

根据麦克斯韦速率分布，即

$$\Delta N=N4\pi\left(\frac{m_0}{2\pi kT}\right)^{\frac{3}{2}}\mathrm{e}^{-\frac{m_0v^2}{kT}}v^2\Delta v$$

将 $v=500$ m/s，$\Delta v=1$ m/s，$N=2.7\times10^{25}$，$T=273$ K，$m_0=4.65\times10^{-26}$ kg，$k=1.38\times10^{-23}$ J/K 代入上式得

$$\Delta N=5.0\times10^{22}(\text{个})$$

例 5-7 有 N 个粒子，其速率分布函数为

$$f(v)=\frac{\mathrm{d}N}{N\mathrm{d}v}=\begin{cases}c, & 0<v<v_0\\ 0, & v>v_0\end{cases}$$

(1)画出速率分布曲线；(2)由 N 和 v_0 求常数 c；(3)求粒子的平均速率；(4)求粒子的方均根速率。

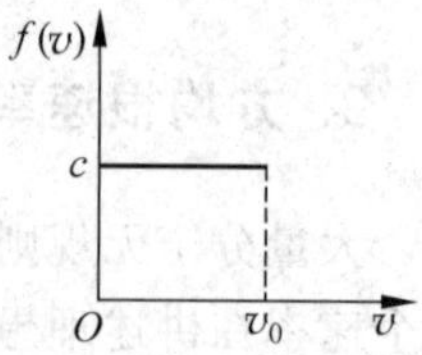

图 5.9

解 (1) 速率分布曲线如图 5.9 所示。

(2) 由速率分布函数的归一化条件,可得

$$\int_0^{\infty} f(v)\mathrm{d}v = \int_0^{v_0} c\mathrm{d}v = cv_0 = 1$$

即

$$c = \frac{1}{v_0}$$

(3) 由平均速率的定义,可得

$$\bar{v} = \int_0^{\infty} vf(v)\mathrm{d}v = \int_0^{v_0} cv\mathrm{d}v = \frac{v_0}{2}$$

(4) 由统计平均的概念,先求速率平方的平均值:

$$\overline{v^2} = \int_0^{\infty} f(v)v^2\mathrm{d}v = \int_0^{v_0} cv^2\mathrm{d}v = \frac{1}{3}v_0^2$$

得方均根速率

$$v_{\mathrm{rms}} = \sqrt{\overline{v^2}} = \frac{\sqrt{3}}{3}v_0$$

通过上例,读者应该认识到,对于不同的分布函数有不同的平均速率、方均根速率和最概然速率。

5.6 气体分子的平均碰撞频率和平均自由程

在例 5-6 的计算结果中我们发现,在常温下气体分子的平均速率有每秒几百米的数值。也许有人会对这一理论结果表示怀疑,气体分子的速率能有那么快吗?为什么在相隔数米远的地方打开一瓶香水的瓶盖,挥发的香水分子不会立刻传到我们的嗅觉器官,而是要经过一段时间才能闻到香气呢?其实,由于香水分子在传播的过程中所经历的路径非常曲折,沿途不断地与其他分子发生碰撞而改变方向,如图 5.10 所示。因此,一个分子从一处(例如图中的 A 点)运动到另一处(例如 B 点)需要经历较长的时间。尽管分子速率很快,但传播数米远的距离仍需要数十秒乃至几分钟的时间。

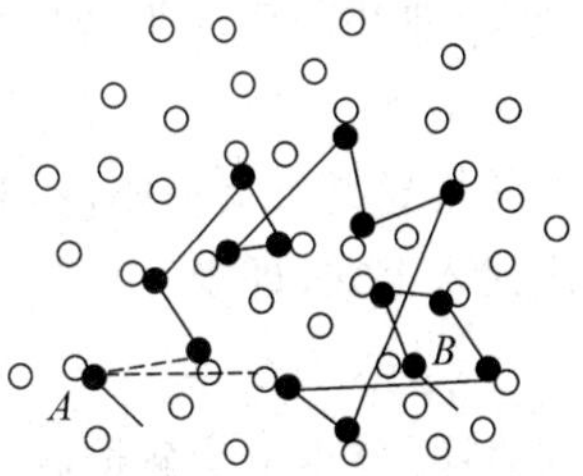

图 5.10 分子碰壁

5.6.1 分子的平均碰撞频率

碰撞是气体分子运动的基本特征之一,分子之间通过碰撞来实现动量或能量的交换,使热力学系统由非平衡态向平衡态过渡,并保持平衡态的宏观性质不变。一个分子在单位时间内与其他分子发生碰撞的平均次数称为平均碰撞频率,简称碰撞频率,用 $\bar{Z}$ 表示。

在研究分子间碰撞问题时,把分子看做具有一定容积的弹性刚球,分子间的碰撞视为弹性碰撞。而两个分子中心间最小距离的平均值当作刚球的直径,即分子的有效直径,记为 d,其数量级为 10^{-10} m。为了确定碰撞频率 $\bar{Z}$,我们采用这样的模型:假定气体中除一个如

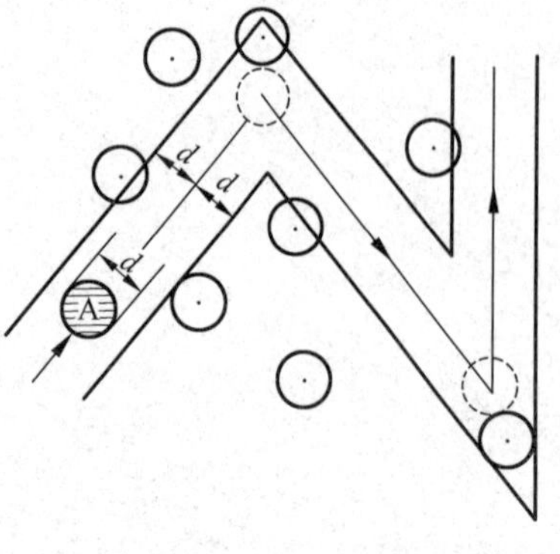

图5.11 分子碰撞次数的计算

图5.11中用斜线标志的分子A运动外，其他分子都静止不动。并设分子A以平均相对速率$\bar{u}$运动，显然只有其中与A的中心距离小于或等于分子有效直径d的那些分子，才有可能与分子A发生碰撞。由于A分子与其他分子每发生碰撞一次，速度方向就改变一次，所以A分子的中心轨道是一条折线；可作一个以此折线为轴线，以d为半径的曲折的圆柱体，如图5.11所示。这样，凡是中心在此圆柱体内的分子都会与分子A发生碰撞。圆柱体的截面积$S=\pi d^2$，称为分子的碰撞截面。在时间t内，分子A通过的路程为$\bar{u}t$，相应的圆柱体的体积为$S\bar{u}t$。如果单位体积内的分子数为n，则在此圆柱体内的总分子数，也就是能与分子A发生碰撞的分子数，这个分子数也是分子A与其他分子发生碰撞的次数，即$nS\bar{u}t$。因此，根据定义可以得到平均碰撞频率为

$$\bar{Z}=\frac{nS\bar{u}t}{t}=nS\bar{u}$$

事实上，其他分子也在运动，因而需要对这个模型进行修正，即应将上式中的$\bar{u}$理解为分子之间的平均相对速率。平均相对速率$\bar{u}$与平均速率$\bar{v}$是不同的，可以找出它们之间的关系。假设所有分子均以速率$\bar{v}$运动，则两个分子之间发生碰撞的相对速率将随运动方向间的夹角不同而异。如图5.12所示，当两个分子的运动方向一致时，相对速率$u=0$；当两个分子的运动方向相反时，$u=2\bar{v}$；当两者夹角为90°时，$u=\sqrt{2}\bar{v}$。由于分子的速度分布具有各向同性的特点，所以统计结果，两个分子运动方向的平均夹角将是从0°～180°之间各角的平均值，即90°，因而平均相对速率$\bar{u}$与平均速率$\bar{v}$之间可认为有如下简单的关系

$$\bar{u}=\sqrt{2}\,\bar{v}$$

以上的推导是极其粗略的，利用麦克斯韦速率分布律可严格证明此式是正确的。把这个关系式代入上式，即得

$$\bar{Z}=\sqrt{2}\,\bar{v}nS=\sqrt{2}\pi d^2\,\bar{v}n \tag{5.21}$$

上式表明，分子平均碰撞频率除与分子平均速率$\bar{v}$、分子数密度n成正比外，还与分子有效直径d的平方成正比。

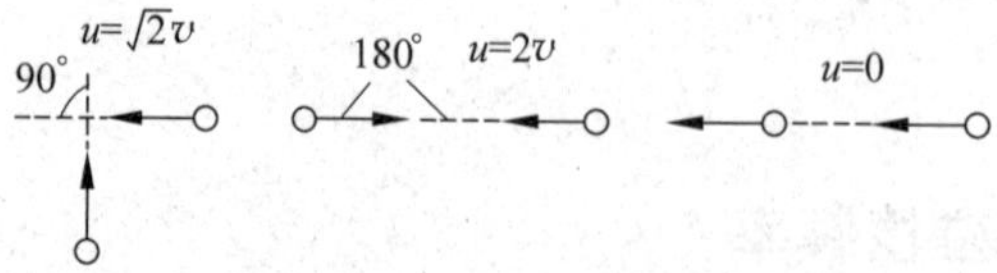

图5.12 平均相对速率

5.6.2 分子的平均自由程

从图5.10可以看出，每发生一次碰撞，分子速度的方向都会发生变化，分子运动的轨迹为折线。分子在与其他分子发生频繁碰撞的过程中，连续两次碰撞之间自由通过的路程的

长短具有偶然性，为此我们取这一路程的平均值称为平均自由程，用$\bar{\lambda}$表示。显然，在Δt时间内，平均速率为$\bar{v}$的分子走过的路程的平均值为$\bar{v}\Delta t$，碰撞的平均次数为$\bar{Z}\Delta t$，则分子的平均自由程为

$$\bar{\lambda}=\frac{\overline{v\Delta t}}{\bar{Z}\Delta t}=\frac{\bar{v}}{\bar{Z}} \tag{5.22a}$$

将式(5.21)代入上式，于是可得平均自由程的表达式为

$$\bar{\lambda}=\frac{\bar{v}}{\bar{Z}}=\frac{1}{\sqrt{2}\pi d^2 n} \tag{5.22b}$$

由此可见，分子的平均自由程与分子有效直径d的平方及分子数密度n成反比。由理想气体的状态方程$p=nkT$，$\bar{\lambda}$又可表示为

$$\bar{\lambda}=\frac{kT}{\sqrt{2}\pi d^2 p} \tag{5.22c}$$

此式表明，当温度T恒定时，平均自由程$\bar{\lambda}$与压强p成反比。

例 5-8 试计算氮气在标准状态下的分子平均碰撞频率$\bar{Z}$和平均自由程$\bar{\lambda}$，已知氮分子的有效直径为3.70×10^{-10} m。

解 (1) 分子平均速率

$$\bar{v}=\sqrt{\frac{8RT}{\pi M}}=\sqrt{\frac{8\times8.31\times273}{3.14\times28\times10^{-3}}}=453(\mathrm{m/s})$$

分子数密度

$$n=\frac{p}{kT}=2.69\times10^{25}(\mathrm{m^{-3}})$$

则分子平均碰撞频率

$$\bar{Z}=\sqrt{2}\pi\cdot d^2\bar{v}n=\sqrt{2}\times3.14\times(3.70\times10^{-10})^2\times453\times2.69\times10^{25}$$
$$=7.41\times10^9(\mathrm{s^{-1}})$$

即每秒钟内平均碰撞次数达70亿次之多。

(2) 平均自由程为

$$\bar{\lambda}=\frac{\bar{v}}{\bar{Z}}=\frac{453}{7.41\times10^9}=6.11\times10^{-8}(\mathrm{m})$$

即平均自由程为亿分之几米，约为氮分子直径的200倍。

由式(5.22c)还可以看出，当维持温度不变而将压强降至$p_2=10^{-4}$ mmHg时，分子平均自由程变为

$$\overline{\lambda_2}=\frac{p_1}{p_2}\overline{\lambda_1}=\frac{760}{10^{-4}}\times6.11\times10^{-8}=0.464(\mathrm{m})=46.4(\mathrm{cm})$$

假若容器的线度是10 cm，则分子在此容器中要往返若干次才会与另外的分子碰撞。尽管可以算出这时每立方厘米还约有4×10^{12}个分子，但仍可以认为容器内是十分空旷的，分子可自由地在容器中飞来飞去。

5.7 气体的输运现象

前面只讨论了气体在平衡状态下的性质。其实，很多问题都涉及气体在非平衡状态下

的变化过程。例如,气体各部分之间的定向流动速度不同而出现的粘滞现象(也称内摩擦现象);温度不均匀时出现的热传导现象;密度不均匀时出现的扩散现象。由于分子的热运动和分子之间的相互碰撞,结果使原来存在于气体中各部分的不均匀现象逐渐消除。这种由非平衡状态向平衡状态变化的过程称为气体的输运现象(也称迁移现象)。

这三种输运现象有可能同时存在,为使问题简化,我们每次只限于一种输运现象单独存在的情况,分开来讨论各种输运现象的宏观规律及其微观本质。

5.7.1 粘滞现象

1. 宏观规律

定向流动的气体,当各层流速不同时,任意相邻两层气体之间将会产生相互作用力,以影响各流层之间的相对运动。这种现象称为粘滞现象,这种相互作用力称为粘滞力(也称内摩擦力)。

气体中存在的粘滞现象,可以通过如图5.13(a)所示的实验观察到。在手摇转盘的轴上固定一个圆筒A,在A筒外面平行地悬挂一个重量很轻的B筒,内外筒之间有空气间隙。当转动A筒时,发现B筒也随之转动。可见,这是由于一层层的空气之间出现的粘滞力最后带动B筒转动的结果。

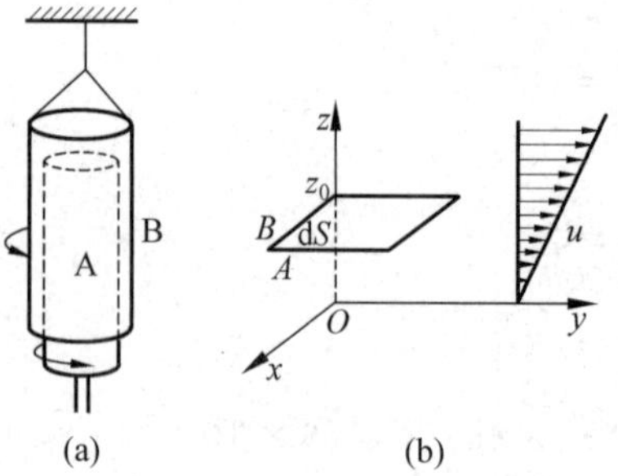

图5.13 粘滞现象

上例中的空气层应是圆筒形曲面,但为简单起见,现考虑平面气流层之间的粘滞力。设气体平行于 Oxy 平面沿 y 轴正方向定向流动,定向流速 u 随 z 轴逐渐增大(如图5.13(b)所示)。

设想在 $z=z_0$ 处垂直于 z 轴作一截面 $\mathrm{d}S$,将气体分成 A、B 两部分。在截面下方的 A 部将施加于 B 部一平行于 y 轴负方向的力,而截面上方的 B 部将施加于 A 部一等值反向的力。实验表明:A、B 两部分相互作用的粘滞力的大小 f,与两部分的接触面积 $\mathrm{d}S$ 和截面所在处的速度梯度 $\left(\frac{\mathrm{d}u}{\mathrm{d}z}\right)_{z_0}$ 成正比,可写成等式

$$f=\eta\left(\frac{\mathrm{d}u}{\mathrm{d}z}\right)_{z_0}\mathrm{d}S \tag{5.23}$$

上式就是粘滞定律的表达式。式中的比例系数 η 称为粘滞系数,其单位为Pa·s。

2. 微观解释

从分子运动论的观点看来,当气体流动时,每个分子除了具有热运动动量外,还附加有定向运动的动量 m_0u(m_0 为分子质量)。由于分子的热运动,A 部和 B 部都将有分子穿过截面 $\mathrm{d}S$ 跑到对方部分去;由于气体各处的分子数密度和温度均相等,因而在同一时间内由 A、B 两部分间交换的分子数相等。但按前设,A 部分子的定向流速小于 B 部分子的定向流速,所以 A 部分子带着较小的定向动量跑到 B 部,B 部分子带着较大的定向动量跑到 A 部;又由于分子碰撞交换动量,结果是 A 部总的定向动量增大,B 部总的定向动量减小,其效果

在宏观上就表现为两部分气体截面 dS 上互施以粘滞力。因此，气体粘滞现象的微观本质是分子定向运动动量的迁移。

从分子动理论可以导出

$$\eta = \frac{1}{3}\rho\bar{v}\bar{\lambda} \tag{5.24}$$

即气体的粘滞系数 η 与气体的密度 ρ、平均速率 $\bar{v}$ 和平均自由程 $\bar{\lambda}$ 成正比。若把 $\rho=m_0 n$，$\bar{v}=\sqrt{\frac{8kT}{\pi m_0}}$，$\bar{\lambda}=\frac{1}{\sqrt{2}\pi d^2 n}$ 代入上式，可得

$$\eta = \frac{1}{3}\sqrt{\frac{4km_0}{\pi}}\frac{T^{\frac{1}{2}}}{\pi d^2} \tag{5.25}$$

由此可见，气体粘滞系数 η 既与分子的质量 m_0 及其分子直径 d 有关，又与气体的温度 T 有关，但与压强 p 无关。也就是说气体粘滞系数是由气体自身的性质和它所处的状态决定的。

在一定温度下 η 与压强无关的结论可以这样理解：当 p 降低时，n 减少，通过 dS 彼此跑到对方去的分子数会减少；但因分子的平均自由程加大，上下方的分子能够从相距更远的气层无碰撞地通过 dS 面，以致每交换一对分子所迁移的定向动量增大。这两种相反的作用，结果使得 η 与 p 无关。

5.7.2　热传导现象

1. 宏观规律

当气体内各处的温度不均匀时，就有热量从温度较高处传递到温度较低处，这种现象称为热传导现象，如图 5.14 所示。设气体温度沿 z 轴正方向逐渐升高。如果在 $z=z_0$ 处垂直于 z 轴取一截面 dS 将气体分成 A、B 两部分，则热量将通过 dS 面由 B 部传递到 A 部，如以 dQ 表示在时间 dt 内通过 dS 面沿 z 轴方向传递的热量，$\left(\frac{\mathrm{d}T}{\mathrm{d}z}\right)_{z_0}$ 表示 dS 所在处的温度梯度，则由实验得出，在 dt 时间内通过 dS 面积传递的热量 dQ 为

$$\mathrm{d}Q = -\kappa\left(\frac{\mathrm{d}T}{\mathrm{d}z}\right)_{z_0}\mathrm{d}S\mathrm{d}t \tag{5.26}$$

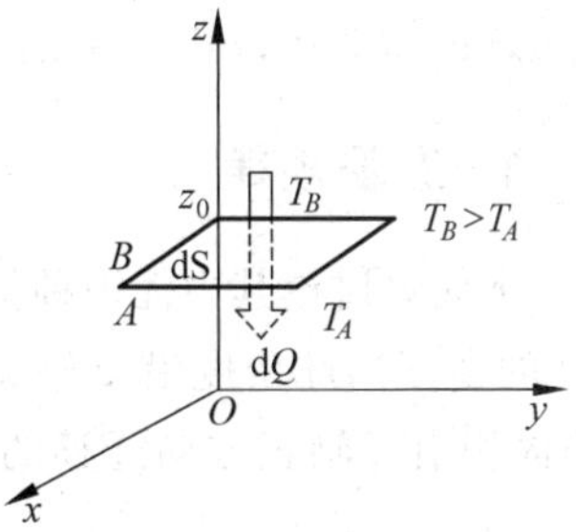

图 5.14　热传导现象

这就是热传导定律的表达式。式中比例系数 κ 为气体的热传导系数，其单位为 W/(m·K)，负号表示热量沿温度减小的方向传递。

2. 微观解释

从分子运动论的观点来看，由于分子的热运动，A 部和 B 部都将有分子穿过截面 dS 跑到对面去；由于气体各处的分子密度相等，因而在同一时间内 A、B 两部分间交换的分子数相等；但 A 部的温度低，分子的平均热运动能量小，B 部的温度高，分子的平均热运动能量大，所以 A 部分子带着较小的能量进入 B 部，B 部分子带着较大的能量进入 A 部；又由于分

子碰撞交换能量，结果使 A 部总的热运动能量增大，B 部总的热运动能量减小。这在宏观上表现为能量从温度高的 B 部传递到温度低的 A 部。因此，气体热传导现象的微观本质是分子热运动能量的定向迁移。

从分子动理论可以导出

$$\kappa = \frac{1}{3}\bar{v}\bar{\lambda}\rho c_V \tag{5.27}$$

式中 c_V 为气体的定容质量热容，即单位质量的气体在等容过程中温度升高 1 K 所吸收的热量。气体的热传导系数 κ 与气体的密度 ρ、平均速率 $\bar{v}$、平均自由程 $\bar{\lambda}$ 和定容质量热容 c_V 成正比。同前，若将 ρ、$\bar{v}$、$\bar{\lambda}$ 的有关公式代入上式，可得

$$\kappa = \frac{1}{3}\sqrt{\frac{4\,km_0}{\pi}}\cdot c_V\,\frac{T^{\frac{1}{2}}}{\pi d^2} \tag{5.28}$$

由此可见，气体的热传导系数 κ 既与气体的 m_0、d 及 c_V 有关，又与气体的温度 T 有关，但与压强 p 无关。也就是说，气体的热传导系数是由气体自身的性质和所处的状态决定的。

5.7.3　扩散现象

在混合气体内部，如果某种气体只是由于自身的密度不均匀，而使该种气体从密度大的地方移向密度小的地方，这种现象称为扩散现象。如果只有一种气体，在温度均匀的情况下，密度的不均匀将导致压强的不均匀，从而将产生宏观气流，这时在气体内部发生的过程就不是一种纯粹的扩散现象了。为了只研究单纯的扩散现象，选取分子的摩尔质量相近、有效直径相近的两种气体(如 N_2 和 CO)，使它们的总密度、温度和压强都相等，分别放在同一容器的两部分中用隔板隔开(见图 5.15(a))。如果将隔板抽去(见图 5.15(b))，扩散就开始进行。在上述条件下，由于总密度各处一样，各部分压强均匀，故不产生宏观气流，这样每种气体将由于其本身密度不均匀而进行单纯的扩散。

1. 宏观规律

下面只讨论其中任一种气体的扩散。设以 ρ 表示被考察的气体的密度(例如图 5.15(b)中 CO 的密度)，此密度沿 z 轴正方向逐渐加大，如图 5.16 所示。实验得出在 dt 时间内通过 dS 面积沿 z 轴正方向迁移的气体质量为

$$\mathrm{d}m = -D\left(\frac{\mathrm{d}\rho}{\mathrm{d}z}\right)_{z_0}\mathrm{d}S\mathrm{d}t \tag{5.29}$$

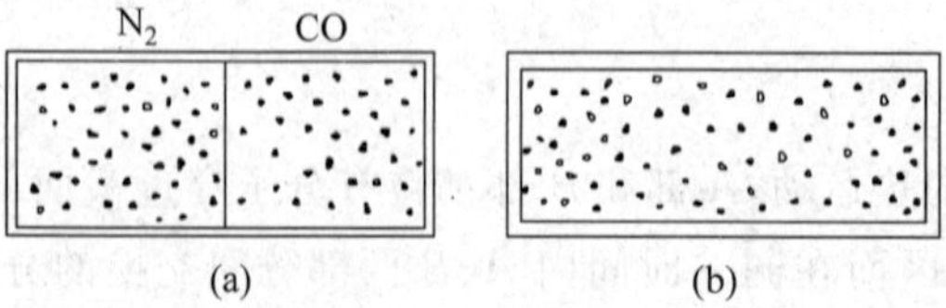

图 5.15　扩散现象

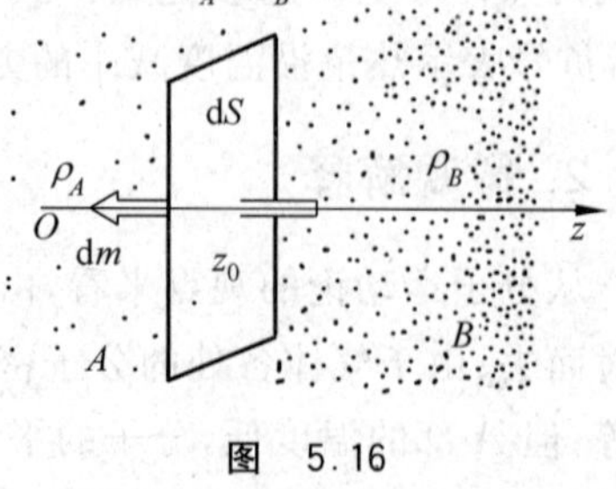

图　5.16

这就是扩散定律的表达式，式中$\left(\frac{d\rho}{dz}\right)_{z_0}$表示在 dS 所在处的密度梯度；比例系数 D 为气体的扩散系数，其单位为 m^2/s。负号表示质量向密度减小的方向迁移。

2. 微观解释

从分子运动论的观点看来，由于分子的热运动，在 dS 面两边的分子都要向对方运动。但由于某种气体在 B 部的密度大于在 A 部的密度，所以在 dt 时间内，从 B 部通过 dS 面到 A 部的分子数要比从 A 部通过 dS 面到 B 部的分子数多，从而使得有一定数量的气体分子从密度较大的 B 部迁移到密度较小的 A 部，宏观上就表现为有一定的质量从密度大的 B 部迁移到密度小的 A 部。因此，气体扩散现象的微观本质是气体分子数密度的定向迁移。

利用分子动理论的原理，可以导出

$$D = \frac{1}{3}\bar{v}\bar{\lambda} \tag{5.30}$$

即气体的扩散系数 D 与气体的平均速率$\bar{v}$和平均自由程 $\bar{\lambda}$ 成正比。同前，若将$\bar{v}$、$\bar{\lambda}$ 的有关公式代入上式，可得

$$D = \frac{1}{3}\sqrt{\frac{4k^3}{\pi m_0}}\frac{T^{\frac{3}{2}}}{\pi d^2 p} \tag{5.31}$$

由此可见，气体的扩散系数 D 既与所考察气体的 m_0、d 有关，又与气体的温度 T 和压强 p 有关。也就是说，气体的扩散系数是由气体自身的性质和所处的状态决定的。温度越高，压强越低，扩散进行得越迅速。另外，在其他条件相同的情况下，摩尔质量大的气体要比摩尔质量小的气体扩散得慢，化学上常根据这一原理来分离同位素。

思 考 题

5.1 何谓统计规律？何谓涨落现象？两者有什么联系？

5.2 一根盛有气体的倒 U 形玻璃管，一端放在冰水中，另一端放在沸水中。若沸水和冰水的温度长时间维持不变，试问，玻璃管内的气体是否处于平衡态？为什么？

5.3 从分子运动论的观点说明：(1)气体为什么容易被压缩，但又不能无限地被压缩？(2)气体在平衡状态下，$\overline{v_x^2}=\overline{v_y^2}=\overline{v_z^2}=\frac{1}{3}\overline{v^2}$，及$\overline{v_x}=\overline{v_y}=\overline{v_z}=0$(式中 v_x、v_y、v_z 是气体分子速度$\boldsymbol{v}$ 的三个分量)。

5.4 当气体的温度为 0℃时，能否说气体中每个分子的温度也是 0℃？按照分子动理论，气体中有的分子运动速度快，有的分子运动速度慢，能否说速度快的分子的温度高，速度慢的分子的温度低？

5.5 把一容器用隔板分成相等的两部分，一边装 CO_2，一边装 H_2，两边气体质量相同，温度相同，如图所示。如果隔板和器壁之间无摩擦，那么，隔板是否会移动？

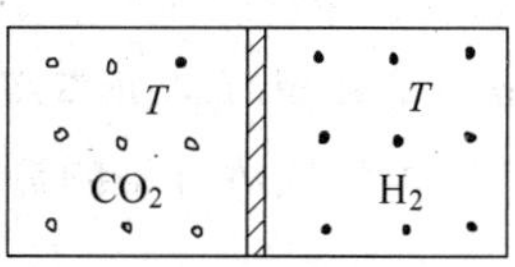

思考题 5.5 图

5.6 两种气体的温度相同，摩尔数相同，问它们的平均平动动

能、平均能量和内能是否分别相同？

5.7 说明下列各量的意义：(1) $f(v)\mathrm{d}v$；(2) $Nf(v)\mathrm{d}v$；(3) $\int_{v_1}^{v_2} f(v)\mathrm{d}v$；(4) $\int_{v_1}^{v_2} vf(v)\mathrm{d}v$。

5.8 最概然速率 v_p 的物理意义是什么？有人认为“最概然速率是速率分布中最大速率”，对否？气体在平衡状态时，是否有 50% 的分子速率比 v_p 大？

5.9 何谓平均自由程？平均自由程与气体的状态以及分子本身的性质有何关系？在推导平均自由程公式时，哪些地方运用了统计平均的概念和方法？

习　题

5.1 置于容器内的气体，如果气体内各处压强相等，或气体内各处温度相同，则这两种情况下气体的状态(　　)。

A. 一定都是平衡态

B. 不一定都是平衡态

C. 前者一定是平衡态，后者一定不是平衡态

D. 后者一定是平衡态，前者一定不是平衡态

5.2 气体在状态变化过程中，可以保持体积不变或保持压强不变，关于这两种过程的描述，下列正确的是(　　)。

A. 一定都是平衡过程　　B. 不一定是平衡过程

C. 前者是平衡过程，后者不是平衡过程　　D. 后者是平衡过程，前者不是平衡过程

5.3 若理想气体的体积为 V，压强为 p，温度为 T，分子的质量为 m_0，k 为玻尔兹曼常量，R 为摩尔气体常量，则该理想气体的分子数为(　　)。

A. pV/m_0　　B. $pV/(kT)$　　C. $pV/(RT)$　　D. $pV/(m_0T)$

5.4 理想气体中仅由温度决定其大小的物理量是(　　)。

A. 气体的压强　　B. 气体的内能

C. 气体分子的平均平动动能　　D. 气体分子的平均速率

5.5 温度、压强相同的氦气和氧气，它们的分子平均能量 $\bar{\varepsilon}$ 和平均平动动能 $\bar{\varepsilon}_k$ 的关系为(　　)。

A. $\bar{\varepsilon}$ 和 $\bar{\varepsilon}_k$ 都相等　　B. $\bar{\varepsilon}$ 相等，而 $\bar{\varepsilon}_k$ 不相等

C. $\bar{\varepsilon}_k$ 相等，而 $\bar{\varepsilon}$ 不相等　　D. $\bar{\varepsilon}$ 和 $\bar{\varepsilon}_k$ 都不相等

5.6 三个容器 A、B、C 中装有同种理想气体，其分子数密度 n 相同，方均根速率之比为 $\sqrt{\overline{v_A^2}} : \sqrt{\overline{v_B^2}} : \sqrt{\overline{v_C^2}} = 1:2:4$，则其压强之比 $p_A : p_B : p_C$ 为(　　)。

A. 4∶2∶1　　B. 1∶2∶4　　C. 1∶4∶8　　D. 1∶4∶16

5.7 某理想气体处于平衡状态，其速率分布函数为 $f(v)$，则速率分布在速率间隔 $v_1 \sim v_2$ 内的气体分子的算术平均速率的计算式为(　　)。

A. $\bar{v}=\dfrac{\int_{v_1}^{v_2} vf(v)\mathrm{d}v}{\int_0^{v_2} f(v)\mathrm{d}v}$　　B. $\bar{v}=\dfrac{\int_{v_1}^{v_2} vf(v)\mathrm{d}v}{\int_{v_1}^{\infty} f(v)\mathrm{d}v}$

C. $\bar{v}=\dfrac{\int_{v_1}^{v_2} vf(v)\mathrm{d}v}{\int_0^{\infty} f(v)\mathrm{d}v}$　　D. $\bar{v}=\dfrac{\int_{v_1}^{v_2} vf(v)\mathrm{d}v}{\int_{v_1}^{v_2} f(v)\mathrm{d}v}$

5.8 若有一定量的理想气体，当体积不变而温度升高时，分子碰撞频率和平均自由程的变化分别为(　　)。

A. $\bar{z}$增大，$\bar{\lambda}$不变　　B. $\bar{z}$不变，$\bar{\lambda}$增大

C. $\bar{z}$减少，$\bar{\lambda}$不变　　D. $\bar{z}$增大，$\bar{\lambda}$减少

5.9 一容器内储有氧气，其压强为 $p=1.01\times10^5$ Pa，温度为 $T=27$℃。求：(1)单位体积内的分子数；(2)氧气的质量密度；(3)氧分子的质量；(4)分子间的平均距离(分子所占的空间看作球状)；(5)氧分子的平均平动动能。

5.10 求在温度为 30℃ 时氧气分子的平均平动动能、平均动能、平均能量以及 4.0×10^{-3} kg 的氧气的内能？(常温下，氧气分子可看成刚性分子。)

5.11 试由理想气体压强公式和理想气体状态方程推导出理想气体分子的平均平动动能与温度的关系式，再由此推导出方均根速率与温度的关系式。

5.12 某容器中装有质量为 $m=8.0\times10^{-3}$ kg 的氧气(视作刚性分子的理想气体)，其温度 $T=300$ K。(1)求氧气的内能；(2)当对氧气加热到某一温度时，测得此时的压强为 $p=2.0\times10^5$ Pa，已知容器容积 $V=5.0\times10^{-3}$ m³，求此时氧气的内能。

5.13 质量为 0.1 kg、温度为 27℃ 的氮气，装在容积为 0.01 m³ 的容器中，容器以 $v=100$ m/s的速率作匀速直线运动，若容器突然停下来，定向运动的动能全部转化为分子热运动的动能，则平衡后氮气的温度和压强各增加多少？

5.14 容器内某理想气体的温度 $T=273$ K，压强 $p=101.3$ Pa，密度为 $\rho=1.25\times10^{-3}$ kg/m³，求：(1)气体的摩尔质量；(2)气体分子运动的方均根速率；(3)气体分子的平均平动动能和转动动能；(4)单位体积内气体分子的总平动动能；(5)0.3 mol 该气体的内能。

5.15 20 个质点的速率如下：2 个具有速率 v_0，3 个具有速率 $2v_0$，5 个具有速率 $3v_0$，4 个具有速率 $4v_0$，3 个具有速率 $5v_0$，2 个具有速率 $6v_0$，1 个具有速率 $7v_0$。试计算：(1)平均速率；(2)方均根速率；(3)最概然速率。

5.16 (1)计算在 27℃时氢气分子(视作刚性分子)的平均速率、方均根速率、最概然速率；(2)氢气分子(视作刚性分子)的自由度是多少？

5.17 N 个假想的气体分子，其速率分布如图所示(当 $v>2v_0$ 时，粒子数为零)。求：(1)C；(2)速率在 $v_0\sim2v_0$ 的分子数；(3)气体分子的平均速率。

5.18 有 N 个质量均为 m 的同种气体分子，它们的速率分布如图所示。(1)由 N 和 v_0 求 a 的值；(2)求在速率$\dfrac{v_0}{2}\sim\dfrac{3v_0}{2}$间隔内的分子数；(3)求分子的平均平动动能。

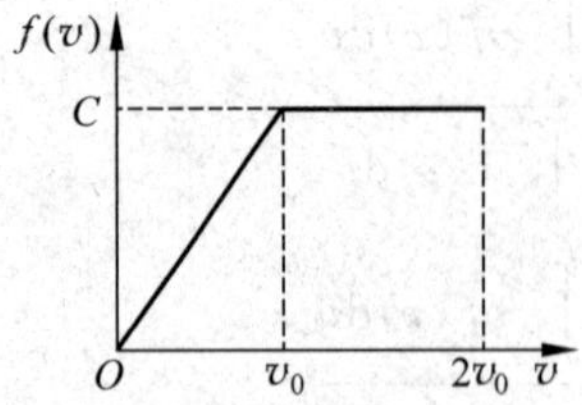

题 5.17 图

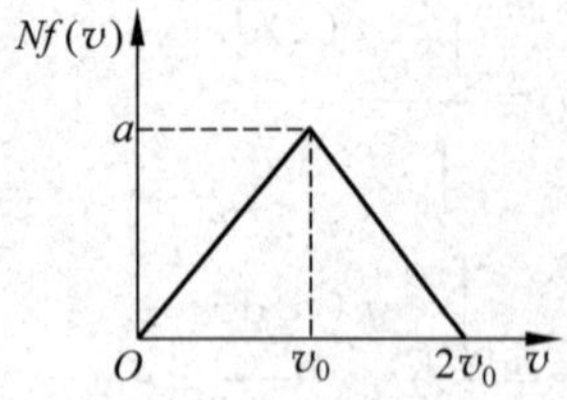

题 5.18 图

5.19 空气分子有效直径为 3.0×10^{-10} m，在温度为 273 K、压强为 1.33×10^{-3} Pa 时的平均自由程是多少？

5.20 今测得温度为 T、压强为 p 时，氩分子和氖分子的平均自由程分别为 $\bar{\lambda}_{Ar}$ 和 $\bar{\lambda}_{Ne}$，求氖分子和氩分子的有效直径之比 $d_{Ne} : d_{Ar}$。

第6章

热力学基础

热学是物理学的一个重要组成部分，是专门研究热现象的规律及其应用的一门学科，起源于人类对冷热现象的探索。它主要包括两部分内容，一部分是第5章的气体动理论，另一部分是本章的热力学基础。

对于热现象及其规律的研究可以有两种截然不同的研究方法，一是热力学，二是统计物理学。热力学是一门宏观理论，是根据观察和实验总结出宏观热现象所遵循的基本规律，然后运用严密的逻辑推理方法，来研究宏观物体的热性质。统计物理学则是一门微观理论，从物质内部的微观结构出发，即从组成物质的大量分子、原子的运动以及它们之间的相互作用出发，运用统计的方法探讨宏观物体的热性质。由于热力学理论以观察和实验为基础，因此它具有较高的准确性和可靠性，可以用来验证微观理论的正确性。但它没有涉及热现象的本质，对于所得的结果往往是知其然而不知其所以然。统计物理学则能深入到热现象的本质，从分子热运动出发找出宏观观察量的微观决定因素，从而弥补了热力学的缺陷。热力学和统计物理学在对热现象的研究上是相辅相成的，正如美国物理学家托尔曼所说："用较为抽象的统计力学对热力学作出了圆满的解释，这是物理学的最大成就之一"。本章将不涉及物质的微观结构和微观变化过程，而以对现象的直接观测和实验事实为依据，从能量的观点出发，分析和研究物质在状态变化过程中有关热功转换的关系和条件，即该过程中所遵从的宏观热力学定律。

6.1 热力学第一定律

6.1.1 热力学过程

热力学研究一切与热现象有关的问题，其对象可以是固体、液体和气体，本章仅就气体的热力学性质进行讨论。这些由大量分子、原子组成的宏观物质，在热力学中称为热力学系统，简称系统，也称工作物质。与系统发生相互作用的外部环境称为外界。如果一个热力学系统与外界不发生任何能量和物质的交换，则被称为孤立系统；与外界只有能量交换而没有物质交换的系统，则被称为封闭系统；与外界同时发生能量交换和物质交换的系统称为开放系统。

描述热力学系统状态的物理量称为状态参量(已在第5章有所述及)。若有两个系统相互接触，当这两个系统达到相同的温度时，我们说这两个系统处于热平衡。当系统由某一平衡状态开始进行变化，状态的变化必然要破坏原来的平衡态，需要经过一段时间才能达到新的平衡态。系统从一个平衡态过渡到另一个平衡态所经过的变化历程称为热力学过程。热力学过程由于中间状态不同而被分成非准静态过程与准静态过程。准静态过程是无限缓慢的状态变化过程。如果过程中的中间状态为非平衡态，则这个过程称为非准静态过程。严格地说，实际过程都不可能是准静态过程。例如，用加热的方法使气体的温度由 T_1 升高到 T_2，如果外界温度比气体温度高出一有限值，那么在加热过程中与外界较近的部分气体其温度总要高于距离外界较远的部分气体，因而中间状态不可能是平衡状态，这过程也不可能是准静态过程。那么，怎样才能实现准静态过程呢？既然准静态过程是指系统所经历的中间状态都无限接近平衡状态的变化过程，为此，我们设想有一系列温度极为相近的恒温热源，这些热源的温度分别是 T_1，$T_1+\mathrm{d}T, T_1+2\mathrm{d}T, \cdots, T_2-\mathrm{d}T, T_2$，如图6.1所示，其中 $\mathrm{d}T$ 是微小的温度差。首先把温度为 T_1 的系统与温度为 $T_1+\mathrm{d}T$ 的热源相接触，系统的温度就将升到 $T_1+\mathrm{d}T$，并与该热源建立热平衡；然后，再把系统移到温度为 $T_1+2\mathrm{d}T$ 的热源上，使系统的温度升到 $T_1+2\mathrm{d}T$，而与这一热源建立热平衡；依此类推，直到系统的温度升高到 T_2 为止。由于所有热量的传递都是在系统和热源的温度相差为无限小的情况下进行的，所以，这个温度升高过程无限接近准静态过程。可见，准静态过程只是一种理想的过程，而且它的进行一定是无限缓慢的。虽然实际过程不可能无限缓慢地进行，但在很多情况下，仍然可以近似地当作准静态过程来处理。

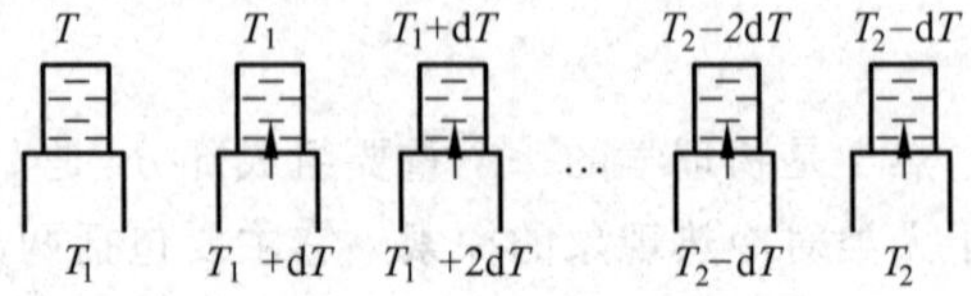

图6.1 准静态过程

6.1.2 内能 功 热量

1. 系统的内能

由上一章讨论可知，系统内分子热运动的动能和分子之间相互作用势能的总和称为系统的内能。内能的大小取决于系统的状态，是状态参量的函数。实验表明，对于任一给定过程，由状态Ⅰ变化到状态Ⅱ，无论经历过程1、过程2或者过程3，内能的变化都是相同的，如图6.2所示。这表明系统内能的改变，只取决于初、末两个状态，而与所经历的过程无关，即内能是系统状态的单值函数。在第5章第5.4节中，曾得出理想气体的内能为

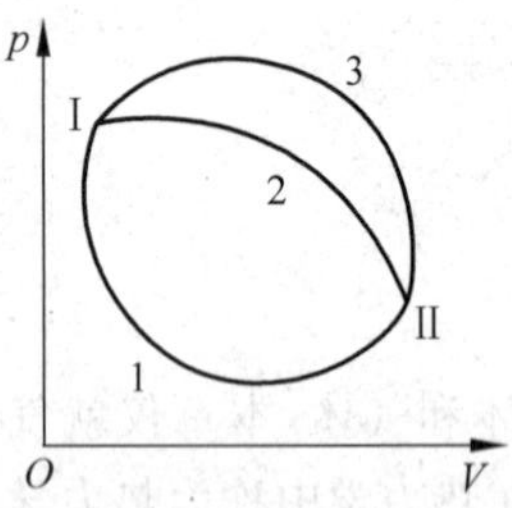

图6.2 状态变化的不同路径

$$E=\frac{m}{M}\frac{i}{2}RT$$

内能增量为

$$\Delta E=\frac{m}{M}\frac{i}{2}R\Delta T$$

显然，对给定的理想气体，其内能仅是温度的单值函数，即 $E=E(T)$；只有气体的温度发生变化，其内能才有所改变。对一般气体来说，其内能则是气体的温度和体积的函数，即 $E=E(T,V)$。总之，气体的内能是气体状态的单值函数，也就是说，气体的状态一定时，其内能也是一定的；气体内能的变化 ΔE 只由初状态和末状态所决定，与过程无关。

2. 功

在力学中，我们把功定义为力与位移这两个矢量的标积，外力对物体做功的结果会使物体的状态变化；在做功的过程中，外界与物体之间有能量的交换，从而改变了它们的机械能。在热力学中，功的概念要广泛得多。

如图 6.3 所示，在一有活塞的汽缸内盛有一定量的气体，气体的压强为 p，活塞的面积为 S，则作用在活塞上的力为 $F=pS$。当系统经历一微小的准静态过程使活塞缓慢移动一微小段距离 $\mathrm{d}l$ 时，气体所做的功为

$$\mathrm{d}W = F\mathrm{d}l = pS\mathrm{d}l = p\mathrm{d}V \tag{6.1}$$

式中 $\mathrm{d}V=S\mathrm{d}l$ 是气体体积的变化量。在气体膨胀时，$\mathrm{d}V$ 是正的，$\mathrm{d}W$ 也是正的，表示系统对外做正功；在气体被压缩时，$\mathrm{d}V$ 是负的，$\mathrm{d}W$ 也是负的，表示系统对外做负功，即外界对系统做功。

在图 6.4 中，用实线Ⅰ、Ⅱ表示气体由状态Ⅰ变化到状态Ⅱ的过程；而元功 $\mathrm{d}W$ 可用曲线下有阴影的小面积表示。于是气体从状态Ⅰ变化到状态Ⅱ所做的总功为

$$W = \int \mathrm{d}W = \int_{V_1}^{V_2} p\mathrm{d}V \tag{6.2}$$

式中 $\int_{V_1}^{V_2} p\mathrm{d}V$ 等于 p-V 图上实线Ⅰ、Ⅱ下与横坐标轴所围的面积。所以系统所做的功等于 p-V 图上过程曲线下面的面积。假设气体从状态Ⅰ到状态Ⅱ经历另一过程，如图 6.4 中虚线所示，则气体所做的功应该是虚线下面的面积。状态变化过程不同，过程曲线下的面积不同，系统所做的功也就不同。这说明系统所做的功不仅与初、末状态有关，而且与它所经历的过程有关，即在功的计算公式中表现为沿不同路径的积分。

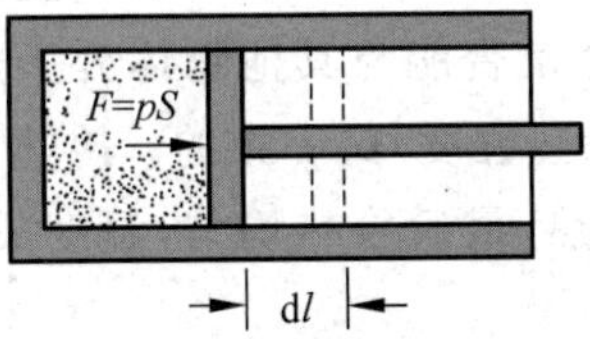

图 6.3 气体膨胀做功

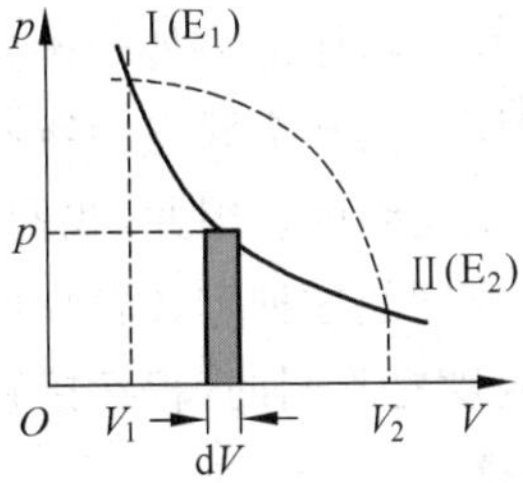

图 6.4 做功图示

对于热力学系统而言，外界对系统做功，将使系统的状态发生变化，从而改变系统的内能。因此，做功是改变系统内能的一种途径，外界对系统做功，使系统的内能增加；系统对外界做功，使系统的内能减少。

3. 热量

上述已经指出，对系统做功可以改变系统的状态。除此之外，向系统传递能量也可以改变系统的状态，这类例子是非常多的。例如把一杯冷水放在电炉上加热，高温电炉不断地把能量传递给低温的水，从而使水温升高，水的状态发生了改变。又如，在一杯水中放进一块

冰，冰将吸收水的能量而融化，从而使水和冰的状态都发生变化。我们把系统与外界之间由于存在温度差而传递的能量叫做热量，用符号 Q 表示。

由此可见，当外界和系统有热量交换时，系统的内能也将发生变化。所以，传递热量和做功一样，也是改变系统内能的一种途径。当热量传递给系统时，系统的内能增加；当系统放出热量时，系统的内能减少。

因此，就改变系统的内能而言，外界对系统做功和外界向系统传递热量是等效的，做功和传递热量都可以用来量度系统内能的变化。焦耳于1850年首先用实验测定了热功当量，热功当量的精确值为

$$1\ \mathrm{cal} = 4.18\ \mathrm{J}$$

在国际单位制中，热量和功的单位都是用焦[耳](J)，而不用卡这个单位了。

虽然做功和传递热量有其等效的一面，但在本质上又有区别。当用做功的方式来改变系统的内能时，系统和外界都伴随着宏观的相对位移，所起的作用是外界物体的有规则运动与系统内分子无规则运动之间的转化；而传递热量是通过分子之间相互碰撞来完成的，所起的作用是外界物体的分子无规则运动的能量与系统内分子无规则运动的能量之间的交换。

6.1.3 热力学第一定律

1. 热力学第零定律

在讨论热力学第一定律之前，我们先介绍热力学第零定律的概念。无数实验表明，如果物体A与处于确定状态的物体B热接触而处于热平衡，另有物体C与此物体B也热接触而处于热平衡，那么，物体A和物体C热接触就必定处于热平衡。这个结论称为热力学第零定律：如果两个物体都与处于确定状态的第三物体处于热平衡，则该两个物体彼此处于热平衡。处于同一热平衡状态的所有物体都具有共同的宏观性质：它们的冷热程度相等。这个宏观性质就是温度。因此，我们说温度是决定一个物体是否能与其他物体处于热平衡的宏观性质。温度的这种定义和我们日常对温度的理解(冷热程度)是一致的。冷热不同的两个物体，其温度是不同的，相互接触后，热的变冷，冷的变热，最后冷热均匀，温度成为相同，从而达到平衡。

2. 热力学第一定律

在一般情况下，当系统的状态变化时，做功和传递热量往往是同时存在的。如果有一系统，在开始时内能为 E_1，变化后内能为 E_2，即内能的增量为 E_2-E_1，在此过程中，系统从外界吸收的热量为 Q，系统对外界做的功为 W，则根据能量守恒与转换定律，系统从外界吸收的热量，一部分使系统的内能增加，另一部分用来对外界做功。这就是热力学第一定律，其数学表达式为

$$Q = E_2 - E_1 + W \tag{6.3a}$$

应当指出，在式(6.3a)中 Q、E_2-E_1 和 W 可以为正值，也可以为负值。一般规定：系统从外界吸热时 Q 为正值，系统向外界放热时 Q 为负值；系统对外界做功时 W 为正值，外界

对系统做功时 W 为负值;系统内能增加时,E_2-E_1 为正值,内能减少时,E_2-E_1 为负值。

当系统状态发生微小变化时,系统内能的改变为 dE,在此过程中,系统从外界吸收微量热量为 dQ,并且系统对外界所做元功为 dW,这时热力学第一定律的数学形式可写成

$$dQ = dE + dW \tag{6.3b}$$

上式是热力学第一定律的微分表达式。热力学第一定律是能量转换和守恒定律,它适用于初、末态为平衡态之间进行的一切过程。由热力学第一定律可知,要使系统对外做功,必然要消耗系统的内能或由外界吸收热量,或两者皆有。曾有人幻想制造一种机器,它不需消耗任何能量而能不断对外做功,这种机器叫做第一类永动机,显然,这是违反能量转换和守恒定律的,是不可能实现的。

在整个系统状态变化的准静态过程中,热力学第一定律可改写成下列常用的形式:

$$Q = E_2 - E_1 + \int_{V_1}^{V_2} p\,dV \tag{6.4}$$

由于系统内能只是状态的单值函数,E_2-E_1 与过程无关,而做功与过程有关,所以系统吸收或放出的热量也与过程有关。

例 6-1 系统在状态变化的过程中,从热源吸收 3.587×10^5 J 热量后,内能增加了 4.19×10^5 J,求此系统所做的功。

解 已知

$$Q = 3.587\times10^5\text{J},\quad E_2 - E_1 = 4.19\times10^5\text{J}$$

根据热力学第一定律 $Q=E_2-E_1+W$,得

$$W = Q-(E_2-E_1) = 3.587\times10^5 - 4.19\times10^5 = -6.03\times10^4(\text{J})$$

因为 W 为负值,所以是外界对系统做功 6.03×10^4 J。

6.2 热力学第一定律的应用

作为热力学第一定律的应用,本节将讨论一定量的理想气体在等体、等压、等温和绝热等过程中的功、热量及内能的一般变化规律。

6.2.1 等体过程 定容摩尔热容

气体的体积保持不变的过程称为等体过程。如图 6.5 所示,等体过程在 p-V 图上是一条平行于 p 轴的直线段,这条直线称为等体线。

由于等体过程中理想气体的体积保持不变,所以等体过程的特征是 $dV=0$,于是 $dW=p\,dV=0$,根据热力学第一定律,有

$$dQ_V = dE \tag{6.5a}$$

下标 V 表示体积保持不变的过程。对于有限量的等体过程,则有

$$Q_V = E_2 - E_1 \tag{6.5b}$$

上式表明,在等体过程中,气体吸收的热量全部用来增加理想气体的内能;反之,气体放出热量,全部以减少理想气体的内能为代价。

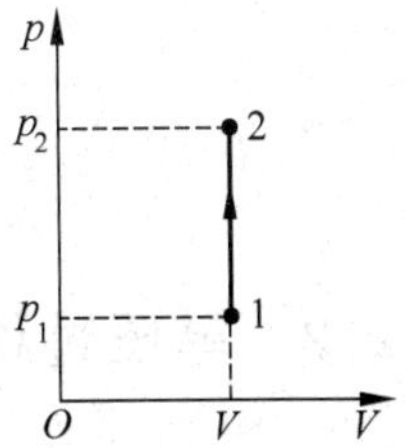

图 6.5 等体过程

现在我们定义1 mol理想气体在等体过程中，若吸收热量为 dQ_V，温度升高 dT 时的比值 $\frac{dQ_V}{dT}$ 为气体的定容摩尔热容，用 $C_{V,m}$ 表示，即

$$C_{V,m} = \frac{dQ_V}{dT}$$

定容摩尔热容的国际单位为J/(mol·K)。由于等体过程中 $dQ_V = dE$，代入上式则有

$$C_{V,m} = \frac{dE}{dT} \tag{6.6a}$$

由5.4.3节可知，1 mol理想气体的内能为

$$E_0 = \frac{i}{2}RT$$

于是有

$$C_{V,m} = \frac{dE}{dT} = \frac{i}{2}R \tag{6.6b}$$

式中 R 也称为摩尔气体常数，$R=8.31$ J/(mol·K)，因此理想气体的定容摩尔热容与气体的温度无关，只由分子的自由度决定。在常温下，由式(6.6b)有：对单原子分子理想气体，$i=3$，

$$C_{V,m} = \frac{3}{2}R \approx 12.5\ (\mathrm{J/(mol\cdot K)})$$

对刚性双原子分子理想气体，$i=5$，

$$C_{V,m} = \frac{5}{2}R \approx 20.8\ (\mathrm{J/(mol\cdot K)})$$

对刚性多原子分子理想气体，$i=6$，

$$C_{V,m} = \frac{6}{2}R \approx 24.9\ (\mathrm{J/(mol\cdot K)})$$

由计算结果，我们发现对于单原子分子和双原子分子理论计算值与实验值比较接近，但对于多原子分子理论计算值与实验值有一定的误差。

在引进定容摩尔热容后，式(6.5)可以写成

$$dQ_V = \frac{m}{M}C_{V,m}dT \tag{6.7a}$$

和

$$Q_V = \frac{m}{M}C_{V,m}(T_2 - T_1) \tag{6.7b}$$

显然，在等体过程中气体的内能为

$$dE = \frac{m}{M}C_{V,m}dT \tag{6.8a}$$

和

$$\Delta E = \frac{m}{M}C_{V,m}(T_2 - T_1) \tag{6.8b}$$

6.2.2 等压过程 定压摩尔热容

气体的压强保持不变的过程称为等压过程。如图6.6(a)所示，当对汽缸内的气体缓慢

加热时,气体的压强和体积都可能增大。若由外界对活塞施加的压力保持不变,则在气体体积膨胀过程中,其压强也保持不变,这可看作等压过程。等压过程在 p-V 图上是一条平行于 V 轴的直线段,这条直线段称为等压线,如图 6.6(b)所示。

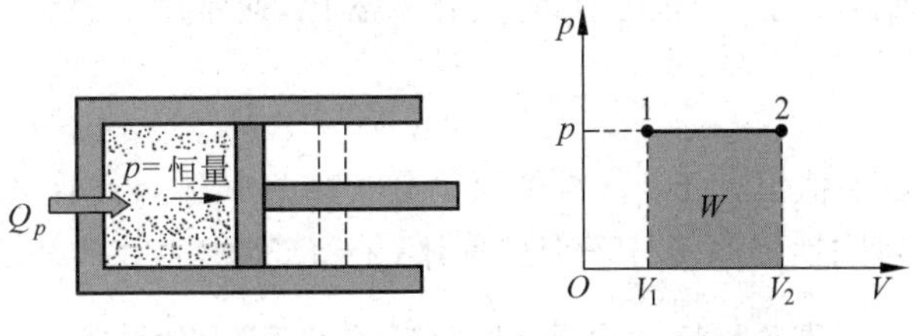

图 6.6 等压过程

在等压过程中,向气体传递的热量为 dQ_p,根据热力学第一定律,气体对外所做的功为

$$dQ_p = dE + p dV \tag{6.9a}$$

对于有限量的等压过程,向气体传递的热量为 Q_p,则有

$$Q_p = E_2 - E_1 + \int_{V_1}^{V_2} p dV \tag{6.9b}$$

在等压过程中,气体对外所做的功为

$$W = \int_{V_1}^{V_2} p dV = p(V_2 - V_1) = \frac{m}{M}R(T_2 - T_1) \tag{6.10}$$

这个功显然等于等压线 1、2 下面与 V 轴所围的面积,如图 6.6(b)所示。若将式(6.8b)和式(6.10)代入式(6.9b),便可得

$$Q_p = \frac{m}{M}C_{V,m}(T_2 - T_1) + \frac{m}{M}R(T_2 - T_1) \tag{6.11}$$

上式表明,等压过程中理想气体吸收的热量,一部分用来增加气体的内能,另一部分使气体对外做功。因此,当温度的升高相同时,一定量理想气体在等压膨胀过程中所吸收的热量,比等体过程中所吸收的热量要多。

设有 1 mol 理想气体,在等压过程中吸收热量 dQ_p,温度升高 dT,我们定义比值$\frac{dQ_p}{dT}$为气体的定压摩尔热容,用 $C_{p,m}$ 表示,即

$$C_{p,m} = \frac{dQ_p}{dT}$$

利用式(6.9a),上式可以写为

$$C_{p,m} = \frac{dE + p dV}{dT} = \frac{dE}{dT} + p\frac{dV}{dT}$$

由于$\frac{dE}{dT} = C_{V,m}$,又由 1 mol 理想气体状态方程 $pV = RT$,对此式两边取微分,并考虑到等压过程中 p= 常量,可得 $p dV = R dT$,故上式变为

$$C_{p,m} = C_{V,m} + R$$

或

$$C_{p,m} - C_{V,m} = R \tag{6.12}$$

即定压摩尔热容比定容摩尔热容大一个常量 R。在常温下，对单原子分子理想气体，$C_{p,m}\approx$ 20.8 J/(mol·K)；对双原子分子理想气体，$C_{p,m}=29.1$ J/(mol·K)；对多原子分子理想气体，$C_{p,m}\approx 33.2$ J/(mol·K)。可见，理想气体的定压摩尔热容仍与分子的自由度有关。

在实际中，常用到 C_p 与 C_V 的比值，称为比热容比，通常用 γ 表示，即

$$\gamma=\frac{C_{p,m}}{C_{V,m}} \tag{6.13}$$

因为 $C_{p,m}>C_{V,m}$，所以 γ 值恒大于1。对单原子分子理想气体，$\gamma=1.66$；对刚性双原子分子理想气体，$\gamma=1.40$；对刚性多原子分子理想气体，$\gamma=1.33$。

表 6.1　在常温下一些气体摩尔热容的实验数据

分子的原子数	气体的种类	$C_{p,m}$/(J/(mol·K))	$C_{V,m}$/(J/(mol·K))	$(C_{p,m}-C_{V,m})$/(J/(mol·K))	$\gamma(=C_{p,m}/C_{V,m})$
单原子	氦(He)	20.9	12.5	8.4	1.67
	氖(Ne)	20.8	12.7	8.1	1.64
	氩(Ar)	21.2	12.5	8.7	1.65
双原子	氢(H_2)	28.8	20.4	8.4	1.41
	氧(O_2)	28.9	21.0	7.9	1.40
	氮(N_2)	28.6	20.4	8.2	1.41
	空气	29.0	20.7	8.3	1.40
	一氧化碳	29.3	21.2	8.1	1.40
多原子	水蒸气	36.2	27.8	8.4	1.31
	硫化氢	36.1	27.4	8.7	1.32
	一氧化二氮	36.9	28.4	8.5	1.31
	二氧化碳	36.6	28.2	8.4	1.30
	乙醇	87.5	79.2	8.3	1.11

从表6.1所示的实验数据可以看出，单原子及双原子分子理想气体的 $C_{p,m}$、$C_{V,m}$、γ 的实验值与理论值很接近，说明经典的热容理论能近似地反映客观实际；但对多原子分子理想气体，实验值与理论值相差较大，说明它们与气体的结构及性质有关。实验还指出，气体的摩尔热容与温度也有关，这表明经典的热容理论是个近似理论，只有用量子理论才能较好地解释热容的问题。

6.2.3 等温过程

气体的温度保持不变的过程称为等温过程。如图6.7(a)所示，汽缸壁是绝热的，而只有底部是导热的。若将汽缸的底部与恒温热源相接触，当使作用在活塞上的外界压力缓慢地减少时，缸内气体同时缓慢地膨胀，热源的热量也同时缓慢地经过汽缸的底部向汽缸内传递，从而维持气体温度不变。这个过程可认为是等温过程。对理想气体，当温度不变时，$pV=$常量，所以等温过程在 p-V 图上是一条反比曲线，称为等温线，如图6.7(b)所示。

因为理想气体的内能仅是温度的单值函数，所以在等温过程中，$\mathrm{d}E=0$，根据热力学第一定律，有

$$\mathrm{d}Q_T=\mathrm{d}W_T \tag{6.14a}$$

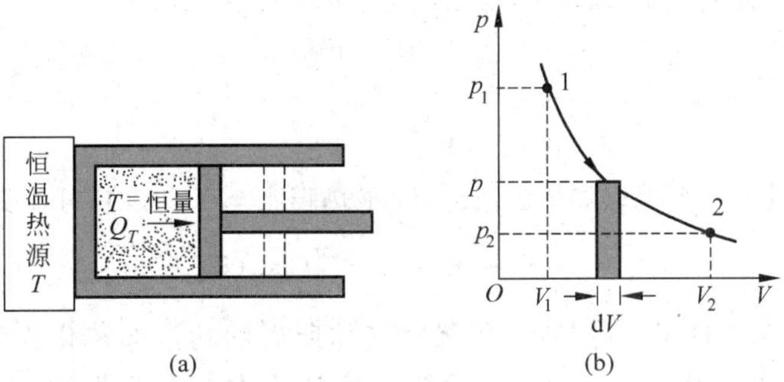

图 6.7 等温过程

下标 T 表示温度不变的过程。对于有限量的等温过程来说,则有

$$Q_T = W_T \tag{6.14b}$$

上式表明,在等温膨胀过程中,气体所吸收的热量全部用来对外做功;反之,在等温压缩过程中,外界对气体所做的功,全部转化为气体放出的热量。

应用理想气体状态方程 $pV=\frac{m}{M}RT$,气体在等温过程中对外界所做的功可计算如下:

$$W_T = \int_{V_1}^{V_2} p\mathrm{d}V = \int_{V_1}^{V_2} \frac{m}{M}RT\frac{\mathrm{d}V}{V} = \frac{m}{M}RT\ln\frac{V_2}{V_1} \tag{6.15a}$$

因为 $p_1V_1=p_2V_2$,所以上式也可写为

$$W_T = \frac{m}{M}RT\ln\frac{p_1}{p_2} \tag{6.15b}$$

气体在等温过程中所做的功等于在 p-V 图上等温线下面的面积。

6.2.4 绝热过程

气体和外界没有热量交换的过程称为绝热过程。如图 6.8(a)所示,气体在具有绝热套的汽缸中进行膨胀,就可以看作是绝热过程。若气体迅速膨胀时来不及和外界交换热量,也可近似地认为是绝热过程。如蒸汽机中蒸汽的膨胀、压缩机中空气的压缩等。在 p-V 图上,与绝热过程对应的曲线称为绝热线,如图 6.8(b)所示。

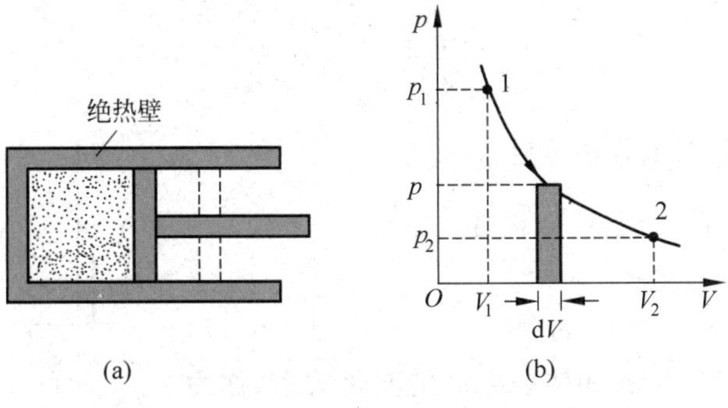

图 6.8 绝热过程

绝热过程的特征是热量 $dQ_a=0$，根据热力学第一定律，有

$$0 = dE + dW_a$$

即

$$dW_a = -dE \tag{6.16a}$$

下标 a 表示绝热过程。当理想气体由温度 T_1 绝热膨胀至 T_2 时，其对外所做的功为

$$W_a = -(E_2 - E_1) = -\frac{m}{M}C_{V,m}(T_2 - T_1) \tag{6.16b}$$

式(6.16b)表明，在绝热压缩过程中，外界对气体所做的功全部转化为气体的内能，使气体的温度升高，压强增大；反之，在绝热膨胀过程中，气体对外界做功，必须以减少其内能为代价，使气体的温度降低，压强减小。可见，在绝热过程中，p、V、T 三个状态参量是同时改变的。

理想气体绝热做功的表达式也可以用状态参量 p、V 来表示。从理想气体状态方程得 $\frac{m}{M}T_1=\frac{p_1V_1}{R}$ 和 $\frac{m}{M}T_2=\frac{p_2V_2}{R}$，将它们代入式(6.16b)，得

$$W_a = \frac{C_{V,m}}{R}(p_1V_1 - p_2V_2) \tag{6.16c}$$

利用 $C_{p,m}-C_{V,m}=R$ 和 $\gamma=C_{p,m}/C_{V,m}$，上式也可以写为

$$W_a = \frac{p_1V_1 - p_2V_2}{\gamma - 1} \tag{6.16d}$$

下面应用绝热过程的特征、热力学第一定律和理想气体状态方程，讨论绝热过程中各状态参量之间的函数关系。

对于一无限小绝热过程，由热力学第一定律有 $dW_a=-dE$，即

$$p dV = -\frac{m}{M}C_{V,m}dT$$

对理想气体状态方程 $pV=\frac{m}{M}RT$ 取微分，有

$$p dV + V dp = \frac{m}{M}R dT$$

从上述两式中消去 dT 后，可得

$$(C_{V,m} + R)p dV = -C_{V,m}V dp$$

即

$$\frac{dp}{p} + \gamma\frac{dV}{V} = 0$$

式中 $\gamma=\frac{C_{p,m}}{C_{V,m}}$ 为常数，对上式积分后得

$$\ln p + \gamma \ln V = 常量$$

即

$$pV^{\gamma} = 常量 \tag{6.17}$$

此式表示在绝热过程中压强和体积之间的变化关系，称为绝热过程方程。根据式(6.17)在 p-V 图上画出的曲线，就是绝热线(图6.9中的实线)。

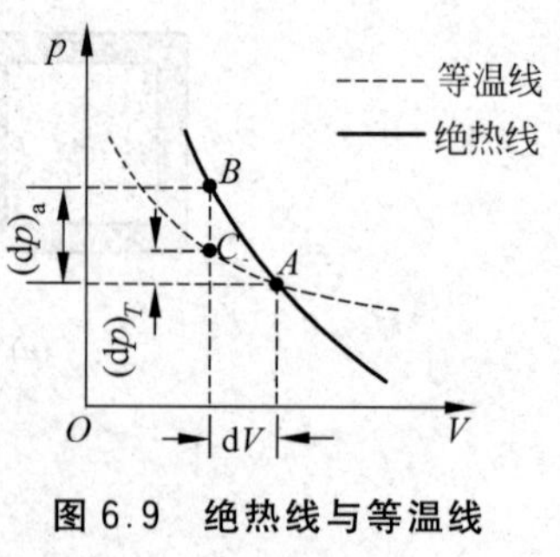

图6.9 绝热线与等温线

将式(6.17)与理想气体状态方程联立,分别消去 p 和 V,可得绝热过程方程的另外两种形式分别为

$$V^{\gamma-1}T = 常量 \tag{6.18}$$

$$p^{\gamma-1}T^{-\gamma} = 常量 \tag{6.19}$$

式(6.17)～式(6.19)统称为绝热方程,注意三式中的常量是各不相同的。

6.2.5 绝热线与等温线

为了比较绝热线和等温线,我们按绝热方程

$$pV^{\gamma} = 常量$$

和等温方程

$$pV = 常量$$

在 p-V 图上作这两个过程的过程曲线,如图 6.9 所示。图中实线是绝热线,虚线是等温线,两线在图中的 A 点相交,显然绝热线比等温线要陡些。这是因为 A 点处等温线的斜率为

$$\left(\frac{\mathrm{d}p}{\mathrm{d}V}\right)_T = -\frac{p_A}{V_A}$$

而 A 点处绝热线的斜率为

$$\left(\frac{\mathrm{d}p}{\mathrm{d}V}\right)_a = -\gamma\frac{p_A}{V_A}$$

因为 $\gamma>1$,所以在两线交点处,绝热线斜率(绝对值)比等温线斜率要大,这样,绝热线比等温线就要陡些。对此可作如下解释:当气体由图中两线交点 A 所代表的状态压缩同样的体积 $\mathrm{d}V$ 时,若是等温过程,导致其压强增大 $(\mathrm{d}p)_T$ 的,只是由于体积的减小;但若是绝热过程,其压强的增量 $(\mathrm{d}p)_a$ 不仅由于体积的减小,而且还由于温度的上升,所以绝热过程中压强增大得更多些,即 $(\mathrm{d}p)_a>(\mathrm{d}p)_T$,可见绝热线要比等温线陡些。

例 6-2 1 g 氮气原来的温度和压强为 423 K 和 5 atm,经准静态绝热膨胀后,体积变为原来的两倍,求在这过程中气体对外所做的功;若是等温过程,情况又如何?

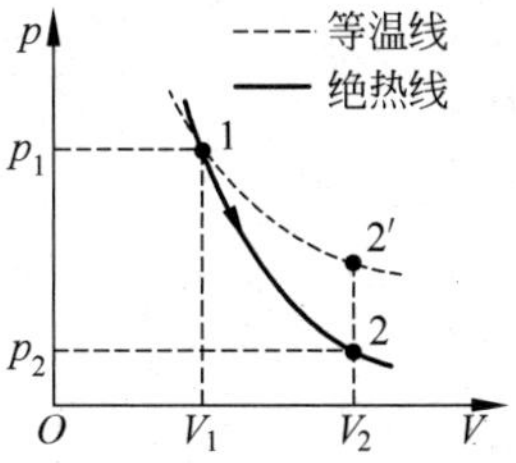

图 6.10

解 图 6.10 是这个过程的示意图。

已知

$$p_1 = 5\ \mathrm{atm} = 5.066\times10^5\ \mathrm{Pa}$$

$$T_1 = 423\ \mathrm{K},\quad m = 10^{-3}\ \mathrm{kg},\quad V_2 = 2V_1$$

由理想气体状态方程

$$pV = \frac{m}{M}RT$$

可得

$$V_1 = \frac{mRT_1}{p_1M} = \frac{10^{-3}\times8.31\times423}{5.066\times10^5\times28\times10^{-3}} = 2.48\times10^{-4}(\mathrm{m}^3)$$

按题意,终态体积 $V_2=2V_1=4.96\times10^{-4}\ \mathrm{m}^3$,又根据式(6.17),可得

$$p_2 = p_1\left(\frac{V_1}{V_2}\right)^{\gamma} = 5.066\times 10^5\times\left(\frac{1}{2}\right)^{1.4} = 1.92\times 10^5(\text{Pa})$$

将以上结果代入式(6.16d)中,即得

$$\begin{aligned} W_a &= \frac{1}{\gamma-1}(p_1V_1 - p_2V_2) \\ &= \frac{1}{1.4-1}(5.066\times 10^5\times 2.48\times 10^{-4} - 1.92\times 10^5\times 4.96\times 10^{-4}) \\ &= 76.1(\text{J}) \end{aligned}$$

正号表示气体在绝热膨胀时对外做功。

若是等温过程,则由式(6.15a)可得气体对外所做的功为

$$W_T = \frac{m}{M}RT\ln\frac{V_2}{V_1} = \frac{10^{-3}}{28\times 10^{-3}}\times 8.31\times 423\times \ln 2 = 87.0(\text{J})$$

末状态的压强

$$p_2 = p_1\frac{V_1}{V_2} = 5.066\times 10^5\times\frac{1}{2} = 2.533\times 10^5(\text{Pa})$$

应当指出,上例是在初始温度相同的情况下的膨胀过程,等温膨胀过程对外所做的功比绝热膨胀过程对外所做的功多;若是在初始温度相同的压缩过程,其结果正好相反。这一点读者应注意。

例 6-3 1 mol 理想气体经如图 6.11 所示的两个不同的过程(1—4—2 和 1—3—2)由状态 1 变到状态 2。图中 $p_2=2p_1$, $V_2=2V_1$。已知该气体的定容摩尔热容 $C_{V,m}=\frac{5}{2}R$,初态温度为 T_1,求气体分别在这两个过程中从外界吸收的热量。

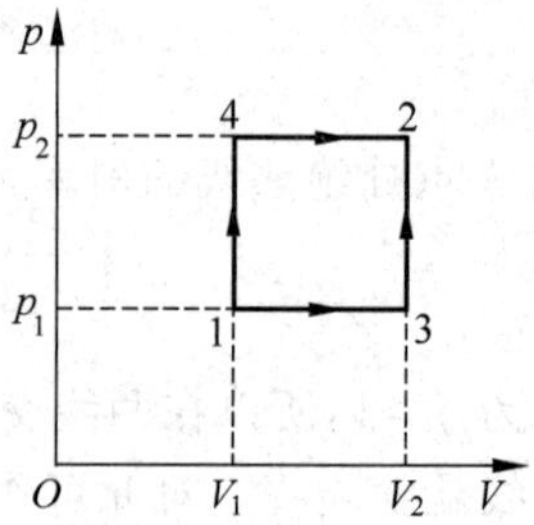

图 6.11

解 已知

$$p_2 = 2p_1,\quad V_2 = 2V_1, \frac{m}{M} = 1(\text{mol})$$

根据理想气体状态方程

$$p_1V_1 = RT_1$$
$$p_2V_2 = 4p_1V_1 = RT_2$$

得

$$T_2 = 4T_1$$

同理可得

$$T_3 = T_4 = 2T_1$$

1—2 过程的内能增量

$$E_2 - E_1 = C_{V,m}(T_2 - T_1) = \frac{5}{2}R\times 3T_1 = 7.5RT_1$$

对于 1—4—2 过程,1—4 是等体过程,系统不做功,4—2 是等压过程,所以气体对外做功为

$$W_{1-4-2} = p_2(V_2 - V_1) = R(T_2 - T_4) = 2RT_1$$

根据热力学第一定律得气体在过程 1—4—2 中所吸收的热量为

$$Q_{1-4-2} = E_2 - E_1 + W_{1-4-2} = 7.5RT_1 + 2RT_1 = 9.5RT_1$$

对于 1—3—2 过程，3—2 是等体过程，系统不做功，只有 1—3 等压过程做功，所以气体对外界所做的功为

$$W_{1-3-2} = p_1(V_3 - V_1) = R(T_3 - T_1) = RT_1$$

所吸收的热量

$$Q_{1-3-2} = E_2 - E_1 + W_{1-3-2} = 7.5RT_1 + RT_1 = 8.5RT_1$$

6.3 循环过程 卡诺循环

6.3.1 循环过程

自从瓦特改进了蒸汽机后，直接导致了第一次工业技术革命，极大地推进了社会生产力的发展。蒸汽机的发明是对近代科学和生产的巨大贡献，在当时具有划时代的意义。时至今日，古老的蒸汽机已经发展成为各种先进的内燃机，无论是汽车、轮船，还是大部分火车，其动力部分都是内燃机。从蒸汽机到内燃机，更多地体现了技术的发展，而用到的物理学原理并没有改变，其实质就是凭借气体的循环过程将热量转换为对外做功。所谓循环过程，就是指系统经历了一系列状态变化以后，又回到原来状态的过程。

如果组成循环的每个分过程都是准静态过程，则此循环过程在 p-V 图上可用一闭合曲线来表示，如图 6.12 所示。把整个循环分成 ABC 和 CDA 两部分，前者系统对外做功(正功)，体积增大，后者外界对系统做功(负功)，体积被压缩。整个循环过程中系统对外所做的净功为

$$W = W_{ABC} - W_{CDA} > 0$$

为清楚起见，以后在公式中功和热量的符号 W 和 Q 均表示绝对值，其正负用其前所加的正负号表示。由于对外所做的功 W_{ABC} 等于面积 $ABCV_2V_1A$，外界对系统所做的功 W_{CDA} 等于面积 CV_2V_1ADC，系统对外所做的净功等于循环过程曲线 $ABCDA$ 所包围的面积。

循环过程沿着顺时针方向进行时，系统对外所做的净功为正，这样的循环称为正循环。能够实现正循环的机器称为热机。

如图 6.13 所示，系统沿逆时针方向进行循环，则有

$$W = W_{ADC} - W_{CBA} < 0$$

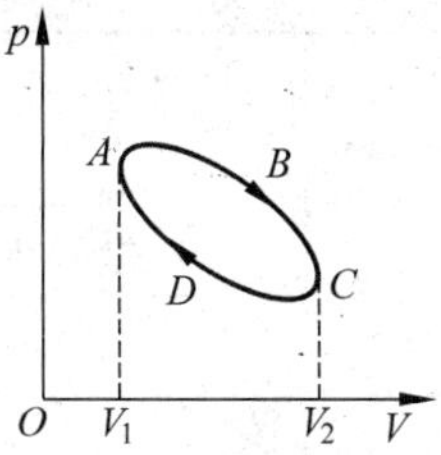

图 6.12 正循环过程

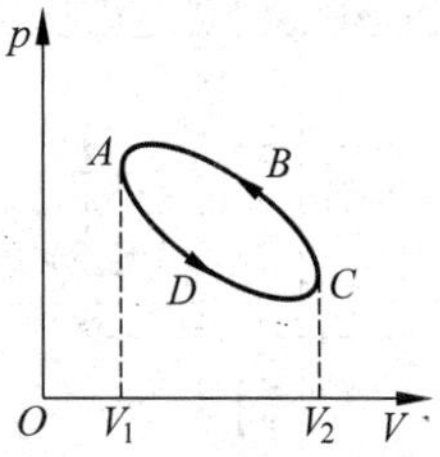

图 6.13 逆循环过程

系统对外所做的净功为负，这样的循环称为逆循环，能够实现逆循环的机器称为制冷机。

由于内能是状态的单值函数，所以系统经过一次循环后又回到初始状态时，系统的内能

保持不变,即 $\Delta E=0$,这是循环过程的一个重要特征。如果系统在一个循环过程中吸收热量为 Q_1,放出热量为 Q_2,对外所做净功为 W,则循环过程的热力学第一定律可表示为

$$Q_1 - Q_2 = W \tag{6.20}$$

6.3.2 热机和制冷机

在技术上往往要求一物质系统能持续不断地进行热功转换,实现这种过程的装置就是热机和制冷机。而这一物质系统在热力学中称为工作物质。例如汽缸中的气体。

热机在工作时,需要有高温和低温两个热源。例如,汽车发动机中的燃烧室是高温热源,汽车的尾气管排出的废气散逸在大气中,大气就是低温热源。工作物质在高温热源吸收热量 Q_1,对外做功 W,并将多余的热量 Q_2 在低温热源中放出,如图6.14所示。反映热机效能的重要标志之一是热机效率,用 η 表示,它的定义为:在正循环中,系统(工作物质)对外所做的功 W 与它从高温热源吸收的热量 Q_1 之比。热机的效率标志着循环过程吸收的热量有多少转换成有用的功,即

$$\eta = \frac{W}{Q_1} \tag{6.21a}$$

由于 $Q_1 - Q_2 = W$,所以热机的效率还可表示为

$$\eta = 1 - \frac{Q_2}{Q_1} \tag{6.21b}$$

在整个循环过程中,Q_2 是不可能为零的(见第6.4节),所以热机效率总是小于1。

制冷机的工作过程正好与热机相反,它是通过外界对系统做功 W,使工作物质从低温热源吸取热量 Q_2,并在高温热源放出热量 Q_1,如图6.15所示。在完成一个循环后,根据热力学第一定律,有 $-W = Q_2 - Q_1$,即 $W = Q_1 - Q_2$。这说明,通过外界做功,制冷机在经历一个循环后,把热量从低温热源传递给高温热源。为了描述制冷机的制冷效能,我们引入制冷系数的概念,它的定义为:在一次循环中,制冷机从低温热源吸取的热量与外界所做功之比,即

$$e = \frac{Q_2}{W} = \frac{Q_2}{Q_1 - Q_2} \tag{6.22}$$

制冷系数是制冷机效能的一个重要标志,它的大小表示外界对制冷机做1单位功而制冷机可以从低温热源吸走热量的多少。

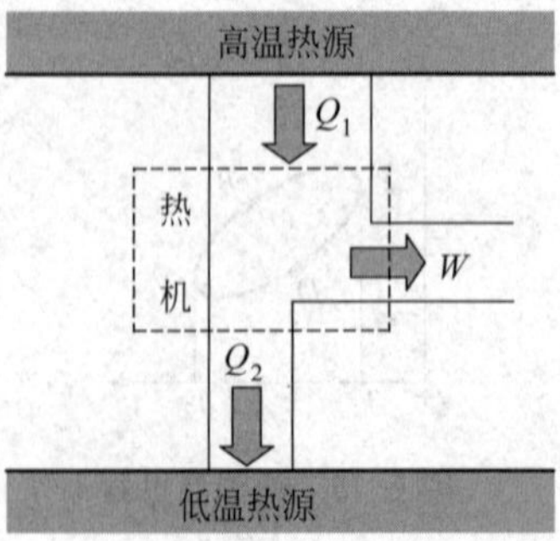

图6.14 热机工作原理

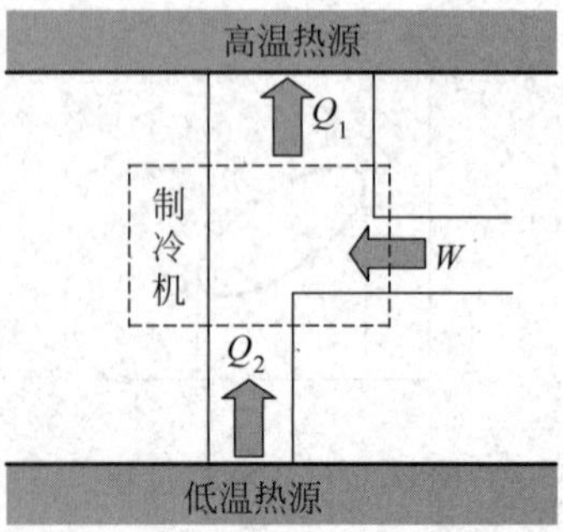

图6.15 制冷机工作原理

例 6-4 1 mol 氦气(可看作理想气体)经过如图 6.16 所示的循环过程,其中 $V_1=V_2=V$,$V_3=V_4=3V$,$p_1=p_4=p$,$p_2=p_3=3p$。求该循环的效率。

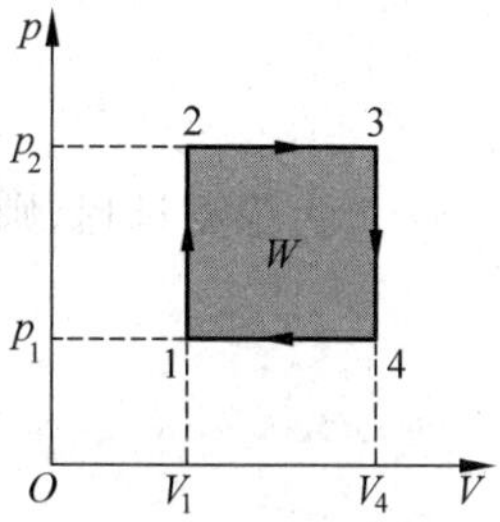

图 6.16

解 循环所做的净功

$$W=(p_2-p_1)(V_4-V_1)=4pV$$

设状态 1 的温度为 T_1,则有

$$p_1V_1=pV=RT_1$$

$$\frac{p_1V_1}{T_1}=\frac{p_2V_2}{T_2}\rightarrow T_2=3T_1$$

$$\frac{p_1V_1}{T_1}=\frac{p_3V_3}{T_3}\rightarrow T_3=9T_1$$

$$\frac{p_1V_1}{T_1}=\frac{p_4V_4}{T_4}\rightarrow T_4=3T_1$$

1—2、2—3 是吸热过程,其吸收的热量分别为

$$Q_{12}=C_{V,m}(T_2-T_1)=2C_{V,m}T_1$$

$$Q_{23}=C_{p,m}(T_3-T_2)=6C_{p,m}T_1$$

其中

$$C_{V,m}=\frac{3}{2}R,\quad C_{p,m}=\frac{5}{2}R$$

故有

$$Q_1=Q_{12}+Q_{23}=2C_{V,m}T_1+6C_{p,m}T_1=18RT_1$$

循环的效率

$$\eta=\frac{W}{Q_1}=\frac{4RT_1}{18RT_1}=22.2\%$$

例 6-5 1 mol 刚性双原子分子理想气体作如图 6.17 所示的循环过程,其中 1—2 为直线,2—3 为绝热线,3—1 为等温线,已知 $T_2=2T_1$,$V_3=8V_1$。试求:(1)各过程的内能增量、功和传递的热量(用 T_1、R 表示);(2)此循环的效率。($\ln 8\approx 2.08$)

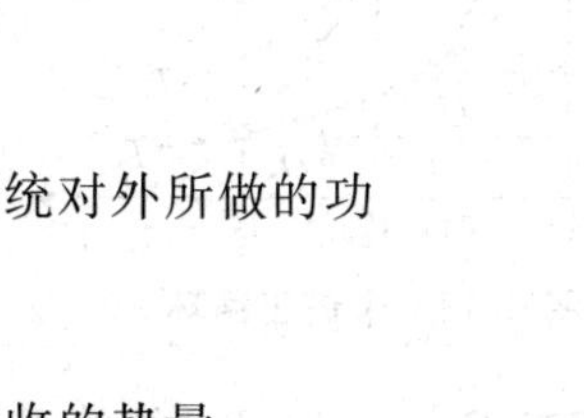

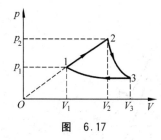

图 6.17

解 由题意,3—1 是等温线,故 $T_3=T_1$;由于是刚性双原子分子,则其自由度 $i=5$,因此 $C_{V,m}=\frac{5}{2}R$。

1—2 是吸热过程,内能改变

$$\Delta E_{12}=C_{v,m}(T_2-T_1)=\frac{5}{2}RT_1$$

系统对外所做的功

$$W_{12}=\frac{1}{2}p_2V_2-\frac{1}{2}p_1V_1=\frac{1}{2}RT_1$$

吸收的热量

$$Q_{12}=\Delta E_{12}+W_{12}=3RT_1$$

2—3 为绝热过程,则

$$Q_{23}=0$$

$$\Delta E_{23}=C_{v,m}(T_3-T_2)=-\frac{5}{2}RT_1$$

$$W_{23}=-\Delta E_{23}=\frac{5}{2}RT_1$$

3—1 为等温过程，则

$$\Delta E_{31}=0$$

$$W_{31}=RT_1\ln\frac{V_1}{V_3}=-RT_1\ln 8$$

$$Q_{31}=W_{31}=-RT_1\ln 8$$

在整个循环过程中，系统吸收的热量

$$Q_1=Q_{12}=3RT_1$$

系统放出的热量

$$Q_2=|Q_{31}|=RT_1\ln 8$$

循环效率

$$\eta=1-\frac{Q_2}{Q_1}=1-\frac{RT_1\ln 8}{3RT_1}=30.7\%$$

6.3.3 卡诺循环

18 世纪末和 19 世纪初，蒸汽机得到了广泛的应用，但其效率却很低，只有 3%～5%，即 95%以上的热量都没有得到利用。人们在摸索中对蒸汽机的结构加以改进，尽量减少漏气、散热和摩擦等因素的影响，但热机的效率也只有很小的提高。热机效率不能大幅提高的关键究竟是什么？不少科学家和工程师从理论上来研究热机的效率。1824 年，法国青年工程师卡诺(1876—1832)提出了一种理想热机，工作物质只与两个热源(一个高温热源、一个低温热源)交换热量。整个循环过程由两个等温过程和两个绝热过程组成，我们把这种循环过程称为卡诺循环。这种热机确定了能够将热转变为功的最大限度，从而为提高热机效率指出了一个明确的方向。

现以理想气体为工作物质来讨论卡诺循环的效能问题。如图 6.18 所示为沿顺时针方向进行的卡诺正循环，以卡诺正循环工作的机器称为卡诺热机。工作物质从状态 $A(p_1,V_1,T_1)$ 开始等温膨胀到状态 $B(p_2,V_2,T_1)$，然后绝热膨胀到状态 $C(p_3,V_3,T_2)$，再等温压缩到状态 $D(p_4,V_4,T_2)$，最后经过绝热压缩回到状态 A。

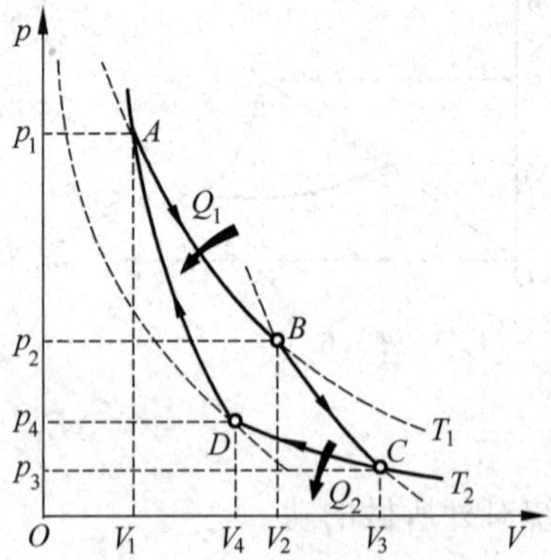

图 6.18 卡诺正循环

卡诺正循环(卡诺热机)的效率：在状态 $A(p_1,V_1,T_1)$ 到状态 $B(p_2,V_2,T_1)$ 的等温膨胀过程中，工作物质从温度为 T_1 的高温热源所吸收的热量为

$$Q_1=\frac{m}{M}RT_1\ln\frac{V_2}{V_1}$$

在状态 $C(p_3,V_3,T_2)$ 到状态 $D(p_4,V_4,T_2)$ 的等温压缩过程中，工作物质向温度为 T_2 的低

温热源放出的热量为

$$Q_2 = \frac{m}{M}RT_2 \ln\frac{V_3}{V_4}$$

应用绝热方程式(6.18),可得

$$V_2^{\gamma-1}T_1 = V_3^{\gamma-1}T_2$$

$$V_1^{\gamma-1}T_1 = V_4^{\gamma-1}T_2$$

两式相除并开($\gamma-1$)次方,可得

$$\frac{V_2}{V_1} = \frac{V_3}{V_4}$$

所以

$$Q_2 = \frac{m}{M}RT_2 \ln\frac{V_3}{V_4} = \frac{m}{M}RT_2 \ln\frac{V_2}{V_1}$$

将 Q_1 和 Q_2 代入式(6.21a),可得卡诺正循环(热机)的效率为

$$\eta = \frac{W}{Q_1} = \frac{Q_1 - Q_2}{Q_1} = \frac{T_1 - T_2}{T_1} = 1 - \frac{T_2}{T_1} \tag{6.23}$$

由此可知,理想气体的卡诺正循环的效率只取决于高温热源的温度 T_1 和低温热源的温度 T_2。当高温热源的温度越高,低温热源的温度越低时,卡诺循环的效率就越高。也就是说,两个热源的温差越大,从高温热源所吸收的热量 Q_1 的利用率就越高。这就指出了提高热机效率的方向。

卡诺逆循环就是沿着图 6.18 箭头所示的相反方向进行。这时,工作物质从温度为 T_2 的低温热源吸取热量 Q_2,连同外界对工作物质所做的功 W,一起向温度为 T_1 的高温热源放出热量 $Q_1=Q_2+W$。根据式(6.22),卡诺逆循环(制冷机)的制冷系数为

$$e = \frac{Q_2}{W} = \frac{Q_2}{Q_1 - Q_2} = \frac{T_2}{T_1 - T_2} \tag{6.24}$$

由此可知,卡诺逆循环的制冷系数也只是取决于高温热源的温度 T_1 和低温热源的温度 T_2;当低温热源的温度 T_2 越低时,制冷系数 e 就越小。这说明,系统从温度越低的热源中吸取热量时,外界必须做更多的功。

例 6-6 四冲程汽油机(奥托循环)的做功原理如图 6.19 所示。AB 相当于把压强约为 1 atm 的混合气体燃料吸入汽缸内;BC 相当于活塞把吸入汽缸内的混合气体燃料加以压缩,由于压缩快,散热慢,可看作是绝热压缩过程;CD 相当于用电火花使压缩后的混合气体燃料瞬时爆炸,于是气体的压强骤然增加,在这一瞬间,活塞移动距离极小;DE 相当于爆炸后的气体作绝热膨胀,并推动活塞对外做功;EB 相当于对外做功后气体的压强骤然减小到大气压,在此过程中,活塞移动甚微;BA 相当于活塞把废气排出缸体,接着为下一次循环作准备。求此循环的效率。

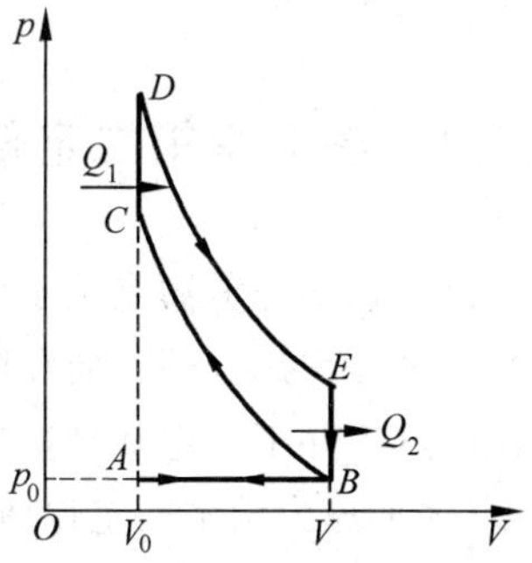

图 6.19

解 奥托循环中,气体在等体升压过程 CD 中吸热 Q_1,而在等体降压过程 EB 中放热 Q_2。设气体的质量为 m,摩尔质量为 M,定容摩尔热容为 $C_{V,m}$,则有

$$Q_1 = \frac{m}{M}C_{V,m}(T_D - T_C)$$

$$Q_2 = \frac{m}{M}C_{V,m}(T_E - T_B)$$

若将气体看作是理想气体，则对于绝热膨胀过程 DE 和绝热压缩过程 BC，就可利用式(6.18)，得

$$V^{\gamma-1}T_E = V_0^{\gamma-1}T_D$$
$$V^{\gamma-1}T_B = V_0^{\gamma-1}T_C$$

上两式相减得

$$\frac{T_E - T_B}{T_D - T_C} = \left(\frac{V_0}{V}\right)^{\gamma-1} = \frac{1}{\left(\frac{V}{V_0}\right)^{\gamma-1}} = \frac{1}{r^{\gamma-1}}$$

式中 $r=\frac{V}{V_0}$ 称为绝热压缩比。利用式(6.21b)可得奥托循环的效率为

$$\eta = 1 - \frac{Q_2}{Q_1} = 1 - \frac{T_E - T_B}{T_D - T_C} = 1 - \frac{1}{r^{\gamma-1}}$$

从上式看来，提高压缩比可以提高汽油内燃机的效率，但考虑到汽油的爆燃和内燃机材料的强度等各种因素，在汽油内燃机的设计中，r 的数值一般不大于10。

6.4 热力学第二定律

在19世纪初期，蒸汽机已在工业、航海等领域得到了广泛的使用，随着技术水平的提高，蒸汽机的效率也有所增加。但提高热机效率有没有极限呢？能否制造只有单一热源的热机呢？能否制造不需外界对系统做功的制冷机呢？这些问题都是当时在理论上急需解决的问题，但这些问题又不能由热力学第一定律来解决。此外，人们还发现在自然界中不是所有符合热力学第一定律的过程都能发生（如混合后的气体不能自动地分离）。这表明，自然界自动进行的过程是有方向的。为此，人们在实践的基础上总结出了一条新的定律，即热力学第二定律。

6.4.1 热力学第二定律的两种表述

热力学第一定律是关于内能和其他形式能量在状态变化过程中相互转化的规律，但是没有指出过程进行的方向和限度。在研究如何提高热机效率时逐步发现：满足热力学第一定律的过程并不一定都能实现。也就是说，自然界中有许多过程的进行都有一定的方向和限度，这是热力学第二定律所要解决的问题。

从热机效率的定义式(6.21)可知，若工作物质在某一循环过程中向低温热源放出的热量越少，则热机的效率就越高。如果能实现不向低温热源放热（$Q_2=0$），则有 $\eta=100\%$，那就要求工作物质在这一循环动作中，把从高温热源吸收的热量全部变为有用功，而工作物质本身又回到初始状态。这种设想的高效率热机并不违反热力学第一定律。然而，大量实践

表明,热机无论如何都不可能只有一个热源。热机要不断地将吸取的热量变为有用的功,就不可避免地要把一部分热量传给低温热源,效率必然小于 100%。在总结实践经验的基础上,英国物理学家开尔文于 1851 年以下列形式表述了一条普通原理:不可能制成这样一种循环工作的热机,它只从单一热源吸取热量,使之完全变为有用的功而不产生其他影响。这就是热力学第二定律的开尔文表述。

为了准确地理解开尔文的表述,需要注意以下两点:第一,所谓"单一热源",是指温度均匀并且恒定不变的热源。若热源的各部分温度不均匀,则工作物质可以由热源中温度较高的一部分吸热而往热源中温度较低的另一部分放热,这在实际上就相当于两个而不是单一热源了。第二,所谓"其他影响",是指除了从单一热源吸热并把它用来做功这两条以外的任何其他影响。当其他影响产生时,把由单一热源吸取的热量全部变为有用的功就是可能的。例如,理想气体在等温膨胀过程中,由于内能不变,因而气体从热源吸取的热量完全变成对外所做的功。但是这时却产生了其他影响,即气体的体积膨胀了。

只从单一热源吸取热量并把它全部用来做功的热机,称为第二类永动机。有人曾估算过,如果能制成第二类永动机,使它从海水吸热而做功,那么海水的温度只要降低 0.01 K,所做的功相当于 10^{12} 吨煤燃烧时放出的能量,就可供全世界所有工厂用 1000 多年之久。但是事实上,第二类永动机是绝对不可能实现的。

热力学第二定律的另一表述是建立在制冷系数定义式(6.22)上,当向低温物体吸取一定的热量 Q_2 时,若需要的功 W 越少,则制冷机的效能就越高。然而长期的实践表明,在制冷机的工作过程中,外界必须对机器做功($W \neq 0$),也就是说,设想制冷机的工作物质在经历一个循环后恢复了原状,其唯一的效果只是把热量从低温物体传导到了高温物体是不可能的。德国物理学家克劳修斯在 1850 年提出下面的表述:不可能把热量从低温物体传到高温物体而不产生其他影响。这是热力学第二定律的克劳修斯表述。克劳修斯的表述也可以表述为:热量不可能自发地从低温物体传向高温物体。

热力学第二定律的以上两种表述,分别回答了生产实践中对热机效率和制冷机效能提出的问题。但是,热力学第二定律的重要性不仅限于此,我们将会进一步看到热力学第二定律有更为广泛、更为深刻的意义。

*6.4.2 两种表述的等效性

热力学第二定律的两种表述表面看来似乎彼此无关,其实它们是等效的。可以证明,如果开尔文的表述成立,则克劳斯修表述也成立;反之,如果克劳斯修的表述成立,则开尔文表述也成立。下面,我们用反证法来证明两者的等效性。

假设开尔文的表述不成立,也即允许有一循环 R 可以只从高温热源 T_1 吸取热量 Q_1,并把它全部转变为有用的功 W,如图 6.20 所示。这样我们再利用一个逆循环 S 接受 R 所做的功 $W(W=Q_1)$,使它从低温热源 T_2 吸取热量 Q_2,传向高温热源,在高温热源 T_1 处放出热量 $Q_2+W=Q_2+Q_1$。现在,把这两个循环 $R+S$ 总的看成一部复合制冷机,

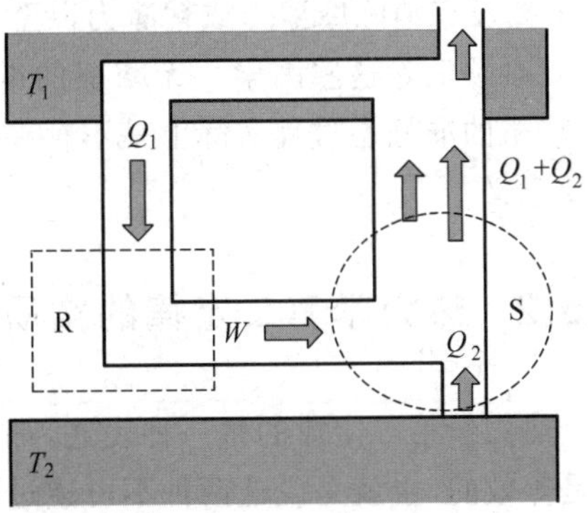

图 6.20 复合制冷机的工作原理

其总的效果是：外界没有对它做功，而它却把热量 Q_2 从低温热源传给了高温热源。这就说明，如果开尔文表述不成立，则克劳修斯表述也不成立；反之，也可以证明克劳修斯表述不成立，则开尔文表述也必然不成立。

热力学第二定律可以有多种表述，人们之所以公认开尔文表述和克劳修斯表述是该定律的标准表述，其原因之一是热功转换与热量传递是热力学过程中最有代表性的典型事例，又正好分别被他们两人用作定律的表述，而且这两种表述彼此等效；原因之二是他们两人是历史上最先完整地提出热力学第二定律的人，为尊重历史和肯定他们的功绩，所以就采用了这两种表述。

6.5 可逆过程与不可逆过程 卡诺定理

6.5.1 可逆过程与不可逆过程

在讨论气体内输运现象时，其实涉及了过程的方向性问题。为了进一步讨论热力学过程的方向性问题，有必要介绍可逆过程与不可逆过程的概念。

一个系统，由一个状态出发，经过一个过程到达另一个状态。如果存在另一个过程，它能使系统和外界完全复原，则原来的过程称为可逆过程。反之，用任何方法都不可能使系统和外界完全复原，则原过程就是不可逆过程。这里说的"使系统和外界完全复原"是指系统回到原来的状态，同时消除了原来过程对外界引起的一切影响：原来系统对外界所做的功要由外界对系统所做的功完全抵消；原来吸收的热量要完全放出。

经验表明，功可以全部转换为热(摩擦生热就是一个例子)，而热力学第二定律的开尔文表述指出，热却不能在不引起其他变化的情况下全部转变为功。因此，功变热的过程是不可逆过程。经验又表明，热量会自动地由高温物体传向低温物体，而热力学第二定律的克劳修斯表述指出，没有任何办法可以把热量由低温物体传到高温物体而不引起其他变化。因此，热传导的过程也是不可逆过程。

仔细考察自然界的各种不可逆过程可以看出，它们都包含着下列某些基本特点：①没有达到力学平衡，例如系统和外界之间存在着有限大小的压强差(而不是无限小的压强差)；②没有达到热平衡，即存在着在有限温差之间的热传导(而不是在无限小的温差间的热传导)；③没有消除摩擦力或粘滞力以至电阻等产生耗散效应的因素。因此，如果要使过程可逆，就必须消除这些因素。无摩擦的准静态过程可消除上述因素，所以它是可逆过程。当然，严格的准静态过程实际上是不存在的，它只是一种理想的抽象，但在计算和理论上有着重要意义。

6.5.2 热力学第二定律的实质

热力学第二定律的每一种表述，都表明一种过程的不可逆性。前面已经证明这两种表述是等效的，也就是说这两种不可逆过程是相互联系的，即可从其中一个过程的不可逆性推断出另一个过程的不可逆性。这启发了人们，自然界中各种不可逆过程都是相互联系的。

现以气体自由膨胀为例，说明其他各种不可逆过程的相互联系。设有一个容器被隔板分为 A 和 B 两部分，A 部分充有理想气体，B 部分为真空，如图 6.21(a)所示。把隔板抽掉，A 部分的气体将迅速向真空 B 部分膨胀，这就是气体自由膨胀，如图 6.21(b)所示。在这过程中，外界没有对气体做功(气体不受外界阻力)；另外，因为过程进行得很快，所以看成绝热过程。这样，外界没有发生任何变化。但可以由热力学第二定律推断出这一过程是不可逆的，因不存在这样一个使外界不发生任何变化却能把气体自行收缩到原来状态的过程。用反证法，假设可能存在这样一个过程 R，使外界不发生任何变化而气体收缩到回复原状，那么我们可以设计如图 6.22(b)所示的过程，使理想气体和单一热源接触，从热源吸收热量 Q 进行等温膨胀而对外做功 W，显然 $W=Q$；然后再如图 6.22(c)所示，通过过程 R 使气体复原。这样，上述几个过程所产生的唯一效果是从单一热源吸热全部用来对外做功而没有其他变化。这是违反热力学第二定律的开尔文表述的，所以，由功变热过程的不可逆性可以推断出气体自由膨胀过程的不可逆性。反之，由气体自由膨胀过程的不可逆性也可以推断出功变热过程的不可逆性。当然还可以列举出更多的例子，采用类似的方法来证明各种不可逆过程的这种相互联系。因此，热力学第二定律的实质在于揭示自然界中一切与热现象有关的实际宏观过程，都是不可逆的。

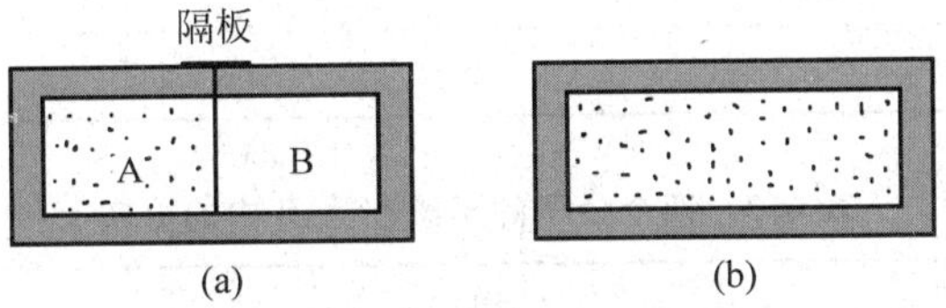

图 6.21　气体的自由膨胀

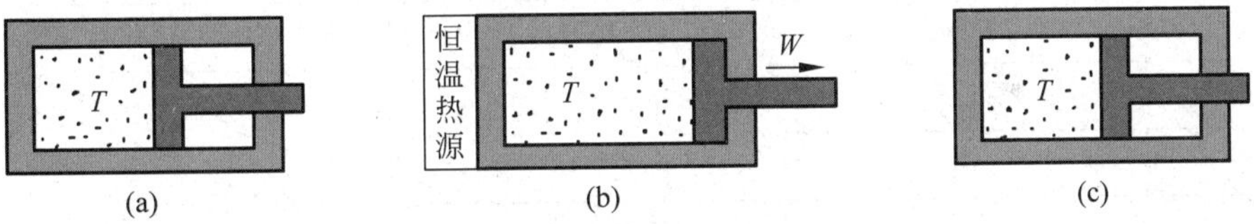

图 6.22　不可逆过程的证明

*6.5.3　热力学第二定律的统计意义

热力学第二定律指出，过程的进行是有方向性的。下面以气体的自由膨胀为例，从微观角度来说明过程的方向性。

如图 6.23 所示，用隔板将容器分成容积相等的 A、B 两部分，使 A 中充满气体，B 中保持真空。然后抽去隔板，看气体分子在空间的分布情况如何。为说明问题，把气体分子编上号码 a、b、c、d、…。首先观察分子 a 的运动情况。当隔板抽去后，它就在整个容器中运动，既可以在 A 中也可以在 B 中。因为 A、B 体积相等，它在 A 中或 B 中的机会是相等的，分子 a 出现在 A 中或 B 中的概率就是 $\frac{1}{2}$。然后再观察两个分子 a、b 的运动情况。把隔板抽去后，它们将在容器内运动，如果以分子分布在 A 或 B 来分类，则它们在容器中

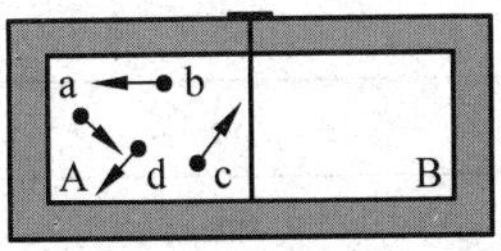

图　6.23

的分布方式共有四种，集中于 A 或 B 中的分布方式各有一种(见表 6.2)。这表示分子均匀分布于 A、B 中的概率大于集中于 A 或 B 中的概率。但是集中分布于 A 中的概率为 $\frac{1}{2^2}=\frac{1}{4}$，不能算小，可见两个分子集中在一起的分布方式是可能发生的。现在来观察四个分子 a、b、c、d 的运动情况。这时分子的分布方式共有十六种(见表 6.3)，从表中可见，完全均匀分布(即 A、B 中各有两个分子)的概率最大$\frac{6}{16}$，而四个分子同时处在 A 中(自动收缩)的概率最小$\frac{1}{2^4}$，但是这种情况还是有可能出现的。可以想像，当系统内的分子越来越多时，均匀分布的概率就越来越大，而所有分子同时自动回到 A 的概率就越来越小。

表 6.2 两个分子的系统在 A、B 中的分布

A	B	分布方式
ab		1
a	b	2
b	a	
	ab	1

表 6.3 四个分子的系统在 A、B 中的分布

A	B	分布方式
abcd		1
	abcd	1
a	bcd	4
b	acd	
c	abd	
d	abc	
bcd	a	4
acd	b	
abd	c	
abc	d	
ab	cd	6
ac	bd	
ad	bc	
bc	ad	
bd	ac	
cd	ab	

我们知道，宏观系统都包含了大量分子，例如，假设在A中装有1 mol的气体，其分子数$N_A = 6.02\times10^{23}$个，全部可能的分布方式共有$2^{N_A} = 2^{6.02\times10^{23}}$种，而$N_A$个分子同时收缩回到A中的概率只有$\frac{1}{2^{6.02\times10^{3}}}$，这个概率如此之小，以致在实际情况中不可能被观察到。所以，气体自由膨胀的过程，从总体上看，相当于从概率小的分布状态向概率大的分布状态变化；而自行收缩过程则是由概率大的分布状态向概率小的分布状态变化的，出现分子全部收缩到一边的概率极其微小。这表明出现这种情况虽然并非绝对不可能，但实际上是观察不到的。这就是气体自由膨胀不可逆性的统计意义。

对功变热过程的不可逆性，也可以得到同样的解释。功变热过程，是外界物体分子有规则的定向运动转变为系统内分子无规则运动，是由概率小的分布状态向概率大的分布状态进行的，这是可能的；而热变功过程，是系统内分子无规则运动自发地全部转变为外界物体分子有规则的定向运动，是由概率大的分布状态向概率小的分布状态进行的，这对大量分子的宏观系统来讲，其出现的概率小到实际上是不可能观察到的地步。

可见，闭合系统内的自发过程的不可逆性，从微观上看，是指系统从概率小的状态向概率大的状态变化。这是一条统计规律，而热力学第二定律所概括的正是自然界的这一规律。

6.5.4 卡诺定理

卡诺循环中每个过程都是平衡过程，所以卡诺循环是理想的可逆循环。完成可逆循环的热机称为可逆机。

根据热力学第二定律，可以得到热机理论中有重要意义的卡诺定理，它指出：

(1) 工作于相同温度的高温热源T_1和相同温度的低温热源T_2之间的一切可逆热机，无论使用什么工作物质其效率都相等，并可表示为

$$\eta = 1 - \frac{T_2}{T_1} \tag{6.25}$$

(2) 工作于相同温度的高温热源T_1和相同温度的低温热源T_2之间的一切不可逆热机，其效率不可能大于工作在同样条件下的可逆热机的效率，即

$$\eta' \leqslant 1 - \frac{T_2}{T_1} \tag{6.26}$$

卡诺定理对提高热机效率的研究贡献极大。它一方面给出了提高热机效率的途径：就过程来说，应使实际热机尽可能接近可逆热机，即尽量减少整个过程中的摩擦、漏气、散热等耗散；就热源的温度来说，应该尽量提高高温热源的温度T_1和降低低温热源的温度T_2。但是在实际热机中，如蒸汽机等，低温热源的温度就是用来冷却蒸汽机的冷凝器的温度，想获得更低的低温热源温度，就必须用制冷机，而制冷机要消耗外功，因此用降低低温热源的温度来提高热机的效率是不经济的，所以若要提高热机的效率应当从提高高温热源的温度着手。

6.6 熵和熵增加原理

根据热力学第二定律的统计意义，过程的不可逆性反映了始、末两个状态存在性质上的差异，这种差异表现在始、末两个宏观态所包含的微观态数目不同。为了能够从数学上描述这种由于状态上的差异而引起的过程方向问题，我们引入新的物理量——熵。

熵的概念是由克劳修斯于1865年首先在宏观上引入的，并用熵增加原理表述了热力学过程进行的方向性。1877年玻尔兹曼把熵和概率联系起来，阐明了熵和熵增加原理的微观本质，为物理学的发展作出了重大贡献。实质上，克劳修斯熵和玻尔兹曼熵是等价的。

*6.6.1 玻尔兹曼熵

按照玻尔兹曼对熵 S 的定义，系统宏观状态的熵与该宏观状态所包含的微观态数目 Ω 有关，我们把它称为热力学概率。它们两者之间的关系为

$$S = k\ln\Omega \tag{6.27}$$

按上式定义的熵称为玻尔兹曼熵。上式也称为玻尔兹曼关系式。其中 k 是玻尔兹曼常数。由于 Ω 代表宏观状态所包含的微观态数，所以 S 只与系统所处的状态有关，而与如何到达该状态的过程无关，即熵是系统的一个状态函数。熵和热力学概率一样，也是对系统无序性的一种量度。由于在孤立系统的所有宏观态中平衡态的热力学概率最大，所以平衡态的熵最大。熵的量纲与 k 的量纲相同，其单位是J/K。

把熵定义成 $\ln\Omega$ 的形式，使熵具有可加性。若系统包含两个独立的子系统，用 Ω_1 和 Ω_2 分别代表在一定条件下这两个子系统的热力学概率。按概率乘法法则，整个系统的热力学概率为

$$\Omega = \Omega_1\Omega_2$$

因此有

$$S = k\ln\Omega = k\ln\Omega_1 + k\ln\Omega_2 = S_1 + S_2 \tag{6.28}$$

即在同一条件下，整个系统的熵等于所有子系统的熵之和。

6.6.2 克劳修斯熵

由卡诺定理式(6.25)知，工作在两个给定温度 T_1 和 T_2 之间的所有可逆机的效率都相等，若其中有一可逆卡诺机，则有

$$\eta = 1 - \frac{T_2}{T_1} = 1 - \frac{Q_2}{Q_1}$$

得

$$\frac{Q_1}{T_1} = \frac{Q_2}{T_2}$$

式中，Q_1 为系统吸收的热量，Q_2 为系统放出热量的值。为便于熵及熵增加原理的讨论，对

于热量 Q 的正负号，现在我们恢复本章 6.1 节热力学第一定律中关于热量符号的规定，即系统从外界吸热时 Q 为正值，系统放出热量时 Q 为负值。按此规定，上式应改写为

$$\frac{Q_1}{T_1}=\frac{-Q_2}{T_2}$$

即

$$\frac{Q_1}{T_1}+\frac{Q_2}{T_2}=0 \tag{6.29}$$

式中$\frac{Q_1}{T_1}$和$\frac{Q_2}{T_2}$分别为在等温膨胀和等温压缩过程中吸收热量与热源温度的比值，这个比值$\frac{Q}{T}$称为热温比。这样式(6.29)就表明，在可逆卡诺循环中，系统经历一个循环后，其热温比的总和等于零。上述结论虽然是从研究可逆卡诺循环时得出的，但它对任意可逆循环都适用，因而具有普遍性。

对于如图 6.24 所示的任意可逆循环，都可以看成是由许多小卡诺循环组成的，这样可逆循环的热温比近似等于所有小卡诺循环热温比之和，并为零，即有

$$\sum_{i=1}^{n}\frac{Q_i}{T_i}=0$$

当小卡诺循环的数目 $n\to\infty$时，上式中的求和可用积分来表示，即

$$\oint\frac{\mathrm{d}Q}{\mathrm{d}T}=0 \tag{6.30}$$

式中 $\mathrm{d}Q$ 为系统从温度为 T 的热源中吸取的热量。上式表明，系统经历任意可逆循环过程一周后，其热温比之和等于零。式(6.30)称为克劳修斯等式。

在如图 6.25 所示的可逆循环中有两个状态 A 和 B，所以这个可逆循环可分为 Ac_1B 和 Bc_2A 两个过程。由于循环 Ac_1Bc_2A 是可逆循环，故有

$$\oint_{Ac_1Bc_2A}\frac{\mathrm{d}Q}{T}=\int_{Ac_1B}\frac{\mathrm{d}Q}{T}+\int_{Bc_2A}\frac{\mathrm{d}Q}{T}=0$$

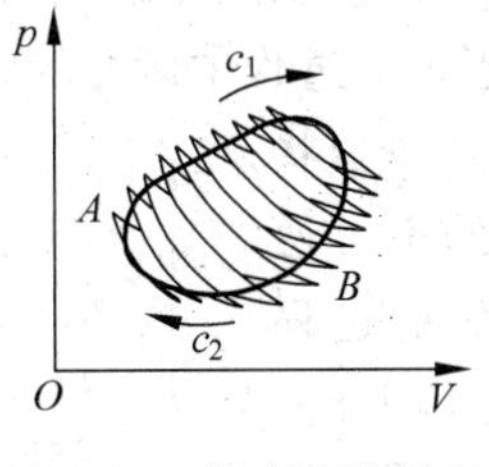

图 6.24 任意可逆循环

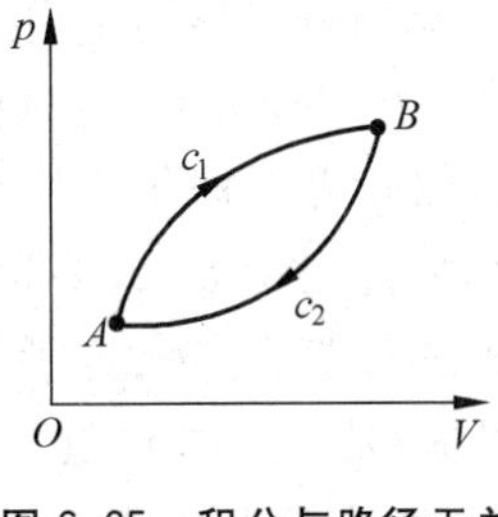

图 6.25 积分与路径无关

即

$$\int_{Ac_1B}\frac{\mathrm{d}Q}{T}=-\int_{Bc_2A}\frac{\mathrm{d}Q}{T}$$

由于上述每一过程都是可逆的，故正逆过程热温比的值相等但反号，即

$$\int_{Bc_2A}\frac{\mathrm{d}Q}{T}=-\int_{Ac_2B}\frac{\mathrm{d}Q}{T}$$

于是有

$$\int_{Ac_1B}\frac{dQ}{T}=\int_{Ac_2B}\frac{dQ}{T}$$

这个结果表明，系统从状态 A 到达状态 B，无论经历哪一个可逆过程，热温比$\frac{dQ}{T}$的积分都是相等的。这就是说，沿可逆过程的$\frac{dQ}{T}$的积分只决定于始、末状态，而与过程无关。对此，我们比照保守力做功与路径无关，从而引入势能状态函数的思路，可以认为，上述结果标示着也存在一个状态函数，这个状态函数在始、末两态 A、B 间的积分具有确定值，与具体过程无关。这个状态函数被德国理论物理学家命名为 entropy，我国物理学家胡刚复先生译为“熵”，“商”指热量与温度之比，而“火”字旁则表示热学量。正因为如此，我们把这个熵称为克劳修斯熵。其数学表达式为

$$\Delta S=S_B-S_A=\int_{A(c)}^{B}\frac{dQ}{T} \tag{6.31}$$

式中 c 表示连接状态 A 和状态 B 的任意一个可逆过程。

如果系统经历无限小的可逆过程，则有

$$dS=\frac{dQ}{T} \tag{6.32}$$

由于在可逆过程中，系统与热源之间每一步都处于热平衡，所以式(6.31)和式(6.32)中的 T 也就是系统的温度。

式(6.31)及式(6.32)称为克劳修斯熵公式。按照定义，计算两个状态之间的熵增时，积分必须沿连接这两个状态的可逆过程进行。由于两状态之间的熵增与过程无关，所以可逆过程可以任意选择，不过设计得巧妙会使计算变得简单。

熵是一个比较抽象的概念，理解时一定要注意下列几点。

(1) 熵是一状态函数。熵的变化只取决于始、末两个状态，与具体过程无关。

(2) 熵具有可加性。系统的熵等于系统内各部分的熵之和。

(3) 克劳修斯熵只能用于描述平衡状态，而玻尔兹曼熵则可以用于描述非平衡态。

在计算热力学过程的熵变时要注意，式(6.31)只能用于可逆过程中熵变的计算，而对于某些不可逆过程，可以假想一个可逆过程来计算，因为熵是一个状态函数，熵变与过程无关，只要选用的可逆过程与被替代的不可逆过程有相同的始、末状态就行了。如图 6.26 所示，A 到 B 的过程(图中实线所示)是一不可逆过程，现在用式(6.31)来计算熵差时，则需要假想一个 A 到 B 的可逆过程(图中虚线所示)，这样就可计算出 A、B 两态间的熵变。

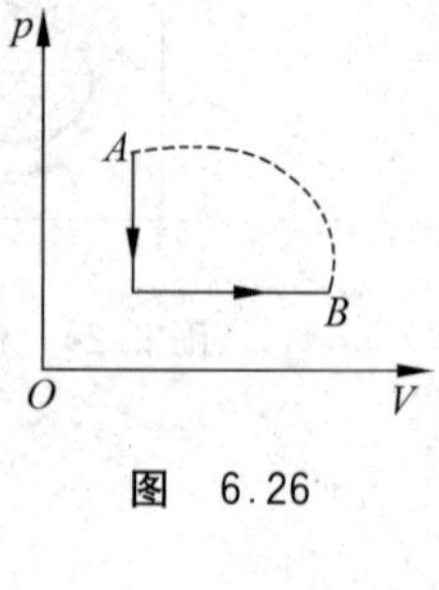

图 6.26

例 6-7 不同温度的液体混合前后的熵变。设有一个系统储有 1 kg 的水，系统与外界间没有能量传递。开始时，一部分水的质量为 0.30 kg、温度为 90℃，另一部分水的质量为 0.70 kg、温度为 20℃。混合后，系统内水温达到平衡，求水的熵变。

解 由于系统与外界间没有能量传递，因此系统可看作孤立系统。水由温度不均匀达到均匀的过程，实际上是一个不可逆过程。为了计算混合前后水的熵变，我们设想混合前，两部分的水均各处于平衡状态；混合后的水也处于平衡态，混合是在等压下进行的。这样我

们可以假设水的混合过程为一可逆的等压过程，于是就可用式(6.31)来计算水的熵变了。

设混合后的水达到平衡时的温度为 T'，水的比定压热容为 $c_p=4.18\times10^3$ J/(kg·K)，热水的温度为 $T_1=363$ K，冷水的温度为 $T_2=293$ K，热水的质量为 $m_1=0.30$ kg，冷水的质量为 $m_2=0.70$ kg，由能量守恒定律，得

$$0.30\times c_p\times(363-T')=0.70\times c_p\times(T'-293)$$

解得

$$T'=314\ \text{K}$$

由热水到达混合平衡时的熵变

$$\Delta S_1=\int_{T_1}^{T'}\frac{\mathrm{d}Q}{T}=m_1c_p\int_{T_1}^{T'}\frac{\mathrm{d}T}{T}=m_1c_p\ln\frac{T'}{T_1}=-182(\text{J/K})$$

由冷水到达混合平衡时的熵变

$$\Delta S_2=\int_{T_2}^{T'}\frac{\mathrm{d}Q}{T}=m_2c_p\int_{T_2}^{T'}\frac{\mathrm{d}T}{T}=m_2c_p\ln\frac{T'}{T_2}=203(\text{J/K})$$

整个系统的熵变是这两部分水的熵变之和，即

$$\Delta S=\Delta S_1+\Delta S_2=21(\text{J/K})$$

从计算结果可以看出，在热水与冷水的混合过程中，虽然热水的熵有所减少，但冷水的熵增加更多，致使整个系统的熵增加了。

例 6-8 有一绝热容器，用一隔板把容器分为两部分(参见图 6.21)，其体积分别为 V_1 和 V_2，V_1 内有 N 个分子的理想气体，V_2 为真空。若把隔板抽掉，求气体重新平衡后熵增加多少。

解法一 用克劳修斯熵分析：

气体自由扩散过程显然是一个不可逆过程，为了计算熵变，所以必须设想一个与不可逆过程具有相同始、末状态的可逆过程。因为过程是绝热的，所以系统没有与外界交换热量，且与外界也没有功交换，系统是孤立的。系统由状态 V_1 等温地扩散到状态 V_1+V_2，因此系统内能不变，即 $\mathrm{d}E=0$，它所吸收的热量为

$$\mathrm{d}Q=p\mathrm{d}V$$

根据熵变公式，得

$$\Delta S=\int\frac{\mathrm{d}Q}{T}=\int\frac{p\mathrm{d}V}{T}$$

又理想气体状态方程

$$p=nkT=\frac{NkT}{V}$$

代入上式得

$$\Delta S=Nk\int_{V_1}^{V_1+V_2}\frac{\mathrm{d}V}{V}=Nk\ln\frac{V_1+V_2}{V_1}$$

解法二 用玻尔兹曼熵分析：

N 个分子分布在 V_1 体积内时，热力学概率为 $\Omega_1=V_1^N$，相应的熵为

$$S_1=k\ln\Omega_1$$

同理，当气体分子扩散到 V_1+V_2 时，热力学概率为 $\Omega_2=(V_1+V_2)^N$，相应的熵为

$$S_2=k\ln\Omega_2$$

于是整个系统的熵变为

$$\Delta S = S_2 - S_1 = k\ln\Omega_2 - k\ln\Omega_1 = k\ln\frac{\Omega_2}{\Omega_1} = k\ln\left(\frac{V_1+V_2}{V_1}\right)^N = kN\ln\frac{V_1+V_2}{V_1}$$

由于 $V_1+V_2>V_1$，所以 $\Delta S>0$，因此，自由扩散过程是沿着熵增加的方向进行的。

例 6-9 求 1 kg 温度为 0℃的冰完全熔化成水后的熵变，并计算由冰到水微观状态数增加到多少倍。已知冰在 0℃时的熔解热 $L=3.35\times10^5$ J/kg。

解 设想 0℃的冰与 0℃的恒温热源接触，经可逆的等温吸热过程完全熔化成水，则其熵变为

$$\Delta S = \int\frac{dQ}{T} = \frac{Q}{T} = \frac{mL}{T} = \frac{1\times3.35\times10^5}{273} = 1.23\times10^3\,(\text{J/K})$$

由玻尔兹曼熵公式，得

$$\Delta S = k\ln\frac{\Omega_2}{\Omega_1} = 2.30k\lg\frac{\Omega_2}{\Omega_1} = 1.23\times10^3\,(\text{J/K})$$

由此得微观状态数增加到的倍数为

$$\frac{\Omega_2}{\Omega_1} = 10^{\frac{1.23\times10^3}{2.30\times1.38\times10^{-23}}} = 10^{3.87\times10^{25}}$$

6.6.3 熵增加原理

前文以不同温度的液体混合和自由扩散为例，得出了孤立系统内部进行不可逆过程时系统的熵要增加的结论，即

$$\Delta S > 0 \quad (\text{孤立系统内的不可逆过程}) \tag{6.33}$$

其实，自然界的不可逆过程有很多，例如前面讲过的热功转换和热传导现象等，都是不可逆过程的例子。如果我们用上述方法计算，也都能得出熵要增加的结果。因此，孤立系统内一切不可逆过程的熵都是增加的。

那么，在孤立系统中可逆过程的熵变又是如何的呢？由于过程是可逆的，所以达到平衡后的状态始终保持不变，这样不仅 $\Delta E=0$，而且做功 $W=0$，因此由热力学第一定律可知 $\Delta Q=0$。根据式(6.31)可知，孤立系统中可逆过程的熵保持不变，即

$$\Delta S = 0 \quad (\text{孤立系统的可逆过程}) \tag{6.34}$$

综上所述，在孤立系统中的任意过程，其熵是不会减少的，这个结论称为熵增加原理。数学表达式为

$$\Delta S \geqslant 0 \tag{6.35}$$

其中取“>”号时，用于不可逆过程；取“=”号时，用于可逆过程。由式(6.35)可见，若一个孤立系统开始时处于非平衡态(如温度不同、气体密度不同等)，后来逐渐向平衡态过渡，在此过程中熵要增加，最后当系统达到平衡态时，系统的熵达到最大值。此后，如果系统的平衡状态不被破坏，系统的熵将保持不变。孤立系统中物质由非平衡态向平衡态过渡的过程为不可逆过程。所以说，孤立系统中不可逆过程总是朝着熵增加的方向进行，直到达到熵的最大值。因此，用熵增加原理可判断过程进行的方向和限度。

应当注意，熵增加原理是有条件的，它只对孤立系统或绝热过程才成立。

值得指出的是，当我们比较热力学第二定律和熵增加原理两者的表述时，不难发现，它

们对宏观热现象进行的方向和限度的叙述是等效的。例如在热传导问题中，热力学第二定律叙述为：热只能自动地从高温物体传递给低温物体，而不能自动向相反方向进行。熵增加原理则叙述为：孤立系统中进行的从高温物体向低温物体传递热量的热传导过程，使系统的熵增加，是一个不可逆过程；当孤立系统达到温度平衡时，系统的熵具有最大值。对比以上两种叙述可以看出，热力学第二定律和熵增加原理对热传导方向的叙述是协调的，等效的。它们对热功转换、自由扩散等其他不可逆现象的叙述也是等效的。不过，熵增加原理是把热现象中不可逆过程进行的方向和限度用简明的数量关系表达出来了，尽管这种表达只限于对孤立系统而言。

思　考　题

6.1 日常生活中，有人将温度、热量、内能等不同概念都称为“热”，试指出以下不同用语中的“热”指的是哪个概念：(1)“摩擦生热”；(2)“热功当量”；(3)“这盆水太热”。

6.2 系统由某一初状态开始进行不同的过程达到同一末状态。问在下列两种情况下，各过程所引起的内能变化是否相同？(1)各个过程所做的功相同；(2)各个过程所做的功相同，并且与外界交换的热量也相同。

6.3 热力学第一定律的以下两种表达式

$$\Delta E = Q - W$$

$$\Delta E = Q - \int p \mathrm{d}V$$

是否完全等价？试从适用范围和条件上进行分析。

6.4 在一巨大的容器内，储满温度等于室温的水，底部有一小气泡缓缓上升，逐渐变大，这是什么过程，泡内气体是吸热还是放热？

6.5 公式 $\mathrm{d}Q_V = \dfrac{m}{M} C_{V,m} \mathrm{d}T$ 与 $\mathrm{d}E = \dfrac{m}{M} C_{V,m} \mathrm{d}T$ 的意义有何不同？两者的使用条件有何不同？它们各是怎样导出的？

6.6 试比较下面两图所示各个准静态卡诺循环过程中系统对外所做的净功 W、所吸收的热量 Q_1 和效率 η(用“>”、“<”或“=”符号表示)。(注意(b)图中设各等温线与绝热线间所围的面积相等。)

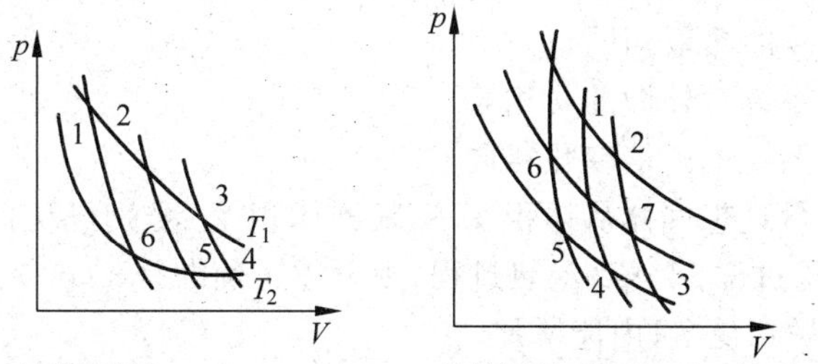

比较循环 I (1—3—4—6—1)
与循环 II (1—2—5—6—1)
(a)

比较循环 I (1—2—3—4—1)
与循环 II (6—7—3—5—6)
(b)

思考题 6.6 图

6.7 不可逆过程是否就是不能往反向进行的过程?

6.8 有人说:"因为一切过程都是不可逆的,所以:(1)功可以全部转变为热,而热不能全部转变为功;(2)热量可以从高温物体传到低温物体,但不可以从低温物体传到高温物体。"这句话对吗?为什么?试举例说明之。

习　题

6.1 在下列各种说法中:

(1) 平衡过程就是无摩擦力作用的过程

(2) 平衡过程一定是可逆过程

(3) 平衡过程是无限多个连续变化的平衡态的连接

(4) 平衡过程在 p-V 图上可用一连续曲线表示

正确的是(　　)。

A. (1)、(2)　B. (3)、(4)　C. (2)、(3)、(4)　D. (1)、(2)、(3)、(4)

6.2 一定量的理想气体处在某一初始状态,现在要使它的温度经过一系列状态变化后回到初始状态的温度,可能实现的过程为(　　)。

A. 先保持压强不变而使它的体积膨胀,接着保持体积不变而增大压强

B. 先保持压强不变而使它的体积减小,接着保持体积不变而减小压强

C. 先保持体积不变而使它的压强增大,接着保持压强不变而使它体积膨胀

D. 先保持体积不变而使它的压强减小,接着保持压强不变而使它体积膨胀

6.3 设有下列过程:

(1) 用活塞缓慢地压缩绝热容器中的理想气体(设活塞与器壁无摩擦)

(2) 用缓慢地旋转的叶片使绝热容器中的水温上升

(3) 一滴墨水在水杯中缓慢弥散开

(4) 一个不受空气阻力及其他摩擦力作用的单摆的摆动

其中是可逆过程的为(　　)。

A. (1)、(2)、(4)　B. (1)、(2)、(3)

C. (1)、(3)、(4)　D. (1)、(4)

6.4 如图所示,在 p-V 图上有两条曲线 abc 和 adc,由此可以得出以下结论:(　　)。

A. 其中一条是绝热线,另一条是等温线

B. 两个过程吸收的热量相同

C. 两个过程中系统对外做的功相等

D. 两个过程中系统的内能变化相同

6.5 如图所示,一定量理想气体从体积 V_1 膨胀到体积 V_2 分别经历的过程是:$A\to B$ 等压过程,$A\to C$ 等温过程;$A\to D$ 绝热过程,则下述正确的是(　　)。

A. $A\to B$ 对外做功最多,内能增加

B. $A\to C$ 吸热最多,内能不变

C. $A\to D$ 对外做功最少,内能不变

D. 所有过程吸热均相等,内能都不变

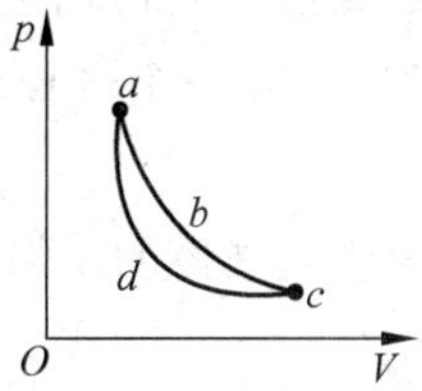

题 6.4 图

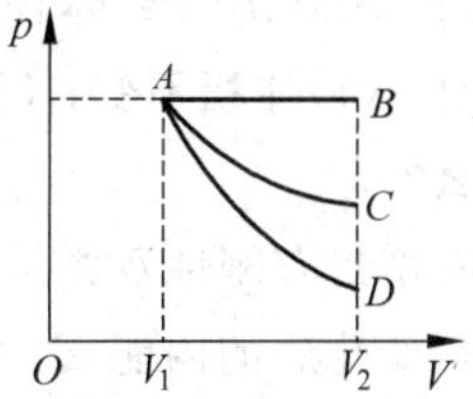

题 6.5 图

6.6 如图所示，一定量理想气体从体积 V_1 压缩到体积 V_2 分别经历的过程是：(1)为等温过程，(2)为绝热过程，(3)为等压过程，则下述正确的是(　　)。

A. (1)是外界对系统做功，内能不变

B. (2)是外界对系统做功最多，内能减少

C. (3)是外界对系统做功最少，内能增加

D. 所有过程吸热均相等，内能都不变

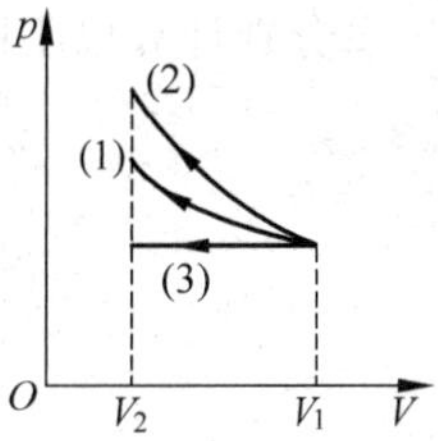

题 6.6 图

6.7 对于室温下的双原子分子理想气体，在等压膨胀的情况下，系统对外所做的功与从外界吸收的热量之比 $\frac{W}{Q}$ 等于(　　)。

A. $\frac{2}{3}$　　B. $\frac{1}{2}$　　C. $\frac{2}{5}$　　D. $\frac{2}{7}$

6.8 一定量的理想气体经历 acb 过程时吸热 500 J，则经历 $acbda$ 过程时，吸热为(　　)。

A. -1200 J　　B. -700 J　　C. -400 J　　D. 700 J

6.9 理想气体卡诺循环过程的两条绝热线下的面积大小(图中阴影部分)分别为 S_1 和 S_2，则两者的大小关系为(　　)。

A. $S_1>S_2$　　B. $S_1<S_2$　　C. $S_1=S_2$　　D. 无法确定

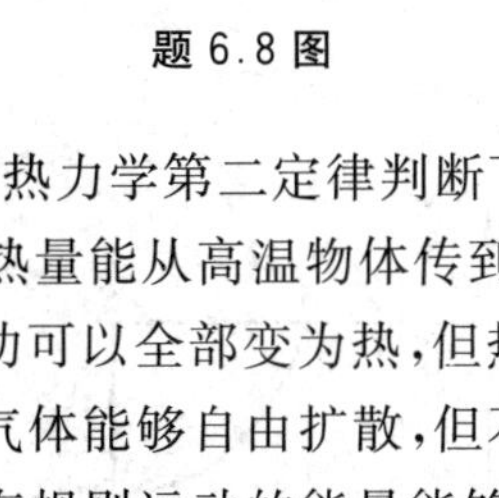

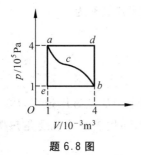

题 6.8 图

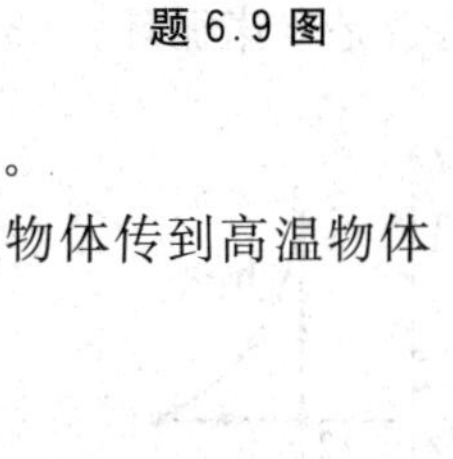

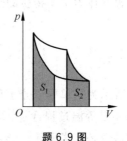

题 6.9 图

6.10 根据热力学第二定律判断下列说法正确的是(　　)。

A. 热量能从高温物体传到低温物体，但不能从低温物体传到高温物体

B. 功可以全部变为热，但热不能全部变为功

C. 气体能够自由扩散，但不能自动收缩

D. 有规则运动的能量能够变为无规则运动的能量，但无规则运动的能量不能变为有规则运动的能量

6.11 1 mol 单原子分子理想气体从 300 K 加热到 350 K。(1)容积保持不变；(2)压强保持不变。问在这两个过程中各吸收了多少热量？增加了多少内能？对外做了多少功？

6.12 压强为 1.0×10^5 Pa、体积为 0.0082 m^3 的氮气，从初始温度 300 K 加热到 400 K，如加热时：(1)体积不变；(2)压强不变。问各需热量多少？哪一个过程所需热量大？为什么？

6.13 汽缸内密封有刚性双原子分子理想气体，若经历绝热膨胀后气体的压强减少了一半，求状态变化后的内能 E_2 与变化前气体的内能 E_1 之比。

6.14 如图所示，1 mol 的氢气，在压强为 1.013×10^5 Pa、温度为 300 K、体积为 V_0 时：

(1) 先保持体积不变，加热使其温度升高到 400 K，然后令其作等温膨胀，体积变为 $2V_0$；

(2) 先使其作等温膨胀至体积 $2V_0$，然后保持体积不变，加热使其温度升高到 400 K。

分别计算以上两种过程中气体吸收的热量。

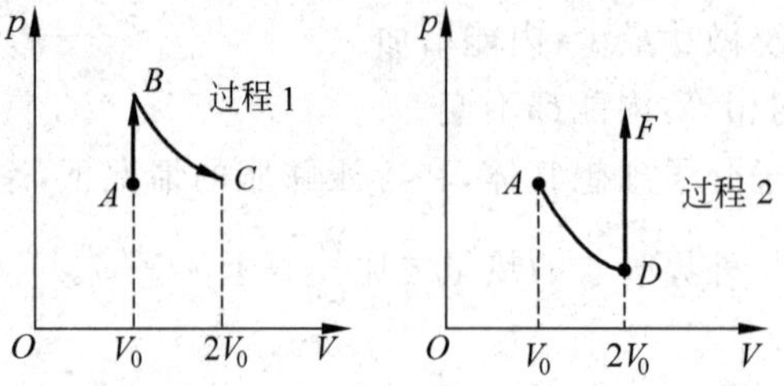

题 6.14 图

6.15 一热机每秒从高温热源($T_1=600$ K)吸取热量 $Q_1=3.34\times10^4$ J，做功后向低温热源($T_2=300$ K)放出热量 $Q_2=2.09\times10^4$ J，问：(1)它的效率是多少？它是不是可逆机？(2)如果尽可能地提高热机的效率，每秒从高温热源吸热 3.34×10^4 J，则每秒最多能做多少功？

6.16 以理想气体为工作物质的热机循环如图所示，试证明其效率为

$$\eta = 1-\gamma\frac{\dfrac{V_1}{V_2}-1}{\dfrac{p_1}{p_2}-1}$$

6.17 如图所示为某单原子分子理想气体的循环过程，图中 AB 是等压过程，BC 是等体过程，CA 是等温过程，$V_C=2V_A$。问：(1)图中所示循环代表制冷机还是热机？(2)该循环是否是卡诺循环？(3)求出该循环的效率。

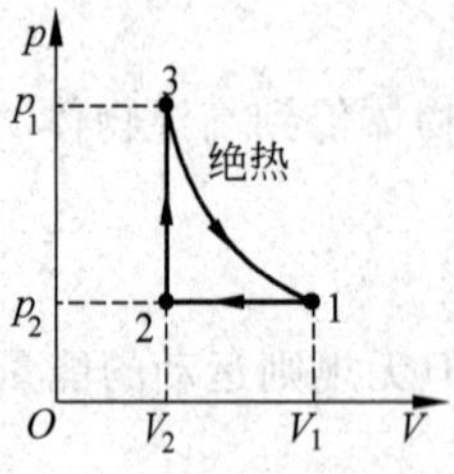

题 6.16 图

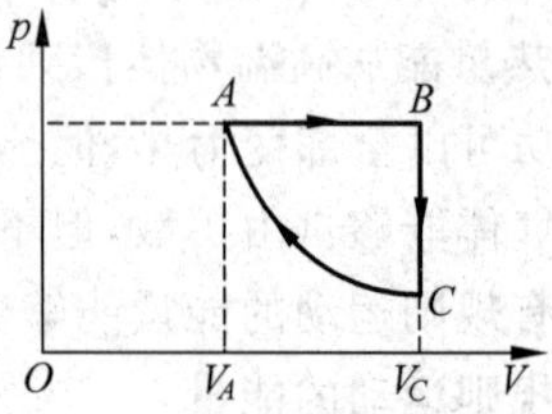

题 6.17 图

6.18 如图所示为一理想气体(γ 已知)的循环过程,其中 CA 为绝热过程。A 点的状态参量为(T,V_1),B 点的状态参量为(T,V_2),均为已知。回答下列问题:

(1) 气体在 $A\to B$ 和 $B\to C$ 两过程中,各和外界交换热量吗?是放热还是吸热?

(2) 求 C 点的状态参量;

(3) 求这个循环的效率。

6.19 1 mol 理想气体在 $T_1=500$ K 的高温热源与 $T_2=400$ K 的低温热源间作卡诺循环如图(可逆的)。在 $T_1=500$ K 的等温线上起始体积为 $V_1=0.1\ \text{m}^3$,终止体积为 $V_2=0.4\ \text{m}^3$,求此气体在这一循环中:(1)从高温热源吸收的热量 Q_1;(2)气体所做的净功 W;(3)气体传给低温热源的热量 Q_2。

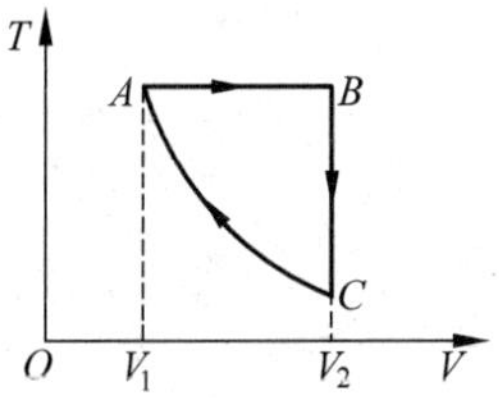

题 6.18 图

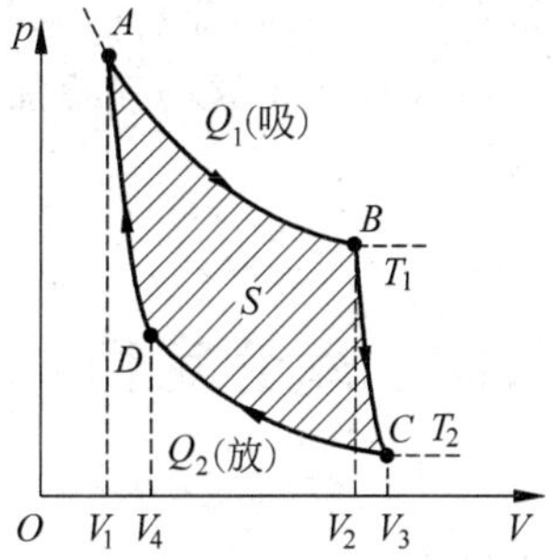

题 6.19 图

6.20 一卡诺热机(可逆的),当高温热源的温度为 127℃、低温热源温度为 27℃时,其每次循环对外做净功 8000 J。今维持低温热源的温度不变,提高高温热源温度,使其每次循环对外做净功 10000 J。若两个卡诺循环都工作在相同的两条绝热线之间,求:

(1) 第二个循环的热机效率;

(2) 第二个循环的高温热源的温度。

6.21 一个系统在 300 K 的恒温下,吸收 10^4 J 的热量,但没有做功。求:(1)系统的熵变;(2)系统内能的变化。

6.22 2 mol 的理想气体,温度为 300 K,经历一可逆等温过程,体积从 $0.02\ \text{m}^3$ 膨胀到 $0.04\ \text{m}^3$,求其熵变。

6.23 1 mol 理想气体的状态变化如图所示,其中 $1\to3$ 为温度 300 K 的等温过程。试分别由下列过程计算气体熵的变化:(1)由初态 1 经等压过程 $1\to2$ 和等体过程 $2\to3$ 到达末态 3;(2)由初态 1 经等温过程到达末态 3。

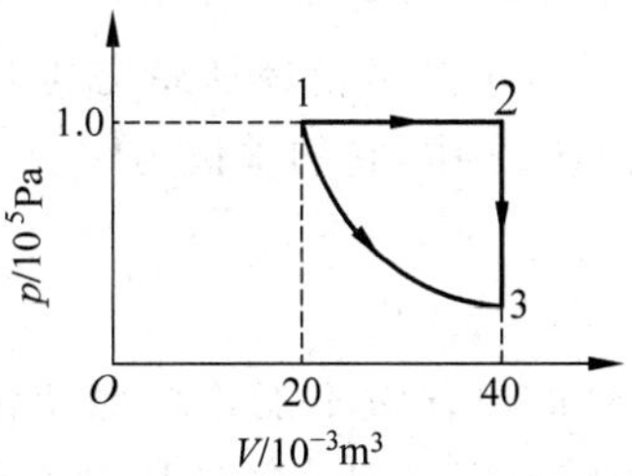

题 6.23 图

第 7 章 真空中的静电场

相对于观察者静止的电荷在其周围激发的电场，称为静电场。静电场对其他电荷的作用力，称为静电力。本章我们研究真空中静电场的基本特性，并从电荷在电场中受力和电场力对电荷做功两个方面，分别引入描述电场的两个重要物理量：电场强度和电势。同时介绍反映静电场基本性质的场强叠加原理、高斯定理和静电场的环路定理，从而建立起静电场的理论基础。

7.1 电荷 库仑定律

7.1.1 电荷

人们对于电的认识，最初来自人为的摩擦起电现象和自然界的雷电现象，最早的观察记录可追溯到公元前 6 世纪。物体之所以能产生电磁现象，现在都归因于物体带上了电荷以及这些电荷的运动。通过对电荷的各种相互作用的研究，我们讨论以下几方面的电荷基本性质。

1. 电荷的种类

电荷有两种，同种电荷相斥，异种电荷相吸。美国物理学家富兰克林首先以正、负电荷的名称来区分两种电荷，用丝绸摩擦过的玻璃棒所带的电荷被称为正电荷，用毛皮摩擦过的硬橡胶棒所带的电荷称为负电荷，这种命名法一直延续到现在。宏观带电体所带电荷种类的不同，源于组成它们的微观粒子所带电荷种类的不同：电子带负电荷；质子带正电荷。现代物理实验证实，电子的电荷集中在半径小于 10^{-18} m 的小体积内，质子中只有正电荷，都集中在半径为 10^{-15} m 的体积内。中子内部也有电荷，靠近中心为正电荷，靠外为负电荷，正负电荷电量相等，我们称它为中和，所以对外不显电性。

带电体所带电荷的多少叫电量，一个带电体所带总电量为其所带正负电量的代数和。电量用 Q 或 q 表示，在国际单位制(SI)中，它的单位为库仑，用符号 C 表示。

2. 电荷的量子性

实验证明，自然界中物质所带的电荷量不能连续地变化，而只能一份一份地增加或减少。电荷总是以一个基本单元的整数倍出现的特性称为电荷的量子性。迄今所知，这个基本单元是一个电子所带电量的绝对值，用 e 表示，即

$$e = 1.602 \times 10^{-19}\ \mathrm{C}$$

尽管 1964 年物理学家提出的夸克模型中认为中子和质子等粒子是由分别具有 $-\frac{1}{3}e$ 和 $\frac{2}{3}e$ 电荷的夸克组成，但迄今还没有在实验上发现处于自由状态的夸克。即使发现了带分数电荷的粒子，也不破坏电荷的量子性，仅是基本单元变得更小而已。

物体由于失去电子而带正电，或是得到额外电子而带负电，但物体带的电荷量必然是电子电荷量 e 的整数倍，即

$$q = \pm ne, \quad n = 1,2,3,\cdots$$

3. 电荷守恒定律

大量事实表明，在一个与外界没有电荷交换的系统(电的孤立系统)内，在任何物理过程中，电荷都不会创生，也不会消失，只能从一个物体转移到另一个物体上，或从物体的一部分移到另一部分，即在任何过程中，电荷的代数和保持不变。这就是电荷守恒定律。

近代科学实验证明，电荷守恒定律是物理学中普遍的基本定律之一。它不仅在一切宏观过程中成立，而且被一切微观过程(如核反应)所普遍遵守。

7.1.2 库仑定律

在发现电现象 2000 多年之后，人们才开始对电现象进行定量的研究。1785 年，库仑通过扭秤实验(图 7.1)建立了库仑定律，可定量描述两带电体间的相互作用力。

带电体之间的相互作用力，与带电体所带电量以及相互之间的距离有关，还与它们的大小、形状、电荷在其上的分布情况有关。当带电体的线度比它到其他带电体的距离小得多时，可以忽略该带电体的形状、大小及其电荷分布对相互作用力的影响，我们把这样的电荷称为点电荷。

点电荷是从实际带电体中抽象出来的理想模型，与力学中质点的概念类似，只具有相对的意义。点电荷本身不一定是一个非常小的带电体，只要在所研究的问题中，它的几何线度可忽略，就可看作一个几何的点。

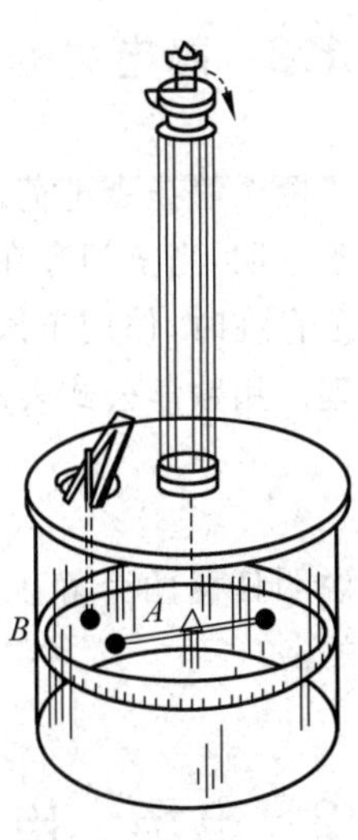

图 7.1 库仑扭秤

库仑定律表述如下：真空中两个静止点电荷 q_1 和 q_2 之间的相互作用力的大小与 q_1 和 q_2 的乘积成正比，与它们之间距离 r 的平方成反比，作用力的方向沿着它们的连线；同号电荷相斥，异号电荷相吸。其数学表达式为

$$F = k\frac{q_1 q_2}{r^2}$$

式中 k 为比例系数，k 的数值、量纲与单位制的选取有关，在国际单位制(SI)中，k 的数值为

$$k \approx 9.0 \times 10^9 \ \mathrm{N \cdot m^2/C^2}$$

为了以后计算的方便，往往将 k 写成

$$k = \frac{1}{4\pi\varepsilon_0}$$

其中，ε_0 称为真空电容率或真空介电常数，它是物理学中一个基本常数，其 1986 年推荐值为

$$\varepsilon_0 = 8.854\,187\,817 \times 10^{-12}\ \mathrm{C^2/(N \cdot m^2)}$$

由此，库仑定律的数学表达式为

$$F = \frac{1}{4\pi\varepsilon_0}\frac{q_1 q_2}{r^2} \tag{7.1}$$

式(7.1)可改写为矢量形式，q_1 对 q_2 的作用力用 $\boldsymbol{F}_{12}$ 表示，$\boldsymbol{e}_{12}$ 表示由 q_1 指向 q_2 的单位矢量(见图 7.2(a))，则可得

$$\boldsymbol{F}_{12} = \frac{1}{4\pi\varepsilon_0}\frac{q_1 q_2}{r^2}\boldsymbol{e}_{12} \tag{7.2}$$

同理，q_2 对 q_1 的作用力为 $\boldsymbol{F}_{21}$，表示为

$$\boldsymbol{F}_{21} = \frac{1}{4\pi\varepsilon_0}\frac{q_1 q_2}{r^2}\boldsymbol{e}_{21} \tag{7.3}$$

式中，$\boldsymbol{e}_{21}$ 是由 q_2 指向 q_1 的单位矢量(见图 7.2(b))。

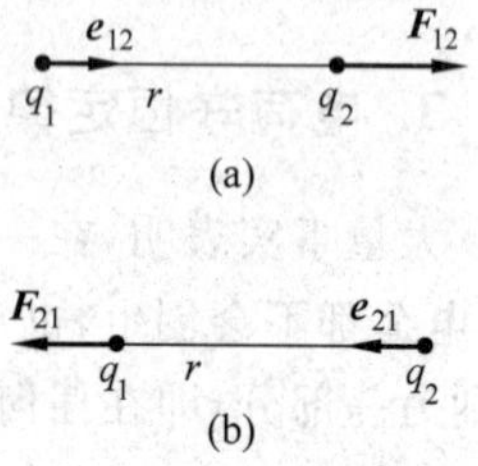

图 7.2 同号电荷的库仑力

由式(7.2)可知，当 q_1、q_2 同号时，$q_1 q_2 > 0$，$\boldsymbol{F}_{12}$ 与 $\boldsymbol{e}_{12}$ 同向，q_1、q_2 之间是排斥力；当 q_1、q_2 异号时，$q_1 q_2 < 0$，$\boldsymbol{F}_{12}$ 与 $\boldsymbol{e}_{12}$ 反向，q_1、q_2 之间是吸引力。

比较式(7.2)和式(7.3)，由于 $\boldsymbol{e}_{12} = -\boldsymbol{e}_{21}$，所以 $\boldsymbol{F}_{12} = -\boldsymbol{F}_{21}$，说明静止点电荷之间的相互作用力满足牛顿第三定律。

7.1.3 静电力的叠加原理

两个静止点电荷之间的相互作用遵循库仑定律，其相互作用力称为静电力或库仑力。实验证明，当空间存在多个静止点电荷时，作用于每个点电荷上的总静电力等于其他点电荷单独存在时，作用于该电荷的静电力的矢量和，称为静电力的叠加原理，也叫力的独立作用原理。用数学公式表示为

$$\boldsymbol{F} = \sum_{i=1}^{n}\boldsymbol{F}_i \tag{7.4}$$

这说明任意两个静止点电荷之间的作用力，不论周围是否存在其他电荷，总是符合库仑定律的。

7.2 电场 电场强度

7.2.1 电场

库仑定律只给出了两个点电荷之间相互作用的定量关系，并未指明这种作用是通过怎样的方式进行的。我们常说：力是物体与物体之间的相互作用。这种作用常被习惯地理解为是一种直接接触作用。例如，推车时，通过手和车的直接接触把力作用在车子上。但是电力、磁力和重力却可以发生在两个相隔一定距离的物体之间，是一种非接触力。那么，这种力究竟是如何传递的呢？围绕这个问题，历史上曾经有过长期的争论。一种观点认为，电荷

之间的作用是"超距作用",即带电体之间的作用力,不需要任何媒介,也不需要时间,而是直接地、瞬时地发生,传递速度为无限大,这显然与最大速度为光速相矛盾;另一种观点认为,静止电荷之间的作用是近距作用,即带电体之间的作用力是通过空间某种绝对静止的介质来传递的,传递的速度是有限的。曾有人认为这种介质类似弹性介质——称为以太。近代物理学发展证实了"以太"并不存在,电荷之间的相互作用是通过电荷周围的一种特殊物质——电场来传递的,即电荷能在其周围产生电场(运动电荷还能产生磁场),电场的基本性质是对于处在其中的其他电荷有力的作用,这种力称为电场力。电场力以极快的速度(光速)传递,但传递是需要时间的,说明了近距作用观点是正确的,但不是通过"以太"介质,而是通过电场来实现的。电荷之间的相互作用可概括为

$$\text{电荷} \Leftrightarrow \text{电场} \Leftrightarrow \text{电荷}$$

电场是一种特殊物质。它既与实物粒子一样,具有质量、能量和动量,而且可以与实物粒子相互转化,它也能够离开电荷而独立存在,以有限速度(光速)在空间传播,几种电磁场可共同占有一空间;但它与实物又有区别,因它不像实物能直接感知,而必须借助仪器仪表才能感知到,所以我们说它是一种特殊的物质。相对于观察者静止的电荷在周围空间激发的电场称为静电场,它是电磁场的一种特殊状态。以下将就静电场的基本性质加以讨论。

7.2.2 电场强度

电场对处于其中的电荷的作用力与该处电场的强弱有关。在电场中放入一个试验电荷 q_0 来研究电场的强弱时,对于试验电荷有两个要求:第一是其几何线度要小到足以被看作一个点电荷,因而可用它检测电场中某点的性质;第二是试验电荷的电量也必须充分小,不至于因为它而影响原电场的分布。我们往往把产生电场的电荷叫做源电荷,把电场中所要研究的点 P 叫做场点。

将试验电荷 q_0 放在源电荷 Q 产生的电场中 P 点处,根据库仑定律,q_0 所受到的电场力为

$$\boldsymbol{F} = \frac{1}{4\pi\varepsilon_0}\frac{Qq_0}{r^2}\boldsymbol{e}_r \tag{7.5}$$

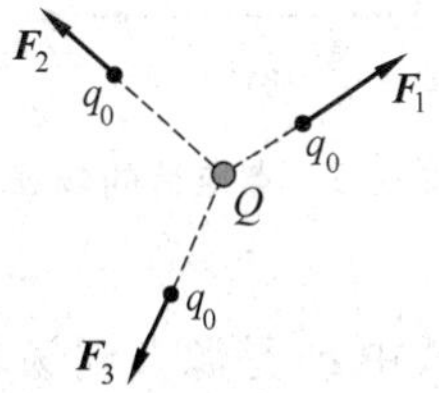

图 7.3 试验电荷在电场中所受到的电场力情况

从式(7.5)可以看出,q_0 所受的力 $\boldsymbol{F}$ 不仅与场源电荷 Q 、场点位矢的大小 r 有关,还与试验电荷 q_0 有关。在电场中的不同点处,显然其所受到的力的大小和方向均不相同;但若在电场中同一点处放入不同的试验电荷,如分别是 $2q_0$、$3q_0$、…,则电场力的大小 F 也会相继变为 $2F$、$3F$、…,可见,$\boldsymbol{F}$ 不能唯一确定电场中各点的性质。但我们发现在该点处它们的比值 $\frac{\boldsymbol{F}}{q_0}$ 具有确定的值,即 $\frac{F}{q_0}=\frac{2F}{2q_0}=\frac{3F}{3q_0}=\cdots$,与试验电荷的大小无关。再由式(7.5)可知,这个比值的大小和方向仅由源电荷 Q 和其与场点的距离 r 唯一地确定,与试验电荷 q_0 无关,显然这是反映了电场本身性质的,所以用它来描述电场是合适的。我们把比值 $\frac{\boldsymbol{F}}{q_0}$ 定义为电场强度,简称场强,用 $\boldsymbol{E}$ 表示,即

$$\boldsymbol{E} = \frac{\boldsymbol{F}}{q_0} \tag{7.6}$$

因为电场力是矢量，所以电场强度也是矢量。上述对电场强度的定义用文字表述为：电场强度是表征空间每一点电场特性的物理量，其大小等于单位电荷在该点所受电场力的大小，其方向为正电荷在该点所受电场力的方向。

电场中，空间不同点的场强，其大小和方向一般都是不同的，场强是空间坐标的矢量函数，所以电场是矢量场。如果电场中各点场强的大小和方向都相同，则称此电场为均匀电场。

在国际单位制中，电场强度的单位是牛顿/库仑(N/C)，以后可知，场强的单位也可以是伏特/米(V/m)。

另一方面，如果我们已知电场强度 $\boldsymbol{E}$ 的分布，就不难求得任一点电荷 q 在电场中所受到的电场力，即

$$\boldsymbol{F} = q\boldsymbol{E} \tag{7.7}$$

q 为正时，所受电场力 $\boldsymbol{F}$ 的方向与电场强度 $\boldsymbol{E}$ 的方向相同；q 为负时，所受电场力 $\boldsymbol{F}$ 的方向与电场强度 $\boldsymbol{E}$ 的方向相反，如图 7.4 所示。

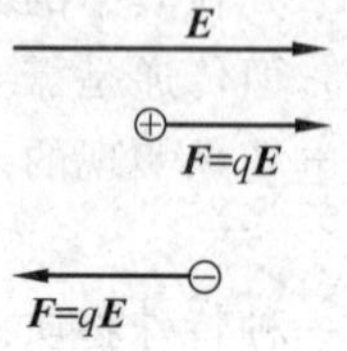

图 7.4　电场对正、负电荷作用力的方向

7.2.3　电场强度的计算

1. 点电荷的电场强度

如图 7.5 所示，在点电荷 q 的电场中距离 q 为 r 的 P 点处放一试验电荷 q_0，由库仑定律可得 q_0 所受到的电场力为

$$\boldsymbol{F} = \frac{1}{4\pi\varepsilon_0}\frac{qq_0}{r^2}\boldsymbol{e}_r$$

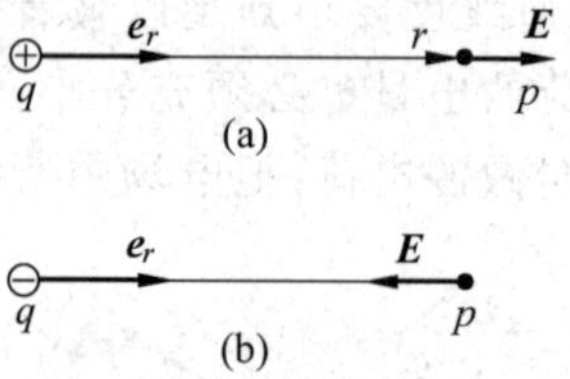

图 7.5　点电荷的场强

由场强定义式(7.6)得点电荷在任意点的场强为

$$\boldsymbol{E} = \frac{1}{4\pi\varepsilon_0}\frac{q}{r^2}\boldsymbol{e}_r \tag{7.8}$$

由上式可知，当 $q>0$ 时，$\boldsymbol{E}$ 与 $\boldsymbol{e}_r$ 同向，如图 7.5(a)如示；当 $q<0$ 时，$\boldsymbol{E}$ 与 $\boldsymbol{e}_r$ 反向，如图 7.5(b)如示。

式中 $\boldsymbol{e}_r$ 是源点到场点方向的单位矢量。

2. 点电荷系的电场强度　场强叠加原理

在多个点电荷 $q_1, q_2, \cdots, q_n$ 产生的电场中，P 点处放一试验电荷 q_0，根据静电力叠加原理，q_0 所受的合力为

$$\boldsymbol{F} = \boldsymbol{F}_1 + \boldsymbol{F}_2 + \cdots + \boldsymbol{F}_n = \sum_{i=1}^{n}\boldsymbol{F}_i$$

由场强定义式可得

$$\boldsymbol{E} = \frac{\boldsymbol{F}}{q_0} = \sum_{i=1}^{n}\frac{\boldsymbol{F}_i}{q_0} = \sum\boldsymbol{E}_i \tag{7.9}$$

$\boldsymbol{E}_i$ 表示 q_i 单独存在时在 P 点处产生的场强。

式(7.9)表示：点电荷系在某点产生的电场强度等于各点电荷单独存在时在该点产生的电场强度的矢量和。这就是场强叠加原理。

把式(7.8)代入式(7.9)可得点电荷系的场强为

$$\boldsymbol{E} = \frac{1}{4\pi\varepsilon_0}\sum_{i=1}^{n}\frac{q_i}{r_i^2}\boldsymbol{e}_i \tag{7.10}$$

式中,r_i 是 q_i 到 P 点的距离;$\boldsymbol{e}_i$ 是 q_i 到 P 点的单位矢量。

例 7-1 计算电偶极子的电场强度。

设两个相距很近且等量异号的点电荷之间的距离为 l,场点到 l 中点 O 的距离为 r。$l \ll r$。$\boldsymbol{l}$ 的方向由 $-q$ 指向 $+q$,则由这两点电荷组成的点电荷系称为电偶极子。两点电荷的连线称为电偶极子的轴线,$\boldsymbol{l}$ 称为电偶极子的极轴,$q\boldsymbol{l}$ 定义为电偶极子的电偶极矩,用 $\boldsymbol{p}$ 表示,即

$$\boldsymbol{p} = q\boldsymbol{l} \tag{7.11}$$

它是表征电偶极子整体特性的物理量。电偶极子是电磁学中的一个重要模型,在研究电介质的极化和电磁波辐射等问题时,都要用到它。

下面要求计算电偶极子在轴线延长线上一点 A 的场强和在极轴中垂线上一点 B 的场强,如图 7.6 所示。

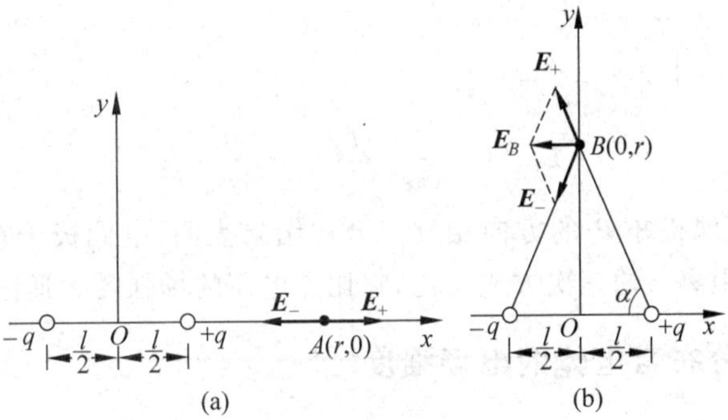

图 7.6 电偶极子

解 (1) 如图 7.6(a)所示,在轴线延长线上一点 A 的场强 $\boldsymbol{E}_A$ 由正、负两个点电荷所共同激发,根据场强叠加原理可得

$$\boldsymbol{E}_A = \boldsymbol{E}_+ + \boldsymbol{E}_- = \frac{q}{4\pi\varepsilon_0}\left[\frac{1}{\left(r-\frac{l}{2}\right)^2} - \frac{1}{\left(r+\frac{l}{2}\right)^2}\right]\boldsymbol{i} = \frac{q}{4\pi\varepsilon_0}\frac{2rl}{\left[r^2-\left(\frac{l}{2}\right)^2\right]^2}\boldsymbol{i}$$

式中,$\boldsymbol{E}_+$ 为 $+q$ 在 A 点产生的场强,$r-\dfrac{l}{2}$ 为 $+q$ 到 A 点的距离,$\boldsymbol{E}_-$ 为 $-q$ 到 A 点产生的场强,$r+\dfrac{l}{2}$ 为 $-q$ 到 A 点的距离。

考虑到 $l \ll r$,$2rl\Big/\left[r^2-\left(\dfrac{l}{2}\right)^2\right]^2 \approx \dfrac{2l}{r^3}$,$\boldsymbol{p}=q l\boldsymbol{i}$,于是得

$$\boldsymbol{E}_A = \frac{1}{4\pi\varepsilon_0}\frac{2ql}{r^3}\boldsymbol{i} = \frac{1}{4\pi\varepsilon_0}\frac{2\boldsymbol{P}}{r^3} \tag{7.12}$$

(2) 如图 7.6(b)所示,在极轴的中垂线上一点 B 的场强为 $\boldsymbol{E}_B$,同样可由场强叠加原理得

$$\boldsymbol{E}_B = \boldsymbol{E}_+ + \boldsymbol{E}_-$$

其中

$$E_+=-\frac{1}{4\pi\varepsilon_0}\frac{q}{r^2+\frac{l^2}{4}}\cos\alpha\cdot\boldsymbol{i}+\frac{1}{4\pi\varepsilon_0}\frac{q}{r^2+\frac{l^2}{4}}\sin\alpha\cdot\boldsymbol{j}$$

$$E_-=-\frac{1}{4\pi\varepsilon_0}\frac{q}{r^2+\frac{l^2}{4}}\cos\alpha\cdot\boldsymbol{i}-\frac{1}{4\pi\varepsilon_0}\frac{q}{r^2+\frac{l^2}{4}}\sin\alpha\cdot\boldsymbol{j}$$

因而 B 点的总场强为

$$\boldsymbol{E}_B=\boldsymbol{E}_++\boldsymbol{E}_-=-2\times\frac{1}{4\pi\varepsilon_0}\frac{q}{r^2+\frac{l^2}{4}}\cos\alpha\cdot\boldsymbol{i}=-\frac{ql}{4\pi\varepsilon_0\left(r+\frac{l^2}{4}\right)^{\frac{3}{2}}}\boldsymbol{i}$$

其中

$$\cos\alpha=\frac{l}{2\left[r^2+\left(\frac{l}{2}\right)^2\right]^{\frac{1}{2}}}$$

考虑到 $l\ll r$，$\dfrac{l}{\left[r^2+\left(\frac{l}{2}\right)^2\right]^{\frac{3}{2}}}\approx\dfrac{l}{r^3}$，可得

$$\boldsymbol{E}_B=-\frac{1}{4\pi\varepsilon_0}\frac{ql}{r^3}\boldsymbol{i}=-\frac{1}{4\pi\varepsilon_0}\frac{\boldsymbol{p}}{r^3}\tag{7.13}$$

$\boldsymbol{E}_B$ 的方向与电偶极矩 $\boldsymbol{P}$ 的方向相反。上述结果表明，电偶极子在远处的场强取决于 q 和 l 的乘积，并与距离 r 的三次方成反比，它比点电荷的场强随 r 递减的速度快得多。

3. 电荷连续分布带电体的电场强度

任何电荷连续分布的带电体都可看成是许多电荷元的集合，每一个电荷元可看成一个点电荷。如图7.7所示，电荷元 dq 在场点 P 的场强为

$$\mathrm{d}\boldsymbol{E}=\frac{\mathrm{d}q}{4\pi\varepsilon_0 r^2}\boldsymbol{e}_r$$

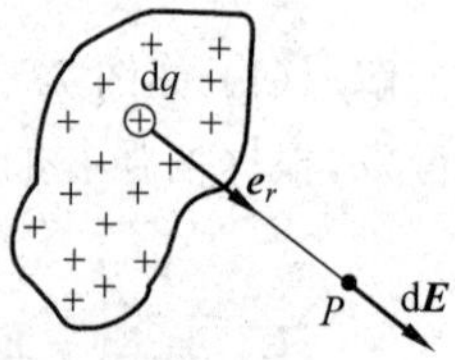

图7.7 带电体的场强

式中 $\boldsymbol{e}_r$ 是电荷元指向场点的单位矢量。由场强叠加原理，可求得带电体在 P 点的场强为

$$\boldsymbol{E}=\int\mathrm{d}\boldsymbol{E}=\frac{1}{4\pi\varepsilon_0}\int\frac{\mathrm{d}q}{r^2}\boldsymbol{e}_r\tag{7.14}$$

注意上式是矢量积分。研究发现，电荷的分布一般有三种模型。

(1) 体分布

电荷分布在带电体内，故可引入电荷体密度的概念。

定义

$$\rho=\lim_{\Delta V\to 0}\frac{\Delta q}{\Delta V}=\frac{\mathrm{d}q}{\mathrm{d}V}\tag{7.15}$$

为电荷体密度，其物理意义为单位体积内的电量。因此电荷元的电量可表示为

$$\mathrm{d}q=\rho\mathrm{d}V$$

在带电体内某点处所取的体积元 ΔV 必须在宏观上足够小，以便能反映出电荷密度在空间的确切分布；在微观上 ΔV 又必须足够大，致使 ΔV 内仍包含有大量的带电粒子（至少

包括 10^{12} 个电子或质子)。这种体元称为物理无穷小体元。

带电体在空间的场强分布可写成如下积分:

$$\boldsymbol{E}=\frac{1}{4\pi\varepsilon_0}\iiint_V\frac{\rho\mathrm{d}V}{r^2}\boldsymbol{e}_r \tag{7.16}$$

式中 $\boldsymbol{e}_r$ 是体元 $\mathrm{d}V$ 指向场点的单位矢量,积分遍及整个带电体体积。

(2) 面分布

当电荷只分布在带电体表面的一个薄层内,薄层的厚度远小于场点到薄层的距离时,我们可把这个带电层抽象为一个带电面。

定义

$$\sigma=\lim_{\Delta S\to 0}\frac{\Delta q}{\Delta S}=\frac{\mathrm{d}q}{\mathrm{d}S} \tag{7.17}$$

为电荷面密度,其物理意义为单位面积上的电量。面电荷元所带电量 $\mathrm{d}q=\sigma\mathrm{d}S$。

应该注意把带电薄层看成一个带电面,这也是一种理想模型。面电荷分布带电体的场强为

$$\boldsymbol{E}=\frac{1}{4\pi\varepsilon_0}\iint_S\frac{\sigma\mathrm{d}S}{r^2}\boldsymbol{e}_r \tag{7.18}$$

式中 $\boldsymbol{e}_r$ 为面元 $\mathrm{d}S$ 指向场点 P 的单位矢量,积分遍及整个带电面。

(3) 线分布

当电荷分布在细棒上,棒的截面的线度远小于场点到棒的距离时,可将带电棒看成带电线,引入电荷线密度概念。

定义

$$\lambda=\lim_{\Delta l\to 0}\frac{\Delta q}{\Delta l}=\frac{\mathrm{d}q}{\mathrm{d}l} \tag{7.19}$$

为电荷线密度,其物理意义为单位长度上的电荷量。线电荷元的带电量 $\mathrm{d}q=\lambda\mathrm{d}l$。

电荷作线分布时场强为

$$\boldsymbol{E}=\frac{1}{4\pi\varepsilon_0}\int_L\frac{\lambda\mathrm{d}l}{r^2}\boldsymbol{e}_r \tag{7.20}$$

式中 $\boldsymbol{e}_r$ 为线电荷元 $\mathrm{d}l$ 指向场点的单位矢量,积分遍及整个带电线。

已知电荷分布,利用点电荷场强公式和场强叠加原理,由式(7.16)、式(7.18)和式(7.20)原则上可求得任何带电体的场强,但在计算过程中都要用到矢量积分,计算较复杂。但在某些电荷分布具有对称性的情况下,可通过对称性分析,判断出合场强的某些分量为零,使运算大大简化。所以在计算这一类问题时,要注意运用对称性分析。

例 7-2 计算长为 L、带电量为 q 的均匀带电细棒中垂线上的场强。

解 如图 7.8 所示,取棒的中点为坐标原点 O,x 轴沿细棒向右,y 轴沿棒的中垂线向上。场点 P 在 y 轴上距 O 点的距离为 r。由题意可知,该带电体的电荷是线分布的,其电荷线密度为 $\lambda=\dfrac{q}{L}$。在细棒上任取一电荷元 $\mathrm{d}q=\lambda\cdot\mathrm{d}x$,在 P 点产生的场强大小为

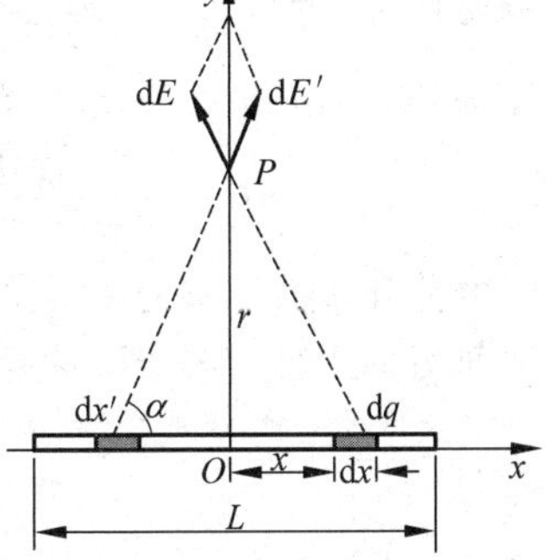

图 7.8 带电细棒的场强

$$dE = \frac{1}{4\pi\varepsilon_0}\frac{dq}{r^2 + x^2}$$

方向如图所示。电荷分布关于 O 点对称，取另一电荷元 $dq' = \lambda \cdot dx'$ 关于 O 点与 dq 对称，在 P 点产生的场强 dE' 与 dE 大小相等，它们在 x 轴方向的分量大小相等，方向相反，互相抵消。合场强沿 y 轴方向，大小为 $2dE\sin\alpha$，其中

$$\sin\alpha = \frac{r}{\sqrt{r^2 + x^2}}$$

可得 P 点的总场强为

$$E = \int_0^{\frac{L}{2}} 2dE\sin\alpha = \frac{\lambda r}{2\pi\varepsilon_0}\int_0^{\frac{L}{2}} \frac{dx}{(r^2 + x^2)^{\frac{3}{2}}} = \frac{q}{4\pi\varepsilon_0 r}\frac{1}{\sqrt{r^2 + \frac{L^2}{4}}} \tag{7.21}$$

方向沿 y 轴正方向。

当 $L \gg r$ 时，$\sqrt{r^2 + \left(\frac{L}{2}\right)^2} \approx \frac{L}{2}$，得

$$E = \frac{\lambda}{2\pi\varepsilon_0 r} \tag{7.22}$$

当细棒为无限长时，任何垂直于棒的垂线都可看成是中垂线，与棒相距为 r 的所有点的场强大小都是 $\frac{\lambda}{2\pi\varepsilon_0 r}$，方向都垂直于棒，在垂直于带电棒的平面内呈辐向分布。对于有限长细棒，在靠近其中部附近的区域($L \gg r$)，式(7.22)也成立。

当 $L \ll r$ 时，$\sqrt{r^2 + \left(\frac{L}{2}\right)^2} \approx r$，得

$$E = \frac{1}{4\pi\varepsilon_0}\frac{q}{r^2}$$

恰好是点电荷场强公式。

从讨论结果可知，一个带电体在不同的极限条件下可以抽象成不同的模型。

例 7-3 如图 7.9 所示，正电荷 q 均匀地分布在半径为 R 的细圆环上。计算在环的轴线上任一点 P 处的电场强度。

解 设圆环在如图所示的 Oyz 平面上，坐标原点与环心相重合。P 点与环心的距离为 x。由题意知细圆环上的电荷是均匀线分布的，故其电荷线密度为 $\lambda = \frac{q}{2\pi R}$，在环心上取线元 dl，其电荷元为 $dq = \lambda dl$，此电荷元在 P 点处的场强为

$$d\boldsymbol{E} = \frac{1}{4\pi\varepsilon_0}\frac{\lambda dl}{r^2}\boldsymbol{e}_r$$

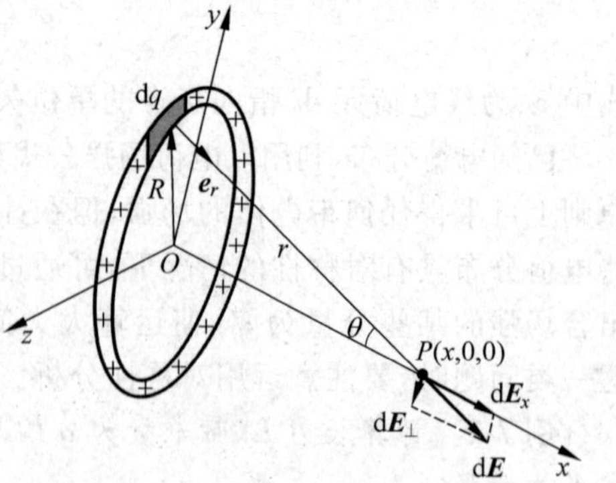

图 7.9 均匀带电圆环轴线上的场强

由于电荷分布关于圆心 O 点对称，故 $d\boldsymbol{E}$ 在垂直于 x 轴方向上的分量 $dE_\perp$ 将互相抵消，即

$$\int dE_\perp = 0$$

$$E = \int_l dE_x = \int_l dE\cos\theta$$

其中

$$\cos\theta = \frac{x}{r}, \quad r = \sqrt{x^2 + R^2}$$

代入上式得

$$E = \frac{1}{4\pi\varepsilon_0} \frac{\lambda x}{(x^2 + R^2)^{\frac{3}{2}}} \int_0^{2\pi R} \mathrm{d}l = \frac{1}{4\pi\varepsilon_0} \frac{qx}{(x^2 + R^2)^{\frac{3}{2}}} \tag{7.23}$$

讨论：

(1) 若 $x \gg R$，则有 $(x^2+R^2)^{\frac{3}{2}} \approx x^3$，此时式(7.23)变为

$$E = \frac{1}{4\pi\varepsilon_0} \frac{q}{x^2}$$

恰好也是点电荷场强公式。这表明，在远离圆环的地方，可以把带电圆环看成为点电荷，这正与我们在前面对点电荷的论述相一致。

(2) 若 $x=0$，则有 $E=0$，表明环心处的电场强度为零。

例 7-4 计算半径为 R、带电量为 q 的均匀带电圆盘轴线上的场强。

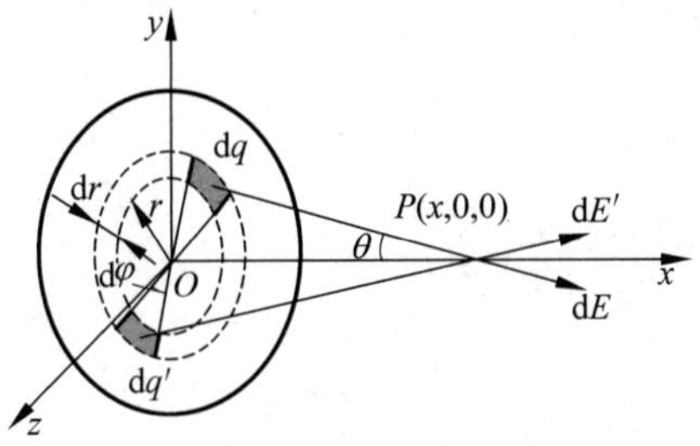

图 7.10 均匀带电圆盘轴线上的场强(1)

解 如图 7.10 所示，取直角坐标系，圆盘位于 Oyz 平面上，圆心为坐标原点，圆盘轴线沿 x 轴，在 x 轴上任取一点 P 距坐标原点为 x。如果把圆盘分成无限多个电荷元，取一个电荷元 $\mathrm{d}q=\sigma\mathrm{d}S$，电荷面密度 $\sigma=\frac{q}{\pi R^2}$，此电荷元在 P 点的场强 $\mathrm{d}\boldsymbol{E}$ 可分解为平行于 x 轴的分量 $\mathrm{d}E_{/\!/}$ 和垂直于 x 轴的分量 $\mathrm{d}E_{\perp}$。另取一电荷元 $\mathrm{d}q'$，关于原点与 $\mathrm{d}q$ 对称，$\mathrm{d}q'=\sigma\mathrm{d}S'$，在 P 点的场强 $\mathrm{d}\boldsymbol{E}'$ 可分解为 $\mathrm{d}E'_{/\!/}$ 和 $\mathrm{d}E'_{\perp}$，由对称性分析可知 $\mathrm{d}E_{\perp}$ 与 $\mathrm{d}E'_{\perp}$ 互相抵消，合场强沿 x 轴方向。

在圆盘平面上取径矢为 $\boldsymbol{r}$，极角为 φ，则面元 $\mathrm{d}S=r\mathrm{d}r\mathrm{d}\varphi$，电荷元在 P 点的场强 $\mathrm{d}\boldsymbol{E}$ 与 x 轴夹角为 θ，得

$$\mathrm{d}E_{/\!/} = \mathrm{d}E\cos\theta$$

其中

$$\mathrm{d}E = \frac{\sigma r\,\mathrm{d}r\mathrm{d}\varphi}{4\pi\varepsilon_0 (x^2 + r^2)}$$

$$\cos\theta = \frac{x}{\sqrt{x^2 + r^2}}$$

P 点的合场强

$$E = \int \mathrm{d}E_{/\!/} = \frac{\sigma x}{4\pi\varepsilon_0} \int_0^R \frac{r\mathrm{d}r}{(x^2 + r^2)^{\frac{3}{2}}} \int_0^{2\pi} \mathrm{d}\varphi$$

$$= \frac{q}{2\pi\varepsilon_0 R^2}\left(1 - \frac{x}{\sqrt{x^2 + R^2}}\right) \tag{7.24}$$

方向沿 x 轴的正方向。

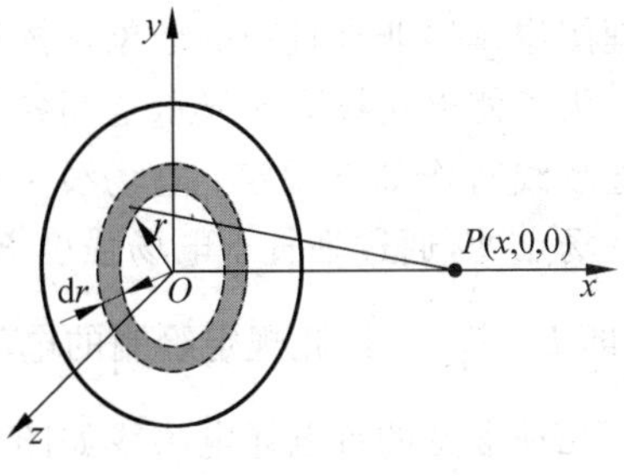

图 7.11 均匀带电圆盘轴线上的场强(2)

其他解法：如图 7.11 所示，把圆盘分成一系列的同心细圆环，每个细圆环可看作为电荷元，圆盘轴

线上 P 点处的场强就是这些半径不同的细圆环产生的场强叠加。半径为 r、宽度为 $\mathrm{d}r$ 的细圆环所带的电量为

$$\mathrm{d}q = \sigma \mathrm{d}S = \sigma 2\pi \cdot r\mathrm{d}r$$

利用上题的结果,可得此细圆环在 P 点处的场强为

$$\mathrm{d}E = \frac{1}{4\pi\varepsilon_0}\frac{x\mathrm{d}q}{(x^2+r^2)^{\frac{3}{2}}} = \frac{\sigma x}{2\varepsilon_0}\frac{r\mathrm{d}r}{(x^2+r^2)^{\frac{3}{2}}}$$

由于圆盘上所有细圆环在 P 点处的场强方向都是沿着 x 轴方向,所以上式可以直接积分,即

$$E = \int \mathrm{d}E = \frac{\sigma x}{2\varepsilon_0}\int_0^R \frac{r\mathrm{d}r}{(x^2+r^2)^{\frac{3}{2}}} = \frac{q}{2\pi\varepsilon_0 R^2}\left(1-\frac{x}{\sqrt{x^2+R^2}}\right)$$

当 $R \gg x$ 时,

$$\frac{x}{\sqrt{x^2+R^2}} \to 0$$

$$E = \frac{\sigma}{2\varepsilon_0}$$

这相当于无限大带电平面的场强公式。

当 $R \ll x$ 时,利用泰勒公式可得

$$\frac{x}{\sqrt{x^2+R^2}} = \left[1+\left(\frac{R}{x}\right)^2\right]^{-\frac{1}{2}} \approx 1-\frac{1}{2}\left(\frac{R}{x}\right)^2$$

于是有

$$E = \frac{1}{4\pi\varepsilon_0}\frac{q}{x^2}$$

显然,此时圆盘可看成一个点电荷。

7.3 高斯定理

高斯定理是关于电场中闭合曲面电通量与场源电荷关系的定理,在讨论高斯定理前先引入电场线和电通量的概念。

7.3.1 电场线

因为场的概念比较抽象,所以法拉第在提出场的概念的同时引入了力线的概念,对场的物理图像作出非常直观的形象化描述。描述电场的力线称为电场线。

为了使电场线既能显示空间各处电场强度的大小,又能显示各点电场强度的方向,在绘制电场线时作如下规定:电场线上每一点的切线方向都与该点处的电场强度方向一致;在任一场点处,通过垂直于电场强度 $\boldsymbol{E}$ 的单位面积的电场线条数等于该点处电场强度 $\boldsymbol{E}$ 的大小,即 $E=\frac{\mathrm{d}N}{\mathrm{d}S}$。按此规定绘制的电场线便可以很好地描述电场强度的分布。

几种常见的带电体电场线如图7.12所示。

电场线可用实验定性地演示。将花粉、草籽或短发浸在插有电极的蓖麻油内,它们在电

场力的作用下会沿电场方向排列起来。

静电场的电场线有如下性质：

(1) 电场线起于正电荷(或无穷远处)，止于负电荷(或无穷远处)，不能在没有电荷处中断；

(2) 静电场线不形成闭合线；

(3) 任何两条电场线都不会在没有电荷处相交。

电场线的性质说明了静电场具有有源无旋的特性，可用高斯定理和环路定理来证明。

应当指出，电场线只是为了描述电场的分布而引入的一簇曲线，它不是电荷在电场中运动的轨迹。如图 7.12 所示为几种典型带电体的电场线分布图。

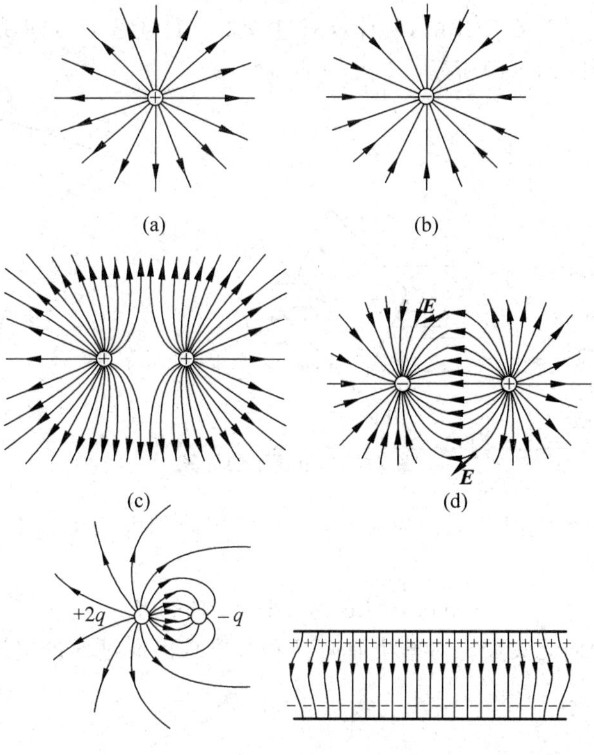

图 7.12　几种典型的带电体的电场线分布图

(a) 正电荷；(b) 负电荷；(c) 两个等量正电荷；(d) 两个等量异号电荷；
(e) 两个不等量异号电荷；(f) 带等量异号电荷的两平行板

7.3.2 电通量

通量是描述包括电场在内的一切矢量场的一个重要概念，理论上有助于说明场与源的关系。我们常常用通过电场中某一面的电场线条数来表示通过这个面的电场强度通量，简称电通量或 $\boldsymbol{E}$ 通量，用符号 Φ_e 表示。

在均匀电场中取一想像的平面，其面积矢量 $\boldsymbol{S}$ 与 $\boldsymbol{E}$ 的方向相同，如图 7.13(a)所示。显

然，通过这一平面的电场线总数为

$$\Phi_e = ES$$

Φ_e 就是通过该面积 S 平面的电通量。

如果平面的法线方向 $\boldsymbol{e}_n$（单位矢量）与 $\boldsymbol{E}$ 成 θ 角，如图 7.13(b)所示，那么通过这一平面的电通量为

$$\Phi_e = E\cos\theta \cdot S = \boldsymbol{E} \cdot \boldsymbol{S}$$

式中 $\boldsymbol{S}=S\boldsymbol{e}_n$。电通量是标量，但有正负。

当 $0\leqslant\theta<\frac{\pi}{2}$ 时，$\Phi_e>0$；当 $\frac{\pi}{2}<\theta\leqslant\pi$ 时，$\Phi_e<0$；若 $\theta=\frac{\pi}{2}$，则 $\Phi_e=0$。

一般情况下，电场是不均匀的，而且所取的几何面 S 也可以是一个任意的曲面，在曲面上场强的大小和方向是逐点变化的，要计算通过该曲面的电通量，先求通过曲面上任意小面元 $\mathrm{d}S$ 的电通量，如图 7.13(c)所示。

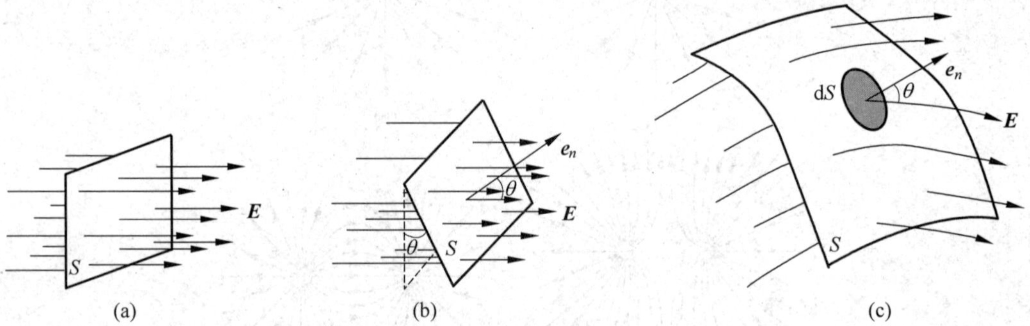

图 7.13 电通量的计算

由于面元 $\mathrm{d}S$ 是物理无限小，所以在面元 $\mathrm{d}S$ 区域内的电场可以看成是均匀的，故通过面元 $\mathrm{d}S$ 的电通量为

$$\mathrm{d}\Phi_e = E\cos\theta \cdot \mathrm{d}S = \boldsymbol{E} \cdot \mathrm{d}\boldsymbol{S}$$

式中 $\mathrm{d}\boldsymbol{S}=\mathrm{d}S\boldsymbol{e}_n$，称为面元矢量。对整个曲面 S 积分可求出通过 S 的电通量，即

$$\Phi_e = \iint_S \boldsymbol{E} \cdot \mathrm{d}\boldsymbol{S} \tag{7.25}$$

当 S 是闭合曲面时，上式写成

$$\Phi_e = \oiint_S \boldsymbol{E} \cdot \mathrm{d}\boldsymbol{S} \tag{7.26}$$

必须指出，对非闭合曲面，面法线的正方向可以取曲面的任一侧，但对闭合曲面来说，通常规定自内向外的方向为面法线的正方向。所以，在电场线穿出曲面处，电通量为正，在电场线进入曲面处，电通量为负。

可见，电通量是代数量，其正负取决于 $\boldsymbol{E}$ 与 $\mathrm{d}\boldsymbol{S}$ 的夹角 θ。电通量不是空间坐标的函数，而是场强 $\boldsymbol{E}$ 在曲面上的积分值，它不仅与场强有关，还与曲面的大小、方向有关。

7.3.3 高斯定理

高斯定理表述如下：在真空中，通过任意闭合曲面 S 的电通量 Φ_e 等于该曲面所包围的

所有电荷的代数和 $\sum\limits_{(S内)} q_i$ 除以 ε_0，与闭合曲面外的电荷无关。用公式表示为

$$\Phi_e = \oint\!\!\!\oint_S \boldsymbol{E} \cdot \mathrm{d}\boldsymbol{S} = \frac{1}{\varepsilon_0} \sum_{(S内)} q_i \tag{7.27}$$

闭合曲面 S 习惯上称为高斯面。

下面通过库仑定律和场强叠加原理，从特殊到一般，分步来证明高斯定理。

(1) 通过包围点电荷 q 的同心球面的电通量为 $\dfrac{q}{\varepsilon_0}$。

设有正点电荷 q，以 q 为球心、以 r 为半径作球面 S 为高斯面，如图 7.14 所示。由点电荷场强公式可得高斯面上的电场强度为

$$\boldsymbol{E} = \frac{1}{4\pi\varepsilon_0} \frac{q}{r^2} \boldsymbol{e}_r$$

可见，高斯面上各点的场强大小相等，方向与该点所在的面元法线方向一致。在高斯面上取一面元 $\mathrm{d}\boldsymbol{S}$，通过该面元的电通量为

$$\mathrm{d}\Phi_e = \boldsymbol{E} \cdot \mathrm{d}\boldsymbol{S} = E\mathrm{d}S = \frac{q}{4\pi\varepsilon_0 r^2}\mathrm{d}S$$

通过整个球面 S 的电通量为

$$\Phi_e = \oint\!\!\!\oint_S \mathrm{d}\Phi_e = \frac{1}{4\pi\varepsilon_0} \oint\!\!\!\oint_S \frac{q}{r^2}\mathrm{d}S = \frac{1}{4\pi\varepsilon_0} \frac{q}{r^2} \oint\!\!\!\oint_S \mathrm{d}S = \frac{1}{4\pi\varepsilon_0} \frac{q}{r^2} 4\pi r^2 = \frac{q}{\varepsilon_0}$$

可见，通过球面的电通量 $\dfrac{q}{\varepsilon_0}$ 与球面半径无关。若点电荷为负的，则通过整个球面的电通量为负值。

(2) 通过包围点电荷 q 的任意闭合曲面的电通量等于 $\dfrac{q}{\varepsilon_0}$。

如图 7.15(a)所示，S 是包围点电荷 q 的任意曲面。现在作一个以 q 为球心，以 r_1 为半径的球面 S''，显然在球面 S'' 的球心处点电荷 q 所产生的电场通过球面 S'' 的电通量为 $\dfrac{q}{\varepsilon_0}$。另在曲面 S 上取面元 $\mathrm{d}S$，由 q 向 $\mathrm{d}S$ 边缘上各点引射线，便构成一个锥面。此锥面与球面 S'' 相截，截面为 $\mathrm{d}S''$。$\mathrm{d}S$ 在与场强垂直方向上的投影为 $\mathrm{d}S'$，显然，$\mathrm{d}S' = \mathrm{d}S\cos\theta$，$\mathrm{d}S'$ 到 q 的距离为 r，且 $\mathrm{d}S'$ 和 $\mathrm{d}S''$ 是同一锥体的两个互相平行的平面，如图 7.15(b)所示。通过 $\mathrm{d}S$ 的电通量为

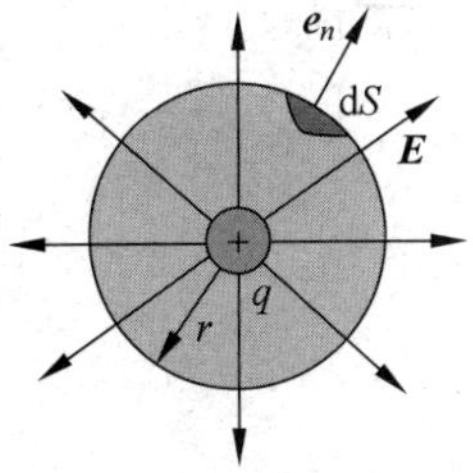

图 7.14 推导高斯定理用图(1)

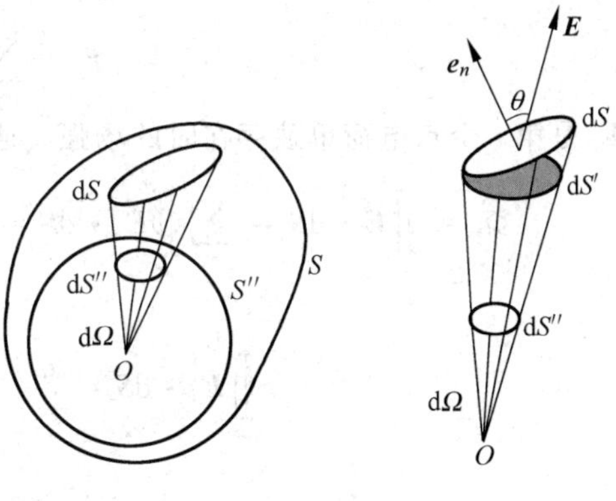

图 7.15 推导高斯定理用图(2)

$$d\Phi_e = \boldsymbol{E} \cdot d\boldsymbol{S} = E dS\cos\theta = E dS' = \frac{1}{4\pi\varepsilon_0}\frac{q}{r^2}dS'$$

因为

$$\frac{dS'}{r^2} = \frac{dS''}{r_1^2}$$

则有

$$d\Phi_e = \frac{1}{4\pi\varepsilon_0}\frac{q}{r_1^2}dS'' = d\Phi''_e$$

所以通过面元 dS 的电通量也全部通过 dS''。

从点电荷出发，作无数多条辐射线，将球面 S'' 和曲面 S 分割成无数多对一一对应的面元，通过它们的电通量相等。因此通过任意闭合曲面 S 的电通量与通过球面 S'' 的电通量相等，即

$$\Phi_e = \oint\!\!\!\oint_S \boldsymbol{E} \cdot d\boldsymbol{S} = \Phi''_e = \frac{q}{\varepsilon_0}$$

可见，对于包围点电荷 q 的任意闭合曲面，其高斯定理也成立。

(3) 通过不包围点电荷的任意闭合曲面的电通量恒等于零。

如图 7.16 所示，当点电荷在闭合曲面之外时，以 q 为顶点作一锥面，在 S 上截取两个面元 dS 和 dS''。由于单个点电荷的电场线是辐射状的直线，从 dS 进入闭合曲面的电场线必须从 dS'' 穿出。根据(2)中的分析，通过 dS 的电通量 $d\Phi_e$ 和通过 dS'' 的电通量 $d\Phi''_e$ 的数值相等，符号相反，代数和为零。整个闭合曲面由这样一对对面元组成，通过整个闭合曲面的电通量等于零，即

$$\Phi_e = \oint\!\!\!\oint_S \boldsymbol{E} \cdot d\boldsymbol{S} = 0$$

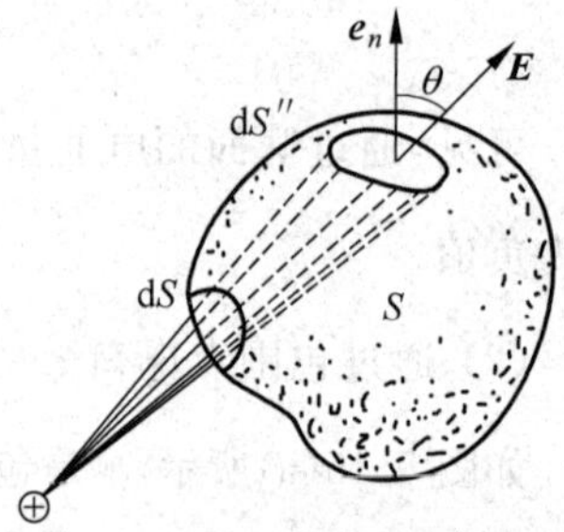

图 7.16 推导高斯定理用图(3)

(4) 对于任意带电体的电场，高斯定理成立。

设任意带电体系由 n 个点电荷组成，其中 $q_1, q_2, \cdots, q_m$ 在高斯面 S 内，$q_{m+1}, q_{m+2}, \cdots, q_n$ 在高斯面外。在高斯面上任取一面元，其上任一点场强为 $\boldsymbol{E}$，由场强叠加原理可得

$$\boldsymbol{E} = \sum_{i=1}^{n}\boldsymbol{E}_i$$

式中，$\boldsymbol{E}_i$ 是第 i 个点电荷单独存在时的场强。通过高斯面 S 的电通量为

$$\Phi_e = \oint\!\!\!\oint_S \boldsymbol{E} \cdot d\boldsymbol{S} = \sum_{i=1}^{n}\oint\!\!\!\oint_S \boldsymbol{E}_i \cdot d\boldsymbol{S} = \sum_{i=1}^{m}\oint\!\!\!\oint_S \boldsymbol{E}_i \cdot d\boldsymbol{S} + \sum_{i=m+1}^{n}\oint\!\!\!\oint_S \boldsymbol{E}_i \cdot d\boldsymbol{S}$$

由于

$$\oint\!\!\!\oint_S \boldsymbol{E}_i \cdot d\boldsymbol{S} = \frac{q_i}{\varepsilon_0} \quad (1 \leqslant i \leqslant m)$$

所以

$$\sum_{i=1}^{m}\oint\!\!\!\oint_S \boldsymbol{E}_i \cdot d\boldsymbol{S} = \sum_{i=1}^{m}\frac{q_i}{\varepsilon_0} = \frac{1}{\varepsilon_0}\sum_{i=1}^{m}q_i$$

同理可得

$$\sum_{i=m+1}^{n}\oint\!\!\!\oint_S \boldsymbol{E}_i \cdot \mathrm{d}\boldsymbol{S} = 0$$

因此通过高斯面 S 的电通量为

$$\Phi_e = \oint\!\!\!\oint_S \boldsymbol{E} \cdot \mathrm{d}\boldsymbol{S} = \frac{1}{\varepsilon_0}\sum_{i=1}^{m} q_i + 0 = \frac{1}{\varepsilon_0}\sum_{i=1}^{m} q_i$$

恰好等于高斯面内电荷代数和除以 ε_0，高斯定理证毕。

从以上证明过程可以看出，只要是平方反比的有心力场，都存在类似的高斯定理。读者可由万有引力定律，得到引力场的高斯定理。

为了正确理解高斯定理，需要注意以下几点。

(1) 高斯面上的场强 $\boldsymbol{E}$ 是高斯面内外全部电荷共同激发的。而面外电荷对电通量的贡献为零，通过高斯面的电通量只取决于面内电荷。

(2) 高斯面内电荷的代数和 $\sum q_i$ 可正可负，若 $\sum q_i = 0$，只说明高斯面内电荷代数和为零，而不能说明面内各处电荷都为零。

静电场的高斯定理说明静电场是有源场，电场的源头是电荷。

7.3.4 高斯定理的应用

高斯定理不仅从一个侧面反映了静电场的性质，而且有时也可用来计算一些呈高度对称性分布的电场的电场强度，这往往比采用叠加法更简便。从高斯定理的数学表达式(7.27)来看，电场强度 $\boldsymbol{E}$ 位于积分号内，一般情况下不易求解，但是如果高斯面上的电场强度大小处处相等，且方向与各点处面元 $\mathrm{d}\boldsymbol{S}$ 的法线方向一致或具有相同的夹角，这时 $\boldsymbol{E} \cdot \mathrm{d}\boldsymbol{S} = E\mathrm{d}S\cos\theta$ 中的 E 就可看作常量从积分号内提出来，这样求出 E 来就方便多了。由此看来，利用高斯定理计算电场强度，不仅要求电场分布具有对称性，而且还要根据电场的对称分布选择合适的高斯面，以满足：①高斯面上的电场强度大小处处相等；②面元 $\mathrm{d}\boldsymbol{S}$ 的法线方向与该处的电场强度 $\boldsymbol{E}$ 的方向一致或具有相同的夹角。下面我们通过几个例题来理解上述应用高斯定理求电场强度 $\boldsymbol{E}$ 的方法。

例 7-5 求半径为 R、带电量为 q 的均匀带电球体内外空间的电场强度分布。

解 设 $q>0$，电荷分布具有球对称性，故电场分布也是球对称的，即在任何与带电球体同心的球面上，各点的场强大小相等，方向沿径向。若 $q<0$，则场强沿半径向内。如图 7.17 所示，可选取通过场点 P 并与球体同心的球面为高斯面，则高斯面上各点的场强大小都与 P 点相等，方向与该处面元的外法线方向一致。因此，通过该高斯面 S 的电通量为

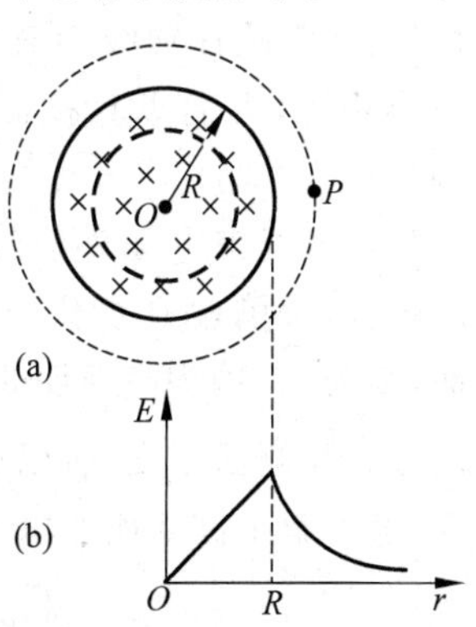

图 7.17 均匀带电球体的场强

$$\Phi_e = \oint\!\!\!\oint_S \boldsymbol{E} \cdot \mathrm{d}\boldsymbol{S} = \oint\!\!\!\oint_S E\mathrm{d}S = E\oint\!\!\!\oint_S \mathrm{d}S = E \cdot 4\pi r^2$$

当 P 点在球外($r>R$)时，高斯面内电荷为 q，由高斯定

理得

$$\Phi_e = E \cdot 4\pi r^2 = \frac{q}{\varepsilon_0} \tag{a}$$

得 P 点的场强

$$E = \frac{q}{4\pi\varepsilon_0 r^2} \tag{b}$$

场强的方向沿径向。

当 P 点在球内($r<R$)时，球体内电荷密度 $\rho = \dfrac{q}{\frac{4}{3}\pi R^3}$，高斯面内包围的电荷量为 $\rho \dfrac{4}{3}\pi r^3$。由高斯定理可得

$$\Phi_e = E \cdot 4\pi r^2 = \frac{1}{\varepsilon_0} \times \rho \frac{4}{3}\pi r^3$$

即

$$E = \frac{qr}{4\pi\varepsilon_0 R^3}$$

场强的方向沿径向。其矢量形式为

$$\boldsymbol{E} = \frac{qr}{4\pi\varepsilon_0 R^3}\boldsymbol{e}_r, \quad r<R$$

$$\boldsymbol{E} = \frac{q}{4\pi\varepsilon_0 r^2}\boldsymbol{e}_r, \quad r>R$$

图7.17(b)表示 $\boldsymbol{E}$ 的大小随 r 的变化情况，球内场强与 r 成正比；球外场强与 r 的平方成反比，与电荷集中在球心处的点电荷的场强分布相同，在带电球面处 $\boldsymbol{E}$ 的值连续，取值最大。

对于均匀带电球面，球面内由于无电荷，所以场强为零，球面外场强也与电荷集中在球心处的点电荷的场强分布相同。

例7-6 求半径为 R、电荷面密度为 σ 的均匀带电无限长直圆柱面内外空间的电场强度。

解 由于电荷分布的轴对称性，场强分布也是轴对称的，即与圆柱轴线距离相等的各点，电场强度 $\boldsymbol{E}$ 的大小相等，方向垂直柱面呈辐射状，如图7.18所示，假设 $\sigma>0$。

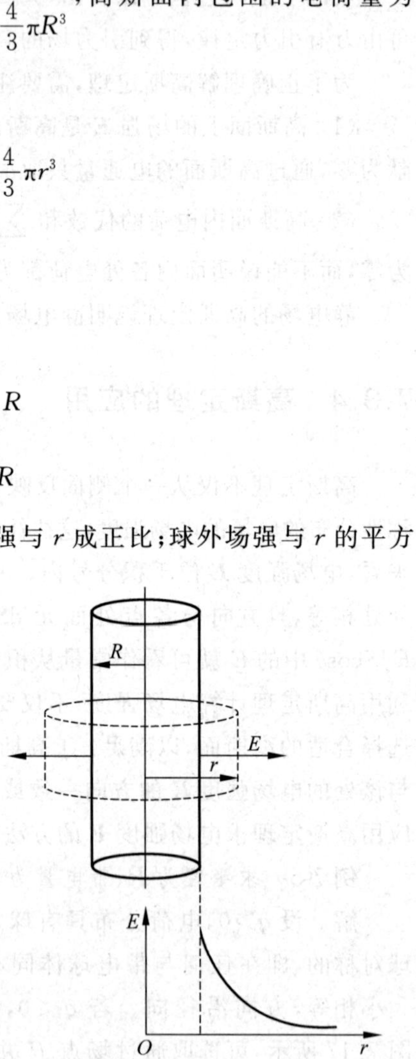

图7.18 无限长圆柱面

P 点位于带电面外($r>R$)时，为了求任一点 P 处的场强，过场点 P 可作与圆柱同轴、半径为 r 的高斯面，高为 l。因为高斯面侧面上各点场强大小相等，方向处处与侧面正交，所以通过侧面的电通量为 $E2\pi rl$，通过高斯面两底面的电通量为零。因而，通过整个高斯面的电通量为

$$\Phi_e = \oiint_S \boldsymbol{E} \cdot d\boldsymbol{S} = \iint_{侧面} \boldsymbol{E} \cdot d\boldsymbol{S} + \iint_{上底面} \boldsymbol{E} \cdot d\boldsymbol{S} + \iint_{下底面} \boldsymbol{E} \cdot d\boldsymbol{S}$$

$$=E\cdot 2\pi rl+0+0=E\cdot 2\pi rl$$

由高斯定理可得

$$E\cdot 2\pi rl=\frac{\sigma\cdot 2\pi Rl}{\varepsilon_0}$$

则有

$$E=\frac{\sigma R}{\varepsilon_0 r}$$

$\boldsymbol{E}$ 的方向沿径向。

令 $\lambda=\frac{\sigma\cdot 2\pi Rl}{l}=\sigma\cdot 2\pi R$ 表示带电圆柱面单位长度上的电量，那么上式可表示为

$$\boldsymbol{E}=\frac{\lambda}{2\pi\varepsilon_0 r}\boldsymbol{e}_r,\quad r>R$$

P 点位于带电面内($r<R$)时，高斯面内包围的电荷量为零，即

$$E\cdot 2\pi rl=0$$

得

$$E=0,\quad r<R$$

可见，无限长均匀带电圆柱面内场强为零；面外各点的场强，与所带电荷全部集中在其轴线上的均匀线分布电荷所激发的场强一样，见式(7.22)。

例 7-7 均匀带电的无限大平面薄板的面电荷密度为 σ，求其场强分布。

解 由于电荷均匀分布在无限大的平面上，空间电荷分布具有面对称性，因此产生的电场分布也具有面对称性。设 $\sigma>0$，则平面两侧对称点处的场强不仅大小相等，而且方向处处与平面垂直并指向两侧。如图 7.19 所示，可取高斯面为一柱体的表面，侧面与带电面垂直，两底面与带电面平行且在对称位置上。根据高斯定理有

$$\Phi_e=\oiint_S \boldsymbol{E}\cdot d\boldsymbol{S}=\left(\iint_{左底}+\iint_{右底}+\iint_{侧面}\right)\boldsymbol{E}\cdot d\boldsymbol{S}=\frac{\sigma\cdot\Delta S}{\varepsilon_0}$$

式中 ΔS 为高斯圆柱面的底面面积，底面上强场与面积法线方向平行，$\boldsymbol{E}\cdot d\boldsymbol{S}=EdS$，$\iint_{左底}\boldsymbol{E}\cdot d\boldsymbol{S}=\iint_{右底}\boldsymbol{E}\cdot d\boldsymbol{S}=E\Delta S$；侧面法线与场强垂直，$\boldsymbol{E}\cdot d\boldsymbol{S}=0$，所以

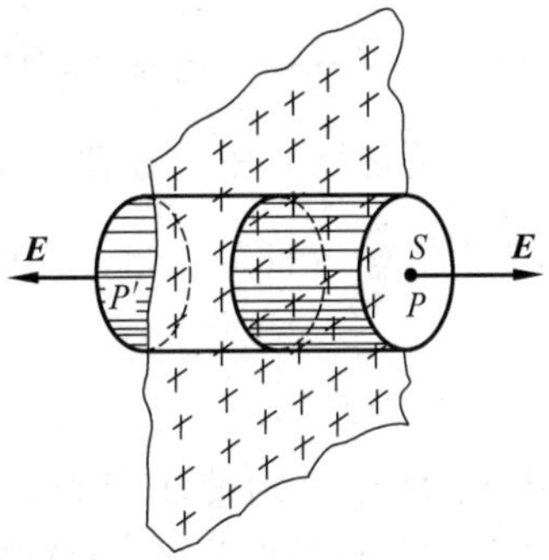

图 7.19 无限大均匀带电平面的场强

$$\Phi_e=2E\Delta S=\frac{\sigma}{\varepsilon_0}\Delta S$$

$$E=\frac{\sigma}{2\varepsilon_0}$$

写成矢量式：

$$\boldsymbol{E}=\frac{\sigma}{2\varepsilon_0}\boldsymbol{e}_n \tag{7.28}$$

式中，$\boldsymbol{e}_n$ 为带电平面法线的单位矢量。可见，无限大带电平面产生的电场是匀强电场。

7.4 电势

前面，我们从电场对电荷的作用力出发，引入了电场强度 $\boldsymbol{E}$ 这一物理量来描述电场的性质，根据库仑定律和叠加原理得到了静电场的高斯定理。本节仍根据这两条基本规律，从电场力对电荷做功出发，证明静电场力所做的功与路径无关，由此导出反映静电场性质的另一定理——静电场的环路定理。并且揭示静电场是一个保守力场，从而引入电势的概念，并用电势来描述电场的特征。

7.4.1 静电场的环路定理

证明静电场力所做的功与路径无关，可分两步进行。首先，证明在单个点电荷的电场中，本结论成立；其次，再证明对点电荷系本结论均成立。证明如下。

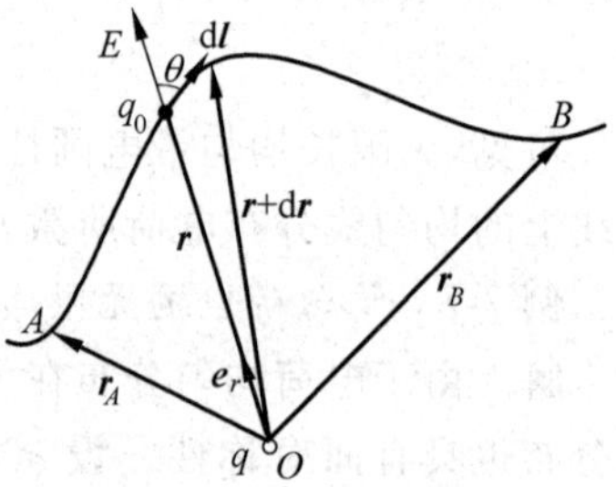

图7.20 电场力做功

设在静止点电荷 q 的电场中，将试验电荷 q_0 由 A 点沿任意路径移到 B 点，如图 7.20 所示，电场力对 q_0 所做的功为

$$W_{AB}=\int_L \mathrm{d}W=\int_A^B \boldsymbol{F}\cdot\mathrm{d}\boldsymbol{l}=\int_A^B q_0\boldsymbol{E}\cdot\mathrm{d}\boldsymbol{l}$$
$$=q_0\int_A^B E\cos\theta\cdot\mathrm{d}l$$

式中 $\mathrm{d}\boldsymbol{l}$ 是路径上任一位移元，$\boldsymbol{E}$ 是 q 在 q_0 所在处的场强，θ 是 $\boldsymbol{E}$ 与 $\mathrm{d}\boldsymbol{l}$ 间的夹角，由图可知 $\cos\theta\mathrm{d}l=\mathrm{d}r$，$E=\dfrac{1}{4\pi\varepsilon_0}\dfrac{q}{r^2}$，由此可得

$$W_{AB}=q_0\int_{r_A}^{r_B}\frac{q}{4\pi\varepsilon_0 r^2}\mathrm{d}r=\frac{q_0 q}{4\pi\varepsilon_0}\left(\frac{1}{r_A}-\frac{1}{r_B}\right)\tag{7.29}$$

式中 r_A 和 r_B 分别是 A 点和 B 点到场源的距离。式(7.29)表明，在点电荷的电场中，电场力做的功与路径无关，仅与试验电荷的始末位置有关。

对于点电荷系，其中任一点电荷的场强为 $\boldsymbol{E}_i$。根据场强叠加原理，点电荷系的场强 $\boldsymbol{E}=\sum\boldsymbol{E}_i$，将试验电荷 q_0 由 A 点沿任一路径移动到 B 点，电场力所做的功为

$$W_{AB}=\int_A^B \boldsymbol{F}\cdot\mathrm{d}\boldsymbol{l}=\int_A^B q_0\boldsymbol{E}\cdot\mathrm{d}\boldsymbol{l}=\sum_{i=1}^{n}\int_A^B q_0\boldsymbol{E}_i\cdot\mathrm{d}\boldsymbol{l}$$

上式右边每一项积分均与路径无关，所以电场力所做的功 W_{AB} 与路径无关。

根据上面的讨论，可得到如下结论：试验电荷在任何静电场中移动时，电场力所做的功只与试验电荷的电量及其始末位置有关，与路径无关。

上述结论还可用另一种形式表述。设试验电荷在电场中从某点出发，经过闭合路线 L 又回到原来位置，由式(7.29)可知电场力做功为零，即

$$q_0\oint_L \boldsymbol{E}\cdot\mathrm{d}\boldsymbol{l}=0$$

因为 $q_0 \neq 0$，所以

$$\oint_L \boldsymbol{E} \cdot \mathrm{d}\boldsymbol{l} = 0 \tag{7.30}$$

上式的左边是场强 $\boldsymbol{E}$ 沿闭合路径的线积分，也称场强 $\boldsymbol{E}$ 的环流，因此我们称式(7.30)为静电场的环路定理，表述为：静电场的场强的环流恒为零。由式(7.30)可知静电场是无旋场。

由式(7.30)可证明静电场线不闭合。假设静电场线闭合，取某闭合静电场线作积分路线，在此路径上 $\boldsymbol{E}$ 与 $\mathrm{d}\boldsymbol{l}$ 处处同向，故 $\boldsymbol{E} \cdot \mathrm{d}\boldsymbol{l} = E\mathrm{d}l > 0$，必有 $\oint_L \boldsymbol{E} \cdot \mathrm{d}\boldsymbol{l} > 0$，与式(7.30)矛盾，所以静电场中静电场线是不闭合的。

高斯定理和环路定理是静电场的两个基本方程，它们表征了静电场是有源无旋场，它们结合起来可以完整地描述静电场；若已知电荷分布，原则上可以由这两个方程确定静电场的分布。

7.4.2 电势

静电场力做功与路径无关，故称静电场为保守场，静电场力为保守力。在力学中，重力是保守力，故引入重力势能的概念；弹性力是保守力，同样也引入了弹性势能。现在静电场力也是保守力，因此也可以引入相应的电势能，记作 E_p。

如图 7.20 所示，试验电荷 q_0 处在源电荷 q 的场中，当将 q_0 由 A 点移到 B 点时，电场力做功

$$W_{AB} = q_0 \int_A^B \boldsymbol{E} \cdot \mathrm{d}\boldsymbol{l}$$

若 q 与 q_0 同号，电场力为斥力，将 q_0 移近 q 时，电场力做负功(外力反抗电场力做正功)，使 q_0 电势能增加。这部分能量是 q 与 q_0 相互作用的结果，储存在 q 与 q_0 系统中。将电荷 q_0 移动远离 q 时，电场力做正功，电势能减少。这时储存在系统中的电势能将释放出来，用于克服外力做功或者转变为 q_0 的动能。

若带电体 q 与 q_0 异号，电场力为吸引力，则情况与上述相反，与重力场情况类似。

能量是反映做功本领的物理量。在保守场中，保守力所做的功等于相应势能增量的负值。静电场既然是一种保守力，那么将试验电荷 q_0 由 A 点移动到 B 点时，该静电场力所做的功 W_{AB} 也应等于电势能增量的负值，即

$$W_{AB} = \int_A^B q_0 \boldsymbol{E} \cdot \mathrm{d}\boldsymbol{l} = -(E_{\mathrm{p}B} - E_{\mathrm{p}A}) = E_{\mathrm{p}A} - E_{\mathrm{p}B} \tag{7.31}$$

上式表明，当电场力做正功时，$W_{AB} > 0$，$E_{\mathrm{p}A} > E_{\mathrm{p}B}$，电势能减小；当电场力做负功时，$W_{AB} < 0$，$E_{\mathrm{p}A} < E_{\mathrm{p}B}$，电势能增加。

电势能与重力势能相类似，也是一个相对的量。为了确定电荷在电场中某一点势能的大小，必须选定一个作为参考的电势能零点。电势能零点的选择也与力学中势能零点的选取一样可以是任意的。在通常情况下，对于有限的带电体，我们常选定电荷 q_0 在无限远处的电势能为零，即 $E_{\mathrm{p}\infty} = 0$，由此电荷 q_0 在电场中 A 点的电势能为

$$E_{\mathrm{p}A} = W_{A\infty} = q_0 \int_A^\infty \boldsymbol{E} \cdot \mathrm{d}\boldsymbol{l} \tag{7.32}$$

即电荷 q_0 在电场中某一点 A 的电势能 E_{pA} 在数值上等于 q_0 从 A 点移到无限远处电场力所做的功 $W_{A\infty}$。

我们知道，势能是属于系统的，电势能也是属于一定电荷系的。式(7.32)反映了电势能是属于试验电荷 q_0 和电场这个系统的。电势能 E_{pA} 与电场的性质有关，也与引入电场中试验电荷 q_0 的电荷量有关，所以它并不能直接描述某一给定点 A 处电场的性质。但比值 $\frac{E_{pA}}{q_0}$ 却与 q_0 无关，只决定于场中给定点 A 处电场的性质，所以我们用这一比值来表征静电场中给定点电场性质的物理量，并把它叫做电势，用 V_A 表示，即

$$V_A = \frac{E_{pA}}{q_0} = \int_A^{\infty} \boldsymbol{E} \cdot \mathrm{d}\boldsymbol{l} \tag{7.33}$$

在式(7.33)中，当取试验电荷 q_0 为单位正电荷时，V_A 和 E_{pA} 等值，这说明静电场中某点的电势在数值上等于单位正电荷放在该点处时的电势能，也等于单位正电荷从该点经任意路径到无限远处时电场力所做的功。电势是标量，但相对于电势的零点来讲其值可正也可负。

在国际单位制中，电势的单位为焦尔/库仑(J/C)，称为伏特(V)，即

$$1\ \mathrm{V} = \frac{1\ \mathrm{J}}{1\ \mathrm{C}}$$

电势的值是相对的，但电势差值是绝对的。任意两点间的电势差，通常也叫做电压，用公式表示为

$$U_{AB} = V_A - V_B = \frac{E_{pA}}{q_0} - \frac{E_{pB}}{q_0} = \frac{1}{q_0}(E_{pA} - E_{pB}) = \int_A^B \boldsymbol{E} \cdot \mathrm{d}\boldsymbol{l} \tag{7.34}$$

上式表明，静电场中 A、B 两点的电势差，等于单位正电荷在电场中从 A 点经过任意路径到达 B 点时电场力所做的功。因此，当任一电荷 q 在电场中从 A 点移到 B 点时，电场力所做的功可用电势差来表示，即

$$W_{AB} = qU_{AB} = q(V_A - V_B) \tag{7.35}$$

在实际应用中，常常知道两点间的电势差，因此式(7.35)是计算电场力做功和计算电势能增减变化的常用公式。一个电子通过加速电势差为 1 V 的区间时，电场力对它做的功为

$$W = eU = 1.60 \times 10^{-19}\ \mathrm{C} \times 1\ \mathrm{V} = 1.60 \times 10^{-19}\ \mathrm{J}$$

电子从而获得 1.60×10^{-19} J 的能量。在近代物理中，常把这个能量值作为一种能量单位，称之为电子伏特，符号为 eV，即

$$1\ \mathrm{eV} = 1.60 \times 10^{-19}\ \mathrm{J}$$

和电势能的零点的选取一样，零电势参考点的选取原则上也是任意的，可以根据我们处理问题的需要来定。在理论分析中，若源电荷分布是有限的，往往选无限远处的一点为零电势参考点；当电荷分布在无限大区域时，应把电势零点选在有限区域内。但在许多实际问题中，常常取大地或电器外壳为电势零点。在电场中，同一点的电势会因电势零点的选择不同而不同。一旦电势零点选定，各点的电势也就随之确定。

7.4.3 电势的计算

电场中任一点的电势可用下面两种方法计算。

(1) 利用电势的定义式

$$V_A = \int_A^B \boldsymbol{E} \cdot \mathrm{d}\boldsymbol{l} \tag{7.36}$$

其中 B 点是零电势参考点，通常取 $V_B=0$。此方法适用于电场分布 $\boldsymbol{E}$ 已知，或易于求出的情况。

(2) 当电荷分布在有限区域内时，可用点电荷电势公式与电势叠加原理来计算电场中某点的电势。这里的叠加是标量叠加，较电场强度的矢量叠加要简便得多。

点电荷 q 的电场中，距点电荷 r 处 P 点的电势为

$$V_P = \int_P^\infty \boldsymbol{E} \cdot \mathrm{d}\boldsymbol{l} = \int_P^\infty \frac{1}{4\pi\varepsilon_0}\frac{q}{r^2}\boldsymbol{e}_r \cdot \mathrm{d}\boldsymbol{l} = \frac{q}{4\pi\varepsilon_0}\int_r^\infty \frac{\mathrm{d}r}{r^2} = \frac{1}{4\pi\varepsilon_0}\frac{q}{r}$$

由于 P 点是任意的，故去掉脚标，即得点电荷在空间任一点的电势为

$$V = \frac{1}{4\pi\varepsilon_0}\frac{q}{r} \tag{7.37}$$

可见，点电荷电场中，取 V_∞ 为零，正电荷电场中的电势处处为正，离点电荷越近，电势越高；负电荷电场中的电势处处为负，离点电荷越近，电势越低。

在由 n 个点电荷 $q_1, q_2, \cdots, q_n$ 组成的点电荷系的电场中，某点 P 的电势

$$V_P = \int_P^\infty \boldsymbol{E} \cdot \mathrm{d}\boldsymbol{l} = \sum_{i=1}^n \int_P^\infty \boldsymbol{E}_i \cdot \mathrm{d}\boldsymbol{l} = \sum V_i$$

或

$$V = \sum_{i=1}^n \frac{1}{4\pi\varepsilon_0}\frac{q_i}{r_i}$$

即点电荷系的电场中某点的电势等于各点电荷单独存在时的电势在该点的代数和。这就是电势叠加原理。

对于不能作为点电荷来处理的带电体的电势，可将带电体看成是由许许多多的电荷元组成的点电荷系，如图 7.21 所示，电荷元 $\mathrm{d}q$ 在 P 点处的电势为

$$\mathrm{d}V = \frac{1}{4\pi\varepsilon_0}\frac{\mathrm{d}q}{r}$$

由电势叠加原理可求得整个带电体的电势为

$$V = \frac{1}{4\pi\varepsilon_0}\int \frac{\mathrm{d}q}{r} \tag{7.38}$$

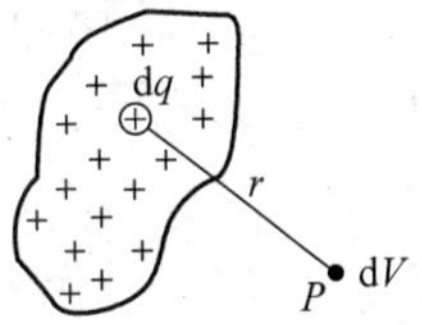

图 7.21 带电体的电势

式中，积分按电荷的具体分布而定，此时，从宏观上来看，带电体的电荷是连续分布的，体分布 $\mathrm{d}q=\rho\mathrm{d}V$，面分布 $\mathrm{d}q=\sigma\mathrm{d}S$，线分布 $\mathrm{d}q=\lambda\mathrm{d}l$，$r$ 是电荷元到场点的距离，积分遍及电荷分布的整个区域。

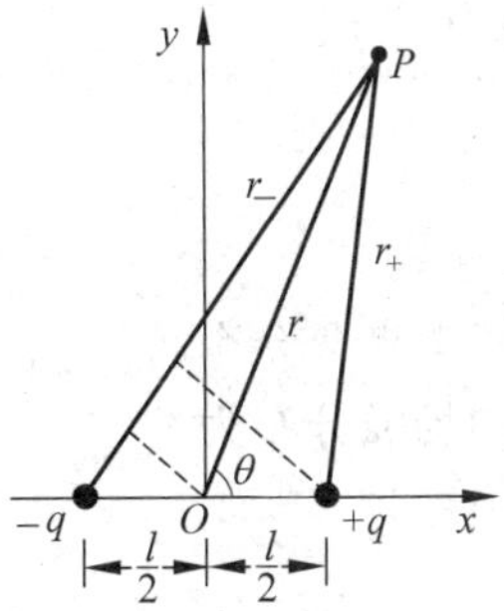

图 7.22 电偶极子的电势

例 7-8 求电偶极矩 $\boldsymbol{P}=q\boldsymbol{l}$ 的电偶极子电场中任一点的电势。

解 如图 7.22 所示，O 点是电偶极子的中心，场点 P 离原点 O 的距离为 r，$\boldsymbol{r}$ 和 $\boldsymbol{l}$ 的夹角为 θ。

取 $V_\infty=0$，$+q$ 和 $-q$ 单独存在时，在 P 点的电势分别为

$$V_+ = \frac{1}{4\pi\varepsilon_0}\frac{q}{r_+}$$

$$V_- = \frac{1}{4\pi\varepsilon_0}\frac{q}{r_-}$$

式中，r_+和r_-分别是P点到$\pm q$所在处的距离。根据电势叠加原理，可得P点电势为

$$V=V_+ + V_- = \frac{q}{4\pi\varepsilon_0}\left(\frac{1}{r_+}-\frac{1}{r_-}\right)$$

因为$r\gg l$，故可作如下近似计算：

$$r_- - r_+ = l\cos\theta, r_+ \cdot r_- \approx r^2$$

代入上式，得

$$V=\frac{ql\cos\theta}{4\pi\varepsilon_0 r^2}=\frac{p\cos\theta}{4\pi\varepsilon_0 r^2}$$

或写成如下形式：

$$V=\frac{1}{4\pi\varepsilon_0}\frac{\boldsymbol{p}\cdot\boldsymbol{r}}{r^3} \tag{7.39}$$

由式(7.39)可知，$\theta=\frac{\pi}{2}$时，即在电偶极子的中垂面上，$V=0$，因为$\pm q$在中垂面上的电势互相抵消；电偶极子的电势与r的平方成反比，与电偶极子的电偶极矩成正比。

例 7-9 求半径为R、带电量为q的均匀带电圆环轴线上的电势。

解 如图7.23所示，P是轴线上的一点，距离环心为x，圆环的电荷线密度为$\lambda=\frac{q}{2\pi R}$，令$V_\infty=0$。

把圆环分成无限多个电荷元，把每个电荷元看作一个点电荷，$dq=\lambda dl$，在P点产生的电势为

$$dV=\frac{dq}{4\pi\varepsilon_0 r}=\frac{\lambda dl}{4\pi\varepsilon_0 r}$$

由电势叠加原理可得整个圆环在P点的电势为

$$V=\int dV=\frac{\lambda}{4\pi\varepsilon_0 r}\oint dl=\frac{\lambda}{4\pi\varepsilon_0 r}\cdot 2\pi R=\frac{q}{4\pi\varepsilon_0 r}$$

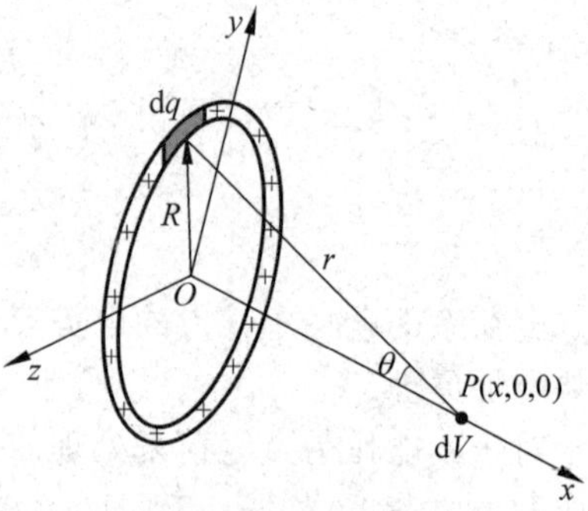

图7.23 均匀带电细圆环轴线上的电势

式中$r=\sqrt{R^2+x^2}$，对所有电荷元都相等，代入上式得

$$V=\frac{1}{4\pi\varepsilon_0}\frac{q}{\sqrt{R^2+x^2}} \tag{7.40}$$

当$R\ll x$时，

$$V=\frac{q}{4\pi\varepsilon_0 x}$$

相当于点电荷电场中的电势公式。

当$x=0$时，即圆环圆心中的电势为

$$V=\frac{q}{4\pi\varepsilon_0 R}$$

例 7-10 求半径为R、带电量为q的均匀带电球面产生的电场中的电势分布。

解 由于电荷分布是球对称的，可利用高斯定理求得球面内外的场强分布为

$$E=\begin{cases}0 & r<R\\ \frac{1}{4\pi\varepsilon_0}\frac{q}{r^2}, & r>R\end{cases}$$

方向沿径向。

计算电势时，把场强沿径矢积分(设 $q>0$，$V_\infty=0$)，若 P 点是球面外任意一点($r>R$)，则由电势的定义式(7.33)可求得 P 点处的电势为

$$V=\int_P^\infty \boldsymbol{E}\cdot \mathrm{d}\boldsymbol{l}=\frac{1}{4\pi\varepsilon_0}\int_r^\infty \frac{q}{r^2}\mathrm{d}r=\frac{1}{4\pi\varepsilon_0}\frac{q}{r},\quad r>R$$

若 P 点是球面内任意一点($r<R$)，则同理可求得 P 点电势为

$$V=\int_P^\infty \boldsymbol{E}\cdot \mathrm{d}\boldsymbol{l}=\int_r^R \boldsymbol{E}\cdot \mathrm{d}\boldsymbol{l}+\int_R^\infty \boldsymbol{E}\cdot \mathrm{d}\boldsymbol{l}$$

由于球面内、外的场强是不连续的，所以要分段积分。在上式右边第一项积分式中 $E=0$，故积分为零，于是有

$$V=\frac{1}{4\pi\varepsilon_0}\int_R^\infty \frac{q}{r^2}\mathrm{d}r=\frac{1}{4\pi\varepsilon_0}\frac{q}{R},\quad r<R$$

V 随 r 变化的关系曲线如图 7.24 所示，由图可知均匀带电球面内电势处处相等，与球表面电势值相同，整个球面是一个等势体。球面外电势分布与电荷集中在球心的点电荷电场的电势分布一样。

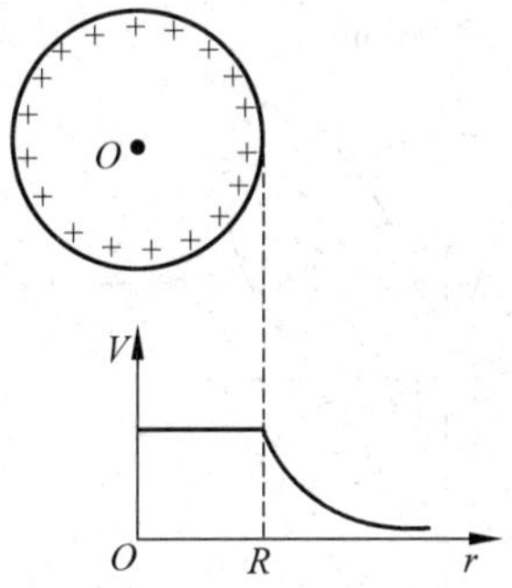

图 7.24 均匀带电球面的电势

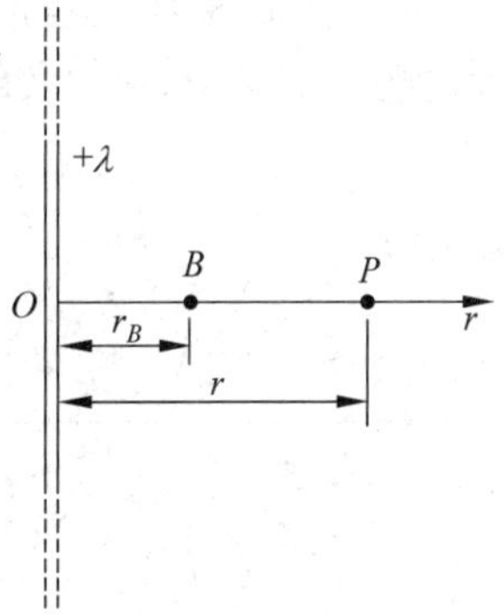

图 7.25 均匀带电直线的电势

例 7-11 求"无限长"均匀带电直线电场的电势分布。

解 令"无限长"带电直线如图 7.25 所示，其上电荷线密度为 $+\lambda$。计算在 Or 轴线上距直线为 r 的任一点 P 处的电势。

因为无限长带电直线的电荷分布是延伸到无限远的，所以在这种情况下不能用连续分布电荷的电势公式(7.38)来计算电势，否则必然得出无限大值的结果，显然这是没有意义的。同样也不能直接用公式(7.33)来计算电势，因此时不能选无限远处为电势零点，不然也将得出电场中任一点的电势值为无限大的结论。

为了能求得 P 点的电势，可在有限区域内选取任一点 B 为电势零点，即 $V_B=0$，B 点距直线距离为 r_B，这样 P 点的电势为

$$V=\int_P^B \boldsymbol{E}\cdot \mathrm{d}\boldsymbol{l}$$

P 点的电场强度可利用式(7.22)，或应用高斯定理求得，即

$$E=\frac{\lambda}{2\pi\varepsilon_0 r}$$

于是有

$$V=\int_r^{r_B}\frac{\lambda}{2\pi\varepsilon_0}\frac{\mathrm{d}r}{r}=\frac{\lambda}{2\pi\varepsilon_0}\ln\frac{r_B}{r}$$

7.5 等势面 电场强度与电势梯度

7.5.1 等势面

前面曾用电场线形象地描绘电场中电场强度的分布。现在我们将用等势面来形象地描绘电场中电势的分布,并指出两者的关系。

电场中电势相等的点所组成的曲面称为等势面,与电场线类似,等势面可形象直观地描绘电场中电势的分布。例如,对于点电荷的电场,由电势表示式 $V=\frac{q}{4\pi\varepsilon_0 r}$ 可知,等势面是以 q 为球心的一系列同心球面。对于不同带电体产生的电场,等势面的形状也不同。图 7.26 所示为几种电场的等势面,图中实线表示电场线,虚线表示等势面。

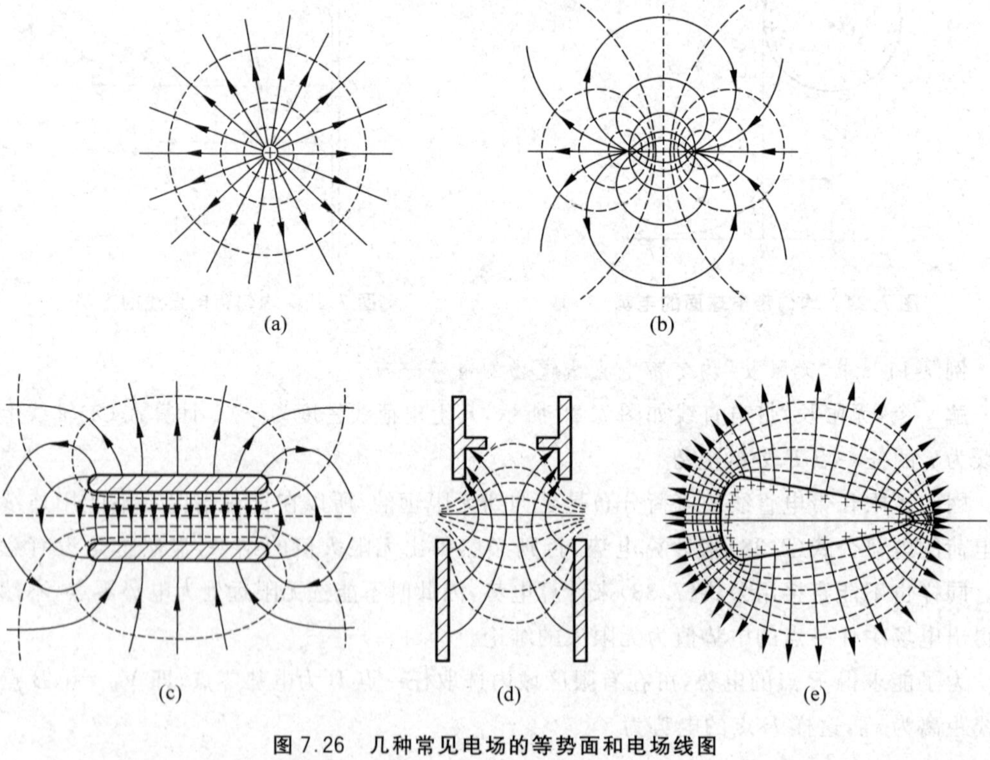

图 7.26 几种常见电场的等势面和电场线图

(各图中虚线表示等势面,实线表示电场线,每相邻的两个等势面之间的电势差相等)

(a) 正点电荷;(b) 电偶极子;(c) 正负带电板;(d) 示波管内的加速和聚焦电场;(e) 不规则形状的带电导体

等势面有如下性质。

(1) 等势面与电场线处处正交且电场线指向电势降落的方向。证明如下：如图 7.27 所示，设 S 是某等势面，试验电荷 q_0 沿等势面由 P 点沿路径 $\mathrm{d}\boldsymbol{l}$ 到达 Q 点，因 P、Q 是同一等势面上的两点，即有 $V_P=V_Q$，由式

$$W_{PQ}=q_0(V_P-V_Q)$$

得

$$W_{PQ}=0$$

电场力的功又可表示为

$$W_{PQ}=q_0\boldsymbol{E}\cdot\mathrm{d}\boldsymbol{l}=q_0E\mathrm{d}l\cos\theta=0$$

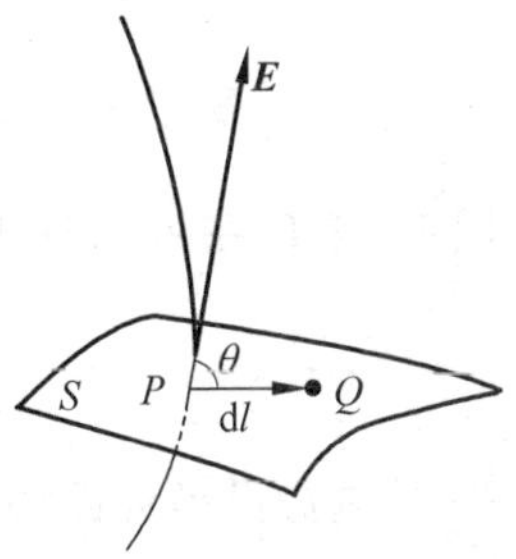

图 7.27 电场线与等势面正交

由于 q_0、E、$\mathrm{d}l$ 均不等于零，所以只能 $\cos\theta=0$，也就是 $\theta=\frac{\pi}{2}$，即 $\boldsymbol{E}\perp\mathrm{d}\boldsymbol{l}$，由此说明电场线与等势面正交。

(2) 等势面密处，场强大；等势面疏处，场强小。为了表示出电势的变化情况，就像规定电场线密度与场强成正比那样，我们规定相邻的等势面间的电势差相等。设相邻两等势面的电势差为 ΔV，距离为 Δn，由式(7.34)，近似得 $\Delta V\approx E\Delta n$。若保持 ΔV 一定，则 Δn 大处 E 小，Δn 小处 E 大。

电场强度 $\boldsymbol{E}$ 和电势 V 是分别从力的角度和能量的角度描绘电场的两个物理量，所以电场线和等势面是描绘电场的两种几何图形。若已知电场线分布可画出等势面，也可由等势面图画出电场线。由于电势是标量，易测易算，在实际应用中，往往是根据实际测出的电势值画出等势面，再由等势面画出电场线图。

7.5.2 电场强度与电势梯度的关系

已知电场强度可由式(7.36)求出电势，实际计算中，由于电势是标量，若能由电势求得电场，将是更方便的。下面找出电场强度和电势的微分关系。

S_1 和 S_2 分别是电场中电势为 V 和 $V+\Delta V$ 的两个等势面，P_1 是 S_1 面的一点，过 P_1 作 S_1 的法线与 S_2 交于 P_2 点，S_1 在 P_1 点的法向单位矢量 $\boldsymbol{e}_n$ 由 P_1 指向 P_2，P_1 与 P_2 的距离为 Δn。A 是 S_2 面上的任意一点，P_1 与 A 间距离为 Δl，P_1 指向 A 方向的单位矢量为 $\boldsymbol{e}_l$，如图 7.28 所示。

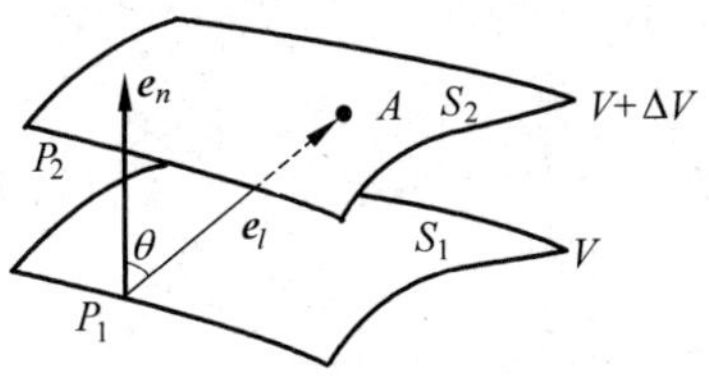

图 7.28 电势与场强的微分关系

由式(7.34)可得 P_1 与 A 两点间的电势差为

$$V_{P_1}-V_A=\int_{P_1}^{A}\boldsymbol{E}\cdot\mathrm{d}\boldsymbol{l}$$

考虑到 S_1 与 S_2 两个等势面相距很近，上述积分近似为 $\boldsymbol{E}\cdot\Delta\boldsymbol{l}=E_l\Delta l$，其中 E_l 是 $\boldsymbol{E}$ 在 $\boldsymbol{e}_l$ 方向上的投影。$V_{P_1}-V_A=-\Delta V$，代入上式，有

$$\Delta V=-E_l\Delta l$$

当 $\Delta l\to0$ 时，

$$E_l=-\lim_{\Delta l\to0}\frac{\Delta V}{\Delta l}=-\frac{\mathrm{d}V}{\mathrm{d}l} \tag{7.41}$$

式(7.41)表明电场强度在任意方向上的分量等于该方向电势的变化率的负值。

由图7.28可知，$\Delta l=\dfrac{\Delta n}{\cos\theta}$，代入式(7.41)，取$\Delta n\to 0$，得

$$E_l=-\lim_{\Delta n\to 0}\frac{\Delta V}{\Delta n}\cos\theta=-\frac{\mathrm{d}V}{\mathrm{d}n}\cos\theta$$

因E_l是$\boldsymbol{E}$在$\boldsymbol{e}_l$方向上的分量，即$E_l=E\cos\theta$，代入上式可得

$$E=-\frac{\mathrm{d}V}{\mathrm{d}n} \tag{7.42}$$

式中$\dfrac{\mathrm{d}V}{\mathrm{d}n}$是电势沿等势面法线方向的电势变化率，这个电势变化率定义为P_1点处的电势梯度矢量，通常记作$\mathrm{grad}V$或∇V，即

$$\mathrm{grad}V=\frac{\mathrm{d}V}{\mathrm{d}n}\boldsymbol{e}_n$$

上式表明，电场中某点的电势梯度矢量，在方向上与电势在该点处空间变化率为最大的方向相同，在数值上等于该方向上的电势空间变化率。

于是式(7.42)可写成

$$\boldsymbol{E}=-\frac{\mathrm{d}V}{\mathrm{d}n}\boldsymbol{e}_n=-\mathrm{grad}V=-\nabla V \tag{7.43}$$

即电场中任意点的电场强度等于该点电势梯度的负值，与电势梯度大小相等，方向相反，且指向电势降低的方向。

式(7.43)表明，电场中某点的电场强度决定于该点电势的变化率，电势为零的点，其变化率不一定为零，则该点的场强就不一定为零。

在直角坐标系中，电势是空间坐标的函数，$V=V(x,y,z)$，把式(7.41)应用于它的三个坐标方向，就可得到电场强度$\boldsymbol{E}$沿这三个方向的分量分别为

$$E_x=-\frac{\partial V}{\partial x},\quad E_y=-\frac{\partial V}{\partial y},\quad E_z=-\frac{\partial V}{\partial z}$$

因此，直角坐标系中电场强度$\boldsymbol{E}$可写为

$$\boldsymbol{E}=E_x\boldsymbol{i}+E_y\boldsymbol{j}+E_z\boldsymbol{k}=-\left(\frac{\partial V}{\partial x}\boldsymbol{i}+\frac{\partial V}{\partial y}\boldsymbol{j}+\frac{\partial V}{\partial z}\boldsymbol{k}\right) \tag{7.44}$$

可见电势梯度在直角坐标中的形式为

$$\mathrm{grad}V=\frac{\partial V}{\partial x}\boldsymbol{i}+\frac{\partial V}{\partial y}\boldsymbol{j}+\frac{\partial V}{\partial z}\boldsymbol{k} \tag{7.45}$$

在其他坐标系中的形式分别为

球坐标系

$$\mathrm{grad}V=\frac{\partial V}{\partial r}\boldsymbol{e}_r+\frac{1}{r}\frac{\partial V}{\partial \theta}\boldsymbol{e}_\theta+\frac{1}{r\sin\theta}\frac{\partial V}{\partial \varphi}\boldsymbol{e}_\varphi \tag{7.46}$$

柱坐标系

$$\mathrm{grad}V=\frac{\partial V}{\partial \rho}\boldsymbol{e}_\rho+\frac{1}{\rho}\frac{\partial V}{\partial \varphi}\boldsymbol{e}_\varphi+\frac{\partial \varphi}{\partial z}\boldsymbol{e}_z \tag{7.47}$$

例7-12 试用电场和电势梯度的关系求电偶极矩为p的电偶极子在任意点的场强。

解 由式(7.39)给出电偶极子的电势

$$V = \frac{1}{4\pi\varepsilon_0}\frac{pr}{r^3} = \frac{1}{4\pi\varepsilon_0}\frac{p\cos\theta}{r^2}$$

由 $\boldsymbol{E}=-\mathrm{grad}V$，在球坐标中可得

$$\begin{cases} E_r = -\dfrac{\partial V}{\partial r} = \dfrac{2p\cos\theta}{4\pi\varepsilon_0 r^3} \\ E_\theta = -\dfrac{1}{r}\dfrac{\partial V}{\partial \theta} = \dfrac{p\sin\theta}{4\pi\varepsilon_0 r^3} \\ E_\varphi = 0 \end{cases}$$

即

$$E = \sqrt{E_r^2 + E_\theta^2} = \frac{p}{4\pi\varepsilon_0 r^3}\sqrt{3\cos^2\theta + 1}$$

当 $\theta=0,\pi$ 时，

$$E = \frac{1}{4\pi\varepsilon_0}\frac{2p}{r^3}$$

当 $\theta=\dfrac{\pi}{2}$时，

$$E = \frac{1}{4\pi\varepsilon_0}\frac{p}{r^3}$$

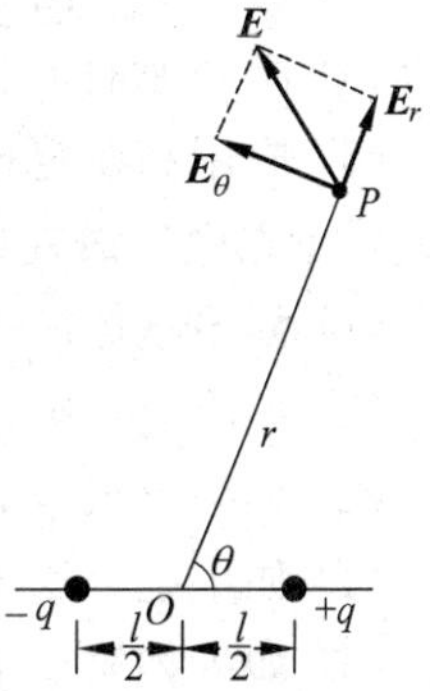

图 7.29 电偶极子的电场

与式(7.12)和式(7.13)一致。$\boldsymbol{E}$ 的方向如图 7.29 所示。

例 7-13 由场强和电势梯度的关系求半径为 R、带电量为 q 的均匀带电细圆环轴线上的场强。

解 由例 7-9 中式(7.40)知，圆环轴线上的电势为

$$V = \frac{1}{4\pi\varepsilon_0}\frac{q}{\sqrt{R^2 + x^2}}$$

由式(7.44)得

$$E_x = -\frac{\partial V}{\partial x} = \frac{1}{4\pi\varepsilon_0}\frac{qx}{(R^2 + x^2)^{\frac{3}{2}}}$$

写成矢量式：

$$\boldsymbol{E} = \frac{1}{4\pi\varepsilon_0}\frac{qx}{(R^2 + x^2)^{\frac{3}{2}}}\boldsymbol{i}$$

$\boldsymbol{i}$ 是沿 x 轴方向的单位矢量，方向由圆心指向场点。显然，该方法比用点电荷场强公式及叠加原理直接求场强要简便得多。

思 考 题

7.1 有一带正电的导体，为测得其附近 P 点的场强，在 P 点放一试验电荷 $q_0(q_0>0)$，测得它所受的电场力为 F。如果 q_0 很大，$\dfrac{F}{q_0}$是否等于 P 点的场强 E？比 E 大还是比 E 小？

7.2 电场强度的定义式为 $\boldsymbol{E}=\frac{\boldsymbol{F}}{q_0}$，可否认为场强 E 与 F 成正比，与 q_0 成反比？当 $q_0\to 0$ 时，场强是无限大还是为零？还是与 q_0 无关呢？

7.3 下列说法是否正确？为什么？

(1) 闭合曲面上各点场强为零时，面内必没有电荷；

(2) 闭合曲面内总电量为零时，面上各点场强必为零；

(3) 通过闭合曲面的电通量为零时，面上各点的场强必为零；

(4) 通过闭合曲面的电通量仅决定于面内电荷；

(5) 闭合曲面上各点的场强仅由面内电荷产生；

(6) 应用高斯定理求场强的条件是电荷分布具有一定的对称性。

7.4 一个点电荷放在球形高斯面的球心，试问下列情况下电通量是否改变？

(1) 如果这球面被任意体积的立方体表面所代替，而点电荷仍位于立方体中心；

(2) 如果此点电荷被移离原来的球心，但仍在球内；

(3) 如果此点电荷被移到球面之外；

(4) 如果把第二个点电荷放到高斯球面外的某个地方；

(5) 如果把第二个电荷放在高斯球面内。

7.5 (1) 将初速为零的电子放在电场中时，在电场力作用下，该电子是向电势高处运动还是向电势低处运动？为什么？

(2) 说明无论对正负电荷来说，仅在电场力作用下移动时，电荷总是从电势能高的地方移向电势能低的地方。

7.6 可否任意将地球的电势规定为 100 V，而不规定为零？这样规定后，对测量电势、电势差的数值有什么影响？

7.7 试分别举例说明：

(1) 场强大的地方，电势是否一定高？电势高的地方，场强是否一定大？

(2) 带正电的物体的电势是否一定是正的？电势等于零的物体是否一定不带电？

(3) 场强为零的地方，电势是否一定为零？电势为零的地方，场强是否为零？

(4) 场强大小相等的地方，电势是否相等？等势面上场强的大小是否相等？

7.8 试证明，等势区的充要条件是该区域内的场强处处为零。

7.9 高斯定理和库仑定律的关系如何？

习 题

7.1 库仑定律的适用范围是(　　)。

A. 真空中两个带电球体间的相互作用

B. 真空中任意带电体间的相互作用

C. 真空中两个正点电荷间的相互作用

D. 真空中两个带电体的大小远小于它们之间的距离

7.2 四种电场的电场线如图所示。一正电荷 q 仅在电场力作用下由 M 点向 N 点作加速运动，且加速度越来越大。则该电荷所在的电场是图中的(　　)。

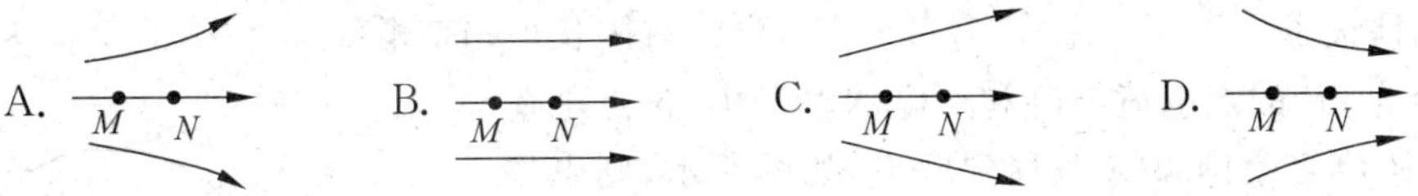

7.3　下列说法正确的是(　　)。

A. 电场强度为零的点，电势也一定为零

B. 电场强度不为零的点，电势也一定不为零

C. 电势为零的点，电场强度也一定为零

D. 电势在某一区域内为常量，则电场强度在该区域内必定为零

7.4　一电偶极子放在均匀电场中，当电偶极矩的方向与场强方向不一致时，其所受的合力 $\boldsymbol{F}$ 和合力矩 $\boldsymbol{M}$ 为(　　)。

A. $\boldsymbol{F}=\mathbf{0},\boldsymbol{M}=\mathbf{0}$　　B. $\boldsymbol{F}=\mathbf{0},\boldsymbol{M}\neq\mathbf{0}$　　C. $\boldsymbol{F}\neq\mathbf{0},\boldsymbol{M}=\mathbf{0}$　　D. $\boldsymbol{F}\neq\mathbf{0},\boldsymbol{M}\neq\mathbf{0}$

7.5　电荷面密度分别为 $\pm\sigma$ 的两块“无限大”均匀带电平行平板如右图所示放置，其周围空间各点电场强度 $\boldsymbol{E}$(向右为正)随位置坐标 x 变化的关系曲线为(　　)。

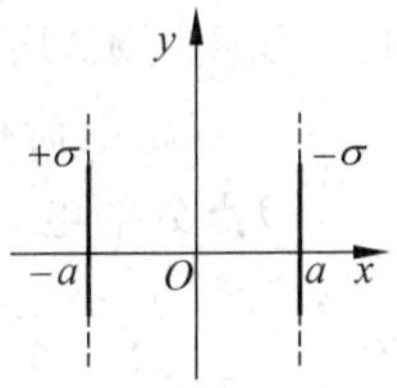

题 7.5 图

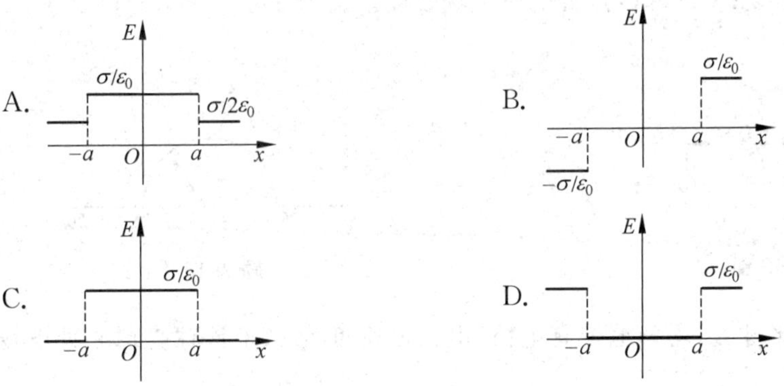

7.6　真空中面积为 S、间距为 d 的两平行板($S\gg d^2$)，均匀带等量异号电荷 $+q$ 和 $-q$，忽略边缘效应，则两板间相互作用力的大小是(　　)。

A. $\dfrac{q^2}{4\pi\varepsilon_0 d^2}$　　B. $\dfrac{q^2}{\varepsilon_0 S}$　　C. $\dfrac{q^2}{2\varepsilon_0 S}$　　D. $\dfrac{q^2}{2\pi\varepsilon_0 d^2}$

7.7　关于高斯定理的理解有下面几种说法，其中正确的是(　　)。

A. 如果高斯面上 $\boldsymbol{E}$ 处处为零，则该面内必无电荷

B. 如果高斯面内无电荷，则高斯面上 $\boldsymbol{E}$ 处处为零

C. 如果高斯面上 $\boldsymbol{E}$ 处处不为零，则高斯面内必有电荷

D. 如果高斯面内有净电荷，则通过高斯面的电场强度通量必不为零

7.8　半径为 R 的均匀带电球体的静电场中各点的电场强度的大小 E 与距球心的距离 r 的关系曲线为(　　)。

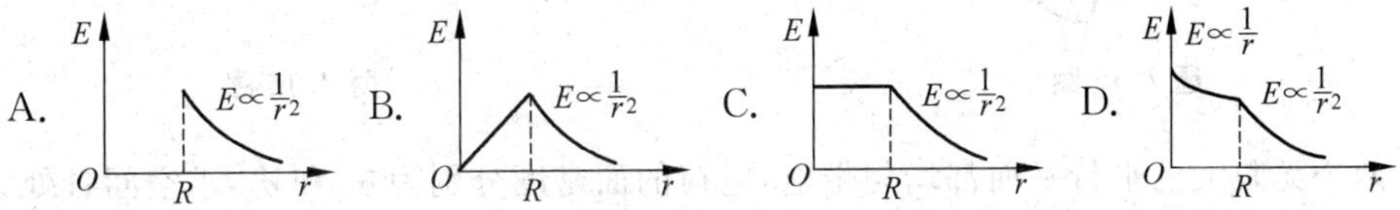

7.9　下述带电体系的场强分布可以用高斯定理来计算的是(　　)。

A. 均匀带电圆板　　　　B. 均匀带电的导体球

C. 电偶极子　　　　D. 有限长均匀带电棒

7.10 相距为 $2R$ 的点电荷 $+Q$ 和 $-Q$ 的电场中，把点电荷 $+q$ 从 O 点沿圆弧 $\overset{\frown}{OCD}$ 移到 D 点，如图所示，则电场力所做的功为(　　)。

A. $\dfrac{qQ}{4\pi\varepsilon_0 R}$　　　　B. $\dfrac{qQ}{6\pi\varepsilon_0 R}$

C. $\dfrac{qQ}{8\pi\varepsilon_0 R}$　　　　D. 0

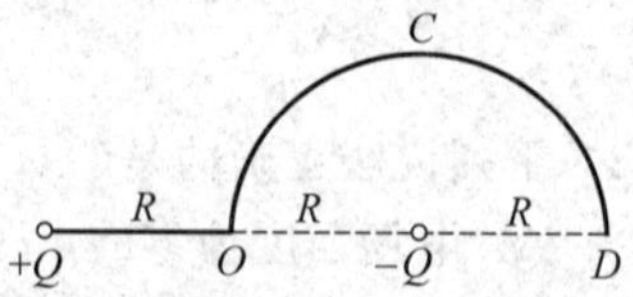

题 7.10 图

7.11 电量都是 q 的三个点电荷分别放在正三角形的三个顶点，正三角形的边长为 a。试问：(1)在这三角形的中心放一个什么样的电荷，就可以使这 4 个电荷都达到平衡？(2)这种平衡与三角形的边长有无关系？

7.12 如图所示两等量同种点电荷 q 连线的中垂线上的哪一点的电场强度最大？

7.13 如图所示，均匀带电细线由直线段 AB、CD 及半径为 R 的半圆组成，已知电荷线密度为 λ(正电荷)，$AB=CD=R$。求：(1)直线段 AB、CD 和半径为 R 的半圆弧段分别在 O 点处的电场强度；(2)在 O 点处的总电场强度。

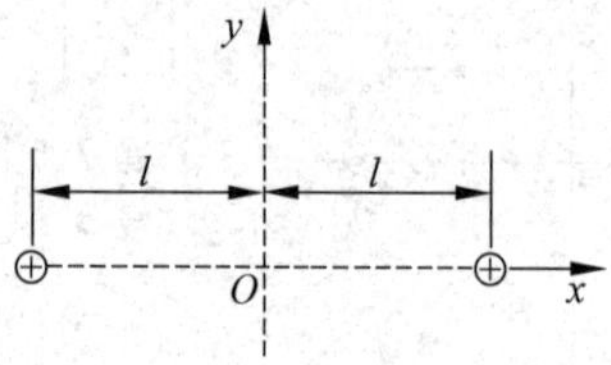

题 7.12 图

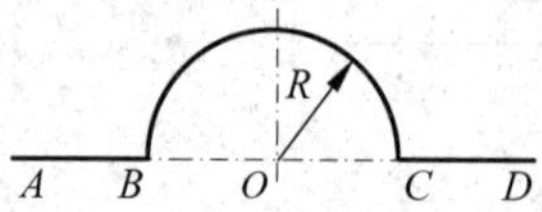

题 7.13 图

7.14 一半径为 R 的半球壳，均匀地带有电荷，电荷面密度为 σ，求该球壳球心处电场强度的大小。

7.15 如图所示，在场强为 $\boldsymbol{E}$ 的均匀电场中取一半球面，其半径为 R，电场强度的方向与半球面的对称轴平行。求通过这个半球面的电通量。

7.16 一边长为 a 的立方体置于直角坐标系中，如图所示。现空间中有一非均匀电场 $\boldsymbol{E}=(E_1+kx)\boldsymbol{i}+E_2\boldsymbol{j}$，$E_1$、$E_2$ 为常量，求：(1)电场对立方体各表面的电场强度通量；(2)该电场通过整个立方体表面的电通量。

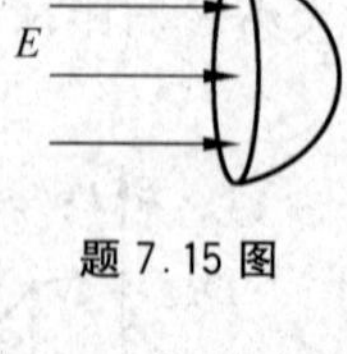

题 7.15 图

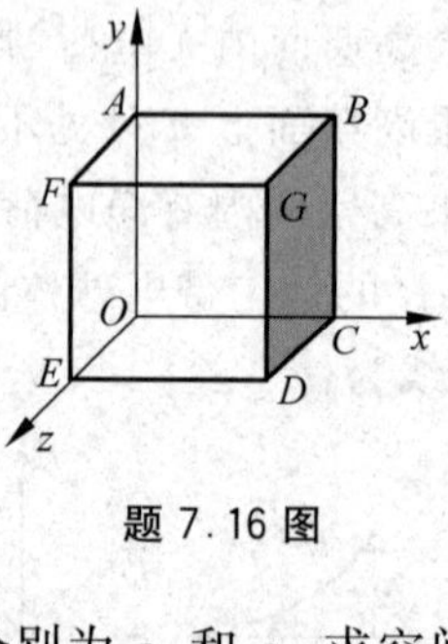

题 7.16 图

7.17 两个无限大的平行平面都均匀带电，电荷的面密度分别为 σ_1 和 σ_2，求空间各处场强。

7.18 有电荷 q 均匀分布在半径为 R 的球面上，求带电球面内外的电场强度分布，并画出

E-r 曲线。

7.19 一半径为 R 的带电球体，其电荷体密度分布为 $\rho=Ar(r\leqslant R)$，$\rho=0(r>R)$，A 为大于零的常量。试求球体内外的场强分布及其方向。

7.20 有两个同心的均匀带电球面，半径分别为 R_1、R_2（$R_1<R_2$），若大球面的面电荷密度为 σ，且大球面外的电场强度为零，求：(1)小球面上的面电荷密度；(2)大球面内各点的电场强度。

7.21 一对无限长的均匀带电共轴直圆筒，内外半径分别为 R_1 和 R_2，沿轴线方向上单位长度的电量分别为 λ_1 和 λ_2。(1)求各区域内的场强分布；(2)若 $\lambda_1=-\lambda_2=\lambda$，情况如何？画出此情形下的 E-r 关系曲线。

7.22 如图所示，有三个点电荷 Q_1、Q_2、Q_3 沿一条直线等间距分布，已知其中任一点电荷所受合力均为零，且 $Q_1=Q_3=Q$。求在固定 Q_1、Q_3 的情况下，将 Q_2 从 O 点推到无穷远处外力所做的功。

7.23 电荷 q 均匀分布在长为 $2l$ 的细杆上。求：在杆外延长线上与杆端距离为 a 的 P 点的电势（设无穷远处为电势零点）。

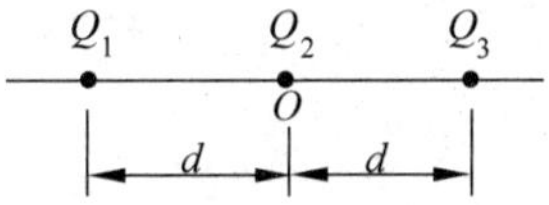

题 7.22 图

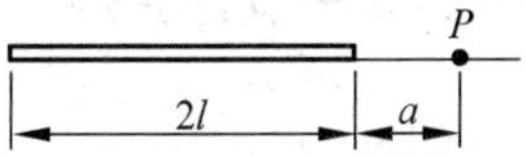

题 7.23 图

7.24 半径为 R 的均匀带电细半圆环，电荷线密度为 λ。求其圆心处的电势。

7.25 电荷 q 均匀分布在半径为 R 的球体内，求带电球体内外的电势分布，并画出 V-r 曲线。

7.26 半径为 R 的无限长直圆柱体内均匀带电，电荷体密度为 ρ，若以轴线为电势参考点，试求其电势分布。

7.27 如图所示，在 Oxy 平面上倒扣一半径为 R 的半球面，其电荷面密度为 σ。A 点的坐标为 $\left(0,\frac{R}{2}\right)$，$B$ 点坐标为 $\left(\frac{3R}{2},0\right)$，求电势差 U_{AB}。

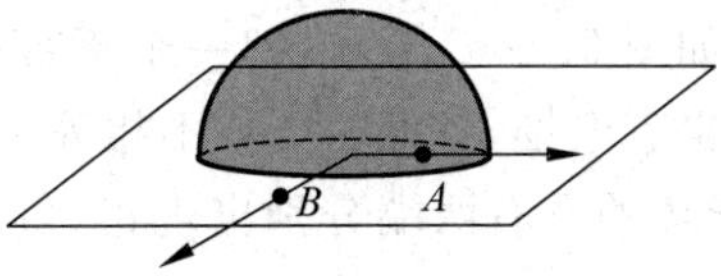

题 7.27 图

第8章 静电场中的导体和电介质

在上一章中,我们讨论了真空中的静电场。实际上,在静电场中总有导体或电介质(也叫绝缘体)存在,而且在静电的应用中也都要涉及导体和电介质的影响。在静电场的作用下,导体和电介质的电荷分布会发生变化,这种改变了的电荷分布又会反过来影响电场的分布,最后达到静电平衡。本章将讨论静电场与介质的这种相互作用规律,以及静电场的能量。由于导体和电介质的微观结构不同,与静电场相互作用时则表现出不同的特点,因此我们将分别进行讨论。

8.1 静电场中的导体

8.1.1 导体的静电平衡条件

金属是最常见的一种导体。金属导体是由大量带负电的自由电子和带正电的晶格点阵所构成的。在无外电场的作用时,金属中的自由电子作无规则的热运动,因此在导体内部的任意一个体积元内,自由电子的负电荷与晶格点阵的正电荷数量上相等,整个导体或其中任一部分都呈电中性。

当一带电体系中的电荷静止不动,从而电场分布也不随时间变化时,我们说该带电体系的状态达到了静电平衡。导体的特点是其体内存在着大量的自由电荷,所以当它处于外电场中时,自由电荷将在电场力的作用下作宏观移动,从而改变电荷的分布;反过来,电荷分布的改变又会影响电场的分布。因此,外电场有导体存在时,电荷的分布与电场的分布之间是相互影响、相互制约的。例如,如图8.1(a)所示,把一个不带电的导体球放在均匀电场$\boldsymbol{E}_0$中。在导体球所占据的空间里也有电场,各处的电势不相等。在电场的作用下,导体中的自由电荷发生宏观移动,结果使导体的左右两端分别出现正、负电荷,这种现象称为静电感应现象,所产生的电荷叫做感应电苛。感应电荷将产生一个附加电场$\boldsymbol{E}'$(图中虚线所示),$\boldsymbol{E}'$与$\boldsymbol{E}_0$叠加的结果,使导体内、外的电场都发生重新分布。在导体内部,附加场强$\boldsymbol{E}'$的方向与外电场$\boldsymbol{E}_0$的方向相反,它阻碍电荷进一步的积累。当电荷积累到一定程度时,$\boldsymbol{E}'$的数值将大到足以把$\boldsymbol{E}_0$完全抵消,使导体内部的总电场强度$\boldsymbol{E}=\boldsymbol{E}_0+\boldsymbol{E}'=\boldsymbol{0}$,即导体内场强处处为零,自由电荷不再作宏观移动(包括导体内部和表面),于是导体达到静电平衡状态。图8.1(b)给出了静电平衡状态下导体球内、外场强的分布。导体从非静电平衡态达到静电平衡态大约10^{-9}s即可完成。这个过程通常都很复杂,以上我们只是作了定性的分析。导体要达到静电平衡,必须满足一定的条件,称为静电平衡条件。

当导体处于静电平衡状态时,必须满足以下两个条件:

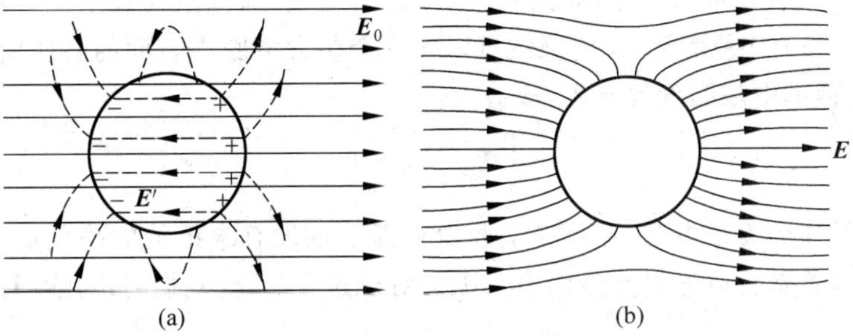

图 8.1 放在均匀电场中的导体球

(1) 导体内部任何一点处的电场强度为零;

(2) 导体表面附近电场强度的方向都与导体表面垂直。

如果导体内的场强不处处为零,则在 $\boldsymbol{E}$ 不为零的地方自由电荷将会作宏观移动,$\boldsymbol{E}$ 与导体表面不垂直时自由电荷也将会沿导体表面作宏观移动,这样导体就没有达到静电平衡状态。由以上分析可知,导体内部的场强处处为零是导体达到静电平衡的必要条件。严格的理论还可以证明,导体内部的场强处处为零也是静电平衡的充分条件。

导体的静电平衡条件也可以用电势来表述。由于在静电平衡时,导体内部的电场强度为零,因此,如在导体内取任意两点 A 和 B,这两点间的电势差应为

$$U = \int_A^B \boldsymbol{E} \cdot \mathrm{d}\boldsymbol{l} = 0$$

这表明,在静电平衡时导体内任意两点间的电势是相等的。至于导体表面,由于在静电平衡时,导体表面的电场强度与表面垂直,则有 $\boldsymbol{E} \cdot \mathrm{d}\boldsymbol{l} = E\mathrm{d}l\cos\dfrac{\pi}{2} = 0$,所以导体表面上任意两点间的电势差也为零,即

$$U = \int_C^D \boldsymbol{E} \cdot \mathrm{d}\boldsymbol{l} = 0$$

其中 C、D 是导体表面上任意两点。故在静电平衡时,导体表面是一等势面。不言而喻,导体内部与导体表面的电势是相等的,否则就仍会发生电荷的定向移动。总之,当导体处于静电平衡时,导体上的电势处处相等,导体是一等势体。

8.1.2 静电平衡时导体上的电荷分布

在静电平衡时,带电导体的电荷分布可用高斯定理来进行讨论。如图 8.2 所示,有一带电导体处于静电平衡状态。由于在静电平衡时导体内的 $\boldsymbol{E} = \boldsymbol{0}$,所以通过导体内任意高斯面的电通量恒为零,即

$$\oiint_S \boldsymbol{E} \cdot \mathrm{d}\boldsymbol{S} = 0$$

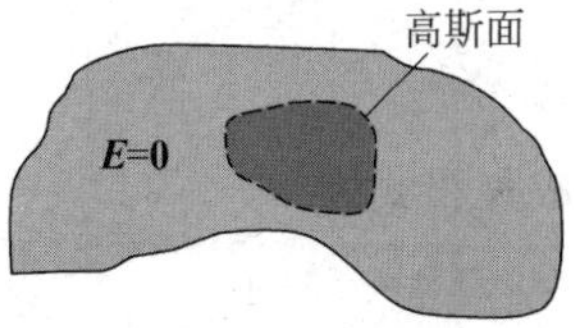

图 8.2 带电导体的电荷分布

根据高斯定理,此高斯面内电荷代数和为零。因为此高斯面是任意作出的,所以可得出如下结论:在静电平衡时,导体内部处处没有未抵消的净电荷,电荷只能分布在导体的表面上。

如果是一有空腔的带电导体，如图 8.3(a)所示，那么，这些电荷在空腔导体的内外表面上如何分布呢？对于这种情况，我们仍然可以作一个包含空腔内表面的高斯面，如图 8.3(a)所示，由于导体内的电场强度等于零，故有

$$\oiint_S \boldsymbol{E} \cdot \mathrm{d}\boldsymbol{S} = 0$$

这说明非但在导体内无净电荷，而且在空腔内表面上也没有未抵消的净电荷。然而在空腔内表面的不同部位是否有等量异号的电荷呢？对于这个问题，我们可以用反证法加以说明。

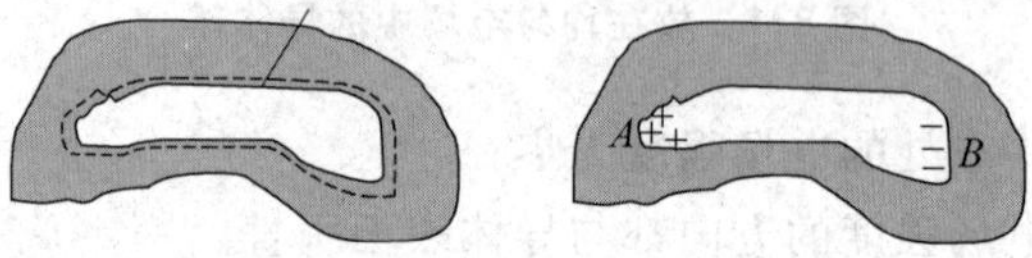

图 8.3 带电空腔导体的电荷分布

如图 8.3(b)所示，假设空腔内表面上有等量异号电荷存在，A 处为正电荷，B 处为等量的负电荷，那么在空腔内肯定有电场存在，方向由 A 处指向 B 处，所以 A、B 两点的电势就不相等，即

$$U = V_A - V_B = \int_A^B E \cdot \mathrm{d}l \neq 0$$

这显然与导体处于静电平衡时导体是一等势体的静电平衡条件相矛盾。因此，对于空腔导体来说，电荷同样也只能分布在导体的外表面上。

下面讨论带电导体表面附近的电场强度与导体表面电荷面密度 σ 之间的关系。如图 8.4 所示，设 P 点是导体外紧靠表面的任意点，在 P 点相对应的导体表面上取一面元 $\Delta\boldsymbol{S}=\Delta S\boldsymbol{e}_n$。作一扁平直圆柱形高斯面，使其上底面通过 P 点，下底面在导体内部，两底面的面积都等于 ΔS 且平行并无限接近 $\Delta\boldsymbol{S}$ 面，故上底面的法线方向为 $\boldsymbol{e}_n$ 向外。因 $\Delta\boldsymbol{S}$ 很小，故分布在其上面的面电荷密度可视为均匀，上底面上的场强也可认为相等。将高斯定理应用于此高斯面。下底面上场强为零，电通量也为零。由于导体表面附近的场强与导体表面垂直，故通过直圆柱形高斯面侧面的电通量为零。高斯面内包围的电荷为 $\sigma\Delta S$，由高斯定理得

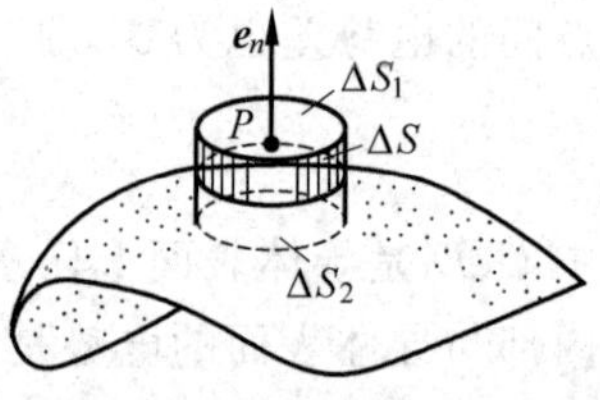

图 8.4 导体表面附近的场强

$$\oiint_S \boldsymbol{E} \cdot \mathrm{d}\boldsymbol{S} = \iint_{上底} E \cdot \mathrm{d}S = E\Delta S = \frac{\sigma\Delta S}{\varepsilon_0}$$

即

$$E = \frac{\sigma}{\varepsilon_0}$$

写成矢量式为

$$\boldsymbol{E} = \frac{\sigma}{\varepsilon_0}\boldsymbol{e}_n \tag{8.1}$$

式(8.1)表明导体表面附近的场强与相应点的电荷面密度成正比。必须强调式(8.1)中的 $\boldsymbol{E}$

是导体表面的全部面电荷及空间所有电荷所共同激发的。

式(8.1)给出了导体表面外附近一点的场强与导体表面上相应点的电荷面密度之间的关系,但它不能告诉我们在导体表面上电荷究竟怎样分布的。这个问题的定量研究比较复杂,它不仅与该导体的形状有关,还与它的周围环境有关。但对于孤立的带电体来说,电荷分布只由本身的形状决定。通过实验可发现二者的定性关系。

观察图 8.5(a)所示的演示实验。A 是一个一端呈尖状、另一端内凹的圆柱形导体,C 是验电器,B 是带有绝缘柄的小金属球。使导体 A 带电,然后用金属球 B 先后与导体尖端、柱面和内凹处接触,并分别用验电器检验,发现验电器张角依次减小。这说明导体表面凸出的地方(曲率为正且较大)电荷面密度 σ 较大,比较平坦的地方(曲率为正较小)σ 较小,内凹处(曲率为负)σ 最小,总之,孤立导体带电时,曲率越大的地方电荷面密度也越大。由式(8.1)可知,曲率越大的地方,附近的场强也越强。平坦的地方次之,凹进去的地方最弱,如图 8.5(b)所示。

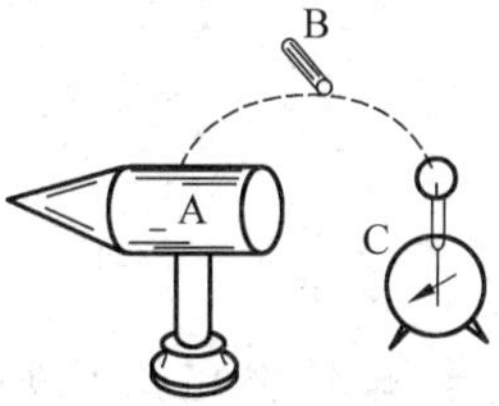

(a)

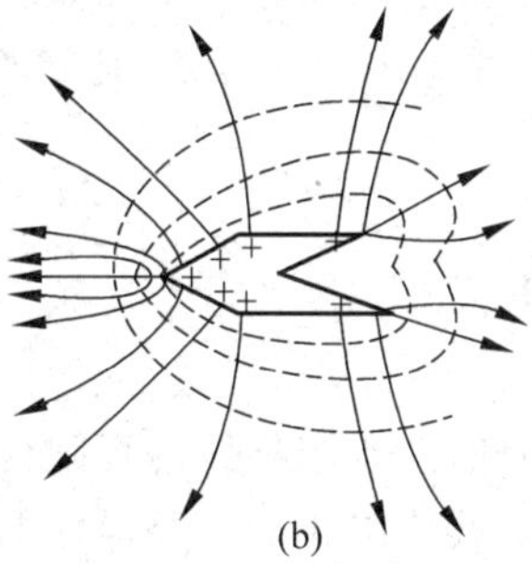

(b)

图 8.5 孤立导体上的电荷分布

例 8-1 半径分别为 R 和 r,相距很远的两个导体球,用一根细导线连接起来。现在使它们带电,如果忽略细导线上的电荷分布,求两球的电荷面密度之比和电量之比。

解 由于两球相距很远,故可忽略两球之间的影响,近似认为两球都是孤立导体球。设其带电量分别为 q_R、σ_R 和 q_r、σ_r,因用导线连接,所以两球的电势是相等的,于是有

$$\frac{1}{4\pi\varepsilon_0}\frac{q_R}{R}=\frac{1}{4\pi\varepsilon_0}\frac{q_r}{r}$$

得

$$\frac{q_R}{q_r}=\frac{R}{r} \text{ 和 } \frac{\sigma_R}{\sigma_r}=\frac{r}{R}$$

可见,在此特定情况下,电荷面密度与曲率半径成反比(或与曲率成正比),电量却与曲率半径成正比。当 $R\gg r$ 时,$q_R\gg q_r$,q_r 可忽略不计。故对于一个孤立的带电导体球接地后,可认为电荷全部流入地球。但在 $r\ll R$ 的情况下,σ_r 却比 σ_R 大很多,即 $\sigma_r\gg\sigma_R$,说明当带电导体的曲率半径很小时,其电荷面密度会很大。

由上述讨论可知,导体尖端附近的电场特别强,它会导致一个重要的电现象,通常称为尖端放电。在强场强的作用下,尖端附近的空气被电离,与尖端上电荷异号的离子被吸引到尖端上,与尖端电荷中和,与尖端电荷同号的离子受到排斥而飞向远方。夜间在高压输电线附近隐约地笼罩着一层光晕,这是缓慢地尖端放电现象,叫做电晕。由于电晕放电增加了高

压输电过程中电能的损耗，因此高压输电线表面应做得极为光滑，其半径也不能过小。此外，一些高压设备的电极还常常做成光滑的球面，以免产生尖端放电，从而能维持高电压。

尖端放电的典型应用是避雷针。它由安装在高大建筑物上的有良好接地的尖端导体构成。当带电云层接近时，通过避雷针缓慢地尖端放电使因静电感应而积累的电荷与云层电荷不断中和，以免雷击现象发生而造成灾害。

尖端放电在科学技术上也有相当广泛的应用。场离子显微镜所利用的正是金属尖端产生的强场强。如图 8.6 所示，样品制成针尖形状，被置于先抽成真空后充进少量氦气的玻璃泡中，泡内壁敷上一层十分薄的荧光质导电膜。在针尖样品和荧光膜之间加上高电压，样品附近极强的电场使吸附在其表面上的氦原子发生电离，氦离子将沿电场线运动，撞击荧光膜而引起发光。根据荧光膜上发光点的位置，可推断出金属尖端的个别原子的位置，从而获得了样品表面的原子图像。这种显微镜的放大率可高达 200 万倍，比最好的电子显微镜还要高。

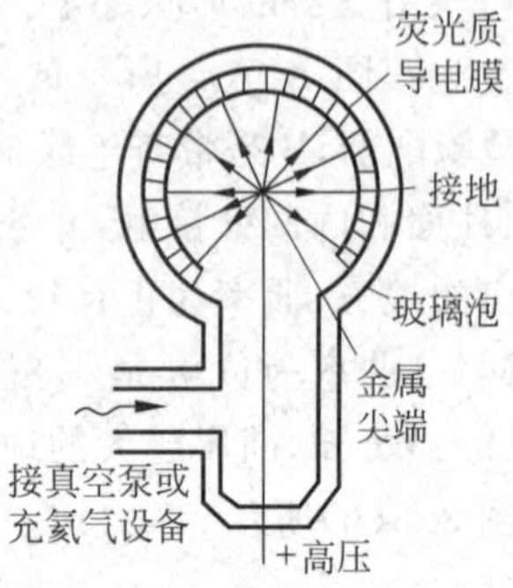

图 8.6 场离子显微镜

8.1.3 静电屏蔽

由上节讨论我们知道，空腔导体内场强处处为零，即使将它放到外电场中，腔内仍然无电场。这就是说，电场线将终止于空腔导体的外表面而不能穿过空腔导体的内表面进入内腔，如图 8.7 所示。这表明，我们可以利用空腔导体来屏蔽外电场，使空腔内的物体不受外电场的影响。这时，整个空腔导体和空腔内部的电势也必处处相等。

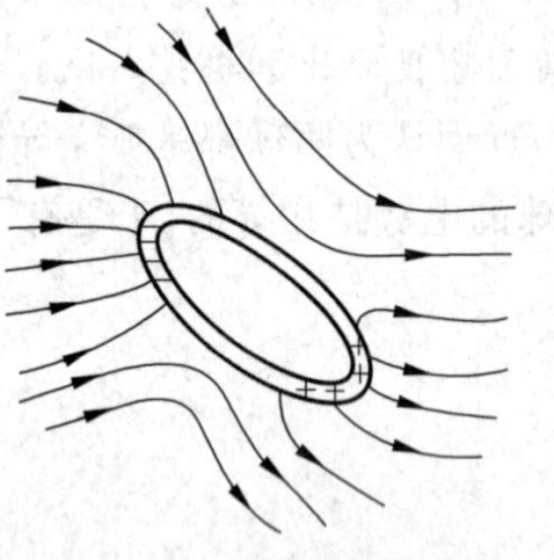
图 8.7 空腔导体屏蔽外电场

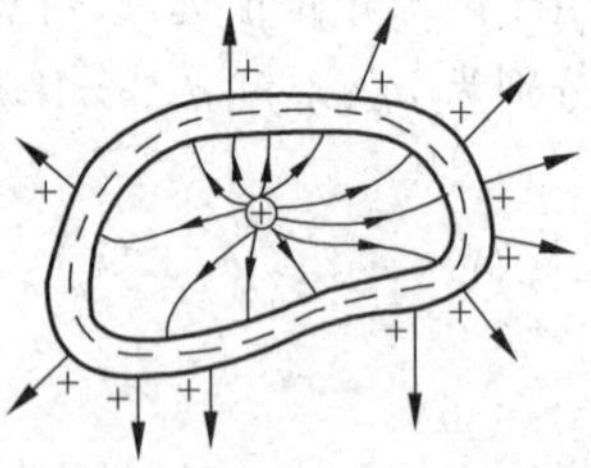
图 8.8 腔内电荷对外部空间的影响

对于空腔导体内有电荷的情形，由于静电感应，空腔导体内表面的带电量与腔内电荷的代数和为零。如图 8.8 所示，设想一中性空腔导体的腔内有电荷 q、外部空间无带电体的情形。空腔导体内表面所带电荷等于 $-q$。由电荷守恒定律可知，腔内的电荷同时在空腔导体外表面引起的感应电荷为 q。导体外表面上的电荷在外表面以内空间产生的合场强为零，因此腔内电场的分布完全由腔内电荷 q 的大小、位置和壳内表面的形状决定。腔内电荷 q 发出的电场线终止于空腔导体内表面的感应电荷 $-q$ 上；外表面的电荷在外部空间激发电场，它间接地反映了腔内电荷对外部空间的影响，其电场线由外表面的电荷 q 发出，终止于无限远处。

如前所述,在静电平衡状态下,腔内无带电体的空腔导体内部空间没有电场。不管空腔导体本身带电或处于外界电场中,这一结论总是成立。这样空腔导体就"保护"了它所包围的区域,使之不受外表面上的电荷和外部电场的影响;如果将腔内有电荷的空腔导体接地,空腔导体外表面的感应电荷,由于同号电荷的排斥作用将流入大地。这样就消除了腔内带电体对外界的影响,如图 8.9 所示。总之,空腔导体不论接地与否,内部电荷与电场的分布不受腔外电荷的影响;接地空腔导体的外部电荷与电场的分布不受腔内电荷的影响。这种现象称为静电屏蔽,此时空腔导体称为静电屏。

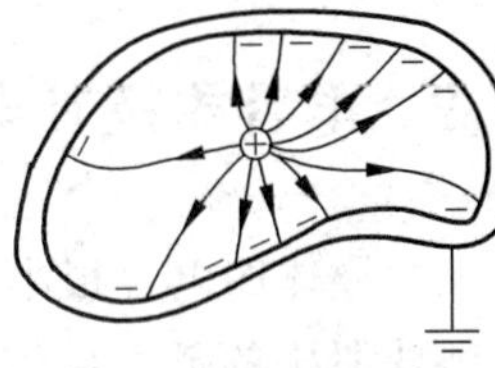

图 8.9 接地导体壳外表面电荷等于零

静电屏蔽在实际中有重要的应用。例如,为了使精密的电磁测量仪器不受外界电场的干扰,通常在仪器的外面加上金属屏蔽罩。传递弱信号的导线外面包上一层金属编织的屏蔽线层、电话线外边包一层铅皮,也是这个道理。为使高压设备的电场不对外界产生影响,可把它的金属外壳接地。又如高压带电作业者身穿金属纺织的衣服(又称均压服)等都是静电屏蔽的应用。

8.2 电容和电容器

理论和实验表明,导体的电势与它所带的电量之间存在某种比例关系,为了简单起见,首先研究孤立导体的情形。

8.2.1 孤立导体的电容

所谓"孤立"导体,就是指在该导体附近没有其他导体和带电体。

处于静电平衡状态的孤立导体,其表面上的电荷分布由导体的几何形状唯一地确定,从而其外部空间的电场分布及导体的电势也完全确定。理论和实验表明,对任意大小和形状的孤立导体,其电量都与电势成正比,这一比例关系可表示为

$$C = \frac{q}{V} \tag{8.2}$$

比例系数 C 称为孤立导体的电容,是电学中一个重要的物理量,它反映了导体的容电本领。C 只与导体的大小和形状有关,与 q、V 无关。它的物理意义是使导体每升高单位电势所需的电量。

在国际单位制中,电容的单位是法拉,简称法,用 F 表示。

$$1\text{F} = 1\text{C}/1\text{V}$$

实际使用中,由于法拉这个单位太大,常用微法(μF)、皮法(pF)等单位。换算关系为

$$1\mu\text{F} = 10^{-6}\text{F}, \quad 1\text{pF} = 10^{-12}\text{F}$$

孤立导体电容的大小,反映了该导体在给定电势的条件下储存电量能力的大小。

例如一半径为 R 的孤立导体球，当带电量为 q 时，其电势为

$$V=\frac{q}{4\pi\varepsilon_0 R}$$

故其电容为

$$C=\frac{q}{V}=4\pi\varepsilon_0 R$$

8.2.2　电容器及其电容

孤立导体的电容很小，用于储存电荷也很不方便，在电路中不能满足使用要求，就是大到像地球那样的孤立导体球，其电容也不过 7×10^{-4}F；另一方面，孤立导体难以实现，所以实际中都使用电容器。

由两个互相靠近、彼此绝缘、形状任意的导体构成的导体体系称为电容器，这两个导体称为极板。把两个极板与直流电源的两极相接，两极板便获得等值异号电荷。这个过程称为充电。实验证明，每一极板所带电量的绝对值 q 与两极板间的电势差成正比，用公式表示为

$$C=\frac{q}{U} \tag{8.3}$$

式中，C 为一常数，称为电容器的电容。它只与两导体的大小、形状和相对位置有关，与导体的带电状态无关。它的物理意义是：两导体间每增加一个单位电势差所需要充的电量。在以后的学习中将看到，电容器的电容还与两个导体间所充填的电介质有关。

电容器两极板互相靠近，这种结构一方面可增大电容值，另一方面两极板可以互相屏蔽，消除外界和电容器之间的互相影响。其实，任何两个导体都可构成电容器，这时两极板所带的电量一般不等，那么式(8.3)中的 q 应是使两导体的电势相等时，从一导体转移到另一导体上的电量。孤立导体并不存在，所谓孤立导体的电容实际上是指它离地面很远时与地球构成的电容器的电容。通常认为无限远与地球等电势且都等于零，那么式(8.2)中的 V 就是“孤立”导体与地球之间的电势差，q 就是它接地时与地球之间转移的电量。这样式(8.2)与式(8.3)便统一为一个公式了。

电容器的电容与孤立导体的电容单位一样，在 SI 中都是法拉。

电容是反映电容器性质的物理量。但在使用上为了方便也常把电容器简称电容。

下面介绍几种典型的电容器及其电容。

1. 平行板电容器

平行板电容器由两块彼此靠得很近的、面积较大的平行金属板构成，如图 8.10 所示。设两极板面积都是 S，板间距离为 d，且 $d\ll\sqrt{S}$。使两板 A、B 分别带电荷 $\pm q$。因两板之间互相屏蔽，外部的干扰对电荷和电场的分布及两板间的电势差影响极小。如果忽略边缘效应，电荷将均匀地分布在相对的内表面上，电场也主要集中在两内表面之间的狭窄空间中，并可近似地看作均匀电

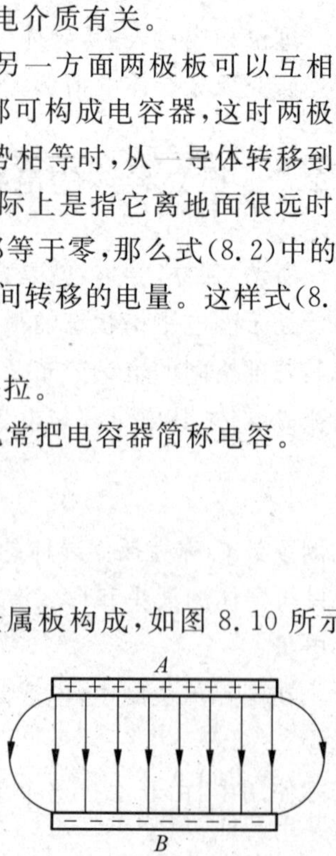

图 8.10　平行板电容器

场。实际上常用的电容器绝大多数属于这种电容器。

用高斯定理或由式(8.1)不难求出两极板之间的场强为 $E=\frac{\sigma_e}{\varepsilon_0}=\frac{q}{S\varepsilon_0}$。两极板间的电势差为

$$U_{AB}=\int_A^B \boldsymbol{E}\cdot d\boldsymbol{l}=Ed=\frac{\sigma_e d}{\varepsilon_0}=\frac{qd}{\varepsilon_0 S}$$

根据电容的定义式(8.3),得平行板电容器的电容为

$$C=\frac{\varepsilon_0 S}{d} \tag{8.4}$$

此式表明,平行板电容器的电容与极板面积成正比,与极板间距离成反比。它提供了增大电容的办法:一是减小两极板间的距离,但由于技术上的困难,其距离也不能无限减小;二是增大极板面积,而这又会使电容器的体积增大。为了得到电容大体积小的电容器,实际中常在两极板之间充加适当的电介质,下节将作讨论。

2. 球形电容器

球形电容器由两个同心导体球壳 A、B 组成,如图 8.11 所示。内、外球壳半径分别为 R_1 和 R_2。设 A、B 分别带电为 $+q$ 和 $-q$。外壳对内部空间起完全的屏蔽作用,是唯一理想化的电容器。

利用高斯定理可求得两球壳之间的场强为

$$\boldsymbol{E}=\frac{q}{4\pi\varepsilon_0 r^2}\boldsymbol{e}_r,\quad R_1<r<R_2$$

两球壳之间的电势差为

$$U=\int_A^B \boldsymbol{E}\cdot d\boldsymbol{l}=\frac{q}{4\pi\varepsilon_0}\int_{R_1}^{R_2}\frac{dr}{r^2}=\frac{q}{4\pi\varepsilon_0}\frac{R_2-R_1}{R_1R_2}$$

于是球形电容器的电容为

$$C=\frac{q}{U}=\frac{4\pi\varepsilon_0 R_1R_2}{R_2-R_1} \tag{8.5}$$

当 $R_2-R_1=d\ll R_1\approx R_2\approx R$ 时,式(8.5)可近似写成平行板电容器的电容公式;当 $R_1=R$,$R_2\to\infty$ 时,式(8.5)可近似为孤立导体电容器的电容。

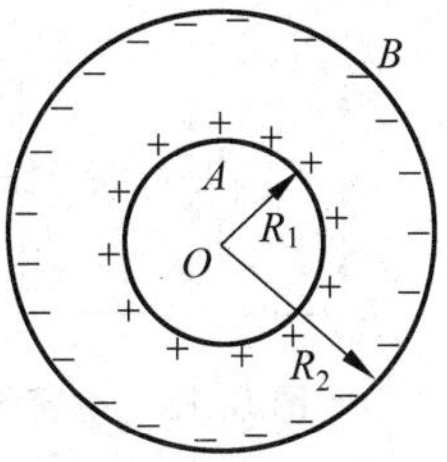

图 8.11 球形电容器

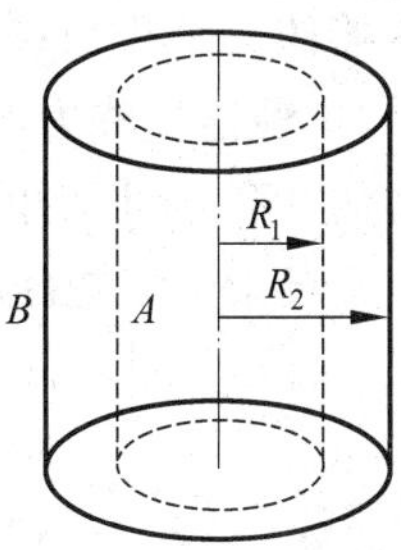

图 8.12 圆柱形电容器

3. 圆柱形电容器

圆柱形电容器由两个同轴的金属圆筒 A 和 B 组成,如图 8.12 所示。设筒长为 L,半径

分别为 R_1 和 R_2，且 $L \gg R_2 - R_1$，边缘效应可以忽略。设内、外圆筒带电荷分别为 $+q$ 和 $-q$，利用高斯定理可求得两极板之间的场强为

$$\boldsymbol{E} = \frac{q}{2\pi\varepsilon_0 rL}\boldsymbol{e}_r, \quad R_1 < r < R_2$$

这时两极板之间的电势差为

$$U_{AB} = \int_A^B \boldsymbol{E} \cdot \mathrm{d}\boldsymbol{l} = \frac{q}{2\pi\varepsilon_0 L}\int_{R_1}^{R_2} \frac{\mathrm{d}r}{r} = \frac{q}{2\pi\varepsilon_0 L}\ln\frac{R_2}{R_1}$$

于是得圆柱形电容器的电容为

$$C = \frac{2\pi\varepsilon_0 L}{\ln\dfrac{R_2}{R_1}} \tag{8.6}$$

当 $R_1 \gg R_2 - R_1$ 时，式(8.6)可近似写成平行板电容器的公式。单位长度上的电容为

$$\frac{C}{L} = \frac{2\pi\varepsilon_0}{\ln\dfrac{R_2}{R_1}}$$

实际上任何两个导体之间都存在着电容。例如两条输电线之间、同轴线的内外导体之间、电器元件与导线或金属外壳之间、两个焊点之间，甚至一条导线的两段之间都存在着电容。这种电容实际上反映了两部分导体之间通过电场的相互影响，统称为分布电容，有时称杂散电容。分布电容很小，低频情况下影响可忽略。在电子线路和高频技术中它对电路的性质会产生明显的影响。

电容器的规格中有两个主要指标，一是电容量，二是耐压值。使用时，两极所加的电压若超过标定电压，电容器将被击穿而损坏。

8.2.3 电容器的连接

当一个电容的电容量或耐压值不能满足电路要求时，可将几个电容连接起来使用。电容的连接方式有两种：串联和并联。

1. 电容器的并联

将各电容器的一个极板接到共同点 A，另一个极板接到另一共同点 B，然后将 A、B 两端接到电源上，这种连接称为电容器的并联。图 8.13 所示为 n 个电容器的并联。可见并联时每个电容器的电势差都相等，设为 U，又设第 i 个电容器所带电量为 q_i，则

$$q_i = C_i U, \quad i = 1, 2, \cdots, n$$

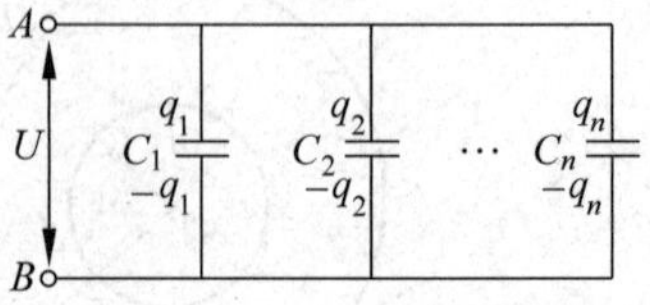

图 8.13 电容器的并联

由此得

$$q_1 : q_2 : \cdots : q_n = C_1 : C_2 : \cdots : C_n \tag{8.7}$$

表示电容器并联时，各电容器分配的电量与其电容成正比。并联电容器系统的总电量等于各电容器电量之和：

$$q = \sum_{i=1}^{n} q_i = \sum_{i=1}^{n} C_i U$$

整个电容器系统的总电容由 $C=\dfrac{q}{U}$得

$$C=\frac{q}{U}=\sum_{i=1}^{n}C_i \tag{8.8}$$

即电容器并联时，整个并联电容器系统的总电容等于各电容器电容之和。并联后总电容增加了，但耐压值没有提高。

2. 电容器的串联

将各电容器的极板依次相接，然后接到电源上，称为电容器的串联。如图 8.14 所示为 n 个电容器的串联。因静电感应，电容器各极板依次带有正负电荷，电量绝对值都为 q，总电势差等于各电容器的电势差之和。对于每一个电容器都有

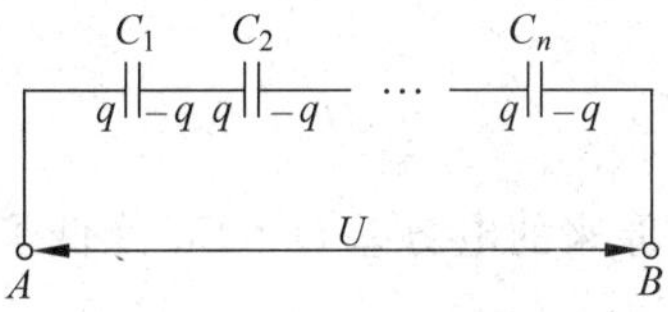

图 8.14 电容器的串联

$$U_i=\frac{q}{C_i},\quad i=1,2,\cdots,n$$

由此得

$$U_1:U_2:\cdots:U_n=\frac{1}{C_1}:\frac{1}{C_2}:\cdots:\frac{1}{C_n} \tag{8.9}$$

说明电容器串联时各电容器所分配的电压与其电容成反比。串联电容器系统两端的电压等于各电容器的电压之和：

$$U=\sum_{i=1}^{n}U_i=\sum_{i=1}^{n}\frac{q}{C_i}$$

而整个电容器系统的总电容 $C=\dfrac{q}{U}$，由此得出

$$\frac{1}{C}=\sum_{i=1}^{n}\frac{1}{C_i} \tag{8.10}$$

即电容器串联后，系统总电容的倒数是各电容器电容的倒数之和。所以电容器串联后系统的总电容比每个电容器的电容都要小。但串联后整个电容系统的耐压能力提高了。

电容器除串联并联外，在实际中还有串联和并联的混合连接。

电容器是交流电路的基本元件之一，它在交、直流电路和电子设备中有着极其广泛的应用，其种类和规格繁多。按其电容的可调与否可分为固定电容器、可变电容器和半可变(微调)电容器；按两极板间绝缘介质的种类不同可分为空气电容器、云母电容器、纸介质电容器、油浸纸介质电容器、电解质电容器，等等。

例 8-2 平板电容器的极板面积为 S，二极板距离为 d。使电容器充电后断开电源，二极板间的电势差用静电计测量，如图 8.15(a)所示。现将厚度为 d' 的金属平板平行插入二极板之间，则静电计的指针张角变小，如图 8.15(b)所示。试解释上述现象，并求出插入金属平板后电容器的电容。

解 金属板插入电容器后，在静电场作用下产生静电感应。金属板两边分别出现正负电荷，忽略边缘效应，电荷分布均匀。因电容器极板电荷保持不变，所以金属平板以外的电场与原来场强相等，且仍为均匀电场。由于静电平衡时金属平板内部场强等于零，所以两极板之间的电势差

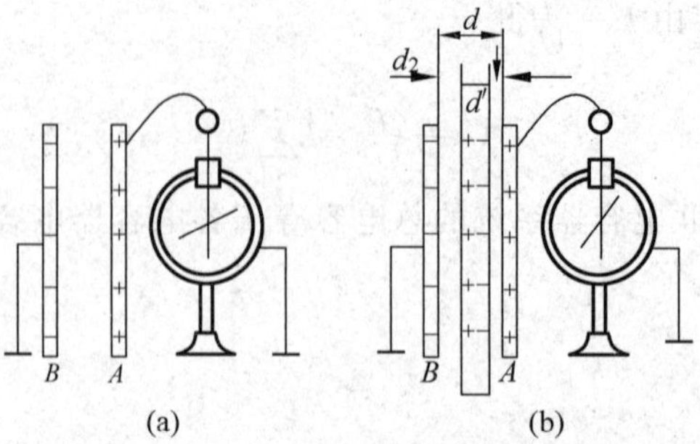

图 8.15 用静电计测量电势差

$$U=\int_A^B \boldsymbol{E}\cdot \mathrm{d}\boldsymbol{l}=E(d-d')$$

比原来的电势差 $U=Ed$ 降低了,所以指针张角变小。

未插入金属平板前电容器的电容为 $C_0=\dfrac{\varepsilon_0 S}{d}$。设两极板所带电量的绝对值为 q,则插入金属平板后,电容器的电容可由式(8.3)求出:

$$C=\frac{q}{U}=\frac{q}{E(d-d')}=\frac{\varepsilon_0 S}{d-d'}$$

其实插入金属板后的电容器,相当于两个电容器 $C_1=\dfrac{\varepsilon_0 S}{d_1}$和 $C_2=\dfrac{\varepsilon_0 S}{d_2}$的串联。注意到 $d_1+d_2=d-d'$,于是由两个电容器串联求得的总电容为

$$C=\frac{C_1C_2}{C_1+C_2}=\frac{\varepsilon_0 S}{d-d'}$$

用两种方法求解,所得结果相同。可见插入金属板后电容器的电容量增加了。

8.3 静电场中的电介质

电介质就是绝缘体,其分子内的正负电荷束缚得很紧,仅能作微观位移。一般情况下其内部没有或极少有可以自由移动的电荷,所以导电性能极弱,可以看作理想的绝缘体。

前面讲过静电场与导体的相互作用,同样,静电场与电介质也有相互作用。

8.3.1 电介质的极化

现在用一块相同厚度的电介质平板(如玻璃)代替金属板插入平板电容器,重做图 8.15 所示实验。发现静电计转角也变小,但没有插入金属板时显著。由此可以推断其原因是由于电介质的影响。在静电场作用下电介质的状态发生了变化,两侧面也出现了正负电荷。这种现象称为电介质的极化,所出现的电荷称为极化电荷或束缚电荷。极化电荷产生附加场强 $\boldsymbol{E}'$,在电介质平板内与原场强 $\boldsymbol{E}_0$ 的方向相反,结果电介质内的场强削弱,导致电势差下降,电容增大。只是程度比插入金属板时要弱得多。

既然电介质中没有可以自由移动的电荷，那么极化电荷是怎么产生的呢？这需要从电介质的微观结构入手来讨论它的极化过程。

电介质中的每个分子都是一个复杂的带电系统，有正电荷、负电荷，它们分布在一个线度为 10^{-10} m 数量级的体积内，所有电荷的代数和为零。从离开比分子线度大得多的地方看，在考虑分子受外场作用及分子产生的电场时，可以认为分子的正电荷集中于一点，称为正电荷的中心；而负电荷也集中于一点，称为负电荷的中心。正负电荷中心构成等效电偶极子，称为分子电偶极子。按照电介质内部的电结构不同，可把电介质分为两大类：第一类，如 H_2、N_2、O_2、CO_2、CH_4 及气态和液态的 CCl_4、聚乙烯、聚丙乙烯等，在不存在外电场时，分子的正负电荷中心彼此重合，这类分子称为无极分子；第二类电介质，如 HCl、H_2O、CO、SO_2、NH_3、H_2S 及硝基苯、环氧树脂、玻璃、陶瓷等，即使外电场不存在，分子的正负电荷中心也不重合，其等效电偶极子具有一定的电偶极矩，叫做分子的固有电矩，这类分子称为有极分子。当把两类电介质置于静电场中时，它们都要在电场的作用下发生极化现象，下面分别就这两种情况加以讨论。

1. 无极分子的极化

在外电场作用下，无极分子的正负电荷“重心”产生了相对位移 $\boldsymbol{l}$，$\boldsymbol{l}$ 的大小与外电场有关。这时每个分子都等效为一个电偶极子，如图 8.16 所示。其电偶极矩是因外电场作用而产生的，故称为感生电矩，其方向沿外电场方向。对于中性均匀电介质，不管外电场是否为均匀电场，电介质内任何物理无限小体积内都有等量的正负电荷，故极化电荷的体密度为零。但在电介质的表面上(如图 8.16 中与场强垂直的表面)出现了正负极化电荷，其极化电荷面密度不等于零。在一定限度内，外电场越强，分子的感生电矩越大，电介质表面极化电荷面密度就越大，极化程度就越强。由于电子质量比原子核的质量小得多，所以在外电场作用下，主要是电子发生相对位移，因而无极分子的极化常称为位移极化。

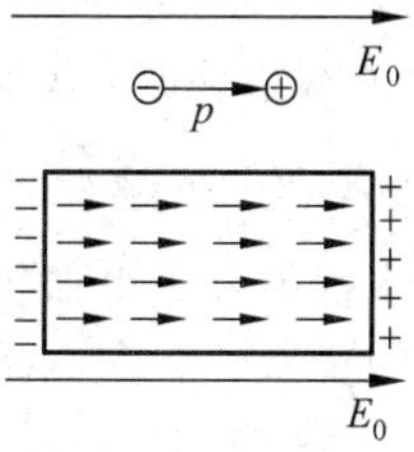

图 8.16 位移极化

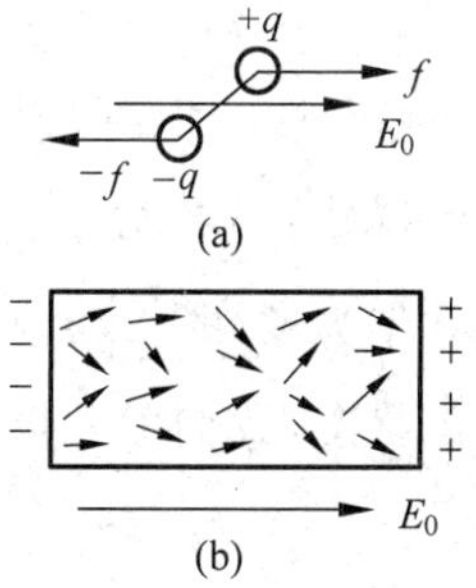

图 8.17 取向极化

2. 有极分子的极化

在不存在外电场时，有极分子虽有固有电矩，但由于分子的无规则热运动，各分子电矩的排列是杂乱无章的，对于任何物理无限小体积元来说，各分子电矩的矢量和都等于零，宏观上呈电中性。当存在外电场时，每个分子的固有电矩都将受到外电场的力偶矩作用，使分子电矩方向转向外电场方向，如图 8.17(a)所示。于是小体积元中各分子电矩的矢量和不等于零了。由于分子的无规则热运动，各分子的电矩不能完全取外电场方向，如图 8.17(b)

所示。对于中性的均匀电介质,电介质内极化电荷的体密度为零,但在电介质表面上(如图8.17(b)中垂直于场强的表面)出现了正负极化电荷。外电场越强,分子电矩的方向越趋向于外电场的方向排列,电介质表面出现的极化电荷就越多,极化程度就越强。这种由于分子固有电矩转向外电场方向而造成的极化称为取向极化,或称转向极化。

实际上,即使是有极分子组成的电介质,在外电场作用下,分子也能出现感生电矩,发生电子的位移极化,所以两种极化都存在。不过,取向极化的效应比位移极化强得多,约大一个数量级,因此取向极化是主要的。然而,在高频电场作用下,由于分子的惯性较大,取向极化跟不上外电场的变化,只有惯性很小的电子才能紧跟高频电场的变化产生位移极化,这时电介质的位移极化将起主要作用。在无极分子组成的电介质中,只存在位移极化。

电介质因极化而出现的极化电荷是由于电荷的微观位移形成的,它不能在电介质内作自由移动,也不能用接地的方法将它中和。当外电场撤销后,无极分子的正、负电荷中心又将重合而恢复原状,有极分子的电偶极矩的排列又将变成无序状态,极化现象也随之消失。若用摩擦起电等方法使电介质带上的电荷,尽管不能在电介质中自由移动,但可以用传导的方法将它们引走,通常称为自由电荷。

顺便指出,若均匀电介质内部有自由电荷,则内部必然有极化体电荷。

综上所述,虽然不同类型的电介质微观结构不同,因而极化的微观机制不同,但极化的宏观效果是相同的。所以,在静电范围内,如我们不去更深入地讨论电介质的极化机理时,就不需要把这两类电介质分开讨论。

8.3.2 极化强度和极化电荷

1. 极化强度矢量 P

如上所述,电介质的极化程度不仅与每个分子电矩的大小有关,而且依赖于各分子电矩排列的整齐程度。

在电介质中任取一物理无穷小体元 ΔV,无电场时,ΔV 中分子电偶极矩 $\boldsymbol{p}$ 的矢量和等于零,即 $\sum \boldsymbol{p}=\mathbf{0}$,对于无极分子 $\boldsymbol{p}=\mathbf{0}$;当有外电场作用下电介质被极化时,$\Delta V$ 内分子电偶极矩 $\boldsymbol{p}$ 的矢量和不为零,即 $\sum \boldsymbol{p}\neq\mathbf{0}$,而且极化程度越高这个矢量和的值越大。为了定量描述电介质的极化状态,我们引入极化强度矢量 $\boldsymbol{P}$,它等于单位体积内分子电偶极矩 $\boldsymbol{p}$ 的矢量和,即

$$\boldsymbol{P}=\frac{\sum \boldsymbol{p}}{\Delta V} \tag{8.11}$$

$\boldsymbol{P}$ 为表征电介质极化程度的物理量,它的单位是库仑/米^2(C/m^2)。

如果电介质中各点的极化强度的大小和方向都相同,就称该电介质为均匀极化的;否则极化是不均匀的。均匀电介质在均匀电场的作用下将被均匀极化。真空可以看作是电介质的特例,其中各点的 $\boldsymbol{P}\equiv\mathbf{0}$。一般情况下,电介质和外电场有一方不均匀,则极化将是非均匀的。极化强度矢量 $\boldsymbol{P}$ 是空间位置的函数,它是一个宏观物理量。当 P 很大时,分子电偶极矩 p 不一定很大;当 P 很小时,分子电偶极矩 p 也不一定很小。极化强度的微观值是没有意义的。

假如在一电介质中取一长为 l、底面积为 ΔS 的柱体，柱体两底面的极化电荷面密度分别为 $-\sigma'$ 和 $+\sigma'$，如图 8.18 所示，其中 σ_0 为自由电荷面密度。由于是均匀的电介质，故柱体内所有分子电偶极矩的矢量和的大小为

$$\sum p = \sigma' \Delta S l$$

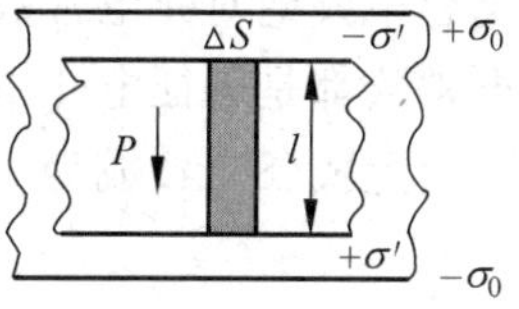

图 8.18 P 与 σ′的关系

因此，由极化强度的定义可知，极化强度的大小为

$$P = \frac{\sum p}{\Delta V} = \frac{\sigma' \Delta S l}{\Delta S l} = \sigma' \tag{8.12}$$

上式表明，两平板中的均匀电介质，其极化强度的大小等于极化电荷面密度。

2. 极化电荷 q' 与自由电荷 q_0 的关系

极化电荷和自由电荷一样，也能在周围空间激发电场。我们把极化电荷所激发的电场强度用 $\boldsymbol{E}'$ 来表示，则根据场强叠加原理，当外电场中有电介质存在时，空间任一点的场强 $\boldsymbol{E}$ 应是外电场 $\boldsymbol{E}_0$ 和极化电荷产生的附加场强 $\boldsymbol{E}'$ 的矢量和，即

$$\boldsymbol{E} = \boldsymbol{E}_0 + \boldsymbol{E}'$$

由于在电介质中自由电荷的电场与极化电荷的电场方向总是相反的，所以在电介质中的合场强 $\boldsymbol{E}$ 与外电场 $\boldsymbol{E}_0$ 相比显著地被削弱了，因此 $\boldsymbol{E}'$ 也称为退极化场。对于大多数常见的电介质，极化强度 $\boldsymbol{P}$ 与作用于介质内部的合场强 $\boldsymbol{E}$ 成正比，而且两者方向相同，在国际单位制中可表示为

$$\boldsymbol{P} = \varepsilon_0 \chi_e \boldsymbol{E} \tag{8.13}$$

上式称为电介质的极化规律。式中的比例常量 χ_e 称为电介质的极化率，它表征电介质材料的性质，与场强 $\boldsymbol{E}$ 无关。χ_e 是一个无量纲的常数，但不同区域的 χ_e 值可以不同。如果电介质中各点的 χ_e 值相同，则称它为均匀电介质。本书主要讨论各向同性的均匀电介质。

为了定量地了解电介质内部的电场强度被削弱的情况，我们讨论两平行带电平板中充满均匀电介质的特例。如图 8.19 所示为在两块"无限大"极板间充有极化率为 χ_e 的均匀电介质，设两极板上的自由电荷面密度为 $\pm\sigma_0$，电介质表面上的极化电荷面密度为 $\pm\sigma'$。则自由电荷的电场强度大小为

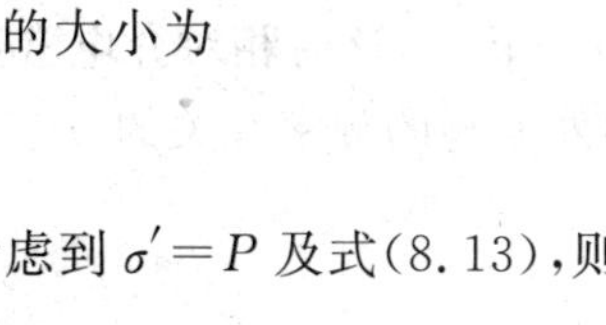

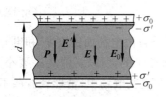

图 8.19 电介质中的场强

$$E_0 = \frac{\sigma_0}{\varepsilon_0}$$

极化电荷的电场强度大小为

$$E' = \frac{\sigma'}{\varepsilon_0}$$

两者的方向如图 8.19 所示。因此，极板间电介质中的合场强 $\boldsymbol{E}$ 的大小为

$$E = E_0 - E' = E_0 - \frac{\sigma'}{\varepsilon_0}$$

考虑到 $\sigma' = P$ 及式(8.13)，则上式可写为

$$E = E_0 - \frac{\sigma'}{\varepsilon_0} = E_0 - \frac{P}{\varepsilon_0} = E_0 - \chi_e E$$

由此得

$$E = \frac{E_0}{1 + \chi_e} \tag{8.14}$$

令 $\varepsilon_r = 1 + \chi_e$ 称为电介质的相对电容率或相对介电常数，显然 $\varepsilon_r > 1$；ε_r 与 ε_0 的乘积称为绝对电容率或绝对介电常数(简称介电常数)，用 ε 表示，即 $\varepsilon = \varepsilon_0 \varepsilon_r$。极化率、相对介电常数和介电常数都是表征电介质性质的物理量，三者中知道任何一个即可求得其他两个。

由此式(8.14)成为

$$E = \frac{E_0}{\varepsilon_r} \tag{8.15}$$

上式说明电介质内部的电场强度 $\boldsymbol{E}$ 被削弱为外电场强度 $\boldsymbol{E}_0$ 的 $\frac{1}{\varepsilon_r}$ 倍。

两极板间的电势差为

$$U = Ed = \frac{\sigma_0 d}{\varepsilon_0 \varepsilon_r}$$

设极板的面积为 S，则极板上的总电量为 $q_0 = \sigma_0 S$，按电容器电容的定义，得极板间充满均匀电介质后的电容为

$$C = \frac{q_0}{U} = \frac{\varepsilon_0 \varepsilon_r S}{d} = \varepsilon_r C_0 \tag{8.16}$$

上式表明，电容器中充满电介质后其电容比真空时增大了 ε_r 倍。这一点已被实验所证实。

由于电介质中三个场强的大小关系为

$$E = E_0 - E'$$

将 $E_0 = \frac{\sigma_0}{\varepsilon_0}$，$E' = \frac{\sigma'}{\varepsilon_0}$ 和 $E = \frac{E_0}{\varepsilon_r}$ 代入上式得

$$E = E_0 - E' = \frac{\sigma_0}{\varepsilon_0} - \frac{\sigma'}{\varepsilon_0} = \frac{E_0}{\varepsilon_r} = \frac{\sigma_0}{\varepsilon_0 \varepsilon_r}$$

由此可得极化电荷面密度 σ' 与自由电荷面密度 σ_0 之间的关系为

$$\sigma' = \frac{\varepsilon_r - 1}{\varepsilon_r} \sigma_0 \tag{8.17}$$

两边同乘极板面积 S，便得极化电荷 q' 与自由电荷 q_0 的关系为

$$q' = \frac{\varepsilon_r - 1}{\varepsilon_r} q_0 \tag{8.18}$$

式(8.17)给出了在均匀各向同性的电介质中，极化电荷面密度 σ' 与自由电荷面密度 σ_0 和电介质的相对介电常数 ε_r 之间的关系。大家知道，电介质的 ε_r 总是大于 1 的，所以 σ' 总比 σ_0 要小。

顺便指出，上面讨论的是电介质在静电场中极化的情形。在交变电场中，情形就有些不同。以有极分子为例，由于电偶极子的转向需要时间，在外电场变化频率较低时，电偶极子还来得及跟上电场的变化而不断转向，故 ε_r 的值和在恒定电场下的数值相比差别不大。但当频率大到某一程度时，电偶极子就来不及跟随电场方向的改变而转向，这时相对介电常数 ε_r 就要下降，所以在高频条件下，电介质的相对介电常数 ε_r 是和外电场的频率有关的。

8.4 电位移矢量 有电介质时的高斯定理

上一章我们只讨论了真空中静电场的高斯定理。当静电场中有电介质时，在高斯面内不仅会有自由电荷，而且还会有极化电荷，这时高斯定理显然应该变为

$$\oiint_S \boldsymbol{E} \cdot \mathrm{d}\boldsymbol{S} = \frac{1}{\varepsilon_0}\left(\sum_{(S内)} q_0 + \sum_{(S内)} q'\right) \tag{8.19}$$

式中 $\sum\limits_{(S内)} q_0$ 和 $\sum\limits_{(S内)} q'$ 分别表示高斯面内自由电荷的代数和和极化电荷的代数和。由于极化电荷的分布取决于电场强度 $\boldsymbol{E}$，也就是说，如果要用式(8.19)来求解电场强度 $\boldsymbol{E}$，极化电荷本身也是待求的量，这种相互关系上的环联给求解问题带来困难。为了解决这个问题，我们将设法把 $\sum\limits_{(S内)} q'$ 从式中隐去，并引进一个新的物理量，使等式右边只包含自由电荷这一项，从而得到一个便于求解的公式。为了简单起见，我们仍以两平行带电平板中充满均匀的电介质为例来进行讨论。

设两极板所带自由电荷面密度分别为 $\pm\sigma_0$，电介质极化后，在靠近电容器两极板的电介质两表面上分别产生极化电荷，其面密度为 $\pm\sigma'$。如图 8.20 所示，作一柱形闭合面(图中虚线是所作闭合面的截面)，闭合面的上下底面与极板平行，上底面 S_1 在导体板内，下底面 S_2 紧贴着电介质的上表面。于是，对所作闭合面，式(8.19)可写为

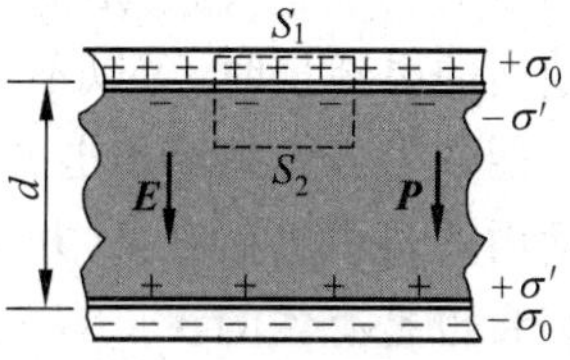

图 8.20 有电介质时的高斯定理

$$\oiint_S \boldsymbol{E} \cdot \mathrm{d}\boldsymbol{S} = \frac{1}{\varepsilon_0}(\sigma_0 S_1 - \sigma' S_2) \tag{8.20}$$

由式(8.12)知，$\sigma' = P$，又因极化强度 $\boldsymbol{P}$ 对整个封闭面的积分 $\oiint\limits_S \boldsymbol{P} \cdot \mathrm{d}\boldsymbol{S}$ 等于对于底面 S_2 的积分 $\iint\limits_{S_2} \boldsymbol{P} \cdot \mathrm{d}\boldsymbol{S}$(上底面 S_1 在导体板内，$\boldsymbol{P}$ 为零) 考虑到在 S_2 面上 $\boldsymbol{P}$ 的大小相等，方向与 S_2 面垂直，于是有

$$\oiint_S \boldsymbol{P} \cdot \mathrm{d}\boldsymbol{S} = \iint_{S_2} \boldsymbol{P} \cdot \mathrm{d}\boldsymbol{S} = PS_2 = \sigma' S_2$$

代入式(8.20)得

$$\oiint_S \boldsymbol{E} \cdot \mathrm{d}\boldsymbol{S} = \frac{1}{\varepsilon_0}\sigma_0 S_1 - \frac{1}{\varepsilon_0}\oiint_S \boldsymbol{P} \cdot \mathrm{d}\boldsymbol{S}$$

用 $q_0 = \sigma_0 S_1$ 表示封闭面内所包围的自由电荷，经移项后得

$$\oiint_S \left(\boldsymbol{E} + \frac{\boldsymbol{P}}{\varepsilon_0}\right) \cdot \mathrm{d}\boldsymbol{S} = \frac{q_0}{\varepsilon_0}$$

两边同乘 ε_0，得

$$\oiint_S (\varepsilon_0 \boldsymbol{E} + \boldsymbol{P}) \cdot \mathrm{d}\boldsymbol{S} = q_0$$

令 $\boldsymbol{D} = \varepsilon_0 \boldsymbol{E} + \boldsymbol{P}$，称为电位移矢量。于是上式写为

$$\oiint_S \boldsymbol{D} \cdot \mathrm{d}\boldsymbol{S} = q_0$$

将上式推广到普遍形式，即

$$\oiint_S \boldsymbol{D} \cdot \mathrm{d}\boldsymbol{S} = \sum_{(S内)} q_0 \tag{8.21}$$

上式不再显现极化电荷，式(8.21)称为有电介质时的高斯定理。对于均匀各向同性电介质，

电位移矢量 $\boldsymbol{D}$ 可以写为

$$\boldsymbol{D}=\varepsilon_0\varepsilon_r\boldsymbol{E}=\varepsilon\boldsymbol{E} \tag{8.22}$$

上式说明了电位移矢量 $\boldsymbol{D}$ 与电场强度 $\boldsymbol{E}$ 的简单关系，它和有电介质时的高斯定理一起显示出引入电位移矢量的好处，在不知道极化电荷分布的情况下我们仍有可能计算出有电介质时的电场。

应当指出，由电位移矢量 $\boldsymbol{D}$ 的定义说明电位移矢量与电场强度 $\boldsymbol{E}$ 和极化强度 $\boldsymbol{P}$ 有关，但它和电场强度 $\boldsymbol{E}$（单位正电荷所受的力）及极化强度 $\boldsymbol{P}$（单位体积的电偶极矩）不一样，$\boldsymbol{D}$ 没有明显的物理意义，它是描述电场的一个辅助物理量。引进 $\boldsymbol{D}$ 的优点在于计算通过任一闭合曲面的电通量时，可以不考虑极化电荷的分布，如果由此能算出 $\boldsymbol{D}$，再利用其他关系式，就有可能较为方便地算出电介质中的电场强度 $\boldsymbol{E}$。但必须注意，通过闭合曲面的电通量只和曲面内的自由电荷有关，并不是说电位移矢量 $\boldsymbol{D}$ 仅取决于自由电荷的分布，它和极化电荷的分布也是有关的。

例 8-3 一半径为 R_1、带电量为 q_0 的导体球，被一外半径为 R_2、相对介电常数为 ε_r 的电介质球壳所包围，如图 8.21(a)所示。试求：(1)场强分布；(2)电介质表面极化电荷分布；(3)导体球球心处的电势。

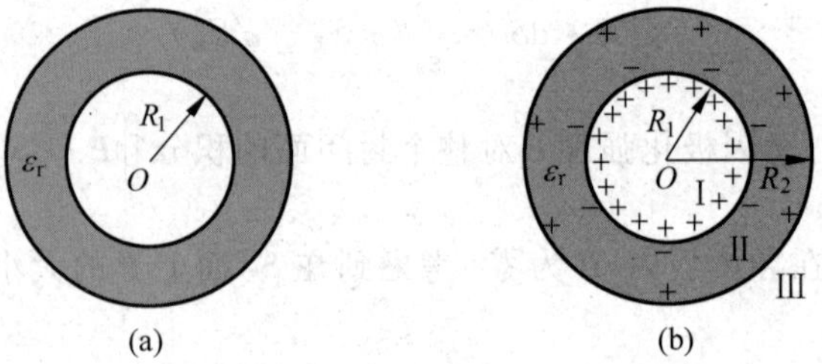

图 8.21

解 (1) 由于 q_0 呈球对称分布，在电场作用下电介质被极化。若 $q_0>0$，则在内外表面分别出现负、正极化电荷，且均匀分布，所以场的分布具有球对称性，如图 8.21(b)所示。

过场点作半径为 r 的同心球面为高斯面，利用有电介质时的高斯定理式(8.21)，有

$$D\cdot 4\pi r^2=\sum_{S内}q_0$$

再利用式(8.22)，得

$$D_1=0, E_1=0,\quad 0<r<R_1$$

$$D_2=\frac{q_0}{4\pi r^2},\quad R_1\leqslant r\leqslant R_2$$

$$E_2=\frac{D_2}{\varepsilon_0\varepsilon_r}=\frac{q_0}{4\pi\varepsilon_0\varepsilon_1 r^2}=\frac{E_0}{\varepsilon_r},\quad R_1\leqslant r\leqslant R_2$$

$$D_3=\frac{q_0}{4\pi r^2},\quad R_2<r<\infty$$

$$E_3=\frac{D_3}{\varepsilon_0}=\frac{q_0}{4\pi\varepsilon_0 r^2},\quad R_2<r<\infty$$

$\boldsymbol{D}$、$\boldsymbol{E}$ 的方向均沿径向。

(2) 由式(8.12)、式(8.13)和式(8.17)可作如下推导。

$r=R_1$ 电介质表面上

$$\sigma_1'=-P_{R_1}=-\varepsilon_0(\varepsilon_r-1)E_2\big|_{r=R_1}=-\varepsilon_0(\varepsilon_r-1)\frac{q_0}{4\pi\varepsilon_0\varepsilon_r R_1^2}=-(\varepsilon_r-1)\frac{q_0}{4\pi\varepsilon_r R_1^2}$$

介质球内表面的极化电荷为

$$q_1'=\sigma_1' 4\pi R_1^2=-\left(1-\frac{1}{\varepsilon_r}\right)q_0$$

式中负号表示 q_1' 与 q_0 异号。在导体与电介质的界面上总电荷面密度及总电荷为

$$\sigma=\sigma_0+\sigma_1'=\frac{q_0}{4\pi R_1^2}-\frac{\varepsilon_r-1}{\varepsilon_r}\frac{q_0}{4\pi R_1^2}=\frac{q_0}{4\pi\varepsilon_r R_1^2}$$

$$q=\sigma\cdot 4\pi R_1^2=\frac{q_0}{\varepsilon_r}$$

界面上的电荷减到自由电荷的 $\frac{1}{\varepsilon_r}$。这正是电介质中场强减至真空中场强的 $\frac{1}{\varepsilon_r}$ 的原因。在电介质被极化时,导体球表面电荷 q_0 被一层符号与之相反的极化电荷 q_1' 所包围,q_1' 所产生的电场把 q_0 产生的电场抵消了一部分。通常把这个效应说成极化电荷对自由电荷 q_0 起了一定的屏蔽作用。

$r=R_2$ 电介质外表面上,

$$\sigma_2'=P_{R_2}=\varepsilon_0\chi_e E_3\big|_{r=R_2}=\varepsilon_0(\varepsilon_r-1)\frac{q_0}{4\pi\varepsilon_0\varepsilon_r R_2^2}=\frac{\varepsilon_r-1}{\varepsilon_r}\frac{q_0}{4\pi R_2^2}$$

得介质球外表面上的极化电荷:

$$q_2'=\sigma_2' 4\pi R_2^2=\left(1-\frac{1}{\varepsilon_r}\right)q_0$$

因为是均匀电介质,所以体内极化电荷为零。

(3) 因为导体是个等势体,所以其电势为

$$V_0=\int_0^{\infty}\boldsymbol{E}\cdot d\boldsymbol{l}=\int_0^{R_1}\boldsymbol{E}\cdot d\boldsymbol{l}+\int_{R_1}^{R_2}\boldsymbol{E}_2\cdot d\boldsymbol{l}+\int_{R_2}^{\infty}\boldsymbol{E}_3\cdot d\boldsymbol{l}=\int_0^{R_1}0\,dr+\int_{R_1}^{R_2}E_2\,dr$$

$$=\int_{R_2}^{\infty}E_3\,dr=\int_{R_1}^{R_2}\frac{q_0\,dr}{4\pi\varepsilon_0\varepsilon_r r^2}+\int_{R_2}^{\infty}\frac{q_0\,dr}{4\pi\varepsilon_0 r^2}$$

$$=\frac{q_0}{4\pi\varepsilon_0\varepsilon_r}\left(\frac{1}{R_1}-\frac{1}{R_2}\right)+\frac{q_0}{4\pi\varepsilon_0 R_2}$$

例 8-4 一平行板电容器极板面积为 S,两极板间的距离为 d,用电压为 U_0 的直流电源给它充电。(1)断开电源后充满相对介电常数为 ε_r 的均匀电介质;(2)充满电介质后再充电。试求这两种情况下电介质内的电位移矢量、电场强度、电介质表面上的极化电荷面密度及电容器的电容。

解 (1) 电容器充电后断开电源,极板上电荷保持不变。忽略边缘效应,由对称性可知,$\boldsymbol{E}$ 和 $\boldsymbol{D}$ 都与极板垂直,由正极板指向负极板。过场点作一柱形高斯面,使它的一个底面 ΔS_2 在极板导体内,另一底面 ΔS_1 过场点,侧面垂直极板,$\Delta S_1=\Delta S_2$ 且都与极板平行,如图 8.22 所示。设极板上自由电荷面密度为 $\pm\sigma_0$,由高斯定理可得

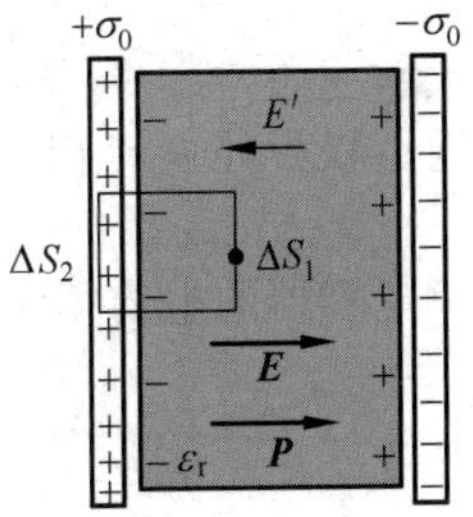

图 8.22

$$\oiint_S \boldsymbol{D}\cdot d\boldsymbol{S}=D\Delta S_1=\sigma_0\Delta S_1$$

即

$$D = \sigma_0$$

$$E = \frac{D}{\varepsilon_0 \varepsilon_r} = \frac{1}{\varepsilon_r} \frac{\sigma_0}{\varepsilon_0}$$

E_0 是未充满介质时的真空中的电场强度。此时电容器的电容为 $C_0 = \frac{\varepsilon_0 S}{d}$，故正极板自由电荷为 $q_0 = \sigma_0 S = U_0 C_0 = \frac{U_0 \varepsilon_0 S}{d}$，则得 $\sigma_0 = \frac{\varepsilon_0 U_0}{d}$。代入上式得

$$E = \frac{U_0}{\varepsilon_r d}$$

方向由正极板指向负极板。显然，它是未充满介质时场强的 $\frac{1}{\varepsilon_r}$。

靠近正极板处电介质表面上的极化电荷面密度为

$$\sigma' = -\frac{\varepsilon_r - 1}{\varepsilon_r}\sigma_0 = -\varepsilon_0 \frac{\varepsilon_r - 1}{\varepsilon_r} \frac{U_0}{d}$$

同理可求得靠近负极板处电介质表面上的极化电荷面密度为

$$\sigma' = \left(1 - \frac{1}{\varepsilon_r}\right)\sigma_0 = \left(1 - \frac{1}{\varepsilon_r}\right)\varepsilon_0 \frac{U_0}{d}$$

显然，靠近极板处电介质表面上的极化电荷与该极板上的自由电荷异号，且 $|\sigma'| < |\sigma_0|$。

电容器充满电介质后的电容为 $C = \frac{q_0}{U}$，其中 $q_0 = \sigma_0 S, U = Ed = \frac{\sigma_0 d}{\varepsilon_0 \varepsilon_r}$，于是

$$C = \frac{q_0}{U} = \varepsilon_r \frac{\varepsilon_0 S}{d} = \varepsilon_r C_0$$

它是真空时电容的 ε_r 倍，所以 ε_r 称为相对介电常数。由上式可知，充入电介质是提高电容量的重要方法。如果电容器内电介质未充满则上式不成立。

(2) 充满电介质后再充电，极板间的电压保持不变，即为电源电压 U_0，因此电介质中的场强为 $E = \frac{U_0}{d}$。

用高斯定理容易求出 $D = \sigma_0$，由上式可得 $\sigma_0 = D = \varepsilon_r \varepsilon_0 E = \varepsilon_r \frac{\varepsilon_0 U_0}{d}$。显然此时的自由电荷面密度是情况(1)的 ε_r 倍。这是因为电容器需要多充入电荷，以补偿极化电荷的附加电场，使电压保持为 U_0。靠近正极板处的电介质表面上的极化电荷面密度为

$$\sigma' = -\frac{\varepsilon_r - 1}{\varepsilon_r}\sigma_0 = -\varepsilon_0 (\varepsilon_r - 1) \frac{U_0}{d}$$

靠近负极板处 $\sigma' = \left(1 - \frac{1}{\varepsilon_r}\right)\sigma_0$。显然 σ' 都与相应的 σ_0 异号，且 $|\sigma'| < |\sigma_0|$。

电容器的电容 $C = \frac{q_0}{U_0}$，式中 $q_0 = \sigma_0 S, U_0 = Ed = \frac{\sigma_0 d}{\varepsilon_r \varepsilon_0}$，于是

$$C = \frac{q_0}{U_0} = \varepsilon_r \frac{\varepsilon_0 S}{d} = \varepsilon_r C_0$$

此式与情况(1)的结果完全一样。这是因为电容器的电容是由其几何因素及所填充电介质的性质决定的，与充电方式无关。

通常情况下电介质是不导电的。但是在很强的电场中，它们的绝缘性能会遭到破坏，这种现象称为电介质的击穿。一种电介质材料所能承受的最大场强，称为这种电介质的击穿场强。表 8.1 所示为几种物质的击穿场强。

表 8.1 电介质的相对介电常数和击穿电场

电介质	相对介电常数 ε_r	击穿电场/(kV/mm)
空气(0℃,100kPa)	1.00054	3
空气(0℃,100MPa)	1.055	
水(0℃)	87.9	
水(20℃)	80.2	
水(30℃)	76.6	
变压器油	4.5	14
云母	3.7～7.5	80～200
玻璃	5～10	10～25
陶瓷	5.7～6.8	6～20
纸	3.5	16
电木	5～7.6	10～20
聚四氟乙烯	2.0	35
二氧化钛	100	6
氧化钽	11.6	15
钛酸钡	10^3～10^4	3

8.5 静电场的能量

我们知道，电场是一种特殊的物质，既然是物质，它肯定具有能量，为此，我们将通过平行板电容器这一具体例子，来说明静电场的能量特征。

如图 8.23 所示，电容器两极板 A 和 B 的带电过程就是不断地把微小电荷 $+\mathrm{d}q$ 从原来中性的极板 B 迁移到极板 A 上的过程，在极板的这一带电过程中，两极板上所带的电荷总是等值而异号的。当电容器的两极板已带电到 $\pm q$ 时，两极板间的电势差为 u，这时再把电荷 $+\mathrm{d}q$ 从极板 B 移到极板 A 上，外力克服电场力所做的功为

$$\mathrm{d}W = u\mathrm{d}q$$

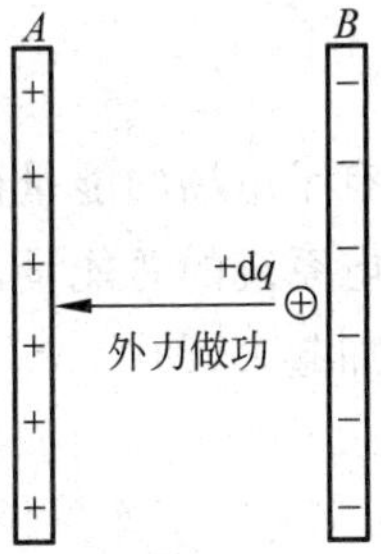

图 8.23 电容器的充电过程

设电容器的电容为 C，此时电容器所带电量为 q，则有 $u=\dfrac{q}{C}$，代入上式得

$$\mathrm{d}W = \frac{q}{C}\mathrm{d}q$$

因此，当电容器从 $q=0$ 开始充电到带电荷量 $q=Q$ 时，外力所做的总功为

$$W=\int \mathrm{d}W=\int_0^Q \frac{1}{C}q\,\mathrm{d}q=\frac{1}{2}\frac{Q^2}{C} \tag{8.23}$$

这个功转化为电容器的静电能，它是以电荷的形式储存的。由 $C=\dfrac{Q}{U}$ 关系，可得储存在电容器中的另外两个电能公式，即

$$W=\frac{1}{2}QU \tag{8.24}$$

$$W=\frac{1}{2}CU^2 \tag{8.25}$$

从上述的电容器储能表达式中发现，电容器的静电能似乎以电荷的形式存在，但在无电荷处所存在的静电能如何解释呢？如电磁波的能量。为此，下面我们将进一步说明电容器的静电能其实也是电场的能量，而且分布在电场所占的整个空间之中。

设上述平行板电容器极板的面积为 S，两极板间的距离为 d，当电容器极板上的电量为 Q 时，极板间的电势差为 $U=Ed$，已知电容器的电容 $C=\dfrac{\varepsilon_0\varepsilon_r S}{d}$，代入式(8.25)得电容器的静电能为

$$W=\frac{1}{2}CU^2=\frac{1}{2}\frac{\varepsilon_0\varepsilon_r S}{d}(Ed)^2=\frac{1}{2}\varepsilon_0\varepsilon_r E^2 Sd=\frac{1}{2}\varepsilon_0\varepsilon_r E^2 V$$

上式表明，静电能可以用电场来表征，它也以电场的形式存在，而且与电场所占的体积 $V=Sd$ 成正比。这说明电能储存在电场中。由于平板电容器中电场是均匀分布在两极板之间的空间中，所储藏的静电场能量也应该是均匀分布在电场所占的体积中，因此，电场中每单位体积的能量(称为电场能量密度)为

$$w_e=\frac{W}{V}=\frac{1}{2}\varepsilon E^2 \tag{8.26}$$

能量密度的单位为 $\mathrm{J/m^3}$。上述结果虽然是从平行板电容器均匀电场的特例中导出来的，但可以证明，对于任意电场，这个结论也是正确的。在一般情况下，电场能量密度表示为

$$w_e=\frac{1}{2}DE=\frac{1}{2}\boldsymbol{D}\cdot\boldsymbol{E} \tag{8.27}$$

有了电场的能量密度以后，对于计算非均匀电场的能量带来很大的方便。若要计算任一带电系统的总能量，只要将电场所占空间分成许多体积元 $\mathrm{d}V$，然后把所有体积元中的能量累加起来，即

$$W=\iiint_V w_e\,\mathrm{d}V=\iiint_V \frac{1}{2}\varepsilon_0\varepsilon_r E^2\,\mathrm{d}V \tag{8.28}$$

上述各式中，若电场分布在真空中，则 $\varepsilon_r=1$。

式(8.23)～式(8.25)中静电能是由电荷来表示的，似乎电荷是能量的携带者，而式(8.26)～式(8.28)又表明，静电能也可以用电场强度来表征，这又说明静电能是储存于电场中，电场是能量的携带者。在静电场中，电场总是伴随着电荷而存在，所以电荷和电场都同时存在，因此两者并无矛盾之处，而且也无法用实验来检验电能究竟是以哪种方式储存的。但是在交变电磁场的实验中，已经证明了变化的场可以脱离电荷独立存在，而且场的能

量能够以电磁波的形式在空间传播，这就直接证实了能量储存在场中的观点。从这一点来说，用电场来表征能量具有更普遍的意义。另外，能量是物质固有的属性之一，静电场具有能量的结论，充分证明了静电场是一种特殊形态的物质。

例 8-5 计算均匀带电球体的静电能。设球的半径为 R，带电量为 Q，球外是真空。

解 由高斯定理可以求出均匀带电球在空间的场强分布

$$E_1=\frac{1}{4\pi\varepsilon_0}\frac{Qr}{R^3},\quad r<R$$

$$E_2=\frac{1}{4\pi\varepsilon_0}\frac{Q}{r^2},\quad r>R$$

于是，利用式(8.28)可求其静电能为

$$\begin{aligned}W&=\iiint_V w_e\mathrm{d}V=\frac{1}{2}\iiint_{V_1}\varepsilon_0E_1^2\mathrm{d}V+\frac{1}{2}\iiint_{V_3}\varepsilon_0E_2^2\mathrm{d}V\\&=\frac{\varepsilon_0}{2}\int_0^R\left(\frac{Qr}{4\pi\varepsilon_0R^3}\right)^2\times4\pi r^2\mathrm{d}r+\frac{\varepsilon_0}{2}\int_R^{\infty}\left(\frac{Q}{4\pi\varepsilon_0r^2}\right)^2\times4\pi r^2\mathrm{d}r\\&=\frac{Q^2}{8\pi\varepsilon_0R^6}\int_0^R r^4\mathrm{d}r+\frac{Q^2}{8\pi\varepsilon_0}\int_R^{\infty}\frac{\mathrm{d}r}{r^2}\\&=\frac{Q^2}{40\pi\varepsilon_0R}+\frac{Q^2}{8\pi\varepsilon_0R}=\frac{3Q^2}{20\pi\varepsilon_0R}\end{aligned}$$

例 8-6 如图 8.24 所示，球形电容器的内、外半径分别为 R_1 和 R_2，所带电荷量为 $\pm Q$。若在两球面之间充满相对介电常数为 ε_r 的电介质，求此电容器储存的电场能量。

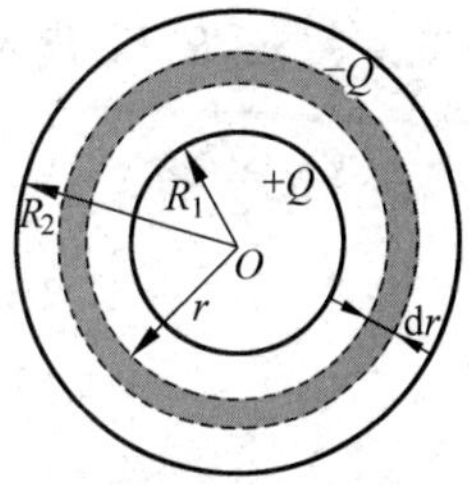

图 8.24

解 由高斯定理得电场分布：

$$E_1=0,\quad r<R_1$$

$$E_2=\frac{Q}{4\pi\varepsilon_0\varepsilon_r r^2},\quad R_1<r<R_2$$

$$E_3=0,\quad r>R_2$$

由此得电场能量密度为

$$w_e=\frac{1}{2}\varepsilon_0\varepsilon_rE^2=\frac{Q^2}{32\pi\varepsilon_0\varepsilon_r r^4}$$

取半径为 r、厚度为 $\mathrm{d}r$ 的球壳，其体积元为

$$\mathrm{d}V=4\pi r^2\mathrm{d}r$$

所以，在此体积元内的电场能量为

$$\mathrm{d}W=w_e\mathrm{d}V=\frac{Q^2}{8\pi\varepsilon_0\varepsilon_r r^2}\mathrm{d}r$$

电场总能量为

$$W_e=\int\mathrm{d}W=\frac{Q^2}{8\pi\varepsilon_0\varepsilon_r}\int_{R_1}^{R_2}\frac{\mathrm{d}r}{r^2}=\frac{Q^2}{8\pi\varepsilon_0\varepsilon_r}\left(\frac{1}{R_1}-\frac{1}{R_2}\right)$$

例 8-7 如图 8.25 所示，一圆柱形空气电容器由半径分别为 R_1 和 R_2 的两同轴圆柱导体面所构成，单位长度上的电荷分别为 $\pm\lambda$，且圆柱的长度 l 比半径 R_2 大得多。若已知空气的击穿电场的大小为 E_b，求：(1)圆柱形电容器可带的最大单位长度上的电荷 λ_{max}；(2)该

电容器电场的能量。

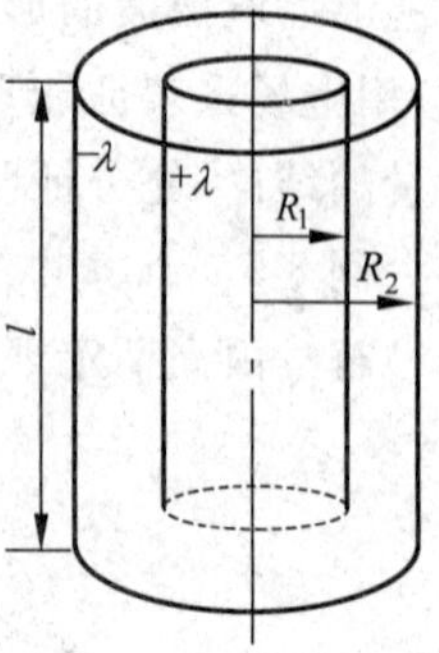

图 8.25

解 (1) 由高斯定理得场强分布为

$$E=0,\quad r<R_1$$

$$E=\frac{\lambda}{2\pi\varepsilon_0 r},\quad R_1<r<R_2$$

$$E=0,\quad r>R_2$$

显然当 $E=E_b$，且 $r=R_1$ 时，电容器所带的单位长度上的电荷是最大极限值，即

$$\lambda_{\max}=2\pi\varepsilon_0 R_1 E_b$$

(2) 电场的能量密度为

$$w_e=\frac{1}{2}\varepsilon_0 E^2=\frac{\lambda_{\max}^2}{8\pi^2\varepsilon_0 r^2}$$

取体积元

$$\mathrm{d}V=2\pi r l\,\mathrm{d}r$$

在此体积元内的电场能量为

$$\mathrm{d}W=w_e\mathrm{d}V=\frac{\lambda_{\max}^2}{4\pi\varepsilon_0 r}l\,\mathrm{d}r$$

电场总能量为

$$W=\int w_e\mathrm{d}V=\frac{\lambda_{\max}^2 l}{4\pi\varepsilon_0}\int_{R_1}^{R_2}\frac{\mathrm{d}r}{r}=\frac{\lambda_{\max}^2 l}{4\pi\varepsilon_0}\ln\frac{R_2}{R_1}$$

将 $\lambda_{\max}=2\pi\varepsilon_0 R_1 E_b$ 代入上式得

$$W=\pi\varepsilon_0 l R_1^2 E_b^2\ln\frac{R_2}{R_1}$$

思 考 题

8.1 孤立导体球带有电荷 Q，试问：(1)Q 在导体球上是如何分布的？为什么？(2)导体球外表面附近 P 点的场强是多少？沿什么方向？P 点的场强是否只由 P 点附近的电荷产生？

8.2 在上题中，如果导体球附近移来一个带电为 q 的导体 A，如图所示，达到静电平衡后，试问：(1)q 是否在导体球内产生电场？导体球内的场强是否为零？(2)导体球上 Q 的分布是否改变？为什么？(3)P 点的场强是否改变？P 点场强的表示式 $E_p=\frac{\sigma}{\varepsilon_0}$ 是否还成立？它是否反映了 q 的影响？

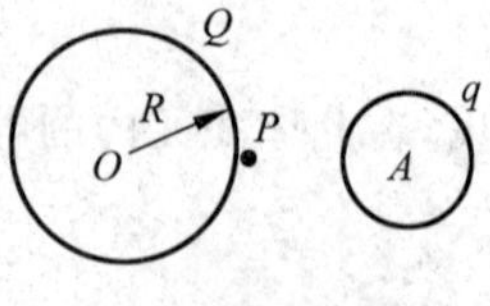

思考题 8.2 图

8.3 孤立导体系由 $A,B,C,\cdots$ 导体组成，如果其中任何一个(例如 A)带正电，设 $V_\infty=0$，试证明：(1)所有这些导体的电势都高于零；(2)其他导体的电势都低于 A 的电势。

8.4 如何能使导体：(1)净电荷为零而电势不为零；(2)有过剩的正或负电荷，而其电势为零；(3)有过剩的负电荷而其电势为正；(4)有过剩的正电荷而其电势为负。

8.5 有两个金属球，大球电量为 $Q(>0)$，小球不带电，B 为小球面上的一点，设 $V_\infty=0$。试判断下列说法是否正确：(1)B 点的电势小于零；(2)大球面上的电荷在大球外任意一点激发的场强为 $\dfrac{Q\boldsymbol{e}_r}{4\pi\varepsilon_0 r^2}$，其中 r 为大球球心到该点的距离，$\boldsymbol{e}_r$ 为单位矢量；(3)P 为小球外邻近 B 的一点，则 $\boldsymbol{E}_P=\dfrac{\sigma_B\boldsymbol{e}_n}{\varepsilon_0}$，$\boldsymbol{e}_n$ 为小球在 B 点的外法线方向的单位矢量。

8.6 在封闭的金属壳内有两个带电体 A 和 B，且 $q_A=-q_B$。试问壳内壁各点的电荷密度是否为零？若用导线连接 A 和 B，结论又如何？

8.7 将一带电体放在封闭的金属壳内部，(1)若将另一带电体从外面移近金属壳，壳内电场是否改变？电势是否改变？(2)若将壳内带电导体在壳内移动或与壳接触，壳外部的电场是否改变？电势是否改变？

8.8 (1)将一个带正电的金属小球 B 放在一个开有小孔的绝缘金属壳内，但互不接触。若将一个带正电的试验电荷 A 移近时，如图(a)所示，A 将受到吸引力还是排斥力？若将小球 B 从壳内移去，如图(b)所示，A 将受到什么力？(2)若使小球 B 与金属壳内壁接触，如图(c)所示，A 受到什么力；再将小球 B 从壳内移去，如图(d)所示，情况又如何？(3)如果在情形(1)中，使小球 B 不与金属壳接触，但金属壳接地，如图(e)所示，A 受到什么力？将接地线拆掉后，又将小球 B 从壳内移去，如图(f)所示，情况又如何？(4)如果在情形(3)中，先将小球从壳内移去，再拆去地线，与(3)相比情况有何不同？

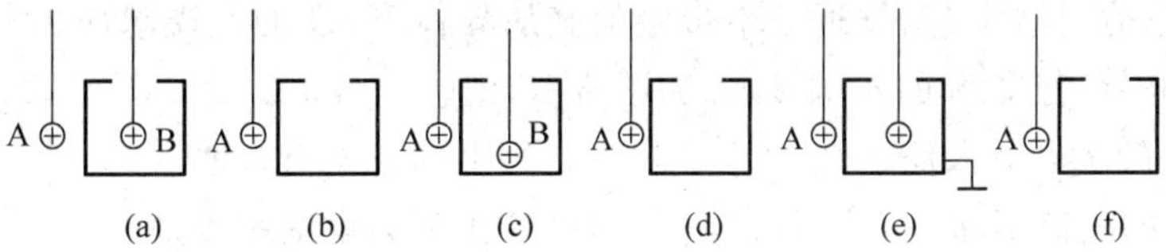

思考题 8.8 图

8.9 电容器不带电时其电容为零。这种说法对不对？为什么？

8.10 试判断图中所表示的两个同心球形电容器是串联还是并联。

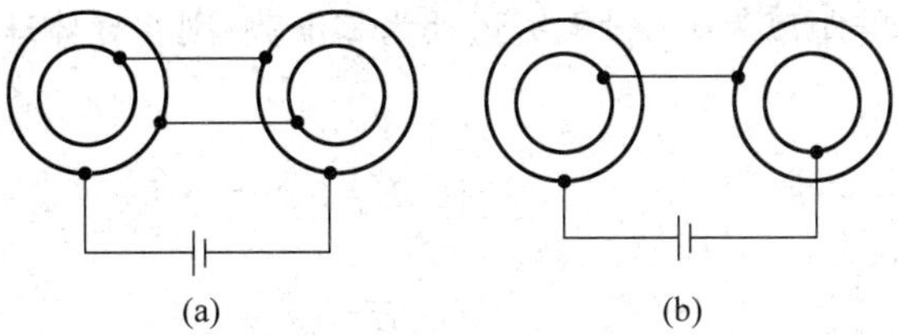

思考题 8.10 图

8.11 平行板电容器保持极板电量不变(例如充电后切断电源)，现在使两极板间的距离 d 增大，问两极板间的电势差有何变化？极板间的场强有何变化？电容如何变化？

8.12 (1)将平行板电容器的两极板接上电源以维持其间电压不变，用相对介电常数为 ε_r 的均匀电介质填满极板间，极板上的电荷量为原来的几倍？电场为原来的几倍？(2)若充电后切断电源，然后再填满电介质，情况又如何？

8.13 以下说法是否正确？试说明理由。(1)高斯面内若不包围自由电荷，则面上各点的 $\boldsymbol{D}$ 必为零；(2)高斯面上各点的 $\boldsymbol{D}$ 为零，则面内不存在自由电荷；(3)高斯面上各点的 $\boldsymbol{E}$ 为零，则面内自由电荷的代数和为零，极化电荷的代数和也为零；(4)高斯面内的 $\boldsymbol{D}$ 通量仅与面内自由电荷的代数和有关；(5) $\boldsymbol{D}$ 仅与自由电荷有关。

习　题

8.1 在静电平衡条件下，导体是一个等势体，导体内的电场强度处处为零，之所以达到这种状态，是由(　　)。

A. 导体表面的感应电荷分布所决定的

B. 导体外部的电荷分布所决定的

C. 导体外部的电荷和导体表面的电荷所共同决定的

D. 以上所述都不对

8.2 选无穷远处为电势零点，半径为 R 的导体球带电后，其电势为 V_0，则球外离球心距离为 r 处的电场强度的大小为(　　)。

A. $\dfrac{R^2V_0}{r^3}$　　B. $\dfrac{V_0}{R}$　　C. $\dfrac{RV_0}{r^2}$　　D. $\dfrac{V_0}{r}$

8.3 一带正电荷的物体 M，靠近一不带电的金属导体 N，N 的左端感应出负电荷，右端感应出正电荷，若将 N 的左端接地，如图所示，则(　　)。

A. N 上的负电荷入地　　B. N 上的正电荷入地

C. N 上的电荷不动　　D. N 上所有电荷都入地

8.4 如图所示，一球形导体，带有电荷 q，置于一任意形状的空腔导体中。当用导线将两者连接后，则与未连接前相比系统静电场能量将(　　)。

A. 增大　　B. 减小　　C. 不变　　D. 如何变化无法确定

8.5 如图所示，将一带电量为 q 的点电荷放在一个半径为 R 的不带电的导体球附近，点电荷距导体球球心的距离为 r。设无穷远处为零电势，则在导体球球心 O 点的电场强度和电势分别为(　　)。

A. $E=0, V=0$　　B. $E=0, V=\dfrac{q}{4\pi\varepsilon_0 r}$

C. $E=\dfrac{q}{4\pi\varepsilon_0 r^2}, V=0$　　D. $E=\dfrac{q}{4\pi\varepsilon_0 r^2}, V=\dfrac{q}{4\pi\varepsilon_0 R}$

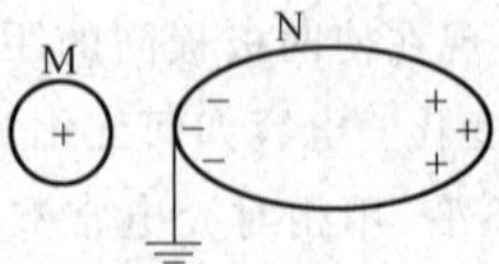

题 8.3 图

题 8.4 图

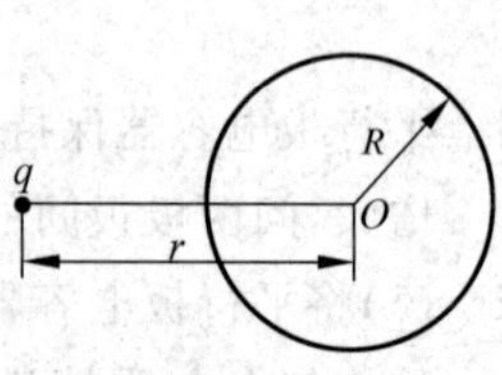

题 8.5 图

8.6 关于有电介质存在时的高斯定理，下列说法中哪一个是正确的？(　　)

A. 高斯面内不包围自由电荷，则面上各点电位移矢量 $\boldsymbol{D}$ 为零

B. 高斯面上的 $\boldsymbol{D}$ 仅由面内自由电荷和极化电荷所决定

C. 通过高斯面的 $\boldsymbol{D}$ 通量仅与面内自由电荷有关

D. 以上说法都不正确

8.7 一个平行板电容器，充电后与电源断开，当用绝缘手柄将电容器两极板间距离拉大，则两极板间的电势差 U、电场强度的大小 E、电场能量 W 将发生如下变化：(　　)。

A. U 减小，E 减小，W 减小　　B. U 增大，E 增大，W 增大

C. U 增大，E 不变，W 增大　　D. U 减小，E 不变，W 不变

8.8 如图所示，在金属球 A 内有两个球形空腔，此金属球体上原来不带电，在两空腔中心各放置一点电荷 q_1 和 q_2，求金属球 A 的电荷分布。此外，在金属球外很远处放置一点电荷 $q(r \gg R)$，问作用在 q、q_1、q_2 上的静电力各是多少？

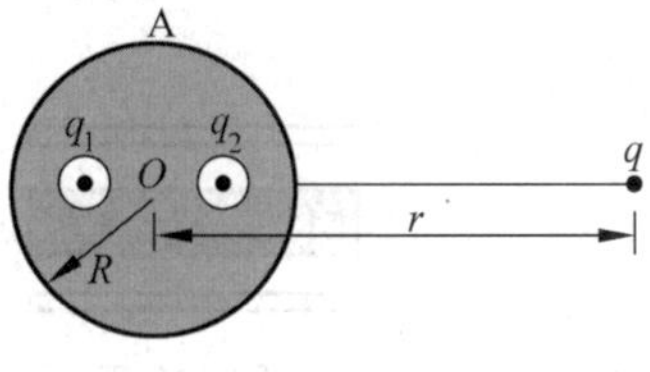

题 8.8 图

8.9 一个半径为 R、介电常数为 ε 的均匀电介质球的中心放有点电荷 q，求：(1)电介质球内、外电位移的分布；(2)电介质球内、外电场强度和电势的分布；(3)球体表面极化电荷面密度。

8.10 如图所示，带电量为 Q、半径为 R_0 的金属球置于介电常数为 ε、半径为 R 的均匀介质球内。求介质层内、外的 $\boldsymbol{D}$、$\boldsymbol{E}$ 的分布。

8.11 半径为 R_1 的金属球带电荷量 $+Q$，外罩一半径为 R_2 的同心金属球壳，球壳带电量 $+Q$，厚度不计，内外两球面间充满相对介电常数为 ε_r 的均匀电介质。求：(1)该球面系统内外的电场分布；(2)球心处的电势；(3)电介质中的极化强度；(4)画出 E-r 曲线；(5)将该球面系统的两个球面看成是球形电容器的两个极板，则该球形电容器的电容是多少？

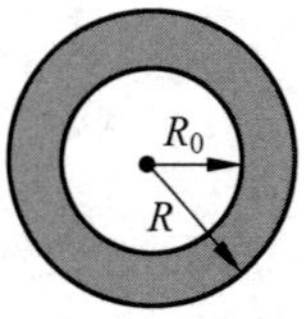

题 8.10 图

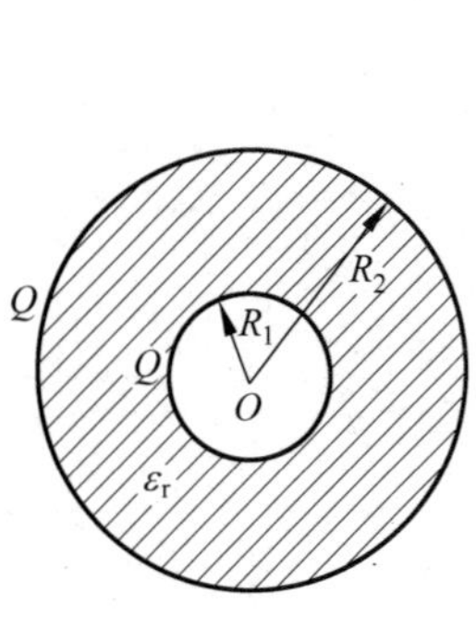

题 8.11 图

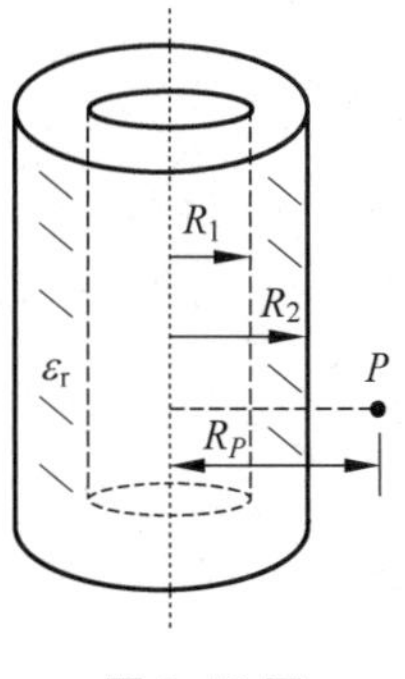

题 8.12 图

8.12 如图所示，圆柱形电容器由两个无限长圆柱形导体组成，其中内导体的半径为 R_1，单位长度带电量为 λ，外导体是一半径为 R_2 的圆筒，单位长度带电量为 $-\lambda$，内外两导体同轴，内外圆柱面间充满相对介电常数为 ε_r 的均匀电介质。求：(1)该导体系统内外的电场分布；(2)两导体轴心处的电势(设外圆筒面外任意一点 P 的电势为零，P 点与中心轴的距离为 R_P)；(3)电介质中的极化强度；(4)画出 E-r 曲线；(5)电容器

的电容。

8.13 一平行板电容器,极板面积为 S,极板间距为 d,如图所示。求:(1)插入厚为 $\frac{d}{2}$、面积为 S 金属板后的电容;(2)插入厚为 $\frac{d}{2}$、面积为 S、相对介电常数为 ε_r 的电介质板后,其电容改变了多少。

8.14 如图所示,一平板电容器,中间充以三种不同的电介质,绝对介电常数分别为 ε_1、ε_2 和 ε_3,极板面积为 S,间距为 $2d$,求:(1)电容器的电容;(2)若电容器接在电压为 U 的电源上,则电容器的储能为多少?

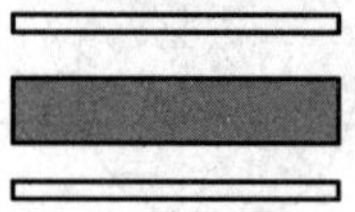

题 8.13 图

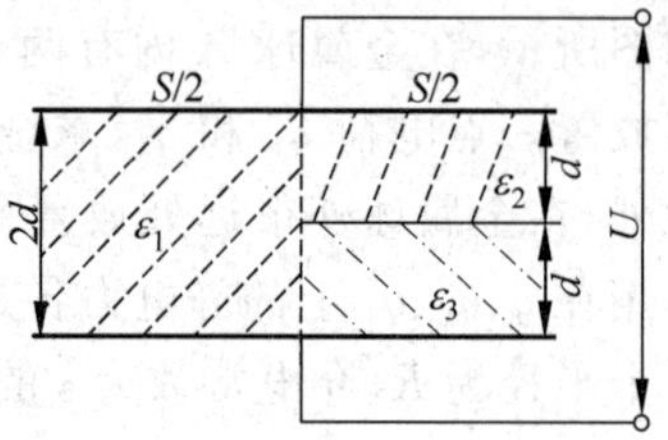

题 8.14 图

8.15 一空气平板电容器,空气层厚 1.5 cm,两极间电压为 40 kV,该电容器会被击穿吗?现将一厚度为 0.30 cm 的玻璃板插入此电容器,并与两极板平行,若该玻璃的相对介电常数为 7.0,击穿电场强度为 10 MV/m,则此时电容器会被击穿吗?(已知空气的击穿场强为 $E_b=3.0\times10^6$ V/m)

8.16 某介质的相对介电常数为 $\varepsilon_r=2.8$,击穿电场强度为 $E_b=18\times10^6$ V/m,如果用它来作平板电容器的电介质,要制作电容为 $C=0.047\ \mu$F、而耐压为 $U=4.0$ kV 的电容器,它的极板面积至少要多大?

第9章 恒定电流的磁场

人们对磁现象的认识莫过于吸铁石了，就连孩子们都知道吸铁石能吸引铁物质。其实磁现象在我们的生活中随处可见，尤其是在现代文明社会中，人们经常在不知不觉中与磁性打交道。现在人们已经知道，电流和磁铁都会产生磁场，恒定电流和永久磁铁在其周围产生的磁场不随时间变化，称为恒定磁场。本章主要研究真空中恒定电流的磁场和恒定电流在磁场中所受的作用力以及磁介质对磁场的影响；导出反映恒定磁场性质的两个基本方程——安培环路定理和磁场的"高斯定理"。

由于一切磁现象从本质而言都与电流或运动电荷有关，因此，我们在讨论磁现象规律之前，首先对电流作进一步的了解。

9.1 恒定电流

9.1.1 恒定电流 电流密度矢量

电荷的定向移动形成电流。产生电流的条件有两个：①存在可以自由移动的电荷，即载流子；②存在电场。二者缺一不可（超导体除外）。金属导体内的载流子是自由电子，电解液的载流子是正负离子，电离气体的载流子是电子和正负离子。本章只讨论大量载流子在电场力作用下而形成的电流，这种电流称为传导电流。

在一定电场中，正负电荷沿相反方向运动就形成电流。实验证明，负电荷沿某一方向的运动，与等量的正电荷沿相反方向运动所产生的电磁效应是相同的（霍耳效应除外）。由于历史的原因，人们习惯上把正电荷定向运动的方向规定为电流的方向。这样，在导体中电流的方向总是沿着导体中电场的方向，从高电势处流向低电势处。

电流的强弱用电流强度来描述。单位时间内通过导体任一横截面的电量称为电流强度，简称电流。电流用 I 表示，即

$$I=\lim_{\Delta t\to 0}\frac{\Delta q}{\Delta t}=\frac{\mathrm{d}q}{\mathrm{d}t} \tag{9.1}$$

其中 Δq 是在时间间隔 Δt 内通过所考察的横截面的电量。如果电流的大小和方向都不随时间改变，则称为恒定电流（俗称直流电流）。对于恒定电流，空间任一封闭曲面内的电量保持不变。这就是说，对于恒定电流，电荷的定向运动具有如下特点：在任何地点，其流失的电荷必被别处流来的电荷所补充，电荷的流动过程是空间每一点的一些电荷被另一些电荷代替的过程。正是这种代替，保证了电荷分布不随时间变化。分布不随时间变化的电荷所产生的电场也不随时间变化，这种电场称为恒定电场，它是一种静态电场。恒定电场与静电

场有相同的性质，服从相同的场方程式，电势的概念对恒定电场仍然有效。在不引起混淆的地方，我们有时也把恒定电场称为静电场。

值得注意的是，处在恒定电场中的导体并未达到静电平衡，导体内部场强并不为零，这是导体中存在电流不可缺少的条件(超导体除外)，但是导体上的电荷分布是不随时间变化的。

如果电流是随时间而变的，则 t 时刻的瞬时电流一般用小写字母 i 表示，即

$$i_{(t)}=\frac{\mathrm{d}q_{(t)}}{\mathrm{d}t}$$

在国际单位制中，电流强度是一个基本物理量，它的单位为安培，简称安，用 A 表示。在实际应用中，常用毫安(mA)和微安(μA)作为电流强度的单位。

电流是标量，它只能描述导体中通过某一截面的电流的整体特征，不能表示出导体内电流的分布情况。在实际中会遇到电流在大块导体中流动的情况(如在电法勘探、电力工业等领域)，根据电流的分布情况才能作出正确的判断和设计。如图 9.1 分别示出在导线和大块

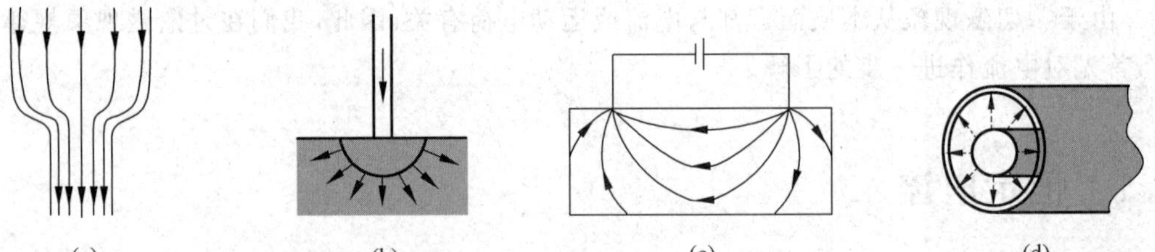

图 9.1 导体中的电流分布情况

(a) 粗细不均的导线；(b) 半球形接地电极；(c) 电阻法勘探矿藏时大地中的电流；(d) 同轴电缆中的漏电流

导体中的电流分布情况。为了精确描述导体中电流的分布规律，引入一个新的物理量——电流密度矢量：导体中某点的电流密度是一个矢量，其方向定义为该点正电荷的移动方向，其大小等于通过该点处与正电荷移动方向垂直的单位面积的电流强度(即单位时间内通过单位垂直截面的电量)，用符号 $\boldsymbol{j}$ 表示。设想在导体中取一个与正电荷移动方向成 θ 角的截面元 $\mathrm{d}S$，如图 9.2 所示，则通过该面元的电流强度 $\mathrm{d}I$ 与该点电流密度矢量 $\boldsymbol{j}$ 的大小之间的关系为

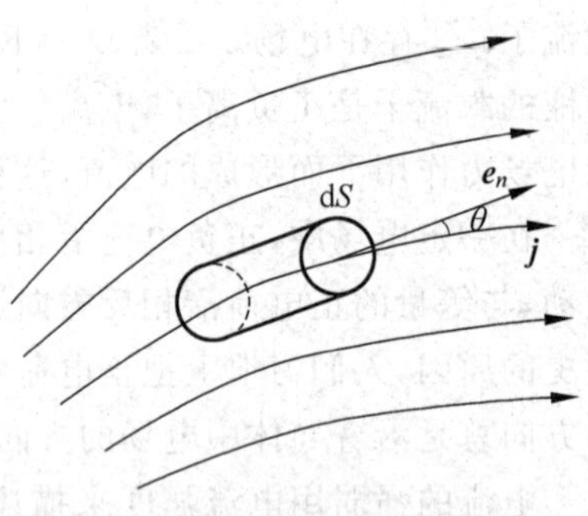

图 9.2 电流与电流密度关系的推导

$$j=\frac{\mathrm{d}I}{\mathrm{d}S\cos\theta} \tag{9.2}$$

或

$$\mathrm{d}I=j\,\mathrm{d}S\cos\theta=\boldsymbol{j}\cdot\mathrm{d}\boldsymbol{S}$$

图中 $\boldsymbol{e}_n$ 是截面面元 $\mathrm{d}S$ 的法线方向。于是，通过导体中任意曲面的电流强度为

$$I=\iint_S j\cos\theta\,\mathrm{d}S=\iint_S \boldsymbol{j}\cdot\mathrm{d}\boldsymbol{S} \tag{9.3}$$

一般情况下，电流密度矢量是空间位置和时间的函数。每一时刻导体中各点都有一确

定的电流密度矢量。这就构成一个矢量场,即电流场。电流场可以用电流线来形象地描绘,如图 9.1、图 9.2 所示,电流线上每一点的切线方向都和该点的电流密度方向一致。其电流线密度与该点的电流密度的大小成正比。对于恒定电流,电流密度不随时间变化。由式(9.3)可见,电流密度 $\boldsymbol{j}$ 和电流强度 I 的关系,就是一个矢量场和它的通量的关系。

在国际单位制中,电流密度的单位是 $\mathrm{A/m^2}$。

顺便指出,从导电的机制来看,金属中存在着大量的自由电子和正离子。正离子构成金属的晶格,而自由电子则在晶格间作无规则的热运动,并不断与晶格相碰撞。所以在通常情况下,电子不作有规则的定向运动,因而导体中没有电流形成。当导体两端存在电势差时,在导体的内部就有电场存在,这时自由电子受到电场力的作用,沿着与电场强度 $\boldsymbol{E}$ 相反的方向相对于晶格作定向运动。这时,自由电子除了作热运动以外,还作定向运动。我们把自由电子在电场力作用下产生的定向运动的平均速度称为漂移速度,用 $\boldsymbol{v}$ 表示。在自由电子作宏观定向运动以后,导体中便形成了电流。设导体的横截面积为 S、自由电子数密度(单位体积中的自由电子数)为 n,则在时间间隔 $\mathrm{d}t$ 内,通过某一横截面的自由电子数为

$$\mathrm{d}N = nSv\mathrm{d}t$$

通过该横截面的总电荷为

$$\mathrm{d}q = e\mathrm{d}N = envS\mathrm{d}t$$

由电流的定义可得通过该导体的电流为

$$I = \frac{\mathrm{d}q}{\mathrm{d}t} = envS \tag{9.4}$$

式中 e 为电子的电量。

*9.1.2 欧姆定律 电阻

1. 欧姆定律

电场是形成电流的必要条件,导体内存在电场,两端必定存在一定的电势差,即电压。1826 年欧姆由实验发现,一段导体,在其状态(如温度、压力等)恒定时,通过导体的电流强度 I 和导体两端的电压 U 成正比,即

$$I = \frac{U}{R} \quad 或 \quad U = IR \tag{9.5}$$

式(9.5)称为欧姆定律。式中比例系数 R 是这段导体的电阻,它是表征导体对电流阻碍能力的物理量。实验表明,一段导体的电阻由导体的材料性质、几何形状与尺寸、温度等因素所决定。I 随 U 变化的关系曲线叫做该导体的伏安特性。由式(9.5)所表示的任一段导体电压与电流之间的关系为线性关系,其伏安特性是一条通过原点的直线,如图 9.3 所示。具有这种性质的电阻称为线性电阻,也称欧姆电阻。实验证明,欧姆定律不仅适用于金属导体,而且也适用于电解液。对于气体和晶体二极管等,一般不服从欧姆定律。图 9.4 为晶体二极管的伏安特性,可见其电流强度与电压的关系是非线性的,具有这种性质的电阻称为非线性电阻。

上述欧姆定律只适用于导体中不含电源的情况,因此应准确地称式(9.5)为一段不含源电路的欧姆定律。

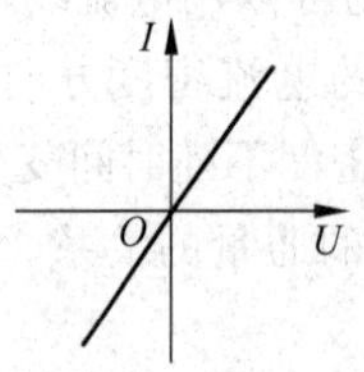

图 9.3 线性电阻的伏安特性

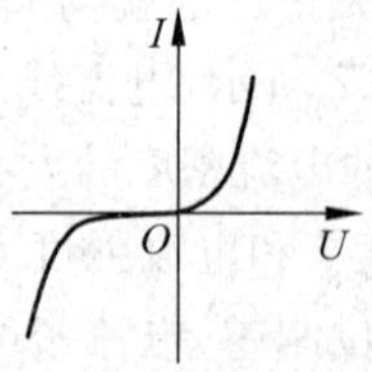

图 9.4 晶体管的伏安特性

在国际单位制中电阻的单位是欧姆(Ω)。由式(9.5)可知，当一段导体的两端电压为1 V，且通过这段导体的电流恰好为1 A时，则这段导体的电阻就是1 Ω。所以

$$1\Omega = \frac{1\text{V}}{1\text{A}}$$

常用的电阻单位还有千欧(kΩ)和兆欧(MΩ)

电阻的倒数称为电导，用 G 表示：

$$G = \frac{1}{R} \tag{9.6}$$

电导的单位为西门子(S)，即 Ω^{-1}。

2. 电阻率 电导率

实验证明，由一定材料制成的横截面均匀的导体，其电阻 R 与长度 l 成正比，与横截面积 S 成反比，即

$$R = \rho\frac{l}{S} \tag{9.7}$$

此式称为电阻定律。式中比例系数 ρ 称为材料的电阻率，其量值取决于材料的性质及温度。电阻率的单位是欧姆·米(Ω·m)。

电阻率的倒数称为电导率，用 σ 表示：

$$\sigma = \frac{1}{\rho} \tag{9.8}$$

它的单位是西门子/米(S/m)。

当导体的横截面或电阻率不均匀时，式(9.7)应写成下列积分形式：

$$R = \int\rho\frac{\mathrm{d}l}{S} = \int\frac{1}{\sigma}\frac{\mathrm{d}l}{S} \tag{9.9}$$

积分沿长度方向(电流方向)进行。

不同的材料有不同的电阻率。各种材料的电阻率都随温度变化。当温度不太低且变化范围不大时，电阻率与温度之间近似有如下线性关系：

$$\rho = \rho_0(1 + \alpha t) \tag{9.10}$$

式中 ρ 和 ρ_0 分别表示 t℃和0℃时的电阻率，α 叫做电阻的温度系数，它表示每升高1℃时电阻率的相对增量，其单位是$℃^{-1}$，其数值取决于金属的种类。

3. 欧姆定律的微分形式

欧姆定律式(9.5)所描述的是一段有限长度、有限截面导体的导电规律，它只能反映一

段导体内电流强度与电场之间的整体关系。由于电荷的流动是由电场来推动的，为了细致地描述导体的导电规律，我们来研究导体中电流场 $\boldsymbol{j}$ 的分布和电场 $\boldsymbol{E}$ 的分布之间的关系。

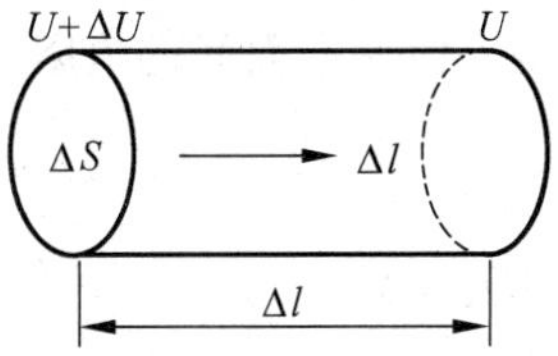

图 9.5 欧姆定律微分形式的推导

设想在导体中取一很小的柱体，如图 9.5 所示。柱体长为 Δl，横截面积为 ΔS，其母线由电流线构成。柱体很小，可看作直柱体。设柱体两端电压为 ΔU，电流强度为 ΔI，根据欧姆定律，有

$$\Delta I = \frac{\Delta U}{R} \tag{9.11}$$

式中 $\Delta I = j\Delta S$，$\Delta U = E\Delta l$。设导体的电导率为 σ，由式(9.7)有 $R=\dfrac{\Delta l}{\sigma\Delta S}$。将这几个关系代入式(9.11)，即得

$$j = \sigma E$$

在各向同性的介质中，$\boldsymbol{j}$ 和 $\boldsymbol{E}$ 的方向一致，上式可写成矢量式：

$$\boldsymbol{j} = \sigma\boldsymbol{E} \tag{9.12}$$

上式表明，对于均匀导体，任意一点处的电流密度 $\boldsymbol{j}$ 由该点处的电导率 σ 和电场强度 $\boldsymbol{E}$ 确定，电流密度 $\boldsymbol{j}$ 与电场强度 $\boldsymbol{E}$ 方向一致，大小成正比。它给出了 $\boldsymbol{j}$ 与 $\boldsymbol{E}$ 的逐点对应关系，因此能够细致地描述导体中任一点处的导电规律。因式(9.12)涉及空间同一点处物理量 $\boldsymbol{j}$、σ 和 $\boldsymbol{E}$ 之间的关系，故称之为欧姆定律的微分形式。

式(9.5)中的 U 和 I，可分别写作场强的线积分和电流的面积分，故可称式(9.5)为欧姆定律的积分形式。

欧姆定律的微分形式虽是在恒定条件下导出的，但在电场变化不太快的非恒定情况下仍然适用。

顺便指出，在电场很强时，例如金属中当 $E>10^3\sim10^4$ V/m 时，I 与 U 或 $\boldsymbol{j}$ 与 $\boldsymbol{E}$ 之间呈非线性关系，欧姆定律不再成立。对低压下的电离气体以及晶体管和电子管等非线性器件，欧姆定律也已不再成立。此外，超导体在温度降低到其临界温度以下时，电阻率突然降到零，呈现出与通常的导体完全不同的性质。

例 9-1 如图 9.6(a)所示，直圆锥体的电阻率为 ρ，长为 l，两端面的半径分别为 R_1 和 R_2。试计算此锥体两端面之间的电阻。

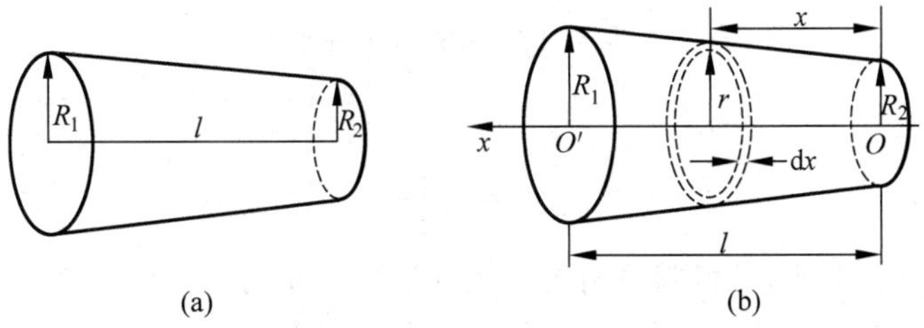

图 9.6

解 建立坐标如图 9.6(b)所示，在垂直于锥体截面的轴线上截取一半径为 r、厚度为 dx 的微元，此微元的电阻为

$$dR=\rho\frac{dx}{\pi r^2}$$

于是得锥体两端面间的电阻为

$$R=\int dR=\int\rho\frac{dx}{\pi r^2}$$

利用几何关系

$$\frac{x}{l}=\frac{r-R_2}{R_1-R_2}$$

得

$$dx=\frac{l}{R_1-R_2}dr$$

代入上式得

$$R=\int_{R_2}^{R_1}\rho\frac{l}{\pi(R_1-R_2)}\frac{dr}{r^2}=\frac{\rho l}{\pi R_1R_2}$$

例 9-2 有一内、外半径分别为 R_1、R_2 的金属圆柱筒，长度为 l，其电阻率为 ρ。若圆柱筒内缘的电势高于外缘的电势，且它们的电势差为 U 时，圆柱体中沿径向的电流为多少？

解 方法一：如图 9.7 所示，以内、外半径 r 和 $r+dr$ 作一个圆柱筒，圆柱筒侧面的面积为 $S=2\pi rl$，由电阻的定义，可得圆柱筒两圆柱面间的电阻为

$$dR=\rho\frac{dr}{S}=\rho\frac{dr}{2\pi rl}$$

于是，整个圆柱筒的径向电阻为

$$R=\int dR=\int_{R_1}^{R_2}\frac{\rho dr}{2\pi rl}=\frac{\rho}{2\pi l}\ln\frac{R_2}{R_1}$$

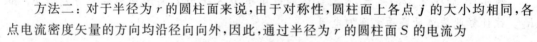

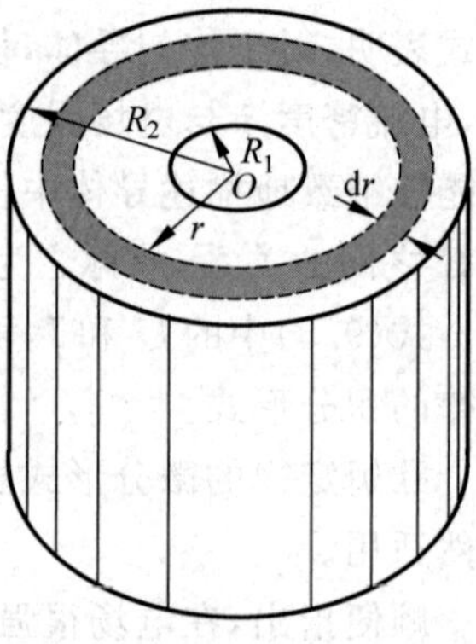

图 9.7

根据欧姆定律，得圆柱筒的径向电流为

$$I=\frac{U}{R}=\frac{U}{\frac{\rho}{2\pi l}\ln\frac{R_2}{R_1}}$$

方法二：对于半径为 r 的圆柱面来说，由于对称性，圆柱面上各点 $\boldsymbol{j}$ 的大小均相同，各点电流密度矢量的方向均沿径向向外，因此，通过半径为 r 的圆柱面 S 的电流为

$$I=\int\boldsymbol{j}\cdot d\boldsymbol{S}=j2\pi rl$$

即得

$$j=\frac{I}{2\pi rl}$$

又由欧姆定律的微分形式，可得圆柱筒上电场强度的大小为

$$E=\rho j=\frac{\rho I}{2\pi rl}$$

$\boldsymbol{E}$ 的方向沿径向向外。于是，圆柱筒内、外缘之间的电势差为

$$U=\int_{R_1}^{R_2}\boldsymbol{E}\cdot d\boldsymbol{r}=\frac{\rho I}{2\pi l}\int_{R_1}^{R_2}\frac{dr}{r}=\frac{\rho I}{2\pi l}\ln\frac{R_2}{R_1}$$

由此得圆柱筒的径向电流为

$$I=\frac{U}{\dfrac{\rho}{2\pi l}\ln\dfrac{R_2}{R_1}}$$

上述结果与方法一完全相同。在电力工程中常利用上式来计算同轴电缆的径向漏电流。

9.2 电源电动势 全电路欧姆定律

9.2.1 非静电力

不难设想，若在导体两端维持恒定的电势差，导体中就会有恒定的电流流过。那么，怎样才能维持恒定的电势差呢？

在图 9.8(a)所示的导电回路中，如果开始时极板 A 和极板 B 分别带有正、负电荷，A、B 之间有电势差，这时导线中有电场。在电场力作用下，正电荷从极板 A 通过导线移到极板 B，并与极板 B 上的负电荷中和。直至两极板间的电势差消失。

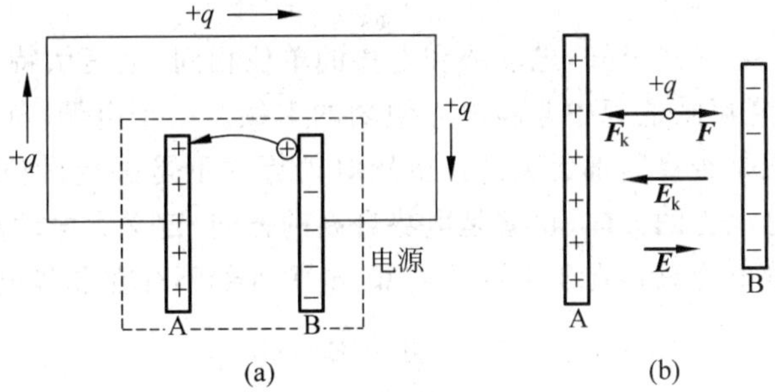

图 9.8 电源内部非静电力把正电荷从负极板移至正极板

但是，如果我们能把正电荷从负极板 B 沿着两极板间另一路径移至正极板 A 上，并使两极板维持正、负电荷不变，这样两极板间就有恒定的电势差，导线中也就有恒定的电流了。显然，要把正电荷从极板 B 移至极板 A 必须存在一种在本质上不同于静电力的作用力，称之为非静电力 $\boldsymbol{F}_k$。这种能够提供非静电力的装置称为电源。在电源内部，依靠非静电力 $\boldsymbol{F}_k$ 克服静电力 $\boldsymbol{F}$ 对正电荷做功方能使正电荷从极板 B 经电源内部输送到极板 A 上去，如图 9.8(b)所示。可见，电源中非静电力 $\boldsymbol{F}_k$ 的做功过程，就是把其他形式的能量转变为电能的过程。

在图 9.8(a)所示的导电回路中，电源外部的电路称为外电路，外电路中只存在静电场 $\boldsymbol{E}$。电源内部称为内电路，在内电路中存在着非静电力场 $\boldsymbol{E}_k$ 和静电场 $\boldsymbol{E}$。正是由于非静电力场 $\boldsymbol{E}_k$ 的作用使电源的负极板 B 上的正电荷被转运至正极板 A 上，如图 9.8(b)所示。非静电力场 $\boldsymbol{E}_k$ 与静电场 $\boldsymbol{E}$ 的相互作用，使两极板保持一定的电势差。电源的作用有两个方面：一方面，它通过极板及外电路各处积累的电荷在外电路中产生静电场 $\boldsymbol{E}$，并在 $\boldsymbol{E}$ 的作用下形成由正极到负极的电流；另一方面，在电源内，在 $\boldsymbol{E}_k$ 的作用下，电流由负极流回到正极，从而维持了闭合的恒定电流。

仿照定义静电场强的方法,定义非静电场强 $\boldsymbol{E}_{\mathrm{k}}$ 为

$$\boldsymbol{E}_{\mathrm{k}}=\frac{\boldsymbol{F}_{\mathrm{k}}}{q_0} \tag{9.13}$$

$\boldsymbol{F}_{\mathrm{k}}$ 表示作用在单位正电荷上的非静电力,与静电场 $\boldsymbol{E}$ 的方向相反。

电源的类型很多,不同类型的电源中,形成非静电力的机制各不相同。化学电池(如干电池、蓄电池、燃料电池等)的非静电力来源于化学作用;温差电源的非静电力来源于与温度差和电子的浓度差相联系的电子扩散作用;在普通发电机中非静电力来源于电磁感应。此外,还有太阳能电池、核能电池等。非静电力来源各不相同,但各种电源都是把其他形式的能量转化为电能。

9.2.2 电源电动势

为了定量描述电源的能量转换本领,故引入电源电动势这个物理量。电源的电动势 ε 定义为把单位正电荷从负极通过电源内部移到正极时非静电力所做的功。用公式表示为

$$\varepsilon=\frac{W_{\mathrm{k}}}{q_0}=\int_{-\,(\text{电源内})}^{+}\boldsymbol{E}_{\mathrm{k}}\cdot \mathrm{d}\boldsymbol{l} \tag{9.14}$$

电动势是标量。由其定义式可知,电动势和电势的单位相同,也是伏特(V)。电动势是表征电源特征的物理量,它反映电源中非静电力做功的本领。一个电源,其电动势有确定的值,与外电路的性质以及是否接通都无关系。虽然电动势并不是矢量,但我们仍通常把电源内由负极指向正极非静电力的方向(也就是电势升高的方向)定义为电动势的方向。

一般情况下非静电力只存在于电源的内部,电源外部不存在非静电力,则有

$$\varepsilon=\oint_{(\text{导体回路})}\boldsymbol{E}_{\mathrm{k}}\cdot \mathrm{d}\boldsymbol{l} \tag{9.15}$$

式中积分绕行方向沿电流方向。

应当指出,电源内部也有电阻,称为电源的内阻,一般用符号 R_{i} 表示。为简明起见,在作电路图时,常将电源的电动势 ε 和内阻 R_{i} 表示为如图 9.9 所示的形式。

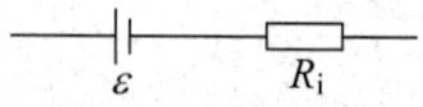

图 9.9 电源的电动势和内阻

*9.2.3 电源的路端电压

电源的路端电压,即电源两电极之间的电压。它等于把单位正电荷从正极移到负极静电场力所做的功,即

$$U=U_{+}-U_{-}=\int_{+}^{-}\boldsymbol{E}\cdot \mathrm{d}\boldsymbol{l} \tag{9.16}$$

这里积分路径是任意的。

电源与外电路断开的状态称为电源开路。在电源开路时,电源内部处于平衡状态,静电场 $\boldsymbol{E}$ 与非静电场 $\boldsymbol{E}_{\mathrm{k}}$ 之间有关系

$$\boldsymbol{E}+\boldsymbol{E}_{\mathrm{k}}=\mathbf{0} \tag{9.17}$$

此时,电源的路端电压为

$$U=\int_{+\,(电源内)}^{-}\boldsymbol{E}\cdot d\boldsymbol{l}=\int_{-\,(电源内)}^{+}\boldsymbol{E}_k\cdot d\boldsymbol{l}=\varepsilon \tag{9.18}$$

路端电压在数值上等于电源电动势。当外电路接通时，电路中将出现电流，这时电源内欧姆定律的微分形式应改写为

$$\boldsymbol{j}=\sigma(\boldsymbol{E}+\boldsymbol{E}_k) \tag{9.19}$$

由式(9.19)得

$$\boldsymbol{E}=\frac{1}{\sigma}\boldsymbol{j}-\boldsymbol{E}_k$$

将此式代入式(9.16)，沿电源内部积分，得

$$U=\int_{+\,(电源内)}^{-}\boldsymbol{E}\cdot d\boldsymbol{l}=-\int_{+\,(电源内)}^{-}\boldsymbol{E}_k\cdot d\boldsymbol{l}+\int_{+\,(电源内)}^{-}\frac{1}{\sigma}\boldsymbol{j}\cdot d\boldsymbol{l}$$

$$=\int_{-\,(电源内)}^{+}\boldsymbol{E}_k\cdot d\boldsymbol{l}-\int_{-\,(电源内)}^{+}\rho j\cos\theta dl=\varepsilon-I\int_{-\,(电源内)}^{+}(\pm 1)\rho\frac{dl}{S}=\varepsilon\mp IR_i$$

式中，$I=jS\cos\theta$ 是电流强度；$j=\dfrac{I}{S}$；$\rho=\dfrac{1}{\sigma}$ 是电阻率；$R_i=\int_{-\,(电源内)}^{+}\dfrac{\rho dl}{S}$ 是电源的内阻；θ 是 $\boldsymbol{j}$ 与 $d\boldsymbol{l}$ 间的夹角。$\theta=0$，$\cos\theta=1$，对应于电源的供电状态；$\theta=\pi$，$\cos\theta=-1$，对应于电源的充电状态。如图 9.10 所示为电源的开路、供电及充电状态。

总结起来，电源的路端电压公式为

供电

$$U=\varepsilon-IR_i \tag{9.20}$$

充电

$$U=\varepsilon+IR_i \tag{9.21}$$

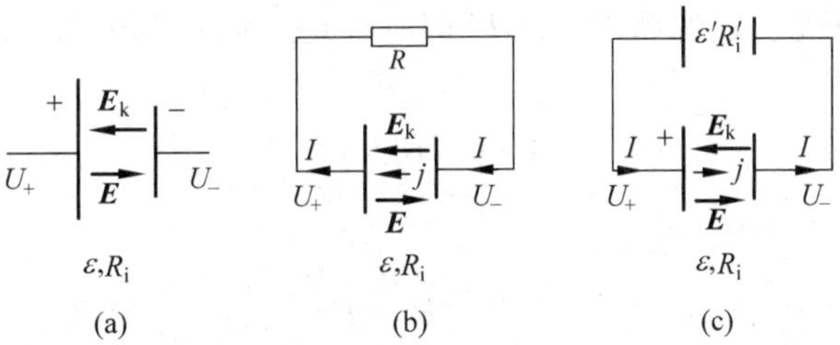

图 9.10 电源的路端电压

(a) 电源开路；(b) 电源供电；(c) 电源充电

式中 IR_i 为电源内阻上的压降。式(9.20)表明，电源供电时路端电压小于电动势；式(9.21)表明电源充电时路端电压大于电动势；当 $I=0$ 时，内阻压降为零，路端电压等于电动势，即 $U=\varepsilon$。如果电源内阻 $R_i=0$，则无论电路处于什么状态，电源的端压 U 总是等于 ε，即电压是恒定的，这样的电源称为理想电压源。实际电源或大或小都有内阻，例如，新干电池的内阻为 0.1Ω 左右，铅蓄电池的内阻为 0.01Ω 左右。我们可把一个实际电源等效为一个电动势为 ε 的理想电压源和一个阻值等于其内阻 R_i 的电阻的串联，如图 9.9 所示。

下面从能量守恒与转化定律的角度讨论电源处于供电和充电状态时的工作情况。将式(9.20)和式(9.21)两边分别乘以电流 I 得

供电

$$UI = \varepsilon I - I^2 R_i \tag{9.22}$$

充电

$$UI = \varepsilon I + I^2 R_i \tag{9.23}$$

式中，I^2R_i 是内阻上消耗的功率。在供电情形中，εI 是电源中非静电力提供的功率，UI 是电源向外电路输出的功率；电源中的非静电能转化为电能，一部分输出到外电路，一部分消耗在内阻上转化为焦耳热。在充电情况下，UI 是外电路输入给电源的功率，εI 是电场力反抗非静电力做功的功率，它转化为非静电能由电源储存起来；外电路输入的静电能，一部分转化为非静电能储存在电源中，一部分转化为内阻上的焦耳热。

例 9-3 用 20 A 的电流给一铅蓄电池充电，测得它的路端电压为 2.30 V；用 12 A 电流供电时，其路端电压为 1.98 V，求蓄电池的电动势和内阻。

解 设充、供电时的路端电压、电流分别为 U_1、U_2 和 I_1、I_2，于是有

$$U_1 = \varepsilon + I_1 R_i$$

$$U_2 = \varepsilon - I_2 R_i$$

将上两式联立，解得

$$R_i = \frac{U_1 - U_2}{I_1 + I_2} = \frac{2.30 - 1.98}{20 + 12} = 0.01(\Omega)$$

$$\varepsilon = U_1 - I_1 R_i = 2.30 - 20 \times 0.01 = 2.10(\text{V})$$

9.2.4 全电路欧姆定律

图 9.10(b)所示的是最简单的闭合电路，由单一电源 ε 和负载电阻 R 构成，电源内阻为 R_i。电源处于供电状态。电源路端电压 U 同时也是电阻 R 两端的电压。将欧姆定律 $U=IR$ 代入式(9.20)，得

$$\varepsilon = I(R + R_i) \tag{9.24}$$

或

$$I = \frac{\varepsilon}{R + R_i} \tag{9.25}$$

式(9.24)或式(9.25)称为全电路欧姆定律。

内阻是电源的重要指标。内阻 R_i 的大小对输出电压 $U=IR=\varepsilon-IR_i$ 有很大影响，R_i 越小，内阻压降越小。当外电路电阻变化时，可以输出比较稳定的电压，同时内阻 R_i 上电能的损耗也相应减少。所以，对一般电源，要求内阻尽量小。当负载电阻 $R\to0$ 时，称为电源短路，此时 $U\to0$，电流 $I=\frac{\varepsilon}{R_i}$ 称为短路电流。因 R_i 很小，所以短路电流很大，在内阻上产生大量的热，往往会烧坏电源。所以实践中要特别注意防止电源短路。当 R 很大时，I 很小，内阻压降也很小，$U\approx\varepsilon$，$R\to\infty$，$I\to0$，$U=\varepsilon$，这种情况称为电源开路。下面简要讨论电源对外提供最大输出功率的条件。

根据焦耳定律和全电路欧姆定律，电源的输出功率为

$$P = I^2 R = \left(\frac{\varepsilon}{R + R_i}\right)^2 R \tag{9.26}$$

可见输出功率是随负载电阻 R 的变化而变化的。将上式对 R 求导,并令它等于零:

$$\frac{dP}{dR} = \varepsilon^2 \frac{R_i - R}{(R + R_i)^3} = 0$$

由此得到极值条件为

$$R = R_i \tag{9.27}$$

可验证 $\left.\frac{d^2P}{dR^2}\right|_{R=R_i} < 0$,故此极值为极大值,在式(9.27)的条件下输出功率才能达到最大值,在电子线路中称之为阻抗匹配条件。

例 9-4 一用电器 R 所需电压由两节电动势各为 1.5 V 的干电池串联供给,两节电池的内阻分别为 0.5 Ω 和 9.5 Ω,用电器的电阻为 5.0 Ω。求电路的电流强度、电池内阻和负载电阻所消耗的电功率,电池的路端电压及电源的总功率。

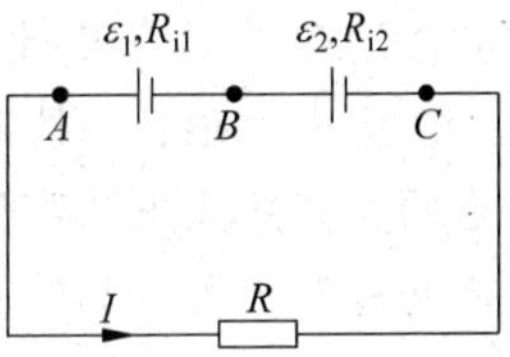

图 9.11

解 电路如图 9.11 所示。已知

$\varepsilon_1 = \varepsilon_2 = 1.5\ \text{V}$, $R_{i1} = 0.5\ \Omega$, $R_{i2} = 9.5\ \Omega$, $R = 5.0\ \Omega$

由全电路欧姆定律可求得回路的电流强度为

$$I = \frac{\varepsilon_1 + \varepsilon_2}{R + R_{i1} + R_{i2}} = \frac{3}{15} = 0.2(\text{A})$$

电源内阻和负载所消耗的功率分别为

$$I^2 R_{i1} = (0.2)^2 \times 0.5 = 0.02(\text{W})$$
$$I^2 R_{i2} = (0.2)^2 \times 9.5 = 0.38(\text{W})$$
$$I^2 R = (0.2)^2 \times 5.0 = 0.20(\text{W})$$

电源的路端电压为

$$U_{AB} = \varepsilon_1 - IR_{i1} = 1.5 - 0.2 \times 0.5 = 1.4(\text{V})$$
$$U_{BC} = \varepsilon_2 - IR_{i2} = 1.5 - 0.2 \times 9.5 = -0.4(\text{V})$$

电源的总功率分别为

$$\varepsilon_1 I = \varepsilon_2 I = 1.5 \times 0.2 = 0.30(\text{W})$$

可见因第二个电池内阻太高,虽其电动势为 1.5 V,与第一个电池串联供电时,其路端电压是负的,电池的总功率小于其内阻的损耗功率。所以,在实际中不能将一节新电池和一节旧电池串联使用。

9.3 磁场 磁感应强度

9.3.1 磁的基本现象

人们最初对磁现象的认识来自天然磁体对铁磁性物质(如铁、镍和钴等)的吸引,以及磁体之间的相互作用。早在我国春秋战国时期(公元前 770—前 221 年),随着冶铁业的发展和铁器的应用,就有一些记载反映了对天然磁石的认识。"慈石召铁,或引之也",反映了磁石吸铁现象。东汉时我国已创造了指南针,北宋将指南针用于航海。指南针是我国古代的伟大发明之一,对世界文明的发展有重大影响。

天然磁石(Fe_3O_4)和人工磁铁都简称磁铁,磁铁能够吸引铁磁性物质的性质称为磁性。磁铁上磁性最强的区域称为磁极。当磁铁(或磁针)可以在水平面内自由转动时,它总是沿南北取向。我们把指南的一端叫南极,用S表示;指北的一端叫北极,用N表示。两块磁铁的磁极之间有相互作用,同性磁极之间相互排斥,异性磁极之间相互吸引。人们发现,磁体的磁极总是成对出现的。独立的N极或S极不存在。地球是一个大磁体,其N极在地理南极附近,S极在地理北极附近。由于磁极间的相互作用,指南针便取向地理南北方向。但地球的N极和S极并不完全与地球的南北极重合,故指南针所指的方向与经线有一偏角,称为磁偏角。不同地点的磁偏角不同。我国北宋时期就有关于利用地磁场磁化的记载,比西方类似记载早200年;北宋科学家沈括最早发现地磁偏角,比西方的发现早400年。

在历史上很长一段时间里,磁学和电学的研究一直彼此独立地发展着,人们曾认为磁与电是两类截然无关的现象。直到19世纪初,一系列重要的发现,才使人们开始认识到电与磁之间有着不可分割的联系。

1820年,关于电流的磁效应有一系列重大发现。首先是丹麦物理学家奥斯特发现,载流导线附近的磁针会发生偏转。如图9.12所示,导线下方的磁针将按图示方向转到与导线垂直的方位上。这个现象说明,电流也和磁铁一样,会对附近的磁针施加作用力。奥斯特的发现第一次揭示了电与磁之间的深刻联系,极大地震动了当时的物理界,法国物理学家安培马上进行了一系列实验。在图9.13所示的实验中,他发现放在磁铁附近的载流导线和载流线圈也会受到作用而运动。他又发现载流导线和载流线圈之间也有相互作用。如图9.14所示两条平行载流导线,电流同向时相吸(见图9.14(a)),电流反向时相斥(见图9.14(b))。安培还设计了其他关于磁相互作用的实验,将在以后讨论。

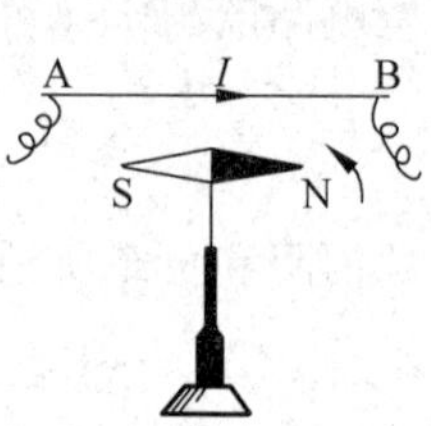

图9.12 奥斯特实验

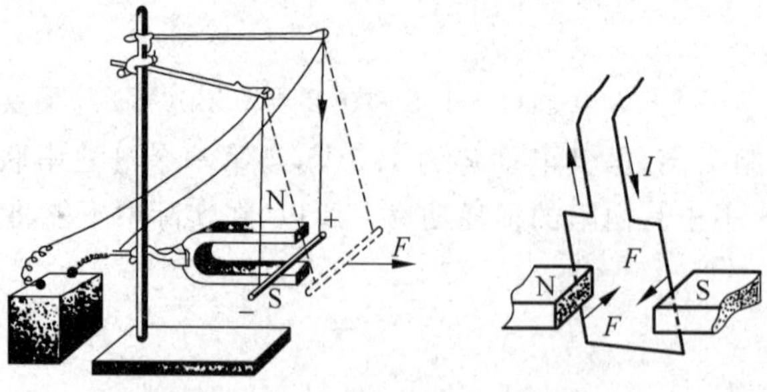

(a) (b)

图9.13 磁场对载流导线和载流线圈的作用

下面的实验表明,载流螺线管与条形磁铁非常相似,载流螺线管两端分别出现N极和S极,如图9.15所示。

上述磁铁与磁铁、磁铁与电流、电流与电流之间的相互作用是怎样实现的呢?在第7章我们曾讲过静止电荷产生静电场,静止电荷之间通过静电场而相互作用。与此类似,电流和磁铁都在自己的周围产生磁场。磁场的基本性质是对于任何置于其中的其他电流或磁铁施加作用力,它们就是通过磁场而实现相互作用的。磁相互作用也是一种近距作用。

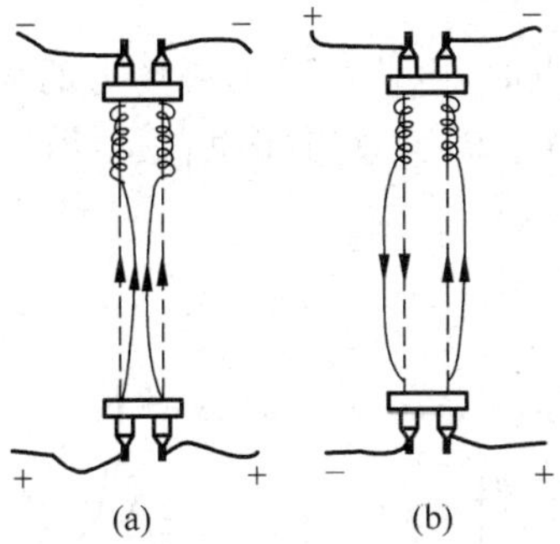

图 9.14　平行导线间的相互作用

(a) 电流同向；(b) 电流反向

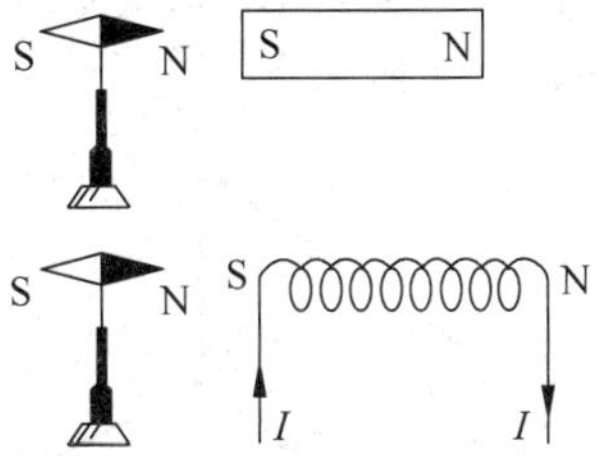

图 9.15　载流螺线管与磁铁

螺线管和磁铁之间的相似性，还启发我们提出另一个问题，磁铁和电流是否在本源上是一致的？1822 年安培提出了分子电流假说：组成任何物质的最小单元是分子环形电流。若这些分子环流定向地排列起来，在宏观上就会显示出磁性来，如图 9.16 所示。利用安培分子电流假说很容易说明磁铁磁性的起源。它还能说明磁铁的磁极总是成对出现的原因。

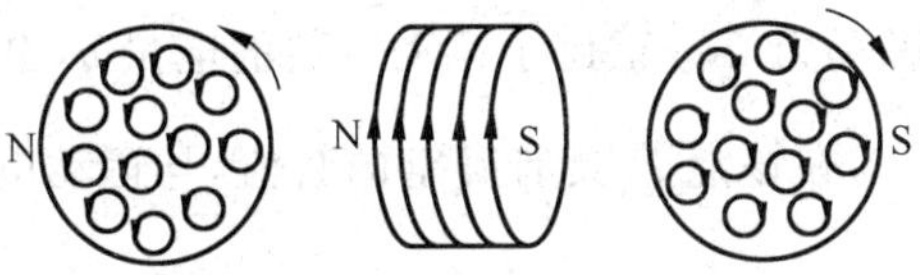

图 9.16　安培分子电流假说

近代物理的发展为安培分子电流假说找到了微观根据。现在人们已知道，分子、原子等微观粒子内电子的绕核轨道运动以及电子本身的自旋便构成了等效的分子电流。可见，安培分子电流假说与近代物质微观结构理论相当符合。近代物理实验确实证实了运动电荷能激发磁场，磁场也能对运动电荷施加作用力。

综上所述，无论是导线中的电流还是磁铁，它们磁性的本源都是一个，即电荷的运动。运动电荷在其周围激发磁场，磁场对运动电荷施加作用力，运动电荷(即电流)之间的相互作用是通过磁场来传递的。用图示表示，则有

$$\text{电流} \longleftrightarrow \text{磁场} \longleftrightarrow \text{电流}$$

应该注意，无论电荷静止还是运动(速度远小于光速时)，它们之间都存在着库仑相互作用，但只有运动着的电荷之间才存在着磁相互作用。

9.3.2　磁感应强度

为了定量地描述电场的分布，我们曾利用电场对试验电荷的作用来定义电场强度，现在同样也用磁场对运动电荷的作用来定义磁感应强度，其符号用 $\boldsymbol{B}$ 表示。从实验中发现，运动电荷所受的磁场力与 $q\boldsymbol{v}$ 有关，如图 9.17 所示。有以下几点结论。

(1) 在磁场中的 P 点存在一个特定的方向，当电荷沿这特定方向(或其反方向)运动时，磁场力为零，即 $F=0$。我们定义该特定方向为 P 点的磁感应强度矢量 $\boldsymbol{B}$ 的方向。这样规定的 $\boldsymbol{B}$ 的方向，是与历史上沿用已久的，以磁北极在场中同一点的受力方向作为磁场方向

相一致的。

(2) 当运动电荷以同一速率 v 沿不同方向通过 P 点时，电荷所受的磁场力的大小是不同的。但磁场力的方向却总是垂直于磁场的方向，即 $\boldsymbol{F}\perp\boldsymbol{B}$，又垂直于电荷运动的方向，即 $\boldsymbol{F}\perp\boldsymbol{v}$，如图 9.17 所示。

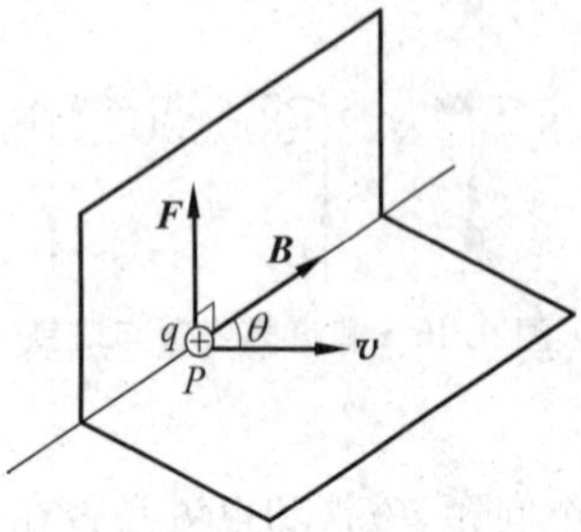

图 9.17 运动电荷受到的磁场力

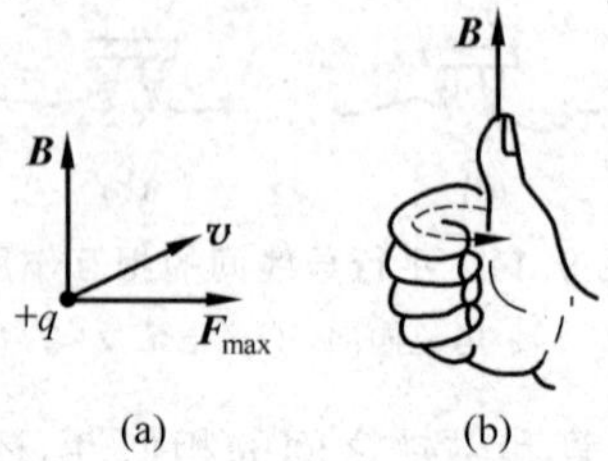

图 9.18 B、v、F_{max} 间的方向关系

(3) 当运动电荷的速度 $\boldsymbol{v}$ 垂直于磁场方向时，运动电荷所受的磁场力最大，用 F_{max} 表示。

实验表明：这个最大磁场力 F_{max} 正比于运动电荷的电量 q，也正比于电荷在垂直于磁场方向的速率 v，但比值 $\frac{F_{max}}{qv}$ 却在该点 P 具有确定的数值，与运动电荷 $q\boldsymbol{v}$ 的大小无关。由此可见，比值 $\frac{F_{max}}{qv}$ 反映了该点磁场强弱的性质，故可以定义为该点磁感应强度的大小，即

$$B=\frac{F_{max}}{qv} \tag{9.28}$$

也就是单位速率单位电荷所受到的最大磁场力。

$\boldsymbol{B}$ 的方向与 $\boldsymbol{F}_{max}\times\boldsymbol{v}$ 的方向一致，其中 $\boldsymbol{F}_{max}$ 是正运动电荷所受的最大磁场力，如图 9.18 所示。

磁感应强度 $\boldsymbol{B}$ 的单位是特斯拉(T)，1T＝1N/(A・m)。历史上磁感应强度还曾用高斯作为单位，符号为 Gs，1Gs＝10^{-4}T。

9.4 毕奥-萨伐尔定律及其应用

9.4.1 毕奥-萨伐尔定律

在这一节中，我们将讨论真空中的电流在空间所激发的磁场问题。为了研究流经任意形状导线上的电流在空间任一点处的磁感应强度，我们可以仿照带电体在空间任一点处电场强度的计算方法。在静电场中计算任意带电体在某点的电场强度 $\boldsymbol{E}$ 时，我们曾把带电体先分成无限多个电荷元 dq，求出每个电荷元在该点的电场强度 $d\boldsymbol{E}$，然后再进行叠加，就可求出此带电体在该点的电场强度 $\boldsymbol{E}$。但是对于载流导线来说，由于电流不能分割，所以只能把导线看成由许多线元 dl 所组成，我们把流过某一线元矢量 $d\boldsymbol{l}$ 的电流 I 与 $d\boldsymbol{l}$ 的乘积 $Id\boldsymbol{l}$ 称为电流元，而且把电流元中电流的流向作为线元矢量的方向。这样，我们就可以把载流导

线看成是由许许多多电流元 $Id\boldsymbol{l}$ 连接而成。载流导线在磁场中某点所激发的磁感应强度 $\boldsymbol{B}$,就是由这导线的所有电流元在该点所激发的磁感应强度 $d\boldsymbol{B}$ 的叠加。那么,电流元 $Id\boldsymbol{l}$ 与它所激发的磁感应强度 $d\boldsymbol{B}$ 之间的关系如何呢?

1820 年 10 月法国科学家毕奥和萨伐尔发表了关于载流长直导线的磁场的实验结果,经过数学家拉普拉斯的帮助,总结出电流元在空间某点处产生的磁感应强度的规律,通常称之为毕奥-萨伐尔定律,简称毕-萨定律。用公式表示为

$$d\boldsymbol{B} = \frac{\mu_0}{4\pi}\frac{Id\boldsymbol{l}\times\boldsymbol{e}_r}{r^2} \tag{9.29}$$

其大小为

$$dB = \frac{\mu_0}{4\pi}\frac{Idl\sin\theta}{r^2} \tag{9.30}$$

式中,$\mu_0=4\pi\times10^{-7}$ T·m/A,称为真空磁导率;r 是从电流元所在点到 P 点的位矢 $\boldsymbol{r}$ 的大小;$\boldsymbol{e}_r$ 是位矢 $\boldsymbol{r}$ 的单位矢量。以上两式表明,电流元 $Id\boldsymbol{l}$ 在距它为 r 的 P 点处所产生的磁感应强度 $d\boldsymbol{B}$ 的大小与电流元 Idl 以及 $Id\boldsymbol{l}$ 和位矢 $\boldsymbol{r}$ 之间小于 180°的夹角 θ 的正弦成正比,与 r^2 成反比,其方向垂直于 $Id\boldsymbol{l}$ 与 $\boldsymbol{r}$ 组成的平面,指向为由 $Id\boldsymbol{l}$ 经 θ 角转向 $\boldsymbol{r}$ 时右手螺旋前进的方向,如图 9.19 所示。

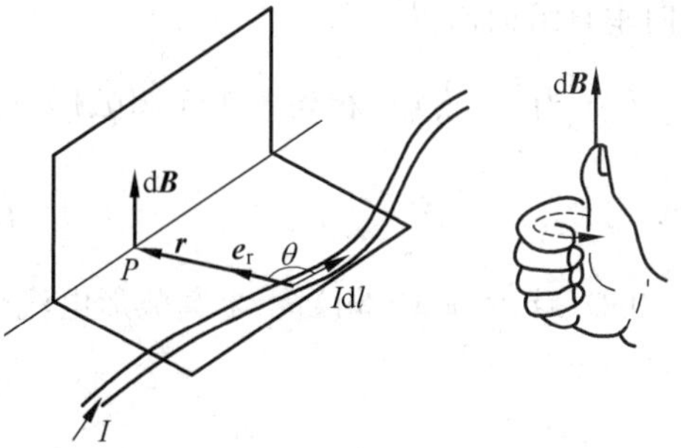

图 9.19 电流元所激发的磁感应强度

理论分析和实验都表明,磁感应强度遵从叠加原理。由式(9.29)和叠加原理可以得到毕-萨定律的积分形式

$$\boldsymbol{B} = \int_L d\boldsymbol{B} = \frac{\mu_0}{4\pi}\int_L \frac{Id\boldsymbol{l}\times\boldsymbol{e}_r}{r^2} \tag{9.31}$$

这就是任意线电流所激发的总磁感应强度。

毕-萨定律是电磁学中的一条基本定律,它在研究电流磁场时的地位相当于静电场中点电荷的场强表达式,毕-萨定律实际上是安培定律的场形式。若已知电流分布,由毕-萨定律原则上可以求出空间任一点的磁感应强度。但需要指出,毕-萨定律只适合于线状载流导体,当导体截面的线度比 r 小得多时,为使问题简化,可将导体看作一条几何线,即线状导体。

9.4.2 毕奥-萨伐尔定律的应用

在应用毕-萨定律计算载流导体的磁感应强度 $\boldsymbol{B}$ 时,首先必须将载流导体分割成无限多个电流元 $Id\boldsymbol{l}$,按式(9.29)写出电流元 Idl 在所求场点的磁感应强度 $d\boldsymbol{B}$,然后按照式(9.31)的磁感应强度 $\boldsymbol{B}$ 的叠加原理求出所有电流元在该场点的磁感应强度的矢量和。由于式(9.31)是矢量积分,各电流元 $Id\boldsymbol{l}$ 在所求场点的磁感应强度 $d\boldsymbol{B}$ 的方向可能不同,所以还必须选取合适的坐标系将 $d\boldsymbol{B}$ 作一分解。下面我们利用毕-萨定律来计算一些特殊形状的载流回路产生的磁场。

例 9-5 如图 9.20(a)所示，一半径为 R 的圆弧形载流导线，流过的电流为 I，所张的圆心角为 θ，求圆心 O 点处的磁感应强度。

解 选电流元 $I\mathrm{d}\boldsymbol{l}$，如图 9.20(b)所示，它在圆心处的磁感应强度的大小为

$$\mathrm{d}B=\frac{\mu_0}{4\pi}\frac{I\mathrm{d}l\sin90^\circ}{R^2}$$

其中

$$\mathrm{d}l=R\mathrm{d}\alpha$$

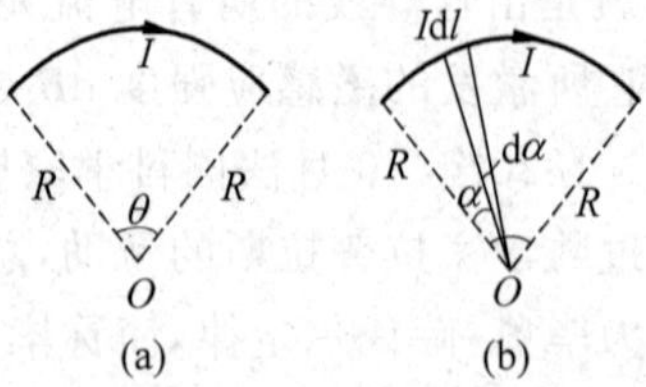

图 9.20 圆弧形电流的磁场

所有电流元在圆心 O 点处的磁感应强度的方向相同，都垂直于纸面向里。故总磁感应强度为

$$B=\frac{\mu_0}{4\pi}\int_0^{\theta}\frac{IR\mathrm{d}\alpha}{R^2}=\frac{\mu_0 I}{4\pi R}\theta \tag{9.32}$$

方向垂直纸面向里。

(1) 当 $\theta=\frac{\pi}{2}$ 时，相当于 1/4 圆弧形电流，其在圆心处的磁感应强度的大小为

$$B=\frac{\mu_0 I}{8R}$$

(2) 当 $\theta=\pi$ 时，相当于半圆弧形电流，其在圆心处的磁感应强度的大小为

$$B=\frac{\mu_0 I}{4R}$$

(3) 当 $\theta=2\pi$ 时，相当于一圆形电流，其在圆心处的磁感应强度的大小为

$$B=\frac{\mu_0 I}{2R}$$

例 9-6 图 9.21 所示为一载流长直导线，电流强度为 I。试计算在这导线旁任意一点 P 处的磁感应强度。已知场点 P 与载流直导线的距离为 r_0，与其两端连线的夹角分别为 θ_1 和 θ_2。

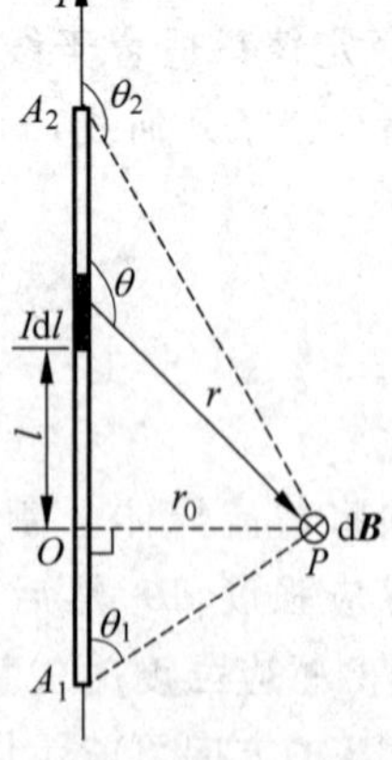

图 9.21 载流直导线的磁场

解 在直导线上任取一电流元 $I\mathrm{d}\boldsymbol{l}$，如图 9.21 所示。由毕-萨定律可知，此电流元在给定点 P 处的磁感应强度 $\mathrm{d}\boldsymbol{B}$ 的大小为

$$\mathrm{d}B=\frac{\mu_0}{4\pi}\frac{I\mathrm{d}l\sin\theta}{r^2}$$

$\mathrm{d}\boldsymbol{B}$ 的方向由 $I\mathrm{d}\boldsymbol{l}\times\boldsymbol{r}$ 来确定，即垂直于纸面向里，在图中用⊗表示。由于长直导线上每一个电流元在 P 点的磁感应强度 $\mathrm{d}\boldsymbol{B}$ 的方向是一致的(都垂直于纸面向里)，所以矢量积分 $\boldsymbol{B}=\int_L\mathrm{d}\boldsymbol{B}$ 可改为标量积分，即

$$B=\int_{A_1}^{A_2}\mathrm{d}B=\frac{\mu_0}{4\pi}\int_{A_1}^{A_2}\frac{I\mathrm{d}l\sin\theta}{r^2}$$

从场点 P 作长直导线的垂线 PO，已知它的长度为 r_0，以垂足 O 为原点，设电流元 $I\mathrm{d}l$ 到 O 点的距离为 l，由图 9.21 可以看出

$$l = -r_0 \cot\theta, \quad dl = \frac{r_0 d\theta}{\sin^2\theta}$$

又

$$r = \frac{r_0}{\sin\theta}$$

将上面的积分变量 l 换为 θ 后得到

$$B = \frac{\mu_0}{4\pi}\int_{\theta_1}^{\theta_2} \frac{I\sin\theta d\theta}{r_0} = \frac{\mu_0 I}{4\pi r_0}(\cos\theta_1 - \cos\theta_2) \tag{9.33}$$

式中，θ_1、θ_2 分别为 A_1、A_2 与场点 P 连线与载流直导线间的夹角。

若导线为无限长，那么 $\theta_1=0$，$\theta_2=\pi$，则有

$$B = \frac{\mu_0}{4\pi}\frac{2I}{r_0} = \frac{\mu_0 I}{2\pi r_0} \tag{9.34}$$

以上结果表明，在载流无限长直导线周围的磁感应强度 $\boldsymbol{B}$ 的大小与距离 r_0 成反比，与电流强度 I 成正比，其方向沿以导线为轴、以 r_0 为半径的圆环的切线方向，且与电流方向构成右手螺旋关系。

实际中的导线不可能无限长，但在满足 $r_0 \ll L$（长直导线的长度）的条件下，导线中部附近的磁场可近似由式(9.34)表示。

例 9-7 计算载流圆线圈轴线上的磁场。

如图 9.22 所示，设线状圆线圈中心为 O，半径为 R，电流为 I，对称轴为 x。现求其对称轴线上一点 P 的磁感应强度。

解 在圆线圈上任取一点 A，该处的电流元 Idl 与该电流元到轴线上 P 点的矢量 $\boldsymbol{r}$ 之间的夹角均为 90°，由毕-萨定律，可得该电流元在 P 点处的磁感应强度 $d\boldsymbol{B}$ 的大小为

$$dB = \frac{\mu_0}{4\pi}\frac{Idl}{r^2}$$

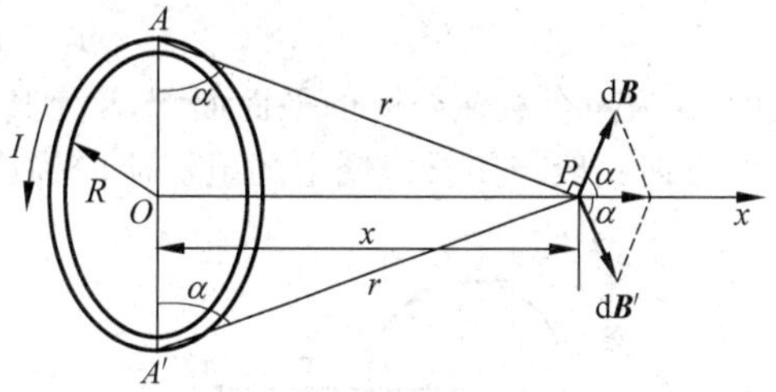

图 9.22 载流圆线圈轴线上的磁场

各电流元在 P 点的磁感应强度大小相等，但方向各不相同。在 P 点产生的元磁场 $d\boldsymbol{B}$，它位于 POA 平面内，且与 PA 连线垂直，因此 $d\boldsymbol{B}$ 与轴线 OP 的夹角 $\alpha=\angle PAO$，见图 9.22。由于轴对称性，在通过 A 点的直径的另一端 A' 点处，电流元产生的元磁场 $d\boldsymbol{B}'$ 与 $d\boldsymbol{B}$ 对称，合成后垂直于轴线方向的分量相互抵消。因此，对于整个线圈来说，总的磁感应强度 $\boldsymbol{B}$ 将沿轴线方向，它的大小等于各元磁场沿轴线分量 $dB\cos\alpha$ 的代数和，即

$$B = \oint_L dB\cos\alpha$$

对于轴线上的场点 P 有

$$OP = x = r\sin\alpha$$

故

$$dB = \frac{\mu_0}{4\pi}\frac{Idl}{x^2}\sin^2\alpha$$

$$B = \oint_L dB\cos\alpha = \frac{\mu_0}{4\pi}\frac{I}{x^2}\sin^2\alpha\cos\alpha\oint_L dl$$

又因为

$$\cos\alpha = \frac{R}{\sqrt{R^2 + x^2}},\quad \sin\alpha = \frac{x}{\sqrt{R^2 + x^2}},\quad \oint \mathrm{d}l = 2\pi R$$

得载流圆线圈轴线上任一点的磁场为

$$B = \frac{\mu_0}{4\pi}\frac{2\pi R^2 I}{(R^2 + x^2)^{\frac{3}{2}}} = \frac{\mu_0}{2}\frac{R^2 I}{(R^2 + x^2)^{\frac{3}{2}}} \tag{9.35}$$

下面讨论两种特殊情况下的磁场。

(1) 当 $x=0$ 时,得圆心处的磁场

$$B = \frac{\mu_0 I}{2R}$$

与例 9-5 的结果相同。

(2) 当 $x \gg R$ 时,得轴线上远处的磁场,近似为

$$B = \frac{\mu_0 R^2 I}{2x^3}$$

若令圆电流平面的面积为 $S=\pi R^2$,则上式可写为

$$B = \frac{\mu_0 IS}{2\pi x^3} \tag{9.36}$$

在静电场中,我们曾讨论过电偶极子的电场,并引入电偶极矩 $\boldsymbol{p}$ 这一物理量。与此相似,像场点与闭合电流间的距离远远大于闭合载流线圈的几何线度,如例 9-7 中的 $x \gg R$ 的情况,我们把这样的闭合载流线圈称为磁偶极子,其特征物理量称为磁矩,用 $\boldsymbol{m}$ 表示。即

$$\boldsymbol{m} = IS\boldsymbol{e}_n = I\boldsymbol{S} \tag{9.37}$$

其中,S 为闭合载流线圈的平面面积,$\boldsymbol{S}$ 为其面积矢量;$\boldsymbol{e}_n$ 为该平面法线方向上的单位矢量。$\boldsymbol{e}_n$ 的方向一般与闭合线圈上的电流流向构成右手螺旋关系,如图 9.23 所示。

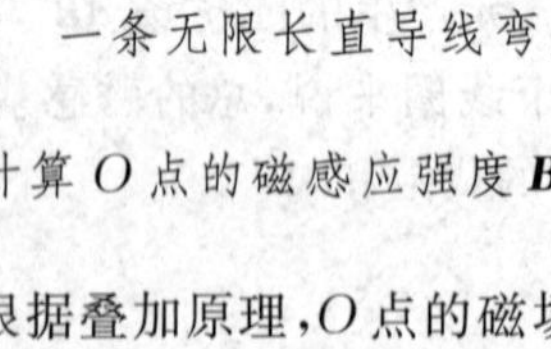

图 9.23 磁偶极子

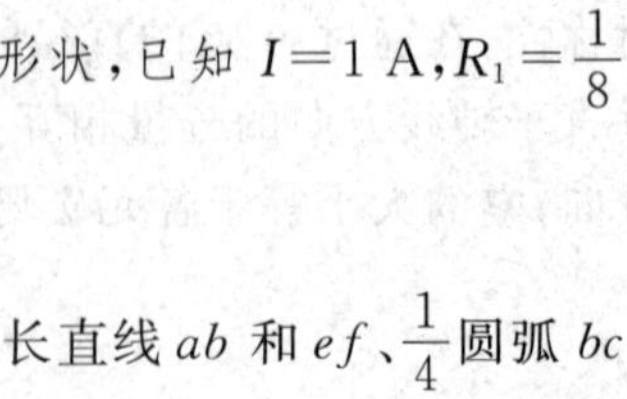

图 9.24

例 9-8 一条无限长直导线弯成如图 9.24 所示的形状,已知 $I=1\ \mathrm{A}$,$R_1=\dfrac{1}{8}\ \mathrm{m}$,$R_2=\dfrac{1}{4}\ \mathrm{m}$。试计算 O 点的磁感应强度 $\boldsymbol{B}$。

解 根据叠加原理,O 点的磁场 $\boldsymbol{B}$ 可看成由半无限长直线 ab 和 ef、$\dfrac{1}{4}$圆弧 bc、直线 cd 和$\dfrac{1}{2}$圆弧 de 载流导线产生的磁场的矢量和。cd、ef 两段由于通过 O 点,所以对 O 点的磁场无贡献。则有

$$\boldsymbol{B}_O = \boldsymbol{B}_{ab} + \boldsymbol{B}_{bc} + \boldsymbol{B}_{de}$$

ab 段在 O 点的磁感应强度 $\boldsymbol{B}_{ab}$ 垂直纸面向外,其大小由式(9.33)确定,其中 $\theta_1=0$,$\theta_2=\dfrac{\pi}{2}$,由此得

$$B_{ab}=\frac{1}{2}\frac{\mu_0 I}{2\pi R_1}$$

bc 段在 O 点的磁感应强度 $\boldsymbol{B}_{bc}$ 垂直纸面向里，其大小由式(9.32)可得

$$B_{bc}=\frac{1}{4}\frac{\mu_0 I}{2R_1}$$

de 段在 O 点的磁感应强度 $\boldsymbol{B}_{de}$ 垂直纸面向里，其大小由式(9.32)可得

$$B_{de}=\frac{1}{2}\frac{\mu_0 I}{2R_2}$$

若以垂直纸面向外为正，根据叠加原理，O 点 $\boldsymbol{B}_O$ 的大小为

$$B_O=B_{ab}-B_{bc}-B_{de}=\frac{\mu_0 I}{4\pi R_1}-\frac{\mu_0 I}{8R_1}-\frac{\mu_0 I}{4R_2}$$

代入数据得

$$B_O=-1.71\times10^{-6}\ \mathrm{T}$$

式中负号表示 $\boldsymbol{B}_O$ 的方向垂直纸面向里。

9.5 磁场的高斯定理

在研究静电场时，从库仑定律出发引入了电场强度概念，继而从点电荷的场强由场强叠加原理导出了静电场的两个基本规律——高斯定理和静电场的环路定理。这两个定理反映了静电场的基本性质：静电场是有源无旋场。与此相仿，在以后两节中，我们将从毕-萨定律和磁场的叠加原理出发，导出关于磁场的高斯定理和环路定理，以期反映出磁场的基本性质。

9.5.1 磁感应线

正如电场的分布可借助电场线来描述一样，磁场的分布也可用磁感应线(也有称为磁场线)来描述。磁感应线($\boldsymbol{B}$ 线)是一些有方向的曲线，其上每一点的切线方向与该点的磁感应强度矢量的方向一致。某点处磁感应线的密度等于该点处的 $\boldsymbol{B}$ 的大小，即

$$B=\frac{\mathrm{d}N}{\mathrm{d}S_0}\tag{9.38}$$

式中 $\mathrm{d}N$ 是通过垂直于 $\boldsymbol{B}$ 方向的面元 $\mathrm{d}S_0$ 上的磁感应线条数。实验上很容易把磁感应线演示出来，只要把一块玻璃板或硬纸板水平放置在有磁场的空间中，上面撒上铁屑，轻轻地敲动玻璃板，铁屑就会沿磁感应线排列起来。图 9.25 所示为几种典型的磁感应线分布示意图。

理论上可以证明，磁感应线都是围绕电流的闭合曲线，没有起点，也没有终点。磁感应线与电流方向服从右手螺旋法则。

磁感应线只是为了直观地描述磁场分布而引入的曲线，磁场本身并不具有线状结构。

磁感应线与电场线有很大区别，这种区别正说明了磁场与静电场的性质不同。

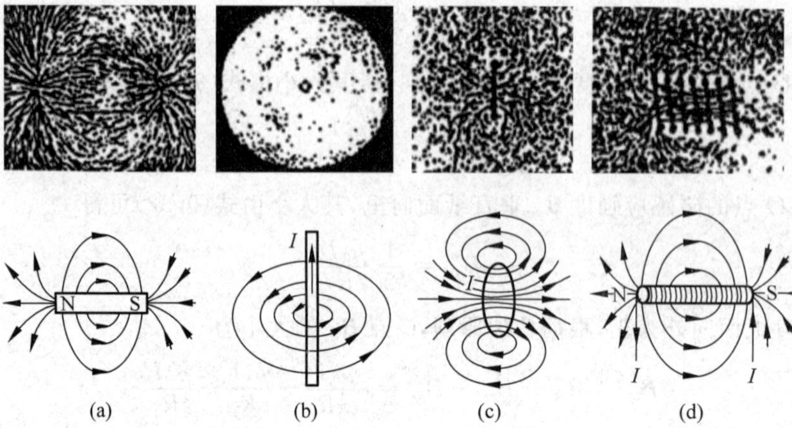

图 9.25　几种典型的磁感应线分布

(a) 条形磁铁；(b) 长直载流导线；(c) 圆形电流；(d) 载流螺线管

9.5.2　磁通量

任何一个矢量场的性质完全由它的通量和环量共同来描述，对于磁感应强度矢量 $\boldsymbol{B}$ 也不例外。首先，仿照引入电通量的办法引入磁通量。我们定义，在磁场中，通过某一给定曲面的总磁感应线数，称为通过该曲面的磁感应通量，简称磁通量，用符号 Φ 表示。

如图 9.26 所示，设空间某点处磁感应强度为 $\boldsymbol{B}$，在该点取面元 $\mathrm{d}S$，则通过该面元的磁通量为

$$\mathrm{d}\Phi = B\cos\theta \mathrm{d}S = \boldsymbol{B}\cdot \mathrm{d}\boldsymbol{S} \tag{9.39}$$

式中面元矢量 $\mathrm{d}\boldsymbol{S}=\mathrm{d}S\boldsymbol{e}_n$，$\theta$ 是其法向单位矢量 $\boldsymbol{e}_n$ 与磁感应强度 $\boldsymbol{B}$ 之间的夹角。磁通量是标量，但有正负之分。

当 $\theta<\dfrac{\pi}{2}$ 时 $\mathrm{d}\Phi>0$；

当 $\theta=\dfrac{\pi}{2}$ 时 $\mathrm{d}\Phi=0$；

当 $\theta>\dfrac{\pi}{2}$ 时 $\mathrm{d}\Phi_B<0$。

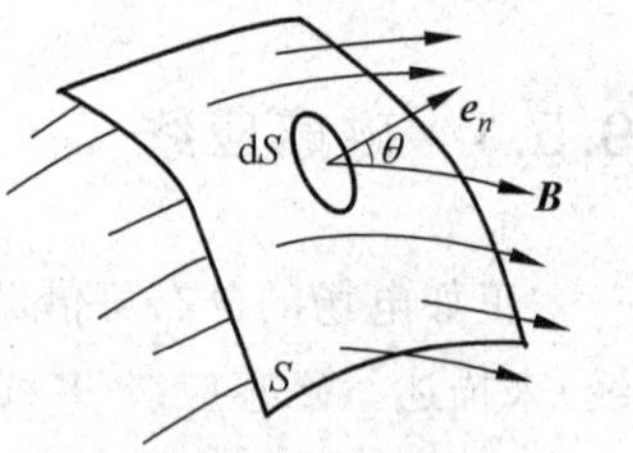

图 9.26　磁通量的含义

将式(9.39)对任意曲面积分，便得到通过该整个曲面的磁通量，即

$$\Phi = \iint_S \mathrm{d}\Phi = \iint_S \boldsymbol{B}\cdot \mathrm{d}\boldsymbol{S} = \iint_S B\cos\theta \mathrm{d}S \tag{9.40}$$

令 $\mathrm{d}S_0$ 为 $\mathrm{d}S$ 在 $\boldsymbol{B}$ 方向上的投影，即垂直于 $\boldsymbol{B}$ 方向的面元，则 $\mathrm{d}S_0=\mathrm{d}S\cos\theta$，由式(9.39)得

$$B = \frac{\mathrm{d}\Phi}{\mathrm{d}S_0} \tag{9.41}$$

此式表明 $\boldsymbol{B}$ 在数值上等于通过垂直于 $\boldsymbol{B}$ 方向的单位面积的磁通量，称为磁通密度。

在国际单位制中，磁通量的单位是韦伯(Wb)，即

$$1\ \mathrm{Wb} = 1\ \mathrm{T}\cdot\mathrm{m}^2$$

9.5.3 磁场的高斯定理

由于恒定电流的磁感应线总是闭合曲线或延伸到无限远的曲线，因此对任一闭合曲面S，每条磁感应线若与它相交，必定相交两次：一次穿进，一次穿出，对S的磁通量的贡献为零。所以，磁感应强度矢量$\boldsymbol{B}$对任何闭合曲面S的磁通量恒为零，即

$$\oint\!\!\!\oint_S \boldsymbol{B}\cdot \mathrm{d}\boldsymbol{S}=0 \tag{9.42}$$

这就是磁场的高斯定理。式(9.42)可以从毕-萨定律出发加以严格证明。

磁场的高斯定理表示出恒定电流磁场的一个重要性质：恒定电流的磁感应线总是连续的，没有起点也没有终点，即$\boldsymbol{B}$线是闭合的。数学上将具有这种性质的场称为无源场。恒定电流的磁场是无源场。

磁场的高斯定理是电磁场的基本规律。大量的实验证明，式(9.42)对于变化的磁场仍然成立，而这时毕-萨定律却已不再成立。

9.6 安培环路定理及其应用

9.6.1 安培环路定理

在静电场中，电场强度$\boldsymbol{E}$沿任意闭合环路的线积分恒为零，说明静电场是无旋场，它反映了静电场是一个保守场，故可以引入一个标量函数——电势来描述它。现在来研究磁感应强度沿任意闭合环路的线积分，讨论恒定磁场的环量性质，并从中归纳出它所反映的恒定磁场的另一基本性质。我们知道，磁感应线是与电流套连的闭合曲线，若取磁感应线作为积分环路，因$\boldsymbol{B}$与$\mathrm{d}\boldsymbol{l}$的夹角$\theta=0$，$\cos\theta=1$，故在每条线上$\boldsymbol{B}\cdot\mathrm{d}\boldsymbol{l}=B\mathrm{d}l>0$，显然有

$$\oint_L \boldsymbol{B}\cdot\mathrm{d}\boldsymbol{l}\neq 0$$

那么$\boldsymbol{B}$沿任意环路的线积分与什么有关呢？

安培环路定理将回答这一问题。安培环路定理表述如下：磁感应强度沿任何闭合环路L的线积分，等于穿过环路所有电流强度的代数和的μ_0倍。用公式表示为

$$\oint_L \boldsymbol{B}\cdot\mathrm{d}\boldsymbol{l}=\mu_0\sum_{L内} I \tag{9.43}$$

式中L为任意闭合曲线，$\sum I$是穿过L的所有电流强度的代数和，其中电流强度I的正负规定如下：与L成右手螺旋关系的电流为正，反之为负；如果电流不穿过L，则它对上式右端无贡献，如图9.27所示，有$\sum\limits_{L内} I=I_1-2I_2$。

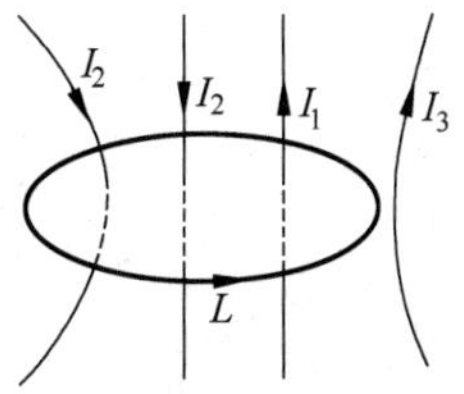

图9.27 穿过积分环路的电流

安培环路定理也是从毕-萨定律出发给予严格证明的。普遍的证明这里从略，以下只通过无限长载流直导线这一特例进行证明，然后推广。下面分几步来证明。

(1) 积分环路包围电流的情况

在垂直于导线的平面上，取包围导线的任意闭合曲线 L 作为积分环路，计算 $\boldsymbol{B}$ 沿此积分环路的环流。设环路的绕行方向与电流方向成右手螺旋关系，如图 9.28(a)所示。由式(9.34)知，无限长载流直导线周围磁感应强度大小为

$$B=\frac{\mu_0 I}{2\pi r}$$

其方向与 $\boldsymbol{r}$ 垂直。r 为场点到导线的垂直距离。在 L 上取线元 $\mathrm{d}\boldsymbol{l}$，$\mathrm{d}\boldsymbol{l}$ 与该处 $\boldsymbol{B}$ 的夹角为 θ，在平面上导线对 $\mathrm{d}l$ 的张角为 $\mathrm{d}\varphi$，由图 9.28(b)可知，$\mathrm{d}l\cos\theta=r\mathrm{d}\varphi$，有

$$\oint_L \boldsymbol{B}\cdot\mathrm{d}\boldsymbol{l}=\oint_L B\cos\theta\mathrm{d}l=\int_0^{2\pi}\frac{\mu_0 I}{2\pi r}r\,\mathrm{d}\varphi=\mu_0 I \tag{9.44}$$

这个结果与式(9.43)一致。

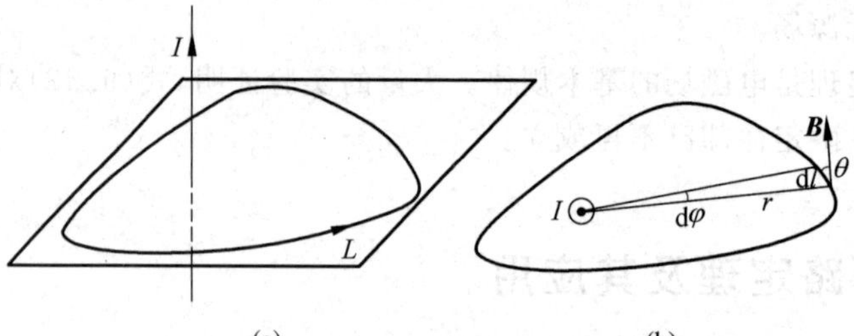

(a) (b)

图 9.28 积分环路包围电流的情况

在以上计算中，若电流与环路的绕行方向成左手螺旋关系，$\mathrm{d}\boldsymbol{l}$ 与 $\boldsymbol{B}$ 的夹角 θ 将为钝角，$\cos\theta\mathrm{d}l=-r\mathrm{d}\varphi$，上述积分等于 $-\mu_0 I$。

若积分环路不在垂直于导线的平面 S 内，则可将 $\mathrm{d}\boldsymbol{l}$ 分解为垂直于 S 的分量 $\mathrm{d}\boldsymbol{l}_\perp$ 和平行 S 的分量 $\mathrm{d}\boldsymbol{l}_{/\!/}$，因 $\boldsymbol{B}\cdot\mathrm{d}\boldsymbol{l}_\perp=B\mathrm{d}l_\perp\cos\frac{\pi}{2}=0$，所以

$$\oint_L \boldsymbol{B}\cdot\mathrm{d}\boldsymbol{l}=\oint_{L'}\boldsymbol{B}\cdot\mathrm{d}\boldsymbol{l}_{/\!/}$$

式中积分环路 L' 是 L 在 S 上的投影，上式表明磁场 $\boldsymbol{B}$ 沿 L 的环流等于沿 L' 的环流，结果仍得式(9.44)。

(2) 积分环路不包围电流的情况

设积分环路在垂直于导线的平面内，且不包围导线。如图 9.29 所示，由导线与平面交点引出夹角为 $\mathrm{d}\varphi$ 的两条射线，在积分环路上截得线元 $\mathrm{d}\boldsymbol{l}$ 和 $\mathrm{d}\boldsymbol{l}'$，它们分别与相应的 $\boldsymbol{B}$ 和 $\boldsymbol{B}'$ 之间夹角为 θ(锐角)和 θ'(钝角)，于是有

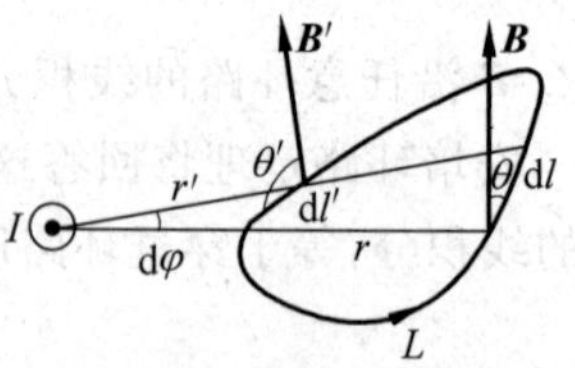

图 9.29 积分环路不包围电流的情况

$$\boldsymbol{B}\cdot\mathrm{d}\boldsymbol{l}=B\cos\theta\mathrm{d}l=\frac{\mu_0 I}{2\pi}\mathrm{d}\varphi$$

$$\boldsymbol{B}'\cdot\mathrm{d}\boldsymbol{l}'=B'\cos\theta'\mathrm{d}l'=-\frac{\mu_0 I}{2\pi}\mathrm{d}\varphi$$

可见

$$\int_{L_1}\boldsymbol{B}\cdot\mathrm{d}\boldsymbol{l}+\int_{L_2}\boldsymbol{B}'\cdot\mathrm{d}\boldsymbol{l}'=0$$

整个环路可截成无数对这样的线元，每对线元都有上述关系，所以

$$\oint_L \boldsymbol{B}\cdot \mathrm{d}\boldsymbol{l} = \int_{L_1} \boldsymbol{B}\cdot \mathrm{d}\boldsymbol{l} + \int_{L_2} \boldsymbol{B}'\cdot \mathrm{d}\boldsymbol{l}' = 0 \tag{9.45}$$

当积分环路不包围电流时，$\boldsymbol{B}$ 的环流为零。读者可以自行证明，当不包围电流的积分环路不在垂直于导线的平面内时，式(9.45)仍然成立。

(3) 空间有 n 条无限长载流直导线，而积分环路只包围 m 条导线时的情况

对每条导线都满足式(9.44)或式(9.45)。根据磁场的叠加原理，将这些式子的两端分别相加，有

$$\oint_L \sum_{i=1}^{n} B_i \mathrm{d}l = \mu_0 \sum_{i=1}^{m} I_i$$

由于总磁感应强度 $\boldsymbol{B} = \sum_{i=1}^{n} \boldsymbol{B}_i$，而 $\sum_{L内} I = \sum_{i=1}^{m} I_i$，便得到式(9.43)。

至此，对于无限长载流直导线的磁场，安培环路定理得到了严格证明。在电动力学中将证明，对于任何形式的恒定电流的磁场，安培环路定理都成立。

综上所述，安培环路定理说明，恒定磁场的环流只与环路所包围的电流有关，而与环路的形状以及环路外部的电流无关；但环路上的 $\boldsymbol{B}$ 却是空间所有电流贡献的。当 $\boldsymbol{B}$ 的环流为零时，仅仅说明环路所包围的电流的代数和为零，$\boldsymbol{B}$ 的整个环路积分为零；但是，环路内外所有电流都在环路上激发磁场，各点的 $\boldsymbol{B}$ 一般并不一定为零。

安培环路定理说明恒定磁场与静电场的性质不同，一般情况下，$\oint_L \boldsymbol{B}\cdot \mathrm{d}\boldsymbol{l} \neq 0$，说明它是涡旋场，而不是保守场。安培环路定理也是反映恒定磁场性质的基本方程。它与磁场的高斯定理联合起来，说明恒定磁场是无源有旋场。由这两个定理可以确定普遍情况下恒定磁场 $\boldsymbol{B}$ 的分布。

9.6.2 安培环路定理应用举例

正如高斯定理可以帮助我们计算某些具有完全对称性的带电体的电场一样，安培环路定理也可以帮助我们计算某些具有一定对称性的载流导线的磁场分布。

下面举例说明如何用安培环路定理求磁感应强度 $\boldsymbol{B}$。

例 9-9 无限长载流直圆柱的磁场。

图 9.30(a)所示为半径为 R 的无限长载流直圆柱导线，电流 I 均匀通过横截面，求距轴为 r 处的磁感应强度。

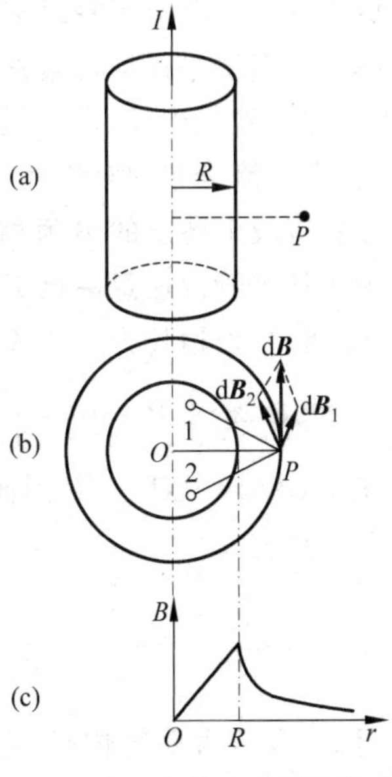

图 9.30 无限长载流直圆柱的磁场

解 先求柱外任意一点 P 的磁场。设柱内电流均匀分布，则电流的分布必定以过 P 点和柱轴的平面成镜像对称。将载流圆柱想象地划分成平行于轴线的无限多条直细载流导线，任意两条成镜像对称的直导线 1 和 2 在 P 点的元磁场为 $\mathrm{d}\boldsymbol{B}_1$ 和 $\mathrm{d}\boldsymbol{B}_2$，如图 9.30(b)所示，二者合成的结果 $\mathrm{d}\boldsymbol{B}$ 必沿以轴线为圆心、以 r 为半径的圆周的切线

方向，且与电流方向成右手螺旋关系。依此类推，圆周上的 $\boldsymbol{B}$ 的大小处处相等，方向沿圆周切线方向。现在以此圆周作为积分环路，由式(9.43)有

$$\oint_L \boldsymbol{B} \cdot \mathrm{d}\boldsymbol{l} = B \cdot 2\pi r = \mu_0 I$$

得

$$B = \frac{\mu_0 I}{2\pi r}, \quad r > R$$

可见，柱外一点的 $\boldsymbol{B}$ 的大小与电流全部集中在轴线时的情况相同。

同理可求得柱内任意点 P 的磁感应强度。以轴线为圆心，过 P 点作与轴线垂直的圆形安培环路，半径为 r。用同样的方法作对称性分析可知，圆周上各点的 $\boldsymbol{B}$ 的大小相等，方向沿圆周切线方向，且与被包围的电流成右手螺旋关系。将安培环路定理应用于此圆周，圆周内所包围的电流为

$$I' = \frac{I}{\pi R^2}\pi r^2 = \frac{r^2}{R^2} I$$

则有

$$\oint_L \boldsymbol{B} \cdot \mathrm{d}\boldsymbol{l} = B \cdot 2\pi r = \mu_0 \frac{r^2}{R^2} I$$

得

$$B = \frac{\mu_0 I}{2\pi R^2} r, \quad r < R$$

可见，柱内任意点的 $\boldsymbol{B}$ 的大小与该点到轴线的距离 r 成正比。它们的 B-r 曲线如图 9.30(c) 所示。由图可知，在柱面上 $\boldsymbol{B}$ 是连续的且有最大值。

如将导体圆柱换以薄壁圆筒，利用上述方法，可得筒外磁场，仍与上述相同。而筒内 $B=0$，因为这时闭合环路不包围任何电流，可见圆筒上的电流在内部产生的磁场互相抵消。

例 9-10 无限长密绕直螺线管内的磁场。

解 设有绕得很均匀紧密的长直螺线管，每匝导线上的电流为 I，单位长度上的匝数为 n。由于螺线管相当长，所以管内中间部分的磁场可以看成是无限长螺线管内的磁场，这时，再根据电流分布的对称性，可确定管内的磁感应线是一系列与轴线平行的直线，而且在同一磁感应线上各点的 $\boldsymbol{B}$ 值相等。在管的外侧，可以证明其磁感应强度为零。

为了计算管内任意一点 P 的磁感应强度，可以通过 P 点和轴线作矩形环路 $abcda$，如图 9.31 所示，设边长为 l，由安培环路定理有

$$\oint_L \boldsymbol{B} \cdot \mathrm{d}\boldsymbol{l} = \int_a^b \boldsymbol{B} \cdot \mathrm{d}\boldsymbol{l} + \int_b^c \boldsymbol{B} \cdot \mathrm{d}\boldsymbol{l} + \int_c^d \boldsymbol{B} \cdot \mathrm{d}\boldsymbol{l} + \int_d^a \boldsymbol{B} \cdot \mathrm{d}\boldsymbol{l} = 0$$

在 bc、da 段上，$\boldsymbol{B} \perp \mathrm{d}\boldsymbol{l}$，因而相应的两项为零，在 ab、cd 段上 $\boldsymbol{B}$ 为常量，于是上式变为

$$B_{ab}\int_a^b \mathrm{d}l - B_{cd}\int_c^d \mathrm{d}l = 0$$

即

$$(B_{ab} - B_{cd})l = 0$$

所以 $B_{ab} = B_{cd}$，表明管内任一点的 $\boldsymbol{B}$ 的大小和方向都与轴线上的 $\boldsymbol{B}$ 相同，即管内为均匀磁场。

过该点和轴线作矩形环路 $efghe$，如图 9.31 所示。则环路包围电流为 nlI，所以

$$\oint_L \boldsymbol{B}\cdot \mathrm{d}\boldsymbol{l}=\int_e^f \boldsymbol{B}\cdot \mathrm{d}\boldsymbol{l}+\int_f^g \boldsymbol{B}\cdot \mathrm{d}\boldsymbol{l}+\int_g^h \boldsymbol{B}\cdot \mathrm{d}\boldsymbol{l}+\int_h^e \boldsymbol{B}\cdot \mathrm{d}\boldsymbol{l}$$
$$=\mu_0 nI\cdot l$$

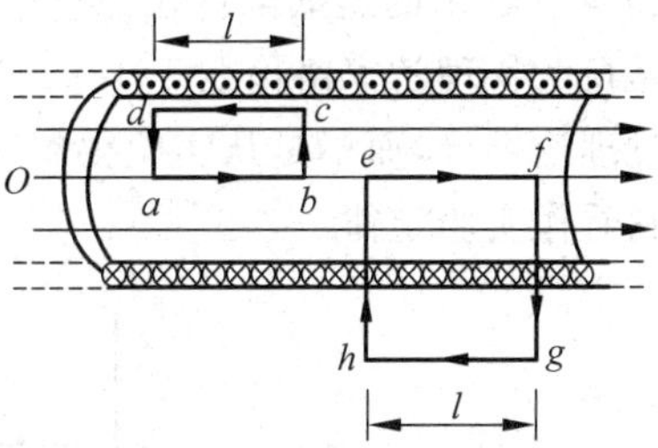

图 9.31 无限长载流螺线管的磁场

上式中沿 fg、he 的线积分中，由于 $\boldsymbol{B}$ 与积分路径垂直，所以该两项的积分为零，沿 ef 的线积分中 $\boldsymbol{B}$ 为常量，沿 gh 的线积分中 $\boldsymbol{B}=\boldsymbol{0}$，于是由上式得

$$B_{ef}l=\mu_0 nlI$$

得

$$B_{ef}=\mu_0 nI$$

由于螺线管内的闭合环路是任意取的，所以螺线管内任意点磁感应强度的大小为

$$B=\mu_0 nI \tag{9.46}$$

在螺线管的两端，考虑到边缘效应，由理论分析表明(具体可参考各类《电磁学》书籍)，其两端的磁感应强度的大小是中间处的一半，即两端处的磁感应强度的大小为

$$B=\frac{1}{2}\mu_0 nI \tag{9.47}$$

9.7 带电粒子在磁场中的运动

我们知道，带电粒子在电场中会受到电场力的作用。后来人们又发现运动的带电粒子在磁场中也会受到力的作用，这种力称为洛伦兹力。这一节我们将讨论在磁场中运动带电粒子的受力规律及其在磁场中的运动情况，并且通过一些应用实例了解电磁学的一些基本原理在科学技术中的应用。

9.7.1 洛伦兹力

实验发现，静止的电荷在磁场中不受力作用；当电荷运动时，才受到磁场的作用力。例如把一阴极射线管置于磁场中，电子射线在磁场作用下运动轨迹发生偏移，如图 9.32 所示。在磁场中运动的任何带电粒子，不管带电正负，都将受到磁场力作用。

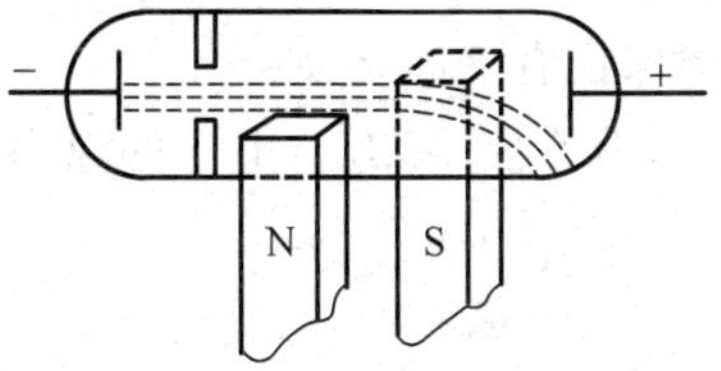

图 9.32 磁场对阴极射线的作用

实验证明，运动带电粒子在磁场中的受力 $\boldsymbol{F}$ 与粒子的电荷 q、粒子的速度 $\boldsymbol{v}$、磁感应强度 $\boldsymbol{B}$ 有如下关系：

$$\boldsymbol{F}=q\boldsymbol{v}\times\boldsymbol{B} \tag{9.48}$$

其大小为

$$F=|q|vB\sin\theta \tag{9.49}$$

式中 θ 是 $\boldsymbol{v}$ 与 $\boldsymbol{B}$ 之间的夹角。作用力的方向垂直于 $\boldsymbol{v}$ 和 $\boldsymbol{B}$ 组成的平面。当 $q>0$ 时，$\boldsymbol{v}$、$\boldsymbol{B}$、$\boldsymbol{F}$ 三者成右手螺旋关系，如图 9.33(a)所示；当 $q<0$ 时，$\boldsymbol{F}$ 与前者相反，如图 9.33(b)所示。

式(9.48)给出的运动电荷在磁场中受到的力称为洛伦兹力。式(9.48)称为洛伦兹力公式,它是荷兰物理学家洛伦兹于1892年在一篇有关经典电子论的论文中首先提出的,当时他是通过理论推导,而不是从实验得到这个公式的。由于该公式有广泛的实验基础,现在也可以把它看作实验定律。

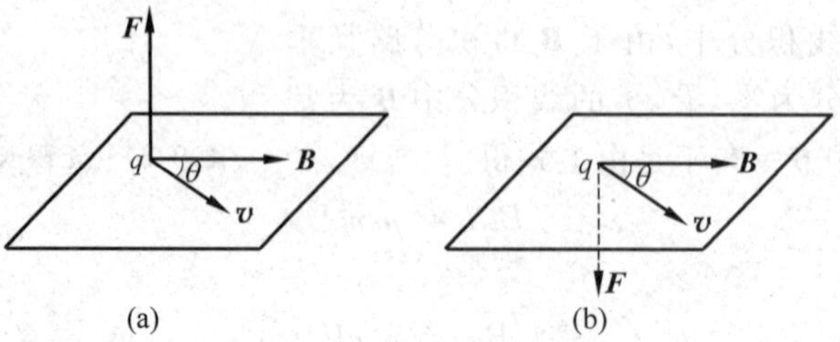

图9.33 洛伦兹力的方向

(a) $q>0$; (b) $q<0$

关于洛伦兹力的特点再作两点讨论:

(1) 当 $v=0$ 时,$F=0$。说明静止电荷不受洛伦兹力的作用,只有运动电荷才受洛伦兹力作用。在此必须指出的是,式(9.48)中的 $\boldsymbol{v}$ 是相对于观察者的速度。

(2) 洛伦兹力 $\boldsymbol{F}$ 总是与运动电荷的速度 $\boldsymbol{v}$ 垂直,所以 $\boldsymbol{F}\cdot\boldsymbol{v}=0$。说明洛伦兹力永远不对运动电荷做功,它只改变带电粒子的运动方向,而不改变其速率和动能。

洛伦兹力虽由特例导出,但在带电粒子作加速运动和磁场随时间变化时也成立。

当空间同时存在电场和磁场时,运动电荷将同时受到电场力和磁场力作用,即

$$\boldsymbol{F}=q\boldsymbol{E}+q\boldsymbol{v}\times\boldsymbol{B} \tag{9.50}$$

洛伦兹力公式在理论上和现代科学技术中有重要意义。在下面的内容中,将举例说明。

例9-11 图9.34为一速度选择器的原理图。当一束电子射入相互垂直的均匀电场和均匀磁场时,只有一定速率的电子能够沿直线前进通过小孔 S。设产生均匀电场的平行板间的电压为300 V,间距为5 cm,垂直纸面的均匀磁场的磁感应强度为 6×10^{-2} T。问:(1)磁场的方向应指向里还是指向外?(2)速率为多大的电子才能通过小孔 S?

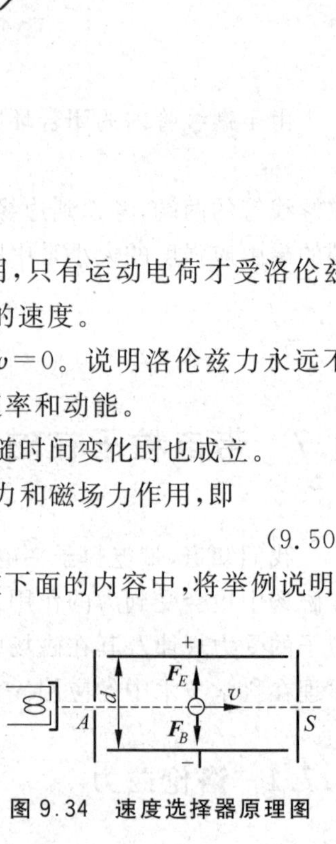

图9.34 速度选择器原理图

解 (1) 由图知电场强度 $\boldsymbol{E}$ 方向向下,使带负电的电子受力 $\boldsymbol{F}_E=-e\boldsymbol{E}$ 方向向上。如果没有磁场,电子束将向上偏转。为了使电子能沿直线穿过小孔 S,所加的磁场施于电子束的洛伦兹力必须是向下的。这就要求 $\boldsymbol{B}$ 的方向应向里,才能保证有 $\boldsymbol{F}_B=-\boldsymbol{F}_E$。

(2) 电子受到的电场力大小为 $F_E=eE$,洛伦兹力的大小为 $F_B=evB$,与电子的速率有关。能够通过小孔 S 的电子的速率应满足下式:

$$F_E=F_B$$

即

$$eE=evB$$

由此解得

$$v=\frac{E}{B}$$

因为 $E=\dfrac{U}{d}$(U 和 d 分别为平板间的电压和距离),故

$$v=\frac{U}{Bd}$$

上式表明,能够通过速度选择器的粒子的速率,与它的电荷和质量无关。将数据代入上式,即得

$$v=\frac{300}{0.06\times 0.05}=10^5\,(\mathrm{m/s})$$

9.7.2 带电粒子在均匀磁场中的运动

根据洛伦兹力公式(9.48),分以下几种情况讨论带电粒子在均匀磁场中的运动。

(1) $\boldsymbol{v}$ 与 $\boldsymbol{B}$ 平行或反平行 由式(9.48)可知 $F=0$,带电粒子不受磁场影响,以初速度 v 作匀速直线运动。

(2) $\boldsymbol{v}$ 与 $\boldsymbol{B}$ 垂直 由式(9.48)可知 $F=qvB=$常量,如图 9.35 所示。故粒子作匀速圆周运动,其向心力就是洛伦兹力。

$$\frac{mv^2}{R}=qvB$$

其中 R 为带电粒子作圆周运动时的轨道半径,称为回旋半径,由上式得

$$R=\frac{mv}{qB} \tag{9.51}$$

由此得粒子运动一周所需的时间(即回旋周期)为

$$T=\frac{2\pi R}{v}=\frac{2\pi m}{qB} \tag{9.52}$$

可见,回旋半径 R 与 v 成正比,与 B 成反比,即 v 大 R 也大,v 小 R 也小。回旋周期只由 m、q、B 决定,与 v 及 R 无关。

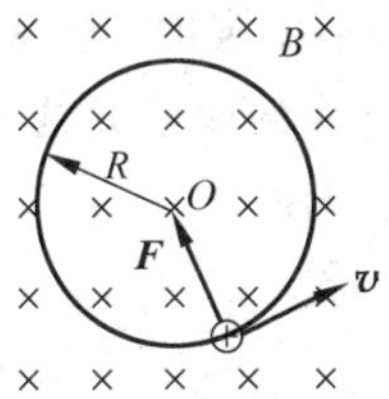

图 9.35 带电粒子在磁场中作圆周运动

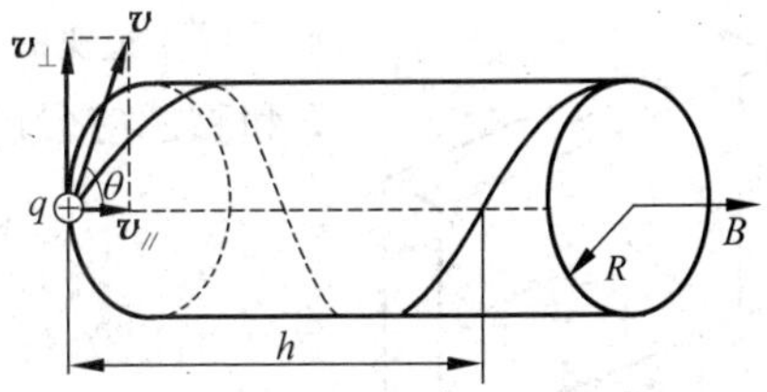

图 9.36 带电粒子在磁场中作螺旋线运动

(3) $\boldsymbol{v}$ 与 $\boldsymbol{B}$ 成任意角 θ,如图 9.36 所示。$\boldsymbol{v}$ 可分解为平行于 $\boldsymbol{B}$ 的分量 $v_{/\!/}$ 和垂直于 $\boldsymbol{B}$ 的分量 $v_\perp$,即

$$v_{/\!/}=v\cos\theta$$
$$v_\perp=v\sin\theta$$

若只有 $v_\perp$ 分量,带电粒子将在垂直于 $\boldsymbol{B}$ 的平面内作匀速圆周运动,正如(2)中的情况;若只有 $v_{/\!/}$ 分量,带电粒子将沿 $\boldsymbol{B}$ 的方向(或其反方向)作匀速直线运动。当两种分量同时存在时,粒子的轨迹将是一条等距螺旋线,如图 9.36 所示。

螺旋运动的半径为

$$R=\frac{mv_{\perp}}{qB}=\frac{mv}{qB}\sin\theta \tag{9.53}$$

粒子作螺旋运动的回旋周期为

$$T=\frac{2\pi R}{v_{\perp}}=\frac{2\pi m}{qB}$$

螺旋线的螺距为

$$h=v_{/\!/}\,T=\frac{2\pi m}{qB}v_{/\!/}=\frac{2\pi m}{qB}v\cos\theta \tag{9.54}$$

由此可见，带电粒子回旋一周所前进的距离 h 与 $v_{\perp}$ 无关。设想从磁场某点 A 发出一束很窄的带电粒子流，若它们的速率 v 差不多相等，且与 $\boldsymbol{B}$ 的夹角 θ 都很小，则有

$$v_{/\!/}=v\cos\theta\approx v$$

$$v_{\perp}=v\sin\theta\approx v\theta$$

尽管 $v_{\perp}$ 会使各粒子沿不同的螺旋线前进，但 $v_{/\!/}$ 近似相等，由式(9.54)所决定的螺距 h 也近似相等，所以各粒子经过距离 h 后又重新会聚在一起，如图9.37所示。这种现象称为磁聚焦现象。

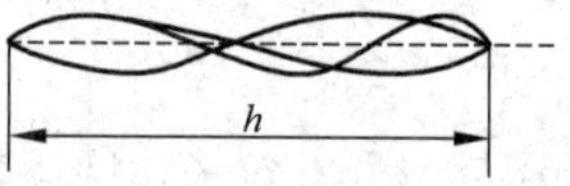

图9.37 均匀磁场中的磁聚焦

均匀磁场中的磁聚焦现象要靠长螺线管来实现。而实际应用中，更多的是用短螺线管产生的非均匀磁场来实现聚焦。此线圈的作用与光学中的凸透镜相似，故称为磁透镜，在电子显微镜等电真空系统中，常用它来聚焦电子束。

9.7.3 霍耳效应

如图9.38所示，将一导体板放在垂直于它的磁场中，当有电流通过时，在导体板的 A、A' 两侧会产生一个电势差 $U_{AA'}$。这种现象称霍耳效应，是霍耳在1879年发现的。实验表明：在磁场不太强时，电势差 $U_{AA'}$ 与电流 I 和磁感应强度 $\boldsymbol{B}$ 成正比，而与导电板的厚度 d 成反比。即

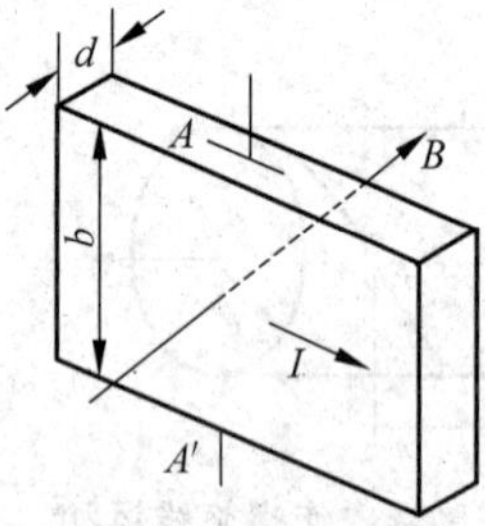

图9.38 霍耳效应

$$U_{AA'}=K\frac{IB}{d} \tag{9.55}$$

式中的比例系数 K 称为霍耳系数。

霍耳效应可以用洛伦兹力来解释。设导体板内载流子的平均定向速度为 v，则它们在磁场中受到的洛伦兹力为 qvB，该力使导体内移动的电荷(载流子)发生偏转，结果在 A 和 A' 两侧分别聚集了正、负电荷，从而形成了电势差。于是，载流子又受到了一个与洛伦兹力方向相反的静电力 $qE=\frac{qU_{AA'}}{b}$，其中 E 为电场强度，b 为导体板的宽度。最后，达到恒定状态时这两力平衡，即

$$qvB=q\frac{U_{AA'}}{b} \tag{9.56}$$

此外，设载流子的浓度为 n，则由式(9.4)可知电流强度 I 与 v 的关系为

$$I = nqvS = nqvbd \quad \text{或} \quad v = \frac{I}{bdnq}$$

将 v 代入式(9.56)，经整理后可得

$$U_{AA'} = \frac{1}{nq}\frac{IB}{d} \tag{9.57}$$

比较式(9.57)和式(9.55)，即可得到霍耳系数为

$$K = \frac{1}{nq} \tag{9.58}$$

式(9.58)表明霍耳系数 K 与载流子浓度 n 成反比。因此通过霍耳系数的测量，可以确定导体内载流子的浓度 n。半导体内载流子的浓度远比金属中的小，所以半导体的霍耳系数要比金属的大得多。而且半导体内载流子的浓度受温度、杂质以及其他因素的影响很大，因此霍耳效应为研究半导体载流子浓度的变化提供了重要的方法。

式(9.58)还表明，霍耳系数 K 的正负取决于载流子电荷 q 的正负。当 $q>0$ 时，载流子定向运动速度 $\boldsymbol{v}$ 的方向与电流方向相同；而当 $q<0$ 时，载流子的定向运动速度 $\boldsymbol{v}$ 的方向与电流方向相反。因此，当电流方向一定时，不论载流子电荷是正还是负，它们所受到的洛伦兹力的方向都相同。在如图 9.39 所示的情况下，洛伦兹力都使载流子向上漂移，使导体板 A 和 A' 两侧产生电荷积累。显然，这种电荷积累所产生的横向电势差 $U_{AA'}$ 的正负，由载流子电荷 q 的正负决定。图 9.39(a)中，$q>0$，$U_{AA'}>0$；图 9.39(b)中，$q<0$，$U_{AA'}<0$。

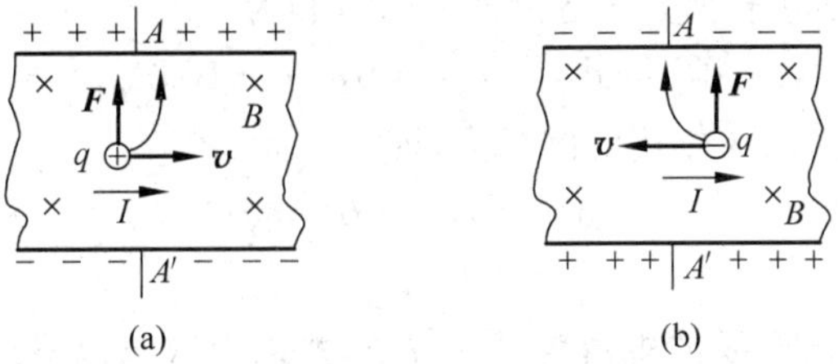

图 9.39 霍耳效应与载流子电荷正负的关系

(a) $q>0$；(b) $q<0$

半导体有电子型(N 型)和空穴型(P 型)两种。前者的载流子为电子，带负电；后者的载流子为“空穴”，相当于带正电的粒子。所以根据霍耳系数的正负号还可以判断半导体的导电类型。

近年来霍耳效应在科学技术领域中得到了越来越普遍的应用。利用霍耳效应已制成多种半导体材料的霍耳元件，应用于测量磁场、测量交直流电路中的电功率，以及转换和放大电信号等。

磁流体发电，所依据的就是等离子体的霍耳效应。将工作气体加热到很高的温度，使其充分电离，然后以很高的速度通过垂直磁场，等离子体中的正、负离子在洛伦兹力的作用下，分别偏转到导管两侧的电极上，使两极之间产生一电势差。只要等离子体连续通过磁场，便可以连续不断地输出电能。

9.8 磁场对载流导线的作用

9.8.1 安培力

在本章9.3节中我们讲过,恒定电流和磁铁都能产生磁场,磁场的基本性质就是对于处于其中的电流施加作用力。本节我们将定量讨论该作用力的数学表达式。

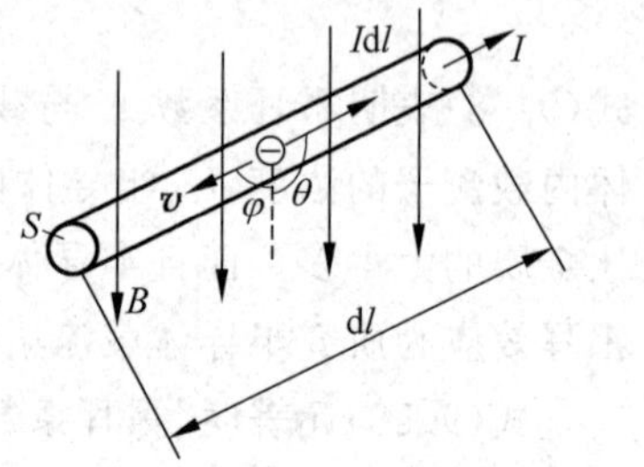

图9.40 磁场对电流元的作用力

如图9.40所示,在平行纸面向下的均匀磁场中有一电流元 $I\mathrm{d}\boldsymbol{l}$,它与磁感应强度 $\boldsymbol{B}$ 之间的夹角为 θ。设电流中自由电子的漂移速度均为 $\boldsymbol{v}$,且 $\boldsymbol{v}$ 与 $\boldsymbol{B}$ 之间的夹角为 φ,显然 $\theta+\varphi=\pi$。

由洛伦兹力公式(9.48)可知,电流元中的每一个自由电子所受的洛伦兹力的大小均为

$$f = evB\sin\varphi$$

由于电子带负电,所以此力的方向均垂直纸面向里。又设电流元的截面积为 S,电子数密度为 n,那么电流元中的自由电子数为

$$\mathrm{d}N = n\mathrm{d}V = nS\mathrm{d}l$$

这样,电流元中所有自由电子所受的洛伦兹力的总和为

$$\mathrm{d}F = \mathrm{d}N \cdot f = nS\mathrm{d}l \cdot evB\sin\varphi$$

这个力就是电流元 $I\mathrm{d}\boldsymbol{l}$ 受磁场作用的磁场力,即

$$\mathrm{d}F = nevS\mathrm{d}lB\sin\varphi$$

方向垂直纸面向里。

从式(9.4)已知,通过导线的电流为 $I=envS$,所以上式可以写成

$$\mathrm{d}F = I\mathrm{d}lB\sin\varphi$$

由于 $\sin\varphi=\sin(\pi-\theta)=\sin\theta$,因此,上式改写为

$$\mathrm{d}F = I\mathrm{d}lB\sin\theta \tag{9.59}$$

式(9.59)表明,磁场对电流元 $I\mathrm{d}\boldsymbol{l}$ 的作用力,其大小等于电流元的大小、电流元所在处的磁感应强度大小以及电流元 $I\mathrm{d}\boldsymbol{l}$ 与磁感应强度 $\boldsymbol{B}$ 之间的夹角 θ 的正弦之乘积,这个规律称为安培定律。磁场对电流元 $I\mathrm{d}\boldsymbol{l}$ 作用的力称为安培力。安培力的方向可以这样判定:右手四指由电流元 $I\mathrm{d}\boldsymbol{l}$ 经小于180°的角弯向 $\boldsymbol{B}$,这时大拇指的指向就是安培力的方向,如图9.41所示。

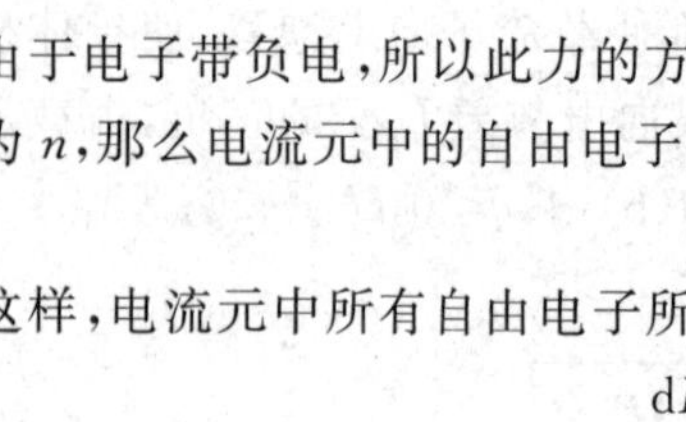

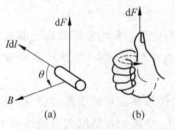

图9.41 安培力的方向

用矢量表示为

$$\mathrm{d}\boldsymbol{F} = I\mathrm{d}\boldsymbol{l}\times\boldsymbol{B} \tag{9.60}$$

上式也称为安培公式。式(9.60)表示磁场力 $\mathrm{d}\boldsymbol{F}$ 总是垂直于电流元 $I\mathrm{d}\boldsymbol{l}$ 和磁场 $\boldsymbol{B}$ 组成的平面。

对于有限长载流导线,在磁场中受到的安培力,等于各电流元所受安培力的矢量叠

加，即

$$F=\int_{l}\mathrm{d}\boldsymbol{F}=\int_{l}I\mathrm{d}\boldsymbol{l}\times\mathrm{d}\boldsymbol{B} \tag{9.61}$$

例 9-12 计算平行无限长载流直导线间的相互作用力。

如图 9.42 所示，二无限长平行直导线，相距为 a，分别通以同向电流 I_1 和 I_2。求两导线单位长度上的相互作用力。

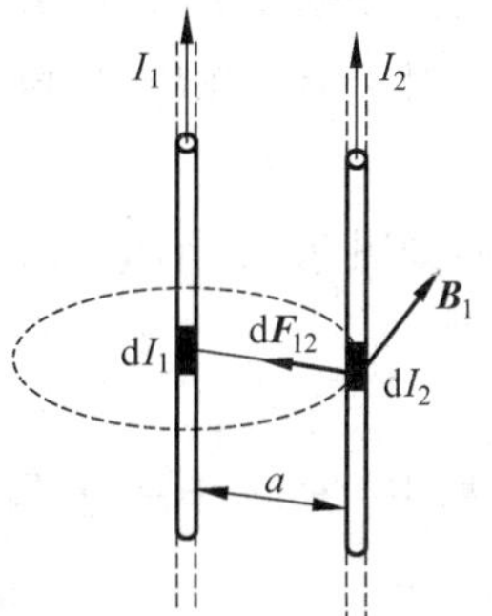

图 9.42 平行长直载流导线的相互作用

解 由式(9.34)可知电流 I_1 在电流 I_2 处产生的磁场为

$$B_1=\frac{\mu_0 I_1}{2\pi a} \tag{1}$$

方向如图 9.42 所示。导线 2 长为 $\mathrm{d}l_2$ 的一段电流元 $I_2\mathrm{d}l_2$ 受到的磁场力大小为

$$\mathrm{d}F_{12}=I_2\mathrm{d}l_2B_1 \tag{2}$$

将式(1)代入式(2)，得

$$\mathrm{d}F_{12}=\frac{\mu_0 I_1 I_2}{2\pi a}\mathrm{d}l_2 \tag{3}$$

方向指向导线 1。同理可求得导线 1 长为 $\mathrm{d}l_1$ 的一段电流元 $I_1\mathrm{d}l_1$ 受 I_2 的磁场力大小为

$$\mathrm{d}F_{21}=\frac{\mu_0 I_1 I_2}{2\pi a}\mathrm{d}l_1 \tag{4}$$

方向指向导线 2。

以上结果表明，电流同向时两平行载流导线之间相互吸引。同理可以证明，电流反向的两平行载流导线之间互相排斥。这为相关的电磁现象作出了理论解释。

在单位长度上载流导线所受到的作用力的大小为

$$f=\frac{\mathrm{d}F_{12}}{\mathrm{d}l_2}=\frac{\mathrm{d}F_{21}}{\mathrm{d}l_1}=\frac{\mu_0 I_1 I_2}{2\pi a} \tag{9.62}$$

如果两载流导线中的电流相等，即 $I_1=I_2=I$，则有

$$f=\frac{\mu_0 I^2}{2\pi a}\quad 或\quad I=\sqrt{\frac{2\pi a f}{\mu_0}}\,(\mathrm{A})$$

若取 $a=1\ \mathrm{m}$，$f=2\times10^{-7}\ \mathrm{N/m}$，则 $I=1\ \mathrm{A}$。据此，国际计算委员会在颁发的正式文件中，将电流强度的单位“安培”定义为“一恒定电流，若保持在处于真空中相距 1 m 的两无限长、而截面可忽略的平行载流直导线内，则在此两载流直导线之间产生的力在每米长度上等于 2×10^{-7} N”。由这个定义和式(9.62)容易求出常数 μ_0 的值和单位，即

$$\mu_0=4\pi\times10^{-7}\ \mathrm{N/A^2}$$

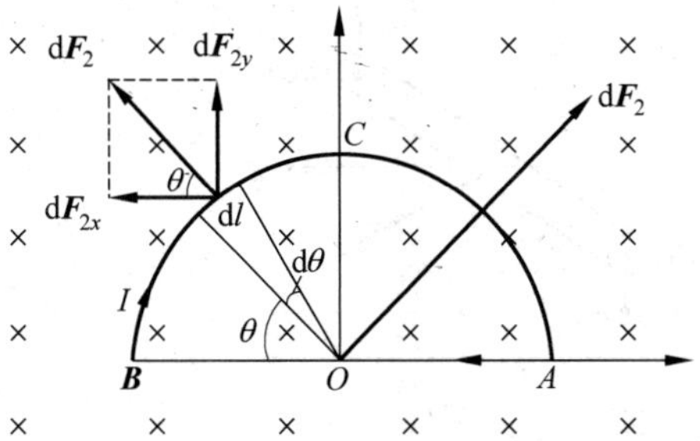

图 9.43 均匀磁场中的闭合回路

例 9-13 如图 9.43 所示，一通有电流的闭合回路放在磁感应强度为 $\boldsymbol{B}$ 的均匀磁场中，回路的平面与 $\boldsymbol{B}$ 垂直。此回路由直导线 $\overline{AB}$ 和半径为 R 的半圆弧导线 $\widehat{BCA}$ 组成。若回路的电流为 I，其流向为顺时针方向，求磁场作用于整个回路的合力。

解 整个回路所受的力为导线 $\overline{AB}$ 和 $\widehat{BCA}$ 所受力的矢量和。对于直导线 $\overline{AB}$ 来说，

其长度为 $2R$，由安培公式可得

$$F_1 = \int_0^{2R} IB\,\mathrm{d}l = 2BIR$$

方向沿 y 轴反方向，即垂直 $\overline{AB}$ 向下。

对于半圆弧 $\widehat{BCA}$，取电流元 $I\mathrm{d}\boldsymbol{l}$，其所受到的安培力大小为

$$\mathrm{d}F_2 = BI\,\mathrm{d}l$$

方向如图 9.43 所示。由于是关于 y 轴对称，所以 $\mathrm{d}\boldsymbol{F}_2$ 的水平分量相互抵消，其 y 分量的大小为

$$\mathrm{d}F_{2y} = BI\,\mathrm{d}l\sin\theta = BIR\sin\theta\mathrm{d}\theta$$

其中 $\mathrm{d}l = R\mathrm{d}\theta$，于是，整段导线所受到的安培力为

$$F_2 = F_{2y} = \int \mathrm{d}F_{2y} = \int_0^{\pi} BIR\sin\theta\mathrm{d}\theta = 2BIR$$

方向沿 y 轴正方向，即垂直 AB 向上。

由上述计算可见，$\boldsymbol{F}_1 = -\boldsymbol{F}_2$，所以整个闭合回路的合力为

$$\boldsymbol{F} = \boldsymbol{F}_1 + \boldsymbol{F}_2 = \boldsymbol{0}$$

可见在均匀磁场中的载流闭合回路所受到的合力为零。

9.8.2 磁场对载流线圈的作用

为了叙述方便，规定载流线圈平面的法线方向 $\boldsymbol{e}_n$ 与电流流动方向构成右手螺旋关系，这样，用一个矢量 $\boldsymbol{e}_n$ 既可表示出线圈平面在空间的取向，又可表示出其中电流的流动方向。

首先从最简单的情况出发，讨论矩形线圈在均匀磁场中所受的力与力矩。图 9.44(a) 所示为一刚性矩形线圈 $ABCD$，边长为 a 和 b，它可以绕垂直于磁感应强度 $\boldsymbol{B}$ 的中心轴 OO' 自由转动。$\boldsymbol{B}$ 垂直于一对边 AB 和 CD，且与线圈平面法线 $\boldsymbol{e}_n$ 成 θ 角。由安培公式可知，AD、BC 两边所受安培力的大小相等

$$F_{AD} = F_{BC} = IBb\cos\theta$$

方向相反且沿同一直线，因线圈是刚性的，所以不产生形变，两力的作用相消。AB、CD 两边所受的安培力大小也相等，即

$$F_{AB} = F_{CD} = IBa$$

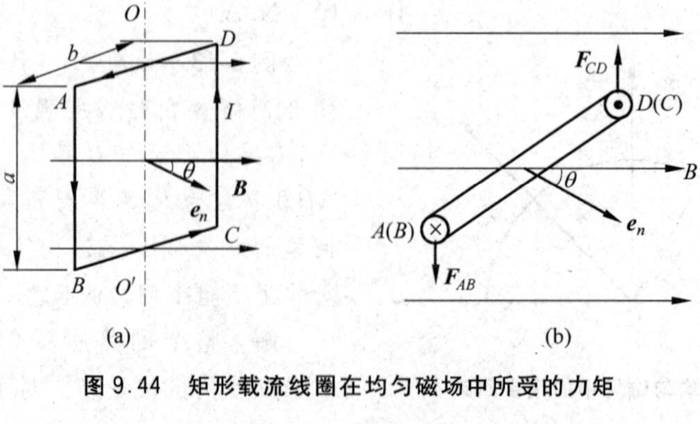

图 9.44 矩形载流线圈在均匀磁场中所受的力矩

方向相反，如图 9.44(b)(俯视图)所示。但两力不在同一直线上，因此构成了绕 OO' 轴的磁力矩。该磁力矩的两个力臂都是 $\frac{b}{2}\sin\theta$；磁力矩方向一致，因而合力矩大小为

$$M = F_{AB}\frac{b}{2}\sin\theta + F_{CD}\frac{b}{2}\sin\theta = IabB\sin\theta$$

即

$$M = ISB\sin\theta \tag{9.63}$$

式中 $S=ab$ 是线圈的面积，用面积矢量表示为 $\boldsymbol{S}=S\boldsymbol{e}_n$，考虑力矩的方向，上式可写成矢量式：

$$\boldsymbol{M} = I\boldsymbol{S}\times\boldsymbol{B} \tag{9.64}$$

此力矩使线圈的法线方向 $\boldsymbol{e}_n$ 向 $\boldsymbol{B}$ 方向旋转。

式(9.63)和式(9.64)虽是从矩形线圈的特例中推导出来的，但对于任意形状的平面线圈都适用。

由式(9.37)可知，$\boldsymbol{m}=I\boldsymbol{S}=IS\boldsymbol{e}_n$，为载流平面线圈的磁矩，它是一个由线圈本身的电流和面积等自身性质所决定的矢量，与线圈的形状无关。由此，磁场作用于载流线圈的磁力矩可以表示为

$$\boldsymbol{M} = \boldsymbol{m}\times\boldsymbol{B} \tag{9.65}$$

如果线圈不止一匝，而是 N 匝，那么线圈所受的磁力矩应为

$$\boldsymbol{M} = N\boldsymbol{m}\times\boldsymbol{B} \tag{9.66}$$

综上所述，我们看到，任意形状的载流平面线圈作为整体，在均匀外磁场中所受的合力为零，仅受一磁力矩的作用；该力矩总是力图使这线圈的磁矩 $\boldsymbol{m}$(或者说它的右旋法线矢量 $\boldsymbol{e}_n$)转到和外磁场 $\boldsymbol{B}$ 一致的方向上来。当 $\boldsymbol{m}$ 与 $\boldsymbol{B}$ 的夹角 $\theta=\frac{\pi}{2}$ 时，力矩的数值最大，$M=mB=ISB$；当 $\theta=0$ 或 $\theta=\pi$ 时，力矩 $M=0$。但当 $\theta=0$ 时线圈处于稳定平衡状态；当 $\theta=\pi$ 时，线圈处于非稳定平衡状态，如图 9.45 所示。

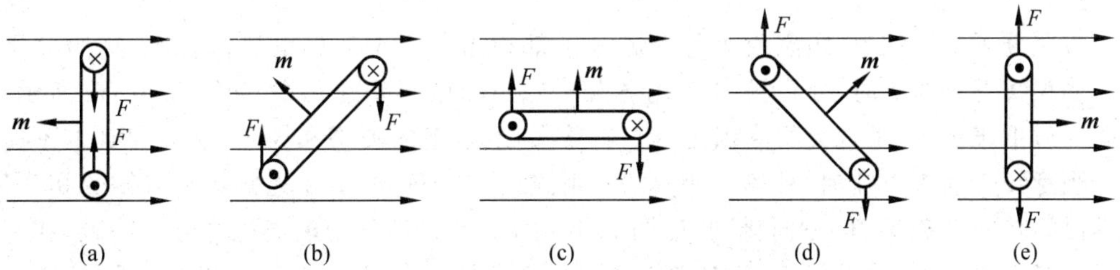

图 9.45 载流线圈的磁矩

(a) $\theta=\pi$；(b) $\theta>\frac{\pi}{2}$；(c) $\theta=\frac{\pi}{2}$；(d) $\theta<\frac{\pi}{2}$；(e) $\theta=0$

9.9 磁场中的磁介质

在磁场作用下发生变化并能反过来影响磁场的物质称为磁介质；磁介质在磁场作用下所发生的这种变化，称为磁介质的磁化。事实上，一切物质都可以认为是磁介质。关于介质

磁化的理论，存在着两种不同的观点：分子电流观点和磁荷观点。尽管两种观点的微观模型不同，但宏观结果完全一致，因而在这种意义上两种观点是等效的。由于人们对磁现象的认识起源于对天然磁体的观察，因此磁荷观点发展较早。分子电流观点最初由安培以假说的形式提出，由于它展示了磁现象与电流之间的内在联系，因而现在比较流行。在这里我们仅以分子电流观点为基础进行讨论。

应当指出，磁介质对磁场的影响远比电介质对电场的影响要复杂得多。不同的磁介质在磁场中的表现则是很不相同的。假设在真空中某点的磁感应强度为 $\boldsymbol{B}_0$，放入磁介质后，因磁介质被磁化而建立的附加磁感应强度为 $\boldsymbol{B}'$，那么该点的磁感应强度 $\boldsymbol{B}$ 应为这两个磁感应强度的矢量和，即

$$\boldsymbol{B}=\boldsymbol{B}_0+\boldsymbol{B}'$$

实验表明，附加磁感应强度 $\boldsymbol{B}'$ 的方向和大小随磁介质而异。有一些磁介质，$\boldsymbol{B}'$ 的方向与 $\boldsymbol{B}_0$ 的方向相同，使得 $B>B_0$，这种磁介质称为顺磁质，如铝、锰、氧等；还有一类磁介质，$\boldsymbol{B}'$ 的方向与 $\boldsymbol{B}_0$ 的方向相反，使得 $B<B_0$，这种磁介质称为抗磁质，如铜、铋、氢等。但无论是顺磁质还是抗磁质，附加磁感应强度 $\boldsymbol{B}'$ 的大小都比外磁场要小得多(约几万分之一或几十万分之一)，它对原来磁场的影响极为微弱，所以，这两种磁介质统称为弱磁性介质。实验还发现另有一类磁介质，它的附加磁感应强度 $\boldsymbol{B}'$ 的方向虽与顺磁质一样，但其大小远远大于外磁场，即 $B'\gg B_0$，并且不是常量。这类磁介质称为铁磁质，它能显著增强磁场，是强磁性介质，如铁、镍、钴及其合金等。

9.9.1 磁介质的磁化

电介质在电场作用下将被极化。与此类似，磁介质在磁场作用下也将被磁化。

1. 顺磁质的磁化

按照分子电流观点，顺磁质内每个磁分子都相当于一个环形电流，其磁矩称为分子磁矩。当螺线管未通电时，外磁场 $B_0=0$，各分子磁矩的取向杂乱无章，如图 9.46(a)所示，对于磁介质中宏观小、微观大的体积元 ΔV 来说，分子磁矩的矢量和为零，所以宏观上不显磁性。当螺线管通入电流时，外磁场 $B_0\neq 0$。由式(9.65)可知，分子磁矩将受一磁力矩作用，使其磁矩转向外磁场 $\boldsymbol{B}_0$ 方向排列，如图 9.46(b)所示。各分子电流绕行方向一致，相邻的分子电流方向相反，效果相消；只有磁介质圆柱侧面处的各段分子电流未被抵消，使整个圆柱侧面像载流螺线管一样，形成一层环形电流，如图 9.46(c)所示。这种因磁介质磁化而出现的电流称为磁化电流。磁化电流也产生磁场，其磁感应强度用 $\boldsymbol{B}'$ 表示，称为附加磁场。因此，任一点的磁感应强度 $\boldsymbol{B}$ 是外磁场 $\boldsymbol{B}_0$ 和附加磁场 $\boldsymbol{B}'$ 的矢量和，即

$$\boldsymbol{B}=\boldsymbol{B}_0+\boldsymbol{B}'$$

对于顺磁性物质，上述磁介质磁化电流所产生的附加磁场 $\boldsymbol{B}'$ 与 $\boldsymbol{B}_0$ 的方向基本相同，所以合成磁场增强。

2. 抗磁质的磁化

对于抗磁质来说，其分子固有磁矩为零，无外磁场时，自然不显磁性。但在外磁场作用

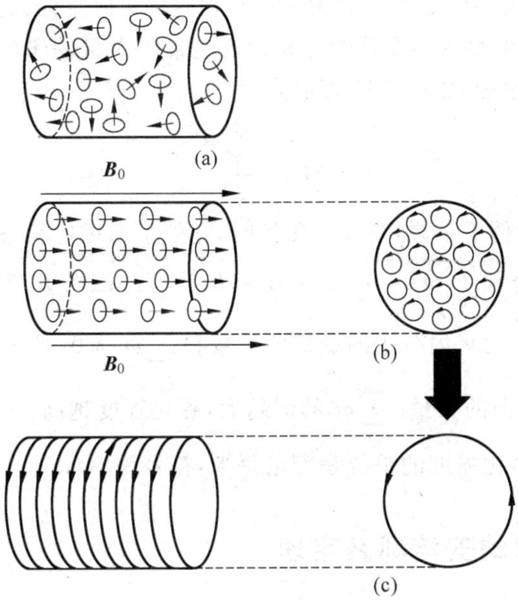

图 9.46 顺磁质的磁化

下,分子中每个电子的轨道运动和自旋运动都将发生变化,从而引起附加磁矩 $\Delta\boldsymbol{m}$,而且附加磁矩 $\Delta\boldsymbol{m}$ 的方向一定与外磁场 $\boldsymbol{B}_0$ 的方向相反。

如图 9.47 所示,设一电子以半径 r、角速度 ω_0 绕核作圆轨道运动,电子的磁矩 $\boldsymbol{m}_0$ 的方向与外磁场 $\boldsymbol{B}_0$ 的方向平行。可以证明,电子在洛伦兹力的作用下,其附加磁矩 $\Delta\boldsymbol{m}'$与外磁场 $\boldsymbol{B}_0$ 的方向相反。由于分子中每个电子的附加磁矩 $\Delta\boldsymbol{m}'$都与外磁场 $\boldsymbol{B}_0$ 的方向相反,所有分子的附加磁矩 $\Delta\boldsymbol{m}$ 也与外磁场 $\boldsymbol{B}_0$ 的方向相反。因此,在抗磁质中,就要出现与外磁场 $\boldsymbol{B}_0$ 方向相反的附加磁场 $\boldsymbol{B}'$。于是,抗磁质内的磁感应强度 $\boldsymbol{B}$ 的大小为

$$B = B_0 - B'$$

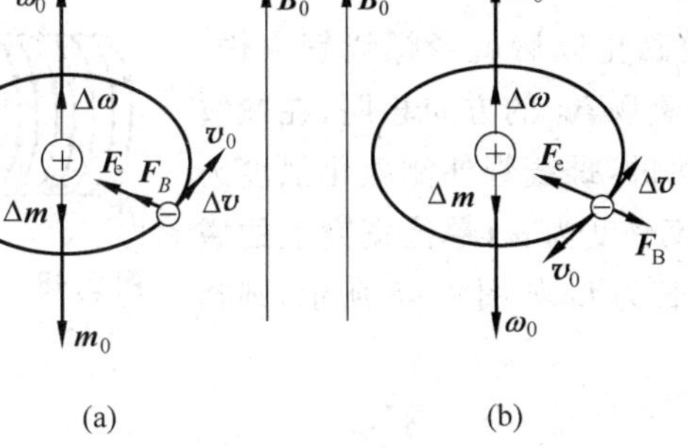

图 9.47 抗磁质的磁化

(a) $B /\!/ \omega_0$; (b) $-B /\!/ \omega_0$

3. 磁化强度

为了描述磁介质的磁化状态(磁化的方向和磁化的程度),通常引入磁化强度矢量的概

念。磁化强度矢量用符号 $\boldsymbol{M}$ 表示，定义为单位体积内分子磁矩的矢量和。如果我们在磁介质内取一物理无限小体积元 ΔV，在这个体积元内包含了大量的磁分子，$\boldsymbol{m}$ 代表每个磁分子的磁矩，由上述定义，磁化强度矢量 $\boldsymbol{M}$ 表示为

$$\boldsymbol{M} = \frac{\sum\limits_{\Delta V}\boldsymbol{m}}{\Delta V} \tag{9.67}$$

就以上述顺磁质的例子来说，当无外磁场时，它处于未磁化状态，各个分子磁矩 $\boldsymbol{m}$ 的取向杂乱无章，它们的矢量和 $\sum\limits_{\Delta V}\boldsymbol{m} = \boldsymbol{0}$，从而 $\boldsymbol{M} = \boldsymbol{0}$；当有外磁场 $\boldsymbol{B}_0$ 时，各分子磁矩在一定程度上沿 $\boldsymbol{B}_0$ 方向排列起来，ΔV 内分子的磁矩的矢量和 $\sum\limits_{\Delta V}\boldsymbol{m} \neq \boldsymbol{0}$，且合成矢量沿 $\boldsymbol{B}_0$ 方向，从而 $\boldsymbol{M} \neq \boldsymbol{0}$，是一个沿 $\boldsymbol{B}_0$ 方向的矢量。$\sum\limits_{\Delta V}\boldsymbol{m}$ 的值越大，磁化程度越高。

在国际单位制中，磁化强度的单位是安培每米，符号为 A/m。

9.9.2　有磁介质时的安培环路定理

有磁介质存在时，任一点的磁场是由传导电流 I_0 和磁化电流 I' 共同产生的，所以在式(9.43)所表示的安培环路定理中

$$\oint_L \boldsymbol{B} \cdot \mathrm{d}\boldsymbol{l} = \mu_0 \sum_{L内} I$$

$\sum\limits_{L内} I$ 应理解为穿过积分环路 L 的传导电流和磁化电流的代数和，即

$$\oint_L \boldsymbol{B} \cdot \mathrm{d}\boldsymbol{l} = \mu_0 \sum_{L内} I_0 + \mu_0 \sum_{L内} I' \tag{9.68}$$

但是，磁化电流是与磁介质的磁化状态有关的物理量，而磁介质的磁化状态又依赖于磁介质中总磁感应强度 $\boldsymbol{B}$，即磁化电流 I' 与 $\boldsymbol{B}$ 是相互关联的，所以直接运用上式是不方便的。这里，我们采用类似于静电场中引入电位移矢量 $\boldsymbol{D}$ 的处理方法，引入一个辅助矢量 $\boldsymbol{H}$，并导出有磁介质时的安培环路定理。

由前所述，磁介质被磁化以后就像螺线管一样，假设其磁化强度 $\boldsymbol{M}$ 与外磁场 $\boldsymbol{B}_0$ 的方向相同，在螺线管内的磁化强度也是均匀的，螺线管外侧磁化强度为零。设磁介质的磁化电流密度为 α'（单位宽度上的磁化电流），横截面积为 S，长为 L，如图 9.48 所示，则其磁化强度的大小为

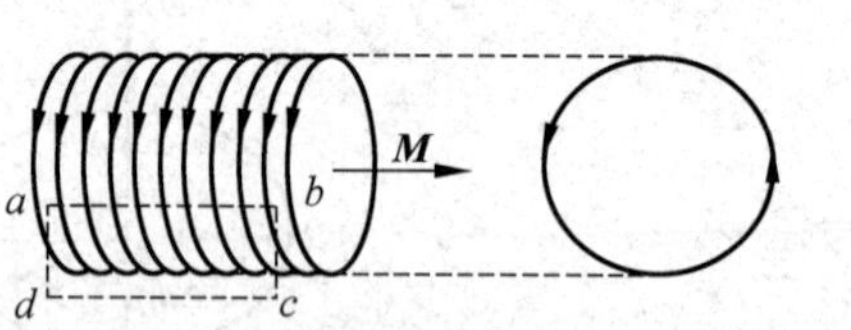

图 9.48　磁化强度与磁化电流的关系

$$M = \frac{\sum\limits_{\Delta V} m}{\Delta V} = \frac{\alpha' LS}{SL} = \alpha'$$

上式表明，磁化强度的大小等于磁介质表面的磁化电流密度。

如图 9.48 所示，在圆柱形磁介质的边界附近取一长方形闭合回路 $abcda$，则有

$$\oint_L \boldsymbol{M} \cdot \mathrm{d}\boldsymbol{l} = \int_a^b \boldsymbol{M} \cdot \mathrm{d}\boldsymbol{l} = Mab = \alpha' ab = \sum_{L内} I'$$

其中 $\sum\limits_{L内} I'$ 是 ab 这段长度上的磁化电流。于是式(9.68)可以写为

$$\oint_L \boldsymbol{B} \cdot \mathrm{d}\boldsymbol{l} = \mu_0 \left(\sum_{L内} I_0 + \oint_L \boldsymbol{M} \cdot \mathrm{d}\boldsymbol{l} \right)$$

将上式除以 μ_0，移项后再将积分项合并，即得

$$\oint_L \left(\frac{\boldsymbol{B}}{\mu_0} - \boldsymbol{M} \right) \cdot \mathrm{d}\boldsymbol{l} = \sum_{L内} I_0 \tag{9.69}$$

引入一个辅助矢量

$$\boldsymbol{H} = \frac{\boldsymbol{B}}{\mu_0} - \boldsymbol{M} \text{ 或 } \boldsymbol{B} = \mu_0 (\boldsymbol{H} + \boldsymbol{M}) \tag{9.70}$$

$\boldsymbol{H}$ 称为磁场强度。利用式(9.70)和式(9.69)可写成

$$\oint_L \boldsymbol{H} \cdot \mathrm{d}\boldsymbol{l} = \sum_{L内} I_0 \tag{9.71}$$

此式称为有磁介质时的安培环路定理或关于 $\boldsymbol{H}$ 的环路定理。它表示磁场强度 $\boldsymbol{H}$ 沿任意闭合回路的线积分($\boldsymbol{H}$ 的环流)等于回路所包围的所有传导电流的代数和。但回路各点的 $\boldsymbol{H}$ 不仅与空间的全部传导电流有关，也与磁化电流有关。此式是式(9.43)的推广，仍然表示恒定磁场是涡旋场。式(9.71)右边不再出现磁化电流，它将使磁介质中的磁场的计算简化。

式(9.70)是磁场强度 $\boldsymbol{H}$ 的定义式，也是 $\boldsymbol{H}$、$\boldsymbol{B}$ 和 $\boldsymbol{M}$ 这三个矢量之间的普遍关系式，它对任何磁介质都是普遍成立的。在真空中，$\boldsymbol{M}=\boldsymbol{0}$，这时有

$$\boldsymbol{B} = \mu_0 \boldsymbol{H} \quad \text{或} \quad \boldsymbol{H} = \frac{\boldsymbol{B}}{\mu_0} \tag{9.72}$$

于是式(9.71)又回到了式(9.43)。所以式(9.71)是安培环路定理的普遍形式。

由式(9.71)可知，在国际单位制中磁场强度的单位是安培每米，符号为 A/m。

虽然式(9.70)对任何磁介质都是普遍成立的，但是，磁化强度 $\boldsymbol{M}$ 不仅和磁介质的性质有关，而且也和磁介质所在处的磁场有关。我们定义

$$\chi_{\mathrm{m}} = \frac{M}{H} \tag{9.73}$$

χ_{m} 称为磁介质的磁化率，是与磁介质物理性质有关的无量纲的常数。如果磁介质是均匀的，则 χ_{m} 是常量；如果磁介质是不均匀的，则 χ_{m} 是空间位置的函数。对于顺磁质，$\chi_{\mathrm{m}}>0$，磁化强度 $\boldsymbol{M}$ 和磁场强度 $\boldsymbol{H}$ 的方向相同；对于抗磁质，$\chi_{\mathrm{m}}<0$，磁化强度 $\boldsymbol{M}$ 和磁场强度 $\boldsymbol{H}$ 的方向相反。式(9.73)又可写为

$$\boldsymbol{M} = \chi_{\mathrm{m}} \boldsymbol{H} \tag{9.74}$$

将式(9.74)代入式(9.70)，可得

$$\boldsymbol{B} = (1 + \chi_{\mathrm{m}}) \mu_0 \boldsymbol{H}$$

通常令

$$\mu_{\mathrm{r}} = 1 + \chi_{\mathrm{m}} \tag{9.75}$$

$$\mu = \mu_{\mathrm{r}} \mu_0 \tag{9.76}$$

则有

$$\boldsymbol{B} = \mu_{\mathrm{r}} \mu_0 \boldsymbol{H} = \mu \boldsymbol{H} \tag{9.77}$$

式中 μ_{r} 称为磁介质的相对磁导率，它是一个无量纲的量；μ 称为磁介质的绝对磁导率，它是一个与 μ_0 有相同量纲的量。

磁介质的磁化率 χ_m、相对磁导率 μ_r、磁导率 μ 都是描述磁介质磁化特性的物理量，只要知道三个量中的任一个量，就可算出其他两个。

式(9.77)是 $\boldsymbol{B}$ 与 $\boldsymbol{H}$ 间的重要关系式，称为磁介质的状态方程。对于各向同性的顺磁质和抗磁质，$\boldsymbol{H}$ 与 $\boldsymbol{B}$ 方向相同，大小成正比。

例 9-14 利用有磁介质时的安培环路定理，计算充满磁介质的螺绕环内的磁感应强度，如图 9.49 所示。已知无磁介质(真空)时的磁感应强度为 B_0，介质的磁化强度为 M。

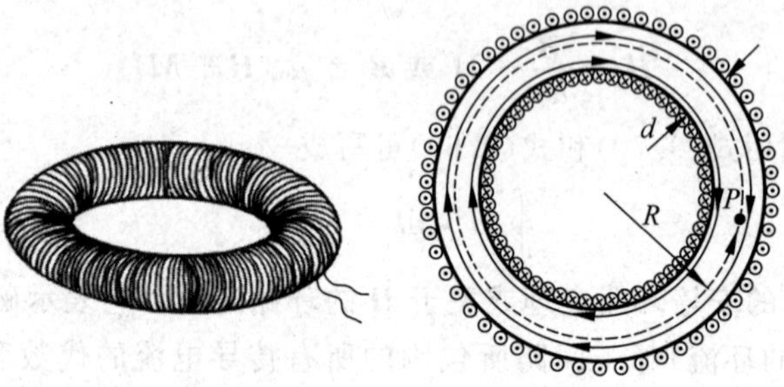

图 9.49 螺绕环

解 设螺绕环的平均半径为 R，总匝数为 N。取与环同心的圆形环路 L 为积分环路，传导电流 I_0 共穿过此环路 N 次。

利用式(9.71)可得

$$\oint_L \boldsymbol{H}\cdot \mathrm{d}\boldsymbol{l} = H\cdot 2\pi R = \sum_{L内} I_0 = NI_0$$

即

$$H = \frac{N}{2\pi R}I_0 = nI_0$$

式中，$n=\dfrac{N}{2\pi R}$，代表环上单位长度内的匝数。

我们知道，空心螺绕环的磁感应强度为 B_0，即

$$B_0 = \mu_0 nI$$

故

$$B_0 = \mu_0 H \quad 或 \quad H = \frac{B_0}{\mu_0}$$

根据式(9.70)，磁介质环内的磁感应强度大小为

$$B = \mu_0(H+M) = B_0 + \mu_0 M$$

矢量形式为

$$\boldsymbol{B} = \boldsymbol{B}_0 + \mu_0 \boldsymbol{M}$$

例 9-15 如图 9.50(a)所示为一相对磁导率为 μ_{r1} 的无限长磁介质圆柱，半径为 R_1，其中通以电流 I，且电流沿横截面均匀分布。在磁介质圆柱的外面有半径为 R_2 的无限长同轴柱面，该圆柱面上均匀通有大小为 I 但方向与内柱电流方向相反的电流。在圆柱体之间充满相对磁导率为 $\mu_{r2}(\mu_{r2}>\mu_{r1})$ 的均匀磁介质，圆柱面外为真空。求 $\boldsymbol{B}$ 与 $\boldsymbol{H}$ 的分布。

解 由于磁介质和电流的分布都具有轴对称性，所以磁场分布也具有轴对称性。在垂直于圆柱轴线的平面上，以轴与平面交点为圆心过场点作半径为 r 的圆形安培环路 L，根据

有磁介质存在时的安培环路定理,有

$$\oint_L \boldsymbol{H} \cdot \mathrm{d}\boldsymbol{l} = \sum_{L内} I_0$$

$$H \cdot 2\pi r = \sum_{L内} I_0$$

当 $r<R_1$ 时,

$$H \cdot 2\pi r = \frac{I}{\pi R_1^2}\pi r^2 = \frac{Ir^2}{R_1^2}$$

$$H_1 = \frac{Ir}{2\pi R_1^2}$$

$$B_1 = \mu_{r1}\mu_0 H_1 = \frac{\mu_{r1}\mu_0 I}{2\pi R_1^2} r$$

当 $R_1<r<R_2$ 时,

$$H_2 \cdot 2\pi r = \sum_{L内} I_0 = I$$

$$H_2 = \frac{I}{2\pi r}$$

$$B_2 = \mu_{r2}\mu_0 H_2 = \frac{\mu_{r2}\mu_0 I}{2\pi r}$$

当 $r>R_2$ 时,

$$H_3 \cdot 2\pi r = \sum_{L内} I_0 = I - I = 0$$

$$H_3 = 0, B_3 = \mu_0 H_3 = 0$$

H-r 的变化曲线如图 9.50(b)所示。

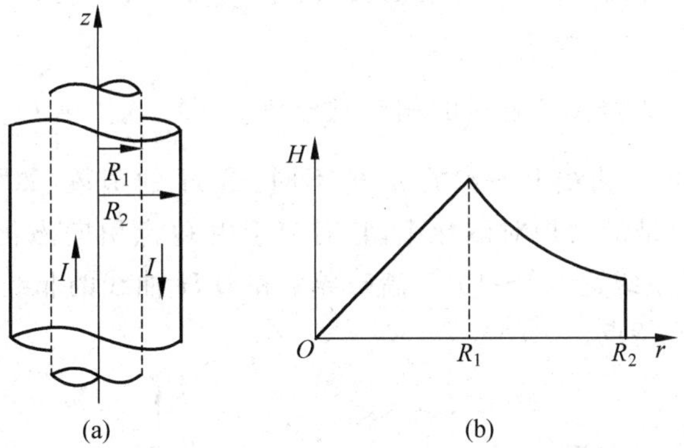

图 9.50

(a) 无限长磁介质圆柱; (b) H-r 曲线

*9.9.3 铁磁质

铁磁质是以铁为代表的一类磁性很强的物质,它们具有许多特殊的性质。在纯化学元素中,过渡族的铁、钴、镍以及稀土族的钆、镝、钬等都属于铁磁质。然而,常用的铁磁质多是它们的合金和氧化物。

1. 铁磁质的磁化规律

所谓磁化规律是指 $\boldsymbol{M}$ 与 $\boldsymbol{H}$ 或 $\boldsymbol{B}$ 的关系。对非铁磁质，它们的关系是线性的，对铁磁质这个关系很复杂，可以用以下的实验方法来测定。

如图 9.51 所示，将被测铁磁质样品做成圆环，环上密绕励磁线圈，称为初级线圈，由励磁电流 I_0 和线圈匝数密度 n 可求出磁场强度的大小为 $H=nI_0$。

另一匝数较少的线圈(称为次级线圈)接冲击电流计。初级线圈的电流反向时，用冲击电流计能测得次级线圈的感生电流通过任一截面的电量，因而可求得与 $\boldsymbol{H}$ 对应的磁感应强度 $\boldsymbol{B}$。由此可以画出 B-H 曲线，称为磁化曲线。再根据 $M=\dfrac{B}{\mu_0}-H$，还可画出 M-H 曲线。由于在铁磁质中 $\boldsymbol{M}$ 比 $\boldsymbol{H}$ 大得多($10^2\sim10^6$ 倍)，所以 $B=\mu_0(H+M)\approx\mu_0 M$，即 M-H 曲线与 B-H 曲线很相似，以下我们只以 B-H 曲线为例来说明铁磁质的磁化规律。

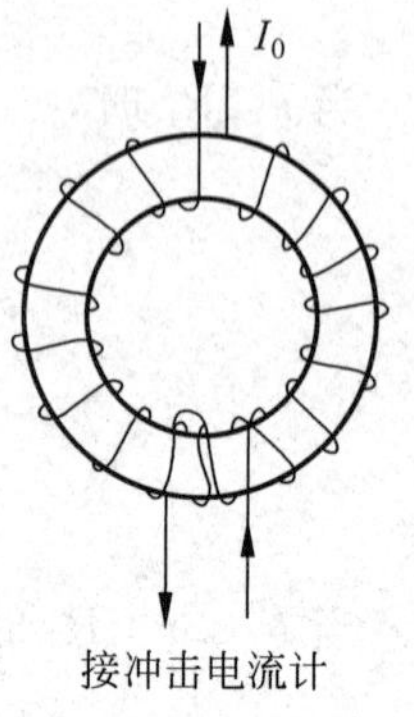

图 9.51 铁磁质磁化曲线的测量

(1) 起始磁化曲线

实验开始时，$I_0=0$，铁磁质处于未磁化状态，即 $B=H=0$，如图 9.52 所示。令 I_0 由 0 逐渐增加，求出 H，测得相应的 B；逐渐增大电流，依次测出 H、B，便得到 B-H 曲线。这条曲线(OS)通过原点，从未磁化到饱和磁化状态，叫做铁磁质的起始磁化曲线。由曲线可以看出，开始 OA 段，B 随 H 增大较慢；中间一段 AC，B 随 H 的增长很快；后来的 CS 段，B 随 H 的增长趋于缓慢；S 点以后，随 H 增长，B 值几乎不再变了。我们说这时介质的磁化已达到饱和。S 点对应的 H 值称为饱和磁场强度，记作 H_S；S 点对应的 B 称为饱和磁感应强度，记作 B_S。

由起始磁化曲线可以定义铁磁质的相对磁导率 $\mu_r=\dfrac{B}{\mu_0 H}$。由 O 点到曲线上任一点直线的斜率就代表 $\mu_r\mu_0$ 值。曲线上各点的 μ_r 值不同，是 H 的函数，如图 9.53 所示，其中 μ_I 是起始相对磁导率，μ_M 是最大相对磁导率，它对应于由 O 点引向磁化曲线的切线的斜率。一般铁磁质的 μ_M 的数量级达 $10^2\sim10^4$。高磁导率和 B-H 曲线的非线性关系是铁磁质区别于非铁磁质的两个重要特点。

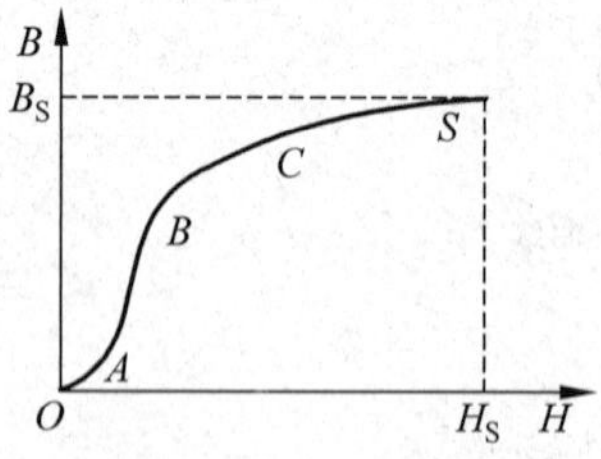

图 9.52 起始磁化曲线

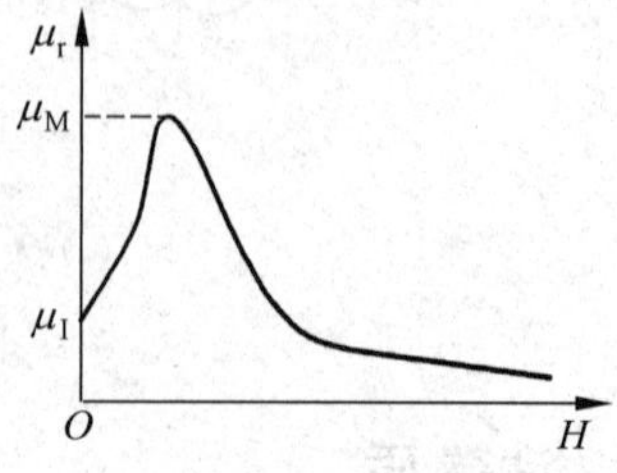

图 9.53 μ_r-H 曲线

(2) 磁滞回线

当铁磁质的磁化达到饱和之后，如果将磁场 H 减小直至为零，B 也随之减小，但并不取原来起始磁化曲线与 H 的对应值，也就是不按原来磁化时的曲线返回。此过程对应于

图 9.54 中的 SR 曲线。与起始磁化曲线比较，随 H 的变化，B 的变化有些滞后，这种现象称为磁滞。由图看出，$H=0$ 时，$B\neq0$，对应的 B 值用 B_R 表示，称为剩余磁感应强度（图中的 OR）。当 H 反向增大到一定程度时（图中 C 点），介质才完全退磁，即达到 $B=0$ 的状态。对应 C 点的 H 用 H_C 表示，称为矫顽力。曲线 RC 称为退磁曲线。

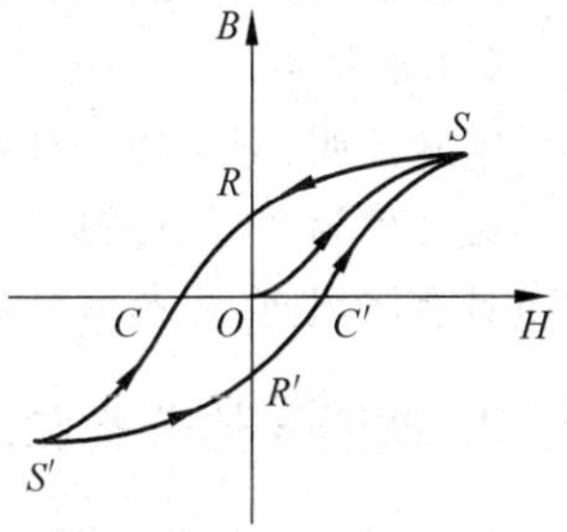

图 9.54 磁滞回线

H 沿反方向继续增大，样品将沿相反方向磁化，直至饱和，用曲线 CS' 表示。再将 H 由 $-H_S$ 经 O 点增至 H_S，对应的曲线为 $S'R'C'S$。由图看到，当 H 在正、反两方向往复变化时，样品的磁化经历了一个循环过程。闭合曲线 $SRCS'R'C'S$ 叫做铁磁质的磁滞回线，它对于原点 O 是对称的。

由上述实验结果可知，由于铁磁质的磁滞现象，使 $\boldsymbol{B}$、$\boldsymbol{H}$ 之间的关系不仅不是线性的，而且也不是单值的。一个 H 值对应多个 B 值。究竟是哪个 B 值，要由磁化历史决定。正是由于这个原因，关系式 $\boldsymbol{M}=\chi_m\boldsymbol{H}$ 和 $\boldsymbol{B}=\mu\boldsymbol{H}$ 对铁磁质不再成立，因为式中的 χ_m 和 μ 没有确切的物理含义。因此，我们约定，用起始磁化曲线按式 $\mu_r=\dfrac{B}{\mu_0 H}$ 定义铁磁质的相对磁导率。这样 μ_r 就是 H 的单值函数了。

实际上铁磁质磁化的规律远比上面描述的要复杂得多。上述磁滞回线只是在外磁场足够大时作出的面积最大的磁滞回线。在起始磁化曲线上任一点都对应一条磁滞回线，如图 9.55 所示。如果在循环过程中突然改变外磁场方向，这时介质的磁化状态并不沿原路折回，而是沿着一条新的曲线移动，如图 9.55 中的 PQ。如果外磁场的数值在这小范围内往复变化，介质的磁化状态便沿着小磁滞回线循环，类似这样的小磁滞回线，到处都可以产生。因此，当我们研究一种铁磁质的起始磁化曲线时，要从磁介质的未磁化状态开始。需要首先使之退磁，亦即令其回到 B-H 图中的原点 O 状态。为此，我们将样品放到外磁场中反复磁化，同时逐渐减小外磁场，直至磁化状态回到 O 点，如图 9.56 所示。具体作法是将样品放到交变磁场中去，退磁后抽出。

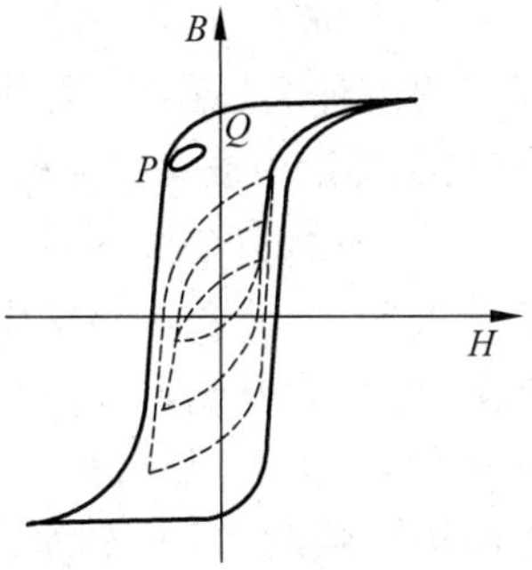

图 9.55 同一样品有多个磁滞回线

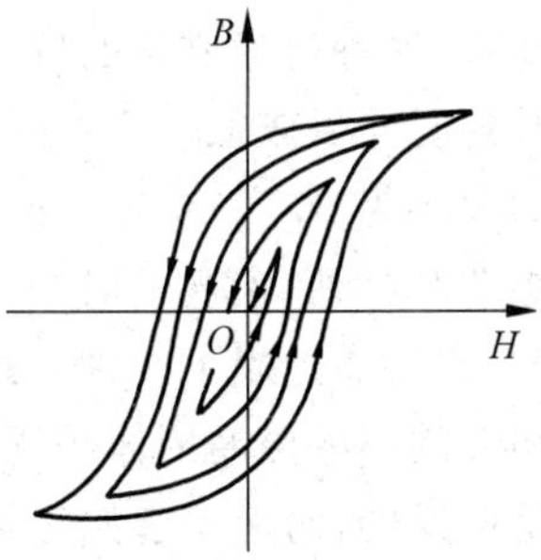

图 9.56 退磁过程

使铁磁质反复磁化要损耗能量，并以热的形式放出。理论可以证明，一个反复磁化过程中单位体积的铁磁质所损耗的能量恰好等于磁滞回线所包围的面积。这种损耗称为磁滞损耗，在电机、电器中应尽量减小。磁滞损耗与涡流损耗起因不同，前者是使铁磁质反复磁化消耗的能量，后者是焦耳损耗。两种损耗加起来，称为铁损。

磁滞现象是铁磁质的第三个重要特点。磁滞回线的形状是铁磁质性能的重要标志。

(3) 居里点

实验证明，对于每一种铁磁质，其温度超过某一温度时，磁性将消失而转变为顺磁质。这一温度称为居里点或居里温度。不同的铁磁质其居里点不同。铁的居里点是 769 ℃。铁磁质具有居里点，也是其特点之一。

2. 铁磁质的分类和应用

从铁磁质的性能和使用来说，主要按矫顽力的大小分为软磁质和硬磁质两大类。

(1) 软磁材料

矫顽力很小，$H_C<10^2$ A/m，磁滞回线狭长，如图 9.57 所示，包围的面积小，故磁滞损耗小。因此软磁材料适合于在交变磁场中使用，如做变压器、电磁铁和电机中的铁芯等。为了减小材料的涡流损耗，在高频和微波波段的应用中，常采用电阻率较高的铁氧体，它们是铁和其他一种或多种金属的复合氧化物。

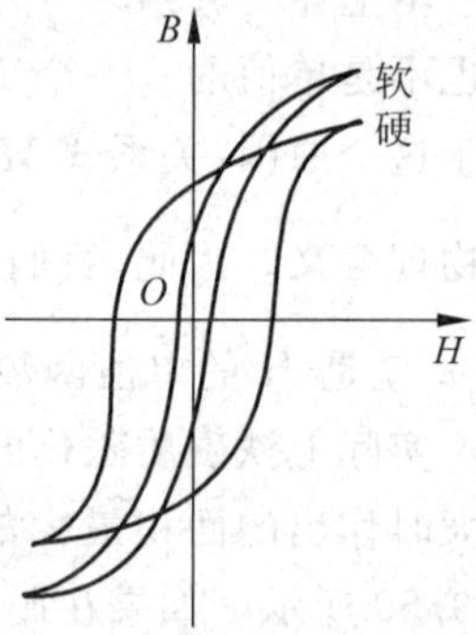

图 9.57 软磁材料和硬磁材料的磁滞回线

(2) 硬磁材料

硬磁材料的矫顽力很大，H_C 为 $10^4\sim10^6$ A/m；硬磁材料的剩余磁感应强度和剩余磁化强度都很大，常称它为永磁体。它的磁滞回线较宽，如图 9.57 所示。电表、扬声器和录音机中都离不开永磁体。特别是，稀土永磁材料钕、铁、硼等的发展，将使电机的效率和性能大大提高，发展前景引人瞩目。此外，还有磁滞回线接近于矩形的矩磁材料，它总是处在 B_S 或 $-B_S$ 两种状态之一，可用作"记忆"元件；具有较强的磁致伸缩效应的压磁材料，可用作超声波发生器等。

3. 铁磁质的磁化机理

铁磁质的磁性主要来源于电子的自旋磁矩。在没有外磁场时，铁磁质中电子的自旋磁矩在"分子场"的作用下，就可以在小范围内自发地排列起来，形成一个个小的自发磁化区域，称为磁畴。这种自发磁化的发生，来源于电子之间存在的一种交换作用，它使电子在其自旋平行排列时能量较低。交换作用是一种量子效应，在经典理论中没有相应的概念。

磁畴的大小为 $10^{-12}\sim10^{-8}$ m³，包含有 $10^{17}\sim10^{21}$ 个原子。在无外磁场时，由于热运动，各磁畴磁矩杂乱排列，宏观上对外界并不显示出磁性，如图 9.58(a)所示。当铁磁质受到外磁场作用时，它将通过以下两种方式实现磁化：在外磁场较弱时，自发磁化方向与外磁场方向相同或相近的那些磁畴的体积逐渐增大，如图 9.58(b)所示。这一过程可称为磁壁移动。磁壁移动是可逆的，对应于起始磁化曲线的 OA 段；在外磁场较强时，每个磁畴的自发磁化方向将作为一个整体，在不同程度上转向外磁场方向，对应于起始磁化曲线的 AC 段。在这一段，磁感应强度迅速增强；当所有磁畴都沿外磁场方向排列时，铁磁质的磁化就达到了饱和。达到饱和之后，磁化强度不再增大，对应于曲线上 S 点以后的直线段。由此可见，饱和磁化强度 M_S 就等于各个磁畴中原来的磁化强度，该值是非常大的，这就是为什么铁磁质的磁性比顺磁质强得多的原因。

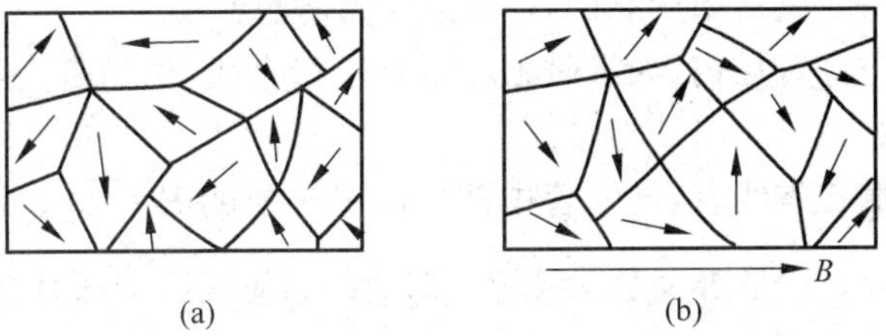

图 9.58 磁畴

(a) 无外磁场；(b) 有外磁场

由于掺杂和内力等的作用，当铁磁质达到饱和后，将外磁场减小或撤销时，磁畴磁矩的转向是不可逆的，磁畴并不能恢复到原先的退磁状态，因而表现出磁滞现象。磁畴自发磁化方向的改变还会引起铁磁质中晶格间距的改变，从而会伴随着发生磁化过程铁磁体的长度和体积的改变，这种现象称为磁致伸缩。当铁磁质的温度超过某一温度时，剧烈的分子热运动使磁畴瓦解，致使磁性消失而变为顺磁质。这个临界温度就是前面曾提到过的铁磁质的居里点。

4. 磁屏蔽

把磁导率不同的两种磁介质放到磁场中，在它们的交界面上磁场要发生突变，这时磁感应强度 $\boldsymbol{B}$ 的大小和方向都要发生变化，也就是说，引起了磁感应线折射。例如，当磁感应线从空气进入铁磁质时，磁感应线对法线的偏离很大，因此强烈地收缩。图 9.59 是磁屏蔽示意图。图中 A 为一磁导率很大的软磁材料做成的罩，放在外磁场中，由于罩的磁导率 μ 比 μ_0 大得多，而阻碍磁感应线通过的磁阻与磁导率 μ 成反比，所以罩壳中的磁阻比空腔内空气中的磁阻小很多，因此绝大部分磁感应线从罩壳的壁内通过，而罩壳内的空腔中磁感应线很少，这就达到了磁屏蔽的目的。如为了防止外磁场的干扰，常在示波管、显像管中电子束聚焦部分的外部加上磁屏蔽罩，就可起到磁屏蔽的作用。

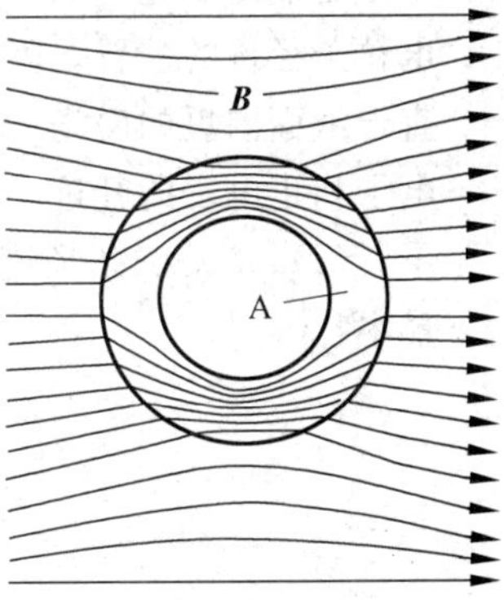

图 9.59 磁屏蔽

思 考 题

9.1 我们为什么不把作用于运动电荷的磁力方向定义为磁感应强度的方向？说明静电作用与静磁作用的异同点。根据本章的学习，你认为定义磁感应强度 $\boldsymbol{B}$ 可有几种方法？试写出每种定义方法的 $\boldsymbol{B}$ 的表示式，说明 $\boldsymbol{B}$ 的方向如何确定。

9.2 无限长载流直导线的磁感应强度的大小为 $B=\frac{\mu_0 I}{2\pi r}$，当场点无限接近导线时($r\to 0$)，则磁感应强度的大小 $B\to\infty$。这样的结论是否正确？如何解释？

9.3 地磁场的主要分量是从南到北的，还是从北到南的？

9.4 在没有电流的空间区域内，如果磁感应线是平行直线，磁场是否一定是均匀的？试证明之。

9.5 有一细长密绕载流螺线管，已知管中部的磁感应强度 $B=\mu_0 nI$，端部轴线上的磁感应强度 $B=\frac{1}{2}\mu_0 nI$。这是否说明螺线管中部的磁感应线到端部时有一半中断了？

9.6 安培环路定理 $\oint_L \boldsymbol{B}\cdot \mathrm{d}\boldsymbol{l}=\mu_0\sum I$ 中的 $\boldsymbol{B}$ 是否只是穿过环路内的电流激发的？它与环路外部的电流有无关系？为什么？

9.7 在电子仪器或无线电设备中，常把来回线（载有大小相等、方向相反的电流）并在一起或扭成一条，以减少它们在周围产生的磁场，试说明其道理。

9.8 一电荷 q 在匀强磁场中运动，试判断下列说法是否正确，并说明理由。

(1) 只要速度大小相同，所受的洛伦兹力就相同；

(2) 在速度不变的前提下，电荷 q 改变为 $-q$，受力的方向反向，数值不变；

(3) 电荷 q 改变为 $-q$，速度方向相反，则受力的方向反向，数值不变；

(4) $\boldsymbol{v}$、$\boldsymbol{B}$、$\boldsymbol{F}$ 三个矢量，已知任意两个量的大小和方向，就能判断第三个量的大小和方向；

(5) 受洛伦兹力作用后，其动能和动量不变。

9.9 云室是借助于过饱和水蒸气在离子上凝结，来显示通过它的带电粒子径迹的装置。附图是一张云室径迹照片，拍摄时加了垂直于纸面向里的磁场。图中 a、b、c、d、e 是从 O 点发出的一些电子和正电子的径迹。(1)哪些径迹属于电子？哪些属于正电子？(2)a、b、c 三条径迹中哪个粒子的能量（速度）最大？哪个最小？

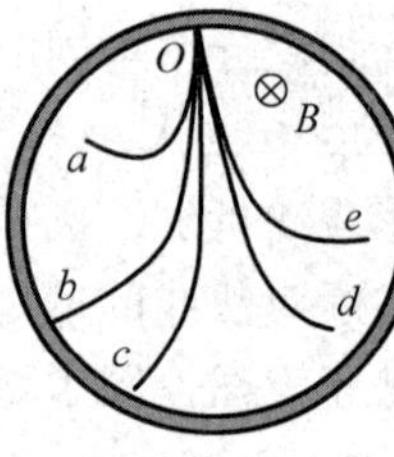

思考题 9.9 图

习 题

9.1 一无限长载流导线弯成如图所示的形状，则在 O 点处的磁感应强度 $\boldsymbol{B}$ 的大小为（ ）。

A. $\frac{\mu_0 I}{2\pi R}+\frac{\mu_0 I}{2R}$　　B. $\frac{\mu_0 I}{2R}-\frac{\mu_0 I}{2\pi R}$

C. $\frac{\mu_0 I}{4\pi R}+\frac{\mu_0 I}{4R}$　　D. $\frac{\mu_0 I}{4R}-\frac{\mu_0 I}{4\pi R}$

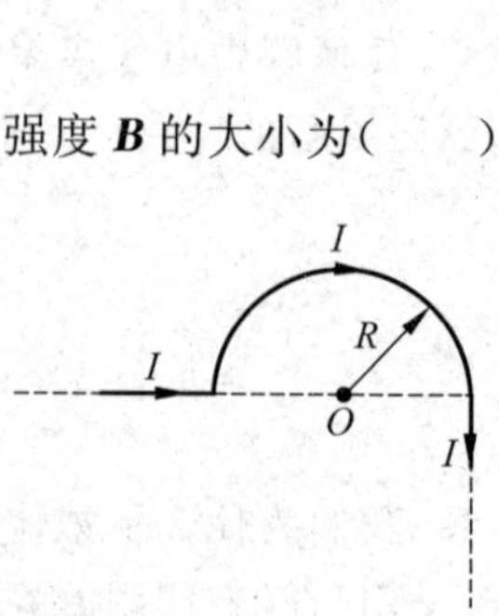

题 9.1 图

9.2 电流由长直导线 1 沿半径方向经 a 点流入一由电阻均匀的导线构成的圆环，再由 b 点沿半径方向从圆环流出，经长直导线 2 返回电源，如图所示。已知直导线上的电流强度为 I，圆环的半径为 R，$\angle aOb=30°$。设长直导线 1、2 和圆环中的电流分别在 O 点产生的磁感应强度为 $\boldsymbol{B}_1$、$\boldsymbol{B}_2$、$\boldsymbol{B}_3$，则 O 点的磁感应强度的大小为（ ）。

A. $B=0$，因为 $\boldsymbol{B}_1=\boldsymbol{0}$，$\boldsymbol{B}_2+\boldsymbol{B}_3=\boldsymbol{0}$

B. $B=0$,因为虽然 $B_1\neq0$,$B_2\neq0$,但 $\boldsymbol{B}_1+\boldsymbol{B}_2=\boldsymbol{0}$,$B_3=0$

C. $B\neq0$,因为虽然 $B_3=0$,但 $\boldsymbol{B}_1+\boldsymbol{B}_2\neq\boldsymbol{0}$

D. $B\neq0$,因为 $B_3\neq0$,$\boldsymbol{B}_1+\boldsymbol{B}_2\neq\boldsymbol{0}$,所以 $\boldsymbol{B}_1+\boldsymbol{B}_2+\boldsymbol{B}_3\neq\boldsymbol{0}$

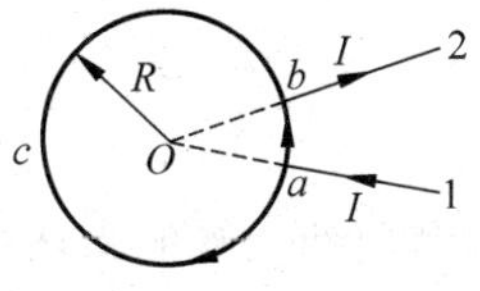

题 9.2 图

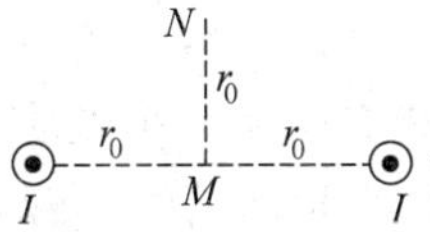

题 9.3 图

9.3 如图所示,两根长直导线互相平行地放置,导线内电流大小相等,均为 I,方向相同。则在图中 M、N 两点的磁感应强度大小和方向为(　　)。

A. $B_M=0$,$B_N=\dfrac{\mu_0 I}{2\pi r_0}$,$\boldsymbol{B}_N$ 的方向沿水平向左

B. $B_M=0$,$B_N=\dfrac{\mu_0 I}{2\pi r_0}$,$\boldsymbol{B}_N$ 的方向沿水平向右

C. $B_M=\dfrac{\mu_0 I}{\pi r_0}$,$B_N=\dfrac{\mu_0 I}{2\pi r_0}$,$\boldsymbol{B}_M$ 的方向垂直向上,$\boldsymbol{B}_N$ 的方向沿水平向左

D. $B_M=\dfrac{\mu_0 I}{\pi r_0}$,$B_N=\dfrac{\mu_0 I}{4\pi r_0}$,$\boldsymbol{B}_M$ 的方向垂直向下,$\boldsymbol{B}_N$ 的方向沿 N 点的切线方向

9.4 对磁场中高斯定理:$\oint_S \boldsymbol{B}\cdot \mathrm{d}\boldsymbol{S}=0$,以下说法正确的是(　　)。

A. 高斯定理只适用于封闭曲面中没有永磁体和电流的情况

B. 高斯定理只适用于封闭曲面中没有电流的情况

C. 高斯定理只适用于稳恒磁场

D. 高斯定理也适用于交变磁场

9.5 下列可用环路定理求磁感应强度的是(　　)。

A. 有限长载流直导体　　　　B. 圆电流

C. 有限长载流螺线管　　　　D. 载流螺绕环

9.6 两根长度相同的细导线分别多层均匀密绕在半径为 R 和 r 的两个长直圆筒上形成两个螺线管($R=2r$),两螺线管的长度 L 相等,且 $L\gg R$,两螺线管中通过的电流也相同,则两螺线管中的磁感应强度大小 B_R 和 B_r 应满足(　　)。

A. $B_R=4B_r$　　　　B. $B_R=2B_r$

C. $B_R=B_r$　　　　D. $2B_R=B_r$

9.7 一平面载流线圈置于均匀磁场中,下列说法正确的是(　　)。

A. 只有正方形的平面载流线圈,外磁场的合力才为零

B. 只有圆形的平面载流线圈,外磁场的合力才为零

C. 任意形状的平面载流线圈,外磁场的合力和力矩一定为零

D. 任意形状的平面载流线圈,外磁场的合力一定为零,但力矩不一定为零

9.8 洛伦兹力可以(　　)。

A. 改变带电粒子的速率　　　　B. 改变带电粒子的动量

C. 对带电粒子做功　　　　　　　　D. 增加带电粒子的动能

9.9 磁介质有三种,用相对磁导率 μ_r 表征它们各自的特性,下列说法中正确的是(　　)。

A. 顺磁质 $\mu_r>0$,抗磁质 $\mu_r<0$,铁磁质 $\mu_r\gg1$

B. 顺磁质 $\mu_r>1$,抗磁质 $\mu_r=1$,铁磁质 $\mu_r\gg1$

C. 顺磁质 $\mu_r>1$,抗磁质 $\mu_r<1$,铁磁质 $\mu_r\gg1$

D. 顺磁质 $\mu_r>0$,抗磁质 $\mu_r<0$,铁磁质 $\mu_r>1$

9.10 两个大小相同的螺线管,甲中插有铁芯,乙中无铁芯,若要使二者的磁场强度相等,则所通的电流(　　)。

A. 甲比乙大　　　　　　　　B. 乙比甲大

C. 二者相等　　　　　　　　D. 与电流无关

9.11 如图所示为一个内、外半径分别为 R_1、R_2,厚度为 h 的铁垫片,电流沿径向流动。求其内、外半径间的电阻。已知电阻率为 ρ。

9.12 把大地看作电阻率为 ρ 的均匀电介质,如图所示,用一半径为 R 的球形电极与大地表面相接,半个球体埋在地面下,电极本身的电阻可忽略不计,求此电极的接地电阻。

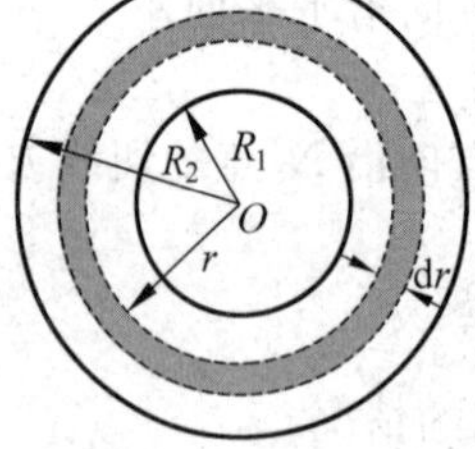

题 9.11 图

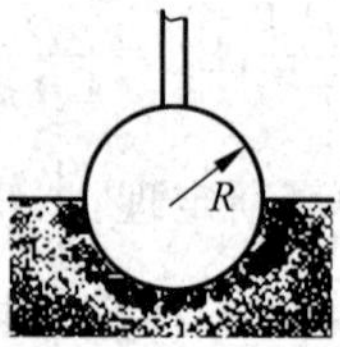

题 9.12 图

9.13 一无限长直导线折成 $ABCDEF$ 形状,通有电流 I,中部有一段弯成圆弧形,半径为 a,$OE=ED=\frac{a}{2}$,如图所示。求圆心 O 处的磁感应强度。

9.14 一条无限长的直导线,弯成如图所示形状,已知电流为 I,半径为 R_1、R_2,求圆心 O 点的磁感应强度 $\boldsymbol{B}$ 的大小和方向。

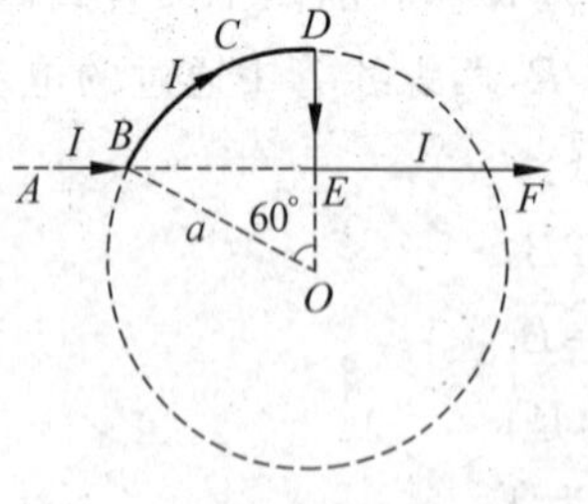

题 9.13 图

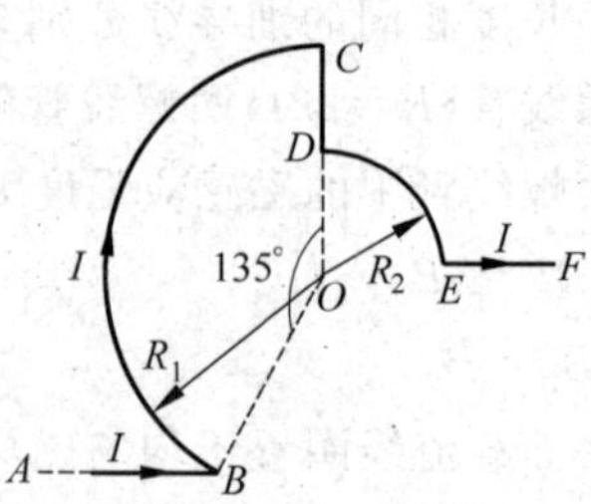

题 9.14 图

9.15 如图所示,宽为 l 的薄长金属板,处于 Oxy 平面内,设板上电流强度为 I,且均匀分布。求 x 轴上 P 点的磁感应强度的大小和方向。

9.16 如图所示,均匀磁场的磁感应强度 $\boldsymbol{B}$ 垂直于半径为 R 的圆平面,S_1 和 S_2 是以该圆为边线的任意曲面,问通过此二曲面的磁通量 Φ_{S_1} 和 Φ_{S_2} 各为多少?

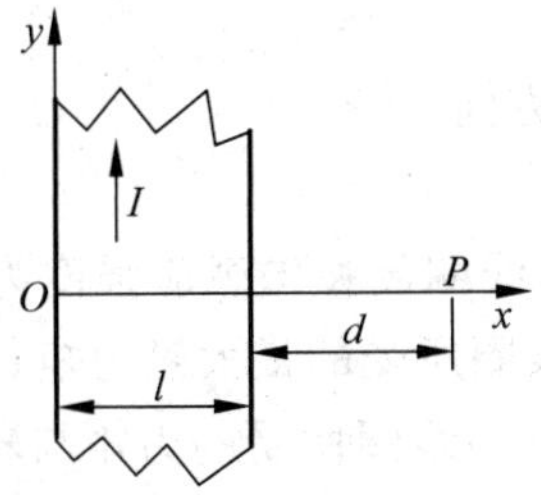

题 9.15 图

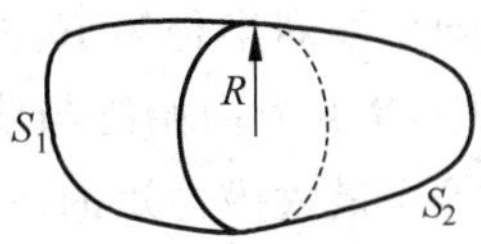

题 9.16 图

9.17 同轴电缆由两同轴导体组成，内导体半径为 R_1，外导体是一半径为 R_2 的导体圆筒，导体内的电流等量反向，如图所示，求：(1)各区域的 $\boldsymbol{B}$ 的分布；(2)图中阴影部分的磁通量。

9.18 设电流均匀流过无限大导电平面，其单位宽度上的电流强度为 i，如图所示。求导电平面两侧的磁感应强度。

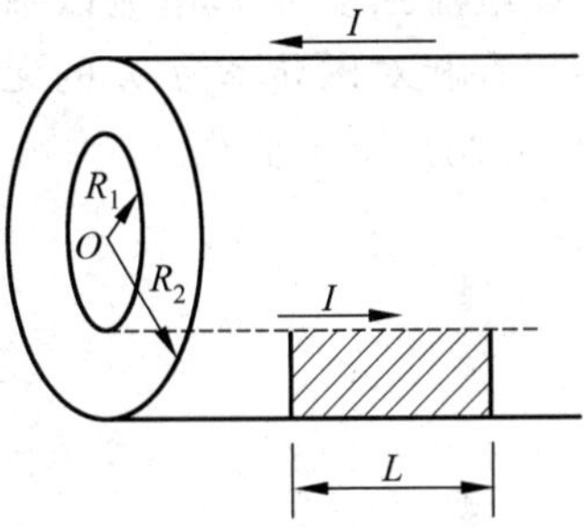

题 9.17 图

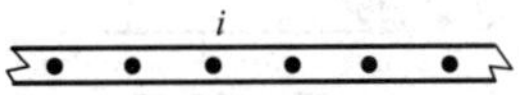

题 9.18 图

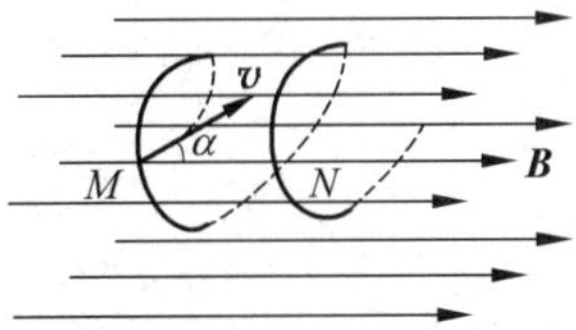

题 9.19 图

9.19 如图所示，设有一质量为 m_e 的电子射入磁感应强度为 $\boldsymbol{B}$ 的均匀磁场中，当它位于 M 点时，具有与磁场方向成 α 角的速度 $\boldsymbol{v}$，它沿螺旋线运动一周到达 N 点，试证：M、N 两点间的距离为

$$MN = \frac{2\pi m_e v\cos\alpha}{eB}$$

9.20 一通有电流为 I 的长直导线在一平面内被弯成如图形状(其中半圆弧的半径为 R)，放在磁感应强度为 $\boldsymbol{B}$ 的均匀磁场中，$\boldsymbol{B}$ 的方向垂直纸面向里，求此导线受到的安培力的大小。

9.21 如图所示，一根无限长直导线载有电流 I_1，矩形回路载有电流 I_2，矩形回路与长直导

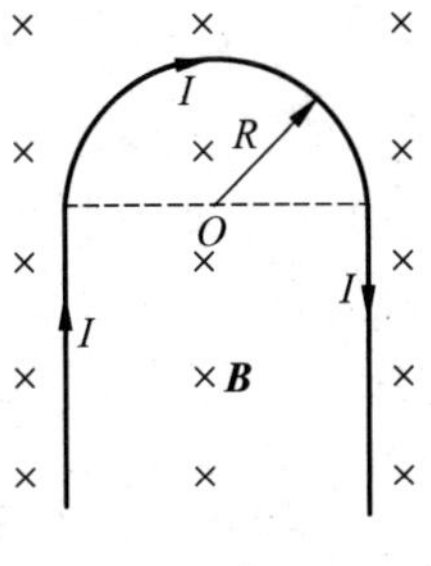

题 9.20 图

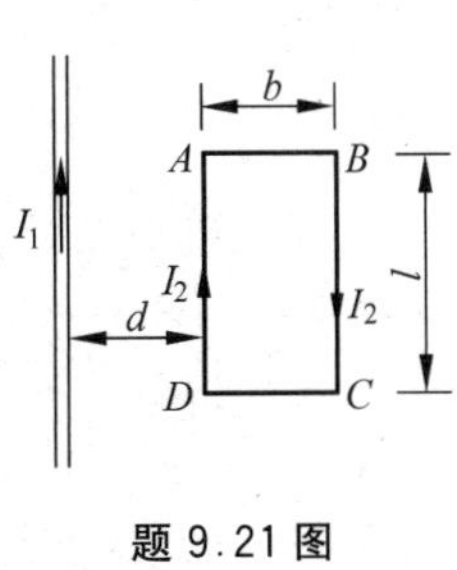

题 9.21 图

线共面。试计算：

(1) 电流 I_1 作用在矩形回路各边上的力的大小和方向；

(2) 电流 I_1 作用在回路上的合力的大小和方向。

9.22 一半圆形线圈半径为 R，共有 N 匝，所载电流为 I，线圈放在磁感应强度为 $\boldsymbol{B}$ 的均匀磁场中，$\boldsymbol{B}$ 的方向始终与线圈的直边垂直。(1)求线圈所受的最大磁力矩；(2)如果磁力矩等于最大磁力矩的一半，线圈处于什么位置？(3)线圈所受的力矩与转动轴位置是否有关？

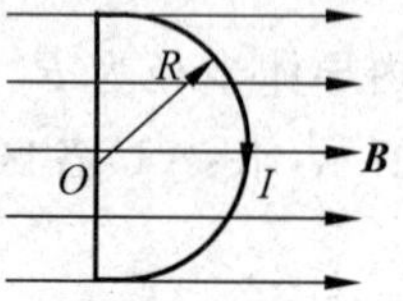

题 9.22 图

9.23 有一无限长的载流圆柱形导体，半径为 R，如图所示。设电流强度为 I，电流以轴线方向流动，并且均匀地分布在横截面上。圆柱形导体浸没在相对磁导率为 μ_r 的无限大均匀磁介质中，试计算各处的磁场强度和磁感应强度，并画出 B-r 曲线。

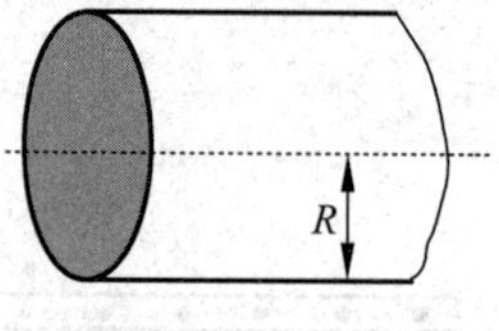

题 9.23 图

第 10 章 电磁感应

电磁感应现象的发现，是电磁学领域中最重大的成就之一。它不仅为揭示电与磁的内在联系奠定了实验基础，而且也标志着一场重大的工业和技术革命的到来。电磁感应在电工电子技术和电磁测量方面的广泛应用，对生产力和科学技术的发展起着巨大作用。

本章将讨论法拉第电磁感应定律和楞次定律，介绍动生电动势和感生电动势、自感和互感现象，进而讨论磁场的能量，最后简单介绍麦克斯韦方程组所揭示的电磁场理论以及电磁波的基本概念。

10.1 电磁感应定律

10.1.1 电磁感应现象

1820 年，奥斯特发现了电流的磁效应，首次打破电与磁的界限，揭示了电流能够激发磁场。那么反过来能不能利用磁产生电流呢？许多科学家为此做了大量实验，经历了无数挫折和失败，终于在 1831 年首先由法拉第给出肯定的答案，他用精确的实验证实了自己的科学信念。

这里，我们利用图 10.1 所示的几个实验说明什么是电磁感应现象以及产生电磁感应现象的条件。

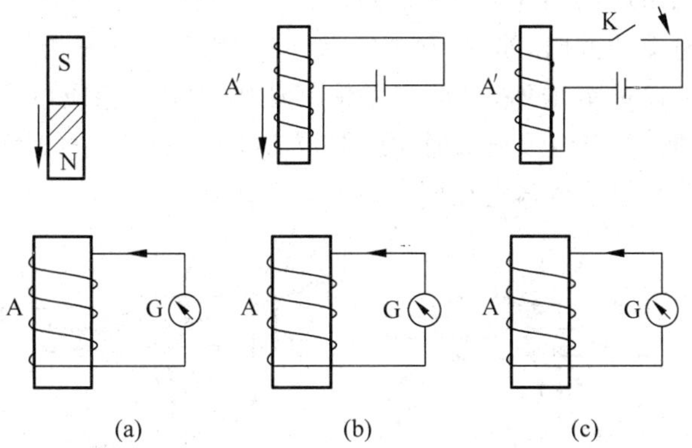

图 10.1 电磁感应演示实验

实验一，把线圈 A 的两端分别接在电流计 G 的两端组成闭合电路，如图 10.1(a)所示，把一根磁棒插入线圈 A 中，电流计指针偏转，表明线圈中有电流通过。磁棒在线圈 A 中静止时，电流计指针不动，表明线圈中没有电流。把磁棒拔出的过程中，电流计指针反向偏转，表明线圈中有反向电流。磁棒插入或拔出的速度越快，指针偏转角度越大，表明电流也越大。

实验二，如果用载有恒定电流的小线圈 A′代替磁棒，如图 10.1(b)所示，插入或拔出线圈 A 时，也能观察到同样的现象。

上面两个实验都是由于磁棒或通电线圈与线圈 A 间有相对运动，在线圈中产生了电流，实际上当无这种相对运动时，线圈 A 也会产生电流。

实验三，如果在线圈 A′的回路中串联一个开关 K，如图 10.1(c)所示，当 A′与 A 无相对运动，开关闭合或断开的瞬间，线圈 A 中仍可出现电流，而且开关闭合或断开时所产生的电流方向相反。如果用一个可变电阻代替开关，当调节可变电阻从而改变线圈 A′中的电流时，同样可看到电流计指针的偏转，可变电阻调节得越快，指针偏转也越大，说明电流的大小与线圈 A′中电流的变化快慢有关。

综合上述实验可以发现，它们有一个共同特点，这就是它们都使穿过线圈 A 的磁通量发生了变化。由此可以得到结论：当穿过一个闭合回路的磁通量发生变化时，回路中就会产生电流，这种电流称为感应电流。

由第 9.2 节可知，闭合回路中有电流，说明回路中有电动势存在，这种由于磁通量变化而引起的电动势称为感应电动势。当穿过回路的磁通量发生变化时，回路中产生感应电动势的现象称为电磁感应现象。以后我们将会看到，即使不形成闭合回路，这时不存在感应电流，但感应电动势却仍然存在。感应电动势比感应电流更能反映电磁感应现象的本质。

10.1.2 楞次定律

上述实验表明，在不同条件下感应电流的方向是不同的，俄国物理学家楞次在 1834 年提出了确定感应电流方向的法则——楞次定律。楞次定律有两种表述方式。

表述一：感应电流的磁通量总是阻碍引起感应电流的磁通量的变化。

在图 10.1(a)所示的实验中，当磁棒插入或拔出线圈时，由电流计 G 指针的偏转方向可确定线圈 A 中感应电流的方向，如图 10.2 所示。图 10.2(a)表示磁棒插入线圈 A 的情况，这时穿过线圈 A 的磁通量 Φ 增加，根据右手螺旋法则可确定感应电流的磁通量 Φ' 符号与之相反，阻碍 Φ 的增加；而当磁棒拔出时，如图 10.2(b)所示，穿过线圈的磁通量 Φ 减少，这时感应电流的磁通量 Φ' 的符号与之相同，阻碍 Φ 的减少。

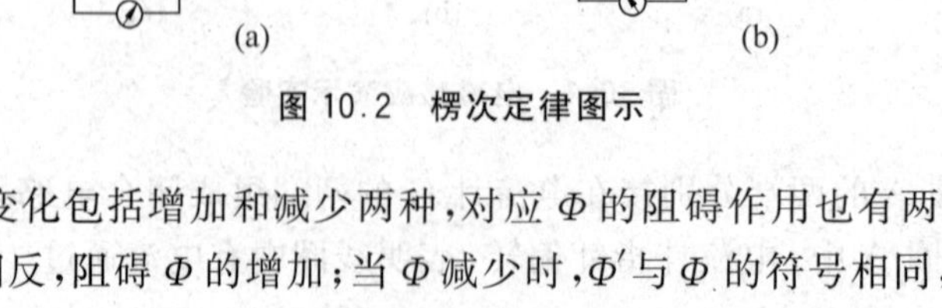

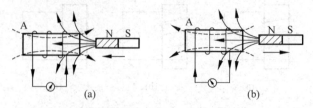

图 10.2 楞次定律图示

这里磁通量的变化包括增加和减少两种，对应 Φ 的阻碍作用也有两种含义：当 Φ 增加时，Φ' 与 Φ 的符号相反，阻碍 Φ 的增加；当 Φ 减少时，Φ' 与 Φ 的符号相同，阻碍 Φ 的减少。

表述二：感应电流的效果总是反抗引起它的原因。

对于图 10.1(a)所示的实验结果可作如下理解，当磁棒的 N 极向下插入线圈时，感应电流在线圈中所激发的磁场，其上端相当于 N 极，与磁棒的 N 极相互排斥，其效果阻碍线圈的插入。同样，当把磁棒的 N 极从线圈中拔出时，线圈上端出现 S 极，它和磁棒的 N 极相互吸引，阻碍线圈的拔出。

在表述一中"原因"指引起感应电流的磁通量变化，"效果"指感应电流激发的磁通量；在表述二中"原因"指引起磁通量变化的相对运动，"效果"则指由于感应电流出现而引起的机械作用。

10.1.3 法拉第电磁感应定律

法拉第对电磁感应现象作了定量的研究，得出电磁感应的基本规律。其实，感应电流只是回路中存在感应电动势的对外表现，由闭合回路中磁通量的变化直接产生的结果应是感应电动势。所以，用感应电动势来表述电磁感应定律如下：

回路中感应电动势 ε 的大小与穿过回路的磁通量对时间的变化率成正比，如采用国际单位制，则有

$$\varepsilon = -\frac{\mathrm{d}\Phi}{\mathrm{d}t} \tag{10.1}$$

式中负号是楞次定律的数学表现，反映了感应电动势的方向。

由式(10.1)确定 ε 的方向时，符号规则是：在回路上先任意选定一个绕行的正方向，则回路所围面积的法线方向 $\boldsymbol{e}_n$ 与回路绕行方向满足右手定则。这样便可以根据 $\Phi = \iint_S \boldsymbol{B} \cdot \mathrm{d}\boldsymbol{S}$ 确定通过该回路所围面积的磁通量的正负。然后考虑 Φ 的变化，$\frac{\mathrm{d}\Phi}{\mathrm{d}t}>0$，则 $\varepsilon<0$，表示感应电动势的方向和回路上所选定的正方向相反。在图 10.3 中，图(a)、(c)中 $\boldsymbol{B}$ 的值在增大，图(b)、(d)中 $\boldsymbol{B}$ 的值在减小。这样图(b)中，$\Phi>0$，$\frac{\mathrm{d}\Phi}{\mathrm{d}t}<0$，则 $\varepsilon>0$，表示 ε 和回路正方向相同，图(a)、(c)、(d)中的情况可作类似的讨论。

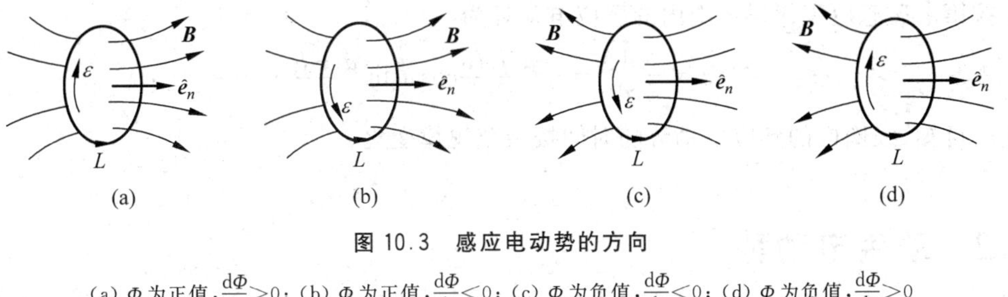

图 10.3 感应电动势的方向

(a) Φ 为正值，$\frac{\mathrm{d}\Phi}{\mathrm{d}t}>0$；(b) Φ 为正值，$\frac{\mathrm{d}\Phi}{\mathrm{d}t}<0$；(c) Φ 为负值，$\frac{\mathrm{d}\Phi}{\mathrm{d}t}<0$；(d) Φ 为负值，$\frac{\mathrm{d}\Phi}{\mathrm{d}t}>0$

式(10.1)可推广到多匝线圈回路。对于由 N 匝线圈串联的回路，整个线圈中的感应电动势 ε 应等于各匝感应电动势之和。假设通过每一匝的磁通量分别为 $\Phi_1, \Phi_2, \cdots, \Phi_N$，则有

$$\varepsilon = -\frac{\mathrm{d}\Phi_1}{\mathrm{d}t} - \frac{\mathrm{d}\Phi_2}{\mathrm{d}t} - \cdots - \frac{\mathrm{d}\Phi_N}{\mathrm{d}t} = -\frac{\mathrm{d}}{\mathrm{d}}(\Phi_1 + \Phi_2 + \cdots + \Phi_N) = -\frac{\mathrm{d}\Psi}{\mathrm{d}t} \tag{10.2}$$

式中，$\Psi=\Phi_1+\Phi_2+\cdots+\Phi_N$ 称为磁通匝链数，简称磁链。如果每匝磁通量相同，则 $\Psi=N\Phi$，$\varepsilon=-N\dfrac{\mathrm{d}\Phi}{\mathrm{d}t}$。

如果闭合回路的电阻为 R，则在回路中的感应电流为

$$I=\frac{\varepsilon}{R}=-\frac{1}{R}\frac{\mathrm{d}\Phi}{\mathrm{d}t}$$

利用式 $I=\dfrac{\mathrm{d}q}{\mathrm{d}t}$，可算出在 t_1 到 t_2 这段时间内通过导线的任一截面的感生电荷量为

$$q=\int_{t_1}^{t_2}I\mathrm{d}t=-\frac{1}{R}\int_{\Phi_1}^{\Phi_2}\mathrm{d}\Phi=\frac{1}{R}(\Phi_1-\Phi_2) \tag{10.3}$$

式中 Φ_1、Φ_2 分别是 t_1、t_2 时刻通过导线回路所包围面积的磁通量。式(10.3)表明，在一段时间内通过导线截面的电荷量与这段时间内导线回路所包围的磁通量的变化值成正比，而与磁通量的变化快慢无关。如测出感生电荷量，而回路的电阻又为已知时，就可以计算磁通量的变化量。常用的磁通计就是根据这个原理而设计的。

例 10-1 一长直导线中通有交变电流 $I=I_0\sin\omega t$，式中 I 表示瞬时电流，I_0 是电流振幅，ω 是角频率，I_0 和 ω 都是常量。在长直导线旁平行放置一矩形线圈，线圈平面与直导线共面。已知线圈长为 l，宽为 b，线圈近长直导线的一边离直导线的距离为 a，如图 10.4 所示。求任一瞬时线圈中的感应电动势。

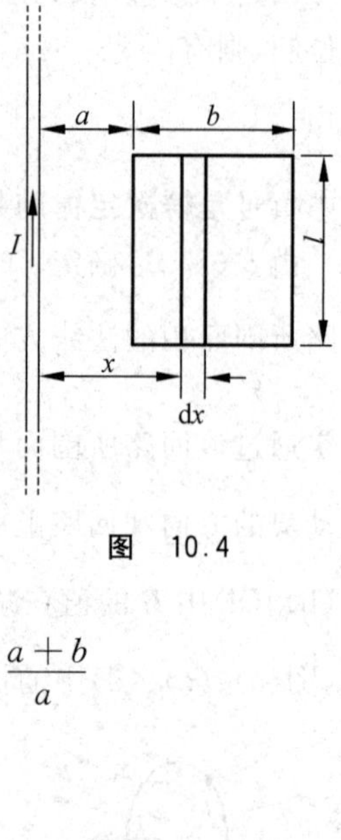

图 10.4

解 由安培环路定理可得距直导线为 x 处的磁感应强度为

$$B=\frac{\mu_0 I}{2\pi x}=\frac{\mu_0 I_0}{2\pi x}\sin\omega t$$

选顺时针的转向为矩形线圈的绕行正方向，则通过图中阴影面积 $\mathrm{d}S=l\mathrm{d}x$ 的磁通量为

$$\mathrm{d}\Phi=B\mathrm{d}S\cos 0^\circ=\frac{\mu_0 Il}{2\pi}\frac{\mathrm{d}x}{x}$$

任意时刻通过矩形线圈中的磁通量为

$$\Phi=\int\mathrm{d}\Phi=\int_a^{a+b}\frac{\mu_0 I_0 l}{2\pi}\frac{1}{x}\sin\omega t\,\mathrm{d}x=\frac{\mu_0 I_0 l}{2\pi}\sin\omega t\ln\frac{a+b}{a}$$

由法拉第电磁感应定律得线圈内的感应电动势为

$$\varepsilon=-\frac{\mathrm{d}\Phi}{\mathrm{d}t}=-\frac{\mu_0 I_0 l\omega}{2\pi}\cos\omega t\ln\frac{a+b}{a}$$

从上式可知，线圈内的感应电动势随时间按余弦规律变化。

10.2 动生电动势

当通过闭合回路的磁通量发生变化时，回路中会产生感应电动势。引起磁通量变化的原因有两种，一种是闭合回路的整体或局部在恒定磁场中运动，这样产生的电动势称之为动生电动势；另一种是闭合回路不动，磁场随时间变化而产生的电动势，称为感生电动势。

下面首先讨论动生电动势的特征。如图 10.5 所示，在磁感应强度为 $\boldsymbol{B}$ 的均匀磁场中，有一长为 l 的导线 OP 以速度 $\boldsymbol{v}$ 向右运动，且 $\boldsymbol{v}\perp\boldsymbol{B}$。显然，导线内的电子也以速度 $\boldsymbol{v}$ 向右运动，所以每个电子都将受到洛伦兹力的作用，即

$$\boldsymbol{F}=-e(\boldsymbol{v}\times\boldsymbol{B})$$

其方向由 P 指向 O 端。这个力驱使电子向 O 端累积，致使 O 端成了负电端。P 端则积累正电，成为正端，从而在导线内建立起静电场。当作用在电子上的静电力 $\boldsymbol{F}_e$ 与洛伦兹力相平衡时，O、P 两端便有稳定的电势差，这个电动差就是动生电动势。若将该段运动导线看作电源的话，该电源的非静电力就是洛伦兹力，其非静电场强度 $\boldsymbol{E}_k$ 为

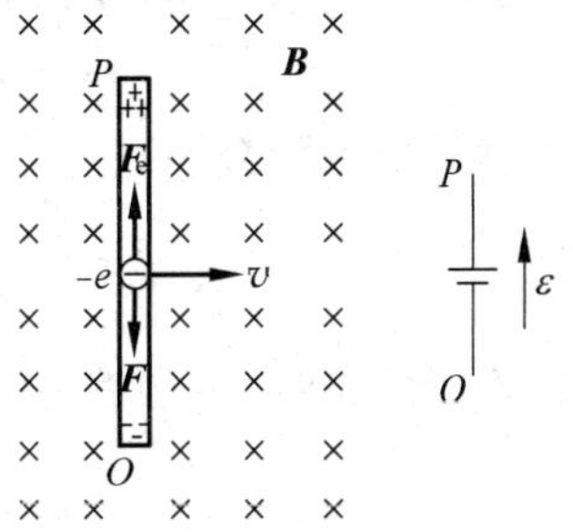

图 10.5 动生电动势

$$\boldsymbol{E}_k=\frac{\boldsymbol{F}}{-e}=\boldsymbol{v}\times\boldsymbol{B}$$

$\boldsymbol{E}_k$ 的方向与 $\boldsymbol{v}\times\boldsymbol{B}$ 的方向相同。由电源电动势的定义可得，在磁场中运动导线 OP 所产生的动生电动势为

$$\varepsilon=\int_{OP}\boldsymbol{E}_k\cdot d\boldsymbol{l}=\int_{OP}(\boldsymbol{v}\times\boldsymbol{B})\cdot d\boldsymbol{l}$$

对于上述导线，由于 $\boldsymbol{v}\perp\boldsymbol{B}$，且 $(\boldsymbol{v}\times\boldsymbol{B})\,/\!/\,d\boldsymbol{l}$，$l$ 为导线 OP 的长度，以及 $\boldsymbol{v}$ 和 $\boldsymbol{B}$ 均为恒矢量，所以有

$$\varepsilon=\int_0^l vB\,dl=vBl$$

导线内电动势的方向由 O 指向 P。应当注意，以上是一个特例，对于普遍情况，导线为任意形状(可以是闭合导线或非闭合导线)，磁场为任意分布(可以是均匀磁场或非均匀磁场)，当导线在磁场中作任意运动时，整个导线所产生的动生电动势 ε 应等于每一线元 $d\boldsymbol{l}$ 所产生的动生电动势之和，若线元 $d\boldsymbol{l}$ 所在处的磁场为 $\boldsymbol{B}$，运动速度为 $\boldsymbol{v}$，则线元 $d\boldsymbol{l}$ 中的动生电动势为

$$d\varepsilon=(\boldsymbol{v}\times\boldsymbol{B})\cdot d\boldsymbol{l}$$

在整个导线中产生的电动势为

$$\varepsilon=\int_L(\boldsymbol{v}\times\boldsymbol{B})\cdot d\boldsymbol{l} \tag{10.4}$$

积分遍及整个导线。若导线是闭合的，上式结果与法拉第电磁感应定律结果相同；若导线为非闭合的，法拉第定律不能直接使用，但上式仍然成立。

从以上讨论可以看到，动生电动势只存在于在磁场中运动的一断导线上，而且产生动生电动势的微观本质是作用在运动电荷上的洛伦兹力。下面我们利用式(10.4)来计算几种动生电动势。

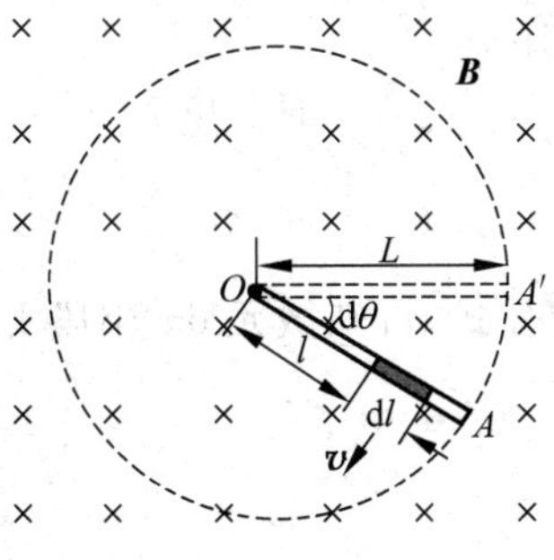

图 10.6

例 10-2 长为 L 的一段直导线 OA，在均匀磁场中绕其一端 O 点以匀角速度 ω 顺时针旋转，转轴与 $\boldsymbol{B}$ 平行，如图 10.6 所示。求 OA 中的动生势 ε_{OA} 和 O、A 两端的电势差 U_{OA}。设磁场的方向垂直纸面向里。

解 方法一：用 $\varepsilon=\int_L(\boldsymbol{v}\times\boldsymbol{B})\cdot d\boldsymbol{l}$ 求解。

当导线 OA 旋转时,导线上各线元 $\mathrm{d}\boldsymbol{l}$ 的线速度不同,距 O 点 l 处的线元 $\mathrm{d}l$,线速度为 $v=\omega l$,因为 $\boldsymbol{v}\perp\boldsymbol{B}$,$(\boldsymbol{v}\times\boldsymbol{B})/\!/\mathrm{d}\boldsymbol{l}$,故

$$\mathrm{d}\varepsilon=(\boldsymbol{v}\times\boldsymbol{B})\cdot\mathrm{d}\boldsymbol{l}=vB\,\mathrm{d}l=\omega lB\,\mathrm{d}l=\omega Bl\,\mathrm{d}l$$

整个导线的电动势

$$\varepsilon_{OA}=\int_O^A(\boldsymbol{v}\times\boldsymbol{B})\cdot\mathrm{d}\boldsymbol{l}=\int_O^L\omega Bl\,\mathrm{d}l=\frac{1}{2}\omega BL^2$$

因为 $\varepsilon_{OA}>0$,感应电动势的方向由 O 指向 A,即 O 端积累负电荷,A 端积累正电荷,所以

$$U_{OA}=-\varepsilon_{OA}=-\frac{1}{2}\omega BL^2<0$$

即 $V_O<V_A$。

方法二:用法拉第电磁感应定律计算。

在 OA 的初始位置处作辅助线 OA',OA 在 $\mathrm{d}t$ 时间内转过角度 $\mathrm{d}\theta=\omega\mathrm{d}t$,它扫过的面积 $\mathrm{d}S$ 为

$$\mathrm{d}S=\frac{1}{2}L^2\mathrm{d}\theta=\frac{1}{2}L^2\omega\mathrm{d}t$$

到达 OA 处(见图 10.6)。

穿过此面积的磁通量为

$$\mathrm{d}\Phi=B\mathrm{d}S=\frac{1}{2}B\omega L^2\mathrm{d}t$$

由法拉第电磁感应定律得

$$\varepsilon=\left|\frac{\mathrm{d}\Phi}{\mathrm{d}t}\right|=\frac{1}{2}B\omega L^2$$

由楞次定律可判断,电动势方向由 O 指向 A。

在用此方法时,对不闭合的导线,可用如下方法:设导线 OA' 在 $\mathrm{d}t$ 时间内移至 OA,其所包围的扇形面积 $A'OA$ 的磁通量为 $\mathrm{d}\Phi$,即导线在 $\mathrm{d}t$ 时间内扫过的面积的磁通量,由此可求得动生电动势 $\varepsilon=\left|\frac{\mathrm{d}\Phi}{\mathrm{d}t}\right|$,即一段导线的动生电动势的大小等于它在单位时间内扫过面积的磁通量。

例 10-3 如图 10.7 所示,长直载流导线电流强度为 I,铜棒 AB 长为 L,A 端与直导线的距离为 b,AB 与直导线垂直,以速度 v 向上运动,求 AB 棒的动生电动势。哪端电势高?

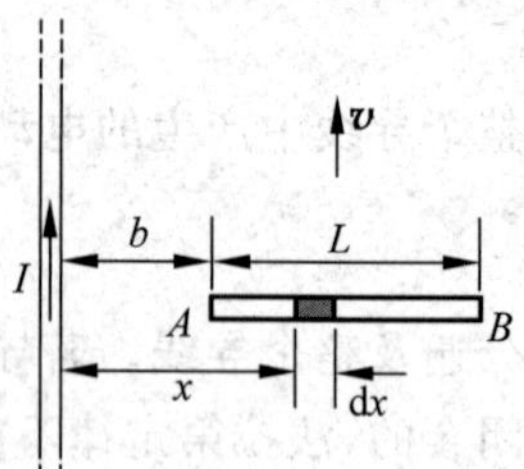

图 10.7

解 由于铜棒处在通电直导线的非均匀磁场中,因此必须将铜棒分成许多微元 $\mathrm{d}x$,这样在每一 $\mathrm{d}x$ 范围内的磁场可以看作是均匀的,其磁感应强度的大小为

$$B=\frac{\mu_0 I}{2\pi x}$$

式中 x 为微元 $\mathrm{d}x$ 与长直导线之间的距离。根据动生电动势的公式,可知微元 $\mathrm{d}x$ 小段上的动生电动势为

$$\mathrm{d}\varepsilon=vB\,\mathrm{d}x=\frac{\mu_0 Iv}{2\pi}\frac{\mathrm{d}x}{x}$$

由于在铜棒上所有微元 $\mathrm{d}x$ 的动生电动势的方向都相同,所以铜棒中的总电动势为

$$\varepsilon = \int d\varepsilon = \int_b^{b+L} \frac{\mu_0 I v}{2\pi} \frac{dx}{x} = \frac{\mu_0 I v}{2\pi} \ln \frac{b+L}{b}$$

由 $\boldsymbol{v} \times \boldsymbol{B}$ 的方向知，铜棒中的电动势由 B 指向 A，也就是 A 端电势高。

10.3 感生电动势 涡电流

10.3.1 感生电动势

当导体在磁场中运动，切割磁感应线时，导体内会产生动生电动势，其非静电力是洛伦兹力。但若在磁场中的闭合回路不动，磁场随时间变化时，回路中也会产生电动势，我们把它称为感生电动势。显然感生电动势的非静电力不是洛伦兹力，而是由于变化的磁场本身引起的。麦克斯韦在分析了一些有关的电磁感应现象之后提出假设：变化的磁场在其周围空间能激发一种电场，这种电场我们把它称为感生电场或涡旋电场，用 $\boldsymbol{E}_k$ 表示，这正是感生电动势的非静电力场。所以感生电动势的非静电力为感生电场力，感生电场与静电场的共同点就是对置于其中的电荷有力的作用；感生电场与静电场的区别在于：静电场是由静止电荷激发的保守场（或势场），而感生电场是由变化磁场激发的，它的电场线是闭合的，是有旋场，其环流 $\oint_L \boldsymbol{E}_k \cdot d\boldsymbol{l} \neq 0$，故感生电场又叫涡旋电场。根据电动势的定义式(9.15)，对于闭合回路的感生电动势为

$$\varepsilon = \oint_L \boldsymbol{E}_k \cdot d\boldsymbol{l}$$

由于感生电动势也可由法拉第电磁感应定律表示，所以上式可表示为

$$\varepsilon = \oint_L \boldsymbol{E}_k \cdot d\boldsymbol{l} = -\frac{d\Phi}{dt}$$

又由于回路不动，故磁通量的时间变化率可用偏微商表示，并可移进积分号内，即

$$\varepsilon = \oint_L \boldsymbol{E}_k \cdot d\boldsymbol{l} = -\frac{d}{dt}\iint_S \boldsymbol{B} \cdot d\boldsymbol{S} = -\iint_S \frac{\partial \boldsymbol{B}}{\partial t} \cdot d\boldsymbol{S} \tag{10.5}$$

式中 S 是以 L 为边界的面积。

引入感生电场概念之后，空间的总电场 $\boldsymbol{E}$ 则是静电场 $\boldsymbol{E}_q$ 和感生电场 $\boldsymbol{E}_k$ 的总和，对总电场而言有

$$\oint_L \boldsymbol{E} \cdot d\boldsymbol{l} = \oint_L (\boldsymbol{E}_q + \boldsymbol{E}_k) \cdot d\boldsymbol{l}$$

考虑到 $\oint_L \boldsymbol{E}_q \cdot d\boldsymbol{l} = 0$ 及式(10.5)可得

$$\oint_L \boldsymbol{E} \cdot d\boldsymbol{l} = -\iint_S \frac{\partial \boldsymbol{B}}{\partial t} \cdot d\boldsymbol{S} \tag{10.6}$$

式(10.6)是麦克斯韦方程组的一个积分式，对于恒定情况，$\frac{\partial \boldsymbol{B}}{\partial t} = 0$，式(10.6)变为

$$\oint_L \boldsymbol{E} \cdot d\boldsymbol{l} = 0$$

这就是静电场的环路定理，由此可知，式(10.6)是它的普遍情况。

只要空间存在着变化的磁场，在它的周围就会激发出感生电场，不论空间是否存在导体回路。如果放一段导线在变化磁场中，导线中就会产生感生电动势。感生电动势的计算有两种方法：

(1) 用电动势的定义式 $\varepsilon=\oint_L \boldsymbol{E}_k\cdot d\boldsymbol{l}$ 计算；

(2) 用法拉第电磁感应定律计算。

下面举例说明这两种计算方法。

例 10-4 如图 10.8 所示，有一半径为 r、电阻为 R 的细圆环，放在与圆环所围的平面相垂直的均匀磁场中。设磁场的磁感应强度随时间变化，且 $\frac{dB}{dt}=$常量。求圆环上感应电流的大小。

解 根据题意，取 $-\frac{d\boldsymbol{B}}{dt}\,/\!/\,d\boldsymbol{S}$，则由式(10.5)可得圆环上的感应电动势的大小为

$$\varepsilon=-\iint_S \frac{\partial \boldsymbol{B}}{\partial t}\cdot d\boldsymbol{S}=\iint_S \frac{dB}{dt}dS=\frac{dB}{dt}\iint_S dS=\frac{dB}{dt}\pi r^2$$

于是得圆环上的感应电流为

$$I=\frac{\varepsilon}{R}=\frac{\pi r^2}{R}\frac{dB}{dt}$$

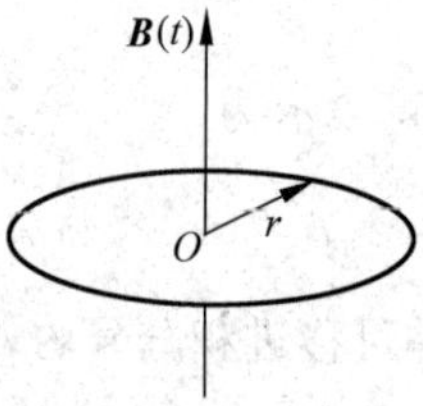

图 10.8

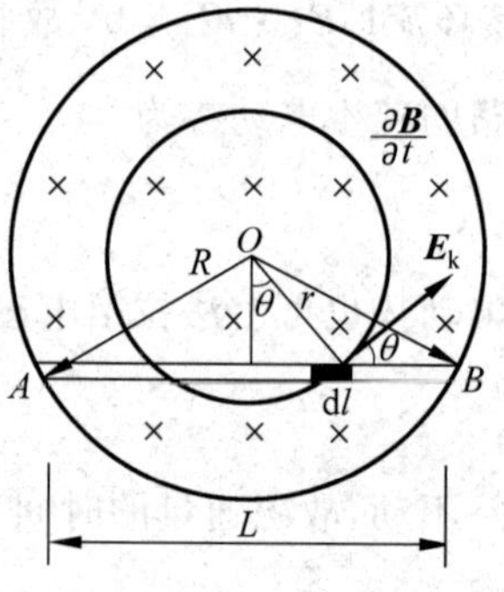

图 10.9

例 10-5 一长为 L 的金属棒 AB 放在均匀磁场中，若该磁场被限定在半径为 R 的圆筒内，并以匀速率 $\frac{\partial B}{\partial t}$ 变化，如图 10.9 所示，求棒中感生电动势 ε。

解 方法一：利用 $\varepsilon=\oint_L \boldsymbol{E}_k\cdot d\boldsymbol{l}$ 计算。

先计算感生电场 $\boldsymbol{E}_k$。

因为磁场被限定在圆筒内，其分布具有轴对称性，由式(10.5)和 $\boldsymbol{E}_k$ 线的闭合性可知：$\boldsymbol{E}_k$ 线是轴对称的同心圆。因此可在筒内作一个以 O 点为圆心、以 r 为半径的圆形积分环路(见图 10.9)。

由式(10.5)得

$$\oint_L \boldsymbol{E}_k\cdot d\boldsymbol{l}=-\iint_S \frac{\partial \boldsymbol{B}}{\partial t}\cdot d\boldsymbol{S}$$

可得

$$E_k \cdot 2\pi r = -\frac{\partial B}{\partial t}\pi r^2, \quad r < R$$

故

$$E_k = -\frac{1}{2}r\frac{\partial B}{\partial t}, \quad r < R \tag{10.7}$$

上式表示 $\boldsymbol{E}_k$ 与 $-\frac{\partial \boldsymbol{B}}{\partial t}$ 之间满足右手螺旋关系。

在本题中,感生电动势的非静电力正是感生电场力。则有

$$\varepsilon = \int_A^B \boldsymbol{E}_k \cdot d\boldsymbol{l} = \int_A^B |E_k| \cos\theta |dl| = \int_A^B \frac{1}{2}r\frac{\partial B}{\partial t}\cos\theta dl$$

$$= \frac{h}{2}\frac{\partial B}{\partial t}\int_0^L dl = \frac{1}{2}\frac{\partial B}{\partial t}\sqrt{R^2 - \left(\frac{L}{2}\right)^2}L$$

式中,$h = r\cos\theta = \sqrt{R^2 - \left(\frac{L}{2}\right)^2}$,$\theta$ 为 $\boldsymbol{E}_k$ 与 $d\boldsymbol{l}$ 间的夹角。

方法二:利用法拉第电磁感应定律求解。

分别连接 OA、OB,由金属棒 AB 与 OA、OB 组成三角形回路 $ABOA$,该回路中感应电动势等于 AB、BO、AO 三条边的感生电动势之和,由于 BO 和 OA 两边都沿径矢方向,而感生电场 $\boldsymbol{E}_k$ 沿圆环的切线方向,所以 BO 和 OA 两边上的 $\boldsymbol{E}_k$ 分别与 BO 和 OA 两边垂直,即 $\boldsymbol{E}_k \perp d\boldsymbol{l}$,故 $\varepsilon_{OA} = \varepsilon_{BO} = 0$,所以回路中感应电动势等于 AB 边的感应电动势,根据法拉第电磁感应定律有

$$\Phi_{\triangle AOB} = \boldsymbol{B} \cdot \boldsymbol{S} = B \times \frac{1}{2}L \times \sqrt{R^2 - \left(\frac{L}{2}\right)^2}$$

故

$$\varepsilon = \varepsilon_{AB} = \left|\frac{d\Phi_{\triangle AOB}}{dt}\right| = \frac{1}{2}\sqrt{R^2 - \left(\frac{L}{2}\right)^2} \cdot L \cdot \frac{\partial B}{\partial t}$$

式中,$\frac{1}{2}L\sqrt{R^2 - \left(\frac{l}{2}\right)^2}$ 为三角形 AOB 所包围的面积。可见两种解法的结果相同。

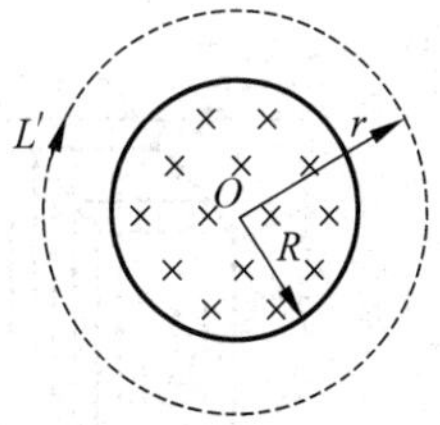

图 10.10

注意,在筒外虽然没有磁场分布,但感生电场还是存在的,下面进行简单计算。在筒外作一个半径为 $r(r>R)$、与圆筒同心的圆形环路 L',如图 10.10 所示,L' 包围的曲面 S' 包括两部分,一部分是筒内面积 $S'_{内}$,其上 $\frac{\partial B}{\partial t}$ 不为零,另一部分是筒外面积 $S'_{外}$,其上 $\frac{\partial B}{\partial t}$ 等于零,所以

$$\oint_{L'} \boldsymbol{E}_k \cdot d\boldsymbol{l} = -\iint_S \frac{\partial \boldsymbol{B}}{\partial t} \cdot d\boldsymbol{S} = -\iint_{S'_{内}} \frac{\partial \boldsymbol{B}}{\partial t} \cdot d\boldsymbol{S} - \iint_{S'_{外}} \frac{\partial \boldsymbol{B}}{\partial t} \cdot d\boldsymbol{S}$$

$$= -\pi R^2 \frac{\partial B}{\partial t} \tag{10.8}$$

由于感生电场 $\boldsymbol{E}_k$ 分布的轴对称性,故式(10.8)的左边仍是

$$\oint_{L'} \boldsymbol{E}_k \cdot d\boldsymbol{l} = E_k \cdot 2\pi r$$

把上式代入式(10.8),可得圆筒外的感生电场的大小为

$$E_k = -\frac{1}{2}\frac{R^2}{r}\frac{\partial B}{\partial t} \tag{10.9}$$

由式(10.7)和式(10.9)可知,一个被限定在圆筒内的均匀磁场发生变化时$\left(\frac{\partial B}{\partial t}\text{为常数}\right)$,圆筒内外的感生电场随 r 的变化规律为:筒内($r<R$),E_k 与 r 成正比;而在筒外($r>R$),E_k 与 r 成反比,$\boldsymbol{E}_k$ 的方向与$-\frac{\partial \boldsymbol{B}}{\partial t}$满足右手螺旋关系。

*10.3.2 涡电流

1. 涡电流

当金属导体块处于变化的磁场中或相对于磁场运动时,其内部会出现涡旋状感应电流,称为涡旋电流,简称涡电流或涡流。使金属导体内自由电子作定向运动的非静电力就是感生电场力或洛伦兹力。

图 10.11(a)所示为一个通有交流电的铁芯线圈,铁芯处在交变磁场中,在铁芯里会产生涡流,由于金属导体电阻很小,产生的涡流将会很大。强大的涡流在金属内流动时,会释放出大量的焦耳热。

涡流的热效应可用来为人类服务。工业上可制成高频感应电炉,用来冶炼金属。

涡流的热效应有时也会带来危害,它使电机和变压器的铁芯发热,这不仅耗损能量,过多的热量还可能烧坏设备,缩短电器使用寿命。为减小涡流,铁芯不用整块的金属导体组成,而是用高电阻率的硅钢片叠合而成,每片之间用绝缘漆或绝缘氧化层隔开,如图 10.11(b)所示,并使硅钢片的绝缘层与涡流方向垂直,把涡流限制在狭小的范围内,使能量耗损大大减小。

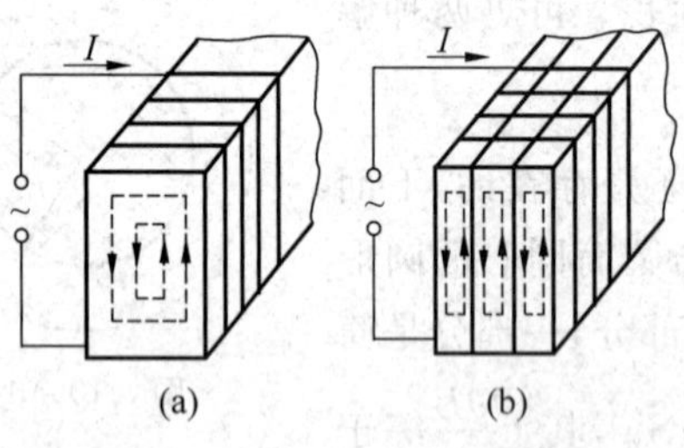

图 10.11 变压器铁芯中的涡电流

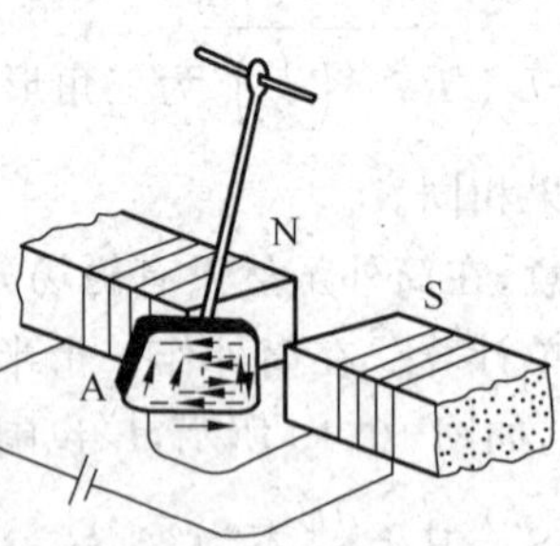

图 10.12 阻尼摆

2. 电磁阻尼

涡流除了具有热效应外,还具有机械效应。根据楞次定律,涡流的机械效应可阻碍磁场和导体之间的相对运动,这种相对运动有时起阻碍作用,有时起驱动作用。

图 10.12 所示为演示涡流电磁阻尼作用的实验。A 是一块可摆动的铜板(或铝板)。当电磁铁线圈未通电时,铜板在摆动时需经较长时间才会停下来;但当电磁铁通电时,铜板在

电磁铁的磁场中运动产生涡流，此涡流对摆动起阻碍作用，使动摆迅速停止，这种阻尼作用称为电磁阻尼。

电磁阻尼有广泛的应用，在电工仪表中，常利用它使仪表指针停止在它所测出的刻度上。电力机车中的制动器就是根据电磁阻尼原理制作的。

3. 趋肤效应

当直流电流通过均匀导体时，电流密度均匀分布在导体的横截面上。但是，当交变电流通过导体时，电流密度分布不再均匀，随着频率的增加，在靠近导体表面处的电流密度增大，这种交变电流明显集中分布在导体表面的现象称为趋肤效应。

趋肤效应的理论分析必须通过求解电磁场方程组进行，在这里可作粗浅的说明。当一交变电流通过一导线时，相应的交变磁场将产生涡流，使得导线轴线附近的电流减弱，导线表面处的电流增强，从而产生趋肤效应。当电流频率越高时，趋肤效应也越明显，高频电流几乎都从导体表面通过。针对这种情况，在生产实际中，为了节约材料和提高通电效率，在高频电路中常采用空心导线或采用多股导线。在工业上，利用趋肤效应使金属的表面产生高温，然后骤然冷却，从而使金属表面淬火。

10.4 自感和互感

10.4.1 自感现象与自感系数

1. 自感现象

当一线圈中的电流发生变化时，它所激发的磁场通过线圈自身的磁通量也在变化，使线圈自身产生感应电动势。这种由于线圈自身电流变化而在线圈自身所引起的电磁感应现象称为自感现象，所产生的感应电动势称为自感电动势。自感现象可用图 10.13 所示的实验来演示。

图 10.13(a)中 S_1 和 S_2 是两个规格相同的小灯泡，L 是带铁芯的多匝线圈，R 是一个可变电阻器，实验前先调节电阻器 R 使它的电阻等于线圈 L 的阻值。当接通开关 K 时，可看到灯泡 S_1 先亮，而 S_2 逐渐变亮，过一段时间后才能达到和 S_1 同样的亮度。这是因为在 S_2 所在的支路中，当电流从无到有增加时，变化的电流使线圈 L 中产生自感电动势。根据楞

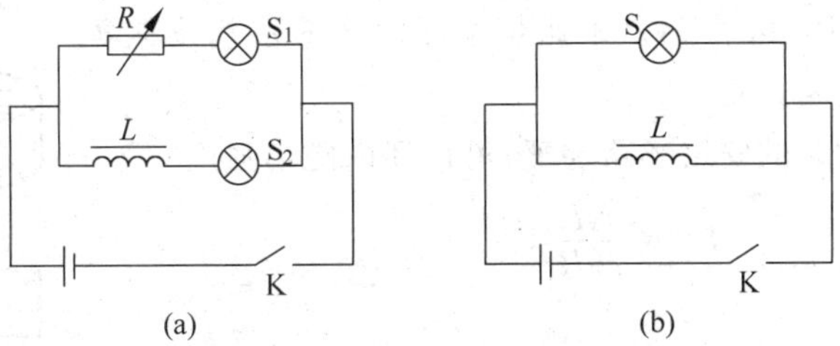

图 10.13 自感现象的演示

(a) 电流增大时；(b) 电流减小时

次定律,它要阻碍电流的增加,电流的增大比较缓慢,于是灯泡 S_2 也比 S_1 亮得迟缓些。

图 10.13(b)所示为切断电路时自感现象的演示。当电路接通时,灯泡 S 以一定亮度发光,当开关 K 迅速断开时,灯泡 S 先是猛然闪亮一下,然后逐渐熄灭。这是因为当开关断开时,线圈 L 中电流突然减小而产生了较大的自感电动势。由于线圈 L 和灯泡 S 组成了闭合回路,线圈内阻比灯泡 S 的电阻要小得多,线圈中自感电动势在这个回路中引起了较大的感应电流,从而使得灯泡在熄灭前会突然闪亮一下。

2. 自感系数

根据毕奥-萨伐尔定律,线圈中的电流所激发的磁感应强度与电流强度成正比,因而,通过线圈的磁通量 Φ 也与电流强度成正比。如讨论 N 匝密绕的线圈,则每一匝可近似看成闭合线圈,线圈电流激发的穿过每匝线圈的磁通量 Φ 近似相等,通过 N 匝线圈的磁通量为

$$\Psi = N\Phi \tag{10.10}$$

称为线圈的自感磁链,则自感磁链也与电流强度成正比,写成等式形式为

$$\Psi = LI \tag{10.11}$$

比例系数 L 称为线圈的自感系数(简称自感或电感),它的大小由线圈的大小、形状、匝线及线圈内磁介质的性质决定,与线圈中有无通电流无关。

当线圈中电流变化时,它所产生的自感磁链也是变化的,变化的磁链在线圈中会产生自感电动势,根据法拉第电磁感应定律

$$\varepsilon = -\frac{\mathrm{d}\Psi}{\mathrm{d}t} = -L\frac{\mathrm{d}I}{\mathrm{d}t} \tag{10.12}$$

由式(10.12)可知,当电流变化率相同时,L 越大的线圈所产生的自感电动势越大。

据式(10.11)自感系数在数值上等于单位电流强度所激发的自感磁链;据式(10.12)自感系数在数值上等于单位电流变化率所引起的自感电动势。

国际单位制中,自感系数的单位是亨利,用 H 表示:

$$1\mathrm{H} = \frac{1\mathrm{Wb}}{1\mathrm{A}}$$

或

$$1\mathrm{H} = \frac{1\mathrm{V}\cdot 1\mathrm{s}}{1\mathrm{A}}$$

在实际使用中,亨利的单位太大,一般用 mH 或 μH。$1\,\mathrm{mH}=10^{-3}\,\mathrm{H}$,$1\,\mu\mathrm{H}=10^{-6}\,\mathrm{H}$。

例 10-6 密绕螺绕环的电流为 I,共有 N 匝线圈,环中充满相对磁导率为 μ_r 的非铁磁性均匀磁介质,如图 10.14 所示。求此螺绕环的自感系数并与真空螺绕环的自感系数相比较。

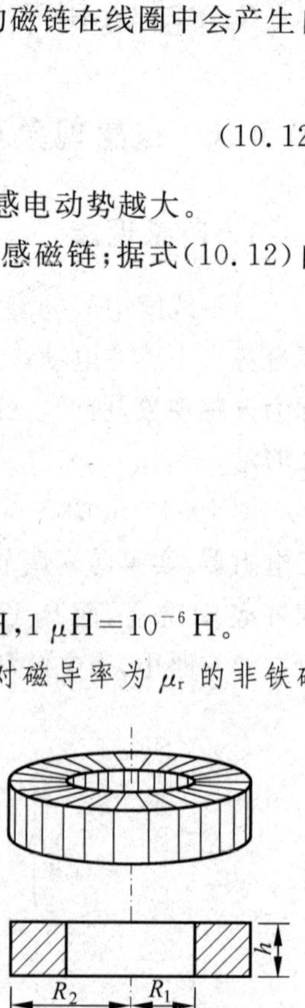

图 10.14 密绕螺绕环

解 由有磁介质时的安培环路定理,可得环内磁场强度

$$H = \frac{NI}{2\pi R}$$

磁感应强度

$$B = \mu_0\mu_r H = \frac{\mu_0\mu_r NI}{2\pi R}$$

自感磁链

$$\Psi = N\int_S B\,\mathrm{d}S = N\int_{R_1}^{R_2} \frac{\mu_0\mu_r NI}{2\pi R}h\,\mathrm{d}R = \frac{\mu_0\mu_r N^2 Ih}{2\pi}\ln\frac{R_2}{R_1}$$

由自感系数的定义得

$$L = \frac{\Psi}{I} = \frac{\mu_0\mu_r N^2 h}{2\pi}\ln\frac{R_2}{R_1} \tag{10.13}$$

螺绕环内为真空时，$\mu_r=1$，自感系数

$$L = \frac{\mu_0 N^2 h}{2\pi}\ln\frac{R_2}{R_1} \tag{10.14}$$

因此，充满磁介质的螺绕环的自感系数是真空螺绕环的 μ_r 倍。

以上结果对长直螺线管同样适用。

例 10-7 如图 10.15 所示，一同轴电缆由两无限长同轴圆柱面(不计厚度)组成，两圆柱面分别通有反向、大小相等的电流 I，两圆柱面之间充满磁导率为 μ 的磁介质，内圆柱面的半径为 R_1(内部真空)，外圆柱面的半径为 R_2(外部也为真空)。求同轴电缆(即两柱面之间)单位长度上的自感。

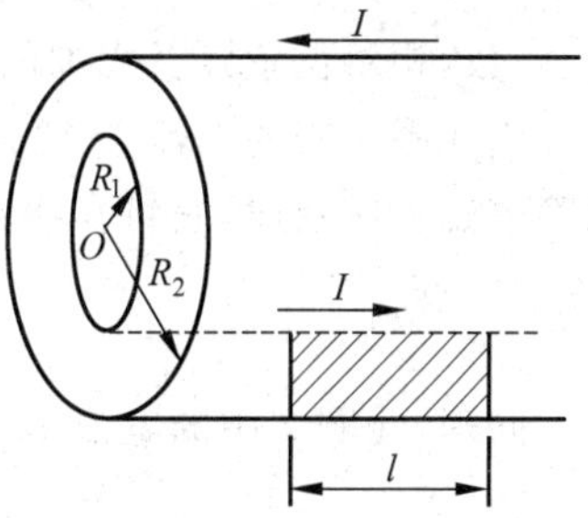

图 10.15

解 根据安培环路定理 $\oint_L \boldsymbol{H}\cdot\mathrm{d}\boldsymbol{l} = \sum I_i$ 和 $\boldsymbol{B} = \mu\boldsymbol{H}$ 得

$$B_1=0,\quad r<R_1$$

$$B_2=\frac{\mu I}{2\pi r},\quad R_1<r<R_2$$

$$B_3=0,\quad r>R_2$$

为了求得同轴电缆的自感，可将电缆的内、外柱面(看成两根导线)和无穷远位置看成一个闭合回路，显然这个回路相当于一个无限长的矩形。现在在该矩形中取出一段，即在内、外两圆柱面之间取一长为 l 的径向平面，如图 10.15 中的阴影部分，在这个平面中，取一面元 $\mathrm{d}S=l\mathrm{d}r$，通过该面元 $\mathrm{d}S$ 的磁通量为

$$\mathrm{d}\Phi = B_2\,\mathrm{d}S = \frac{\mu Il}{2\pi}\frac{\mathrm{d}r}{r}$$

由此可求得通过图中阴影区域的磁通量为

$$\Phi = \int\mathrm{d}\Phi = \frac{\mu Il}{2\pi}\int_{R_1}^{R_2}\frac{\mathrm{d}r}{r} = \frac{\mu Il}{2\pi}\ln\frac{R_2}{R_1}$$

由此可得单位长度上的自感

$$L = \frac{\Phi}{Il} = \frac{\mu}{2\pi}\ln\frac{R_2}{R_1}$$

自感现象在电工、无线电技术中有广泛的应用，如电工中的镇流器、无线电中的振荡线圈等。自感系数是交流电路中的重要参量之一。在某些情况下自感现象是有害的，例如当具有很大自感的自感线圈电路断开时，在电路中产生很大的自感电动势，甚至会使线圈击穿或在电闸间隙产生强烈的电弧，这些在实际中要设法避免。

10.4.2 互感现象与互感系数

如图 10.16 所示，两个彼此靠得很近的线圈 1 和 2，当其中任一线圈中的电流发生变化

时，其所激发的变化磁场会在它邻近的线圈中产生感应电动势。这种由于邻近线圈的电流变化所引起的电磁感应现象称为互感现象，所产生的电动势称为互感电动势。

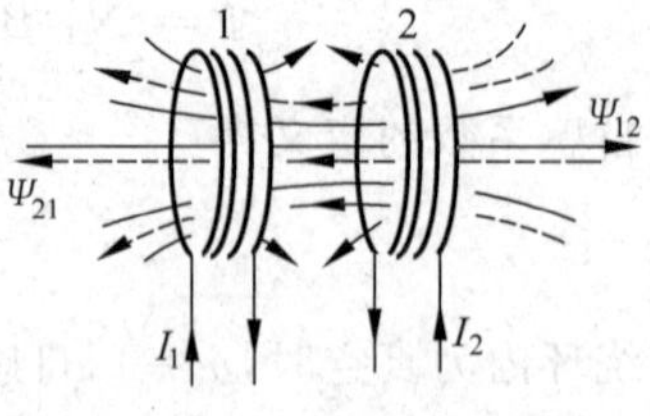

图 10.16 两线圈的互感

在图10.16中，设线圈1的电流强度 I_1 所激发的磁场通过线圈2的磁链(称为互感磁链)为 Ψ_{21}，由毕奥-萨伐尔定律可知，电流 I_1 产生的磁感应强度 B 与 I_1 成正比，因而其通过线圈2的磁链 Ψ_{21} 与 I_1 成正比，设比例系数为 M_{21}，则有

$$\Psi_{21} = M_{21} I_1 \tag{10.15}$$

同理，线圈2的电流强度 I_2 所激发的磁场通过线圈1的互感磁链 Ψ_{12} 与 I_2 成正比，即

$$\Psi_{12} = M_{12} I_2 \tag{10.16}$$

式(10.15)与式(10.16)中的比例系数 M_{21} 和 M_{12} 称为互感系数，它们由线圈的几何形状、大小、匝数、相对位置以及周围的磁介质所决定。

当线圈1中的电流 I_1 变化时，它在线圈2中所激发的互感磁链 Ψ_{21} 也随之变化，根据法拉第电磁感应定律，它将在线圈2中产生互感电动势

$$\varepsilon_{21} = -\frac{\mathrm{d}\Psi_{21}}{\mathrm{d}t} = -M_{21}\frac{\mathrm{d}I_1}{\mathrm{d}t} \tag{10.17}$$

同理，线圈2中的电流 I_2 变化时，它在线圈1中也会产生互感电动势

$$\varepsilon_{12} = -\frac{\mathrm{d}\Psi_{12}}{\mathrm{d}t} = -M_{12}\frac{\mathrm{d}I_2}{\mathrm{d}t} \tag{10.18}$$

可以证明，在两线圈的几何形状、大小、匝数、相对位置以及周围的磁介质的磁导率都保持不变时，两互感系数相等，可用 M 表示，即

$$M_{12} = M_{21} = M \tag{10.19}$$

由式(10.15)~式(10.18)可给出互感系数的定义：两线圈的互感系数 M 在数值上等于其中一个线圈中的单位电流强度产生的磁场通过另一个线圈的互感磁链，或等于其中一个线圈中的单位电流强度的时间变化率在另一线圈中所产生的互感电动势。

互感系数的单位与自感系数的单位相同。

例 10-8 两同轴的空心长直螺线管，长度都是 l，截面积和匝数分别为 S_1，N_1 和 S_2、$N_2(S_2>S_1)$，如图10.17所示。求两线圈的互感系数 M_{12} 和 M_{21}。

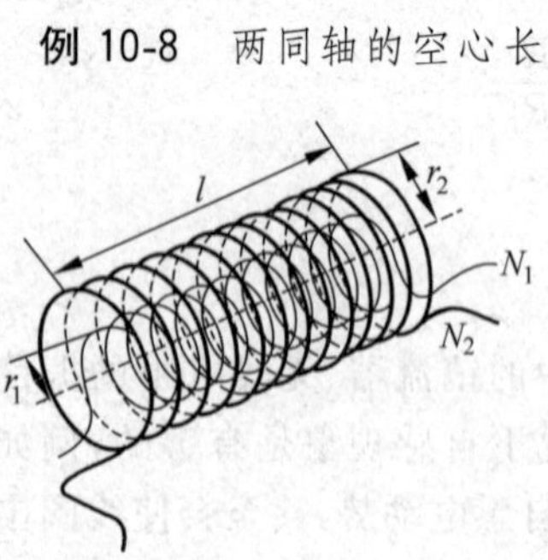

图 10.17

解 设螺线管1通电流 I_1，在螺旋管1内产生的磁感应强度为

$$B_1 = \mu_0 n_1 I_1 = \mu_0 \frac{N_1 I_1}{l}$$

通过螺线管2的互感磁链为

$$\Psi_{21} = N_2 B_1 S_1 = \frac{\mu_0 S_1 I_2 N_1 N_2}{l}$$

由互感定义式(10.15)可得

$$M_{21} = \frac{\Psi_{21}}{I_1} = \frac{\mu_0 S_1 N_1 N_2}{l}$$

同理,给螺线管 2 通电流 I_2,则 $B_2=\mu_0 I_2 \dfrac{N_2}{l}$,通过螺线管 1 的互感磁链为

$$\Psi_{12} = N_1 B_2 S_1 = \frac{\mu_0 S_1 I_2 N_1 N_2}{l}$$

由互感定义式(10.16)可得

$$M_{12} = \frac{\Psi_{12}}{I_2} = \frac{\mu_0 S_1 N_1 N_2}{l}$$

计算结果表明 $M_{12}=M_{21}$。

互感现象被广泛地应用于无线电技术和电磁测量中,通过互感线圈能够使能量或信号由一个线圈传递到另一个线圈。各种变压器以及电压和电流互感器都是利用互感现象制成的。有时,互感也是有害的。例如,电路之间会由于互感而互相干扰,影响正常工作,这时应采用磁屏蔽等方法来减少这种干扰。

10.5 磁场的能量

在静电场中我们曾讨论过,在形成带电系统的过程中,外力必须克服静电力做功,根据功能原理,外界做功所消耗的能量最后转化为电荷系统或电场的能量。同样,在回路系统中通以电流时,由于各回路的自感和回路之间互感的作用,回路中的电流要经历一个从零到稳定值的变化过程,在这个过程中,电源必须提供能量用来克服自感电动势及互感电动势而做功,使电能转化为载流回路的能量和回路电流间的相互作用能,也就是磁场的能量。下面以图 10.18 所示的简单电路为例来讨论自感磁能,由此得出磁场的能量。

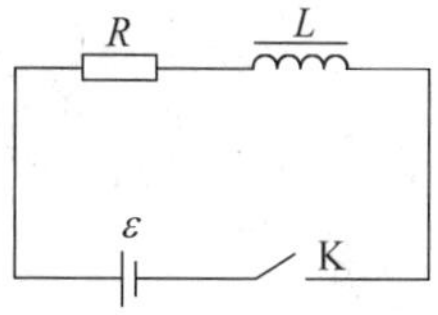

图 10.18 *RL* 电路图

如图 10.18 所示,电路中含有一个自感为 L 的线圈,电阻为 R,电源电动势为 ε。在开关 K 未闭合时,电路中没有电流,线圈内也没有磁场。当开关 K 闭合后,线圈中的电流逐渐增大,线圈中有自感电动势。在此过程中,电源供给的能量分成两部分:一部分转化为电阻 R 上的焦耳热,另一部分则转换成线圈内的磁场能量。

由闭合电路的欧姆定律得

$$\varepsilon + \varepsilon_L = Ri$$

即

$$\varepsilon - L\frac{\mathrm{d}i}{\mathrm{d}t} = Ri$$

上式两边同乘以 $i\mathrm{d}t$,得

$$\varepsilon i\,\mathrm{d}t - Li\,\mathrm{d}i = Ri^2\,\mathrm{d}t$$

两边积分

$$\int_0^t \varepsilon i\,\mathrm{d}t - \int_0^I Li\,\mathrm{d}i = \int_0^t Ri^2\,\mathrm{d}t$$

式中 $\int_0^t \varepsilon i\,\mathrm{d}t$ 为电源在 0 到 t 这段时间内所做的功,也就是电源所供给的能量;$\int_0^t Ri^2\,\mathrm{d}t$ 为在这

段时间内消耗在电阻上的能量，它以焦耳热的形式放出；而$\int_0^I Li\mathrm{d}i=\frac{1}{2}LI^2$则为电源反抗自感电动势所做的功，这部分功以能量形式储存在线圈内。这表明在一个自感系数为L的线圈中建立强度为I的电流时，线圈中储存的能量为

$$W_m=\frac{1}{2}LI^2 \tag{10.20}$$

这部分能量称为自感磁能。

由式(10.20)给出的自感磁能公式与电容器的电能公式$W_e=\frac{1}{2}CU^2$在形式上极为相似。

在第8章中，从电容器的能量公式出发，导出了电场能量密度公式，进而建立了电场能量的普遍公式。由此认识到电场能量定域在电场中，电场具有能量。与此类似，按照近距作用观点，磁能是定域在磁场中的，磁场具有能量。现在以螺线管为例，由自感磁能公式(10.20)导出磁场的能量密度公式。

由例9-10知，长直螺线管内的磁感应强度为$B=\mu_0 nI$，若螺线管内充满相对磁导率为μ_r的均匀磁介质，则其管内的磁感应强度应为$B=\mu_r\mu_0 nI$。如果螺线管的长度为l，横截面积为S，则其充满磁介质时的自感为

$$L=\frac{\psi}{I}=\frac{NBS}{I}=\mu_r\mu_0 n^2 Sl=\mu_r\mu_0 n^2 V$$

式中，$N=nl$为螺线管线圈总匝数，$V=Sl$为螺线管的体积。将上式代入式(10.20)，得该螺线管内所储存的自感磁能为

$$W_m=\frac{1}{2}LI^2=\frac{1}{2}\mu_r\mu_0 n^2 I^2 V$$

将$H=nI$，$B=\mu_r\mu_0 nI$代入上式，得

$$W_m=\frac{1}{2}\frac{B^2}{\mu_r\mu_0}V=\frac{1}{2}\frac{B^2}{\mu}V \tag{10.21}$$

或

$$W_m=\frac{1}{2}BHV=\frac{1}{2}\boldsymbol{B}\cdot\boldsymbol{H}V \tag{10.22}$$

由于管内磁场均匀，将上式除以体积V，得磁场的能量密度为

$$w_m=\frac{1}{2}\frac{B^2}{\mu_r\mu_0}=\frac{1}{2}\frac{B^2}{\mu} \tag{10.23}$$

或

$$w_m=\frac{1}{2}\boldsymbol{B}\cdot\boldsymbol{H} \tag{10.24}$$

此式虽由特例导出，但对非均匀磁场也成立。把非均匀磁场划分为无数小体积元$\mathrm{d}V$，在每个小体积元内可以认为磁场是均匀的，于是体积元内的磁场能量为

$$\mathrm{d}W_m=w_m\mathrm{d}V \tag{10.25}$$

将上式对磁场存在的整个空间积分，即得磁场的总能量

$$W_m=\frac{1}{2}\iiint_V w_m\mathrm{d}V \tag{10.26}$$

式(10.21)～式(10.26)都表示，磁场能量定域于磁场中，磁场具有能量是磁场物质性的

体现。

对于恒定磁场，由于电流和磁场分别一一对应，所以磁场能量表达式(10.20)和式(10.26)是等价的。对于似恒定电磁场，这一结论也近似成立。对于电磁波，只能用式(10.26)。

对于某个回路，利用磁场能量两种表达式的等价性

$$\frac{1}{2}LI^2 = \frac{1}{2}\iiint_V w_m \mathrm{d}V \tag{10.27}$$

可以求出回路的自感系数 L。

例 10-9 一根很长的同轴电缆由半径为 R_1 的导体圆柱和半径为 R_2 的导体圆筒构成，如图 10.19 所示。导体的绝对磁导率为 μ'，两导体之间充满绝对磁导率为 μ 的磁介质。试求单位长度电缆的磁场能量和自感系数。

解 由安培环路定理求出磁场强度和磁感应强度为

$$H_1=\frac{I}{2\pi R_1^2}r, B_1=\mu' H_1, \quad r<R$$

$$H_2=\frac{I}{2\pi r}, B_2=\mu H_2, \quad R_1<r<R_2$$

$$H_3=B_3=0, \quad r>R_2$$

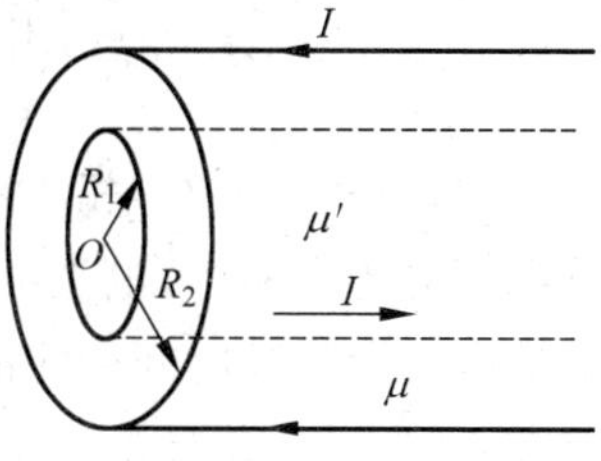

图 10.19 同轴电缆

由能量式(10.26)得单位长度电缆的磁场能量为

$$W_m=\iiint_V \omega_m \mathrm{d}V = \frac{1}{2}\int_0^{R_1}\frac{\mu' I^2}{4\pi^2 R_1^4}r^2\cdot 2\pi r\mathrm{d}r+\frac{1}{2}\int_{R_1}^{R_2}\frac{\mu I^2}{4\pi^2 r^2}\cdot 2\pi r\mathrm{d}r$$

$$=\frac{I^2}{4\pi}\left(\frac{\mu'}{4}+\mu\ln\frac{R_2}{R_1}\right)$$

在例 10-7 中，我们曾用自感的定义式(10.11)求得单位长度电缆的自感。在这里我们将利用式(10.27)来求单位长度电缆的自感系数，即由

$$\frac{1}{2}LI^2 = \iiint_V \omega_m \mathrm{d}V = \frac{I^2}{4\pi}\left(\frac{\mu'}{4}+\mu\ln\frac{R_2}{R_1}\right)$$

得

$$L = \frac{1}{2\pi}\left(\frac{\mu'}{4}+\mu\ln\frac{R_2}{R_1}\right)$$

10.6 位移电流 麦克斯韦方程组

*10.6.1 位移电流

恒定磁场的安培环路定理形式为

$$\oint_L \boldsymbol{H}\cdot \mathrm{d}\boldsymbol{l} = \iint_S \boldsymbol{j}_0\cdot \mathrm{d}\boldsymbol{S} = I_0 \tag{10.28}$$

式中，$\boldsymbol{j}_0$ 为传导电流密度矢量，I_0 是穿过以闭合曲线 L 为边线的任意曲面 S 的传导电流强度。在恒定电流电路中，由电流的恒定条件可知，穿过以 L 为边线的任意曲面 S_1 和 S_2 的电流强度 I_0 相等，即

$$\iint_{S_1} \boldsymbol{j}_0 \cdot \mathrm{d}\boldsymbol{S} = \iint_{S_2} \boldsymbol{j}_0 \cdot \mathrm{d}\boldsymbol{S}$$

在非恒定情况下，安培环路定理是否成立？若不成立，应用怎样的规律来代替呢？图 10.20 所示为含有电容器 C 的可变电流电路，属于非恒定情况，将安培环路定理应用于闭合曲线 L，对 S_1 面和 S_2 面分别有

$$\oint_L \boldsymbol{H} \cdot \mathrm{d}\boldsymbol{l} = \iint_{S_1} \boldsymbol{j}_0 \cdot \mathrm{d}\boldsymbol{S} = I_0 \qquad (10.29)$$

和

$$\oint_L \boldsymbol{H} \cdot \mathrm{d}\boldsymbol{l} = \iint_{S_2} \boldsymbol{j}_0 \cdot \mathrm{d}\boldsymbol{S} = 0 \qquad (10.30)$$

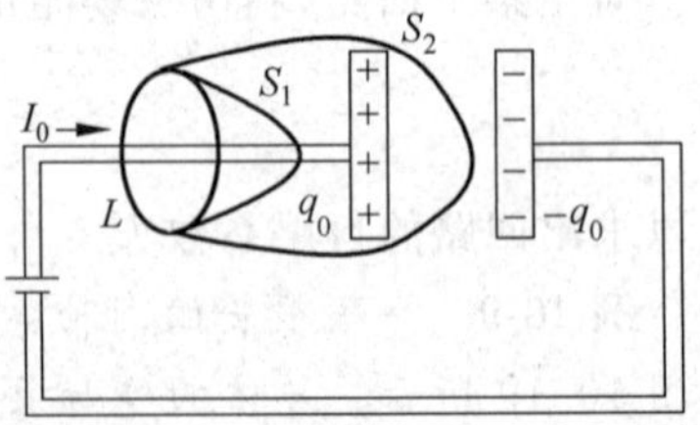

图 10.20 非恒定电流示意电路图

式(10.29)与式(10.30)相矛盾，说明安培环路定理在非恒定情况下已不适用。问题在于，在接有电容器的电路中，电流可变，在电容器处传导电流不连续，电荷主要堆积在极板上。极板上的电荷量是随时间变化的，电容器内电场强度 $\boldsymbol{E}$、电位移矢量 $\boldsymbol{D}$ 也随时间 t 变化。但根据电荷守恒定律，传导电流 I_0 与极板上电荷 q_0 应满足

$$I_0 = \frac{\mathrm{d}q_0}{\mathrm{d}t}$$

在图 10.20 中，对于由 S_1 与 S_2 组成的闭合曲面，麦克斯韦假设，在一般情况下高斯定理仍成立，则有

$$\oiint_S \boldsymbol{D} \cdot \mathrm{d}\boldsymbol{S} = q_0 \qquad (10.31)$$

等式两边对时间求导得

$$\frac{\mathrm{d}}{\mathrm{d}t}\oiint_S \boldsymbol{D} \cdot \mathrm{d}\boldsymbol{S} = \oiint_S \frac{\partial \boldsymbol{D}}{\partial t} \cdot \mathrm{d}\boldsymbol{S} = \frac{\mathrm{d}q_0}{\mathrm{d}t} \qquad (10.32)$$

式中，$\boldsymbol{D}$ 是 $\boldsymbol{r}$、t 的函数，变量各自独立，故将对时间的微商改为偏微商，并移到积分号内。

由电流的连续性方程，有

$$\frac{\mathrm{d}q_0}{\mathrm{d}t} = -\oiint_S \boldsymbol{j}_0 \cdot \mathrm{d}\boldsymbol{S} \qquad (10.33)$$

代入式(10.32)，再移项可得

$$\oiint_S \left(\boldsymbol{j}_0 + \frac{\partial \boldsymbol{D}}{\partial t}\right) \cdot \mathrm{d}\boldsymbol{S} = 0 \qquad (10.34)$$

对于有同一边线 L 的曲面 S_1 与 S_2 有

$$\iint_{S_1} \left(\boldsymbol{j}_0 + \frac{\partial \boldsymbol{D}}{\partial t}\right) \cdot \mathrm{d}\boldsymbol{S} = \iint_{S_2} \left(\boldsymbol{j}_0 + \frac{\partial \boldsymbol{D}}{\partial t}\right) \cdot \mathrm{d}\boldsymbol{S} \qquad (10.35)$$

上式中 $\iint_{S_2} \boldsymbol{j}_0 \cdot \mathrm{d}\boldsymbol{S}$ 是通过曲面 S_2 的传导电流，麦克斯韦把 $\iint_{S_2} \frac{\partial \boldsymbol{D}}{\partial t} \cdot \mathrm{d}\boldsymbol{S}$ 称为位移电流，$\frac{\partial \boldsymbol{D}}{\partial t}$ 称为位移电流密度矢量，用 $\boldsymbol{j}_d$ 表示。我们将 $\boldsymbol{j}_{全} = \boldsymbol{j}_0 + \frac{\partial \boldsymbol{D}}{\partial t}$ 称为全电流密度矢量，$\iint \boldsymbol{j}_{全} \cdot \mathrm{d}\boldsymbol{S} = \iint \left(\boldsymbol{j}_0 + \frac{\partial \boldsymbol{D}}{\partial t}\right) \cdot \mathrm{d}\boldsymbol{S}$ 为全电流。式(10.35) 表明：全电流在任何情况下都是连续的。

麦克斯韦提出，在非恒定情况下，安培环路定理应修正为

$$\oint_L \boldsymbol{H} \cdot \mathrm{d}\boldsymbol{l} = \iint_S \left(\boldsymbol{j}_0 + \frac{\partial \boldsymbol{D}}{\partial t}\right) \cdot \mathrm{d}\boldsymbol{S} \tag{10.36}$$

式(10.36)表明，不仅传导电流能激发磁场，位移电流也与传导电流一样按相同规律激发磁场。

式(10.36)虽是麦克斯韦作为一种假说提出来的，但它的正确性是被实验所证实的。

在电介质中，$\boldsymbol{D}=\varepsilon_0\boldsymbol{E}+\boldsymbol{P}$，位移电流密度矢量 $\boldsymbol{j}_d$ 可写为

$$\boldsymbol{j}_d = \frac{\partial \boldsymbol{D}}{\partial t} = \varepsilon_0 \frac{\partial \boldsymbol{E}}{\partial t} + \frac{\partial \boldsymbol{P}}{\partial t} \tag{10.37}$$

等式右边第二项是介质内极化电荷引起的，称为极化电流密度矢量，记作 $\boldsymbol{j}_P=\dfrac{\partial \boldsymbol{P}}{\partial t}$。等式右边第一项与电场随时间的变化率有关，真空中 $P=0$，$\boldsymbol{j}_P=0$，位移电流密度矢量只剩下这一项，所以这一项是位移电流密度矢量中最主要的部分。位移电流的本质是变化着的电场，而不是运动的电荷。

将式(10.37)代入式(10.36)得

$$\oint_L \boldsymbol{H} \cdot \mathrm{d}\boldsymbol{l} = I_0 + \iint_S \boldsymbol{j}_P \cdot \mathrm{d}\boldsymbol{S} + \varepsilon_0 \iint_S \frac{\partial \boldsymbol{E}}{\partial t} \cdot \mathrm{d}\boldsymbol{S} \tag{10.38}$$

上式说明，不仅电流可激发磁场，变化着的电场也能激发磁场。这是麦克斯韦位移电流假说的核心思想。

例 10-10 平行板电容器由半径为 R 的圆形平板组成。设电容器正在充电，极板间场强增加率为 $\dfrac{\mathrm{d}E}{\mathrm{d}t}$。试求：(1)位移电流密度与位移电流；(2)磁感应强度。

解 (1) 由位移电流的定义可得位移电流密度和位移电流分别为

$$j_d = \varepsilon_0 \frac{\mathrm{d}E}{\mathrm{d}t}$$

$$I_d = \boldsymbol{j}_d \cdot \boldsymbol{S} = \varepsilon_0 \frac{\mathrm{d}E}{\mathrm{d}t} \cdot \pi R^2 = \varepsilon_0 \pi R^2 \frac{\mathrm{d}E}{\mathrm{d}t}$$

(2) 根据式(10.36)得

$$\oint_L \boldsymbol{H} \cdot \mathrm{d}\boldsymbol{l} = \iint_S \left(\boldsymbol{j}_0 + \frac{\partial \boldsymbol{D}}{\partial t}\right) \cdot \mathrm{d}\boldsymbol{S}$$

由于平板电容器极板内无传导电流，故 $\iint \boldsymbol{j}_0 \cdot \mathrm{d}\boldsymbol{S} = I_0 = 0$，$B=\mu_0 H$，代入上式得

$$\oint_L \boldsymbol{B} \cdot \mathrm{d}\boldsymbol{l} = \mu_0 \iint_S \frac{\partial \boldsymbol{D}}{\partial t} \cdot \mathrm{d}\boldsymbol{S} = \mu_0 \varepsilon_0 \iint_S \frac{\partial \boldsymbol{E}}{\partial t} \cdot \mathrm{d}\boldsymbol{S}$$

取电容器轴线上的一点为圆心，做半径为 r 的圆周作为积分环路，根据对称性可判断，$\boldsymbol{B}$ 沿圆周切线方向，于是上式两边积分得

$$B \cdot 2\pi r = \mu_0 \varepsilon_0 \pi r^2 \frac{\mathrm{d}E}{\mathrm{d}t}$$

整理得

$$B = \frac{1}{2}\mu_0 \varepsilon_0 r \frac{\mathrm{d}E}{\mathrm{d}t}, \quad r \leqslant R$$

在 $r>R$ 区域，$\frac{\mathrm{d}E}{\mathrm{d}t}=0$，所以有

$$B\cdot 2\pi r=\mu_0\varepsilon_0\pi R^2\frac{\mathrm{d}E}{\mathrm{d}t}$$

整理得

$$B=\frac{\mu_0\varepsilon_0 R^2}{2r}\frac{\mathrm{d}E}{\mathrm{d}t},\quad r>R$$

结果与半径为 R、电流密度为 $j_0=\varepsilon_0\frac{\mathrm{d}E}{\mathrm{d}t}$ 的载流导线所产生的磁场相同。

10.6.2 麦克斯韦方程组

在第 10.3.1 节中我们提到，麦克斯韦在总结电磁感应现象实验事实的基础上，提出了感生电场的概念，表明了不仅电荷能激发电场，随时间变化的磁场也能激发电场，这个电场也随时间变化。

作为假设，麦克斯韦又提出了位移电流的概念，表明：不仅传导电流能激发磁场，随时间变化的电场也能激发磁场，这个磁场也随时间变化。在无传导电流分布的空间，根据 $\oint_L \boldsymbol{H}\cdot\mathrm{d}\boldsymbol{l}=\varepsilon_0\iint_S\frac{\partial\boldsymbol{E}}{\partial t}\cdot\mathrm{d}\boldsymbol{S}$，说明变化的电场可以产生磁场。

按照感生电场和位移电流的概念，在变化的磁场空间，同时存在着变化的电场，在变化的电场空间，同时存在着变化的磁场，变化的电场和磁场相互激发，形成了电磁场。

麦克斯韦在前人的基础上，系统地研究了电磁现象内在的统一性，提出了位移电流的概念，总结出了麦克斯韦方程组，建立了电磁运动的普遍规律，预言了电磁波的存在，为电磁理论的发展和应用奠定了完整的理论基础。

概括起来，在普遍情况下，电磁场所必须满足的麦克斯韦方程组的积分形式为

$$\oiint_S \boldsymbol{D}\cdot\mathrm{d}S=q_0 \tag{1}$$

$$\oint_L \boldsymbol{E}\cdot\mathrm{d}\boldsymbol{l}=-\iint_S\frac{\partial\boldsymbol{B}}{\partial t}\cdot\mathrm{d}\boldsymbol{S} \tag{2}$$

$$\oiint_S \boldsymbol{B}\cdot\mathrm{d}\boldsymbol{S}=0 \tag{3}$$

$$\oint_L \boldsymbol{H}\cdot\mathrm{d}\boldsymbol{l}=I_0+\iint_S\frac{\partial\boldsymbol{D}}{\partial t}\cdot\mathrm{d}\boldsymbol{S} \tag{4}$$

麦克斯韦方程组反映了场的性质、场和场以及场和场源的关系。在上述各式中，式(1)表明，电场是有源场，是由电荷激发的。式(1)原只适用于静电场，麦克斯韦把它推广到变化的电场。式(2)表明，电场是涡旋场，是由变化的磁场激发的，变化的磁场能激发变化的电场。式(3)表明，磁场是无源场，自然界中不存在磁荷(磁单极子)，这一方程式是在恒定磁场中得到的，麦克斯韦把它推广到变化的磁场。式(4)表明，磁场是涡旋场，激发它的源可以是传导电流，也可以是变化的电场，变化的电场能激发变化的磁场，此式是麦克斯韦对恒定磁场的安培环路定理的修正、推广到非恒定场而得到的。

麦克斯韦方程组是电磁理论的基础和核心，当给定电荷和电流分布时，根据初始条件和边界条件，由麦克斯韦方程组可求得电磁场在空间的分布情况及随时间的变化情况。

在介质内，场量均和介质特性有关，麦克斯韦方程组尚不完备，还需要补充三个描述介质性质的方程。对于各向同性介质有

$$\boldsymbol{D} = \varepsilon \boldsymbol{E} = \varepsilon_0 \varepsilon_r \boldsymbol{E} \tag{5}$$

$$\boldsymbol{B} = \mu \boldsymbol{H} = \mu_0 \mu_r \boldsymbol{H} \tag{6}$$

$$\boldsymbol{j}_0 = \sigma \boldsymbol{E} \tag{7}$$

式中的 ε、μ 和 σ 分别是介质的介电常数或称电容率、磁导率和导体的电导率。如果介质以速度 v 运动，则式(7)应改为

$$\boldsymbol{j}_0 = \sigma(\boldsymbol{E} + \boldsymbol{v} \times \boldsymbol{B}) \tag{8}$$

10.7 平面电磁波及其性质

10.7.1 平面电磁波的性质

变化的电磁场在空间中以波动形式运动，这种波动叫做电磁波。在空间传播的电磁波不再是与电荷或电流不可分割地联系在一起，它可脱离电荷和电流而独立存在。我们把离开场源在空间传播的电磁波称为自由电磁波。实际存在的电磁波形态不一，极为复杂，其中最简单的是真空中的平面电磁波，它具有电磁波的基本性质。本节重点讨论平面电磁波。一般远离场源的较小范围内的电磁波都可看成平面电磁波。

设讨论的区域为无界真空，且没有电荷和电流，故有 $q_0=0$，$j_0=0$，$\mu=\mu_0$，$\varepsilon=\varepsilon_0$，则麦克斯韦方程组简化为

$$\oiint_S \boldsymbol{E} \cdot \mathrm{d}\boldsymbol{S} = 0 \tag{1}$$

$$\oint_L \boldsymbol{E} \cdot \mathrm{d}\boldsymbol{l} = -\iint_S \frac{\partial \boldsymbol{B}}{\partial t} \cdot \mathrm{d}\boldsymbol{S} \tag{2}$$

$$\oiint_S \boldsymbol{B} \cdot \mathrm{d}\boldsymbol{S} = 0 \tag{3}$$

$$\oint_L \boldsymbol{B} \cdot \mathrm{d}\boldsymbol{l} = \mu_0 \varepsilon_0 \iint_S \frac{\partial \boldsymbol{E}}{\partial t} \cdot \mathrm{d}\boldsymbol{S} \tag{4}$$

满足这个方程组的最简单的解应是单色平面电磁波解。设为

$$\begin{cases} \boldsymbol{E} = \boldsymbol{E}_m \sin(\omega t - kz + \varphi_E) \\ \boldsymbol{B} = \boldsymbol{B}_m \sin(\omega t - kz + \varphi_B) \end{cases} \tag{10.39}$$

式中，ω 是角频率，$k=\dfrac{\omega}{v}$是波数，式(10.39)表示以速度 v 沿 z 轴传播的角频率为 ω 的平面电磁波，其波阵面是垂直于 z 轴的平面。可以证明自由平面电磁波具有以下性质。

(1) 自由平面电磁波是横波。电磁波中电场强度 $\boldsymbol{E}$、磁感应强度 $\boldsymbol{B}$ 都与波的传播方向互相垂直，设 $\boldsymbol{k}$ 为电磁波传播方向的单位矢量，则有

$$\boldsymbol{E} \perp \boldsymbol{k}, \boldsymbol{B} \perp \boldsymbol{k} \tag{10.40}$$

(2) 电场强度矢量 **E** 与磁感应强度矢量 **B** 垂直，即 $\boldsymbol{E}\perp\boldsymbol{B}$，且 **E**、**B**、**k** 三者构成右手螺旋关系，矢积 $\boldsymbol{E}\times\boldsymbol{B}$ 的方向总是沿 **k** 的方向。

(3) **E** 与 **B** 的大小成正比，即

$$E=\frac{1}{\sqrt{\varepsilon_0\mu_0}}B \tag{10.41}$$

E 和 **B** 为空间同一点同一时刻电场强度、磁感应强度的瞬时值。根据波动理论，由上式可知：①**E** 和 **B** 同相位、同频率；②**E** 和 **B** 的峰值成正比，即 $E_m=\frac{B_m}{\sqrt{\varepsilon_0\mu_0}}$。图10.21为任意时刻平面电磁波的分布示意图。

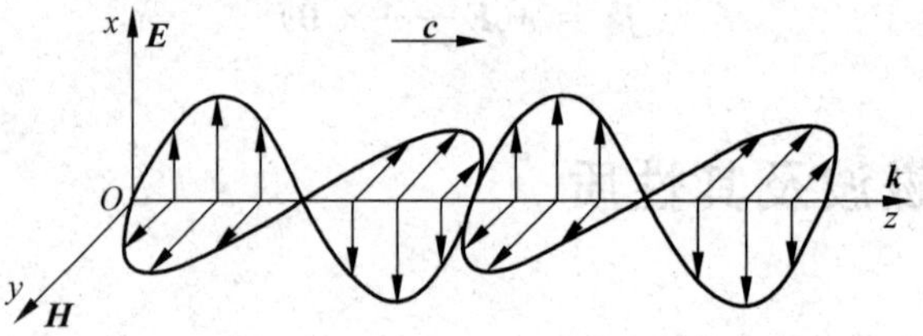

图10.21 平面电磁波的电场和磁场矢量

(4) 电磁波的传播速度为

$$v=\frac{1}{\sqrt{\varepsilon_r\varepsilon_0\mu_r\mu_0}}$$

真空中，电磁波的传播速度为

$$v=\frac{1}{\sqrt{\varepsilon_0\mu_0}} \tag{10.42}$$

将 $\varepsilon_0=8.9\times10^{-12}\ \mathrm{C^2/(N/m^2)}$，$\mu_0=4\pi\times10^{-7}\ \mathrm{N/A^2}$ 代入上式，得

$$v=3\times10^8\ \mathrm{m/s}=c$$

正好是光在真空中的传播速度。

*10.7.2 光的电磁理论

麦克斯韦在1865年通过麦克斯韦方程组得到了如下的结论：电磁波是横波，电磁波在真空中传播的速度为 $c=\frac{1}{\sqrt{\varepsilon_0\mu_0}}$，$c$ 只与 ε_0、μ_0 有关。

这么大的速度是任何其他物体所达不到的，只有光的速度可与之相比。且通过精确测量，电磁波在真空中传播的速度与真空中的光速相等，由此，麦克斯韦预言：光是一种电磁波，c 就是光在真空中的传播速度。

如果所讨论的空间充满了均匀的各向同性的介质，介质的相对介电常数为 ε_r，相对磁导率为 μ_r，从麦克斯韦方程组(微分形式)出发可推得，在介质中，电磁波的传播速度 v 为真空中的 $\frac{1}{\sqrt{\varepsilon_r\mu_r}}$ 倍，要比 c 小，即

$$v=\frac{c}{\sqrt{\varepsilon_r\mu_r}} \tag{10.43}$$

在光学中，光在透明介质中的传播速度 v 也比真空中的速度 c 小，且

$$v=\frac{c}{n} \tag{10.44}$$

式中，n 是介质的折射率。如果认为光是一种电磁波，由式(10.43)和式(10.44)可得

$$n=\sqrt{\varepsilon_r\mu_r} \tag{10.45}$$

这就把光的折射率与介质的相对介电常数及相对磁导率两个不同领域里的物理量联系起来。对于部分非铁磁性物质，其相对磁导率 $\mu_r\approx 1$，折射率基本取决于介质的相对介电常数。

光与电磁波的同一性不仅表现在传播速度相同，赫兹等人所做的大量实验事实还证明了电磁波与光波一样，能产生折射、反射、干涉、衍射、偏振等现象，这些都说明光是一种电磁波。

10.7.3 电磁波的能流密度

电场和磁场具有能量，电磁波是电磁场在空间的传播，它必然伴随着电磁能量的传播。已经证实平面电磁波能量的传播速度就是电磁波传播的速度。电磁波所具有的能量，称为辐射能。在单位时间内，通过垂直于电磁波传播方向的单位面积的电磁能量称为能流密度。下面以平面电磁波为例推导电磁波能流密度的表达方式。

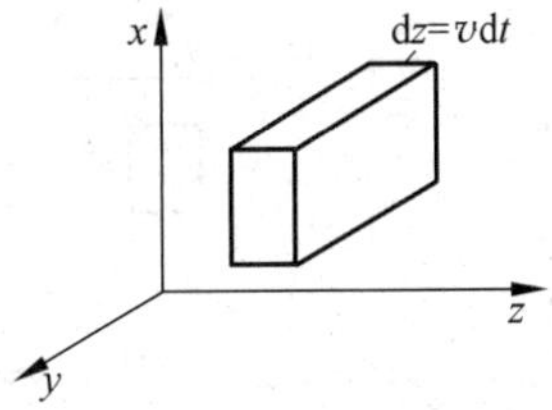

图 10.22 能流密度表达式的推导

设在真空中一平面电磁波沿 z 轴方向传播，传播速度为 v，取一长方形体元 $\mathrm{d}V=A\mathrm{d}z$，其底面 A 垂直于 z 轴(即传播方向)，$\mathrm{d}z=v\mathrm{d}t$，即 $\mathrm{d}t$ 时间内电磁波传播的距离，如图 10.22 所示。电场的能量密度为

$$w_e=\frac{1}{2}\varepsilon_0E^2$$

磁场的能量密度为

$$w_m=\frac{1}{2}\mu_0H^2$$

故电磁场的能量密度为

$$w=w_e+w_m=\frac{1}{2}\varepsilon_0E^2+\frac{1}{2}\mu_0H^2$$

体元 $\mathrm{d}V$ 内的电磁能量为

$$\mathrm{d}W=w\mathrm{d}V=(w_e+w_m)\mathrm{d}V$$

由于电磁能量和电磁波两者的传播速度相同，所以 $\mathrm{d}V$ 体元的全部电磁能量在 $\mathrm{d}t$ 时间内全部通过右边底面，因此，在单位时间内通过垂直于传播方向单位面积的能量，即能流密度 S 为

$$S=\frac{\mathrm{d}W}{A\mathrm{d}t}=\frac{w\mathrm{d}V}{A\mathrm{d}t}=wv=\frac{1}{2}v(\varepsilon_0E^2+\mu_0H^2)$$

将 $v=c=\dfrac{1}{\sqrt{\varepsilon_0\mu_0}}$ 代入上式，并考虑到 $\sqrt{\varepsilon_0}E=\sqrt{\mu_0}H$，则有

$$S=\frac{1}{2}\frac{1}{\sqrt{\varepsilon_0\mu_0}}(\varepsilon_0E^2+\mu_0H^2)=\frac{1}{2}EH+\frac{1}{2}EH=EH \tag{10.46}$$

因为 $\boldsymbol{B}/\!/\boldsymbol{H}$，且 $\boldsymbol{E}\times\boldsymbol{H}$ 的方向就是电磁能量传播的方向，所以式(10.46)可写成

$$\boldsymbol{S}=\boldsymbol{E}\times\boldsymbol{H} \tag{10.47}$$

$\boldsymbol{S}$ 称为能流密度矢量，又称坡印廷矢量。

电场强度 $\boldsymbol{E}$ 和磁场强度 $\boldsymbol{H}$ 都是随时间变化的物理量，因此 $\boldsymbol{S}=\boldsymbol{E}\times\boldsymbol{H}$ 是瞬时能流密度矢量，实际中重要的是平均能流密度，即 $\boldsymbol{S}$ 在一周期内的平均值，仿照交流电平均功率的求法可求得正弦波平均能流密度为

$$\overline{S}=\frac{1}{2}E_{\mathrm{m}}H_{\mathrm{m}} \tag{10.48}$$

式中，E_{m}、H_{m} 是 $\boldsymbol{E}$ 和 $\boldsymbol{H}$ 的峰值。

思 考 题

10.1 在下列各情况下，线圈中是否会产生感应电动势？何故？若产生感应电动势，其方向如何确定？

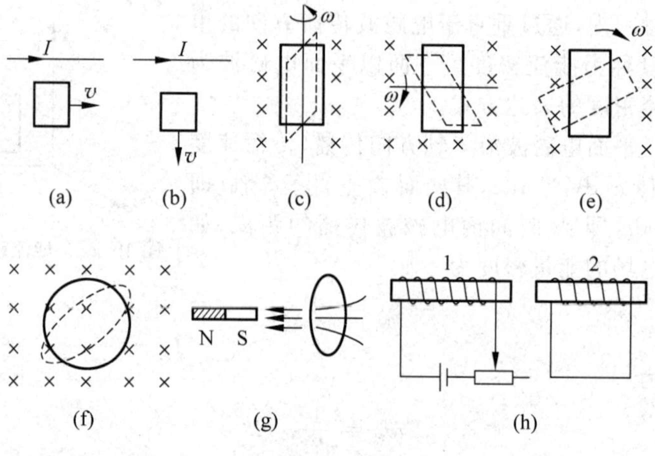

思考题 10.1 图

(1) 线圈在载流长直导线激发的磁场中平动，如图(a)、(b)所示；

(2) 线圈在均匀磁场中旋转，如图(c)、(d)、(e)所示；

(3) 在均匀磁场中线圈变形，如图(f)所示，从圆形变成椭圆形；

(4) 在磁铁产生的磁场中线圈向右移动，如图(g)所示；

(5) 两个相邻近的螺线管 1 与 2，当 1 中电流改变时，试分别讨论在增加与减少的情况下，2 中的感应电动势，如图(h)所示。

10.2 一个矩形线框垂直落入磁场中，磁场的中央部分是均匀磁强，线圈平面与 $\boldsymbol{B}$ 垂直(见图)。试讨论线框进入、穿出及整个处于均匀磁场中时，线圈各边的感应电动势及受力情况如何。

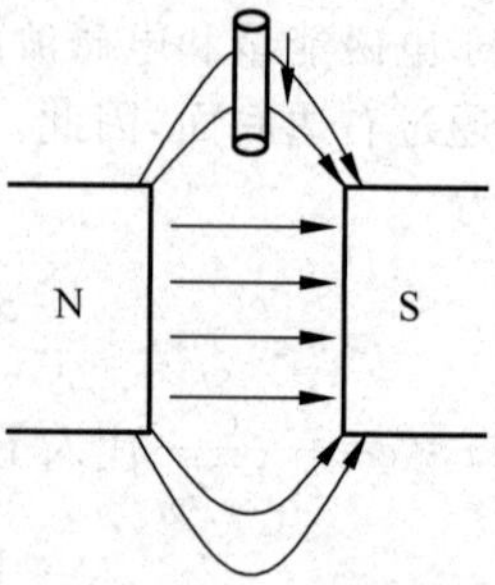

思考题 10.2 图

10.3 将尺寸完全相同的铜环和木环适当放置，使通过两环内的磁通量的变化量相等。问这两个环中的感生电动势、感生电场及感生电流是否相等。

10.4 将一磁铁插入一闭合线圈，一次迅速插入，另一次缓慢地插入。

(1) 感应电动势是否相同?

(2) 通过导线截面的感生电量是否相同?

(3) 反抗磁场力所做的功是否相同?

10.5 一均匀磁场 $\boldsymbol{B}$，被限定在半径为 R 的圆形空间内，当磁场以 $\frac{\mathrm{d}B}{\mathrm{d}t}$ 速率增加时：

(1) 位置 1 和位置 2 哪个地方的感生电场要强些?

(2) 若把同一圆环放在这两处，试比较感应电动势的大小。

10.6 有一金属圆环，由两半圆组成，电阻分别为 R_1 和 R_2。把它放在对称分布的均匀磁场 $\boldsymbol{B}$ 中(如图所示)，当磁场增加时，试比较分界面 A、B 两点的电势。

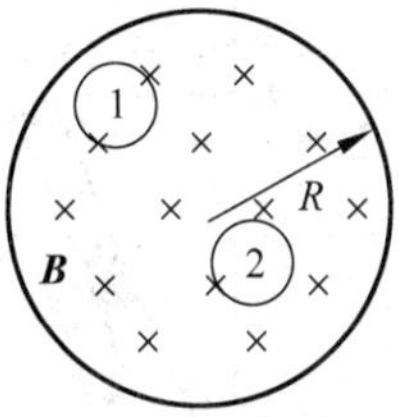

思考题 10.5 图

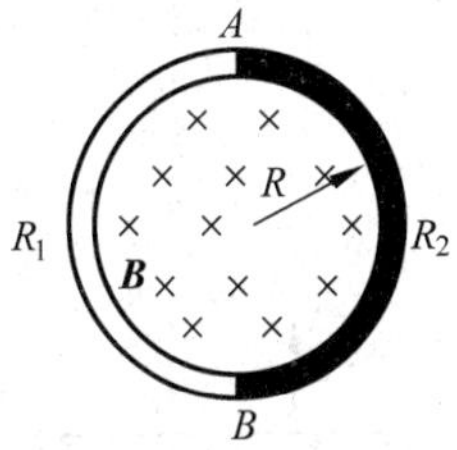

思考题 10.6 图

10.7 两个平面线圈彼此靠近，如何放置互感最大? 如何放置互感为零?

习　　题

10.1 下列关于感应电动势的正确说法是(　　)。

A. 导体回路中的感应电动势的大小与穿过回路的磁感应通量成正比

B. 当导体回路所构成的平面与磁场垂直时，平移导体回路不会产生感应电动势

C. 只要导体回路所在处的磁场发生变化，回路中一定产生感应电动势

D. 导体回路中的感应电动势的大小与穿过回路的磁通量的时间变化率成正比

10.2 交流发电机是根据下列哪个原理制成的?(　　)

A. 电磁感应　　B. 通电线圈在磁场中受力转动

C. 奥斯特实验　　D. 磁极之间的相互作用

10.3 将形状完全相同的铜环和木环静止放置，并使通过两环面的磁通量随时间的变化率相等，则不计自感时，下列说法正确的是(　　)。

A. 铜环中有感应电动势，木环中无感应电流

B. 铜环中感应电动势大，木环中感应电动势小

C. 铜环中感应电动势小，木环中感应电动势大

D. 两环中感应电流相等

10.4 某闭合回路的电阻为 R，在时刻 t_1 穿过该回路所围面积的磁通量为 Φ_1，在时刻 t_2 穿过该回路所围面积的磁通量为 Φ_2，则在 $\Delta t=t_2-t_1$ 时间内，通过该回路的感应电荷为(　　)。

A. $\dfrac{\Phi_2-\Phi_1}{t_2-t_1}$　　B. $\dfrac{1}{R}\dfrac{\Phi_2-\Phi_1}{t_2-t_1}$　　C. 0　　D. $\dfrac{\Phi_1-\Phi_2}{R}$

10.5 导体棒 AB 在匀强磁场 $\boldsymbol{B}$ 中，绕通过 C 点的垂直于棒且沿磁场方向的轴 OO' 转动(角速度 ω 与 $\boldsymbol{B}$ 同方向)，BC 的长度为棒长的 $\dfrac{1}{3}$，则(　　)。

A. A 点比 B 点的电势高　　B. A 点比 B 点的电势低

C. A 点和 B 点的电势相等　　D. 有稳恒电流从 A 点流向 B 点

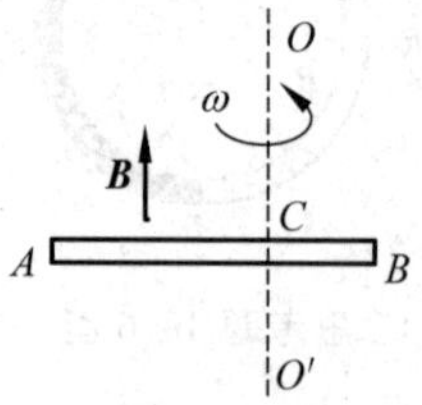

题 10.5 图

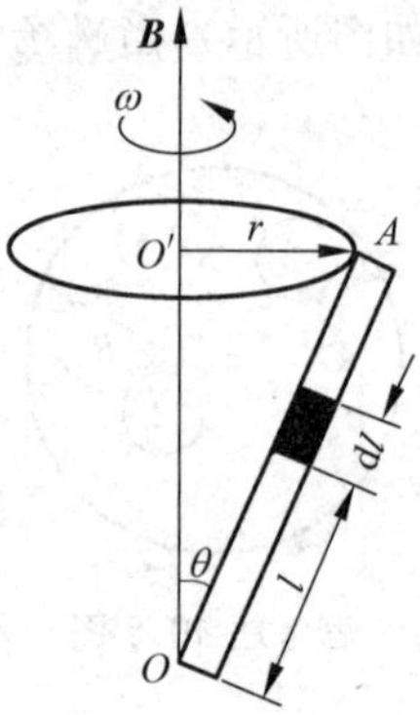

题 10.6 图

10.6 一金属 OA 在均匀磁场中绕通过 O 点的垂直轴 OO' 作锥形匀速旋转，棒 OA 长 l_0，与 OO' 轴夹角为 θ，旋转角速度为 ω，磁感应强度为 $\boldsymbol{B}$，方向与 OO' 轴平行，如图所示。则 OA 两端的电势差为(　　)。

A. $\omega Bl\cos\theta$　　B. $\omega Bl_0\sin\theta$　　C. $\dfrac{1}{2}\omega Bl_0^2\cos^2\theta$　　D. $\dfrac{1}{2}\omega Bl_0^2\sin^2\theta$

10.7 如图所示，把一半径为 R 的半圆形导线 OP 置于磁感应强度为 $\boldsymbol{B}$ 的均匀磁场中，当导线 OP 以匀速率 v 向右运动时，导线中感应电动势大小为(　　)。

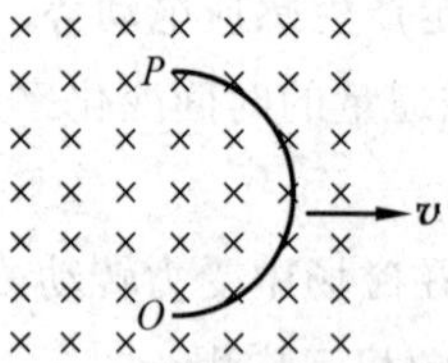

题 10.7 图

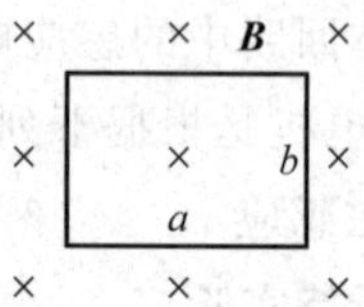

题 10.8 图

A. $2BvR$，P 点电势高　　B. $2BvR$，O 点电势高

C. 无法确定　　D. 0

10.8 如图所示，一矩形线圈长宽各为 a、b，置于均匀磁场 $\boldsymbol{B}$ 中，且 $\boldsymbol{B}$ 的大小随时间的变化规律为 $B=B_0-kt$，线圈平面与磁场方向垂直，则线圈内感应电动势大小为(　　)。

A. $ab(B_0-kt)$　B. abB_0　C. kab　D. 0

10.9 在麦克斯韦方程组的积分形式中，反映变化的磁场产生感生电场的方程为(　　)。

A. $\oint_S \boldsymbol{E}\cdot \mathrm{d}\boldsymbol{S}=\frac{q}{\varepsilon_0}$　B. $\oint_l \boldsymbol{E}\cdot \mathrm{d}\boldsymbol{l}=-\int_S \frac{\partial \boldsymbol{B}}{\partial t}\cdot \mathrm{d}\boldsymbol{S}$

C. $\oint_S \boldsymbol{B}\cdot \mathrm{d}\boldsymbol{S}=0$　D. $\oint_l \boldsymbol{B}\cdot \mathrm{d}\boldsymbol{l}=\int_S\left(\mu_0\boldsymbol{j}+\mu_0\varepsilon_0\frac{\mathrm{d}\boldsymbol{E}}{\mathrm{d}t}\right)\cdot \mathrm{d}\boldsymbol{S}$

10.10 对于单匝线圈取自感系数的定义式为 $L=\frac{\Phi}{I}$。当线圈的几何形状、大小及周围磁介质分布不变，且无铁磁性物质时，若线圈中的电流强度变小，则在以下关于线圈的自感系数 L 的描述正确的是(　　)。

A. 变大，与电流成反比关系　B. 变小

C. 不变　D. 变大，但与电流不成反比关系

10.11 一长密绕直螺线管，长度为 l，横截面积为 S，线圈的总匝数为 N，管中介质的磁导率为 μ，则其自感为(　　)。

A. $\mu\frac{N^2}{l}S$　B. $\mu_0\frac{N^2}{l}S$　C. $\mu\frac{N^2}{l}IS$　D. $\mu\frac{N}{l}S$

10.12 如图所示，一载有电流为 I 的长直导线与一矩形线圈处在同一平面内，线圈的宽为 b，长为 a，直导线与矩形线圈的一侧平行，且相距也为 b，则直导线对矩形线圈的互感系数为(　　)。

A. $\frac{\mu_0 a}{2\pi}\ln 2$　B. $\frac{\mu_0 a}{\pi}$

C. $\frac{\mu_0 ab}{2\pi}\ln 2$　D. $\frac{\mu_0 ab}{\pi}$

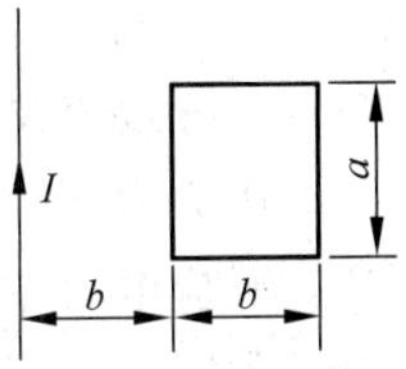

题 10.12 图

10.13 有两个线圈，线圈 1 对线圈 2 的互感系数为 M_{21}，而线圈 2 对线圈 1 的互感系数为 M_{12}。若它们分别流过 i_1 和 i_2 的变化电流且 $\left|\frac{\mathrm{d}i_1}{\mathrm{d}t}\right|>\left|\frac{\mathrm{d}i_2}{\mathrm{d}t}\right|$，并设由 i_2 变化在线圈 1 中产生的互感电动势为 ε_{12}，由 i_1 变化在线圈 2 中产生的互感电动势为 ε_{21}，判断下述哪个论述正确。(　　)

A. $M_{12}=M_{21}$，$\varepsilon_{21}=\varepsilon_{12}$　B. $M_{12}\neq M_{21}$，$\varepsilon_{21}\neq\varepsilon_{12}$

C. $M_{12}=M_{21}$，$\varepsilon_{21}>\varepsilon_{12}$　D. $M_{12}=M_{21}$，$\varepsilon_{21}<\varepsilon_{12}$

10.14 真空中一根无限长直细导线上通电流 I，则距导线垂直距离为 a 的空间某点处的磁能密度为(　　)。

A. $\frac{1}{2}\mu_0\left(\frac{\mu_0 I}{2\pi a}\right)^2$　B. $\frac{1}{2\mu_0}\left(\frac{\mu_0 I}{2\pi a}\right)^2$

C. $\frac{1}{2}\left(\frac{2\pi a}{\mu_0 I}\right)^2$　D. $\frac{1}{2\mu_0}\left(\frac{\mu_0 I}{2a}\right)^2$

*10.15 位移电流与传导电流的最大区别是(　　)。

A. 传导电流是自由电荷定向移动的结果，而位移电流是极化电荷的定向移动所产生的

B. 传导电流通过导体时要产生焦耳热，而位移电流则没有此项功能

C. 传导电流能产生磁场,而位移电流则不会

D. 两者没有区别

10.16 将一根导线弯成三段半径均为 r 的圆弧,如图所示。每一段圆弧为圆周的 1/4,ab 位于 Oxy 平面上,bc 位于 Oyz 平面上,ca 位于 Ozx 平面上。假如一空间均匀磁场 $\boldsymbol{B}$ 指向 x 轴正向,且随时间变化,即 $\boldsymbol{B}=kt\cdot\boldsymbol{i}$($k$ 为正常数),求在导线中产生的感应电动势的大小和方向;若导线的电阻为 R,那么流过该导线的感应电流是多少?

10.17 一载流长直导线中电流为 I,一矩形线框置于同一平面中,线框以速度 v 垂直于导体运动,如图所示。当线框 AB 边与导线的距离为 d 时,试用法拉第电磁感应定律求出此时线框内的感应电动势,并标明其方向。

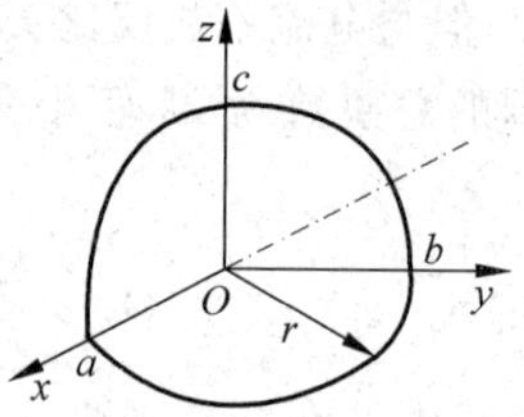

题 10.16 图

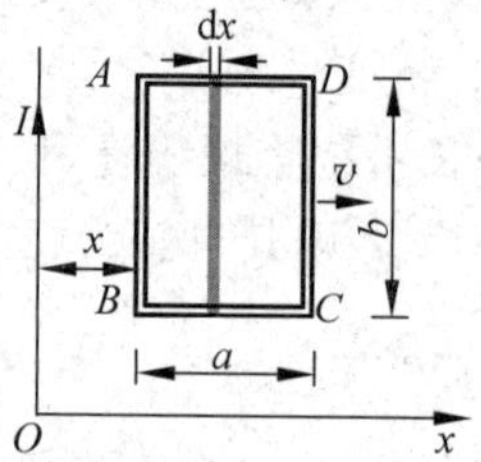

题 10.17 图

10.18 一导线弯成如图的形状,在均匀磁场中绕轴 OO' 转动,角速度为 ω_1。若电路的总电阻为 R,当 $t=0$ 时从图示的位置开始转动,当磁感应强度 B 为常量时,求导线中的感应电动势和感应电流。

10.19 如图所示,在与均匀磁场垂直的平面内有一折成 α 角的 V 形导线框,其 MN 边可以自由滑动,并保持与其他两边接触。今使 $MN\perp ON$,当 $t=0$ 时,MN 由 O 点出发,以匀速率 v 平行于 ON 滑动。已知磁场随时间的变化规律为 $B=\dfrac{t^2}{2}$,求线框中的感应电动势与时间的关系。

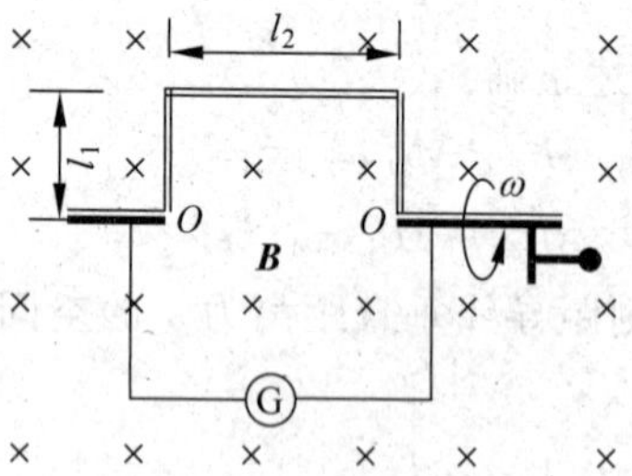

题 10.18 图

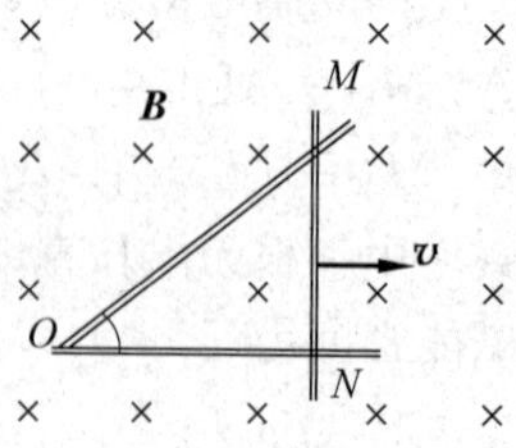

题 10.19 图

10.20 一长为 L 的导体棒 CD,在与一均匀磁场垂直的平面内,绕位于 $\dfrac{L}{3}$ 处的轴 O 以匀角速度 ω 沿逆时针方向旋转,磁场方向如图所示,磁感应强度大小为 B,求导体棒内的感应电动势,并指出哪一端电势较高。

10.21 一无限长载流直导线，电流为 I；金属杆 AB 与载流直导线共面，并以匀速率 v 平行于载流直导线移动，如图所示。求：(1)金属杆中感应电动势的大小；(2)杆的哪端电势高。

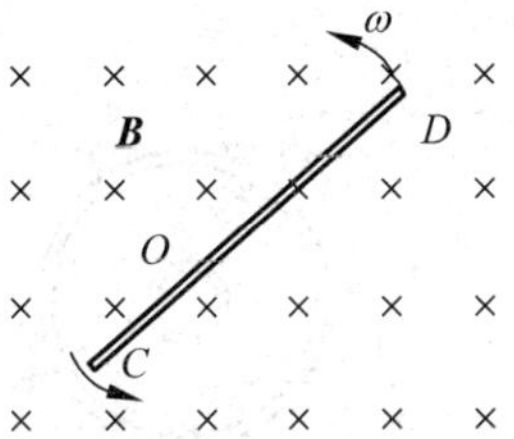

题 10.20 图

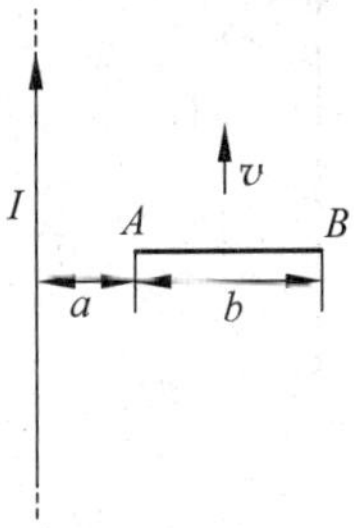

题 10.21 图

10.22 一无限长载流导线旁有一与它共面的矩形线圈，尺寸及位置如图所示。求：(1)穿过线圈的磁通量；(2)若载流导线中电流 $I=kt$（$k>0$，为常数），求线圈中的感应电动势的大小和方向。

10.23 矩形截面的螺绕环，如图所示，通有电流 I，线圈总匝数为 N。求：(1)环内外磁感应强度的分布；(2)该螺绕环的自感。(3)若电流的时间变化率为 $\frac{\mathrm{d}I}{\mathrm{d}t}$，则其感应电动势是多少？

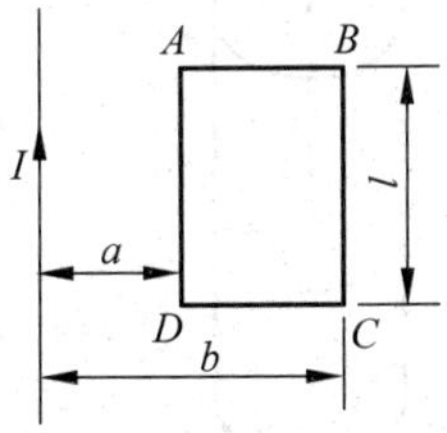

题 10.22 图

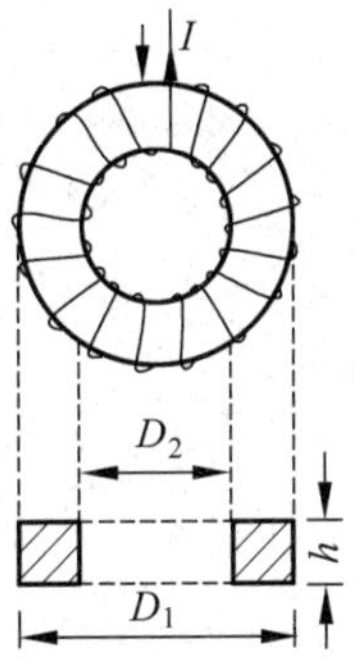

题 10.23 图

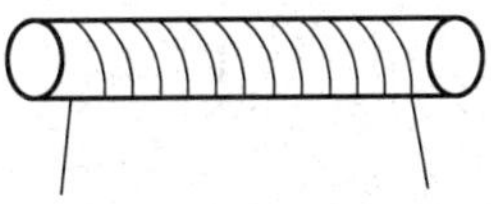
题 10.24 图

10.24 在长为 l、横截面积为 S 的长螺线管上绕有 N 匝线圈，求：(1)线圈的自感系数；(2)若在线圈中通以电流 $I=I_0\sin\omega t$，线圈中自感电动势的大小。

10.25 如图所示的一对同轴无限长直空心薄壁圆筒，电流 I 沿内筒流去，沿外筒流回。已知同轴空心圆筒单位长度的自感系数 $L=\frac{\mu_0}{2\pi}$。

(1) 求同轴空心圆筒内外半径之比；

(2) 若电流随时间变化，即 $I=I_0\cos\omega t$，求圆筒单位长度产生的感应电动势。

10.26 如图所示，一面积为 S_1 共 N_1 匝的小线圈 A，其内充满相对磁导率为 μ_r 的均匀磁介质，其外有一半径为 R_2 共 N_2 匝的大线圈 B，此两线圈同心且共面。设线圈 A 内各点的磁感应强度可看作是相同的。求两线圈的互感。

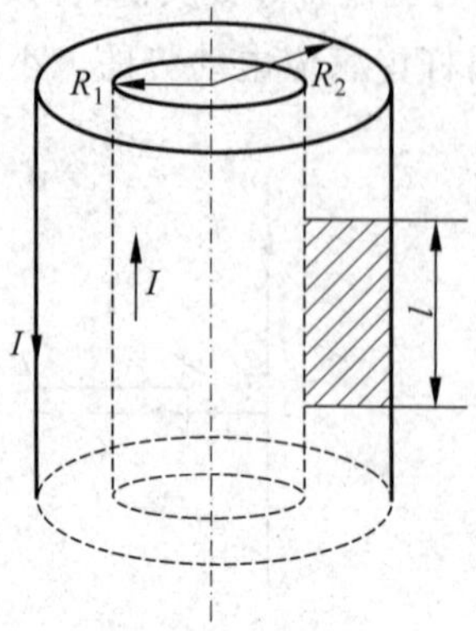

题 10.25 图

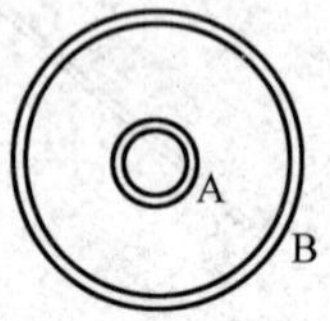

题 10.26 图

10.27 试计算 10.23 题的自感磁能。

10.28 如图所示，两无限长同轴圆柱面(不计厚度)，分别通有反向、大小相等的电流 I，两圆柱面之间充满磁导率为 μ 的磁介质，内圆柱面的半径为 R_1(内部真空)，外圆柱面的半径为 R_2(外部也为真空)。求两柱面之间单位长度上的磁能。

10.29 一长直导线通有电流 I，导线截面半径为 R，磁导率为 μ_0，电流在截面上均匀分布，如图所示。求导线内部单位长度上储藏的磁场能量。

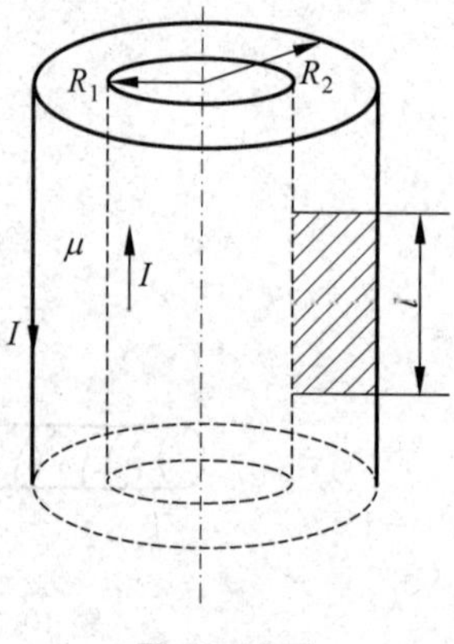

题 10.28 图

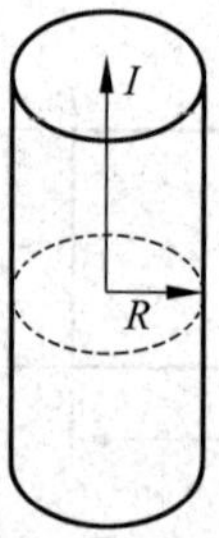

题 10.29 图

第 11 章

波动光学

光学是物理学的一门分支学科，它研究光的产生和传播，以及光与物质的相互作用及其应用。通常将光学分为几何光学和物理光学两大部分。物理光学又有波动光学和量子光学之分。几何光学不涉及光的波动性，它以光的直线传播性质为基础，研究光在透明介质中的传播规律，它是光学仪器设计和制造技术的理论基础。波动光学从光的波动性出发，研究光的干涉、衍射和偏振等现象。光是波长处于一定波段的电磁波，电磁场理论是波动光学的基础。但是用经典的波动理论不能解释黑体辐射和光电效应等实验规律。1905 年爱因斯坦提出光的量子理论，假设光由光量子(光子)组成。光的量子理论称为量子光学，所以量子光学是以光的粒子本质为基础研究光的辐射、吸收以及光与物质相互作用的规律。

本章利用波动理论分析光的干涉、衍射和偏振等现象。

11.1 光的相干性

11.1.1 相干光和相干光源

干涉现象是波动过程的基本特征之一。在第 4 章已经指出：由频率相同、振动方向相同、相位相同或相位差保持恒定的两个波源所发出的波是相干波，在两相干波相遇的区域内，有些点的振动始终加强，有些点的振动始终减弱或完全消失，即产生干涉现象。

由于光是一种电磁波，所以对于光波来说，振动和传播的是电场强度 $\boldsymbol{E}$ 矢量和磁感应强度 $\boldsymbol{B}$ 矢量。实验证明，引起视觉和对其他感光物质起作用的主要是电场强度矢量 $\boldsymbol{E}$，故通常把 $\boldsymbol{E}$ 称为光矢量，$\boldsymbol{E}$ 随时间的周期性变化称为光振动，光振动在空间的传播称为光波。若两束光的光矢量满足相干条件，则它们是相干光，其光源称为相干光源。

11.1.2 光源的发光机理

虽然光波的相干条件与机械波相同，但光波满足干涉条件比较困难。因机械波或无线电波的波源可以连续地振动，发出连续不断的正弦波，相干条件比较容易满足，因此比较容易产生干涉现象，而对于普通光源，情况有所不同。例如，若在房间里放着两个发光频率完全相同的钠光灯，在它们所发出的光都能传到的区域内，我们却观察不到光强分布有明暗相间的变化。这表明两个独立的光源即使频率相同，也不能构成相干光源。一般说来，即使是同一光源的两个部分发出的光相遇，仍不能产生干涉现象，这是由普通光源发光本质的特点所决定的。

众所周知，各种光源的激发方式不尽相同。一般普通光源(指非激光光源)发光的机理是处于激发态的原子(或分子)的自发辐射，即光源中的原子吸收了外界能量而处于激发态，这些激发态是极不稳定的，电子在激发态上存在的时间平均只有 $10^{-11}\sim10^{-8}$ s，因此，原子会自发地回到低激发态或基态，在此过程中，原子向外发射电磁波(光波)。每个原子的发光是间歇的。一个原子经一次发光后，只有在重新获得足够能量后才会再次发光。每次发光的持续时间极短，为 $10^{-10}\sim10^{-8}$ s，也就是说，原子或分子每次所发的光是一个短短的波列，称为光波列。普通光源中大量原子或分子是各自相互独立地发出一个个光波列，它们的发射是偶然的，彼此间没有任何联系。因此在同一时刻，各原子或分子所发出的光，即使频率相同，相位和振动方向一般也不相同，如图 11.1(a)所示。此外，由于原子或分子的发光是间歇的，即使是同一个原子，它先后所发出的光波列的振动方向和相位也很难相同。图 11.1(b)是两个独立光源中原子 1 和原子 2 各自发出一系列的波列，当它们到达 P 点时，因不符合相干条件，故不会产生干涉。所以，两个独立的光源，不能构成相干光源。不但如此，即使是同一个光源上不同部分发出的光，也不会产生干涉。

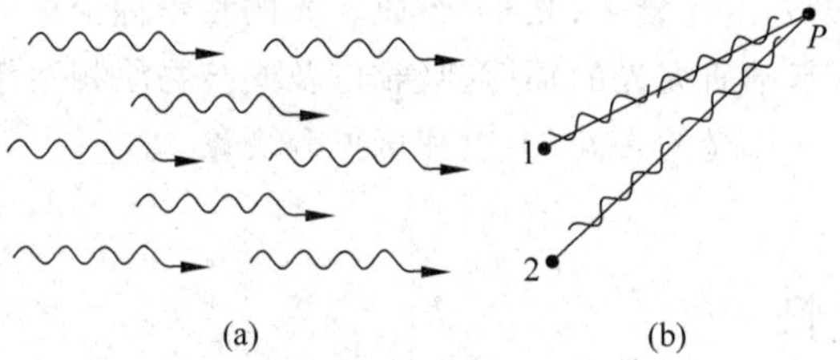

图 11.1 波列

(a) 普通光源的各原子或分子所发出的光波波列彼此独立；(b) 波列的叠加

但是，受激辐射就不同了，它是在一定频率的外界光波的“诱导”下，原子被迫或受激地发出一个光波列的过程。受激辐射的光波列(激光)，其振动方向、振动频率和初相都与外来光波列相同。因此，激光是一种相干性很好的相干光。

11.1.3 相干光的获取

上面说到，单频的激光光源具有很好的相干性，其实在现实生活中我们仍能观察到普通光的干涉现象，如油膜上的彩色条纹。那么这种相干光是如何获得的呢？设想将一普通光源上同一点发出的光波列利用反射或折射等方法使它“一分为二”，沿两条不同的路径传播并相遇，这时，原来的每一个波列都分成了频率相同、振动方向相同、相位差恒定的两部分，当它们相遇时，就能产生干涉现象。如图 11.2 所示，A、B 分别为一薄膜的两个表面，入射光 I 中某一个波列 W 在界面 A 上反射形成波列 W_1，在界面 B 上反射形成波列 W_2。这样 W_1、W_2 的频率相同、振动方向相同，而相位差决定于两波列经过的波程差，对于入射光 I 中的其他波列，按同样的道理，也都有相同的恒定相位差。所以在界面 A、B 上形成的两束反射光 I_1 和 I_2 是相干光。

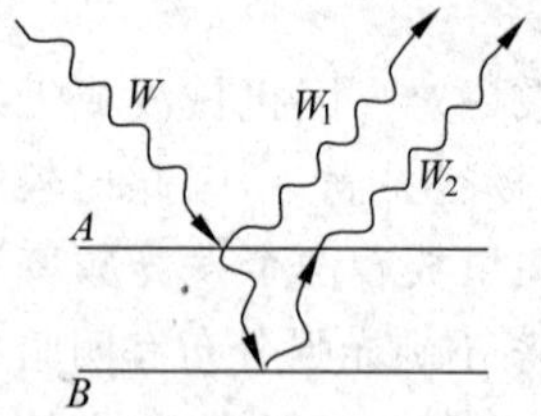

图 11.2 一个波列被分成两个相干波列

上述获得相干光的方法称为振幅分割法，其原理是利用反射、折射把波面上某处的振幅分成两部分，再使它们相遇从而产生干涉现象。

我们在日常生活中看到的油膜、肥皂泡所呈现的彩色条纹，就是这种光的干涉现象。因太阳光中含有各种波长的光波，当太阳光照射油膜时，经油膜上、下两表面反射的光形成相干光束，有些地方红光得到加强，有些地方绿光得到加强……，这样就可看到油膜呈现出彩色条纹。如果用单色光照射在肥皂膜上，则在膜表面可以看到明暗相间的条纹。

除了振幅分割法以外，还有一种用分光束获得相干光的方法，称为波阵面分割法，就是在普通光源发出的某一波阵面上，取出两部分面元作为相干光源的方法，因为同一波阵面上各点的振动具有相同的相位。下面将要介绍的杨氏双缝和劳埃德镜等光的干涉实验，都是用波阵面分割法实现的。

11.2 杨氏双缝干涉实验 劳埃德镜

11.2.1 杨氏双缝干涉实验

杨氏双缝干涉实验是最早利用单一光源形成两束相干光，从而获得干涉现象的典型实验，这一实验的基本方法是 1801 年由英国物理学家托马斯·杨(T. Young，1773—1829)提出并成功实现的。

如图 11.3(a)所示，由光源 L 发出的光照射在单缝 S 上，使 S 成为实施本实验的缝光源，在 S 前面放置两个相距为 d 的狭缝 S_1 和 S_2，且 S_1、S_2 与 S 之间的距离均相等。S_1、S_2 是由同一光源 S 形成的，满足振动方向相同、频率相同、相位差恒定的相干条件。故 S_1、S_2 为相干光源。这样，由 S_1 和 S_2 发出的光在空间相遇，将产生干涉现象。在 S_1 和 S_2 的前面放一屏幕 P，称为光屏，它与 S_1、S_2 的距离 D 远大于缝间距 d，即 $D \gg d$。图 11.3(b)是双缝干涉的强度分布，图 11.3(c)是双缝干涉条纹。

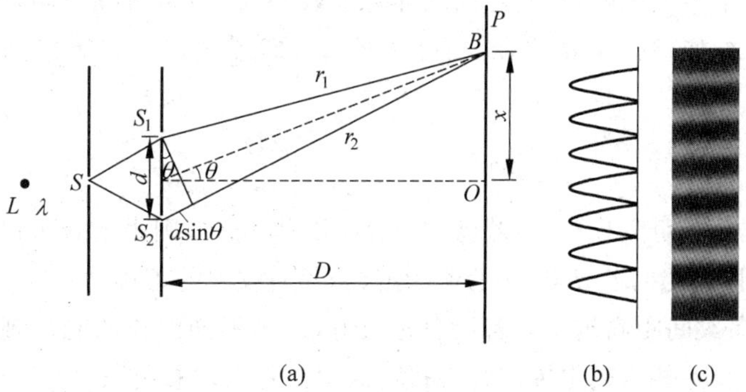

图 11.3 杨氏双缝干涉

下面定量分析屏幕上形成干涉明、暗条纹所应满足的条件。如图 11.3(a)所示，今在屏幕上任取一点 B，它与 S_1 和 S_2 的距离分别为 r_1 和 r_2，B 点与 O 点的距离为 x，O 点为中央位置。由于 $D \gg d$，这时，由 S_1、S_2 发出的光到达屏上 B 点的波程差 Δr 为

$$\Delta r = r_2 - r_1 \approx d\sin\theta$$

若 Δr 满足条件

$$d\sin\theta = \pm k\lambda, \quad k = 0,1,2,\cdots \tag{11.1}$$

则 B 点处为一明条纹的中心，式中正负号表明干涉条纹在 O 点两边是对称分布的，对于 O 点，$\theta=0°$，$\Delta r=0$，$k=0$；因此，O 点处也为一明条纹的中心，此明条纹称为中央明纹。在 O 点两侧，与 $k=1,2,\cdots$ 相应的 x_k 处，Δr 分别为 $\pm\lambda$，$\pm 2\lambda$，…，这些明条纹分别叫做第一级、第二级……明条纹，它们对称地分布在中央明纹的两侧。

因为 $D \gg d$，所以 $\sin\theta \approx \tan\theta = \frac{x}{D}$。于是，式(11.1)的干涉加强条件可改写为

$$d\,\frac{x}{D} = \pm k\lambda, \quad k = 0,1,2,\cdots$$

即在屏上

$$x = \pm k\,\frac{D}{d}\lambda, \quad k = 0,1,2,\cdots \tag{11.2}$$

的各处，都是明条纹的中心。

当 B 点处满足

$$\Delta r = d\,\frac{x}{D} = \pm(2k+1)\,\frac{\lambda}{2}$$

即

$$x = \pm\,\frac{D}{d}(2k+1)\,\frac{\lambda}{2}, \quad k = 0,1,2,\cdots \tag{11.3}$$

时，两束光干涉减弱(最弱)，则此处为暗条纹中心。这样，与 $k=0,1,\cdots$ 相应的 $x=\pm\frac{D}{2d}\lambda$，$\pm\frac{3D}{2d}\lambda$，…处均为暗条纹中心位置，若 S_1 和 S_2 在 B 点的波程差既不满足式(11.2)，也不满足式(11.3)，则 B 点处既不是最明，也不是最暗。

综上所述，在干涉区域内，我们可以从屏幕上看到，在中央明纹两侧，对称地分布着明、暗相间的干涉条纹，如果已知 d、D、λ，则可从式(11.2)或式(11.3)算出相邻明纹(或暗纹)间的距离为

$$\Delta x = x_{k+1} - x_k = \frac{D}{d}\lambda \tag{11.4}$$

即干涉明、暗条纹是等距离分布的，若已知 d、D，又测出 Δx，则由上式可以算出单色光的波长 λ。由上式还可以看到，若 d 与 D 的值一定，相邻明纹间的距离 Δx 与入射光的波长 λ 成正比，波长越小，条纹间距离越小。若用白光照射，由于不同波长的光出现干涉极大的位置相互错开(中央明纹除外)，则中央明纹(白色)的两侧将出现彩色条纹。

例 11-1 以单色光照射到相距为 0.4 mm 的双缝上，双缝与屏幕的垂直距离为 2.0 m。

(1) 若屏上第一级干涉明纹到同侧的第四级明纹中心间的距离为 7.5 mm，求单色光的波长；

(2) 若入射光的波长为 400 nm，求相邻两明纹中心间的距离。

解 (1) 根据双缝干涉明纹的条件,第 k 级明纹中心的位置为

$$x_k = \pm \frac{D}{d}k\lambda, \quad k = 0,1,2,\cdots$$

将 $k_1=1$ 和 $k_4=4$ 代入上式,得第一级与第四级明纹中心间距离为

$$\Delta x_{14} = x_4 - x_1 = \frac{D}{d}(k_4 - k_1)\lambda$$

所以

$$\lambda = \frac{d}{D}\frac{\Delta x_{14}}{(k_4 - k_1)}$$

将 $d=0.4\ \mathrm{mm}$,$\Delta x_{14}=7.5\ \mathrm{mm}$,$D=2.0\times10^3\ \mathrm{mm}$ 代入上式,得

$$\lambda = 500\ \mathrm{nm}$$

(2) 当 $\lambda=400\ \mathrm{nm}$ 时,相邻两明纹中心间的距离为

$$\Delta x = \frac{D}{d}\lambda = 2\times10^{-3}(\mathrm{m}) = 2(\mathrm{mm})$$

在上面的例子中,双缝间的距离很小,这样才能显示出干涉条纹。而屏幕距离双缝很远,这时运用式(11.2)等计算比较精确,一般来说,当屏幕与双缝间的距离达到 10 m 时,推导式(11.2)所用到的近似条件不影响计算结果的精确性,这一点读者应注意。

从上面的例子还可以看到,利用双缝干涉可以测量光的波长,不过,这种测量精度不够高,上面提到的近似条件就是一个原因。

11.2.2 劳埃德镜 半波损失

光的半波损失现象最早是在劳埃德(Lloyd)镜干涉实验中发现的,劳埃德镜实验的原理本质上与杨氏双缝实验类似。

如图 11.4 所示,M 为一平面反射镜,从狭缝 S_1 射出的光束,一部分(以①表示的光束)直接射到屏幕 P 上,另一部分射到反射镜 M 上,反射后(以②表示的光束)到达屏幕 P 上,反射光可看成是虚光源 S_2 发出的,S_1、S_2 构成一对相干光源,相当于杨氏实验中的双缝。于是,在图 11.4 中的 A—B 区域内,即由 S_1 射出的直射光和经 M 镜反射的反射光的交叠区域,两光相干叠加,这时在屏幕上可以观察到明、暗相间的等间隔干涉条纹,并可以依照杨氏双缝干涉的条纹计算公式计算这里的条纹间距。

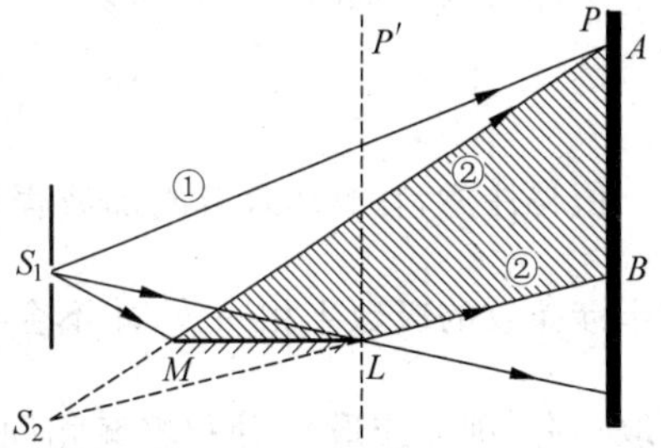

图 11.4 劳埃德镜实验示意图

需要注意的是,若把屏幕放到和镜面相接触的 P' 位置,此时从 S_1、S_2 发出的光到达接触点 L 的路程相等,在 L 处似乎应出现明纹,但实验事实是,在接触处为一暗纹。这表明,直接射到屏幕上的光与镜面反射出来的光在 L 处的相位相反,即相位差为 π。由于入射光的相位没有变化,所以只能是反射光(从空气射向镜面并反射)的相位跃变了 π。

进一步实验表明,光从光速较大(折射率较小)的介质射向光速较小(折射率较大)的介质时,反射光的相位与入射光的相位相比跃变了 π。这一相位跃变相当于反射光与入射光之间附加了半个波长$\left(\frac{\lambda}{2}\right)$的波程差,故常称此为半波损失。

所以，劳埃德镜实验不但显示了光的干涉现象，而且还显示了半波损失现象，这在计算明、暗条纹位置时必须加以考虑。请看下面的例子。

*例 11-2 如图 11.5 所示，湖面上 $h=0.5\ \text{m}$ 处有一电磁波接收器位于 C 处，当一射电星从地平面渐渐升起时，接收器断续地检测到一系列电磁波的极大值。已知射电星所发射的电磁波的波长为 20.0 cm，求第一次测到极大值时，射电星的方位与湖面所成的角度。

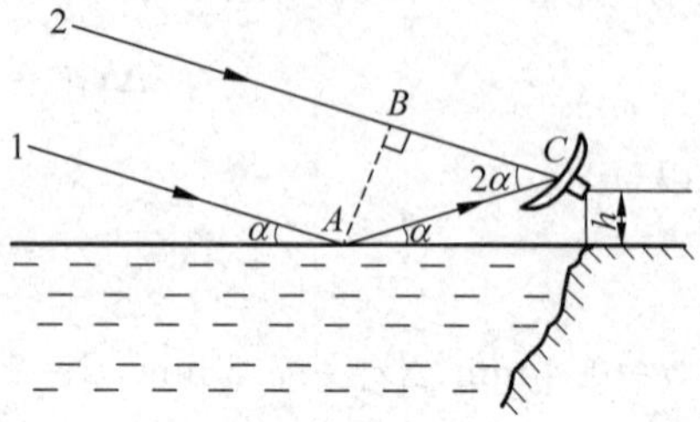

图 11.5

解 接收器测得的电磁波是射电星发射的信号直接到达接收器的部分与经湖面反射的部分相互干涉的结果。因此，可以用类似劳埃德镜的方法分析和计算。

若射电星所在的位置与湖面成 α 角，则反射波与入射波之间的夹角为 2α。设 A 点是湖面上的反射点，且 $AB\perp BC$，则两相干波的波程差为

$$\Delta r = AC - BC + \frac{\lambda}{2} \approx AC(1-\cos 2\alpha) + \frac{\lambda}{2}$$

式中 $\frac{\lambda}{2}$ 是由于波在水面反射时所产生的半波损失而引起的附加波程差。接收器测到极大值时，波程差 Δr 等于波长的整数倍，即

$$\Delta r = \frac{h}{\sin\alpha}(1-\cos 2\alpha) + \frac{\lambda}{2} = k\lambda, \quad k = 1,2,\cdots$$

由上式解得

$$\sin\alpha = \frac{(2k-1)\lambda}{4h}$$

第一次测得极大值时，$k=1$，所以

$$\alpha_1 = \arcsin\frac{\lambda}{4h} = \arcsin\frac{20.0\times 10^{-2}}{4\times 0.5} = 5.74^\circ$$

值得注意，在具体计算附加波程差时，取 $+\frac{\lambda}{2}$ 或 $-\frac{\lambda}{2}$ 都是合理的；但这两种取法应与所取干涉条纹的级数 k 相一致，才不会导致答案的不唯一。比如上面计算中取 $+\frac{\lambda}{2}$，k 取 1；若改取 $-\frac{\lambda}{2}$，则 k 应取 0，使得答案相同。也就是说，上题的第一次测量，是指 k 应是诸可能值中最小的一个。总之，取 $\pm\frac{\lambda}{2}$ 只会影响 k 的取值，而对问题的实质并无影响。故在以后的计算中为了方便一般都取 $+\frac{\lambda}{2}$。

11.3 相位差和光程

11.3.1 两束光在相遇点的相位差

两列波在空间相遇时的相位差由式(4.41)给出，即

$$\Delta\varphi=\varphi_2-\varphi_1-\frac{2\pi(r_2-r_1)}{\lambda}$$

同理，两束光在相遇点的相位差也可表示为

$$\Delta\varphi=\Delta\varphi_1+\Delta\varphi_2+\Delta\varphi_3 \tag{11.5}$$

式中 $\Delta\varphi_1$ 表示两束光在分开处的相位差，如杨氏双缝干涉实验中 S_1、S_2 处的相位差，即相当于初相差；$\Delta\varphi_2$ 表示从分开处到相遇点，由于传播路程的不同所引起的相位差；$\Delta\varphi_3$ 表示在传播过程中，因反射可能出现的半波损失所引起的相位差。

11.3.2 光程和费马原理

真空中波长为 λ 的光，在折射率为 n 的介质中传播时波长变为

$$\lambda_n=\frac{\lambda}{n} \tag{11.6}$$

光在介质中每传播 λ_n 的路程，相应的相位变化 2π。如果光在介质中通过的路程为 r，则其相位变化为

$$\Delta\varphi=\frac{2\pi}{\lambda_n}r=\frac{2\pi}{\lambda}nr \tag{11.7}$$

上式表明，光波在介质中传播时，其相位的变化不仅与光波传播的几何路程 r 和真空中的波长 λ 有关，而且还与介质的折射率 n 有关，光在折射率为 n 的介质中通过几何路程 r 所发生的相位变化，相当于光在真空中通过 nr 的路程所发生的相位变化。所以，人们把折射率 n 和几何路程 r 的乘积 nr 叫做光程，用符号 L 表示。即

$$L=nr \tag{11.8}$$

当光通过几种不同介质时，如果用光程代替路程，就不必考虑光在不同介质中波长的差别，而统一用真空中的波长计算相位变化问题。例如，当光相继垂直通过厚度分别为 r_1、r_2、r_3，折射率分别为 n_1、n_2、n_3 的三种介质时，其相位变化为

$$\Delta\varphi=\frac{2\pi}{\lambda}(n_1r_1+n_2r_2+n_3r_3) \tag{11.9}$$

式中 λ 为光在真空中的波长。如果用光程差代替波程差，则光振动相长、相消条件可表述为：两束相干光在空间某点的光程差为光在真空中的波长的整数倍时，该点光振动相长，合振幅极大，光强极大；光程差为光在真空中的半波长的奇数倍时，该点光振动相消，合振幅极小，光强极小。即若从同一点光源发生的两相干光，它们的光程差 δ 与相位差 $\Delta\varphi$ 的关系为

$$\Delta\varphi=2\pi\,\frac{\delta}{\lambda}$$

所以，当 $\delta=\pm k\lambda, k=0,1,2,\cdots$ 时，干涉加强（最强），即光振动相长；当 $\delta=\pm(2k+1)\dfrac{\lambda}{2}, k=0,1,2,\cdots$ 时，干涉减弱（最弱），即光振动相消。

1657 年，费马（P. Fermat）提出一条关于光传播的普遍原理，称为费马原理：光从空间一点到另一点是沿光程为极值的路径传播。直线是两点间最短的线，光沿直线传播是费马原理的简单推论。光的反射定律和折射定律也可由费马原理导出。

11.3.3 透镜物像之间的等光程性

在光学实验中经常用到两个侧面都磨成球面的凸透镜。如果透镜中央部分的厚度比两个球面半径小得多，则称为薄透镜。薄透镜中央部分的厚度可以忽略，其中心可以看成是一个点，这个点称为透镜的光心。光线通过透镜的光心，相当于通过一块两面平行的薄透明板，因此不改变原来的方向。通过透镜的两个球面中心的直线，称为透镜的主轴或主光轴。平行于主光轴的光线，经过凸透镜后会聚于主光轴上的一点，这个点称为透镜的焦点，如图 11.6(b)所示。透镜的焦点与光心的距离称为焦距。通过焦点并垂直于主光轴的平面称为焦平面。平行光线经过凸透镜后会聚于焦平面上一点，该点就是平行光线中通过透镜光心的那条光线所到达的焦平面上的点，如图 11.6(c)所示。

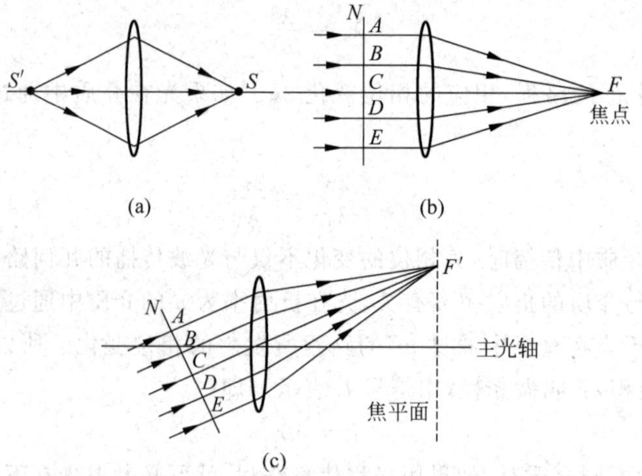

图 11.6 透镜物像之间的等光程性

(a) 透镜成像；(b) 平行光垂直入射；(c) 平行光斜入射

在图 11.6(a)中，从物点 S'经过透镜到像点 S 的不同光线的几何路程是不同的，但这些光线连续分布。根据费马原理，它们的光程都应该取极值，但都取极大值或都取极小值是不可能的，唯一的可能性是取恒定值，即从物点 S'经过透镜到像点 S 的不同光线的光程相等。这称为透镜物像之间的等光程性。

在图 11.6(a)中，从物点 S'到像点 S 的几何路程长的光线经过透镜($n>1$)的路程短，而几何路程短的光线经过透镜的路程长，因此，它们的光程是可以相等的。透镜物像之间的等光程性还包括图 11.6(b)、(c)所示的情况。平行光线经过透镜会聚到透镜焦平面上的 F 点或 F'点，从入射平行光的任一垂直截面上各点(如截面 N 上 A、B、C、D、E 点)算起，经过透镜到 F 点或 F'点的各光线的光程相等。反过来，焦平面上的物点经过透镜到平行光截面上各点的光程也相等。

综上所述，说明在任一光路中使用透镜并不引起附加的光程差。我们今后在遇到光路中有透镜时都不需要考虑它对光程差的影响。

例 11-3 在杨氏双缝干涉实验中，用波长 $\lambda=550$ nm 的单色光垂直照射在双缝上，若用

一厚度为 $e=6.6\times10^{-6}$ m、折射率为 $n=1.58$ 的云母片覆盖在上方的狭缝上，如图 11.7 所示。问：

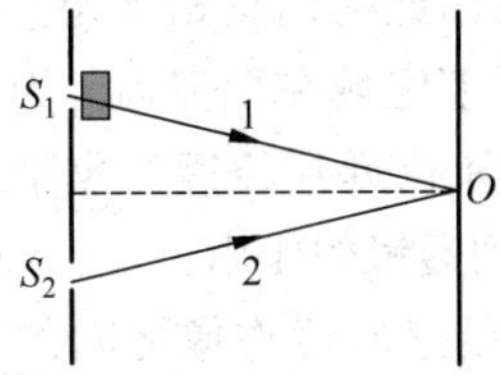

图 11.7

(1) 屏上干涉条纹有什么变化？

(2) 屏上中央 O 点现在是明纹还是暗纹？

解 (1) 云母片加大了光通过上方的狭缝到达屏上的光程，因此干涉极大(或极小)对应的位置会发生变化，而明纹中心(或暗纹中心)间的距离则不会改变，即只是干涉条纹发生了平移。

由于其光程差为

$$\delta = r_1'' - r_2''$$

其中 r_1''、r_2'' 为狭缝 S_1、S_2 分别到新中央明纹位置的光程，设 r_1'、r_2' 为狭缝 S_1、S_2 分别到新中央明纹位置的几何路程，则有 $r_1''=r_1'-e+ne$，$r_2''=r_2'$，于是得

$$\delta = r_1'' - r_2'' = r_1' - e + ne - r_2'$$

对于新的中央明纹，应有 $\delta=0$，即

$$\delta = r_1' - r_2' + (n-1)e = 0$$

因 $n>1$，所以要使上式成立，则必须

$$r_2' > r_1'$$

由此可见，新中央明纹必上移，相应的干涉条纹也向上发生了平移。

(2) 通过上下两条狭缝到达 O 点的光线走过的几何路程是相等的，由于云母片的覆盖，上方的光线 1 有了一附加光程 $(n-1)e$，即

$$\delta = (n-1)e$$

令 $(n-1)e=k\lambda$，得

$$k = \frac{(n-1)e}{\lambda} = 6.96 \approx 7$$

因为 k 是一整数，所以 O 点仍然是明纹，是原来的第 7 级明纹，即原来下方的第 7 级明纹移到了屏幕中央。

11.4 薄膜干涉

薄膜干涉是常见的光的干涉现象，它属于振幅分割干涉。11.1 节提到的油膜、肥皂膜等干涉现象，都属于薄膜干涉，类似的现象出现在照相机镜头、眼镜镜片的镀膜层上，劈尖和牛顿环等装置呈现的也是薄膜干涉条纹。下面讨论薄膜干涉的基本原理。

11.4.1 厚度均匀薄膜的干涉

如图 11.8 所示，在折射率为 n_1 的均匀介质中，有一折射率为 n_2 的厚度均匀薄膜，且 $n_2>n_1$。M_1 和 M_2 分别为均匀薄膜的上、下两界面。设由单色光源 S 上一点发出的光线 1 以入射角 i 投射到界面 M_1 上的 A 点，一部分由 A 点反射(图中的光线 2)，另一

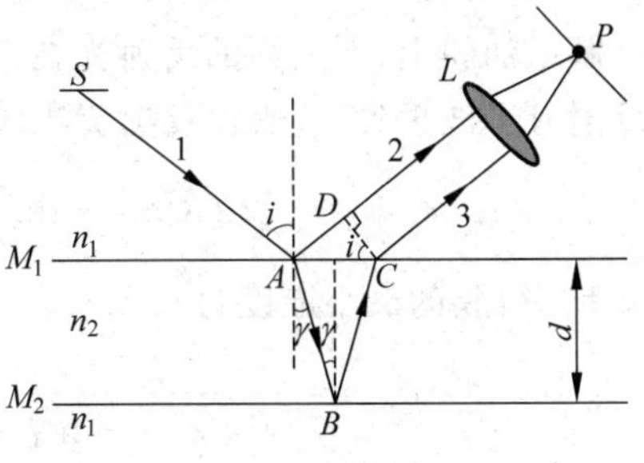

图 11.8 薄膜干涉

部分射进薄膜并在界面 M_2 上反射，再经界面 M_1 折射而出（图中的光线 3）。显然，光线 2、3 为同一入射光列的两部分，虽然经历了不同的路径但是有恒定的相位差，因此它们是相干光。由于光线 2、3 是两条平行光线，所以它们在无穷远处相遇干涉，或者说干涉定域在无穷远。为了观察干涉图样，可以用透镜（图 11.8 中的 L）把发生在无穷远处的干涉拉近到透镜的焦平面（图 11.8 中屏幕 P）上；也可以用眼睛直接观察，这时眼睛的晶状体起到透镜的作用。

在图 11.8 中过 C 点作光线 2、3 的垂线，与光线 2 交于 D 点。根据透镜物像之间的等光程性，从 C、D 两点经过透镜到屏幕上 P 点的光线没有光程差。光线 1 从折射率小的介质射向折射率大的介质，在 A 点反射有半波损失，而光线 3 在 B 点反射没有半波损失。因此，光线 2、3 在 P 点的光程差为

$$\delta = n_2(AB + BC) - n_1 AD + \frac{\lambda}{2} \tag{11.10}$$

设薄膜的厚度为 d，根据图中几何关系可得

$$AB = BC = \frac{d}{\cos\gamma}$$

$$AD = AC\sin i = 2d\tan\gamma\sin i$$

式中 i 为光线 1 的入射角，γ 是进入介质 n_2 发生折射的折射角，它们之间满足折射定律

$$n_1 \sin i = n_2 \sin\gamma \tag{11.11}$$

把以上关系式代入式(11.10)，得

$$\delta = 2d\sqrt{n_2^2 - n_1^2\sin^2 i} + \frac{\lambda}{2} \tag{11.12}$$

上式表明，光线 2、3 在 P 点的光程差决定于入射角 i。只要入射光的倾角相同，也就是入射角相同，那么均匀薄膜上、下表面反射光的相位差就相同，出现的将是同一级条纹或称等倾条纹，因此，厚度均匀薄膜的干涉又称为等倾干涉。

薄膜干涉加强、减弱的条件为

$$\delta = 2d\sqrt{n_2^2 - n_1^2\sin^2 i} + \frac{\lambda}{2} = \begin{cases} k\lambda, & k = 1,2,\cdots(\text{加强}) \\ (2k+1)\dfrac{\lambda}{2}, & k = 0,1,2,\cdots(\text{减弱}) \end{cases} \tag{11.13}$$

当光垂直入射（即 $i=0$）时，

$$\delta = 2n_2 d + \frac{\lambda}{2} = \begin{cases} k\lambda, & k = 1,2,\cdots(\text{加强}) \\ (2k+1)\dfrac{\lambda}{2}, & k = 0,1,2,\cdots(\text{减弱}) \end{cases} \tag{11.14}$$

例 11-4 有一折射率为 1.33、厚度均匀的油膜，当人眼视线的方向与油膜法线成 30°角时，可观察到波长为 500 nm 的光反射加强。求油膜的最小厚度。

解 油膜上、下表面的反射光在人眼视网膜上相遇干涉。设油膜处在空气中，膜的上表面反射有半波损失，下表面反射无半波损失，因此，反射加强的条件为

$$2d\sqrt{n^2 - \sin^2 i} + \frac{\lambda}{2} = k\lambda, \quad k = 1,2,3,\cdots$$

取 $k=1$，得膜的最小厚度为

$$d_{\min} = \frac{\lambda}{4\sqrt{n^2 - \sin^2 i}} = \frac{500}{4\times\sqrt{1.33^2 - \sin^2 30^\circ}} = 101(\text{nm})$$

与入射光波长的数量级相同。

例 11-5 在金属铝的表面，经常利用阳极氧化等方法形成一层透明的氧化铝(Al_2O_3)薄膜，其折射率 $n=1.80$。设一磨光的铝片表面形成了厚度 $d=250$ nm 的透明氧化铝薄层，问在日光下观察，其表面呈现什么颜色？(设白光垂直照射到铝片上，铝的折射率小于氧化铝的折射率。)

解 白光在氧化铝薄膜上、下表面反射的光线会产生相互干涉。我们需要求出，在可见光波长范围内(从 400 nm 左右的紫光到 760 nm 左右的红光)，什么波长的光干涉后加强。因为氧化铝的折射率大于空气的折射率，也大于铝的折射率，只有氧化铝的上表面反射的光有半波损失。由式(11.14)得，形成干涉最大的光的波长 λ 应满足

$$2nd+\frac{\lambda}{2}=k\lambda,\quad k=1,2,3,\cdots$$

则

$$\lambda=\frac{2nd}{k-\dfrac{1}{2}}$$

$$k=1\text{ 时},\quad \lambda=1800\text{ nm}$$

$$k=2\text{ 时},\quad \lambda=600\text{ nm}$$

$$k=3\text{ 时},\quad \lambda=360\text{ nm}$$

计算表明，仅当 $k=2$ 时，$\lambda=600$ nm 的光是在可见光范围内($k=1$ 和 $k=3$ 时，λ 分别处在红外和紫外的范围)，所以铝片表面会呈现橙红色。

利用薄膜干涉不仅可以测定波长或薄膜的厚度，而且还可以提高或降低光学器件的透射率。光在两介质分界面上的反射，将减少透射光的强度。例如，照相机镜头或其他光学元件常采用组合透镜，随着界面数目的增加，损失的光能增多。为了减少因反射而损失的光能，常在透镜表面上镀一层薄膜。若入射光在薄膜上、下两界面的反射由于干涉减弱，则透射光一定是增强了，因为入射光和反射光的总能量是守恒的。这种能减少反射光强度而增加透射光强度的薄膜称为增透膜。

有些光学器件则需要减少其透射率，以增加反射光的强度，利用薄膜干涉也可制成增反射膜(或高反射膜)，只要反射光由于干涉而增强，由能量守恒定律可知，透射光一定被减弱了，这就是增反射膜的原理。

例 11-6 照相机镜头是折射率为 1.50 的玻璃，上面镀有折射率为 1.38 的氟化镁(MgF_2)透明介质薄膜，若要使得垂直入射到镜头上的黄绿光(波长约 550 nm)最大限度地进入镜头(照相底片对黄绿光最敏感)，所镀的薄膜层至少应为多厚？

解 根据题意，要求介质薄膜对 $\lambda=550$ nm 的黄绿光是增透膜。在图 11.9 中，因为 $n_1=1$，$n_2=1.38$，$n_3=1.50$，$n_1<n_2<n_3$，在氟化镁薄膜上、下两界面的反射光 2 和 3 都具有 π 的相位跃变(都有半波损失)，从而可不计入附加光程差，令反射光干涉相消，即有

$$2n_2d=\left(k+\frac{1}{2}\right)\lambda,\quad k=0,1,2,\cdots$$

所以，薄膜的厚度应满足

$$d=\frac{\left(k+\dfrac{1}{2}\right)\lambda}{2n_2}$$

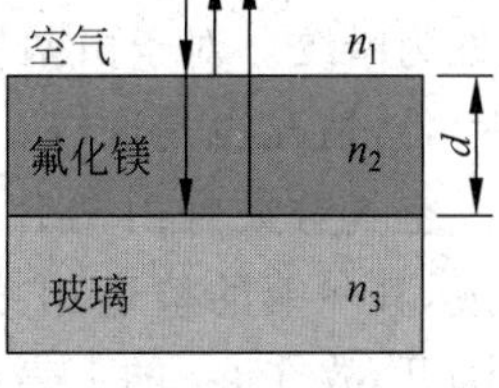

图 11.9

显然取 $k=0$ 时，d 最小，即

$$d_{\min}=\frac{\lambda}{4n_2}=\frac{550}{4\times 1.38}\approx 100(\text{nm})$$

11.4.2 厚度不均匀薄膜的干涉

1. 劈尖

劈尖形介质薄膜是最简单的厚度不均匀薄膜。如图 11.10(a)所示，如果波长为 λ 的光斜射到劈尖上表面的 A 点，则从劈尖上、下表面反射的光线 2、3 在 P 点相遇干涉，这仍属于振幅分割干涉。

图 11.10(b)表示垂直照射的情形。由于劈尖的倾角 θ 很小，这时 P 点几乎与 A 点重合，干涉条纹定域在劈尖的上表面，若介质劈尖处于空气中，则两束反射光的光程差为

$$\delta=2nd+\frac{\lambda}{2} \tag{11.15}$$

式中，n 为介质的折射率，d 为 A 点对应的劈尖厚度。上式表明，劈尖上、下表面反射光的相位差决定于厚度 d，相同的厚度，具有同一级条纹，因此这种干涉称为等厚干涉。由于等厚线是平行于棱边的直线，所以劈尖干涉图样是平行于棱边的一系列明暗相间的条纹。图 11.11是劈尖等厚条纹的示意图。

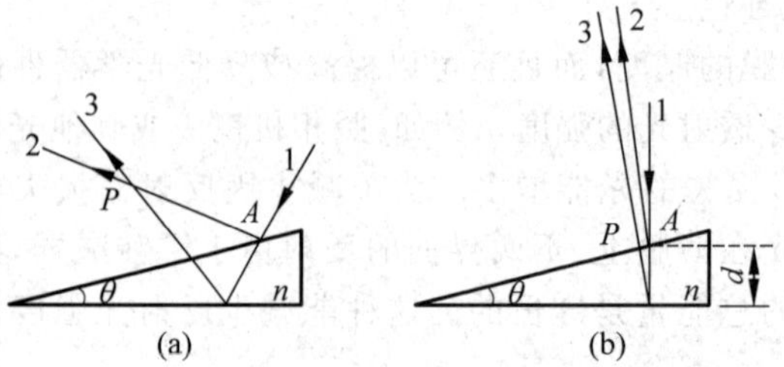

图 11.10 劈尖干涉

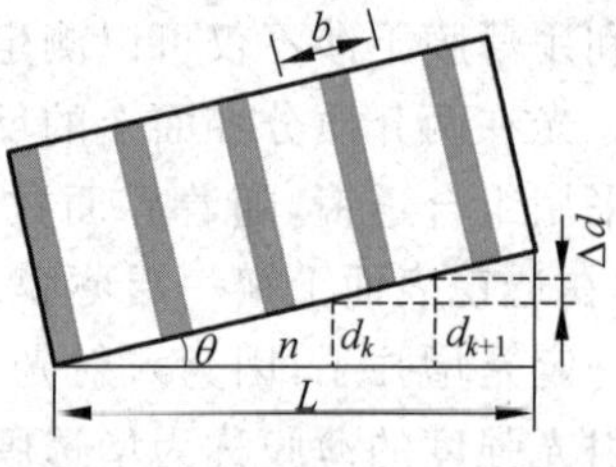

图 11.11 劈尖干涉条纹

根据干涉加强、减弱条件和式(11.15)，劈尖等厚条纹的位置应该满足的条件为

明纹中心

$$2nd+\frac{\lambda}{2}=k\lambda,\quad k=1,2,3,\cdots \tag{11.16}$$

暗纹中心

$$2nd+\frac{\lambda}{2}=\left(k+\frac{1}{2}\right)\lambda,\quad k=0,1,2,\cdots \tag{11.17}$$

在劈尖棱边处，$d=0$，但由于半波损失，所以劈尖棱边处为暗纹。对于由两块不平行玻璃板形成的空气劈尖($n=1$)，情况也是这样。

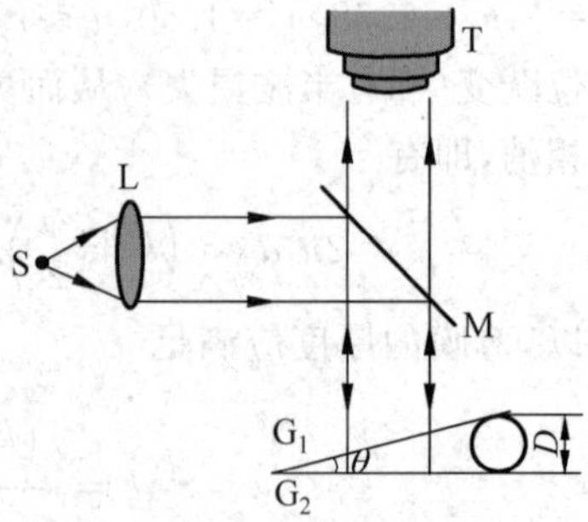

图 11.12 观察劈尖干涉的装置

空气劈尖是由两片叠放在一起的平板玻璃 G_1、G_2 组成，其一端的棱边相接触，另一端被一直径为 D 的细丝隔开，故在 G_1 的下表面和 G_2 的上表面之间开成一空气薄层，称为空气劈尖。图 11.12 中 M 为倾斜 45°角放

置的半透半反平面镜，L 为透镜，T 为显微目镜。单色光源 S 发出的光经透镜 L 后成为平行光，经 M 反射后垂直射向劈尖（入射角 $i=0°$）。自空气劈尖上、下两面反射的光相互干涉，从显微镜 T 中可观察到明暗交替、均匀分布的干涉条纹，如图 11.12 所示。

由式(11.16)、式(11.17)看出，厚度 d 大处的条纹级次 k 大，因此，从劈尖棱边开始，条纹的级次依次增高。

如图 11.11 所示，设第 k 级明纹处劈尖的厚度为 d_k，第 $k+1$ 级明纹处劈尖的厚度为 d_{k+1}，则由式(11.16)可得两相邻明纹处劈尖的厚度差为

$$\Delta d = d_{k+1} - d_k = \frac{\lambda}{2n} = \frac{\lambda_n}{2} \tag{11.18}$$

式中 $\lambda_n\left(=\frac{\lambda}{n}\right)$ 为光在折射率为 n（介质为空气时，$n=1$）的介质中的波长，由式(11.18)可见，相邻两明纹处劈尖的厚度差为光在劈尖介质中波长的 $\frac{1}{2}$；同理，两相邻暗纹处劈尖的厚度差也为光在该介质中波长的 $\frac{1}{2}$；而相邻的明、暗纹（即同一 k 值的明纹和暗纹）处劈尖的厚度差，可由式(11.16)和式(11.17)算得，为光在劈尖介质中波长的 $\frac{1}{4}$。也由式(11.18)可知，相邻条纹的光程差为 λ。

一般劈尖的夹角 θ 很小，从图可以看出，若相邻两明（或暗）纹间的距离为 b，则有

$$\theta \approx \frac{D}{L}, \quad \theta \approx \frac{\frac{\lambda_n}{2}}{b} = \frac{\lambda}{2nb}$$

得

$$b = \frac{\lambda}{2n\theta} \tag{11.19}$$

若劈尖长度为 L，由图 11.12 可以看出

$$D = \frac{\lambda_n}{2b}L = \frac{\lambda}{2nb}L \tag{11.20}$$

所以，若已知劈尖长度 L、光在真空中的波长 λ 和劈尖介质的折射率 n，并测出相邻暗纹（或明纹）间的距离 b，就可由式(11.20)计算出细丝的直径 D，也可以利用式(11.20)测量劈尖介质的折射率。

例 11-7 两块玻璃板夹一细金属丝形成空气劈尖，如图 11.12 所示。金属丝与棱边的距离 $L=2.888\times10^{-2}$ m。用波长 $\lambda=589.3$ nm 的钠黄光垂直照射，测得 30 条明纹的总距离为 4.295×10^{-3} m。求金属丝的直径 D。

解 由题意，相邻两明纹间的距离为

$$b = \frac{4.295\times10^{-3}}{30-1} = 1.48\times10^{-4}\,(\text{m})$$

因是空气劈尖，所以 $n=1$，由式(11.20)可得金属丝的直径为

$$D = \frac{\lambda}{2b}L = \frac{589.3\times10^{-9}}{2\times1.48\times10^{-4}}\times2.888\times10^{-2} = 5.745\times10^{-5}\,(\text{m})$$

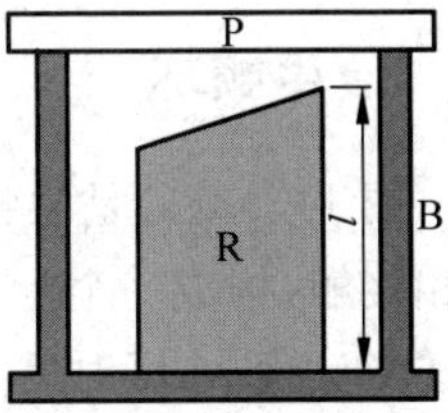

图 11.13 干涉热膨胀仪

***例 11-8** 干涉热膨胀仪如图 11.13 所示，一个石英圆柱环 B 放在平台上，其热膨胀系数 α_0 极小，可忽略不计，并已精确测定过。

环上放一块平玻璃板P,并在环内放置一上表面磨成稍微倾斜的柱形待测样品R,石英环和样品的上端面已事先精确磨平,于是R的上表面与P的下表面之间形成楔形空气膜,用波长为λ的单色光垂直照明,即可在垂直方向上看到彼此平行等距的等厚条纹。若将热膨胀仪加热,使之升温ΔT,于是在视场中某标志线上有m个干涉条纹移过。证明样品的热膨胀系数

$$\alpha=\frac{m\lambda}{2l\Delta T}$$

式中l为加热前样品的平均高度。

解 样品R与平玻璃板P形成一空气劈尖,热膨胀仪被加热后,由于石英的热膨胀系数可以忽略,所以劈尖的上表面位置不变;而劈尖的下表面的位置升高,使干涉条纹发生了移动。下表面每升高$\frac{\lambda}{2}$,干涉条纹移动一条,当有m个干涉条纹从视场中移过时,样品高度的膨胀值为

$$\Delta l=m\,\frac{\lambda}{2}$$

根据热膨胀系数的定义知

$$\Delta l=\alpha l\Delta T$$

所以样品的热膨胀系数

$$\alpha=\frac{\Delta l}{l\Delta T}=\frac{m\lambda}{2l\Delta T}$$

劈尖干涉在生产中还有很多应用,下面举两个典型的例子。

(1) 薄膜厚度的测定

在制造半导体元件时,经常要在硅片上生成一层很薄的二氧化硅膜,要测量其厚度,可将二氧化硅薄膜制成劈尖形状(图11.14),用图11.12所示的装置,测出劈尖干涉明纹的数目,就可算出二氧化硅薄膜的厚度。

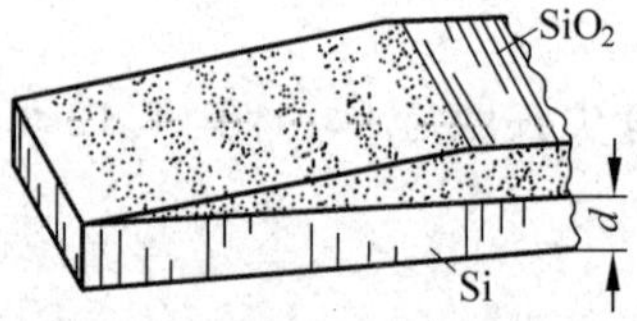

图11.14 SiO_2劈尖上的干涉条纹

(2) 光学元件表面的检查

由于每一条明纹(或暗纹)都代表一条等厚线,所以劈尖干涉可用于检查光学元件表面的平整度。在图11.15中,M为透明标准平板,其平面是理想的光学平面,N为待验平板。如待验平板的表面也是理想的光学平面,其干涉条纹是一组间距为b的平行的直线,如图11.15(b)所示;若待验平板的一面凹凸不平,则干涉条纹就不是平行的直线,如图11.15(c)所示,根据某处条纹弯曲的最大畸变量b',以及条纹弯曲的方向,就可判断待验平板平面在该处是凹还是凸,并可由条纹弯曲的程度估算出凹凸的不平整度。这种光学测量方法的精度可达到光波长的1/10,即10^{-8} m的数量级,远高于机械方法测量的精度。

2. 牛顿环

图11.16(a)是牛顿环实验装置的示意图。由一块曲率半径很大的平凸透镜与一平玻璃相接触,构成一个上表面为球面、下表面为平面的空气劈尖。由单色光源S发出的光,经半透半反镜M反射后,垂直射向空气劈尖并在劈尖空气层的上下表面处反射,在透镜下表面附近发生等厚干涉。由于在透镜下表面上同一圆环上的各点到平面玻璃上表面之间的距

离相等，所以在反射方向观察，可以看到一系列明暗相间的同心圆环，这些圆环称为牛顿环，是牛顿首先观察到的。在显微目镜T内观察到的干涉条纹图样如图11.16(b)所示。

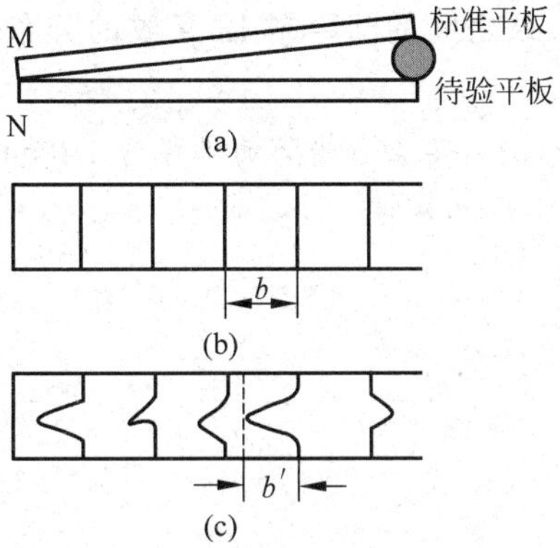

图 11.15　光学元件表面的检验

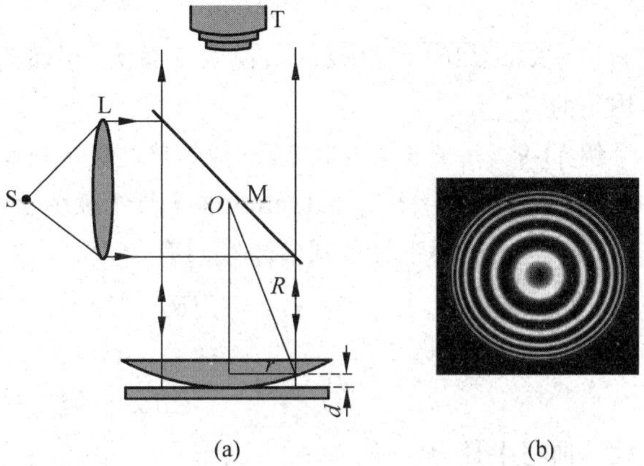

图 11.16　牛顿环

下面推求干涉条纹的半径r、光波波长λ和平凸透镜的曲率半径R之间的关系。考虑到空气劈尖的折射率($n\approx1$)小于玻璃的折射率n_1，以及光是垂直入射($i=0$)的情形，可知在厚度为d处，两相干光的光程差为

$$\delta = 2d + \frac{\lambda}{2} \tag{11.21}$$

由图11.16(a)可得

$$r^2 = R^2 - (R-d)^2 = 2dR - d^2$$

已知$R\gg d$，可以略去d^2，并将由式(11.21)得到的$d=\frac{\delta}{2}-\frac{\lambda}{4}$代入上式便得

$$r = \sqrt{2dR} = \sqrt{\left(\delta - \frac{\lambda}{2}\right)R}$$

干涉加强、减弱条件

明环中心

$$2d + \frac{\lambda}{2} = k\lambda, \quad k = 1,2,3,\cdots \tag{11.22}$$

暗环中心

$$2d + \frac{\lambda}{2} = \left(k + \frac{1}{2}\right)\lambda, \quad k = 0,1,2,\cdots \tag{11.23}$$

由此得牛顿环的半径为

明环半径

$$r_k = \sqrt{\left(k - \frac{1}{2}\right)R\lambda}, \quad k = 1,2,3,\cdots \tag{11.24}$$

暗环半径

$$r_k = \sqrt{kR\lambda}, \quad k = 0,1,2,3,\cdots \tag{11.25}$$

在透镜与平玻璃的接触处，$d=0$，光程差$\delta=\frac{\lambda}{2}$(是由于光在平玻璃的上表面反射时相位跃

变了 π 造成的)，所以反射式牛顿环的中心总是暗纹。

由式(11.24)可知，明环半径 $r_k=\sqrt{\frac{R\lambda}{2}},\sqrt{\frac{3R\lambda}{2}},\sqrt{\frac{5R\lambda}{2}},\cdots$，而由式(11.25)可得暗环半径 $r_k=\sqrt{R\lambda},\sqrt{2R\lambda},\sqrt{3R\lambda},\cdots$，说明 k 越大，相邻明(暗)纹之间的间距越小，条纹的分布是不均匀的。

例 11-9 用波长为 589.3 nm 的钠黄光做牛顿环实验，测得第 k 级暗环的半径为 4.0 mm，第 $k+5$ 级暗环的半径为 6.0 mm，求平凸透镜的曲率半径 R 和 k 值。

解 应用暗环半径公式(11.25)，有

$$r_k=\sqrt{kR\lambda},\quad r_{k+5}=\sqrt{(k+5)R\lambda}$$

可得

$$5R\lambda=r_{k+5}^2-r_k^2$$

透镜的曲率半径为

$$R=\frac{r_{k+5}^2-r_k^2}{5\lambda}=\frac{(6.0\times10^{-3})^2-(4.0\times10^{-3})^2}{5\times589.3\times10^{-9}}=6.8(\mathrm{m})$$

将 R 值代入暗环公式得

$$k=\frac{r_k^2}{R\lambda}=4$$

*11.4.3 迈克耳孙干涉仪

1881 年，迈克耳孙(A. A. Michelson)为了研究光速问题，精心设计了一种干涉装置，这就是迈克耳孙干涉仪。该仪器在物理学发展史上曾起了很重要的作用，而且现代科技中有多种干涉仪都是从迈克耳孙干涉仪衍生而来的，所以我们需要对它的结构和原理有基本的了解。其结构如图 11.17 所示，图中 M_1、M_2 是两块平面反射镜，分别置于相互垂直的两平

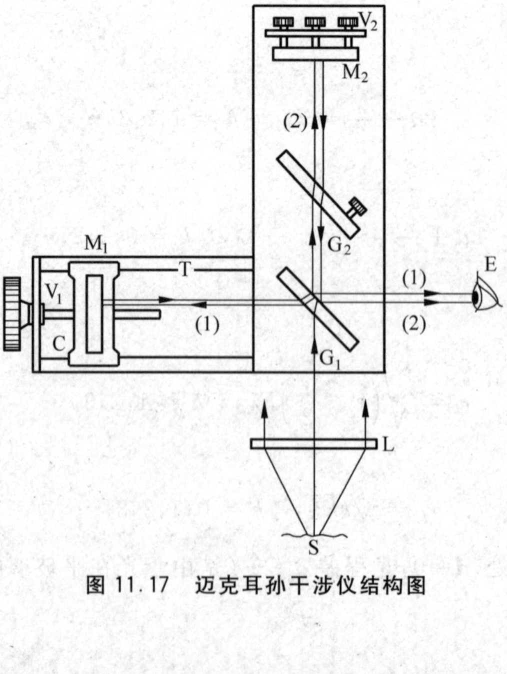

图 11.17 迈克耳孙干涉仪结构图

台顶部；G_1 和 G_2 是两块平板玻璃，在 G_1 朝着 E 的一面上镀有一层薄薄的半透明膜，使照在 G_1 上的光一半反射，一半透射。G_1、G_2 与 M_1、M_2 成 45°角。M_2 是固定的，它的方位可由螺钉 V_2 调节；M_1 由螺旋测微计 V_1 控制，可在支承面 T 上作微小移动。

来自面光源 S 的光，经过透镜 L 后，平行射向 G_1，一部分被 G_1 反射后向 M_1 传播，经 M_1 反射后再穿过 G_1 向 E 处传播(图中的光 1)；另一部分则透过 G_1 及 G_2 向 M_2 传播，经 M_2 反射后，再穿过 G_2 经 G_1 反射后也向 E 处传播(图中的光 2)。显然，到达 E 处的光 1 和光 2 是相干光。G_2 的作用是使光 1、2 都能三次穿过厚薄相同的平玻璃，从而避免 1、2 间出现额外的光程差，因此 G_2 也叫做补偿玻璃。

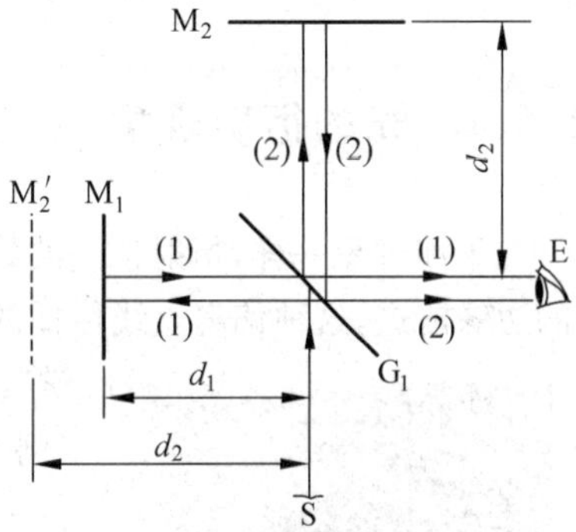

图 11.18 迈克耳孙干涉仪原理图

考虑了补偿玻璃的作用，可以画出如图 11.18 所示的迈克耳孙干涉仪的原理图。M_2' 是 M_2 经由 G_1 形成的虚像，所以从 M_2 上反射的光，可看成是从虚像 M_2' 处发出来的。这样，相干光 1、2 的光程差，主要由 G_1 到 M_1 和 M_2' 的距离 d_1 和 d_2 的差所决定。通常 M_1 与 M_2 并不严格垂直，那么，M_2' 与 M_1 也不严格平行，它们之间的空气薄层就形成一个劈尖。这时，观察到的干涉条纹是等间距的等厚条纹。若入射单色光波长为 λ，则每当 M_1 向前或向后移动 $\frac{\lambda}{2}$ 的距离时，就可看到干涉条纹平移过一条。所以测出视场中移过的条纹数目 ΔN，就可以算出 M_1 移动的距离

$$\Delta d = \Delta N \frac{\lambda}{2} \tag{11.26}$$

若已知光源的波长，利用上式可以测定长度；若已知长度，则可用上式来测定光的波长。迈克耳孙曾用自己的干涉仪于 1893 年测定了镉的红色谱线的波长。在 $t=15$℃ 的干燥空气中，$p=1.013\times10^5$ Pa 时所测得的镉红线的波长为 $\lambda=643.846\,96$ nm，这种测量波长的方法比用杨氏双缝实验测量的波长精确得多。

例 11-10 在迈克耳孙干涉仪的两臂中，分别插入长 $l=10.0$ cm 的玻璃管，其中一个抽成真空，另一个则储有压强 1.013×10^5 Pa 的空气，用以测量空气的折射率 n。设所用光波波长为 546 nm，实验时，向真空玻璃管中渐充入空气，直至压强达到 1.013×10^5 Pa 为止。在此过程中，观察到 107.2 条干涉条纹的移动，试求空气的折射率 n。

解 设玻璃管充入空气前，两相干光之间的光程差为 δ_1，充入空气后两相干光的光程差为 δ_2，根据题意有

$$\delta_1 - \delta_2 = 2(n-1)l$$

因为干涉条纹每移动一条，对应于光程变化一个波长，所以有

$$2(n-1)l = 107.2\lambda$$

故空气的折射率为

$$n = 1 + \frac{107.2\lambda}{2l} = 1 + \frac{107.2\times546\times10^{-7}}{2\times10.0} = 1.000\,29$$

在迈克耳孙干涉仪中，若镜面 M_1、M_2 严格互相垂直，则 M_2' 与 M_1 严格平行(图 11.18)。而扩展光源 S 上任一点发出的光经 G_1 反射后以不同的入射角到达 M_2'、M_1。因为这时薄膜

$M_2'M_1$ 厚度均匀，由薄膜反射光的光程差计算公式可知，入射角相同的光线的光程差相同，满足同样的干涉条件，这些倾角相同的光线将同时干涉加强（或减弱），这就是等倾干涉。迈克耳孙干涉仪的等倾干涉条纹通常呈圆环形。

11.5 光的衍射

11.5.1 光的衍射现象

与干涉现象一样，衍射也是波的重要特征。波在传播过程中遇到障碍物时，能够绕过障碍物的边缘前进，这种偏离直线传播的现象称为波的衍射现象。光的波长较短，因此，在一般光学实验中，光在均匀介质中都是直线传播的。但是，当障碍物（例如小孔、狭缝、小圆盘、毛发、细针等）的大小比光的波长大得不多时，就能观察到明显的光的衍射现象。如图 11.19 所示为一束单色光在遇到一个小圆盘时在其背后屏幕上出现的一幅衍射图样。从照片上看，无论是在几何阴影里面还是外面都存在明暗相间的衍射条纹，尤其是在小圆盘的几何阴影中心出现了一个光斑。我们无法凭经验来理解这样一个事实，关于这个光斑曾有一段很有意思的科学佳话。

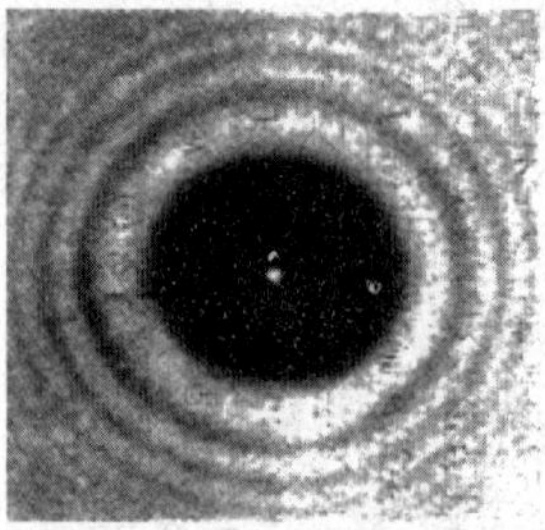

图 11.19 小圆盘的衍射图样

19 世纪初，牛顿关于光的微粒说在整个法国科学界占主导地位。当时的菲涅耳还是一名年轻的军事工程师。1814 年，菲涅耳从实验和理论两个方面研究了光的衍射现象，建立了光波动理论，并于 1816 年向法国科学院递交了一篇论文。在论文中描述了他自己的光学实验，并用他的波动理论对实验进行了解释。

1818 年，法国科学院举行了一次关于光的衍射问题的有奖征文竞赛，竞赛是由牛顿的支持者们组织安排的，目的是要向光的波动说进行挑战。菲涅耳在应征的论文中，从子波干涉的原理出发，运用菲涅耳波带方法，相当完满地解释了光的衍射现象。

然而，牛顿的支持者们并没有因此改变自己的观点，特别是法国科学院的一些权威学者都是微粒说的支持者，他们对菲涅耳的论文提出了质疑。其中有一位著名数学家——评审委员泊松（S. D. Poisson，1781—1840）根据菲涅耳使用的波带方法导出了一个奇怪结论：由于光的衍射，光经过不透明的小圆盘（或小圆球）后，在圆盘后面的阴影中心会出现一个亮斑。这在当时看来是不可思议的，据此，泊松认为菲涅耳的理论以及波动说是错误的。

但事实上，事与愿违。作为审查论文的另一位委员，一直支持和帮助菲涅耳研究光学的阿喇戈（D. F. Arage，1786—1853）在关键时候又一次伸出了援助之手，他对泊松的理论预言进行了实验验证，结果真的发现了这个亮斑（参见图 11.19）。后来人们把这一亮斑称为菲涅耳斑（或称阿喇戈斑或泊松亮点），这一历史故事常被称为“泊松质疑”。

实验的验证给了菲涅耳的波动理论以巨大的支持，菲涅耳的波动理论获得了成功。法国科学院在经过激烈的辩论之后，最终把奖金授予了菲涅耳，光的波动说获得了一次重大胜利。而这一故事今天仍然可以带给我们许多启迪。

11.5.2 惠更斯-菲涅耳原理

在第 4 章中曾用惠更斯原理定性地解释了波的衍射。但是惠更斯原理只能给出衍射波波阵面的形状，不能定量地给出衍射波在空间各点波的强度。

菲涅耳根据波的叠加和干涉原理，提出了"子波相干叠加"的概念，从而对惠更斯原理作了物理性的补充。他认为，从同一波面上各点发出的子波是相干波，在传播到空间某一点时，各子波进行相干叠加的结果，决定了该处的波振幅。这个发展了的惠更斯原理，叫做惠更斯-菲涅耳原理。

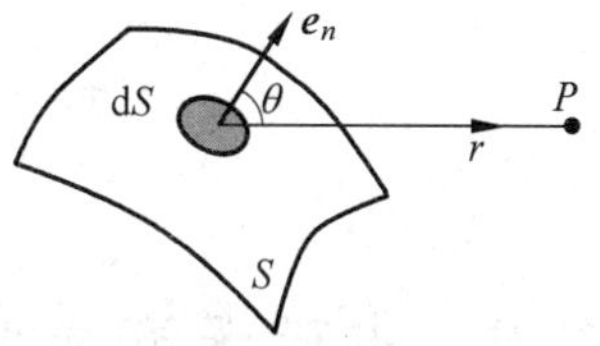

图 11.20　子波相干叠加

在图 11.20 中，$d\mathbf{S}$ 为某波阵面 S 上的任一面元，是发出球面子波的子波源，而空间任一点 P 的光振动，则取决于波阵面 S 上所有面元发出的子波在该点相互干涉的总效应。菲涅耳具体提出，球面子波在 P 点的振幅正比于面元的面积 $d\mathbf{S}$，反比于面元到 P 点的距离 r，与 $\boldsymbol{r}$ 和 $d\mathbf{S}$ 的法线方向 $\boldsymbol{e}_n$ 之间的夹角 θ 有关，θ 越大，在 P 点处的振幅越小，当 $\theta \geqslant \frac{\pi}{2}$ 时，振幅为零。至于 P 点处光振动的相位，则仍由 $d\mathbf{S}$ 到 P 点的光程确定。

利用惠更斯-菲涅耳原理，可以对 P 点的光振动进行定量的计算，但直接积分运算一般比较复杂，已超出本书的要求。下一节我们将在惠更斯-菲涅耳原理的基础上，采用菲涅耳波带法进行巧妙的计算。

其实在本质上，干涉和衍射并无区别。分析干涉现象是把有限多的(分立的)光束相干叠加，而衍射总是指波阵面上(连续的)无限多子波源发出的光束的相干叠加。

11.5.3 菲涅耳衍射和夫琅禾费衍射

依照光源、衍射孔(或障碍物)、屏三者的相对位置，可把衍射分成两种。

图 11.21(a)所示为菲涅耳衍射。在这种衍射中，光源 S 或显示衍射图样的屏 P 与衍射孔(或障碍物)R 之间的距离是有限的。当把光源和屏都移到无限远处时，这种衍射称为夫琅禾费衍射。这时，光到达衍射孔(或障碍物)和到达屏幕时的波前都是平面，如图 11.21(b)所示。在实验室中，常把光源放在透镜 L_1 的焦点上，并把屏幕 P 放在透镜 L_2 的焦面上，如图 11.21(c)所示，这样到达孔(或障碍物)的光和衍射光也满足夫琅禾费衍射的条件。本书只讨论夫琅禾费衍射，不仅因为这种衍射在理论计算上比较简单，而且夫琅禾费衍射也是大多数实际场合需要考虑的情形。

在实际场合中，只要光源 S 和屏幕 P 到达衍射物体的距离远远大于衍射物的尺寸，也可以近似当作夫琅禾费衍射。例如，在教室内做衍射演示实验，将激光器发出的平行光照射到尺寸一般只有 10^{-4} m 数量级的衍射孔(或衍射缝)上，若衍射光不经过透镜直接照射到教室的墙壁上，这时所观察到的衍射条纹可以认为是夫琅禾费衍射图样。

值得注意的是，光源或屏两者中只要有一个不能视为无限远(或相当于无限远)，则该衍射就不是夫琅禾费衍射，而是菲涅耳衍射。图 11.19 所示的就是圆盘的菲涅耳衍射图样。

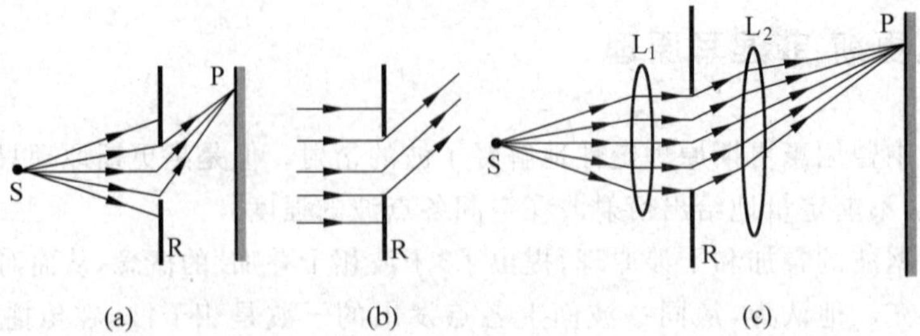

图 11.21 菲涅耳衍射和夫琅禾费衍射

(a) 菲涅耳衍射；(b) 夫琅禾费衍射；(c) 实验室观察夫琅禾费衍射

11.6 夫琅禾费单缝衍射

1821 年，夫琅禾费(J. von Fraunhofer)研究了一种单缝衍射。如图 11.22(a)所示，他用单色平行光垂直照射宽度为 a 并可与光的波长相比较的狭缝 S，缝上各点发出的衍射角为 θ 的衍射光经透镜会聚到焦平面处的屏幕 P 上，形成衍射条纹，这种条纹称为单缝衍射条纹。图 11.22(b)是单缝衍射的强度分布，图 11.22(c)是单缝衍射条纹的图样。分析这种条纹形成的原因，不仅有助于理解夫琅禾费衍射的规律，而且也是理解其他一些衍射现象的基础。

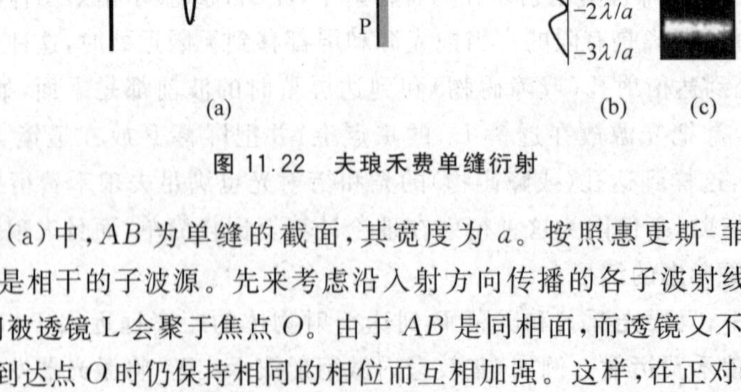

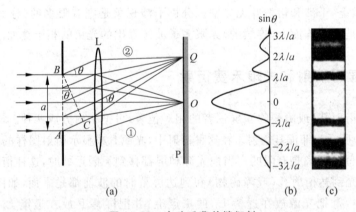

图 11.22 夫琅禾费单缝衍射

在图 11.22(a)中，AB 为单缝的截面，其宽度为 a。按照惠更斯-菲涅尔原理，波面 AB 上的各点都是相干的子波源。先来考虑沿入射方向传播的各子波射线(图 11.22(a)中的光束①)，它们被透镜 L 会聚于焦点 O。由于 AB 是同相面，而透镜又不会引起附加的光程差，所以它们到达点 O 时仍保持相同的相位而互相加强。这样，在正对狭缝中心 O 处将是一条明纹的中心，这条明纹称为中央明纹。

下面讨论与入射方向成 θ 角的子波射线(如图 11.22(a)中的光束②)，θ 称为衍射角。平行光束被透镜会聚于屏幕上的 Q 点，但要注意光束中各子波到达 Q 点的光程并不相等，所以它们在 Q 点的相位也不相同。但我们发现，由垂直于各子波射线的 BC 面上各点到达

Q 点的光程都相等，换句话说，从 AB 面发出的各子波在 Q 点的相位差，对应于从 AB 面到 BC 面的光程差。由图可见，A 点发出的子波比 B 点发出的子波多走了 $AC=a\sin\theta$ 的光程，这是沿 θ 角方向各子波的最大光程差。如何从上述分析中获得各子波在 Q 点处叠加的结果呢？为此，我们采用菲涅耳提出的波带法，其构思之精妙，在于无须数学推导便能得知衍射条纹分布的概貌。

设 AC 恰好等于入射单色光半波长的整数倍，即

$$a\sin\theta=\pm k\frac{\lambda}{2},\quad k=1,2,\cdots \tag{11.27}$$

这相当于把 AC 分成 k 等份。作彼此相距 $\frac{\lambda}{2}$ 的平行于 BC 的平面，这些平面把波面 AB 切割成了 k 个波带。图 11.23(a)表示在 $k=4$ 时，波面 AB 被分成 AA_1、A_1A_2、A_2A_3 和 A_3B 四个面积相等的波带。可以近似地认为，所有波带发出的子波的强度都是相等的，且相邻两个波带上的对应点(如 AA_1 与 A_1A_2 的中点)所发出的子波，在 Q 点处的光程差均为 $\frac{\lambda}{2}$。这就是把这种波带叫做半波带的缘由。于是，相邻两半波带各子波将两两成对地在 Q 点处相互干涉抵消，依此类推，偶数个半波带相互干涉的总效果，是使 Q 点处呈现为干涉相消。所以，对于某确定的衍射角 θ，若 AC 恰好等于半波长的偶数倍，即单缝上波面 AB 恰好能分成偶数个半波带，则在屏上对应处 Q 点将呈现为暗条纹的中心。

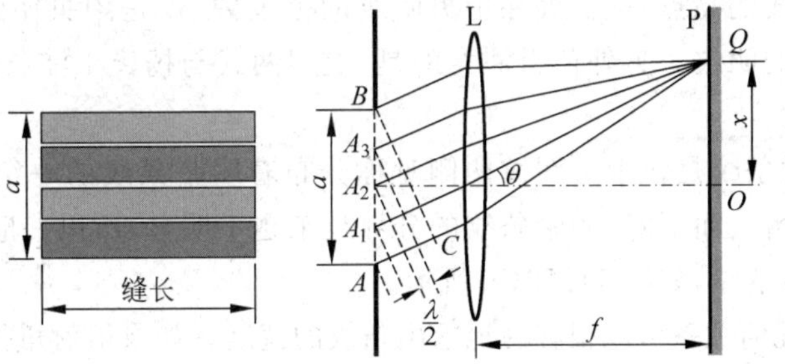

(a)

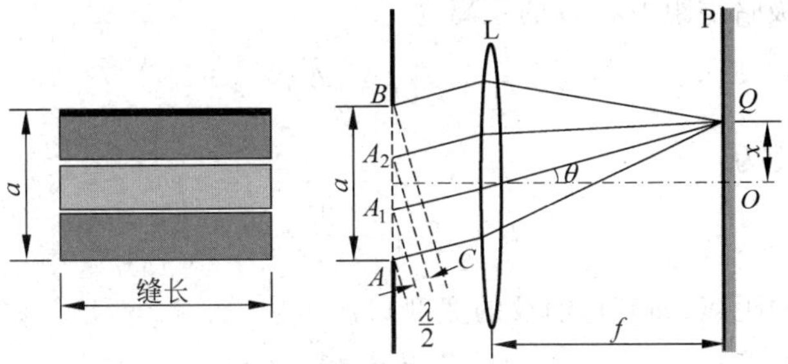

(b)

图 11.23 菲涅耳半波带法图示

(a) $k=4, AC=4\,\frac{\lambda}{2}$；(b) $k=3, AC=3\,\frac{\lambda}{2}$

若 $k=3$，如图 11.23(b)所示，波面 AB 可分成三个半波带。此时，相邻两半波带(AA_1 与 A_1A_2)上各对应点的子波相互干涉抵消，只剩下一个半波带(A_2B)上的子波到达 Q 点处时没有被抵消，因此 Q 点将是明纹。依此类推，$k=5$ 时，可分为五个半波带，其中四个相邻半波带两两干涉抵消，只剩下一个半波带的子波没有被抵消，因此也将出现明条纹。但是对同一缝宽而言，$k=5$ 时每个半波带的面积要小于 $k=3$ 时每个半波带的面积，因此波带越多，即衍射角 θ 越大时，明条纹的亮度越小，而且都比中央明纹的亮度小很多。若对应某个 θ 角 AB 不能分成整数个半波带，则屏幕上的对应点将介于明暗之间。

上述诸结论可用数学方式表述如下：当衍射角 θ 满足

$$a\sin\theta = \pm 2k\frac{\lambda}{2} = \pm k\lambda, \quad k = 1,2,\cdots \tag{11.28}$$

时，Q 点处为暗条纹(中心)。对应于 $k=1,2,\cdots$ 分别叫做第一级暗条纹，第二级暗条纹，……式中正、负号表示条纹对称分布于中央明纹的两侧。显然，两侧第一级暗纹之间的距离即为中央明纹的宽度。而当衍射角 θ 满足

$$a\sin\theta = \pm(2k+1)\frac{\lambda}{2}, \quad k = 1,2,3,\cdots \tag{11.29}$$

时，Q 点处为明条纹(中心)。对应于 $k=1,2,\cdots$ 分别叫第一级明条纹，第二级明条纹，……应当指出，式(11.28)和式(11.29)均不包括 $k=0$ 的情形。因为对式(11.28)来说，$k=0$ 对应着 $\theta=0°$，但这就是中央明纹的中心，不符合该式的含义。而对式(11.29)来说，$k=0$ 虽对应于一个半波带形成的亮点，但仍处在中央明纹的范围内，仅是中央明纹的一个组成部分，呈现不出是个单独的明纹。另外值得注意的是，上述两式与杨氏干涉条纹的条件，在形式上正好相反，切勿混淆。

总之，单缝衍射条纹是在中央明纹两侧对称分布着明暗条纹的一组衍射图样。由于明条纹的亮度随 k 的增大而下降，明暗条纹的分界越来越不明显，所以一般只能看到中央明纹附近的若干条明、暗条纹，如图 11.22(c)所示。

由图 11.23 的几何关系可以很容易地求出条纹的宽度。如果衍射角很小，则有 $\sin\theta\approx\theta$，于是条纹在屏上距中心 O 的距离 x 可写为

$$x = \theta f$$

由式(11.28)，第一级暗纹距中心 O 的距离为

$$x_1 = \theta_1 f = \frac{\lambda}{a}f$$

所以中央明纹的宽度为

$$l_0 = 2x_1 = \frac{2\lambda}{a}f \tag{11.30}$$

其他任意相邻条纹的距离(即其他明纹的宽度)为

$$l = \theta_{k+1}f - \theta_k f = \left[\frac{(k+1)\lambda}{a} - \frac{k\lambda}{a}\right]f = \frac{\lambda}{a}f \tag{11.31}$$

可见，所有其他明纹均有同样的宽度，而中央明纹的宽度为其他明纹宽度的两倍。这与杨氏干涉图样中条纹呈等宽等亮的分布明显不同，单缝衍射图样的中央明纹既宽又亮，两侧的明纹则窄而较暗。

从以上诸式可以看出，当单缝宽度 a 很小时，图样较宽，光的衍射效果明显。当 a 变大

时，条纹相应变得狭窄而密集。当单缝很宽($a\gg\lambda$)时，各级衍射条纹都收缩于中央明纹附近而分辨不清，只能观察到一条亮纹，它就是单缝的像，这时光可看成是直线传播的。此外，当缝宽 a 一定时，入射光的波长越长，衍射角也越大。因此，若以白光入射，单缝衍射图样的中央明纹将是白色的，但其两侧则依次呈现为一系列由紫到红的彩色条纹。

单缝衍射的规律在实际生活中有较多的应用。例如，运用单缝衍射测量物体之间的微小间隔和位移，或者用于测量细微物体的线度等。

例 11-11 一单色平行光垂直入射一单缝，其衍射第三级明纹位置恰好与波长为 600 nm 的单色光垂直入射该缝时衍射的第二级明纹位置重合，试求该单色光的波长。

解 由单缝衍射明纹公式，有

$$a\sin\theta=(2k_1+1)\frac{\lambda_1}{2}$$

$$a\sin\theta=(2k_2+1)\frac{\lambda_2}{2}$$

令 $k_1=3, k_2=2, \lambda_2=600$ nm，得

$$\lambda_1=\frac{2k_2+1}{2k_1+1}\lambda_2=\frac{5\times600}{7}=428.6(\text{nm})$$

例 11-12 在单缝衍射实验中，缝宽 $a=6.0\times10^{-4}$ m，透镜焦距 $f=0.4$ m，光屏上坐标 $x=1.4\times10^{-3}$ m的 Q 点为明纹，参见图 11.23，入射光是白光。求：(1)入射光的波长；(2)Q 点处明纹的级次；(3)相对于 Q 点，缝所截取的波阵面分成半波带的个数。

解 (1) Q 点为明纹的条件是

$$a\sin\theta=\pm(2k+1)\frac{\lambda}{2},\quad k=1,2,3,\cdots$$

又

$$\sin\theta\approx\tan\theta=\frac{x}{f}$$

所以得

$$\lambda=\frac{2a\sin\theta}{2k+1}=\frac{2ax}{(2k+1)f}=\frac{4200}{2k+1}(\text{nm})$$

白光的波长为 400～760 nm，为使 Q 点成为明纹，入射光的波长有两个值：

$$k=3,\quad \lambda=600\ \text{nm}$$

$$k=4,\quad \lambda=467\ \text{nm}$$

(2) 波长为 600 nm 时，Q 点为第三级明纹；波长为 467 nm 时，Q 点为第四级明纹。

(3) 根据式(11.29)，对于 $k=3$，缝所截的波阵面分成 $2k+1=7$ 个半波带；对于 $k=4$，缝所截的波阵面分成 $2k+1=9$ 个半波带。

11.7 圆孔衍射 光学仪器的分辨本领

11.7.1 夫琅禾费圆孔衍射

上述讨论了光通过狭缝时的衍射现象。同样，光通过小圆孔时，也会产生衍射现象。如

图 11.24(a)所示，当单色平行光垂直照射小圆孔时，在透镜 L 的焦平面处的屏幕 P 上将出现中央为亮圆斑、周围为明暗交替的环形衍射图样，如图 11.24(b)所示。中央光斑较亮，称为艾里斑。若艾里斑的直径为 d，透镜的焦距为 f，圆孔直径为 D，单色光波长为 λ，则有如下关系：

$$2\theta=\frac{d}{f}=2.44\frac{\lambda}{D} \qquad (11.32)$$

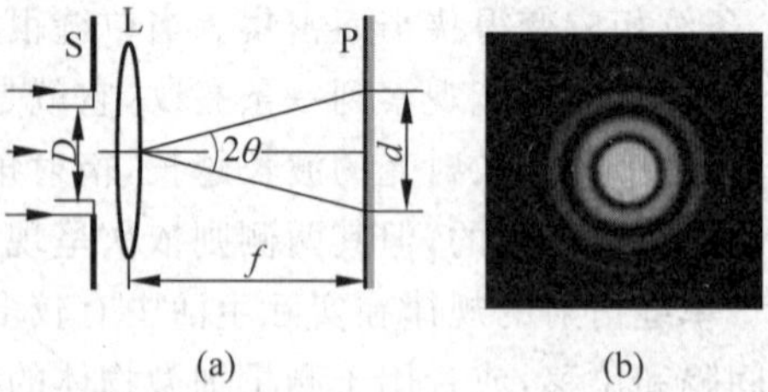

图 11.24 圆孔衍射

11.7.2 光学仪器的分辨率

光学仪器中的透镜、光阑等都相当于一个透光的小圆孔。从几何光学的观点来说，物体通过光学仪器成像时，每一物点就有一对应的像点。但由于光的衍射，像点已不是一个几何的点，而是有一定大小的艾里斑。因此对相距很近的两个物点，其相对的两个艾里斑就会互相重叠甚至无法分辨出两个物点的像。可见，由于光的衍射现象，使光学仪器的分辨能力受到了限制。

下面以透镜为例，说明光学仪器的分辨能力与哪些因素有关。

在图 11.25(a)中，两点光源 S_1 与 S_2 相距较远，两个艾里斑中心的距离大于艾里斑的半径$\frac{d}{2}$。这时，两衍射图样虽然部分重叠，但重叠部分的光强比艾里斑中心处的光强要小。因此，两物点的像是能够分辨的。

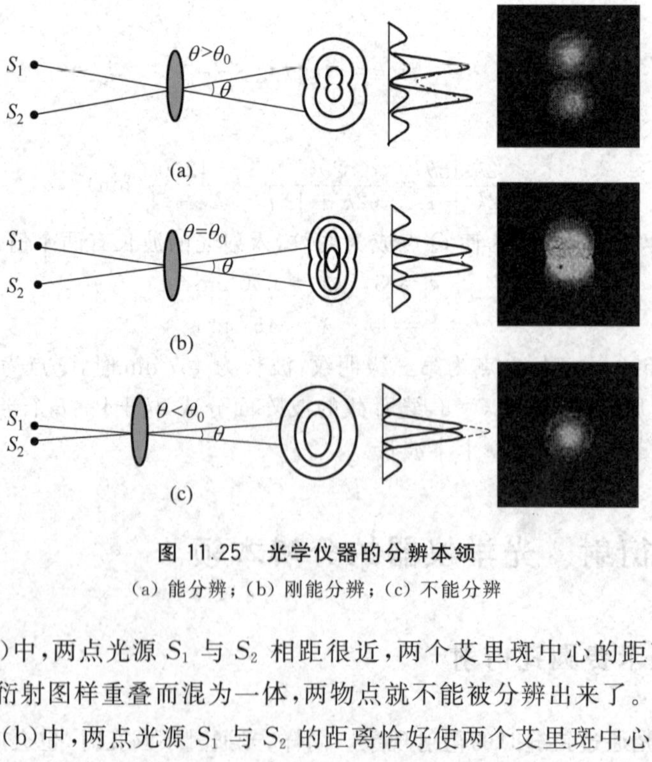

图 11.25 光学仪器的分辨本领

(a) 能分辨；(b) 刚能分辨；(c) 不能分辨

在图 11.25(c)中，两点光源 S_1 与 S_2 相距很近，两个艾里斑中心的距离小于艾里斑的半径。这时，两个衍射图样重叠而混为一体，两物点就不能被分辨出来了。

而在图 11.25(b)中，两点光源 S_1 与 S_2 的距离恰好使两个艾里斑中心的距离等于每一个艾里斑的半径，即 S_1 的艾里斑的中心正好和 S_2 的艾里斑的边缘相重叠，S_2 的艾里斑的中心也正好和 S_1 的艾里斑的边缘相重叠。这时，两衍射图样重叠部分的中心处的光强，约为单个衍射图样的中央最大光强的 80%。通常把这种情形作为两物点刚好能被人眼或光学仪器所分辨的临界情形。这一判定能否分辨的准则称为瑞利（Rayleigh）判据。而这一临界情况下两个物点 S_1 和 S_2 对透镜光心的张角 θ_0 叫做最小分辨角，由式(11.32)可知

$$\theta_0 = \frac{1.22\lambda}{D} \tag{11.33}$$

在光学中，光学仪器的最小分辨角的倒数 $\frac{1}{\theta_0}$ 称为分辨本领，用 R 表示，则有

$$R = \frac{1}{\theta_0} = \frac{D}{1.22\lambda} \tag{11.34}$$

由式(11.34)可以看出：分辨本领与波长成反比，波长越小分辨本领越大；分辨本领又与仪器的透光孔径 D 成正比，D 越大则分辨本领也越大。在天文观察中，采用直径很大的透镜，可以提高望远镜的分辨本领。

近代物理指出，电子亦有波动性。与运动电子（如电子显微镜中的电子束）相应的物质波波长，比可见光的波长要小三四个数量级。所以，电子显微镜的分辨本领要比普通光学显微镜的分辨本领大数千倍。

例 11-13　设人眼在正常照度下的瞳孔直径 D 约为 3 mm，而在可见光中，对人眼最敏感的波长为 550 nm，问：

(1) 人眼的最小分辨角有多大？

(2) 若教室黑板上写有一等于号“=”，在什么情况下，距离黑板 10 m 处的学生才不会因为衍射效应，将等于号“=”看成减号“-”？

解　(1) 由于通常情况下人眼所观察的物体距离远大于瞳孔直径，故可以近似利用夫琅禾费圆孔衍射的结果进行分析。根据瑞利判据，人眼的最小分辨角为

$$\theta_0 = \frac{1.22\lambda}{D} = \frac{1.22 \times 5.5 \times 10^{-7}}{3 \times 10^{-3}} = 2.2 \times 10^{-4}\,(\text{rad})$$

(2) 设黑板上等于号二横线间的距离为 ΔL，当 ΔL 太小导致它对观察者眼睛的张角 θ 小于最小分辨角 θ_0 时，二横线不可分辨，就可能将等于号看成减号，所以，最小分辨的 ΔL 的值为

$$\Delta L = \theta_0 L = 2.2 \times 10^{-4} \times 10 = 2.2 \times 10^{-3}\,(\text{m}) = 2.2\,(\text{mm})$$

需要说明的是，上面算出的人眼的最小分辨角只是理想的极限值，仅仅考虑了由于光的波动性引起的衍射效应，由于许多其他因素的影响，实际的可分辨值大于这里的理想值。例如，地球上的大气环境就会对分辨产生影响，而在太空中则可避免这一影响。

例 11-14　一雷达的圆形发射天线的直径 $D=0.5$ m，发射的无线电波频率 $\nu=300$ GHz。求雷达发射的无线电束的角宽度。

解　雷达天线发射出去的无线电波，相当于通过天线圆孔后的衍射波。由于衍射的中央主极大（艾里斑）集中了绝大部分衍射波的能量，所以雷达波束的角宽度就是最小分辨角的两倍，即

$$\theta = 2\theta_0 = 2 \times \frac{1.22\lambda}{D} = \frac{2.44 \times \frac{c}{\nu}}{D}$$

$$= \frac{2.44 \times 3 \times 10^{8}}{0.5 \times 300 \times 10^{9}} = 4.88 \times 10^{-3}\,\text{rad} = 0.28°$$

11.8 光栅和光栅衍射

在单缝衍射中，若缝较宽，明纹亮度较强，但相邻明条纹的间隔很窄而不易分辨；若缝很窄，间隔虽可加宽，但明纹的亮度却显著减小。在这两种情况下，都很难精确地测定条纹宽度，所以用单缝衍射并不能精确地测定光波波长。那么，我们是否可以使获得的明纹本身既亮又窄，且相邻明纹分得很开呢？利用衍射光栅可以获得这样的衍射条纹。

11.8.1 光栅

我们在玻璃片上刻画出许多等距离、等宽度的平行线，刻痕处相当于毛玻璃(不透光)，而两刻痕间可以透光，相当于一个单缝。这样平行排列的许多等距离、等宽度的狭缝就构成了透射式平面衍射光栅。图 11.26 为透射式平面光栅衍射实验的示意图。设不透光的宽度为 b，透光的宽度为 a，则 $d=a+b$ 为相邻两缝之间的距离，叫做光栅常数。实际的光栅，通常在 1 cm 宽度内刻有成千上万条平行等距离的透光狭缝。如在 1 cm 内刻有 1000 条刻痕，其光栅常数为 $d=a+b=1\times10^{-5}$ m。一般光栅的光栅常数约为 $10^{-5}\sim10^{-6}$ m 的数量级。

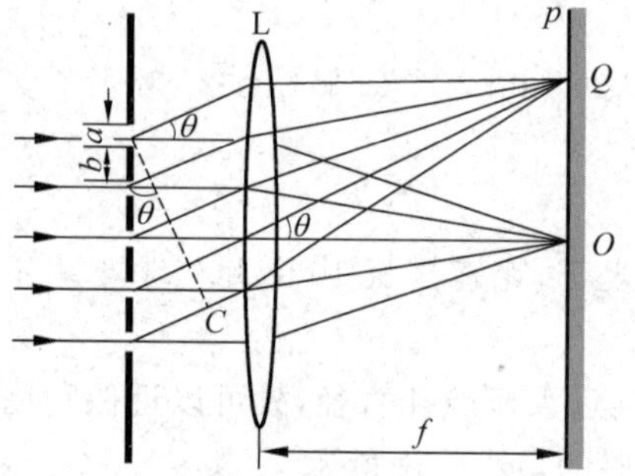

图 11.26 光栅衍射

当一束平行单色光照射到光栅上时，每一狭缝都要产生衍射，而缝与缝之间透过的光又要发生干涉。用透镜 L 把光束会聚到屏幕上，就会呈现出夫琅禾费衍射图样。如图 11.27 所示为$a+b$一定而缝数 N 不同时的衍射条纹。实验表明，随着狭缝的增多，明条纹的亮度将增大，且明纹也变细了。

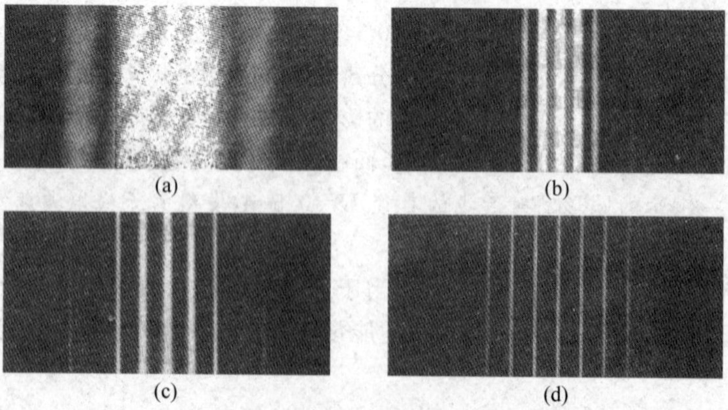

(a) (b) (c) (d)

图 11.27 多缝衍射图样

(a) 1 条缝；(b) 3 条缝；(c) 6 条缝；(d) 20 条缝

11.8.2 光栅衍射

对光栅中每一条透光缝，由于衍射，都将在屏幕上呈现衍射图样。而由于各缝发出的衍射光都是相干光，所以还会产生缝与缝间的干涉效应，因此，光栅的衍射条纹是衍射和干涉的总效果。

下面简单讨论在屏上某处出现光栅衍射明条纹所应满足的条件。

在图 11.26 中，选取任意相邻两透光缝来分析。设这相邻两缝发出沿衍射角 θ 方向的平行光，被透镜会聚于 Q 点，若它们的光程差 $(a+b)\sin\theta$ 恰好是入射光波长 λ 的整数倍，由式(11.1)可知，这两束光线为相互加强。显然，其他任意相邻两缝沿 θ 方向的光程差也等于 λ 的整数倍，它们的干涉效果也都是相互加强的。所以总起来看，光栅衍射明条纹中心的位置，实际上是多光束干涉的明纹中心位置，且其衍射明条纹的条件为

$$(a+b)\sin\theta = \pm k\lambda, \quad k = 0,1,2,\cdots \tag{11.35}$$

上式通常称为光栅方程。式中对应于 $k=0$ 的条纹叫做中央明纹，$k=1,2,\cdots$ 的明纹分别叫第一级、第二级、……明纹。正、负号表示各级明条纹对称分布在中央明纹两侧。

可以证明，光栅中狭缝条数越多，明纹就越亮；光栅常数越小，明纹就越窄，明纹间相隔得越远。如以 θ_1 和 θ_2 分别表示第一级明纹和第二级明纹的衍射角，有

$$\sin\theta_1 = \frac{\lambda}{a+b}$$

$$\sin\theta_2 = \frac{2\lambda}{a+b}$$

从上式可见，当以单色光垂直照射光栅时，光栅常数 $a+b$ 越小，$\theta_2-\theta_1$ 就越大，在屏幕上明条纹间的间隔也越大。而当 $a+b$ 不变时，不管光栅上狭缝的数目多少，各级主极大的位置是不变的(参见图 11.27)。

应当指出，在图 11.28 所示的光栅衍射光强分布示意图中，可以看到，在各级衍射明纹之间，还有一些小的光强分布，称为次明纹。当光栅的狭缝数 N 很大时，可以证明，这些衍射光强很小的次明纹个数也特别多(每两个明纹之间就有 $N-2$ 个次明纹)。事实上，若 N 很大，光栅衍射的暗纹和次明纹已连成一片，在两个相邻的衍射主明纹之间形成了微亮的暗背景，在两明纹之间几乎就像一片暗区，所以在实际应用中不需要多考虑次明纹的因素。

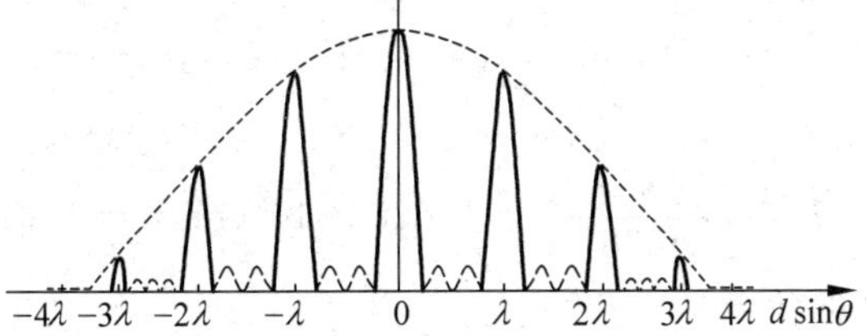

图 11.28 光栅衍射强度分布

*11.8.3 缺级现象

我们已经知道，光栅衍射条纹是由通过光栅的 N 个狭缝的衍射光相互干涉形成的。这就是说，在某个衍射角 θ 方向上，必须存在有各个缝的衍射光，这样 N 个衍射光才有可能产生干涉效应。也就是说，即使 θ 能满足光栅方程使干涉结果为一明条纹，但若该 θ 角方向恰又满足单缝衍射的暗纹条件，那么，结果就只会是暗纹了。可以认为，在此方向上根本就没有衍射光束，本该出现的明纹就不出现了。这就是缺级现象。所以，在缺级处，有

$$(a+b)\sin\theta=\pm k\lambda,\quad k=0,1,2,\cdots$$

且

$$a\sin\theta=\pm k'\lambda,\quad k'=1,2,3,\cdots$$

两式相除，就得到光栅衍射主极大所缺的级次

$$k=\frac{a+b}{a}k' \tag{11.36}$$

这就是光栅衍射条纹出现缺级现象的条件。因为 $\frac{a+b}{a}$ 总能化成整数比，所以光栅衍射的缺级是普遍现象。在图 11.29 中，$\frac{a+b}{a}=3$，所以所缺的级次为

$$k=\pm 3,\pm 6,\pm 9,\cdots$$

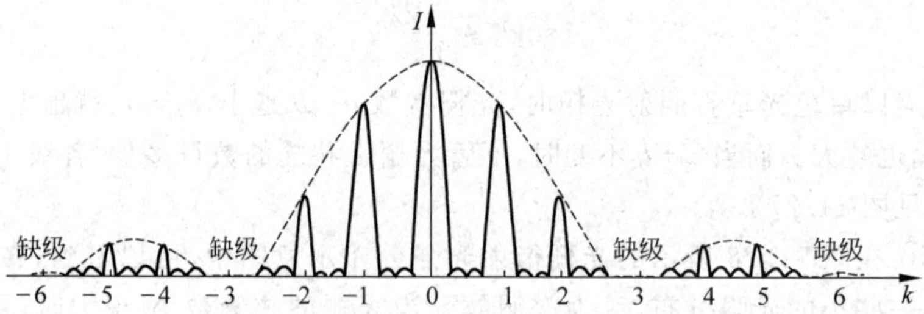

图 11.29 缺级现象

例 11-15 用氦氖激光器发出的 $\lambda=632.8\,\text{nm}$ 的红光垂直入射到一平面透射光栅上，测得第一级明纹出现在 $\theta=38^\circ$ 的方向上。(1)试求这一平面透射光栅常数 d，这意味着该光栅在 1 cm 内有多少条狭缝？(2)最多能看到第几级衍射明纹？

解 (1) 根据光栅方程

$$(a+b)\sin\theta=\pm k\lambda,\quad k=0,1,2,\cdots$$

令 $k=1,\theta=38^\circ$，得

$$d=a+b=\frac{1\times 632.8}{\sin 38^\circ}=1.028\times 10^3(\text{nm})=1.028(\mu\text{m})$$

故知光栅每厘米内的狭缝数为

$$N=\frac{1\times 10^{-2}}{1.028\times 10^{-6}}=9729(\text{条})$$

现在，利用光刻等方法，在 1 cm 内刻画上万条狭缝已不成问题。

(2) 在光栅方程中,令 $\theta=90°$,得

$$k=\frac{(a+b)\sin\theta}{\lambda}=\frac{1.028\times10^{-6}\times1}{632.8\times10^{-9}}<2$$

$k<2$ 说明只能看到第一级衍射明纹,这是由于光栅常数很小造成的。

例 11-16 一光栅的 $d=6.0\times10^{-6}$ m,$a=1.5\times10^{-6}$ m,当以 $\lambda=500$ nm 的光垂直照射时,在光屏上能看到多少条主极大衍射条纹?

解 根据光栅方程 $d\sin\theta=k\lambda$,当 $\theta=90°$时,对应的 k 值最大,即

$$k=\frac{d}{\lambda}=\frac{6.0\times10^{-6}}{500\times10^{-9}}=12$$

当 $\theta=-90°$时,对应的 k 值最小,即

$$k=-\frac{d}{\lambda}=-\frac{6.0\times10^{-6}}{500\times10^{-9}}=-12$$

又因$\frac{d}{a}=4$,所以 $k=\pm4,\pm8,\pm12$ 的主极大为缺级。因此在光屏上能出现的级次为

$$k=0,\pm1,\pm2,\pm3,\pm5,\pm6,\pm7,\pm9,\pm10,\pm11$$

共 19 条明纹。

应该注意,$k=\pm12$ 对应 $\theta=\pm90°$,该明纹将出现在光屏上的无穷远处,所以即使不缺级,也观察不到。

*11.8.4 衍射光谱

由光栅方程可知,在光栅常数$(a+b)$一定时,明条纹衍射角 θ 的大小和入射光的波长有关。若用白光照射光栅,则各种波长的单色光将产生各自的衍射条纹;除中央明纹由各色光混合仍为白光外,其两侧的各级明纹都由紫到红对称排列着。这些彩色光带称为衍射光谱,如图 11.30 所示。由于波长短的光的衍射角小,波长长的光的衍射角大,所以紫光(图中以 V 表示)靠近中央明纹,红光(图中以 R 表示)远离中央明纹。从图中还可以看出,级数较高的光谱中有部分谱线是彼此重叠的。

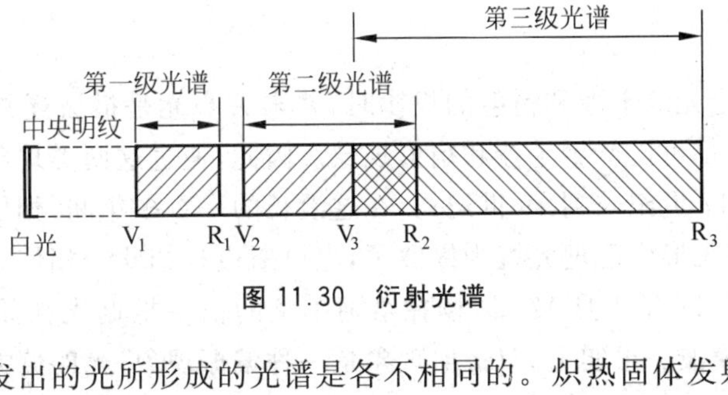

图 11.30 衍射光谱

不同种类光源发出的光所形成的光谱是各不相同的。炽热固体发射的光的光谱,是各色光连成一片的连续光谱;放电管中气体所发出的光谱,则是由一些具有特定波长的分立的明线构成的线状光谱,它的产生与原子状态改变有关,所以也称为原子光谱;也有一些光谱由若干条明带组成,而每一明带实际上是一些密集的谱线,这类光谱称为带状光谱,是由分子发光产生的,所以也称为分子光谱。

由于不同元素(或化合物)各自有特定的光谱,所以由谱线的成分可以分析出发光物质

所含的元素或化合物，还可以从光谱线的强度定量地分析出元素的含量。这种分析法称为光谱分析，在科学研究和工业技术上有着广泛的应用。此外，还可以运用光栅衍射原理和信号转换技术，制成光栅秤、光栅信号显微镜等。

例 11-17 用白光垂直照射在每厘米有 6500 条刻线的平面光栅上，求第三级光谱的张角。

解 白光是由紫光($\lambda_1=400$ nm)和红光($\lambda_2=760$ nm)之间的各色光组成的，已知光栅常数 $d=a+b=\frac{1}{6500}$(cm)。

设第三级($k=3$)紫光和红光的衍射角分别为 θ_1 和 θ_2，于是由式(11.35)可得

$$\sin\theta_1=\frac{k\lambda_1}{a+b}=3\times4\times10^{-5}\times6500=0.78$$

有

$$\theta_1=51.26°$$

而

$$\sin\theta_2=\frac{k\lambda_2}{a+b}=3\times7.6\times10^{-5}\times6500=1.48$$

这说明不存在第三级的红光明纹，即第三级光谱只能出现一部分光谱。这一部分光谱的张角是 $\Delta\theta=90.00°-51.26°=38.74°$。设第三级光谱所能出现的最大波长为 λ'(其对应的衍射角 $\theta'=90°$)，有

$$\begin{aligned}\lambda'&=\frac{(a+b)\sin\theta'}{k}=\frac{(a+b)\sin90°}{k}=\frac{a+b}{3}\\&=\frac{1}{6500\times3}(\text{cm})=5.13\times10^{-5}(\text{cm})\\&=513(\text{nm})\quad(\text{绿光})\end{aligned}$$

即第三级光谱只能出现紫、蓝、青、绿等色光，波长比 513 nm 长的黄、橙、红等色光则看不到。

11.9 光的偏振

我们在前面讨论光的干涉和衍射的规律时，并未关心光是横波还是纵波。这就是说无论是横波还是纵波，都可以产生干涉和衍射现象。因此，通过这两类现象无法判定光究竟是横波还是纵波。从 17 世纪末到 19 世纪初，在这漫长的一百多年间，相信波动说的人们都将光波与声波相比较，无形中已把光视为纵波了，惠更斯也是如此。相信光为横波的论点是杨于 1817 年提出的，1817 年 1 月 12 日，杨在给阿喇戈的信中根据光在晶体中传播产生的双折射现象推断光是横波。事实上，双折射现象是一种偏振现象，光的偏振现象有力地证明了光是横波的论断。

11.9.1 自然光与偏振光

横波和纵波在某些方面的表现是截然不同的。我们先看一个机械波的例子。如

图 11.31 所示，在机械波的传播路径上，放置一个狭缝 AB。当缝与横波的振动方向平行时(图 11.31(a))，横波便穿过狭缝继续向前传播；而当缝与横波的振动方向垂直时，由于振动受阻，就不能穿过缝继续向前传播(图 11.31(b))。而纵波却不管怎样都能穿过狭缝继续向前传播。

我们已经知道光波是横波，而一般光源发出的光中，包含各个方向的光矢量，没有哪一个方向占优势，即在所有可能的方向上，$\boldsymbol{E}$ 的振幅都相等。这样的光称为自然光，如图 11.32(a)所示。在任意时刻，我们可以把各个光矢量分解成互相垂直的两个光矢量，而用图 11.32(b)所示的方法表示自然光。但应注意，由于自然光中各个振动是相互独立的，所以这合成起来的相互垂直的两个光矢量分量之间并没有恒定的相位差。为了简明地表示光的传播，常用和传播方向垂直的短线表示在纸面内的光振动，而用点子表示和纸面垂直的光振动。对自然光，点子和短线数量相等并作等距分布，表示没有哪一个方向的光振动占优势，如图 11.32(c)所示。

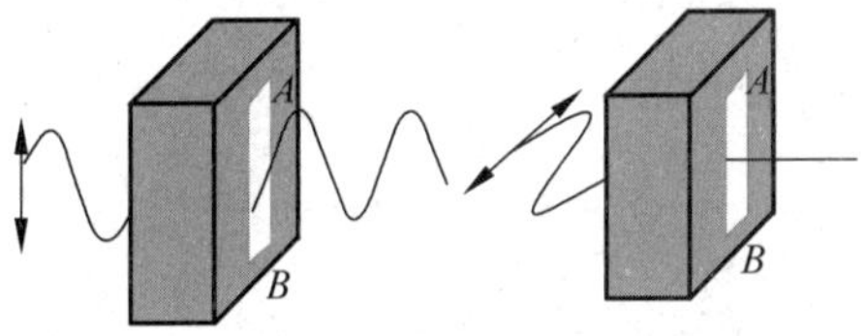

(a) (b)

图 11.31 机械横波通过狭缝

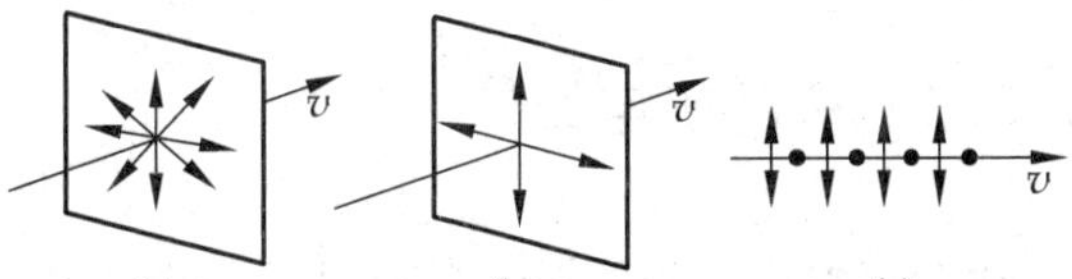

(a) (b) (c)

图 11.32 自然光

由于光是横波，自然光经反射、折射或吸收后，可能只保留某一方向的光振动。振动只在某一固定方向上的光称为线偏振光，简称偏振光，如图 11.33(a)、(b)所示。偏振光的振动方向与传播方向组成的平面称为振动面。若某一方向的光振动比与之相垂直方向上的光振动占优势，那么这种光称为部分偏振光，如图 11.33(c)、(d)所示。

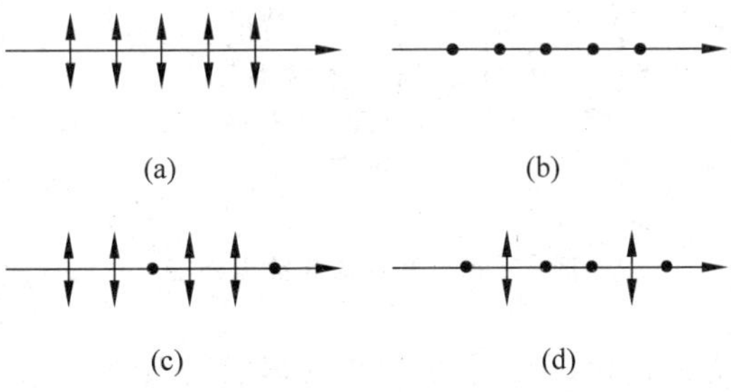

图 11.33 偏振光与部分偏振光

(a) 振动方向在纸面内；(b) 振动方向垂直于纸面；(c) 振动方向在纸面内占优势的部分偏振光；(d) 振动方向垂直于纸面占优势的部分偏振光

11.9.2 起偏与检偏

除激光器等特殊光源外，一般光源(如太阳、日光灯等)发出的光都是自然光。使自然光成为偏振光的方法有许多种，这里先介绍利用偏振片产生偏振光的方法。

某些物质(例如硫酸金鸡钠硷)能吸收某一方向的光振动,而只让与这个方向垂直的光振动通过,这种性质称为二向色性。把具有二向色性的材料涂敷于透明薄片上,就成为偏振片。当自然光照射在偏振片上时,它只让某一特定方向的光振动通过,这个方向叫做偏振化方向。通常用记号"↕"把偏振化方向标示在偏振片上。图 11.34 表示自然光从偏振片射出后,就变成了线偏振光。使自然光成为线偏振光的装置叫做起偏器。偏振片就是一种起偏器。把自然光通过起偏器成为线偏振光的过程称为光的起偏。很显然,自然光通过起偏器而出射的线偏振光的强度将是入射自然光强度的一半。

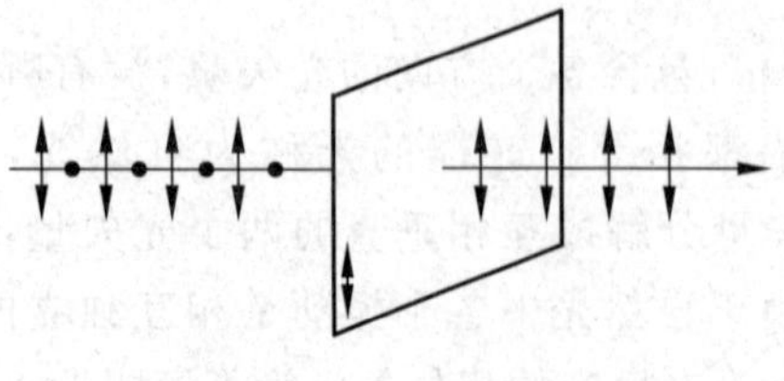

图 1.34 光的起偏

起偏器不但可用来使自然光变成偏振光,还可用来检查某一光是否为偏振光,这个过程称为光的检偏,即起偏器也可作为检偏器。若有两块偏振片叠在一起,旋转其中一块偏振片时,在光出射方向上可以观察到明、暗交替的现象。

11.9.3 马吕斯定律

由起偏器产生的偏振光在通过检偏器以后,其光强的变化如何呢?如图 11.35 所示,P_1P_1'表示起偏器的偏振化方向,P_2P_2'表示检偏器的偏振化方向,它们之间的夹角为 α。自然光透过起偏器后成为沿 P_1P_1'方向的线偏振光,设其振幅为 E_0,而检偏器只允许它沿 P_2P_2'方向的分量通过,所以从检偏器透出的光的振幅为

$$E = E_0\cos\alpha$$

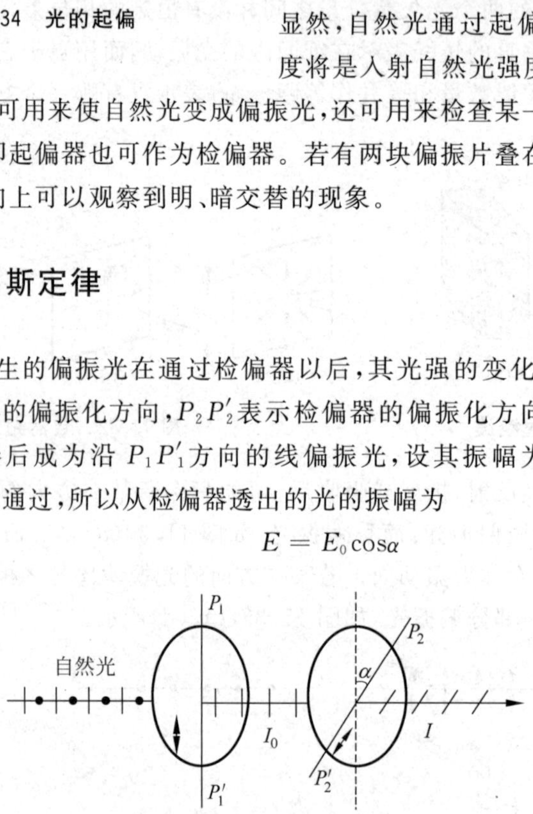

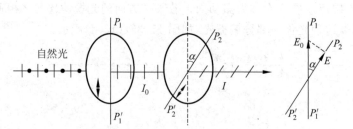

图 11.35 马吕斯定律示意图

由于光强与光振幅的平方成正比,所以若入射检偏器的光强为 I_0,则从检偏器射出的光强 I 可由下式求得

$$\frac{I}{I_0} = \frac{E^2}{E_0^2} = \cos^2\alpha$$

即

$$I = I_0\cos^2\alpha \tag{11.37}$$

上式表明,强度为 I_0 的偏振光通过检偏器后,出射光的强度为 $I_0\cos^2\alpha$。这一关系是马吕斯(E. L. Malus,1775—1812)于 1808 年由实验发现的,故称为马吕斯定律。

当起偏器与检偏器的偏振化方向平行,即 $\alpha=0$ 或 $\alpha=\pi$ 时,$I=I_0$,光强最大。若两者的

偏振化方向互相垂直，即当 $\alpha=\frac{\pi}{2}$ 或 $\alpha=\frac{3}{2}\pi$ 时，$I=0$，出射光强为零，这时没有光从检偏器中射出。若 α 介于上述各值之间，则光强在最大和零之间。由此可检查入射光是否为偏振光，并确定其偏振化的方向。

例 11-18 有两个偏振片，一个用作起偏器，一个用作检偏器。当它们的偏振化方向之间的夹角为 30°时，一束单色自然光穿过它们，出射光强为 I_1；当它们的偏振化方向之间的夹角为 60°时，另一束单色自然光穿过它们，出射光强为 I_2，且 $I_1=I_2$。求两束单色自然光的强度之比。

解 设第一束单色自然光的强度为 I_{10}，第二束单色自然光的光强为 I_{20}。它们透过起偏器后，强度都应降为原来的一半，分别为 $\frac{I_{10}}{2}$ 和 $\frac{I_{20}}{2}$。根据马吕斯定律有

$$I_1=\frac{I_{10}}{2}\cos^2 30°$$

$$I_2=\frac{I_{20}}{2}\cos^2 60°$$

由 $I_1=I_2$，可得两束单色自然光的强度之比为

$$\frac{I_{10}}{I_{20}}=\frac{\cos^2 60°}{\cos^2 30°}=\frac{1}{3}$$

11.9.4 反射光和折射光的偏振

实验表明，当自然光入射到折射率分别为 n_1 和 n_2 的两种介质(如空气和玻璃)的分界面上时，反射光和折射光都是部分偏振光。如图 11.36(a)所示，i 为入射角，γ 为折射角，入射光为自然光。图中点子表示垂直于入射面的光振动，短线则表示平行于入射面的光振动。反射光是垂直于入射面的光振动较强的部分偏振光，而折射光则是平行于入射面的光振动较强的部分偏振光。

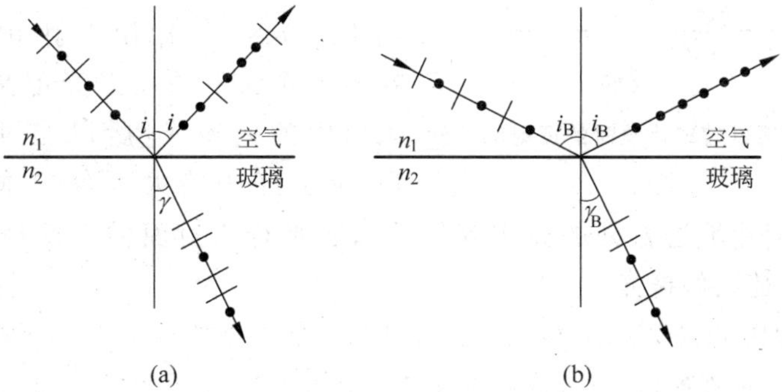

图 11.36 反射光和折射光的偏振

(a) 自然光经反射和折射后产生部分偏振光；(b) 入射角为起偏角时反射光为偏振光

实验还表明，入射角 i 改变时，反射光的偏振化程度也随之改变，当入射角满足某一特定的角度，记为 i_B，即

$$\tan i_B = \frac{n_2}{n_1} \tag{11.38}$$

时，反射光中就只有垂直于入射面的光振动，而没有平行于入射面的光振动。这时反射光为偏振光，而折射光仍为部分偏振光，如图 11.36(b)所示。式(11.38)是 1815 年由布儒斯特(D. Brewster，1781—1868)从实验中得出的，称为布儒斯特定律。i_B 称为起偏角或布儒斯特角。

根据折射定律，有

$$\frac{\sin i_B}{\sin \gamma_B} = \frac{n_2}{n_1}$$

而入射角为起偏角时，又有

$$\tan i_B = \frac{\sin i_B}{\cos i_B} = \frac{n_2}{n_1}$$

所以

$$\sin \gamma_B = \cos i_B = \sin\left(\frac{\pi}{2} - i_B\right)$$

即

$$i_B + \gamma_B = \frac{\pi}{2}$$

这说明，当入射角为起偏角时，反射光与折射光互相垂直。

由式(11.38)可以算得以下结果：若自然光从空气射到折射率为 1.50 的玻璃片上，欲使反射光为偏振光，起偏角应为 56.3°；如果自然光从空气射到折射率为 1.33 的水面上，起偏角则应为 53.1°。

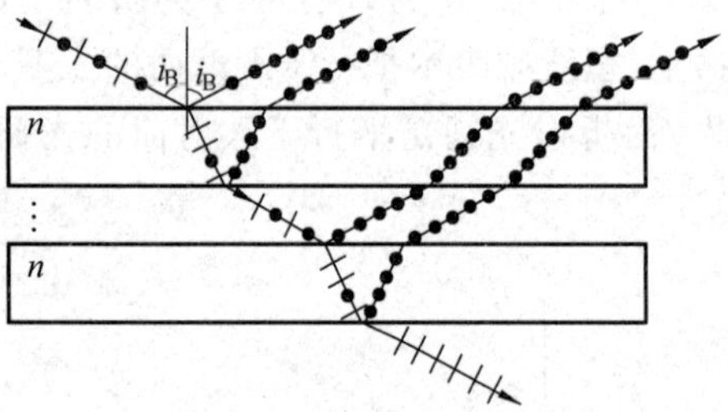

图 11.37 自然光通过玻璃片堆时的反射和折射

对于一般的光学玻璃，反射光的强度占入射光强度的 7.5% 左右，大部分光能将透过玻璃。因此，仅靠自然光在一块玻璃面上的反射来获得偏振光，其强度是比较弱的。但若将一些玻璃片叠成玻璃片堆，如图 11.37 所示，并使入射角为起偏角，由于在各个界面上的反射光都是光振动垂直于入射面的偏振光，所以经过玻璃片堆反射后，入射光中绝大部分的垂直光振动被反射。这样，从玻璃片堆透射处的光中就几乎只有平行入射面的光振动了，因而透射光也可近似地看作是线偏振光。

例 11-19 如图 11.38 所示，线偏振光分别以布儒斯特角 i_B 或任一入射角 $i(i \neq i_B)$ 从空气射向一透明介质表面时，反射光或折射光各是什么情况？

解 图 11.38(a)中，光线以 i_B 入射，反射光本应是振动方向垂直于入射面的线偏振光，但入射光中只有振动方向平行于入射面的成分，故不会出现反射光，入射光全部被折射。见图 11.39(a)。

图 11.38(b)中，入射光线只有振动方向垂直于入射面的成分，所以反射光和折射光都有，且折射光线也是线偏振光，见图 11.39(b)(透明介质的折射光比反射光强)。

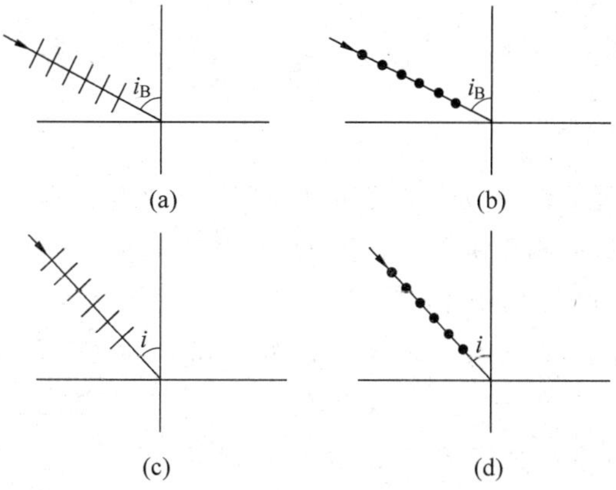

图 11.38

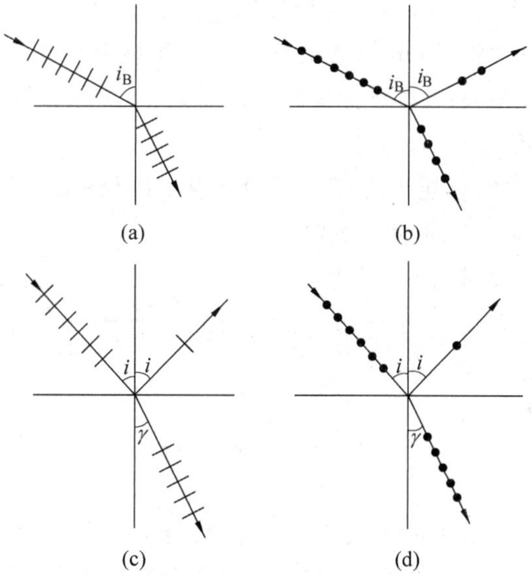

图 11.39

同理可画出图 11.38(c)、(d)的反射和折射光线的振动情况。

本节所讲的反射光的偏振现象是马吕斯在 1809 年发现的。说起这一发现,有这样一段故事:马吕斯是法国人,在他求双折射现象的数学理论时,深深地被方解石晶体奇妙的双折射性质所吸引。据传,1809 年的一天傍晚,他站在家中窗户旁研究方解石晶体。当时夕阳西照,阳光从离他家不远的巴黎卢森堡宫的窗户玻璃上反射到他这里来。当他观察反射光透过他手中的方解石成像时偶然发现,方解石传到某一位置时,原本出现的两条双折射光线中有一条意外地消失了。这一奇怪的现象立即引起了他的注意。由此,马吕斯想到,玻璃反射的光被偏振化了。

到了 1815 年,布儒斯特通过实验定量地给出了反射光偏振的规律,这就是前面提到的布儒斯特定律。

思 考 题

11.1 为什么不同普通光源所发出的光束在空间不会产生干涉?

11.2 如本题图所示,由相干光源 S_1 和 S_2 发出波长为 λ 的单色光,分别通过两种介质(折射率分别为 n_1 和 n_2,且 $n_1>n_2$),射到这两种介质分界面上的一点 P。已知两光源到 P 点的距离均为 r。问这两条光的几何路程是否相等?光程是否相等?光程差是多少?

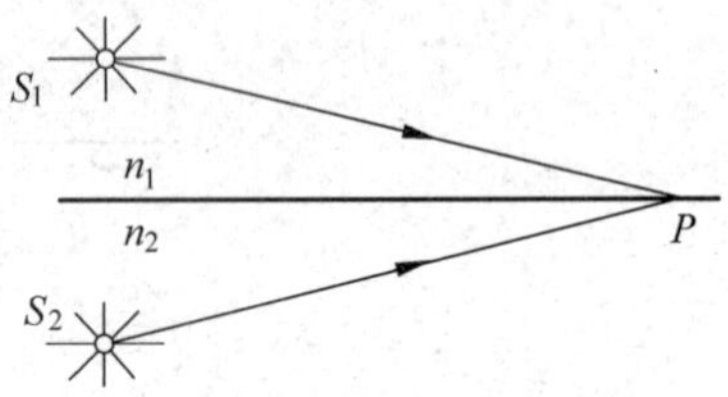

思考题 11.2 图

11.3 在杨氏双缝干涉中,若作如下一些情况的变动时,屏幕上的干涉条纹将如何变化?(1)将钠黄光换成波长为 632.8 nm 的氦氖激光;(2)将整个装置浸入水中;(3)将双缝(S_1 和 S_2)的间距 d 增大;(4)将屏幕向双缝靠近;(5)在双缝之一的后面放一折射率为 n 的透明薄膜。

*11.4 在空气中的肥皂膜泡,随着泡膜厚度的变薄,膜上将出现颜色,当膜进一步变薄并将破裂时,膜上将出现黑色。试解释之。

11.5 眼镜上为什么经常镀有一层膜?

11.6 单色光垂直照射空气劈尖,观察到的条纹宽度为 $b=\dfrac{\lambda}{2\theta}$,问相邻两暗条纹处劈尖的厚度差为多少?

11.7 上题中如用折射率为 n 的介质构成劈尖,问条纹宽度有何变化?相邻两暗条纹处的厚度差为多少?

11.8 如本题图所示,若劈尖的上表面向上平移,干涉条纹会发生怎样的变化(图(a))?若劈尖的上表面向右方平移,干涉条纹又会发生怎样的变化(图(b))?若劈尖的角度增大,干涉条纹又将发生怎样的变化(图(c))?

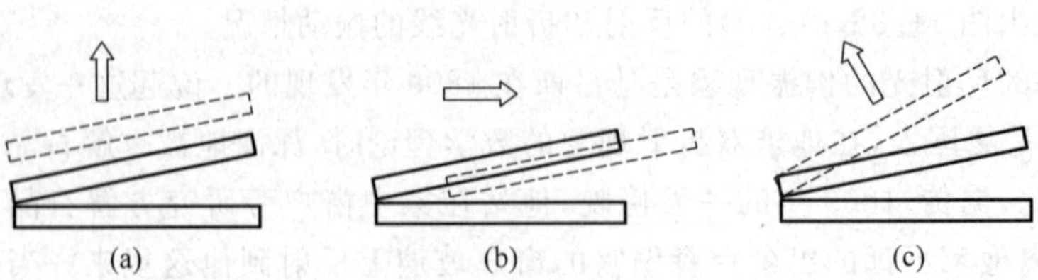

思考题 11.8 图

11.9 为什么在日常生活中声波的衍射比光波的衍射更加显著?

11.10 光栅衍射和单缝衍射有何区别?为何光栅衍射的明纹特别明亮?

11.11 怎样获得偏振光?何谓起偏角?

习　　题

11.1　有三种装置：

(1) 完全相同的两盏钠光灯，发出相同波长的光，照射到屏上；

(2) 同一盏钠光灯，用黑纸盖住其中部将钠光灯分成上下两部分同时照射到屏上；

(3) 用一盏钠光灯照亮一狭缝，此亮缝再照亮与它平行间距很小的两条狭缝，此二亮缝的光照射到屏上。

以上三种装置，能在屏上形成稳定干涉花样的是(　　)。

A. 装置(3)　　B. 装置(2)　　C. 装置(1)、(3)　　D. 装置(2)、(3)

11.2　在双缝干涉实验中，若单色光源 S 到两缝 S_1、S_2 距离相等，则观察屏上中央明条纹位于图中 O 处，现将光源 S 向下移动到示意图中的 S' 位置，则(　　)。

A. 中央明纹向上移动，且条纹间距增大

B. 中央明纹向上移动，且条纹间距不变

C. 中央明纹向下移动，且条纹间距增大

D. 中央明纹向下移动，且条纹间距不变

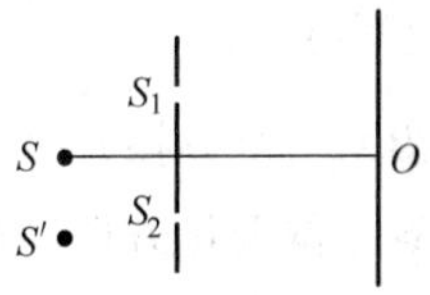

题 11.2 图

11.3　光在真空中和介质中传播时，正确的描述是(　　)。

A. 波长不变，介质中的光速减小　　B. 介质中的波长变短，光速不变

C. 频率不变，介质中的光速减小　　D. 介质中的频率减小，光速不变

11.4　如图所示，折射率为 n_2、厚度为 d 的透明介质薄膜的上方和下方的折射率分别为 n_1 和 n_3，且 $n_1 < n_2$，$n_2 > n_3$。若真空中波长为 λ 的单色平行光垂直入射到该薄膜上，则从薄膜上、下表面反射的光束的光程差是(　　)。

A. $2n_2d$　　B. $2n_2d-\dfrac{\lambda}{2}$　　C. $2n_2d-\lambda$　　D. $2n_2d-\dfrac{\lambda}{2n_2}$

11.5　如图所示，两个直径有微小差别的彼此平行的滚柱之间的距离为 L，夹在两块平面晶体的中间，形成空气劈形膜，当单色光垂直入射时，产生等厚干涉条纹。如果滚柱之间的距离 L 变小，则在 L 范围内干涉条纹将(　　)。

A. 数目减小，间距变大　　B. 数目减小，间距不变

C. 数目不变，间距变小　　D. 数目增大，间距变小

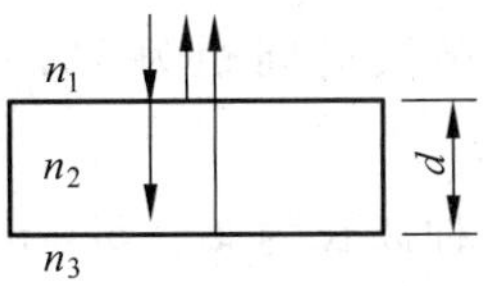

题 11.4 图

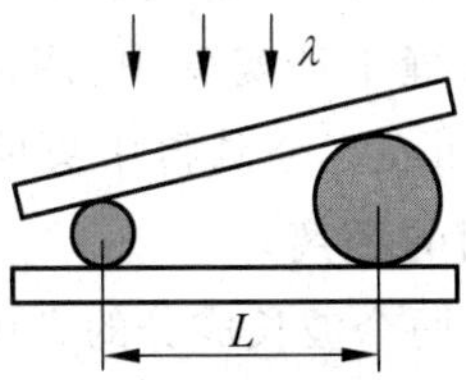

题 11.5 图

11.6 如图所示，设牛顿环干涉装置的平凸透镜可以在垂直于平玻璃板的方向上移动，当透镜向上平移(离开玻璃板)时，从入射光方向观察到干涉环纹的变化情况是(　　)。

A. 环纹向边缘扩散，环数不变

B. 环纹向边缘扩散，环数增加

C. 环纹向中心靠拢，环数不变

D. 环纹向中心靠拢，环数减少

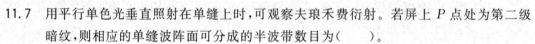

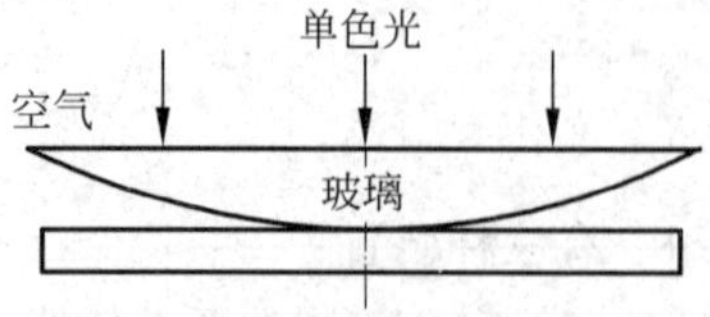

题11.6图

11.7 用平行单色光垂直照射在单缝上时，可观察夫琅禾费衍射。若屏上 P 点处为第二级暗纹，则相应的单缝波阵面可分成的半波带数目为(　　)。

A. 3个　　B. 4个　　C. 5个　　D. 6个

11.8 波长 $\lambda=550$ nm 的单色光垂直入射于光栅常数 $d=a+b=1.0\times10^{-4}$ cm 的光栅上，可能观察到的光谱线的最大级次为(　　)。

A. 4　　B. 3　　C. 2　　D. 1

11.9 三个偏振片 P_1、P_2 与 P_3 堆叠在一起，P_1 与 P_3 的偏振化方向相互垂直，P_2 与 P_1 的偏振化方向间的夹角为30°，强度为 I_0 的自然光入射于偏振片 P_1，并依次透过偏振片 P_1、P_2 与 P_3，则通过三个偏振片后的光强为(　　)。

A. $\dfrac{3I_0}{16}$　　B. $\dfrac{\sqrt{3}I_0}{8}$　　C. $\dfrac{3I_0}{32}$　　D. 0

11.10 自然光以60°的入射角照射到两个介质交界面时，反射光为完全线偏振光，则折射光为(　　)。

A. 完全线偏振光，且折射角是30°

B. 部分偏振光且只是在该光由真空入射到折射率为$\sqrt{3}$的介质时，折射角30°

C. 部分偏振光，但须知两种介质的折射率才能确定折射角

D. 部分偏振光且折射角是30°

11.11 在杨氏双缝干涉实验中，用波长 $\lambda=589.3$ nm 的纳光灯作光源，屏幕距双缝的距离 $D=800$ mm，问：(1)当双缝间距为1 mm时，两相邻明条纹的中心间距是多少？(2)假设双缝间距为10 mm，两相邻明条纹的中心间距又是多少？

11.12 在双缝干涉实验中，两缝间距为0.30 mm，用单色光垂直照射双缝，在离缝1.20 m的屏上测得中央明纹一侧第5条暗纹与另一侧第5条暗纹间的距离为22.78 mm。问所用光的波长为多少？

11.13 在双缝干涉实验中，用波长 $\lambda=546.1$ nm 的单色光照射，双缝与屏的距离 $D=300$ mm。今测得中央明纹两侧的两个第五级明条纹的间距为12.2 mm，求双缝间的距离。

11.14 用有两个波长成分的光束做杨氏干涉实验，其中一种波长为 $\lambda_1=550$ nm。已知两缝间距为0.600 mm，观察屏与缝之间的距离为1.20 m，屏上 λ_1 的第6级明纹中心与未知波长的光的第5级明纹中心重合，求：

(1) 屏上 λ_1 的第3级明纹中心的位置；

(2) 未知光的波长。

11.15 图示为用双缝干涉来测定空气折射率 n 的装置。实验前，在长度为 l 的两个相同密封玻璃管内都充以一个大气压的空气。现将上管中的空气逐渐抽去，(1)则光屏上的干涉条纹将向什么方向移动？(2)当上管中空气完全抽到真空，发现屏上波长为 λ 的光干涉条纹移过 N 条。根据这些条件，列出计算空气折射率的数学表达式。

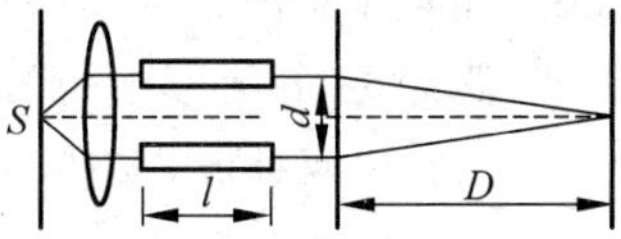

题 11.15 图

11.16 用很薄的云母片($n=1.58$)覆盖在双缝实验中的一条缝上，这时屏幕上的零级明条纹移到原来的第七级明条纹的位置上。如果入射光波长为 550 nm，试问此云母片的厚度为多少？

11.17 白光垂直照射到空气中一厚度为 $h=380$ nm 的肥皂膜上，肥皂膜的折射率 $n=1.33$，在可见光范围内(400～760 nm)，哪些波长的光在反射中增强？

11.18 波长为 $\lambda=600$ nm 的单色光垂直入射到置于空气中的平行薄膜上，已知膜的折射率 $n=1.54$，求：(1)反射光最强时膜的最小厚度；(2)透射光最强时膜的最小厚度。

11.19 两块长度为 10 cm 的平玻璃片，一端互相接触，另一端用厚度为 0.004 mm 的纸片隔开，形成空气劈形膜。以波长为 500 nm 的平行光垂直照射，观察反射光的等厚干涉条纹，在全部 10 cm 的长度内呈现多少条明纹？

11.20 由两平玻璃板构成的一密封空气劈尖，在单色光照射下，形成 4001 条暗纹的等厚干涉，若将劈尖中的空气抽空，则留下 4000 条暗纹。求空气的折射率。

11.21 如图所示，利用空气劈尖测细丝直径，已知 $\lambda=589.3$ nm，$L=2.888\times10^{-2}$ m，测得 30 条暗纹的总宽度为 4.295×10^{-3} m，求细丝直径 D。

11.22 欲测定 SiO_2 的厚度，通常将其磨成图示劈尖状，然后用光的干涉方法测量。若以 $\lambda=590$ nm光垂直入射到折射率分别为 $n_1=1.0$，$n_2=1.5$，$n_3=3.4$ 的介质上，看到七条暗纹，且第七条位于 N 处，问该膜厚为多少？

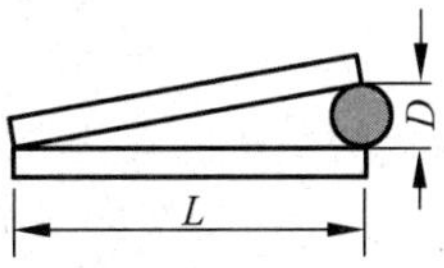

题 11.21 图

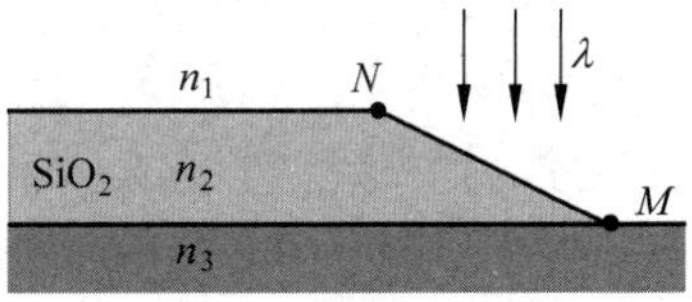

题 11.22 图

11.23 用钠灯($\lambda=589.3$ nm)观察牛顿环，看到第 k 条暗环的半径为 $r=4$ mm，第 $k+5$ 条暗环半径 $r=6$ mm，求所用平凸透镜的曲率半径 R。

11.24 波长为 600 nm($1\ \text{nm}=10^{-9}$ m)的单色光垂直入射到宽度为 $a=0.10$ mm 的单缝上，观察到夫琅禾费衍射图样，其中透镜焦距 $f=1.0$ m，观察屏在透镜的焦平面处。求：

(1) 第一级暗纹中心的位置；

(2) 中央衍射明条纹的宽度。

11.25 一单色平行光垂直照射宽度 $a=0.5$ mm 的单缝，缝后会聚透镜的焦距为 $f=1.00$ m。若离接收屏上中央明纹中心距离为 $x=1.5$ mm 的 P 点处看到的是一条亮条纹，已知可见光的波长范围为 400 nm$\leqslant\lambda\leqslant$760 nm，求：(1)入射光的波长；(2)从 P 处看来对该光波而言，狭缝处的波面被分成几个半波带。

11.26 在某个单缝衍射实验中，光源发出的光含有两种波长 λ_1 和 λ_2，垂直入射于单缝上。假如 λ_1 的第一级衍射暗条纹与 λ_2 的第二级衍射暗条纹相重合，试问：

(1) 这两种波长之间有何关系？

(2) 在这两种波长的光所形成的衍射图样中，是否还有其他暗条纹相重合？

11.27 一束具有两种波长 λ_1 和 λ_2 的平行光垂直照射到一衍射光栅上，测得波长 λ_1 的第三级主极大衍射角和 λ_2 的第四级主极大衍射角均为 30°。已知 $\lambda_1=560$ nm，试求：(1)光栅常数 $a+b$；(2)波长 λ_2。

11.28 用钠光($\lambda=589.3$ nm)垂直照射到某光栅上，测得第三级光谱的衍射角为 60°。

(1) 若换用另一光源测得其第二级光谱的衍射角为 30°，求后一光源发光的波长；

(2) 若以白光(400～760 nm) 照射在该光栅上，求其第二级光谱的张角。

11.29 设汽车前灯光波长按 $\lambda=550$ nm 计算，两车灯的距离 $d=1.22$ m，在夜间人眼的瞳孔直径为 $D=5$ mm，试根据瑞利判据计算人眼刚能分辨上述两只车灯时，人与汽车的距离 L。

11.30 测得从一池静水的表面反射出来的太阳光是线偏振光，求此时太阳处在地平线的多大仰角处？(水的折射率为 1.33)

11.31 一束光是自然光和线偏振光的混合，当它通过一偏振片时，发现透射光的强度取决于偏振片的取向，其强度可以变化 5 倍，求入射光中两种光的强度各占总入射光强度的几分之几。

第 12 章

狭义相对论

麦克斯韦电磁场理论的建立，不仅用一个统一的理论体系对宏观电磁现象进行了总结，而且预言了稍后被实验所证实的电磁波的存在。这样，麦克斯韦的电磁理论就获得了普遍承认，并被确立起来。同时，通过测量，人们还发现电磁波在真空中的传播速度是一个常量，且与光速十分接近，此后，人们相继发现电磁波的一些性质与光波完全相同，于是有人提出了光的电磁理论，认为光是在一定频率范围内的电磁波。当时人们认为作为光波载体的"以太"也是电磁波的载体。

麦克斯韦电磁理论虽然取得了巨大成功，但在该理论赖以建立的时空关系的问题上，却遇到了很大的困难。这是因为麦克斯韦电磁理论的一个重要结论是：电磁波在真空中的速度(即光速)$c=\dfrac{1}{(\varepsilon_0\mu_0)^{\frac{1}{2}}}$是一个与参考系无关的常量，然而按照经典力学的伽利略变换式，物体的速度是和惯性系的选取有关的，这样，光速就应随惯性系的选取而异，不再是一个不变的常量了。这就产生了一个问题：经典力学的相对性原理，即伽利略变换式能否应用于麦克斯韦的电磁理论？当时，许多物理学家都想通过保留以太这一绝对惯性系，来寻求问题的解决。于是，试图说明以太存在的实验便层出不穷。1887 年，迈克耳孙和莫雷为此做了一个具有历史意义的判别性的实验，但却得出了零结果，即以太是不存在的。以太既已不存在，那么上述矛盾又应如何解决呢？洛伦兹和庞加莱等人虽然做了许多工作，但未能取得突破性的进展。

爱因斯坦虽然不甚知晓迈克耳孙-莫雷实验，但他对经典力学的相对性原理与麦克斯韦电磁理论之间的矛盾是有所察觉的。他在坚信电磁理论正确性的基础上，摆脱了经典力学时空观的束缚，革命性地提出了以光速不变原理和"普遍的"相对性原理为基础的狭义相对论。狭义相对论不仅正确地说明了电磁现象，而且还涵盖了力学中的各个现象。不仅如此，狭义相对论还是研究高能物理和"微观"粒子的基础。

12.1 基于绝对时空的力学理论

12.1.1 伽利略变换式 经典力学的相对性原理

在牛顿力学中描述物体的运动必须确定一个惯性参考系。同一个物理事件在不同的惯性系中进行测量，会得出不同的结果。伽利略变换反映了在不同时空坐标中描写物体运动状态的物理量之间的关系。

如图 12.1 所示，有两个惯性参考系 $S(Oxyz)$ 和 $S'(O'x'y'z')$，它们的对应坐标轴相互平行，且 S' 系相对 S 系以速度 v 沿 Ox 轴的正方向运动。开始时，两惯性参考系重合。由经典力学可知，在时刻 t，P 点在这两个惯性参考系中的位置坐标有如下对应关系：

$$\begin{cases} x' = x - vt \\ y' = y \\ z' = z \end{cases} \tag{12.1}$$

这就是经典力学（也称牛顿力学）中伽利略位置坐标变换公式。若在惯性系 S' 中沿 Ox' 轴放置一根细棒，此棒两端点在 S' 系和 S 系中的坐标分别为 x_1'、x_2' 和 x_1、x_2，则它们之间的关系可由式(12.1)给出

$$x_1 = x_1' + vt \quad, x_2 = x_2' + vt$$

于是有

$$x_2 - x_1 = x_2' - x_1'$$

上式表明，由惯性系 S 和 S' 分别量度同一物体的长度时，按伽利略坐标变换式所得的量值是相同的，与两惯性系的相对速度 v 无关，如图 12.2 所示。也就是说，经典力学认为：空间的量度是绝对的，与参考系无关。

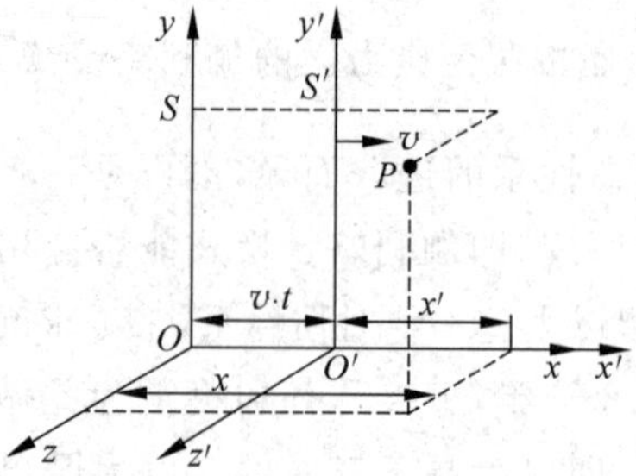

图 12.1　作相对运动的两个惯性系

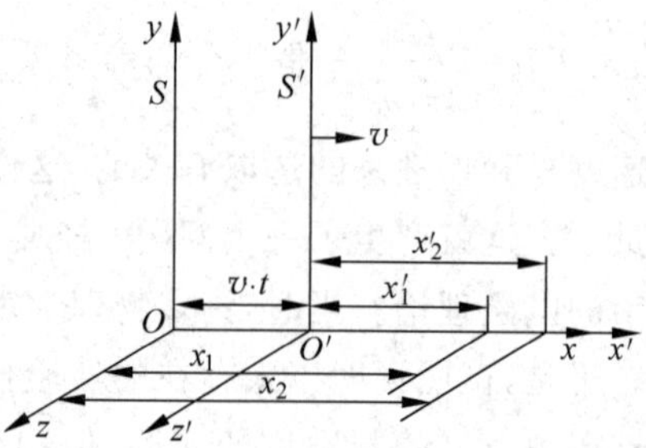

图 12.2　位置坐标的伽利略变换

此外，在经典力学中，时间的量度也是绝对的，与参考系无关。一事件在 S' 系中所经历的时间与在 S 系中所经历的时间相同，即 $\Delta t' = \Delta t$。因此，如果把经典力学中的绝对时间也考虑进来，并以两惯性参考系相重合的时刻作为在两参考系中计时的起点，那么，式(12.1)应写成如下形式：

$$\begin{cases} x' = x - vt \\ y' = y \\ z' = z \\ t' = t \end{cases} \quad \text{或} \quad \begin{cases} x = x' + vt \\ y = y' \\ z = z' \\ t = t' \end{cases} \tag{12.2}$$

这些变换式称为伽利略时空变换式。它以数学形式表述了经典力学的时空观。

把式(12.2)中的前三式对时间求一阶导数，即可得经典力学中的速度变换法则

$$\begin{cases} u_x' = u_x - v \\ u_y' = u_y \\ u_z' = u_z \end{cases} \tag{12.3a}$$

其中 u_x'、u_y'、u_z' 是 P 点相对于 S' 系的速度分量，u_x、u_y、u_z 是 P 点相对于 S 系的速度分量。式(12.3a)是 P 点在 S 系和 S' 系中的速度变换关系，称为伽利略速度变换式，其矢量形式为

$$\boldsymbol{u}' = \boldsymbol{u} - \boldsymbol{v} \tag{12.3b}$$

$\boldsymbol{v}$ 就是第1章相对运动中所述的牵连速度，$\boldsymbol{u}$ 和 $\boldsymbol{u}'$ 分别为 P 点在 S 系和 S' 系中的速度。显然，上式表明，在不同的惯性系中质点的速度是不同的。

把式(12.3a)对时间求导数，就得到经典力学中的加速度变换法则

$$\begin{cases} a'_x = a_x \\ a'_y = a_y \\ a'_z = a_z \end{cases} \tag{12.4a}$$

其矢量形式为

$$\boldsymbol{a}' = \boldsymbol{a} \tag{12.4b}$$

上式表明，在惯性系 S 和 S' 中，P 点的加速度是相同的，即在伽利略变换中，对不同的惯性系而言，加速度是个不变量。由于经典力学认为质点的质量是与运动状态无关的常量，所以由式(12.4)可知，在两个相互作匀速直线运动的惯性系中，牛顿运动定律的数学表述形式也应是相同的，即有如下形式：

$$\boldsymbol{F} = m\boldsymbol{a}$$

$$\boldsymbol{F}' = m\boldsymbol{a}'$$

上述结果表明，当由惯性系 S 变换到惯性系 S' 时，牛顿运动方程的形式不变，即牛顿运动方程对伽利略变换式来讲是不变式。由此不难推断，对于所有的惯性系，牛顿力学的规律都应具有相同的形式，这就是牛顿力学的相对性原理。应当指出，牛顿力学的相对性原理，在宏观、低速的范围内，是与实验结果相一致的。

12.1.2 经典力学的绝对时空观

经典力学认为空间只是物质运动的"场所"，是与其中的物质完全无关而独立存在的，并且是永恒不变、绝对静止的。因此，空间的量度(如两点间的距离)就应当与惯性系无关，是绝对不变的。另外，经典力学还认为，时间也是与物质的运动无关而在永恒地、均匀地流逝着的，时间是绝对的。因此，对于一个惯性系，就可以用同一的时间($t'=t$)来讨论问题。举例来说，对于一个惯性系，两件事是同时发生的，那么，从另一个惯性系来看它们也应该是同时发生的，而事件所持续的时间，则不论从哪个惯性系来看都是相同的。

然而，实践已证明，绝对时空观是不正确的，相对论否定了这种绝对时空观，并建立了新的时空概念。关于狭义相对论的时空观，我们将在后面再作介绍。

12.1.3 绝对参考系的困惑

如上所述，在物体低速运动范围内，伽利略变换和牛顿力学相对性原理是符合实际情况的。可以肯定地说，利用牛顿力学定律和伽利略变换原则上可以解决任何惯性系中所有低速物体运动的问题。

然而，在涉及电磁现象，包括光的传播现象时，牛顿力学的相对性原理和伽利略变换却遇到了不可克服的困难。大家知道，麦克斯韦电磁理论所预言的电磁波，在真空中传播的速度与光的传播速度相同，尤其在赫兹实验确认存在电磁波以后，光作为电磁波的一部分，在

理论上和实验上就逐步被确定了。另一方面，人们早就明白，传播机械波需要弹性介质，例如，空气可以传播声波，而真空却不能。因此，在光的电磁理论发展初期，人们自然会想到光和电磁波的传播也需要一种弹性介质。19 世纪的物理学家们称这种介质为以太。他们认为，以太充满整个空间，即使是真空也不例外，并且可以渗透到一切物质的内部去。在相对以太静止的参考系中，光的速度在各个方向都是相同的，这个参考系被称为以太参考系。于是，以太参考系就可以作为所谓的绝对参考系了。倘若另有一运动参考系，它相对绝对参考系以速度 $\boldsymbol{v}$ 运动，那么，由牛顿力学的相对性原理，光在运动参考系中的速度应为

$$\boldsymbol{c}' = \boldsymbol{c} - \boldsymbol{v} \tag{12.5}$$

其中，$\boldsymbol{c}$ 是光在绝对参考系中的速度，$\boldsymbol{c}'$ 为光在运动参考系中的速度。从上式可以看出，在运动参考系中，光的速度在这个方向上是不一定相同的。

不难想像，如果能借助某种方法测出运动系相对于以太的速度，那么，作为绝对参考系的以太也就被确定了。为此，历史上确曾有许多物理学家做过很多实验来寻找绝对参考系，但都得出了否定的结果。其中最著名的是迈克耳孙(A. A. Michelson，1852—1931)和莫雷(E. W. Morley，1838—1923)所做的实验。这些实验都无法分辨出光在不同方向上的差别，当然，也无法分辨出在不同惯性系中光速的差别。这似乎是说，在不同惯性系中的光速是无差别的。

迈克耳孙-莫雷实验以及其他一些实验结果给人们带来了一些困惑，似乎相对性原理只适用于牛顿定律，而不能用于麦克斯韦的电磁场理论。看来要解决这一难题必须在物理观念上来个变革。这使许多物理学家都预感到一个新的基本理论即将产生。在洛伦兹、庞加莱等人在探求新理论所做的先期工作的基础上，一位具有变革思想的青年学者——爱因斯坦于 1905 年创立了狭义相对论，为物理学的发展树立了新的里程碑。

12.2 狭义相对论的基本原理 洛伦兹变换

12.2.1 狭义相对论的基本原理

正当人们为“以太漂移”实验的零结果绞尽脑汁，试图对其作出解释的时候，爱因斯坦敏锐地创建了狭义相对论。爱因斯坦坚信世界的统一性和合理性。他在深入研究牛顿力学和麦克斯韦电磁场理论的基础上，认为相对性原理具有普适性，无论是对牛顿力学或者是对麦克斯韦电磁场理论皆如此。此外，他还认为相对于以太的绝对运动是不存在的，光速是一个常量，它与惯性系的选取无关。1905 年，爱因斯坦在一篇论文中，摒弃了以太假说和绝对参考系的假设，提出了两条狭义相对论的基本原理。

(1) 狭义相对论的相对性原理：物理定律在所有的惯性系中都具有相同的表达形式，即所有的惯性参考系对运动的描述都是等效的。这就是说，不论在哪一个惯性系中做实验都不能确定该惯性系的运动。换言之，对运动的描述只有相对意义，绝对静止的参考系是不存在的。

(2) 光速不变原理：真空中的光速是常量，它与光源或观测者的运动无关，即不依赖于惯性系的选择。

这两条原理非常简明，但它们的意义却非常深远，是狭义相对论的基础。狭义相对论和量子论是 20 世纪初物理学的两项最伟大、最深刻的成就，它以极大的创新性促进了 20 世纪的科学技术，尤其是能源科学、材料科学、生命科学和信息科学等的巨大发展，并将在 21 世纪继续产生重大影响。

应当指出，爱因斯坦提出的狭义相对论的基本原理，是与伽利略变换（或牛顿力学时空观）相矛盾的。例如，对一切惯性系，光速都是相同的，这就与伽利略速度变换公式相矛盾。如机场照明跑道的灯光相对于地球以速度 c 传播，若从相对于地球以速度 v 运动着的飞机上看，按光速不变原理，光仍是以速度 c 传播的。而按伽利略变换，则当光的传播方向与飞机的运动方向一致时，从飞机上测得的光速应为 $c-v$；当两者的方向相反时，飞机上测得的光速则应为 $c+v$。但这与实际观测是相矛盾的。

当然，狭义相对论的这两条基本原理的正确性，最终仍要以由它们所导出的结果与实验事实是否相符来判定。

12.2.2 洛伦兹变换

力学相对性原理告诉我们，一切力学规律在伽利略变换下形式保持不变。然而爱因斯坦则把力学相对性原理推广为狭义相对论的相对性原理，即一切物理规律在不同的惯性系中是等价的。那么，在什么样的变换关系下才能保证物理规律在不同惯性系中具有相同的形式呢？显然，伽利略变换与狭义相对论的基本原理不相容，因此需要寻找一个满足狭义相对论基本原理的变换式。爱因斯坦导出了这个变换式，一般称它为洛伦兹变换式。

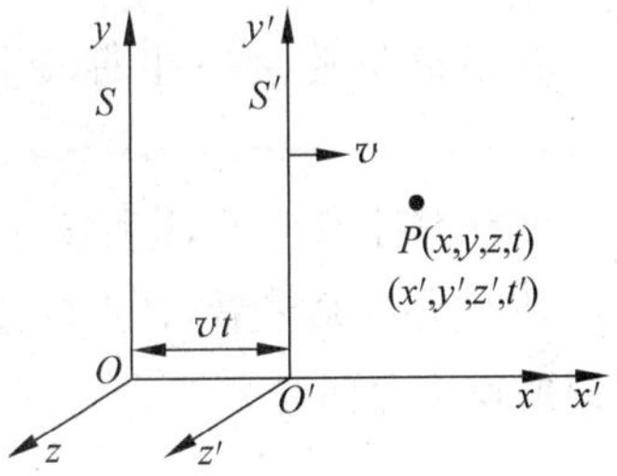

图 12.3 洛伦兹变换

设有两个惯性系 S 和 S'，其中惯性系 S' 沿 $x(x')$ 轴以速度 v 相对 S 系运动，如图 12.3 所示，以两个惯性系的原点相重合的瞬时作为计时的起点。若有一个事件发生在 P 点，从惯性系 S 测得 P 点的坐标是 (x,y,z)，时间是 t；而从惯性系 S' 测得 P 点的坐标是 (x',y',z')，时间是 t'。这里务必请读者注意，在伽利略变换中，$t=t'$，即事件发生的时间是与惯性系的选取无关的。这是被伽利略变换采纳的一条直接来自日常经验的定则，然而在狭义相对论中，却不能如此了。由狭义相对论的相对性原理和光速不变原理，可导出该事件在两个惯性系 S 和 S' 中的时空坐标变换式如下：

$$\begin{cases} x' = \dfrac{x - vt}{\sqrt{1-\beta^2}} = \gamma(x - vt) \\ y' = y \\ z' = z \\ t' = \dfrac{t - \dfrac{vx}{c^2}}{\sqrt{1-\beta^2}} = \gamma\left(t - \dfrac{vx}{c^2}\right) \end{cases} \tag{12.6}$$

式中，$\beta=\frac{v}{c}$，$\gamma=\frac{1}{\sqrt{1-\beta^2}}$，$c$ 为光速。从式(12.6)可解得 x、y、z 和 t，即得逆变换式为

$$\begin{cases} x = \dfrac{x' + vt'}{\sqrt{1-\beta^2}} = \gamma(x' + vt') \\ y = y' \\ z = z' \\ t = \dfrac{t' + \dfrac{vx'}{c^2}}{\sqrt{1-\beta^2}} = \gamma\left(t' + \dfrac{vx'}{c^2}\right) \end{cases} \tag{12.7}$$

式(12.6)和式(12.7)都称为洛伦兹变换式。应当注意，在洛伦兹变换式中，t 和 t' 都依赖于空间的坐标，即 t 是 t' 和 x' 的函数，t' 是 t 和 x 的函数。这与伽利略变换式迥然不同。

容易看出，当惯性系 S' 相对于惯性系 S 的速度 v 远小于光速 c 时，$\beta=\frac{v}{c}\ll 1$，洛伦兹变换式就转化为伽利略变换式了。由此可见，在物体的运动速度远小于光速时，洛伦兹变换与伽利略变换是等效的。可见伽利略变换式只适用于低速运动物体的坐标变换。

12.2.3 洛伦兹速度变换式

利用洛伦兹时空坐标变换式可以得到洛伦兹速度变换式，以替代伽利略速度变换式。

设有惯性参考系 S' 和 S，且 S' 系以速度 v 相对于 S 系沿 xx' 轴运动。考虑一 P 点在空间运动。从 S 系来看，P 点的速度为 $u(u_x, u_y, u_z)$；从 S' 系来看，其速度为 $u'(u'_x, u'_y, u'_z)$。它们的速度分量分别为

$$u_x = \frac{dx}{dt},\quad u_y = \frac{dy}{dt},\quad u_z = \frac{dz}{dt}$$

及

$$u'_x = \frac{dx'}{dt'},\quad u'_y = \frac{dy'}{dt'},\quad u'_z = \frac{dz'}{dt'}$$

我们的目的是要找出这些分量之间的关系，为此对式(12.6)取微分，有

$$\begin{aligned} dx' &= \gamma(dx - v dt) \\ dy' &= dy \\ dz' &= dz \\ dt' &= \gamma\left(dt - \frac{v}{c^2}dx\right) \end{aligned}$$

因此，u' 的 x 分量为

$$u'_x = \frac{dx'}{dt'} = \frac{dx - v dt}{dt - \dfrac{v dx}{c^2}} = \frac{\dfrac{dx}{dt} - v}{1 - \dfrac{v}{c^2}\dfrac{dx}{dt}} = \frac{u_x - v}{1 - \dfrac{v}{c^2}u_x}$$

与此相似可得

$$\begin{cases} u'_x = \dfrac{u_x - v}{1 - \dfrac{v}{c^2}u_x} \\ u'_y = \dfrac{u_y}{\gamma\left(1 - \dfrac{v}{c^2}u_x\right)} \\ u'_z = \dfrac{u_z}{\gamma\left(1 - \dfrac{v}{c^2}u_x\right)} \end{cases} \tag{12.8}$$

式(12.8)称为洛伦兹速度变换式。同样,我们还可以得到上式的逆变换式

$$\begin{cases} u_x = \dfrac{u'_x + v}{1 + \dfrac{v}{c^2}u'_x} \\ u_y = \dfrac{u'_y}{\gamma\left(1 + \dfrac{v}{c^2}u'_x\right)} \\ u_z = \dfrac{u'_z}{\gamma\left(1 + \dfrac{v}{c^2}u'_x\right)} \end{cases} \tag{12.9}$$

由式(12.8)与式(12.3)相比较可以看出,相对论力学中的速度变换公式与经典力学中的速度变换公式不同,不仅速度的 x 分量要变换,而且 y 分量和 z 分量也要变换。但在 $v \ll c$ 的情况下,式(12.8)将转化为式(12.3)。所以式(12.3)仅适用于低速运动的物体。

现在不妨来对比一下经典力学与相对论力学是如何看待光在真空中的速度的。设一光束沿 $x(x')$ 轴运动,已知光对 S 系的速度是 c,即 $u_x = c$。那么,根据洛伦兹速度变换式,光对 S' 系的速度为

$$u'_x = \frac{u_x - v}{1 - \dfrac{u_x v}{c^2}} = \frac{c - v}{1 - \dfrac{cv}{c^2}} = c$$

也就是说,光对于 S 系和对于 S' 系的速度相等。这个结论显然与伽利略速度变换的结果不同,但却符合实验事实和光速不变原理。

12.3 狭义相对论的时空观

运用洛伦兹变换式可以得到许多与我们的日常经验大相径庭、令人惊奇的重要结论。这些结论后来被近代高能物理中许多实验所证实。例如,两点之间的距离或物体的长度随进行量度的惯性系的不同而不同,某一过程所经历的时间也随惯性系而异,以及动量与速度的关系和质能关系等。下面首先讨论同时的相对性,它是从狭义相对论基本原理得出的结论,然后再讨论长度的收缩和时间的延缓。

12.3.1 同时的相对性

对时间或时间间隔进行测量，必然要涉及"同时"这一基本概念。在牛顿力学中，时间是绝对的。如两事件在惯性系 S 中是被同时观察到的，那么在另一惯性系 S' 中也是同时观察到的。但是狭义相对论则认为，这两个时间在惯性系 S 中观察时是同时的，但在惯性系 S' 中观察，一般来说就不再是同时的了。这就是狭义相对论的同时的相对性。

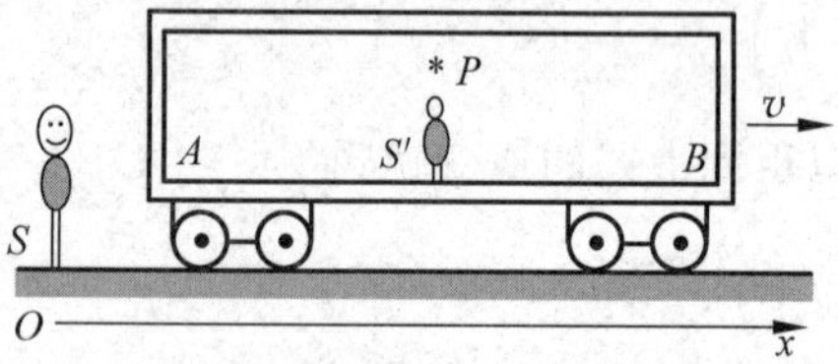

图 12.4 同时的相对性理想实验

下面介绍爱因斯坦假想的用逻辑推理说明同时相对性的实验。

如图 12.4 所示，设想有一车厢以速度 v 相对地面惯性系 S 沿 Ox 轴运动。在车厢正中间的灯 P 闪了一下后，有光信号同时向车厢两端的镜面 A 和 B 传去，且 $PA=PB$。现在要问：分别从地面惯性系 S 的观测者和随车厢一起运动的惯性系 S' 的观测者来看，这两个光信号达到 A 和 B 的时间间隔是否相等，先后次序是否相同？显然，对 S' 系观测者来说，光向 A 和 B 的传播速度是相同的，光信号应该同时到达 A 和 B。可是对 S 系来说情况就不一样了，A 是以速度 v 迎向光（灯 P 发出的光，而不是 P）运动的，而 B 则以速度 v 背离光运动，所以光信号到达 A 比到达 B 要早一些。可见，从灯 P 发出的光信号到达点 A 和到达点 B 这两个事件所经历的时间，是与所选取的惯性系有关的。

从上述理想实验可以明白，两个事件在一个惯性系中是同时的，一般说在另一个惯性系中却是不同时的，不存在与惯性系无关的所谓绝对时间。这就是同时的相对性，它是由相对性原理和光速不变原理导得的必然结论之一。

12.3.2 长度的收缩

在伽利略变换中，两点之间的距离或物体的长度是不随惯性系而变的。例如长为 1 m 的棒，不论在运动的车厢里或者在车站上去测量它，其长度都是 1 m。那么，在洛伦兹变换中，情况又是怎样的呢？

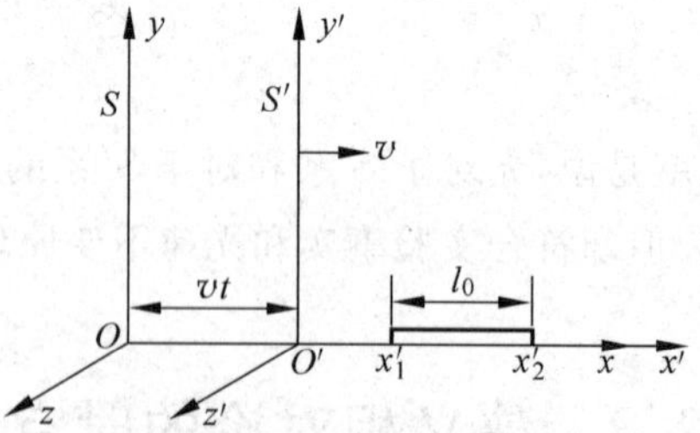

图 12.5 长度的收缩

设有两个观察者分别静止于惯性参考系 S 和 S' 中，S' 系以速度 v 相对 S 系沿 Ox 轴运动。一细棒静止于 S' 系中并沿 Ox' 轴放置，如图 12.5 所示。一般来说，棒的长度应是在同一时刻测得棒两端点的距离，如果 S' 系中观察者测得棒两端点的坐标为 x'_1 和 x'_2，则棒长为 $l'=x'_2-x'_1$。通常把观察者相对棒静止时所测得的棒长度称为棒的固有长度 l_0，在此处 $l'=l_0$。而 S 系中的观察者则认为棒相对 S 系运动，并同时测得其两端点的坐标为 x_1 和 x_2，即棒的长度为 $l=x_2-x_1$。利用洛伦兹变换式(12.6)，有

$$x'_1=\frac{x_1-vt_1}{\sqrt{1-\beta^2}},\quad x'_2=\frac{x_2-vt_2}{\sqrt{1-\beta^2}}$$

式中 $t_1=t_2$。将上两式相减，得

$$x_2'-x_1'=\frac{x_2-x_1}{\sqrt{1-\beta^2}}$$

即

$$l=l'\sqrt{1-\beta^2}=l_0\sqrt{1-\beta^2} \tag{12.10}$$

由于 $\sqrt{1-\beta^2}<1$，故 $l<l'=l_0$。这就是说，从 S 系测得运动细棒的长度 l，要比从相对细棒静止的 S' 系中所测得的长度 l' 缩短至 $\sqrt{1-\beta^2}$ 倍。物体的这种沿运动方向发生的长度收缩称为洛伦兹收缩。容易证明，若棒静止于 S 系中，则从 S' 系测得棒的长度，也只有其固有长度的 $\sqrt{1-\beta^2}$ 倍。

我们知道，在经典物理学中棒的长度是绝对的，与惯性系的运动无关。而在狭义相对论中，同一根棒在不同的惯性系中测量所得的长度不同。物体相对观测者静止时，其长度的测量值最大；而当它相对于观察者以速度 v 运动时，在运动方向上物体长度要缩短，其测量值只有固有长度的 $\sqrt{1-\beta^2}$ 倍。

从表面上看，棒的相对收缩不符合日常经验，这是因为我们在日常生活和技术领域中所遇到的运动都比光速要慢得多，对于这些运动，由于 $\beta\ll 1$，式(12.10)可简化为

$$l'\approx l$$

这就是说，对于相对运动速度较小的惯性参考系来说，长度可以近似看作是一绝对量。在地球上宏观物体所达到的最大速度一般为若干千米每秒，此最大速度与光速之比的数量级为 10^{-5} 左右。在这样的速度下，长度的相对收缩，其数量级约为 10^{-10}，故可以忽略不计。

例 12-1 设想有一光子火箭，相对地球以速率 $v=0.95c$ 作直线运动。若以火箭为参考系测得火箭长为 15 m，问以地球为参考系，此火箭多长？

解 由式(12.10)有

$$l=l_0\sqrt{1-\beta^2}=4.68(\mathrm{m})$$

即从地球测得光子火箭的长度只有 4.68 m。

12.3.3 时间的延缓

在狭义相对论中，如同长度不是绝对的那样，时间间隔也不是绝对的。设在 S' 系中有一只静止的钟，有两个事件先后发生在同一地点 x'，此钟记录的时刻分别为 t_1' 和 t_2'，于是在 S' 系中的钟所记录两事件的时间间隔为 $\Delta t'=t_2'-t_1'$，常称为固有时 Δt_0。而在 S 系看来，钟所记录的时刻分别为 t_1 和 t_2，即钟所记录两事件的时间间隔为 $\Delta t=t_2-t_1$。若 S' 系以速度 v 沿 $x(x')$ 轴运动，则根据洛伦兹变换式(12.7)可得

$$t_1=\gamma\left(t_1'+\frac{x'v}{c_2}\right)$$

$$t_2=\gamma\left(t_2'+\frac{x'v}{c_2}\right)$$

于是

$$\Delta t=t_2-t_1=\gamma(t_2'-t_1')=\gamma\Delta t'$$

或

$$\Delta t = \frac{\Delta t'}{\sqrt{1-\beta^2}} = \frac{\Delta t_0}{\sqrt{1-\beta^2}} \tag{12.11}$$

由式(12.11)可以看出,由于$\sqrt{1-\beta^2}<1$,故 $\Delta t>\Delta t'$。这就是说,在 S'系中所记录的某一地点发生的两个事件的时间间隔小于由 S 系所记录的该两事件的时间间隔。换句话说,S 系的钟记录 S'系内某一地点发生的两个事件的时间间隔,比 S'系的钟所记录的该两事件的时间间隔要长些,由于 S'系是以速度 v 沿 $x(x')$轴方向相对 S 系运动,因此可以说,运动着的钟走慢了,这就称为时间延缓效应。同样,从 S'系看 S 系中的钟,也认为运动着的 S 系中的钟走慢了。

在经典物理学中,我们把发生两个事件的时间间隔看作是量值不变的绝对量。与此不同,在狭义相对论中,发生两事件的时间间隔在不同的惯性系中是不相同的。这就是说,两事件之间的时间间隔是相对的概念,它与惯性系有关。只有在运动速度 $v\ll c$ 时,$\beta\ll 1$,式(12.11)才简化为

$$\Delta t' \approx \Delta t$$

也就是说,对于缓慢运动的情形来说,两事件的时间间隔近似为一绝对量。

综上所述,狭义相对论指出了时间和空间的量度与参考系的选择有关。时间与空间是相互联系的,并与物质有着不可分割的联系。不存在孤立的时间,也不存在孤立的空间。时间、空间与运动三者之间的紧密联系,深刻地反映了时空的性质,这是正确认识自然界乃至人类社会所应持有的基本观点。所以说,狭义相对论的时空观为科学的、辩证的世界观提供了物理学上的论据。

例 12-2 设想有一光子火箭以 $v=0.95c$ 的速率相对地球作直线运动。若火箭上宇航员的计时器记录他观测星云用去 10 min,则地球上的观察者测得此事用去多少时间?

解 由式(12.11)可得

$$\Delta t = \frac{\Delta t'}{\sqrt{1-\beta^2}} = 32.01(\text{min})$$

即在地球上看来,其计时器的记录观测时间应该是 32.01 min。似乎在地球看来这运动的时钟走得慢了。

*12.4 光的多普勒效应

在这里我们将从狭义相对论的相对性原理和光速不变原理出发来讨论光的多普勒效应。

如图 12.6 所示,B 为一光源,A 为一接收光信号的探测器,B 放在 S'系的原点 O',A 放在 S 系的原点 O,在某一瞬时两者相距为 x 时,B 发出光信号,且 B 以速度 v 沿 $x(x')$轴正方向相对 A 运动。设想有两个相同的钟 W 和 W′分别放在 S 系和 S'系中,并设在 B 与 A 重合时,两钟开始计时。S'系中的光源 B 在 Δt_B 时间内发出频率为 ν_B 的光信号。在此时间内,光源从发

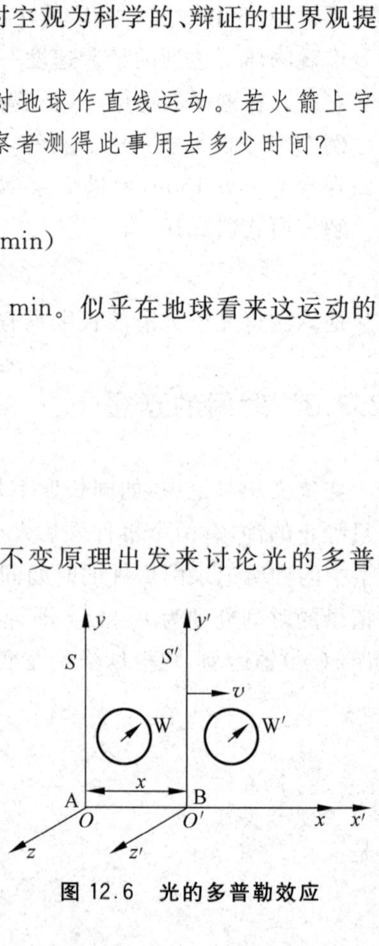

图 12.6 光的多普勒效应

射第一个波前开始到发射第 N_B 个波前为止，一共发射了 N_B 个波前，这些波前都以光速 c 传播。第 N_B 个波前传播的距离为 $c\Delta t_B$。考虑到两相邻波前（或波面）之间的距离为波长 λ_B，于是，可得 $N_B=\dfrac{c\Delta t_B}{\lambda_B}=\nu_B\Delta t_B$。

此外，由 S' 系中的钟 W' 测得此信号持续的时间为 $\Delta t_B(=t_2'-t_1')$。根据式(12.11)可知，S 系中的钟 W 测量此信号持续的时间则应为 $\Delta t_A(=t_2-t_1)=\gamma\Delta t_B$，其中 $\gamma=\dfrac{1}{\sqrt{1-\beta^2}}$。

由于光源 B 与探测器 A 之间有相对运动，所以探测器 A 接收波数为 N 的光信号所需的时间 Δt_N 与光源 B 发出光信号的时间是不同的。考虑到光源 B 与探测器 A 之间的距离为 x，光信号的传播速度为 c，则光信号刚开始被探测器接收到的时刻为

$$t_{1N}=t_1+\frac{x}{c}$$

此外，从 S 系来看，光信号持续的时间为 Δt_A，在这段时间里 A 与 B 之间的距离都增加了 $x+v\Delta t_A$。因此，光信号最终被探测器接收的时刻为

$$t_{2N}=t_2+\frac{x+v\Delta t_A}{c}$$

这样一来，整个光信号被探测器接收所经历的时间则为

$$\Delta t_{AN}=t_{2N}-t_{1N}=\left(1+\frac{v}{c}\right)\Delta t_A=(1+\beta)\Delta t_A \tag{12.12}$$

因为光源和探测器之间的相对运动不会影响探测器接收光源所发光信号的波数，故光源发出的波数与接收器所接收的波数是相等的，即 $N_B=N_A=N$，所以有

$$\nu_B\Delta t_B=\nu_A\Delta t_{AN}$$

将式(12.12)代入上式，有

$$\nu_B\Delta t_B=\nu_A(1+\beta)\Delta t_A$$

考虑到 $\Delta t_A=\dfrac{\Delta t_B}{\sqrt{1-\beta^2}}$，由上式可得

$$\nu_A=\sqrt{\frac{1-\beta}{1+\beta}}\nu_B \quad \text{(B 离 A 而去)} \tag{12.13}$$

式中 ν_B 为 S' 系中光源所发光信号的频率，ν_A 为 S 系中探测器所接收到的光信号的频率。应注意，式(12.13)是指光源 B 与探测器 A 相互远离时的情形，显然，此时探测器测得光信号的频率要小于光源发出光信号的频率。通常把光源发出的光频率称为本征频率，于是，上述结果也可以说，当光源与探测器相互远离时，探测器测得光的频率要小于本征频率。这就是光的红移现象。在天体物理中，谱线红移有着非常重要的意义，它是解释“宇宙膨胀”学说的基础。在 1917—1918 年间斯里弗(V. M. Slipher)发现河外星系的谱线有红移现象，说明宇宙呈现出一幅膨胀的图景；1929 年哈勃(E. P. Hubble)指出，由红移计算出的河外星系的退行速度与该星系到地球的距离大至呈线性关系。所以，河外星系呈现出的多普勒效应谱线红移是宇宙膨胀的表现。

仿此可得，若光源与探测器相向运动，探测器接收到的频率为

$$\nu_A=\sqrt{\frac{1+\beta}{1-\beta}}\nu_B \quad \text{(B 向 A 运动)} \tag{12.14}$$

上式表明，光源与探测器相向运动时，探测器接收到的频率要大于本征频率，这称为谱线的蓝移现象。谱线蓝移已广泛用于卫星导航技术。

应当指出，无论是式(12.13)还是式(12.14)都只能用于光源和探测器沿两者连线运动的情况。如果不是这样，上述两式就都不能使用。

12.5 相对论动力学

12.5.1 相对论动量与质量

在牛顿力学中，速度为 v、质量为 m 的质点的动量表达式为

$$\boldsymbol{p} = m\boldsymbol{v} \tag{12.15}$$

对于一个由许多质点组成的系统，其动量为

$$\boldsymbol{p} = \sum_i \boldsymbol{p}_i = \sum_i m_i \boldsymbol{v}_i$$

在没有外力作用于系统的情况下，系统的总动量是守恒的，即

$$\sum_i m_i \boldsymbol{v}_i = \text{常矢量}$$

由于在牛顿力学中质点的质量是不依赖于速度的常量，而且在不同惯性系中质点的速度变换遵循伽利略变换，因此，我们可以说，牛顿力学中的动量守恒定律是建立在伽利略速度变换和质量与运动速度无关的基础之上的。

但是，在狭义相对论中，惯性系间的速度变换式遵守洛伦兹变换，这时若使动量守恒表达式在高速运动情况下仍然保持不变，就必须对式(12.15)所给出的动量表达式进行修正，使之适合洛伦兹变换式。按照狭义相对论的相对性原理和洛伦兹速度变换式，当动量守恒表达式在任意惯性系中都保持不变时，质点的动量表达式应为

$$\boldsymbol{p} = \frac{m_0 \boldsymbol{v}}{\sqrt{1-\left(\frac{v}{c}\right)^2}} = \gamma m_0 \boldsymbol{v} \tag{12.16}$$

式中，m_0 为质点静止时的质量，$\boldsymbol{v}$ 为质点相对某惯性系运动时的速度。当质点的速率远小于光速，即 $v \ll c$ 时，有 $\gamma \approx 1$，$\boldsymbol{p} \approx m_0 \boldsymbol{v}$，这与牛顿力学的动量表达式(12.15)是相同的。式(12.16)称为相对论性动量表达式。

为了不改变动量的基本定义(质量×速度)，人们便把式(12.16)改写成

$$\boldsymbol{p} = m\boldsymbol{v} \tag{12.17}$$

其中

$$m = \gamma m_0 = \frac{m_0}{\sqrt{1-\left(\frac{v}{c}\right)^2}} \tag{12.18}$$

可见，在狭义相对论中，质量 m 是与速度有关的，称为相对论性质量；而 m_0 则是质点相对某惯性系静止时($v=0$)的质量，故称为静质量。式(12.18)是质量与速度的关系式，从该式可以看出，当质点的速率远小于光速，即 $v \ll c$ 时，其相对论性质量近似等于其静质量，即 $m \approx$

m_0。这时相对论性质量 m 与静质量 m_0 就没有明显的差别了，可以认为质点的质量为一常量。在 $v \ll c$ 的情况下，牛顿力学仍然是适用的。

12.5.2 狭义相对论动力学的基本方程

当有外力 $\boldsymbol{F}$ 作用于质点时，由相对论性动量表达式，可得

$$\boldsymbol{F} = \frac{\mathrm{d}\boldsymbol{p}}{\mathrm{d}t} = \frac{\mathrm{d}}{\mathrm{d}t}(m\boldsymbol{v}) = \frac{\mathrm{d}}{\mathrm{d}t}\left[\frac{m_0 \boldsymbol{v}}{\sqrt{1-\beta^2}}\right] \tag{12.19}$$

上式为相对论力学的基本方程。显然，若作用在质点系上的合外力为零，则系统的总动量应当不变，为一守恒量。由相对论性动量表达式可得系统的动量守恒定律为

$$\sum \boldsymbol{p}_i = \sum \frac{m_{0i}}{\sqrt{1-\beta^2}} \boldsymbol{v}_i = \text{常矢量} \tag{12.20}$$

当质点的运动速度远小于光速度，即 $\beta = \left(\frac{v}{c}\right) \ll 1$ 时，式(12.19)可写成

$$\boldsymbol{F} = \frac{\mathrm{d}(m_0 \boldsymbol{v})}{\mathrm{d}t} = m_0 \frac{\mathrm{d}\boldsymbol{v}}{\mathrm{d}t} = m_0 \boldsymbol{a}$$

这正是经典力学中的牛顿第二定律。这表明，在物体的速度远小于光速的情形下，相对论性质量 m 与静质量 m_0 一样，可视为常量，牛顿第二定律的形式 $\boldsymbol{F} = m_0 \boldsymbol{a}$ 是成立的。同样在 $\beta = \frac{v}{c} \ll 1$ 的情形下，系统的总动量亦可由式(12.20)写成

$$\sum \boldsymbol{p}_i = \sum m_i \boldsymbol{v}_i = \sum \frac{m_{0i}}{\sqrt{1-\beta^2}} \boldsymbol{v}_i = \sum m_{0i} \boldsymbol{v}_i = \text{常矢量}$$

由上式可以明显看到，这正是经典力学的动量守恒定律。

总之，相对论性的动量概念、质量概念，以及相对论的动力学方程式(12.19)和动量守恒定律式(12.20)具有普遍的意义，而牛顿力学则只是相对论动力学在物体低速运动条件下的很好的近似。

12.5.3 质量与能量的关系

由相对论动力学的基本方程式(12.19)出发，可以得到狭义相对论中另一重要的关系式——质量与能量关系式，该式为

$$mc^2 = E_{\mathrm{k}} + m_0 c^2 \tag{12.21}$$

爱因斯坦对式(12.21)做出了具有深刻意义的说明：他认为 mc^2 是质点运动时具有的总能量，而 $m_0 c^2$ 为质点静止时具有的静能量。表 12.1 给出了一些微观粒子和轻核的静能量，这样，式(12.21)表明质点的总能量等于质点的动能和其静能量之和，或者说，质点的动能是其总能与静能量之差。从相对论的观点来看，质点的能量等于其质量与光速的二次方的乘积，如以符号 E 代表质点的总能量，则有

$$E = mc^2 \tag{12.22}$$

表 12.1 一些微观粒子和轻核的静能量

粒子	符号	静能量/MeV	粒子	符号	静能量/MeV
光子	γ	0	氘	^2H	1875.628
电子(或正电子)	e(或+e)	0.510	氚	^3H	2808.944
质子	p	938.280	氦(α 粒子)	^4He	3727.409
中子	n	939.573			

这就是质能关系式。它是狭义相对论的一个重要结论,具有重要的意义。式(12.22)指出,质量和能量这两个重要的物理量之间有着密切的联系。如果一个物体或物体系统的能量有 ΔE 的变化,则无论能量的形式如何,其质量必有相应的改变,其值为 Δm。由式(12.22)可知,它们之间的关系式为

$$\Delta E = (\Delta m)c^2 \tag{12.23}$$

在日常现象中,观测系统能量的变化并不难,但其相应的质量变化却极微小,不易察觉到。例如,1 kg 水由 0℃被加热到 100℃时所增加的能量为

$$\Delta E = 4.18 \times 10^3 \times 100 = 4.18 \times 10^5 (\mathrm{J})$$

而质量相应地只增加了

$$\Delta m = \frac{\Delta E}{c^2} = 4.6 \times 10^{-12} (\mathrm{kg})$$

可是,在研究核反应时,实验却完全验证了质能关系式。

12.5.4 质能公式在原子核裂变和聚变中的应用

如同核反应一样,在原子核的裂变(如原子弹爆炸)和聚变(如氢弹爆炸)的过程中,都会有大量的能量被释放出来,并遵守能量守恒定律,所释放的能量可用相对论的质能关系进行计算。

1. 核裂变

我们知道,有些重原子核能分裂成两个较轻的核,同时释放出能量,这个过程称为裂变。其中典型的是铀原子核 $^{235}_{92}U$ 的裂变。$^{235}_{92}U$ 中有 235 个核子,其中 92 个为质子,143 个为中子。在热中子的轰击下,$^{235}_{92}U$ 裂变为 2 个新的原子核和 2 个中子,并释放出能量 ΔE,其反应式为

$$^{235}_{92}\mathrm{U} + ^{1}_{0}\mathrm{n} \longrightarrow ^{139}_{54}\mathrm{Xe} + ^{95}_{38}\mathrm{Sr} + 2^{1}_{0}\mathrm{n}$$

实际上,ΔE 是在核裂变过程中铀原子核与生成的原子核和中子之间的能量之差。在这种情况下,生成物的总静质量比 $^{235}_{92}U$ 的质量要减少 0.22u(1u=1.66×10^{-27} kg)。因此,由质能公式可知,1 个 $^{235}_{92}U$ 在裂变时释放的能量为

$$\Delta E = (\Delta m)c^2 = 3.3 \times 10^{-11} (\mathrm{J}) \approx 200 (\mathrm{MeV})$$

这个能量值看似很小,其实不然,因为 1 g $^{235}_{92}U$ 的原子核数约为

$$N = \frac{6.02 \times 10^{23}}{235} = 2.56 \times 10^{21}$$

所以，1 g$^{235}_{92}$U 的原子核全部裂变时所释放的能量可达

$$3.3\times10^{-11}\times2.56\times10^{21}=8.5\times10^{10}(\text{J})$$

值得注意的是，在热中子轰击$^{235}_{92}$U 核的生成物中有多于一个的中子；若它们被其他铀核所俘获，将会发生新的裂变。这一连串的裂变称为链式反应，利用链式反应可制成各种型号和用途的反应堆。世界上第一座链式裂变反应堆于 1943 年建成，1945 年制造出第一颗原子弹，1954 年建成第一座核电站。

2. 轻核聚变

轻核聚变有许多种，它们都是由轻核结合在一起形成较大的核，同时还有能量被释放出来的过程，这个过程称为聚变。一个典型的轻核聚变是两个氘核($^2_1$H，氢的同位素)聚变为氦核($^4_2$He)，其反应式为

$$^2_1\text{H}+^2_1\text{H}\longrightarrow{}^4_2\text{He}$$

在核聚变过程中释放出能量 ΔE。在上述聚变过程中，生成物$^4_2$He 的静质量比两个$^2_1$H 的静质量之和要小，它们相差的值约为 $\Delta m=0.026\text{u}=4.3\times10^{-29}$ kg。因此，由质能关系式可知，因聚变而释放的能量为

$$\Delta E=\Delta mc^2=3.87\times10^{-12}(\text{J})=24(\text{MeV})$$

应当强调指出，似乎聚变过程释放的能量很小，其实不然。因为氘核的质量轻，1 g$^2_1$H 的原子核数 N 约为 10^{23} 数量级，所以就单位质量而言，轻核聚变释放的能量要比重核裂变释放的能量大许多。

虽然轻核聚变能释放出巨大的能量，为建造轻核聚变反应堆、发电厂展示了美好的前景，但是，要实现轻核聚变，必须要克服两个$^2_1$H 核之间的库仑排斥力。据计算，只有当$^2_1$H 具有 10 keV 的动能时，才可以克服库仑排斥力引起的障碍，这就是说，只有当温度达到 10^8 K 时，才能使$^2_1$H 的动能具有 10 keV，从而实现两轻核的聚变。在太阳内部的温度已超过 10^8 K，所以在太阳内部充斥着等离子体(带正、负电的粒子群)，进行着剧烈的核聚变。由太阳内部核聚变所产生的能源，为地球上的生命提供了强大的能量，这是因为太阳的强大的引力能把 10^8 K 高温的等离子体控制在太阳的内部。然而，在地球上的实验室里想把等离子体控制在一定的区域内却要困难得多。现在世界上许多国家都在研究用一种称为托卡马克的磁约束装置来约束等离子体，以实现人工控制核聚变。我们相信，总有一天人类会实现这个愿望的。

12.5.5 动量与能量的关系

相对论性动量 p、静能量 E_0 和总能量 E 之间的关系，是非常简单而又很有用的关系，下面我们给出这一关系。

由前述可知，在相对论中，静质量为 m_0、运动速度为 v 的质点的总能量和动量，可由下列公式表示：

$$E=mc^2=\frac{m_0c^2}{\sqrt{1-\frac{v^2}{c^2}}},\quad p=mv=\frac{m_0v}{\sqrt{1-\frac{v^2}{c^2}}}$$

由这两个公式中消去速度 v 后，我们将得到动量和能量之间的关系为

$$(mc^2)^2 = (m_0c^2)^2 + m^2v^2c^2$$

由于 $p=mv, E_0=m_0c^2$ 和 $E=mc^2$，所以上式可写成

$$E^2 = E_0^2 + p^2c^2$$

这就是相对论性动量和能量关系式。为便于记忆，它们之间的关系可用图 12.7 所示的三角形表示出来。

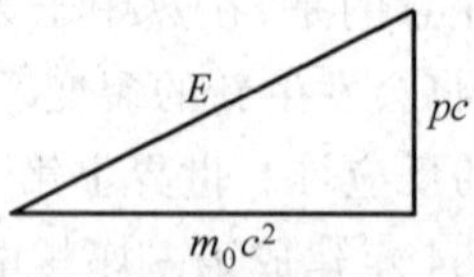

图 12.7 相对论性总能量、动量和静能量间的关系

上面我们叙述了狭义相对论的时空观和相对论动力学的一些重要结论。狭义相对论的建立是物理学发展史上的一个里程碑，具有深远的意义。它揭示了空间和时间之间，以及时空和运动物质之间的深刻联系。这种相互联系，把牛顿力学中认为互不相关的绝对空间和绝对时间结合成为一种统一的运动物质的存在形式。

与经典物理学相比较，狭义相对论更客观、更真实地反映了自然的规律。目前，狭义相对论不但已经被大量的实验事实所证实，而且已经成为研究宇宙星体、粒子物理以及一系列工程物理（如反应堆中能量的释放、带电粒子加速器的设计）等问题的基础。当然，随着科学技术的不断发展，一定还会有新的、目前尚不知道的事实被发现，甚至还会有新的理论出现。然而，以大量实验事实为根据的狭义相对论在科学中的地位是无法否定的。这就像在低速、宏观物体的运动中，牛顿力学仍然是十分精确的理论那样。

例 12-3 设一质子以速度 $v=0.80c$ 运动。求其总能量、动能和动量。

解 从表 12.1 知道，质子的静能量为 $E_0=m_0c^2=938$ MeV，所以，质子的总能量为

$$E = mc^2 = \frac{m_0c^2}{\sqrt{1-\frac{v^2}{c^2}}} = 1563(\text{MeV})$$

质子的动能为

$$E_k = E - m_0c^2 = 625(\text{MeV})$$

质子的动量

$$p = mv = \frac{m_0v}{\sqrt{1-\frac{v^2}{c^2}}} = 6.68\times10^{-19}(\text{kg}\cdot\text{m/s})$$

质子的动量也可以这样求得：

$$cp = \sqrt{E^2-(m_0c^2)^2} = 1250(\text{MeV})$$

$$p = 1250\ \text{MeV}/c$$

注意，在 MeV/c 中“c”是作为光速的符号而不是数值。在核物理中经常用 MeV/c 作为动量的单位。

例 12-4 已知一个氚核（$^3_1$H）和一个氘核（$^2_1$H）发生聚变，并产生一个中子（$^1_0$n）。试问在这个核聚变中有多少能量被释放出来？

解 上述核聚变的反应式为

$$^2_1\text{H} + ^3_1\text{H} \longrightarrow ^4_2\text{He} + ^1_0\text{n}$$

从表 12.1 可以知道氘核和氚核的静能量之和为

$$1875.628 + 2808.944 = 4684.572(\text{MeV})$$

而氦核和中子的静能量之和则为

$$3727.409 + 939.573 = 4666.982(\text{MeV})$$

可见，在氘核和氚核聚变为氦核的过程中，静能量减少了

$$\Delta E = 4684.572 - 4666.982 = 17.59(\text{MeV})$$

上述核反应发生在太阳内部的聚变过程中，由此可见，太阳因不断辐射能量而使其质量不断减小。

思 考 题

12.1 同时性的相对性是什么意思？为什么会有这种相对性？如果光速是无限大，是否还会有同时性的相对性？

12.2 你能说明经典力学的相对性原理与狭义相对论的相对性原理之间的异同吗？相对论的时间和空间概念与牛顿力学的有何不同？有何联系？

12.3 在宇宙飞船上，有人拿着一个立方形物体。若飞船以接近光速的速度背离地球飞行，分别从地球上和飞船上观察此物体，他们观察到物体的形状是一样的吗？

12.4 长度的量度和同时性有什么关系？为什么长度的量度会和参考系有关？长度缩短效应是否因为棒的长度受到了实际的压缩？

12.5 在 S' 惯性系中，在 $t'=0$ 的时刻，一细棒两端点的坐标分别为 x_1' 和 x_2'，则棒长为 $x_2'-x_1'$。现要求出此棒在实验室坐标系 S 中的长度，如果利用变换式 $x=\dfrac{x'+vt}{\sqrt{1-\beta^2}}$，则得 $x_2-x_1=\dfrac{x_2'-x_1'}{\sqrt{1-\beta^2}}$，于是，运动着的棒变长了，这与狭义相对论中长度收缩的结论是相左的，问题出在哪里？试解释之。

12.6 一民航客机以 200 km/h 的平均速度相对地面飞行。机上的乘客下机后，是否需要因时间延缓而对手表进行修正？

12.7 若一粒子的速率由 1.0×10^8 m/s 增加到 2.0×10^8 m/s，该粒子的动量是否增加 2 倍呢？其动能是否增加 4 倍呢？

12.8 相对论中的质量、动量、动能、总能量、静止能量各如何表示？为使牛顿力学符合相对论效应，牛顿力学有关公式应如何修正？

习 题

12.1 有下列几种说法：

(1) 伽利略坐标变换是经典力学中不同惯性系之间物理事件的时空坐标变换关系式，其中的长度和时间是绝对的，反映了牛顿的绝对时空观；

(2) 在狭义相对论中，所有惯性系对于描述物理现象都是等价的；

(3) 任一惯性参考系中所测得的光在真空中的传播速度都是相等的；

(4) 爱因斯坦相对性原理只对力学规律成立；

(5) 迈克耳孙-莫雷实验提出了否定“以太”参考系的证据；

(6) 伽利略变换在高速运动情形与低速运动情形下都成立。

下述表述正确的是(　　)。

A. 只有(1)、(2)、(3)是正确的　　B. 只有(4)、(5)、(6)是正确的

C. 只有(2)、(3)、(5)是正确的　　D. 只有(1)、(2)、(3)、(5)是正确的

12.2 有下列几种说法：

(1) 两个相互作用的粒子系统对某一惯性系满足动量守恒，对另一个惯性系来说，其动量不一定守恒；

(2) 在真空中，光的速度与光的频率、光源的运动状态无关；

(3) 在任何惯性系中，光在真空中沿任何方向的传播速率都相同。

上述说法中正确的是(　　)。

A. 只有(1)、(2)是正确的　　B. 只有(1)、(3)是正确的

C. 只有(2)、(3)是正确的　　D. 三种说法都是正确的

12.3 有两只对准的钟，一只留在地面上，另一只带到以速率 v 作匀速直线飞行的飞船上，则下列说法正确的是(　　)。

A. 飞船上人看到自己的钟比地面上的钟慢

B. 地面上人看到自己的钟比飞船上的钟慢

C. 飞船上人觉得自己的钟比原来慢了

D. 地面上人看到自己的钟比飞船上的钟快

12.4 一宇宙飞船相对于地面以 $0.8c$ 的速度飞行，一光脉冲从船尾传到船头，飞船上的观察者测得飞船长为 90 m，地球上的观察者测得脉冲从船尾发出和到达船头两个事件的空间间隔为(　　)。

A. 90 m　　B. 54 m　　C. 270 m　　D. 150 m

12.5 一刚性直尺固定在惯性系 S' 中，它与 x' 轴的夹角 $\alpha=45°$，另有一惯性系 S，以速度 v 相对 S' 系沿 x' 轴作匀速直线运动，则在 S 系中测得该尺与 x 轴的夹角为(　　)。

A. $\alpha=45°$　　B. $\alpha<45°$

C. $\alpha>45°$　　D. 由相对运动速度方向确定

12.6 静止时边长为 a 的正立方体，当它以速率 v 沿与它的一个边平行的方向相对于惯性系 S 系运动时，在 S 系中测得它的体积将是多大？

12.7 在惯性系 S 中观察到有两个事件发生在某一地点，其时间间隔为 4.0 s。从另一惯性系 S' 观察到这两个事件发生的时间间隔为 6.0 s。问从 S' 系测量到这两个事件的空间间隔是多少？(设 S' 系以恒定速率相对 S 系沿 $x(x')$ 轴运动。)

12.8 一根直杆在惯性系 S 系中观察，其静止长度为 l，与 x 轴的夹角为 θ，S' 系相对 S 系沿着 x 轴的正方向以速度 v 运动，试求它在 S' 系中的长度和它与 x' 轴的夹角。

12.9 在惯性系 S 中观察到两个事件同时发生在 x 轴上，其间距离是 1 m，在另一惯性系 S' 中观察这两个事件之间的空间距离是 2 m，求在 S' 系中这两个事件的时间间隔。

12.10 在惯性系 S 中观察到在同一地点发生两个事件，第二事件发生在第一事件之后 2 s。在另一惯性系 S' 中观察到第二事件在第一事件后 3 s 发生。求在 S' 系中这两个事

件的空间距离。

12.11 π^+介子是一不稳定粒子，平均寿命是 2.6×10^{-8} s(在它自己的参考系中测量)。

(1) 如果此粒子相对于实验室以 $0.8c$ 的速度运动，那么实验室坐标系中测量的π^+介子的寿命是多长？(2)π^+介子在衰变前运动了多长距离？

12.12 地球上一观察者，看见一飞船 A 以速度 2.5×10^8 m/s 从他身边飞过，另一飞船 B 以速度 2.0×10^8 m/s 跟随 A 飞行。求：

(1) A 上的乘客看到 B 的相对速度；

(2) B 上的乘客看到 A 的相对速度。

12.13 一观察者测得运动着的米尺长为 0.5 m，问此尺以多大的速度接近观察者？

12.14 已知质子速度 $v=0.8c$，静质量为 $m_0=1.67\times10^{-27}$ kg，求：质子的总能量、动能和动量。

12.15 两个氘核(每个氘核质量为 2.013 22 u)组成质量数为 4、原子质量为 4.0015 u 的氦核，试计算氦核放出的结合能(已知 1 u$=1.660\times10^{-27}$ kg)。

12.16 在什么速度下粒子的动量等于非相对论动量的两倍？又在什么速度下粒子的动能等于非相对论动能的两倍？

12.17 一个质子的静质量是 $m_p=1.672\,65\times10^{-27}$ kg，一个中子的静质量是 $m_n=1.674\,95\times10^{-27}$ kg，一个质子和一个中子结合成氘核的静质量是 $m_D=3.343\,65\times10^{-27}$ kg。求结合过程中放出的能量是多少？这能量称为氘核的结合能，它是氘核静能量的百分之几？

第13章 量子物理基础

1900年普朗克在确定黑体辐射定律的过程中提出了能量量子化的假说，揭开了20世纪物理学革命的序幕，为全部物理学找到了一个新的概念基础。1905年爱因斯坦提出了光量子假说，进一步发展了普朗克能量量子化的思想。1913年玻尔创造性地把量子概念应用到卢瑟福的原子模型，建立了氢原子理论，说明了氢谱线的规律。

以玻尔理论为基础的量子理论尽管也取得了令人惊奇的成果，但也存在着严重的缺陷与不足，遇到了越来越多的困难。为建立一套严密的理论体系需要有新的物理思想。1923年，德布罗意提出"物质具有波粒二象性"的假设，创造性地做出"电子具有波动性"的预言，为量子论的发展开辟了一条崭新的途径，打通了薛定谔通往波动力学的道路。1926年，玻恩提出波函数的统计解释，找到了波与粒子统一的线索，把波与粒子统一到概率波概念的基础上，为量子力学提供了全新的概念基础。1927年，海森伯提出了不确定关系，加深了人们对量子本质的认识，极大地推进了人类认识微观客体本质属性的历史进程。

本章介绍量子理论，主要内容有：黑体辐射、普朗克能量子假设；爱因斯坦光量子假设、爱因斯坦的光电效应方程；光子和自由电子相互作用的康普顿效应；氢原子的玻尔理论；德布罗意假设、波粒二象性；不确定关系；量子力学的波函数、薛定谔方程、一维无限深势阱、势垒；隧道效应等。

13.1 黑体辐射和能量子假设

13.1.1 热辐射的实验定律

热辐射是具有温度的物体所产生的辐射，温度不同的物体发出的热辐射谱是不同的。炉子里的煤火发出红光，除红光外还有大量看不见的红外光，而被鼓风机吹旺的焦炭却发出耀眼的白光，白光中除红光、红外光外还有大量波长较短的黄光、绿光和紫光等。也就是说，温度越高的物体，热辐射谱中所包含的短波成分就越多，辐射的总能量也越大。在一定时间内，辐射能的多寡，以及辐射能按波长的分布都与温度有关。

为了定量地表示辐射能在不同温度下按波长的分布，我们引入单色辐射出射度这一物理量来描述，用$M_\lambda(T)$表示。$M_\lambda(T)$是指从温度为T的物体的单位面积上、单位时间内，在波长为λ附近的单位波长范围内所辐射的电磁波能量，简称单色辐出度，其单位是$\mathrm{W/m^2}$。

在单位时间内，从温度为T的物体的单位面积上所辐射出各种波长的电磁波的能量总和称为辐射出射度，简称辐出度，它只是物体的热力学温度T的函数，用$M(T)$表示。其值显然可由$M_\lambda(T)$对所有波长的积分求得，即

$$M(T)=\int_0^{\infty}M_{\lambda}(T)\mathrm{d}\lambda \tag{13.1}$$

任一物体在向周围辐射能量的同时，也吸收周围物体发射的辐射能。为了描写物体的吸收能力，引入“吸收率”的概念。当辐射能入射到某一不透明的物体表面时，一部分能量被吸收，另一部分能量从表面反射，吸收的能量与入射总能量的比值称为该物体的吸收率。物体的吸收率也与物体的温度和入射辐射能的波长有关，所以我们用 $a_{\lambda}(T)$表示一物体在温度 T 时，对于波长在 $\lambda\sim\lambda+\mathrm{d}\lambda$ 范围内辐射能的单色吸收率。

在实验发现的基础上，理论研究也活跃起来了，总结实验发现的经验公式也相继地被提出。1859 年，基尔霍夫(G. Kirchhoff)根据辐射物体和辐射场的热平衡性质(是指当放在一个封闭容器内的几个物体处于热平衡时，各物体在单位时间内放出的热量等于吸收的热量)，得出如下结论：平衡热辐射中任一物体的单色辐出度 $M_{\lambda}(T)$和单色吸收率 $a_{\lambda}(T)$的比值，都与物体的具体性质无关，即

$$\frac{M_{\lambda}(T)}{a_{\lambda}(T)}=\phi(\lambda,T) \tag{13.2}$$

其中 $\phi(\lambda,T)$是一个只与温度、波长有关的普适函数，与物体的具体性质无关。上式称为基尔霍夫辐射定律。

当物体的单色吸收率 $a_{\lambda}(T)=1$ 时，$\phi(\lambda,T)$就是该物体的单色辐出度 $M_{\lambda}(T)$。基尔霍夫把 $a_{\lambda}(T)=1$ 的理想物体定义为“绝对黑体”。绝对黑体的单色辐出度用 $M_{0\lambda}(T)$表示，从而有 $M_{0\lambda}(T)=\phi(\lambda,T)$，因此对 $M_{0\lambda}(T)$的研究就成为寻找 $\phi(\lambda,T)$的关键。

1864 年，英国物理学家丁铎尔用加热空腔充作黑体测定了单位表面积、单位时间内黑体辐射的辐出度与黑体温度的关系。1879 年德国物理学家斯特藩从丁铎尔和法国物理学家所作的测量中导出，黑体单位表面积在单位时间内发出的辐出度与它的绝对温度 T 的四次方成正比，即

$$M(T)=\sigma T^4 \tag{13.3}$$

式中 $\sigma=5.67\times10^{-8}\,\mathrm{W/(m^2\cdot K^4)}$，称为斯特藩常数。上式称为斯特藩-玻尔兹曼定律。但该式只反映了辐出度(总的辐射能)与温度的关系，未能反映辐出度随波长的分布。

1881 年，美国物理学家兰利(Langley)发明了测辐射仪，用极细的铂丝作为惠斯通电桥的两臂，用灵敏电流计检测，可以测量出 1×10^{-3}℃的温度变化，这样大大提高了测量热辐射能量的精度。即便他没有得到精确的分布定律，却已发现分布曲线的不对称性，而且最大能量随温度升高而向短波方向移动，如图 13.1 所示。

1893 年，德国物理学家维恩(Wien)由电磁理论和热力学理论得到了维恩位移定律

$$\lambda_{\mathrm{m}}T=b \tag{13.4}$$

式中 $b=2.898\times10^{-3}\,\mathrm{m\cdot K}$。此式表明黑体辐射的单色辐出度的极大值所对应的波长与黑体的热力学温度成反比。

13.1.2 黑体辐射的经典公式

19 世纪末叶，人们对热辐射的研究，尤其是对黑体辐射能量按波长分布的函数的研究产生了浓厚的兴趣。由于对星体表面的测量和工业上高温测量的需要，有必要对辐射能量

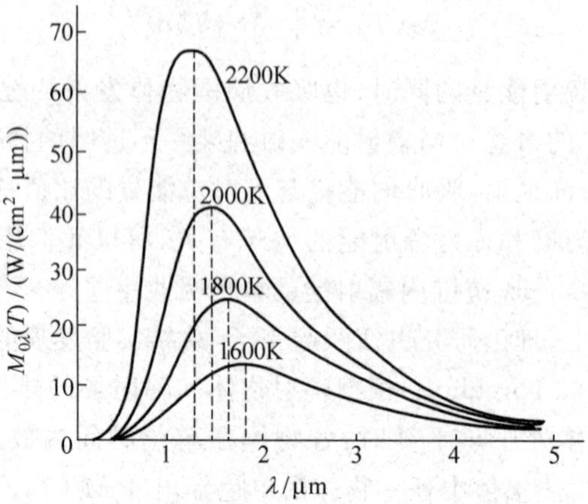

图 13.1 黑体的单色辐出度按波长的分布曲线

按波长分布的函数曲线与温度的关系进行更深入的研究。比如炼钢的好坏与炉内的温度有很大的关系，而温度则可以从颜色中得到反映，即我们需要知道炉内热辐射的强度分布，也就是单色辐出度，依此来把握炼钢的时机。在承认光是电磁波以后，人们开始系统地探索这些波的全部频谱，发现了全新的辐射形式。

1895 年，德国物理学家陆末(Lummer)和维恩指出，不透射任何辐射的开有一个小孔的空腔可以认为是绝对黑体，如图 13.2 所示。这是因为射入小孔的电磁辐射，要被腔壁多次反射，每反射一次，壁就要吸收一部分电磁辐射能，以致射入小孔的电磁辐射很少有可能从小孔逃逸出来。另一方面，如果将此空腔内壁加热，小孔的热辐射性能等同于黑体。

1896 年，维恩假设黑体辐射能谱分布与麦克斯韦分子速率分布相似，并分析了实验数据后得出一个经验公式，称为维恩公式，即

$$M_{0\lambda}(T) = \frac{c_1}{\lambda^5}\exp\left(-\frac{c_2}{\lambda T}\right) \tag{13.5}$$

式中 c_1 和 c_2 是两个常数。

然而，维恩的假设是缺乏根据的。以后的实验结果表明，这个公式在波长较短、温度较低时，与实验结果符合较好，但在长波区域与实验结果相差悬殊，如图 13.3 所示。

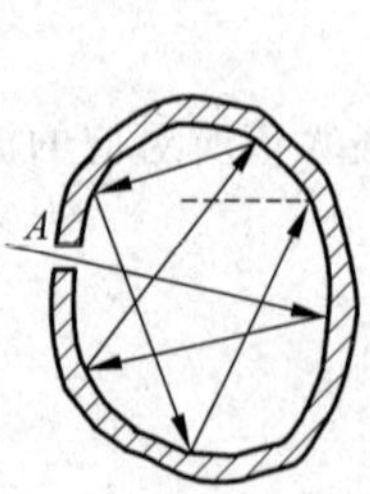

图 13.2 绝对黑体的模型

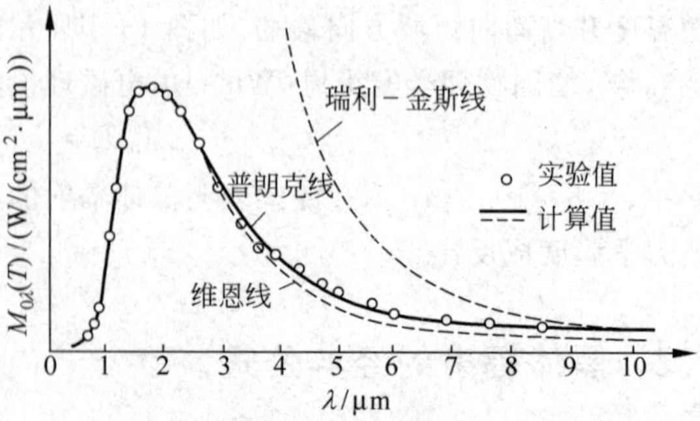

图 13.3 黑体辐射的理论和实验结果曲线

1900年，英国物理学家瑞利(Rayleigh)发表了黑体辐射理论的研究成果。他由经典电磁学理论结合统计物理学中的能量均分定理得出如下黑体辐射的能谱分布公式

$$M_{0\lambda}(T)=\frac{2\pi c}{\lambda^4}kT \tag{13.6}$$

式中，c为真空中的光速；k为玻尔兹曼常数，kT是按照经典能量均分定理得到的空腔中振动自由度上的平均能量。瑞利的推导中错了一个因数，后来年轻的英国天文学家金斯(Jeans)投书《自然》杂志做出纠正，故上式称为瑞利-金斯公式。

这个公式虽然在长波(低频)部分与实验符合，但由于黑体辐射的单色辐出度与波长的四次方成反比，所以随着波长变短而单调增加，在低波段出现趋于无限大，即在紫端发散，后来这个失败被埃伦菲斯特(Ehrenfest)称为"紫外灾难"，这个灾难正是经典物理学的灾难。所以开尔文于19世纪初在英国皇家学会所作的题为《在热和光的动力理论的上空的19世纪乌云》的讲演中，把迈克耳孙所做的以太漂移实验的零结果比作经典物理学晴空中的第一朵乌云，把与"紫外灾难"相联系的能量均分定理比作第二朵乌云。他满怀信心地预言："对于在19世纪最后四分之一时期内遮蔽了热和光的动力理论上空的这两朵乌云，人们在20世纪就可以使其消散。"历史发展表明，这两朵乌云终于由量子论和相对论的诞生而拨开了。

13.1.3 普朗克的黑体辐射公式

从1895年起，德国物理学家普朗克开始进行了长达5年之久的关于空腔共振子体系"不可逆辐射过程"的研究。他研究了封闭在一个具有理想反射壁的空腔里的电磁辐射。他假定空腔是由最简单的"共振子"即线性赫兹振子集聚而成，每个振子可以吸收周围辐射中相同频率的能量而受到激发，同时又因辐射而减弱能量，通过共振子与辐射场的相互作用而建立起平衡态。普朗克假定振子线度极小，即使在一个不大的空腔中，也可以忽略其具体结构而把它视为点偶极子辐射中心。

然后，普朗克依据熵对能量二阶导数的四个极值(分别由维恩公式和瑞利-金斯公式确定)内推，并用经典的玻尔兹曼统计取代了能量均分定理，得出了一个能够在全波段范围内很好反映实验结果的公式，称为普朗克公式，即

$$M_{0\lambda}(T)=\frac{2\pi hc^2}{\lambda^5}\frac{1}{e^{\frac{hc}{\lambda kT}}-1} \tag{13.7}$$

式中$h=6.626\cdots\times10^{-34}\ \mathrm{J\cdot s}$是一个自然常数，称为普朗克常数。

在长波段，由于λ较大，$\exp\left(\frac{hc}{\lambda kT}\right)$经级数展开，近似可得

$$\exp\left(\frac{hc}{\lambda kT}\right)\approx 1+\frac{hc}{\lambda kT}$$

于是式(13.7)可以转化为瑞利-金斯公式，即

$$M_{0\lambda}(T)=\frac{2\pi hc^2}{\lambda^5}\frac{1}{\frac{hc}{\lambda kT}}=\frac{2\pi c}{\lambda^4}kT$$

在短波段，由于λ很小，故$\exp\left(\frac{hc}{\lambda kT}\right)$很大，可以忽略式(13.7)中的1，于是式(13.7)又

可以转化为维恩公式，即

$$M_{0\lambda}(T)=\frac{2\pi hc^2}{\lambda^5}\exp\left(-\frac{hc}{\lambda kT}\right)$$

例 13-1 计算下列情况下辐射体的辐射能谱峰值对应的波长 λ_m：(1)人体皮肤的温度为 35℃；(2)点亮的白炽灯中，钨丝的温度为 2000 K。(计算时假设以上物体均为黑体。)

解 根据维恩位移定律 $\lambda_m T=b$，其中 $b=2.898\times10^{-3}$ m·K，可以求出以下波长。

(1) $\lambda_m=\frac{b}{T}=\frac{2.898\times10^{-3}}{308}=9.4\times10^{-6}(\text{m})=9.4(\mu\text{m})$

这一辐射位于红外波段，所以人的眼睛是觉察不到的，但是有些动物(如蛇类)能够探测得到这种波长的辐射。

(2) $\lambda_m=\frac{b}{T}=\frac{2.898\times10^{-3}}{2000}=1.449\times10^{-6}(\text{m})=1.449(\mu\text{m})$

这个波长同样位于红外波段，这表明白炽灯辐射出的可见光能量相对较少，而大部分辐射能我们是看不到的，因此从节能的角度看，用白炽灯不是很经济。

例 13-2 若把太阳表面看成黑体，测得太阳辐射的 λ_m 约为 500 nm，估算它的表面温度和辐射的辐出度。

解 根据维恩位移定律 $\lambda_m T=b$，可求出太阳表面的温度

$$T=\frac{b}{\lambda_m}=\frac{2.898\times10^{-3}}{500\times10^{-9}}=5800(\text{K})$$

另由斯特藩-玻尔兹曼定律，可计算出太阳表面辐射的辐出度

$$M(T)=\sigma T^4=5.67\times10^{-8}\times5800^4=6.4\times10^7(\text{W/m}^2)$$

13.2 光的粒子性

在第 11 章中讨论了光在传播过程中的许多性质，如反射、折射、干涉、衍射和偏振等，这些性质充分显示了光的波动性。本节阐述光的另一性质，即粒子性。

13.2.1 普朗克量子假说

普朗克公式虽令人满意，但在当时却留下了一丝遗憾。因为在涉及黑体表面谐振子的性质时，普朗克引入了一个大胆而有争议的假设——能量量子化假设：对于频率为 ν 的谐振子，其辐射能量是不连续的，只能取某一最小能量 $h\nu$ 的整数倍，即

$$E_n=nh\nu \tag{13.8}$$

式中 n 称为量子数，$n=1$ 时，能量 $E=h\nu$ 称为能量子。普朗克把 h 称为作用量子，它是最基本的自然常数之一，体现微观世界的基本特征。由于 h 值非常小，因此能量的不连续性在宏观尺度上很难被察觉。

对于经典物理理论来说，能量子假说，即能量量子化的概念是不相容的，所以当时物理学界对它并不认同，就连普朗克本人对自己的理论也不满意，他试图将常量 h 纳入经典理论的框架之中。他为之奋斗了 10 年，却始终未能如愿。直到 1905 年爱因斯坦借助能量子假

设提出了光量子理论，成功地解释了光电效应之后，量子思想才逐渐为人们所接受。在物理学中能量子假设的提出具有划时代的意义，它标志了量子力学的诞生。普朗克为此获得1918年诺贝尔物理学奖。

例 13-3 设弹簧振子的质量为 $m=10\text{ g}$，劲度系数为 $k=20\text{ N/m}$，振幅为 $A=1.0\text{ cm}$，问：(1)若弹簧振子的能量是量子化的，那么量子数 n 有多大？(2)若 n 改变为1，则能量的相对变化有多大？

解 (1) 因为 $\omega=\sqrt{\dfrac{k}{m}}$，所以有

$$\nu=\frac{\omega}{2\pi}=\frac{1}{2\pi}\sqrt{\frac{k}{m}}=\frac{1}{2\pi}\sqrt{\frac{20}{10\times10^{-3}}}=7.1(\text{Hz})$$

振子的机械能为

$$E=\frac{1}{2}kA^2=\frac{1}{2}\times20\times(1.0\times10^{-2})^2=10^{-3}(\text{J})$$

根据式(13.8)，可得量子数为

$$n=\frac{E}{h\nu}=\frac{10^{-3}}{6.6\times10^{-34}\times7.1}=2.1\times10^{29}$$

(2) 能量的相对变化为

$$\frac{\Delta E}{E}=\frac{h\nu}{nh\nu}=\frac{1}{n}\approx4.8\times10^{-30}$$

由上述计算可见，量子数 n 很大，能量的量子本性不明显。

13.2.2 光电效应

在麦克斯韦预言了电磁波的存在以后，为了证实电磁波的存在，赫兹研究了电火花实验。1887年他在实验中偶然发现，当用紫外光照射到火花隙的负电极上时，将有助于放电。后来其他物理学家继续对此进行了研究。他们用紫外光以及波长更短的X光照射一些金属，都观察到金属表面有电子逸出的现象。后来人们把光照射在金属表面时金属表面逸出电子的现象称为光电效应，所逸出的电子称为光电子，这一名称仅表示它是由于光的照射而从金属表面飞出的，它与普通电子并无区别。

1. 光电效应的实验规律

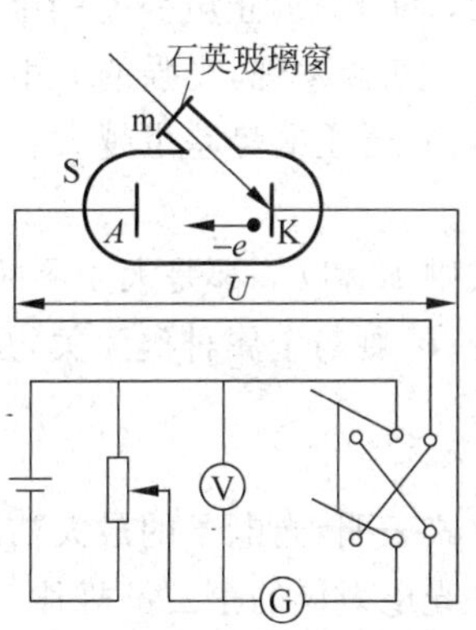

图 13.4 光电效应实验装置

研究光电效应的实验装置如图13.4所示。图中S是一个玻璃真空容器，A、K为两个金属极板，它们分别接到外电路的正、负极上。因此，A称为阳极，K称为阴极。在S上装有一个石英玻璃的小窗m(石英对紫外光吸收很小，而通常的玻璃则会吸收大量的紫外线)，紫外线能通过m照射在阴极K上。外电路中连有可变电阻、伏特计和电流计，以便测出在两极板上加有不同电压时电路中流过的电流。换向开关的作用是为了使加在极板上的电压可以反向。当紫外光照射在阴极板K上时，将有光电子从金属板中逸出。如果接通电路，则A、K

之间将产生电场，光电子在电场力的作用下，从阴极 K 飞向阳极 A，使电路中有电流流过，这种电流称为光电流。通过实验结果分析，可以得出以下几点结论。

(1) 光电流与入射光强度的关系

以一定强度的单色光照射阴极 K，当两极板间的加速电压 $U=U_A-U_K$ 增加时，光电流 I 也增加。当 U 加大到某一值以后，光电流 I 将不再随 U 增加而增加，即光电流 I 达到饱和，改变入射光强，饱和电流也随之改变，如图 13.5 所示。

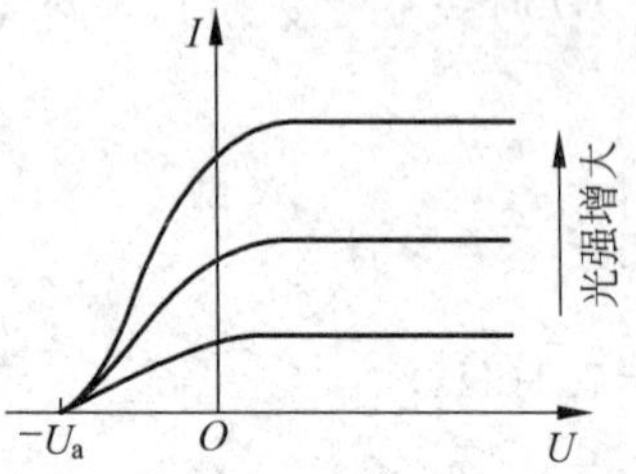

图 13.5 光电流与加速电压的关系

由于光电流 I 的实质就是从阴极 K 流向阳极 A 的电子流，光电流 I 大表示单位时间内从 K 到 A 的光电子数多，光电流达到饱和则表示从 K 飞出的光电子全部流入阳极 A。所以饱和电流 I_S 的意义在于它测定了每秒内从 K 极发射出来的电子数目。设 N 为单位时间内从 K 极释放出来的电子数，e 为电子电量的绝对值，则显然应有

$$I_S = Ne$$

实验结果显示，饱和电流 I_S 与入射光强度成正比，所以单位时间内受光照射的电极上释放出来的电子数 N 与入射光强度成正比，这是光电效应的第一条规律。

(2) 光电子的初动能与入射光频率间的关系

如果降低两极板间的加速电压 $U=U_A-U_K$，则光电流 I 也减小，然而当 $U=0$ 时，I 一般并不等于零，如图 13.5 所示。假若我们通过换向开关给两极板加上反向电压，即 U 变为负值，此时就会发现随着反向电压值的增加，光电流迅速减小。当反向电压达到某一数值时，光电流刚好变为零，这一反向电压值称为遏止电势差，用 U_a 表示。

从阴极逸出的光电子具有一定的初速度(或者说具有一定的初动能)。当反向电压值小于 U_a 时，仍有电子从 K 飞到 A，说明这些电子具有的初动能足以克服电场力做功。当反向电压值为 U_a 时，光电流为零，说明具有最大初动能的光电子也刚好不能到达 A，即电子的最大初动能为

$$\frac{1}{2}m_e v^2 = e\,|U_a| \tag{13.9}$$

其中 m_e 为电子的质量。上式右边代表光电子在由 K 到 A 的过程中，克服静电场力所做的功；$|U_a|$ 为遏止电势差的绝对值。

实验发现，光强的大小对遏止电势差 U_a 没有影响；但光的频率 ν 与 U_a 有关，光的频率越高，遏止电势差也越大。ν 和 U_a 的关系可用如下线性公式表示

$$|U_a| = K\nu - U_0 \tag{13.10}$$

式中 K 和 U_0 都是大于零的数。对于不同的金属，U_0 值不同；对于同一种金属，U_0 恒定不变；K 则与金属种类无关，是一普适常数。将式(13.9)代入式(13.10)得

$$\frac{1}{2}m_e v^2 = eK\nu - eU_0 \tag{13.11}$$

上式表明，光电子的最大初动能随入射光的频率 ν 线性地增加，而与入射光的强度无关。这是光电效应的第二条规律。

因为光电子的动能必须为正值，即 $\frac{1}{2}m_e v^2 \geqslant 0$，所以若要使受光照射的金属逸出电子，就

必须保证 $eK\nu - eU_0 \geqslant 0$，即

$$\nu \geqslant \frac{U_0}{K}$$

其等号 $\nu_0 = \dfrac{U_0}{K}$ 称为光电效应的截止频率或红限频率。实验指出，不同的金属具有不同的截止频率，如表 13.1 所示。因此，光电效应的第三条规律是：当光照射某一金属时，无论光的强度如何，如果入射光的频率小于此金属的截止频率 ν_0，就不会产生光电效应。

表 13.1 几种金属的截止频率和逸出功

金属	铯(Cs)	铷(Rb)	钾(K)	钠(Na)	钙(Ca)	钨(W)	金(Au)
截止频率 $\nu_0/10^{14}$ Hz	4.68	5.14	5.43	5.53	7.73	10.96	11.59
逸出功 W/eV	1.94	2.13	2.25	2.29	3.20	4.54	4.80
波段	红	黄	绿	绿	近紫外	远紫外	远紫外

(3) 光电效应与时间的关系

实验表明，只要光的频率超过截止频率 ν_0，从光开始照射直到金属释放出光电子，其中的时间间隔小于 10^{-9} s，所以几乎是瞬时的，与光的强度无关。

2. 光电效应与光的波动理论的矛盾

在金属内部有许多自由电子，这些自由电子虽然在不停地作无规则热运动，但由于受晶格点阵中正电荷的吸引，不能逸出金属表面。也就是说，金属内部自由电子的平均能量比飞出金属表面电子的能量要低。如果金属内部的自由电子能够获得足够多的能量，就能逸出表面。金属内部一个自由电子逸出金属表面所需的最小能量称为这种金属的逸出功(或称脱出功)。

从光是电磁波的观点来看，光电子的逸出是由于照射至金属表面的光波强迫金属中的电子振动，使光波的能量转化为电子的能量，于是电子就能摆脱金属对它的束缚，逸出金属表面。按照光的波动理论，光的能流密度正比于振幅的平方，因此，不管是什么频率的光，只要光强度足够大，都能提供电子逸出金属所需的能量。显然，这种理论的解释与实验上存在截止频率的事实是相矛盾的。

同时，按照光的波动说，光强越大，光波的振幅也越大，光波供给电子的能量也越大，因此，电子飞出金属表面后的初动能越大，也就是说，光电子的初动能应随光强而增加。这又与上述实验结果不相符。由此看来，波动说是不能解释光电效应现象的。

在光电效应与照射时间的关系问题上，波动说也陷入了极大的困境。按照波动说，要使金属中的电子获得足够多的能量，总需要一定的时间。入射光越弱，需要的时间越长。但是实验结果告诉我们，不管光怎样弱，只要频率超过截止频率，光电子几乎立刻就发射出来。

13.2.3 爱因斯坦光量子理论

为了解释光电效应，1905 年爱因斯坦吸收了普朗克提出的能量子概念，并且加以推广，进一步提出了关于光本性的光子假说。普朗克只指出光在发射和吸收时具有粒子性，即一

个物体发射能量子，而另一个物体吸收它们。那么在两个物体之间的空间中又是怎样的呢？爱因斯坦对此作了一个非凡的假说，他认为光在空间传播时，也具有粒子性，即一束光是一粒一粒以光速 c 运动的粒子流，这些光粒子称为光量子，简称光子。每个光子的能量是 $h\nu$，其中 h 是普朗克常数，ν 是光的频率。即对于不同频率的光，其光子的能量不同。

按照光子假设，当光子射向金属表面时，金属中的自由电子全部吸收了一个光子的能量 $h\nu$；电子把这部分的能量作了两种用途，一部分用来克服金属对它的束缚，即消耗在逸出功 W 上；另一部分转化为电子离开金属表面后的初动能 $\frac{1}{2}m_e v^2$。根据能量守恒定律，应有

$$h\nu = \frac{1}{2}m_e v^2 + W \tag{13.12}$$

上式称为爱因斯坦光电效应方程。

利用爱因斯坦方程可以圆满地解释光电效应的实验规律，而这些规律是波动理论所不能解释的。

(1) 对饱和电流 I_S 与入射光强度 I_A 成正比的解释

根据光子假说，入射光的强度 I_A（即光的能流密度，也就是单位时间内通过单位垂直面积的光能）决定于单位时间内通过单位垂直面积的光子数 N，即频率为 ν 的单色光的强度为

$$I_A = Nh\nu$$

当入射光的强度 I_A 增加时，在单位时间内到达金属表面单位面积的光子数增多，光子与金属中自由电子碰撞的次数也增多，因而单位时间内逸出的光电子数也增多。所以饱和电流 I_S 正比于入射光强度 I_A。

(2) 对逸出光电子初动能与入射光频率 ν 成性线关系的解释

因为对于一定的金属，逸出功 W 是一定的，所以根据爱因斯坦方程，光电子的初动能 $\frac{1}{2}m_e v^2$ 与入射光的频率 ν 之间为线性关系，即 $\frac{1}{2}m_e v^2 = h\nu - W$，与光强无关。光电子的初动能越大，要阻止电子飞到阳极所需施加的遏止电压 U_a 也越大。

(3) 对存在截止频率的解释

由 $\frac{1}{2}m_e v^2 = h\nu - W$ 可知，如果入射的频率过低，以至于 $h\nu < W$，就不会有光电子逸出，即使光强再大，光子数目很多，也不会有光电流产生。只有当 $\nu \geqslant \frac{W}{h}$ 时，才会产生光电效应。所以截止频率为

$$\nu_0 = \frac{W}{h} \tag{13.13}$$

将爱因斯坦方程式(13.12)和实验公式(13.11)比较后可得

$$h = eK, \quad W = eU_0$$

(4) 对光电效应的瞬时性问题的解释

当一个光子与金属中的一个自由电子相碰撞时，电子能一次全部吸收掉光子的能量，这个过程几乎是立即发生的，而无须能量的积累时间。

爱因斯坦方程对光电效应的成功解释，说明了它的正确性。由于此方程是在光子假说和能量转化与守恒定律的基础上建立起来的，所以爱因斯坦方程的成功既说明爱因斯坦的

光量子理论是正确的，并由假说上升为理论，同时也说明能量转化与守恒定律不仅适用于宏观过程，也适用于微观粒子相互作用的基元过程。

13.2.4 光的波粒二象性

光在媒介中传播时，会产生干涉、衍射和偏振等现象，这说明光具有波动性，而光电效应又说明光具有粒子性。因此，关于光的本质的正确理论是：光具有波、粒二象性，它在某些情况下显得像波，而在另一些情况下又显得像粒子，即光子。

在宏观上，波动性和粒子性看来是矛盾的，但在微观领域中，我们必须承认二者是共存的。矛盾的双方是不平衡的，若一方占主导地位，另一方则占次要地位，而事物的性质就由占主导地位的一方所决定。例如，在光的传播过程中，光的波动性占矛盾的主要地位，因而产生干涉、衍射等现象；而在光的辐射、吸收，或光与物质相互作用的过程中，光的粒子性成为矛盾的主要方面，因而产生光电效应、热辐射等现象。

我们用频率 ν、波长 λ 和周期 T 这样一些物理量来描述波动性；而对于光的粒子性的描述，和对于实物粒子的描述一样，也用能量、质量和动量这样一些物理量。因为光子是以光速 c 运动的粒子，要讨论光子的能量、质量和动量，必须应用相对论的理论。

在上述讨论过程中，我们已经知道光子的能量为

$$E = h\nu$$

根据相对论的质能关系式，每个光子的质量 m_φ 与能量的关系为 $E=m_\varphi c^2$，于是有

$$m_\varphi = \frac{E}{c^2} = \frac{h\nu}{c^2} \qquad (13.14)$$

根据相对论，物体的动量表达式仍为 $p=mv$，所以光子的动量为

$$p_\varphi = m_\varphi c = \frac{h\nu}{c} = \frac{h}{\lambda} \qquad (13.15)$$

因为光子的速度为 c，若光子的静止质量不为零，则由式(12.18)可知，光子的运动质量将为无穷大，这显然是不合理的，所以，光子的静止质量为零。按照相对论，相对于光子静止的参考系是不存在的，因此光子的静止质量为零是合理的。

人类对光的本性的认识，从牛顿时代的微粒说，经过惠更斯的机械波学说、麦克斯韦的电磁波学说，进入爱因斯坦的波粒二象性学说。在认识过程中的每一阶段都比前一阶段更深刻，更符合客观世界的本来面目。光子和牛顿的光微粒在物理本质上是不同的，牛顿的光微粒的能量是连续的，其运动遵循牛顿力学的规律；而光子的能量是不连续的，仅由频率决定，它不遵循牛顿力学的规律。

13.2.5 光电效应的应用

光电效应在农业、工业、科学技术和国防中应用十分广泛。光电管就是应用光电效应制成的光电器件。如图 13.6 所示，将玻璃泡抽成真空，在内表面涂上光电材料作为阴极，阳极一般作成圆环形。把光电管接入电路，在阴

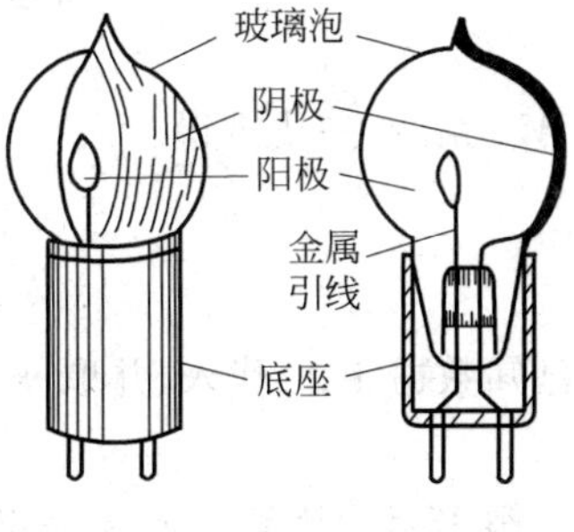

图 13.6 光电管

极和阳极间保持一定的电势差。当光照射到阴极上，电路中就会有电流流过。如果增加两极间的电势差，使光电流达到饱和，则饱和电流与光强成正比。阴极可用多种材料（如铯、钾、银等）制成，以适用于不同波长范围的光。光电管在自动控制技术上有广泛应用，如利用光电管制成的光控继电器，可用于自动计数、自动报警、自动跟踪等，具体可参阅其他相关资料。

在光照很弱时，光电管产生的光电流太小，不易探测。常用光电倍增管来实现极弱光强下的光电转换。如图13.7所示，在光电管中原阴阳极之间，装上许多次阴极（通常用锑-铯合金或银-镁合金制成，分别称为第一阴极、第二阴极、……，数目可多达十几个。在各电极间保持一定的电势差。当光照射到阴极上就会产生光电子，这些光电子在电场加速下，以高速轰击第一阴极。入射电子与金属中自由电子碰撞的结果，使这些电子获得能量，从而逸出金属表面，这种过程称为次级发射。由于入射电子的能量很高，每一个入射电子都可以激发好几个次级电子，使次级电子的总数比入射电子多了很多。而次级电子经电场加速后，又轰击到第二阴极上，产生更多的次级电子。如此继续下去，经过一级级的放大，最终可使光电流增加几百万倍。

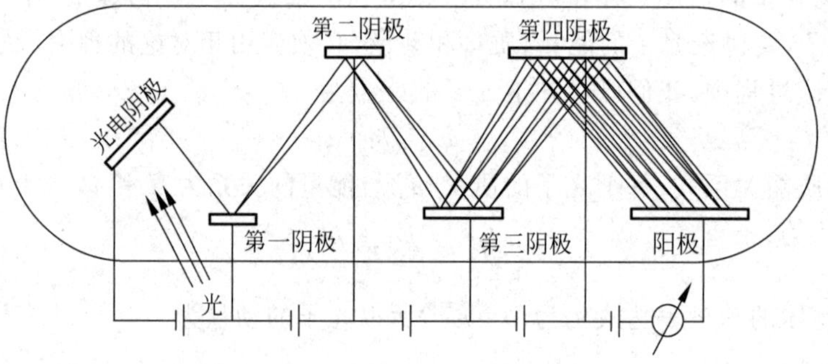

图13.7 光电培增管

例13-4 已知红限波长 $\lambda_0=6520$ Å 的铯感光层被波长为 $\lambda=4000$ Å 的单色光照射，求铯释放出来的光电子的最大初速度。

解 根据爱因斯坦方程，光电子的最大初动能为

$$\frac{1}{2}m_e v^2 = h\nu - W$$

即光电子的最大初速度为

$$v=\sqrt{\frac{2}{m_e}(h\nu-W)}=\sqrt{\frac{2}{m_e}\left(\frac{hc}{\lambda}-W\right)}$$

将 $W=h\nu_0=\frac{hc}{\lambda_0}$ 代入得

$$v=\sqrt{\frac{2hc}{m_e}\left(\frac{1}{\lambda}-\frac{1}{\lambda_0}\right)}$$

将已知数据 λ、λ_0 代入，并取 $m_e=9.11\times10^{-31}$ kg，$c=3\times10^8$ m/s，$h=6.63\times10^{-34}$ J·s，得

$$v = 6.50\times10^5 \text{ m/s}$$

例13-5 计算红光（$\lambda_1=6000$ Å）和硬伦琴射线（$\lambda_2=1.00$ Å）的一个光子的能量、质量和动量。

解 根据光子的粒子性，对于红光有

$$E_1 = h\nu_1 = \frac{hc}{\lambda_1} = 3.31 \times 10^{-19}(\text{J})$$

$$m_{\varphi_1} = \frac{h\nu_1}{c^2} = \frac{h}{c\lambda_1} = 3.68 \times 10^{-36}(\text{kg})$$

$$p_1 = \frac{h}{\lambda_1} = 1.10 \times 10^{-27}(\text{kg} \cdot \text{m/s})$$

对于硬伦琴射线有

$$E_2 = h\nu_2 = \frac{hc}{\lambda_2} = 1.99 \times 10^{-15}(\text{J})$$

$$m_{\varphi_2} = \frac{h\nu_2}{c^2} = \frac{h}{c\lambda_2} = 2.21 \times 10^{-32}(\text{kg})$$

$$p_2 = \frac{h}{\lambda_2} = 6.63 \times 10^{-24}(\text{kg} \cdot \text{m/s})$$

13.3 康普顿效应

13.3.1 光的散射

我们知道，光线在均匀各向同性媒质中是沿直线传播的。因此，只有在光线的传播方向上，迎着光线观察，才能看到光。如果空气中有尘埃、烟雾等杂质，它就不是光学上均匀的媒质，于是在光束行进方向的侧面也能看到光。所以我们可以从侧面看到阳光通过窗口照进室内。当光束通过光学不均匀的媒质时，从侧向可以看到光的现象称为光的散射。

瑞利曾对光的散射进行过研究，他发现在各个方向上散射光强的分布规律与光的波长有关。在不同方向上，光的偏振状态也不同。若使白光通过乳状液(如在清水中加少许牛奶)，其中杂质微粒的线度小于可见光的波长，则沿入射方向观察，光的颜色发红，而在垂直于光的入射方向，光的颜色呈青蓝。同样，太阳光本是白光，然而当太阳光通过大气层时会受到大气分子的散射，其中波长较短的蓝色光散射强，所以天空呈蔚蓝色；而波长较长的红光散射弱，大部分透射到地面，因而我们看到一轮红日。红外线的穿透力比红色可见光更强，所以红外线适用于远距离照相或遥感技术。但散射光中包含的波长，都是原来入射光中所具有的波长，并没有新的波长成分出现。

散射与反射、折射的区别在于：在反射面或折射面的两边都是均匀各向同性的介质，反射面或折射面是光滑平面(至少以光波波长来衡量是如此)，因此，次波发射中心是规则排列的，它们发射的光在空间相干叠加，而散射则是光通过不规则分布的微粒，这些微粒在光作用下的振动彼此之间没有固定的相位关系，它们作为次级子波中心向外发出的辐射就不会产生相干叠加，在各个方向上都不会相消，从而形成了散射光。散射和衍射发生的原因也不同。衍射的成因是光遇到孔、缝、屏等障碍物，并且这些障碍物的线度可以与光波波长相比拟。而散射光是由大量排列不规则的非均匀小“区域”的集合所形成的，这些“区域”的线度小于光波波长。对每一个这种小“区域”，虽也有衍射发生，但由于不规则的排列而发生不相干的叠加，所以就整体而言，观察不到衍射现象。

13.3.2 康普顿效应

在 1922—1923 年间，康普顿研究了 X 射线经过碳、石腊、金属、石墨等物质散射后的波长成分。图 13.8 是康普顿实验装置示意图，图中波长为 λ_0 的入射 X 射线照射石墨，在散射角 θ 方向上的散射 X 射线中有原波长 λ_0 的射线，也有波长 $\lambda>\lambda_0$ 的射线，即除了波长不变的散射外，还有波长移向长波的散射。这种波长改变的散射称为康普顿效应(散射)。

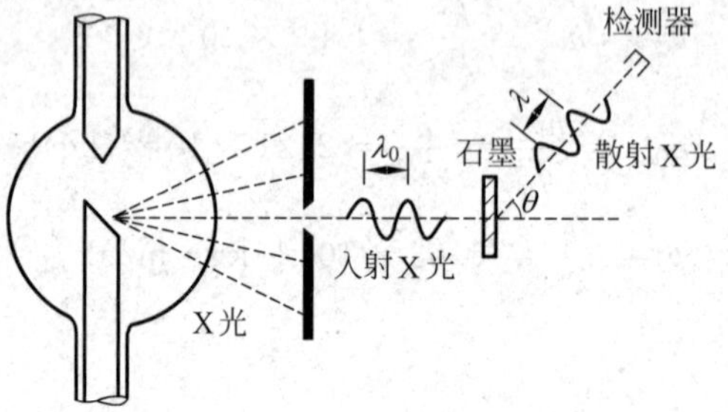

图 13.8 康普顿散射实验装置示意图

康普顿散射有以下规律：

(1) 波长的改变 $\Delta\lambda=\lambda-\lambda_0$ 与原入射波长 λ_0 和散射物质无关，而与散射方向有关，当散射角 θ 增加时，$\Delta\lambda$ 也随之增加。

(2) 原子量小的物质，康普顿散射较强；原子量大的物质，康普顿散射较弱。

图 13.9 表示散射波波长 λ 随散射角的变化关系。散射物质是石墨，图(a)表示入射光的光谱，图(b)、(c)、(d)分别表示散射角为 45°、90°、135°的散射光光谱。通过分析，可以得到定量的康普顿效应公式

$$\Delta\lambda=\lambda-\lambda_0=\lambda_C(1-\cos\theta) \qquad (13.16)$$

式中，$\lambda_C=\dfrac{h}{m_e c}=2.43\times10^{-3}$ nm，称为康普顿波长。

其中 m_e 为电子的质量，h 为普朗克常数，c 为真空中的光速。

读者肯定会有疑问，康普顿效应是如何产生的呢？若按照光的波动理论来理解，当电磁波入射媒质时，媒质原子的电偶极子作受迫振动，受迫振动的频率等于入射光的频率，所发出的光的频率也就是原来入射光的频率，所以波动说只能解释波长不变的瑞利散射，而不能解释康普顿效应。

若以爱因斯坦的光子学说作为出发点，把光子与散射物质原子之间的相互作用看成是光子与原子中的电子的弹性碰撞，在碰撞过程中，光子与电子之间保持能量守恒和动量守恒，就可以圆满地解释康普顿效应。

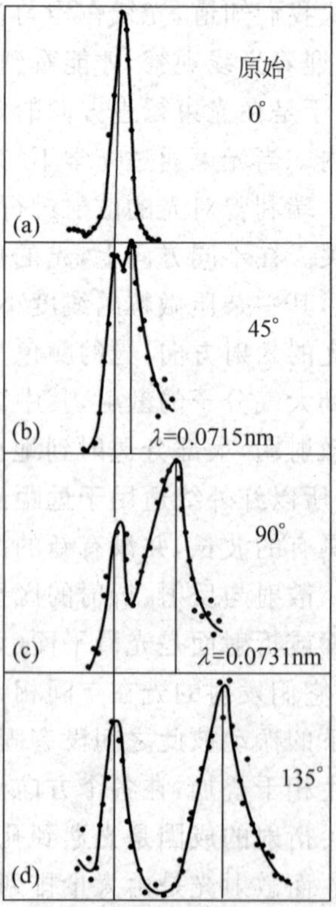

图 13.9 λ 与散射角的关系

按照光子学说，当一个光子与散射物质中的一个自由电子或束缚较弱的电子发生碰撞后，光将沿某一方向散射；同时在碰撞过程中，光子将一部分能量传递给电子，散射光子的能量就比入射光子的能量少了，又因为光子的频率与其能量成正比，所以散射光的频率比入射光的频率要小，即散射光的波长比入射光的波长大了。

原子中的内层电子一般都束缚得很紧密，当光子与这些电子碰撞时，光子相当于与整个原子交换能量和动量，由于原子的质量比电子的质量大得多(最轻的氢原子的质量也比电子的质量约大 2000 倍)，根据碰撞理论，在碰撞后，光子虽然改变运动方向，但不会显著地失去能量，散射光的频率也不会显著地改变，所以在散射光中也有原来波长的光。在重原子中内层电子比轻原子多，因此，原子量大的物质康普顿散射较弱，原子量小的物质康普顿散射较强。

在后来的实验中，利用云雾室来测量散射电子的能量和动量，其结果也与理论的推算完全符合，这就进一步证明了康普顿散射理论的正确性，同时也有力地支持了爱因斯坦的光量子理论。

13.3.3 康普顿效应与光电效应的关系

康普顿效应与光电效应在物理本质上是相同的，它们所研究的都不是整个光束与散射物体之间的作用，而是个别光子与个别电子之间的相互作用，在这种相互作用过程中都遵循能量守恒定律。不过它们之间也是有差别的，首先是入射光的波长不同。用可见光入射时也会产生康普顿散射，但波长的相对改变太小，不易观察到。例如，紫光的波长 $\lambda=400\text{ nm}$，在散射角 $\theta=\pi$ 时，波长的改变为 $\Delta\lambda=0.0048\text{ nm}$，波长的相对改变为$\dfrac{\Delta\lambda}{\lambda}\approx 10^{-5}$；而对于波长 $\lambda=0.05\text{ nm}$ 的 X 射线，则$\dfrac{\Delta\lambda}{\lambda}\approx 10\%$；若用波长更短的 γ 射线，将有$\dfrac{\Delta\lambda}{\lambda}\approx 100\%$。同时，在康普顿散射中也会产生光电子，一般来说，当光子的能量与电子的束缚能同数量级时，主要表现为光电效应，当光子的能量远大于电子的束缚能时，主要表现为康普顿效应。

康普顿效应与光电效应的另一个差别是，光子和电子相互作用的微观机制不同。在光电效应中，电子吸收了光子的全部能量，在这个过程中，只满足能量守恒定律。而康普顿散射是光子与电子作弹性碰撞，此时不仅能量守恒，动量也守恒。至此，光的粒子性因康普顿效应的发现而进一步被证实了。

在近代物理的科学研究中，把微观粒子(如电子、光子、质子和中子等)之间的弹性碰撞和非弹性碰撞作为研究该领域微观结构的重要方法。

例 13-6 如分别以可见光($\lambda_1=400\text{ nm}$)、X 射线($\lambda_2=0.1\text{ nm}$)和 γ 射线($\lambda_3=1.88\times10^{-3}\text{ nm}$)与自由电子相碰撞，并与入射方向成 90°角的方向观察散射辐射，求：(1)康普顿散射后，波长改变多少？(2)波长改变与原波长的比值。

解 (1) 由康普顿效应公式 $\Delta\lambda=\lambda-\lambda_0=\lambda_C(1-\cos\theta)$，可得

$$\Delta\lambda=\lambda_C(1-\cos\theta)=2.43\times10^{-3}\times1=2.43\times10^{-3}(\text{nm})$$

$\Delta\lambda$ 与原入射波的波长无关。

(2) 波长改变与原波长的比值

可见光：

$$\frac{\Delta\lambda}{\lambda_1}=6.1\times10^{-6}$$

X射线：

$$\frac{\Delta\lambda}{\lambda_2}=2.4\times10^{-2}$$

γ射线：

$$\frac{\Delta\lambda}{\lambda_3}=1.3$$

可见波长越短的射线，越易观察到康普顿效应。

例 13-7 (1) 把一个光子的能量(以eV为单位)表示为它的波长的函数；(2) 利用上述结果把X射线的波长表示为加在X射线管上的加速电压的函数；(3) 求在电视屏上发出的X射线的波长。

解 (1) 因为$E=h\nu=\frac{hc}{\lambda}$，所以代入各常数值后可得

$$E=hc\times\frac{1}{\lambda}=1.986\times10^{-25}\times\frac{1}{\lambda}(\text{J})$$

由于1 eV=1.6×10^{-19} J，所以有

$$E=1.24\times10^{-6}\times\frac{1}{\lambda}\text{eV}$$

(2) X射线是由于电子高速撞击X射线管的阴极而产生的。当电子经过电场加速后，静电势能转化为电子的动能，而电子的动能又通过碰撞转化为X射线光子的能量。换言之，设U为加速电压，那么一个电子所具有的能量为eU，若假设电子的全部能量都转化为光子的能量，则由能量守恒定律可得

$$E=1.986\times10^{-25}\times\frac{1}{\lambda}=eU$$

于是可得X射线光子的波长为

$$\lambda=\frac{1.24\times10^{-6}}{U}(\text{m})$$

(3) 设电视机上的加速电压为18 000 V，则从电视荧光屏上发射出来的X射线的波长为

$$\lambda_0=\frac{1.24\times10^{-6}}{18\,000}=6.9\times10^{-11}(\text{m})=0.069\ (\text{nm})$$

值得注意的是，上面的结果是在这样一种假设下得出的，即电子只经过一次碰撞就把所有的能量转移给一光子。若电子经过多次碰撞，则将产生能量较小的光子，于是波长就长了，所以这个λ_0是短波长的阈值。当然电视机产生的X射线强度很低，对人体的伤害不显著。

13.4 玻尔的氢原子理论

自1897年发现电子，并确认电子是原子的组成粒子以后，物理学的中心任务之一就是探索原子的结构。于是原子物理的研究成为近代物理的开端。在普朗克、爱因斯坦明确了

光的量子性以后，1911年卢瑟福根据α粒子散射实验现象提出了原子的核式模型，1913年玻尔提出"行星式"模型，建立起氢原子的量子理论。在所有的原子中，氢原子是最简单的，因此我们从氢原子的光谱开始进行讨论。

13.4.1 氢原子光谱的实验规律

早在原子理论建立以前，光谱学已经取得了很大发展，积累了有关原子光谱的大量实验数据。人们已经知道，一定原子辐射具有一定频率成分的特征光谱，不同原子辐射不同光谱。也就是说，原子辐射的光谱中具有反映原子结构的重要信息。因而人们以极大的注意力去研究原子辐射的光谱，找出其中的规律，并对光谱的成因即光谱与原子结构的关系作出理论解释。

如图13.10所示为氢原子线光谱中可见光部分的实验结果。1885年瑞士数学家巴耳末(J. J. Balmer)发现氢原子的线光谱在可见光部分的谱线，可归纳为如下公式：

$$\lambda = 365.46\frac{n^2}{n^2-2^2}(\text{nm}),\quad n = 3,4,5,\cdots \tag{13.17}$$

当$n=3$时，由上式可得$\lambda_\alpha=656.21\text{ nm}$，这与实验值$H_\alpha$的波长656.28 nm是非常吻合的；当$n=4,5,6,\cdots$时，式(13.17)所得的值与实验值也相当吻合，因此，可以认为式(13.17)反映了氢原子光谱中可见光范围内谱线按波长分布的规律。这个谱线系称为巴耳末系，式(13.17)称为巴耳末公式。当$n\to\infty$时，H_∞的波长为364.56 nm，这个波长称为巴耳末系波长的极限值。

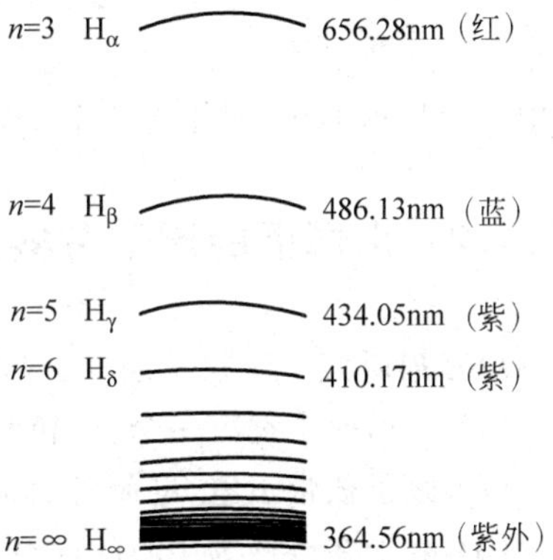

图13.10 氢原子光谱的巴耳末系

1890年，瑞典物理学家里德伯(Rydberg)将巴耳末公式改为用波长的倒数来表示的形式，并令$\tilde{\nu}=\frac{1}{\lambda}$，称为波数，由此得光谱学中常见的形式

$$\tilde{\nu} = R_H\left(\frac{1}{2^2}-\frac{1}{n^2}\right),\quad n = 3,4,5,\cdots \tag{13.18}$$

式中，R_H称为里德伯常数。近代测定值$R_H=1.097\,373\,153\,4\times10^7\ \text{m}^{-1}$，一般计算时取$R_H=1.097\times10^7\ \text{m}^{-1}$。

氢原子光谱的其他谱线系也先后被发现。一个在紫外区，由赖曼(Lyman)发现，还有三个在红外区，分别由帕邢(Paschen)、布喇开(Brackett)、普丰特(Pfund)发现。这些谱线系也像巴耳末系一样，可以用一个简单的公式表示，分别为

赖曼系

$$\tilde{\nu} = R_H\left(\frac{1}{1^2}-\frac{1}{n^2}\right),\quad n = 2,3,4,\cdots$$

巴耳末系

$$\tilde{\nu} = R_H\left(\frac{1}{2^2}-\frac{1}{n^2}\right),\quad n = 3,4,5,\cdots$$

帕邢系

$$\tilde{\nu} = R_{\mathrm{H}}\left(\frac{1}{3^2} - \frac{1}{n^2}\right), \quad n = 4,5,6,\cdots$$

布喇开系

$$\tilde{\nu} = R_{\mathrm{H}}\left(\frac{1}{4^2} - \frac{1}{n^2}\right), \quad n = 5,6,7,\cdots$$

普丰特系

$$\tilde{\nu} = R_{\mathrm{H}}\left(\frac{1}{5^2} - \frac{1}{n^2}\right), \quad n = 6,7,8,\cdots$$

以上各谱线可以统一写成

$$\tilde{\nu} = R_{\mathrm{H}}\left(\frac{1}{m^2} - \frac{1}{n^2}\right) \tag{13.19}$$

式中 $m=1,2,3,\cdots$,对于每一个 m,有 $n=m+1,m+2,m+3,\cdots$,构成一个谱线系。

13.4.2 卢瑟福的原子有核模型

卢瑟福研究了 α 粒子经过金箔时的散射实验后,提出原子的有核模型,其主要内容有:

(1) 一切原子都有一个核,核的半径约为 10^{-15} m,原子的质量几乎全部集中在核上;

(2) 原子核带正电,电荷为 Ze,Z 为原子序数;

(3) 电子在以核为中心的库仑场中运动。

卢瑟福的模型提出以后,在 1913 年,他的两个学生盖革和马斯登又做了实验验证,结果实验数据与理论计算值吻合,说明原子的有核模型是可取的。

但卢瑟福的模型与经典电磁理论有着深刻的矛盾。按照经典电磁理论,具有加速度的带电体将向外辐射电磁波。电子既然是在绕核运动,必然具有加速度,因而它不断地辐射电磁波,能量不断减少,电子将逐渐向中心靠拢,最后落到原子核上,即原子的结构是不稳定的。同时,随着电子能量的逐渐减小,它的旋转频率也连续变化,而辐射频率等于电子的旋转频率,因此,辐射频率也将是连续变化的,这就是说原子发射的光谱必将是连续光谱。但是,这两点结论都与实验事实不符。在正常状态下,原子是稳定的系统,原子光谱是线光谱。因此,经典的电磁理论不能从原子的有核模型来解释原子光谱。

就在当时,丹麦的玻尔正在英国进行深造。他先在汤姆逊名下,后在卢瑟辐领导下做研究工作,所以他对当时物理学的境遇有很深的了解。玻尔意识到,他以前的人或同代人把认识问题的次序弄颠倒了,即不应当由原子的结构出发去解释稳定性,而应当首先承认原子的稳定性是客观事实,然后从这一客观事实出发去寻求与之相应的原子结构。他认为,要克服上述经典理论的困难,从理论上解释氢原子光谱的规律性,必须采用新思想。于是,他在卢瑟福有核模型的基础上,把普朗克的能量子 $h\nu$ 的概念以及爱因斯坦所发展成的光子概念引用到原子系统,大胆地提出了一些关于原子模型的基本假设。

13.4.3 玻尔的氢原子理论

玻尔理论是氢原子结构的早期量子理论,它是以下述三条假设为基础的。

(1) 稳定态的假设　玻尔针对卢瑟福模型与经典理论的矛盾,提出理论必须符合原子结构是稳定的这一客观事实。为此,他认为:

氢原子只能处于一些不连续的稳定状态,这些稳定态简称定态,它们只能具有一定的能量 $E_1,E_2,E_3,\cdots,E_n$(其中 $E_1<E_2<E_3<\cdots<E_n$)。处在这些定态中的电子,虽然作加速运动,但不辐射能量。

(2) 跃迁假设　有了定态的假设就可以解释为什么原子是稳定的,但还必须对原子发光的机理作出回答。于是,玻尔吸收并丰富了爱因斯坦的思想,提出:

当原子从能量较高的 E_n 态变为能量较低的 E_m 态时,它辐射出一个光子,此单色光子的频率满足

$$h\nu = E_n - E_m$$

或

$$\nu = \frac{E_n - E_m}{h} \tag{13.20}$$

这个过程称为辐射跃迁;反之,当原子从能量较低的 E_m 态变为能量较高的 E_n 态时,它从外界吸收一个光子,其频率为 $\nu=\frac{E_n-E_m}{h}$,这个过程称为吸收跃迁。上式称为频率公式。

(3) 轨道角动量量子化假设　为了根据式(13.20)计算原子发光的频率,必须知道各稳定态的能量。为此,玻尔提出一个限制轨道存在的条件,即轨道角动量量子化条件:

只有电子绕原子核作圆周运动的轨道角动量为

$$L = n\frac{h}{2\pi} = n\,\hbar \tag{13.21}$$

的状态才是定态,式中 n 是不为零的正整数,即 $n=1,2,3,\cdots$,称为量子数。

在上述三条假设中,第一条虽是经验性的,但它对原子结构的合理解释起了突破性的作用;第二条是从普朗克量子假设引申而来,因此是合理的,它能解释线光谱的起源;第三条则是表述电子绕核运动的角动量量子化,后来人们发现,这条可以从德布罗意的假设中得出。

由玻尔的这些假设很容易求得氢原子在定态中的能量。设电子的质量为 m_e、电荷量为 e,在沿半径为 r_n 的稳定轨道上以速率 v_n 作圆周运动,作用在电子上的库仑力为其作圆周运动的向心力,即

$$\frac{1}{4\pi\varepsilon_0}\frac{e^2}{r_n^2} = m_e\frac{v_n^2}{r_n}$$

由第二条假设 $L=m_e v_n r_n=n\,\hbar$,可得 $v_n=\frac{n\,\hbar}{m_e r_n}$,代入上式得电子运动的轨道半径为

$$r_n = \frac{4\pi\varepsilon_0 n^2\,\hbar^2}{m_e e^2} = a_0 n^2,\quad n = 1,2,3,\cdots \tag{13.22}$$

上式就是氢原子中第 n 个稳定轨道的半径。当 $n=1$ 时,是氢原子电子的最小轨道半径,称为玻尔半径,记作 a_0,即 $a_0=\frac{4\pi\varepsilon_0\,\hbar^2}{m_e e^2}$。将已知数值代入得

$$a_0 = 5.29\times10^{-11}\ \text{m}$$

这个数值的数量级与其他实验求得的数据一致，由此说明玻尔理论是基本正确的。

由式(13.22)可见，氢原子的量子化轨道半径分别为

$$a_0,\quad 4a_0,\quad 9a_0,\quad \cdots$$

当电子在量子数为 n 的轨道上运动时，原子系统的总能量 E_n 等于电子的动能$\frac{1}{2}m_e v_n^2$和电子与原子核系统的势能$-\frac{e^2}{4\pi\varepsilon_0 r_n}$的代数和，即

$$E_n = \frac{1}{2}m_e v_n^2 - \frac{e^2}{4\pi\varepsilon_0 r_n}$$

将 $v_n=\frac{n\hbar}{m_e r_n}$和 $r_n=\frac{4\pi\varepsilon_0 n^2\hbar^2}{m_e e^2}$ 代入上式得

$$E_n = -\frac{m_e e^4}{8\varepsilon_0^2 h^2}\frac{1}{n^2} = \frac{E_1}{n^2} \tag{13.23}$$

其中 $E_1=-\frac{m_e e^4}{8\varepsilon_0^2 h^2}=-13.6(\text{eV})$，它就是把电子从氢原子的第一玻尔轨道上移到无限远处时所需要的能量值，E_1 就是电离能。令人振奋的是，E_1 的理论值与实验测得的氢原子电离能值(13.599 eV)吻合得十分好。进一步由式(13.23)可以看出，对于不同的量子数，氢原子所能具有的能量为

$$E_1,\quad E_2=\frac{E_1}{4},\quad E_3=\frac{E_1}{9},\quad \cdots$$

这说明氢原子具有的能量 E_n 是不连续的。这一系列不连续的能量值，就构成了通常所说的能级，式(13.23)称为玻尔理论的氢原子能级公式。此外，从式中还可以看出，原子能量都是负的，这说明原子中的电子没有足够的能量是不能脱离原子核的。

在正常情况下，氢原子处于最低能级 E_1，也就是电子处于第一轨道上。这个最低能级对应的状态称为基态，或称氢原子的正常状态。电子受到外界激发时可从基态跃迁到较高能级的 $E_2,E_3,E_4,\cdots$上，这些能级对应的状态称为激发态。

按照玻尔的第二个假设，当电子从较高能级 E_n 跃迁到较低能级 E_m 时，所辐射的单色光的光子能量为

$$h\nu = h\frac{c}{\lambda} = E_n - E_m$$

把式(13.23)代入上式，便可得单色光的波数为

$$\tilde{\nu} = \frac{1}{\lambda} = \frac{E_n - E_m}{hc} = \frac{m_e e^4}{8\varepsilon_0^2 h^3 c}\left(\frac{1}{m_e^{\ 2}} - \frac{1}{n^2}\right) \tag{13.24}$$

式中 $m=1,2,3,\cdots$，对于每一个 m，$n=m+1,m+2,m+3,\cdots$。将式(13.24)与实验总结出来的经验公式(13.19)比较，可得里德伯常数为

$$R_H = \frac{m_e e^4}{8\varepsilon_0^2 h^3 c} \tag{13.25}$$

将已知数值代入上式，可得

$$R_H = 1.097\,373\,1\times 10^7\ \text{m}^{-1}$$

这个值与式(13.18)中的实测值是十分吻合的。所以玻尔理论也为里德伯常数提供了理论

上的说明。

由式(13.24)可以得出氢原子的线光谱各谱系。如图13.11所示为氢原子能级跃迁与光谱系之间的关系。

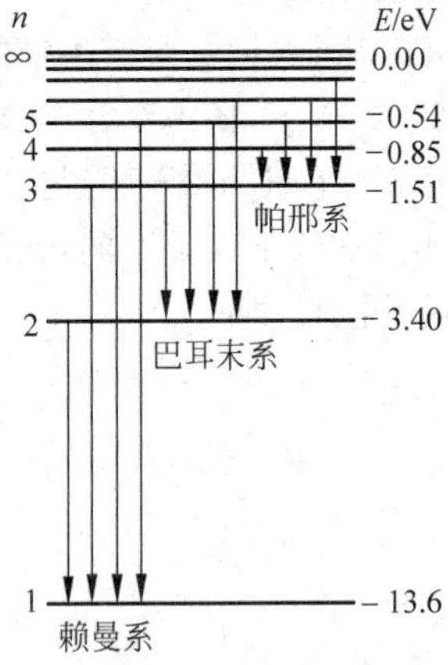

图13.11 氢原子能级跃迁与光谱系

尽管玻尔的氢原子理论圆满地解释了氢原子光谱的规律性，从理论上算出了里德伯常数，并能对只有一个价电子的原子或离子，即类氢离子光谱给予说明，但是，玻尔的氢原子理论也有一些缺陷。例如，玻尔理论只能说明氢原子及类氢离子的光谱规律，不能解释多电子原子的光谱；对谱线的强度和宽度也无能为力；也不能说明原子是如何组成分子、构成液体和固体的，等等。

后来，随着量子力学的建立，人们以更正确的概念和理论，完满地解决了玻尔理论所遇到的困难。即便如此，玻尔理论也对量子力学的发展有着重大的先导作用和重要影响。

13.5 实物粒子的波粒二象性

13.5.1 德布罗意假设

在普朗克和爱因斯坦关于光的粒子性(光子)理论取得成功之后，面对在微观世界中建立描述实物粒子运动规律所遇到的困难，法国青年物理学家德布罗意分析对比了经典物理学中力学和光学的对应关系，并试图在物理学的这两个领域内同时建立一种适应两者的理论。在此后的一段时间里，他首先考虑到自然界在许多方面是显著地对称的；其次有很多现象表明，宇宙完全由光和物质所构成；第三，如果光具有波粒二象性，那么，物质或许也有波粒二象性。德布罗意提出了一个很发人深省的问题，他认为："整个世纪以来，在光学中，比起波的研究方法来，如果说是过于忽视粒子的研究方法的话，那么在实物粒子的理论上，是不是发生了相反的错误，把粒子的图像想得太多，而过分忽视了波的图像呢?"于是，在1924年他提出了一个大胆的假设：不仅辐射具有波粒二象性，一切实物粒子也都具有波粒二象性。

所谓实物粒子，是指静止质量不为零的那些微观粒子，如电子，也包括后来的质子、中子、介子等。所谓粒子性，主要是指它具有集中的不可分割的特性。举例来说，频率为ν的光波，光子的能量为$h\nu$，光波的能量只能是$h\nu$的整数倍，绝不会有分数的倍数。又比如，一个电子意味着电荷为e、质量为m的一颗，不可能有半个电子、$\frac{3}{4}$个电子。而所谓波，不过是指周期性地传播、运动着的场而已。例如电磁波是指周期性变化的、在空间传播的电场和磁场。我们把实物粒子的波称为德布罗意波或物质波。

德布罗意在提出实物粒子波粒二象性的假设以后，首先必须回答物质波的波长有多大，取决于什么。因为这是波动性能否被人所接受的一个关键。正像惠更斯于1680年提出光的波动理论那样，长期不被人们认可，这固然有由于它与声望很高的牛顿所倡导的光的微粒说相矛盾，人们慑服于牛顿的因素，还有惠更斯未能说明光的波长有多大这一个主要因素。直到 1800 年，杨氏双缝实验弥补了这一缺陷，光的波动说才开始被人们所接受。为此，德布罗意把爱因斯坦对于光的二象性的描述，移植到对于实物粒子二象性的描述上来。他认为，描述实物粒子粒子性的物理量 E、p 与描述其波动性的物理量 ν、λ 之间，可以用普朗克常数 h 联系起来，即

$$E = mc^2 = h\nu \tag{13.26}$$

$$p = mv = \frac{h}{\lambda} \tag{13.27}$$

或者

$$\nu = \frac{E}{h} = \frac{mc^2}{h} = \frac{m_0 c^2}{h\sqrt{1-\frac{v^2}{c^2}}} \tag{13.28}$$

$$\lambda = \frac{h}{p} = \frac{h}{mv} = \frac{h}{m_0 v}\sqrt{1-\frac{v^2}{c^2}} \tag{13.29}$$

上述称为德布罗意公式。由此可见，实物粒子既可以用能量 E、动量 p 来描述，也可以用波长 λ、频率 ν 来描述。

当粒子的速度 $v \ll c$ 时，可以忽略相对论效应，则其波长为

$$\lambda = \frac{h}{p} = \frac{h}{m_0 v} \tag{13.30}$$

若初速度为零的电子经电场加速，加速电势差为 U，且 $v \ll c$，则有

$$\frac{1}{2}m_e v^2 = eU$$

得

$$v = \sqrt{\frac{2eU}{m_e}}$$

代入式(13.30)，可得此时的德布罗意波长

$$\lambda = \frac{h}{\sqrt{2em_e}}\frac{1}{\sqrt{U}}$$

将 e、m_e、h 等数值代入上式得

$$\lambda = \frac{1.23}{\sqrt{U}}\text{nm} \tag{13.31}$$

例 13-8 已知电子的动能为 $E_k = 100\ \text{eV}$，求它的德布罗意波长。

解 由动能公式可得

$$E_k = \frac{1}{2}m_e v^2 = \frac{p^2}{2m_e}$$

即

$$p = \sqrt{2m_e E_k}$$

代入式(13.27)得

$$\lambda = \frac{h}{p} = \frac{h}{\sqrt{2m_e E_k}} = \frac{6.63\times10^{-34}}{\sqrt{2\times9.11\times10^{-31}\times100\times1.60\times10^{-19}}}$$

$$= 1.23 \times 10^{-10}(\mathrm{m}) = 0.123(\mathrm{nm})$$

此波长与原子的线度或固体中相邻两原子之间的距离同数量级，也与X射线的波长同数量级。

例 13-9 已知子弹的质量 $m=0.050\ \mathrm{kg}$，速度 $v=300\ \mathrm{m/s}$，求此子弹的德布罗意波长。

解 由于子弹的速度 $v \ll c$，所以可由式(13.30)求得德布罗意波长

$$\lambda = \frac{h}{m_0 v} = \frac{6.63 \times 10^{-34}}{0.050 \times 300} = 4.4 \times 10^{-35}(\mathrm{m}) = 4.4 \times 10^{-26}(\mathrm{nm})$$

由上例计算可见，一般宏观物体的质量很大，所以其德布罗意波波长非常小，超出实验测量的能力。因此，我们可以不考虑宏观物体的波动性。

13.5.2 电子衍射实验

德布罗意假设是否正确，需要实验的验证。由例13-8的计算发现，当电子的动能为100 eV时，德布罗意波的波长与晶格常数同数量级。这样，就可以利用晶格作为光栅，来进行电子束的衍射实验。在德布罗意的文章发表三年后，戴维孙和革末就成功地观测了电子的衍射实验。其实验装置如图13.12(a)所示，从热电子发射装置K飞出的电子经加速电压为 U 的加速电场加速后，以一定的速率到达狭缝D。由于狭缝的阻挡，通过狭缝的电子成为一细束电子射线，以一定的掠射角 ϕ 入射到镍单晶M的表面上。从M表面反射出来的电子束进入集电器B后，形成电流通过电流计G。这样就可以测出进入B的电子束强度 I。在实验中，始终保持入射角与反射角相等，然后调节加速电压 U，测出 $I\text{-}U^{\frac{1}{2}}$ 曲线，如图13.12(b)所示；或固定 U，改变掠射角 ϕ，测出 $I\text{-}\phi$ 曲线，如图13.12(c)所示。

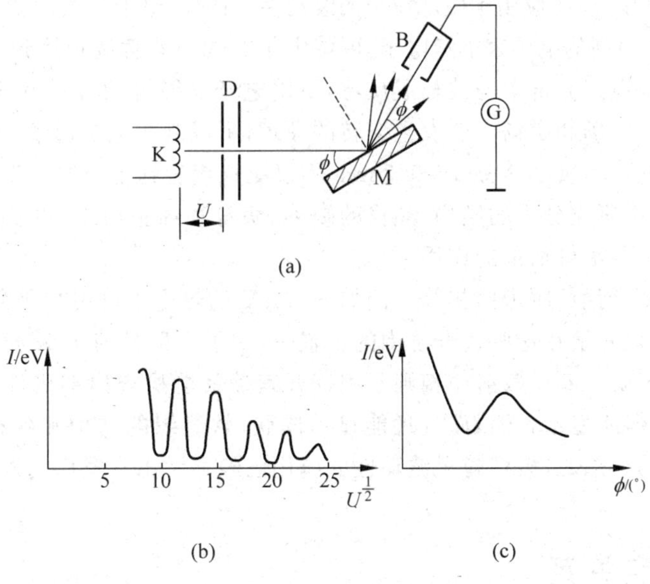

图 13.12 电子衍射实验

实验结果表明，当加速电压 U 单调增加时，反射电子束强度 I 并不随之单调增加；只有当 U 取某些特殊值时，I 才出现极大值。从粒子性的角度，上述实验现象是无法解释的，因

为粒子在表面的反射遵从反射定律,通过狭缝的电子将全部进入集电器 B,改变加速电压 U,不过是改变电子的速度而已。完成此实验的人——美国西部电气公司的戴维孙对自己所做的在镍单晶上电子反射流显示出来的奇怪分布感到困惑不解,他把他所遇见的不可解释的分布曲线寄给了玻恩,玻恩立即领悟出,这是对德布罗意理论的证实。因为从波动性的角度来看,电子束的反射与 X 射线的反射完全一样,只有当波长 λ、掠射角 ϕ 和镍单晶的晶格常数 d 三者之间满足布拉格公式 $2d\sin\phi=k\lambda$ 时,电子束才会按反射定律反射,否则,电子将沿各个方向散射。改变加速电压 U,就改变了电子的速率,从而改变了电子的德布罗意波长。在 d、ϕ 固定的情况下,若对于某一电压值,布拉格公式正好满足,就会产生电流的峰值。

在戴维孙-革末实验中,当 $\phi=65°$,$U=54$ V 时,可观察到电流的峰值。再用 X 射线衍射的方法,测得镍单晶的晶格常数为 $d=0.091$ nm。由此可根据布拉格公式算得电子的德布罗意波长为 $\lambda=0.165$ nm;而按式(13.31)算得的值为 $\lambda=0.167$ nm,这两个数据非常接近,说明物质波的假设和德布罗意公式是正确的。

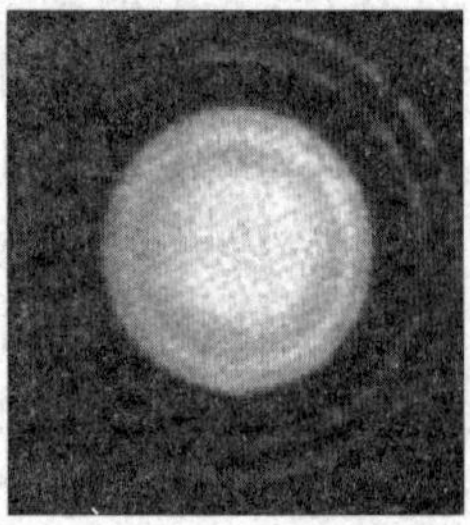

图 13.13 电子衍射图样

一年以后,汤姆逊做了另一个电子衍射实验,他把经电场加速后的电子射线打到金箔片上,电子的能量大约为 10^5 eV,金箔片的厚度大约为 10^{-7} m。结果在金箔片后面的照相底片上拍摄到电子衍射的图样,如图 13.13 所示,它与 X 射线衍射的图样十分相似。经过计算,电子衍射的波长也完全符合德布罗意公式。

后来人们发现,不仅电子具有波动性,而且其他实物粒子,如质子、中子、氦原子和氢分子等都被证实有衍射现象,都是具有波动性的。所以,我们可以说,波动性乃是粒子自身固有的属性,而德布罗意公式正是反映实物粒子波粒二象性的基本公式。

现代科学技术中,广泛应用了微观粒子的波动性。例如,电子显微镜就是建立在电子波动性的基础上的。用很高的电压来加速电子,可使电子的德布罗意波长达到 $10^{-2}\sim10^{-3}$ nm 的数量级。由于显微镜的分辨率与波长成反比,所以电子显微镜的分辨率比光学显微镜高很多。利用电子束在电场和磁场中会发生偏转的原理,可以制成电子透镜,使电子束聚焦。目前电子显微镜的分辨本领已达 0.1~0.2 nm,不仅能直接看到蛋白质一类较大的分子,还能分辨单个原子,对于研究分子的结构、晶格的缺陷、病毒和细胞组织,以及纳米材料、生命科学和微电子学等有着不可估量的作用。

此外,还有中子衍射、质子照相等。例如 30 meV 的热中子可用在研究生物大分子的结构上,特别是确定氢元素在这些大分子中的位置时,中子衍射扮演了 X 光子、电子等所不能取代的角色。至于质子库仑散射照相则不用打开表盖就能检查内部机件的组装情况,所拍生物体的照片,不但能显示骨骼,而且还能显示皮肤、软组织的结构和各种膜,这也是 X 光照相所无法达到的。总之,微观粒子波动性的应用已经显示出其宽广的发展前景。

13.6 不确定关系

在经典力学中,质点的运动状态是用位置和动量(速度)来描述的,而且这两个量都可以同时准确地予以测定,这就是前述的牛顿力学的确定性。因此,可以说同时准确测定质点在任意时刻的位置和动量是经典力学赖以保持有效的关键。然而,对于微观粒子来说,微观粒子的运动遵从统计性的规律,我们不能像对服从经典力学的质点那样准确地预言它的位置和动量,而只能说出其可能或者概率。因此,由于微观粒子不能忽略它的波动性,我们不能再用经典的方法来描述它的粒子性。下面以电子通过单缝衍射为例作进一步的分析。

电子单缝衍射实验如图 13.14 所示。设单缝宽度为 a,一束动量相等的电子从单缝的左侧射入,通过狭缝以后,落到缝的右侧屏上,如果在屏上放一照相底片,就可以拍摄到单缝衍射条纹,其分布与光学的单缝衍射条纹完全一致,参见图 13.13。现根据图样分布在图 13.14 所示的屏上画出概率分布曲线,并设其中央明纹的角宽度为 2θ。

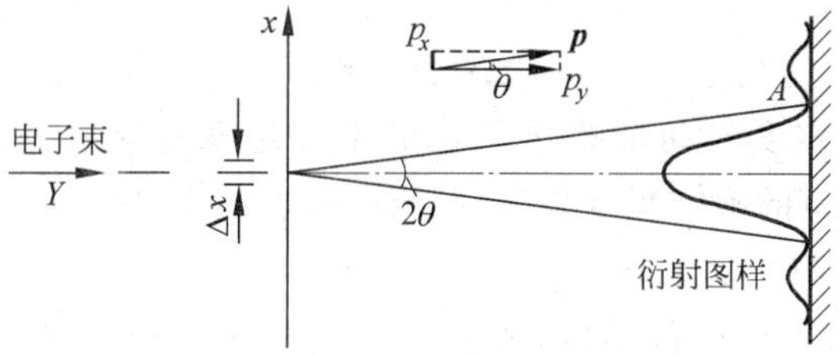

图 13.14 用电子衍射说明不确定关系

根据德布罗意的理论,电子的单缝衍射与光学中的单缝衍射在物理本质上是相同的,都是波动性的结果。电子的物质波波长 λ 与缝宽 a、半角宽度 θ 之间的关系也是

$$a\sin\theta = \lambda \tag{13.32}$$

衍射条纹的强度主要也是集中在中央明纹区。

下面再看在衍射过程中电子的动量和位置变化情况。选取坐标如图 13.14 所示,沿缝宽方向为 x 轴,沿电子入射方向为 y 轴。电子在进入狭缝之前的动量 $\boldsymbol{p}$ 的分量为

$$\begin{cases} p_x = 0 \\ p_y = p \end{cases}$$

如果现在仍然用位置和动量来描述电子的运动状态,那么,我们不禁要问:一个电子通过狭缝的瞬时,它是在缝上哪一点通过的呢?也就是说,电子通过狭缝的瞬时,其坐标 x 为多少?显然,这一问题,我们无法确切地回答,因为该电子究竟在缝上哪一点通过,我们是无法确定的,即我们不能准确地确定该电子通过狭缝时的坐标。然而,该电子确实是通过了狭缝;同时,电子的动量也发生了变化。因为通过狭缝以后的电子都散落到屏幕上的不同地方,这说明有些电子在狭缝缝隙处的动量不再是沿 y 轴方向,其动量的 x 分量 $p_x \neq 0$。可以肯定,大部分的电子都将落在中央明纹区。如果先不考虑落在中央明纹区以外的电子,并且设第一极小处为 A,对于落到 A 点的电子来说,它的动量的 x 分量 p_{xA} 最大。可见,狭缝对电子的运动产生了两个方面的影响:一是将电子的 x 坐标限定在缝宽的范围之内;另一方面是使电子动量的方向发生改变,Δp_x 有一定的变化范围。这两个作用同时存在,既不可能不限制电子的坐标而使电子动量发生改变,也不可能限制电子的坐标而避免其动量变化。因为对于在狭缝处的每一个电子,我们不能确定其 x 坐标和动量的 x 分量 p_x 的准确值,而只知道 x 和 p_x 的取值范围,所以我们说,电子的 x 坐标有一不确定度 Δx,电子动量的 x 分量 p_x 也有一不确定度 Δp_x。显然

$$\begin{cases}\Delta x = a \\ \Delta p_x = p_{xA}\end{cases}$$

若电子通过狭缝时的动量为 p'，由图 13.14 可以看出，$p_{xA}=p'\sin\theta$。由于电子与缝之间的相互作用可以看作是弹性碰撞，而且缝隙的质量远远大于电子的质量，因此在碰撞以后，电子的动量大小几乎不变，即 $p'\approx p$。根据德布罗意关系 $p=\dfrac{h}{\lambda}$ 和由式(13.32)得到的 $\sin\theta=\dfrac{\lambda}{a}$，于是可得

$$\Delta p_x = p_{xA} = p\sin\theta = \frac{h}{\lambda}\times\frac{\lambda}{a} = \frac{h}{a} = \frac{h}{\Delta x}$$

即

$$\Delta x\Delta p_x = h$$

上式表明，电子的不确定度与动量的 x 分量的不确定度的乘积等于普朗克常数。换句话说，电子坐标与相应动量的确定程度是受到制约的，若减少坐标的不确定度 Δx，则相应动量的不确定度 Δp_x 必然增加，反之亦然。

上述仅考虑了中央明纹区的情况，若把中央明纹区外的次级也考虑在内，由于 $\Delta p_x\geqslant p\sin\theta$，则上式应写成

$$\Delta x\Delta p_x \geqslant \frac{h}{2\pi} = \hbar \tag{13.33}$$

此式称为不确定关系(或称测不准关系)。它可以表述为：粒子在某方向上的坐标测不准量与该方向上的动量分量的测不准量的乘积必不小于普朗克常数。

$\hbar$的量纲为 J·s，以后我们把任何两个相乘后量纲为 J·s 的物理量均称为共轭物理量。于是，海森伯的不确定关系又可表述为：坐标和与其共轭的动量的可测精度的乘积绝不会小于普朗克常数。不确定关系表明：不可能同时对粒子的坐标和动量进行准确的测量；或者说，两个共轭的、互相制约的、互成反比的物理不准确量是不可能同时无限制地减小的。我们不可能同时测准一个粒子在某一坐标方向上的确切位置和准确的动量值；粒子位置若是测得极为准确，我们将无法知道它将要沿什么方向运动；若是动量测得极为准确，我们就不可能确切测准此时此刻它究竟处在什么位置。

当我们试图以经典的“坐标”、“动量”等术语来描述具有波粒二象性的微观粒子时，讨论它在同一时刻的精确位置和精确动量是没有意义的。我们永远不可能以经典力学所假定的那种精确度来确定粒子的路径。所以，对于原子尺寸的粒子来说，轨道的概念是没有意义的，因为所谓轨道概念，是建立在有同时确定的位置和动量的基础上的。

不确定关系是建立在波粒二象性基础上的一条基本客观规律，它是波粒二象性的深刻反映，也是对波粒二象性的进一步描述。换言之，不确定关系是物质本身固有的特性所决定的，而不是由于仪器或测量缺陷造成的。不论测量仪器的精确度有多高，我们认识任何一个物理体系的精确度也要受到限制。因此，不能把不确定关系理解为“不可知”、“不可能”、“无能为力”、“不准确”等。其实，和经典物理中连续的、无限准确的等概念比较起来，不确定关系更真实地揭示了微观物理世界的运动规律，应该说是更准确了。

在下一节的量子力学中，对能量和时间的同时测量也存在类似的测不准关系，若以 ΔE 表示能量的不确定度，Δt 表示时间的不确定度，则有

$$\Delta E \Delta t \geqslant \hbar \tag{13.34}$$

能量和时间乘积的量纲也是J·s,因此它们也是一对共轭物理量。上述关系与式(13.33)可以互相转换,即由 $E=\frac{p^2}{2m}$ 得

$$\Delta E = \frac{p\Delta p}{m} = v\Delta p$$

又

$$\Delta t = \frac{\Delta x}{v}$$

代入式(13.34)便得式(13.33)。

例 13-10 已知电子沿 x 方向运动,速度为 $v_x=200$ m/s,速度的不准确度为0.01%。求测量电子 x 坐标所能达到的最小不准确度 Δx。

解 根据不确定关系

$$\Delta x \Delta p_x \geqslant \hbar$$

而

$$\begin{aligned}\Delta p_x &= p_x \times 0.01\% = m_e v_x \times 0.01\% = 9.1\times10^{-31}\times200\times10^{-4}\\ &= 1.8\times10^{-32}(\text{kg}\cdot\text{m/s})\end{aligned}$$

在以上的计算中,因为电子的速度远远小于光速,所以电子质量用静止质量代入。于是可得电子的坐标不确定度为

$$\Delta x \geqslant \frac{\hbar}{\Delta p_x} = \frac{6.63\times10^{-34}}{1.8\times10^{-32}\times2\pi} = 5.9\times10^{-3}(\text{m})$$

原子本身的线度是 10^{-10} m 的数量级,而电子的线度还要小得多。对于近6 mm的不确定度来说,显然不能认为电子的位置是测准了,因为测不准量已经超过电子自身线度的百亿倍。可见,要想在经典力学的准确度范围内用轨道的概念来描述电子的运动是没有意义的。

例 13-11 已知子弹的质量 $m=10$ g,沿 x 轴方向的速度 $v_x=200$ m/s,速度的不准确度也为0.01%。求测定子弹 x 坐标所能达到的最小不确定度 Δx。

解 子弹动量的不确定度为

$$\begin{aligned}\Delta p_x &= p_x \times 0.01\% = mv_x \times 0.01\% = 10\times10^{-3}\times200\times10^{-4}\\ &= 2.0\times10^{-4}(\text{kg}\cdot\text{m/s})\end{aligned}$$

所以子弹的坐标不确定度为

$$\Delta x \geqslant \frac{\hbar}{\Delta p_x} = \frac{6.63\times10^{-34}}{2.0\times10^{-4}\times2\pi} = 5.2\times10^{-31}(\text{m})$$

对于这么小的不准确量,目前任何仪器也无法测量。所以对于像子弹这一类宏观物体,用经典的轨道概念来描述是足够准确的。

例 13-12 氢原子中基态电子的速度大约为 10^6 m/s,电子位置不确定量可按原子的大小来估计,即 $\Delta x \approx 10^{-10}$ m。求电子速度的不准确量。

解 由

$$\Delta x \Delta p_x = \Delta x m_e \Delta v_x \geqslant \hbar$$

得

$$\Delta v_x \geqslant \frac{\hbar}{m_e \Delta x} = \frac{6.63\times10^{-34}}{9.1\times10^{-31}\times10^{-10}\times2\pi} \approx 10^6(\text{m/s})$$

即电子速度的不确定量与速度本身同数量级，这说明，用经典的轨道概念描述氢原子中电子的运动是不适用的。但是在玻尔理论中却使用了轨道的概念，这就是它的一个根本缺陷。

例 13-13 已知一个光子沿 x 轴方向传播，其波长 $\lambda=500\ \text{nm}$，对波长的测量是相当准确的，$\Delta\lambda=5\times10^{-8}\ \text{nm}$。求该光子的 x 坐标的不确定度。

解 由 $p_x=\dfrac{h}{\lambda}$ 可得

$$\Delta p_x=\frac{h}{\lambda^2}\Delta\lambda$$

所以有

$$\Delta x\geqslant\frac{\hbar}{\Delta p_x}=\frac{\hbar}{\dfrac{h}{\lambda^2}\Delta\lambda}=\frac{\lambda^2}{2\pi\times\Delta\lambda}=800(\text{m})$$

即光子 x 坐标的不确定度为 800 m。这说明，当波长极为准确时，坐标就非常不确定了；或者说，当光的波动性非常突出时，其粒子性就不明显了。

13.7 波函数 薛定谔方程

一切物质(包括电磁场)都具有波粒二象性。人们对于光，是先认识了其波动性——电磁波，然后才认识了其粒子性——光子；而对于实物粒子，则是先认识到它们的粒子性，如电子、原子、分子等，后又发现其波动性——物质波。对于宏观物体，由于其波动性并不显著，所以，我们一般都可以用经典理论来描述它们的运动规律，如可以用牛顿定律来描述质点的运动规律。但对于微观粒子，正像 13.5 节例题所计算的那样，其波动性不能被忽略，显然不能再用经典理论来描述它们的运动规律。这就迫使人们不得不放弃传统的观念，去寻找一种新的理论来全面描述微观粒子的运动规律。经过德布罗意、薛定谔、海森伯、玻恩、狄拉克等人的努力，一个能够正确反映微观世界客观规律的理论——量子力学终于诞生了。

13.7.1 波函数

在微观世界中，微观粒子表现出明显的波动性。其波动性和粒子性由德布罗意关系式 $\lambda=\dfrac{h}{p}$ 和 $\nu=\dfrac{E}{h}$ 相关联。在量子力学中，微观粒子的德布罗意波是用一个时间和空间的函数来描述的，这个函数称为波函数，用 Ψ 表示。在一维空间，波函数写成 $\Psi(x,t)$；在三维空间，波函数写成 $\Psi(\boldsymbol{r},t)$，$\boldsymbol{r}$ 是矢径。

为了简单起见，我们不妨仅讨论一个一维自由粒子的波函数的具体形式。所谓自由粒子就是没有受到外力场作用的粒子，它在运动过程中作匀速直线运动，其能量和动量都保持恒定。由德布罗意关系式可知，自由粒子物质波的频率 ν 和波长 λ 也将保持不变。而从波动的观点来看，ν 和 λ 恒定不变的波是单色平面波，所以，自由粒子的物质波是单色平面波。

一个频率为 ν、波长为 λ，沿 x 方向传播的单色平面波的表达式为

$$y(x,t)=A\cos2\pi\left(\nu t-\frac{x}{\lambda}\right)$$

如果在上式中利用德布罗意关系式，以描述粒子性的物理量来代替描述波动性的物理量，就得到自由粒子物质波的波函数

$$\Psi(x,t)=\Psi_0\cos 2\pi\left(\frac{E}{h}t-\frac{x}{\frac{h}{p}}\right)=\Psi_0\cos\frac{2\pi}{h}(Et-px)=\Psi_0\cos\frac{1}{\hbar}(Et-px)$$

式中 Ψ_0 为振幅。根据尤拉公式，将上式写成复数形式

$$\Psi(x,t)=\Psi_0 e^{-\frac{i}{\hbar}(Et-px)} \tag{13.35}$$

上式即为沿 x 方向运动的、能量为 E、动量为 p 的自由粒子运动状态的波函数。

根据波动的普遍理论，波的强度与波的振幅的平方成正比，所以波函数的强度正比于 Ψ_0^2。利用复指数函数的运算规则，可得

$$\Psi_0^2=|\Psi|^2=\Psi\Psi^* \tag{13.36}$$

式中 Ψ^* 是 Ψ 的共轭复函数。

顺便指出，在经典物理中，波动既可以用复数形式表达，也可以用实数形式表达；但微观粒子的运动状态的波函数只能用复数形式表达。

13.7.2 波函数的统计诠释

在一般情况下，粒子的波函数不是单色平面波的形式，而是时间和空间的复杂函数。但在此为了方便读者理解，我们仍以一维自由粒子的波函数为例来说明波函数的物理意义。

大家知道，光通过狭缝以后，将产生衍射现象，在屏上出现明暗相间的条纹。根据光的波动性，在亮纹处光的强度大，在暗纹处光的强度小；而由光的粒子性来解释，在亮纹处单位时间内到达的光子数多，在暗纹处单位时间内到达的光子数少。从统计的角度来看，在大量光子中到达某一区域的光子数多，说明每一个光子到达该区域的概率大。所以，在光强大的地方，光子出现的概率大；在光强小的地方，光子出现的概率较小；在光强为零的地方，光子出现的概率也为零。光的波动性描述的是大量光子的统计平均行为。在光的波动说中，光的强度是用电磁波的能流密度来描述的，因此光强正比于 E_0^2；而在光的粒子说中，光的强度等于单位体积内的光子数，即$\frac{N}{\Delta V}$，于是有

$$\frac{N}{\Delta V}\propto E_0^2$$

由于单个光子在 ΔV 内出现的概率 P 正比于大量光子在 ΔV 内的光子数 N，因而

$$P\propto E_0^2$$

用电子束作单缝衍射实验时，也会形成类似的衍射图形。这是由于电子具有波粒二象性的结果，衍射条纹分布的规律可以用波函数分析得出。衍射条纹强的地方，波函数模的平方 $|\Psi|^2=\Psi\Psi^*$ 也大。同样，根据粒子性，若某处衍射条纹强，说明到达该处的电子数多，因而电子投向该处的概率大。由此可见，电子在某处出现的概率 P 与该处波函数模的平方 $|\Psi|^2$ 成正比，即

$$P\propto|\Psi|^2=\Psi\Psi^*$$

由电子单缝衍射实验可见，如果在空间一很小区域 $x\sim x+dx$ 内，粒子的波函数 $\Psi(x,t)$ 可视为不变，则粒子在该区域内出现的概率 P 既正比于 $|\Psi(x,t)|^2$，也正比于区间元 dx，即

$$P \propto |\Psi(x,t)|^2 \mathrm{d}x$$

若取比例系数为 1，则有

$$P = |\Psi(x,t)|^2 \mathrm{d}x = \Psi(x,t)\Psi^*(x,t)\mathrm{d}x \tag{13.37}$$

显然，$|\Psi(x,t)|^2=\dfrac{P}{\mathrm{d}x}$表示粒子在 t 时刻、在 x 处单位区间内出现的概率，即概率密度。

综上所述，波函数的物理意义可以概述为：实物粒子波函数在给定时刻在空间某点模的平方 $|\Psi(x,t)|^2$ 与该点邻近区间元 $\mathrm{d}x$ 的乘积，正比于该时刻在该点邻近区间元 $\mathrm{d}x$ 内发现该粒子的概率。这是 1926 年玻恩对波函数提出的统计解释。它说明，波函数本身并没有直接的物理含义，有物理意义的是波函数模的平方。从这一点上来看，物质波与电磁波、声波等经典波是有本质区别的。

按照统计的观点，一个事件的概率是它在某些条件下出现的可能性的量度。它可以由大量相同的单个事件在同一次实验中测得，也可由单个事件在相同条件下进行多次实验而测得。概率总是与大量的相同事件或单个事件的多次重复相联系着，因此概率描写的是一种统计行为，它并不能断言事件究竟如何发生。例如，在电子单缝衍射实验中，电子落在屏上各处的概率分布是由电子波函数的模的平方 $|\Psi|^2$ 来决定的。概率分布曲线与光学的单缝衍射强度分布曲线完全一致。但某一个电子究竟落在何处，则是偶然的。如果入射电子束的强度很弱，以至于电子是一个一个通过单缝，前一个已经落到屏上以后，下一个才开始通过单缝，各个电子之间不发生相互作用，则实验发现：各个电子落在屏上的位置是杂乱无章，飘忽不定的。刚一开始根本看不出有什么规律性，如图 13.15(a)所示。但随着通过的电子数目的增多，将会发现落在某些区域的电子数多了起来，而落在另一些区域的电子数没有多起来，渐渐可以看出衍射条纹的模糊图形，见图 13.15(b)。当通过的电子数足够大量时，尽管陆续飞来的每一个电子的落点都是散乱的，但所有电子落点的分布却显示出清晰的衍射图形，如图 13.15(c)所示。

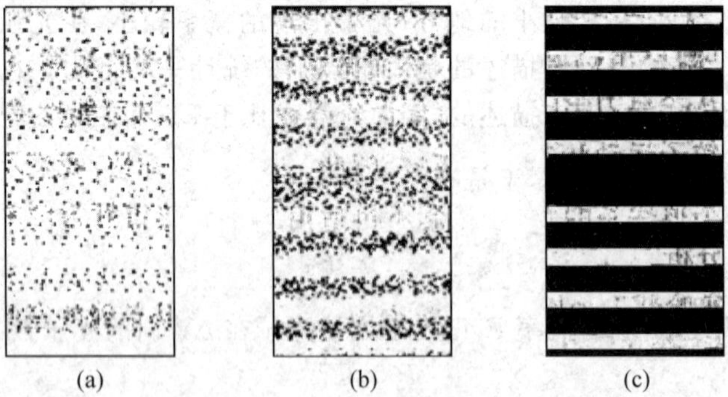

图 13.15 电子单缝衍射实验图形

根据以上分析，实物粒子波粒二象性的物理图像是：微观粒子本身是一颗一颗的，即有粒子性；波函数并不绝对给出在什么时刻粒子到达哪一点，它只给出粒子在可能到达地点的一个统计分布。所以说，粒子的运动受到波函数的响导，粒子出现在 $|\Psi|^2$ 大的地方的概率大，出现在 $|\Psi|^2$ 小的地方的概率小，粒子不会出现在 $|\Psi|^2=0$ 的地方；而 Ψ 又是按波的方式在时空中变化传播的，所以说微观粒子的运动又表现出波的特性。总之，微观粒子的运动所遵循的是统计性的规律，而不是经典力学的决定性规律。

波函数正是为了描述粒子的这种统计行为而引入的。波函数的概念和通常经典波的概念不一样，它既不是代表媒质运动的传播过程，也不是那种纯粹经典的场量，而是一种比较抽象的概率波。波函数既不描述粒子的形状，也不描述粒子运动的轨迹，它只给出粒子运动的概率分布。上述的一切，都是由于波粒二象性而引起的，波粒二象性起着宏观、微观划界的作用。

根据以上对波函数的统计解释，可见，波函数必须满足一定的条件。首先，任一时刻粒子在整个空间出现的总概率必为1，即

$$\int_{-\infty}^{\infty} |\Psi(x,t)|^2 \mathrm{d}x = 1 \tag{13.38}$$

上式称为归一化条件。满足这一条件的波函数称为归一化波函数。

其次，由于在一定时刻，在给定区域内粒子出现的概率应该是唯一的，并且也应该是有限的；同时，在空间不同区域，概率应该是连续分布的，不能逐点跃变，所以波函数 $\Psi(x,t)$ 应是 (x,t) 的单值、有限、连续函数。这一要求就是波函数的标准条件。

13.7.3 薛定谔方程

为简便起见，以一维自由粒子为例进行讨论。如前所述，一维自由粒子的波函数为

$$\Psi(x,t) = \Psi_0 \exp\left[-\frac{\mathrm{i}}{\hbar}(Et - px)\right]$$

将上式对时间求导并乘以 $\mathrm{i}\hbar$，得

$$\mathrm{i}\hbar\frac{\partial \Psi(x,t)}{\partial t} = \mathrm{i}\hbar\Psi_0 \frac{\partial}{\partial t}\exp\left[-\frac{\mathrm{i}}{\hbar}(Et - px)\right] = E\Psi(x,t) \tag{13.39}$$

对坐标 x 求导二次并乘以 $-\frac{\hbar^2}{2m}$，得

$$-\frac{\hbar^2}{2m}\frac{\partial^2 \Psi(x,t)}{\partial x^2} = \frac{p^2}{2m}\Psi(x,t) = E\Psi(x,t) \tag{13.40}$$

其中考虑到非相对论情况下粒子的能量为 $E=\frac{p^2}{2m}$。

比较(13.39)、(13.40)两式，得

$$\mathrm{i}\hbar\frac{\partial \Psi(x,t)}{\partial t} = -\frac{\hbar^2}{2m}\frac{\partial^2 \Psi(x,t)}{\partial x^2} \tag{13.41}$$

上式称为一维自由粒子的含时薛定谔方程，自由粒子波函数式(13.35)就是它的解。

对波函数进行某种运算或作用的符号称为算符。上面用到的 $\mathrm{i}\hbar\frac{\partial}{\partial t}$ 和 $-\frac{\hbar^2}{2m}\frac{\partial^2}{\partial x^2}$ 都是算符。若存在算符的对应关系

$$\mathrm{i}\hbar\frac{\partial}{\partial t} \leftrightarrow -\frac{\hbar^2}{2m}\frac{\partial^2}{\partial x^2} \tag{13.42}$$

则上式两边的算符分别作用到波函数 $\Psi(x,t)$ 上，就可得到式(13.41)。

若粒子在势能为 E_p 的势场中运动，则其能量为 $E=E_\mathrm{k}+E_\mathrm{p}=\frac{p^2}{2m}+E_\mathrm{p}$，算符的对应关系式应改为

$$i\hbar\frac{\partial}{\partial t}\leftrightarrow -\frac{\hbar^2}{2m}\frac{\partial^2}{\partial x^2}+E_p \tag{13.43}$$

作用到波函数上可得

$$i\hbar\frac{\partial \Psi(x,t)}{\partial t}=-\frac{\hbar^2}{2m}\frac{\partial^2 \Psi(x,t)}{\partial x^2}+E_p\Psi(x,t) \tag{13.44}$$

这就是在势场中作一维运动的自由粒子的含时薛定谔方程。这个方程描述了质量为 m 的自由粒子在势能为 E_p 的势场中其状态随时间变化的规律。

在许多实际情况下，微观粒子的势能 E_p 仅是坐标的函数，与时间无关。在这种情况下，我们可把式(13.35)所表示的波函数分离成坐标函数与时间函数的乘积，即

$$\Psi(x,t)=\Psi(x)\phi(t)=\Psi(x)\exp\left(-\frac{i}{\hbar}Et\right) \tag{13.45}$$

其中

$$\Psi(x)=\Psi_0\exp\left(\frac{i}{\hbar}px\right)$$

将式(13.45)代入式(13.44)，并整理后可得

$$\frac{\hbar^2}{2m}\frac{d^2\Psi(x)}{dx^2}+(E-E_p)\Psi(x)=0 \tag{13.46}$$

上式中 E_p 是粒子在势场中与时间无关、只是坐标的函数的势能，因此，粒子的能量也是与时间无关的一个确定值。这种能量不随时间变化的状态称为定态，相应的波函数称为定态波函数。式(13.46)称为一维定态薛定谔方程，$\Psi(x)$则是一维定态波函数。由于 $\Psi(x)$只是坐标的函数，所以其概率密度 $\Psi(x)\Psi^*(x)$也只是坐标的函数，与时间无关，因此，定态粒子在空间的概率分布不会随时间改变。

13.8 一维定态问题

对于一维定态问题的讨论，有助于加深对能量量子化和薛定谔方程意义的理解，并从中可以了解量子力学处理问题的一般方法，同时了解微观领域所特有的一些现象。

13.8.1 一维无限深势阱

所谓势阱，其实就是一个势函数 $E_p(x)$，因其相应的势能曲线形同陷阱而得名。势阱是物理学在研究微观粒子运动规律时常用的一个物理模型。比如说，一块厚度为 a 的金属片，其中的电子沿垂直于表面的方向运动。在金属的内部，电子的运动是自由的，但若要脱离金属表面，则需要获得一定的能量。就像光电效应中，只有当电子能量大于等于逸出功时，金属内的电子才能逸出金属表面。这样，我们不妨给出一个一维有限方势阱的函数：

$$E_p(x)=\begin{cases}0, & 0<x<a\\ E_0, & x\leqslant 0, x\geqslant a\end{cases}$$

其势能曲线如图 13.16(a)所示。

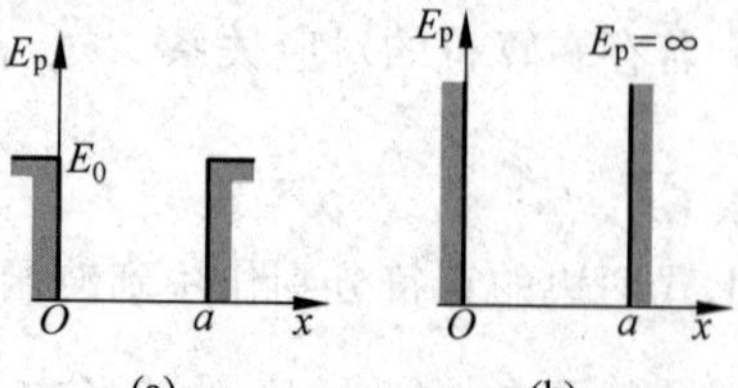

图 13.16 一维方势阱

若金属中的晶格对电子的束缚很大，无论电子获得多大能量都无法逸出金属表面，那么我们就可以建立一个无限深势阱的模型。本节将讨论一维无限深方势阱的问题。设在一种简单的外力场中作一维运动的粒子，它的势能在一定区域内为零，而在此区域外，势能为无限大，如图 13.16(b)所示。其势函数为

$$E_p(x)=\begin{cases}0, & 0<x<a\\ \infty, & x\leqslant 0, x\geqslant a\end{cases} \tag{13.47}$$

这相当于粒子只能在宽为 a 的两个无限高阱壁之间自由运动。因为 $E_p(x)$与时间无关，所以它属于定态问题，可由定态薛定谔方程式(13.46)求解。

1. 在势阱外部($x\leqslant 0, x\geqslant a$)

薛定谔方程为

$$\frac{d^2\Psi(x)}{dx^2}-\lambda^2\Psi(x)=0 \tag{13.48}$$

其中 $\lambda^2=\dfrac{2m(E_p-E)}{\hbar^2}$。上式的通解为

$$\Psi(x)=Ae^{\lambda x}+Be^{-\lambda x} \tag{13.49}$$

其中 A、B 是待定常数。因 $E_p=\pm\infty$，则 $\lambda\to\pm\infty$。现以 $\lambda\to+\infty$ 为例，当 $x\leqslant 0$ 时，式(13.49)中第一项为零，为使波函数满足有限条件，要求 $B=0$，则有 $\Psi(x)=0$；当 $x\geqslant a$ 时，式(13.49)中第二项为零，同样要求 $A=0$，所以波函数仍为零，即 $\Psi(x)=0$。因此，粒子只能在势阱内运动。

2. 在势阱内($0<x<a$)

由于 $E_p(x)=0$，所以薛定谔方程为

$$\frac{d^2\Psi(x)}{dx^2}+\frac{2mE}{\hbar^2}\Psi(x)=0$$

其中 E 是待定的能量本征值。粒子被限制在势阱内，坐标的不确定度为势阱宽度 a，由不确定关系可知粒子不可能静止，$E>0$。令 $k^2=\dfrac{2mE}{\hbar^2}$，则薛定谔方程改写为

$$\frac{d^2\Psi(x)}{dx^2}+k^2\Psi(x)=0 \tag{13.50}$$

其通解可表示为

$$\Psi(x)=C\sin kx+D\cos kx \tag{13.51}$$

式中 C、D 为待定常数。上式波函数已经满足单值、有限条件，但也必须满足连续条件，于是有 $\Psi(0)=\Psi(a)=0$。其中 $\Psi(0)=0$，则要求式(13.51)中的 $D=0$，因此在满足标准条件下的波函数为

$$\Psi(x)=C\sin kx \tag{13.52}$$

式中 C 不能等于零，否则波函数在全空间为零，意味着粒子不存在。由边界连续条件 $\Psi(a)=0$可得

$$\sin kx=0$$

由此得 k 的取值为

$$k = \frac{n\pi}{a}, \quad n = 1,2,3,\cdots$$

即其中 n 取正整数，因 $n=0$ 意味着 $\Psi(x)=0$，无物理意义；n 取负整数不能给出新的波函数。由 $k^2=\frac{2mE}{\hbar^2}$ 与上式比较可得能量 E 的可能取值为

$$E_n = \frac{n^2 h^2}{8ma^2}, \quad n = 1,2,3,\cdots \tag{13.53}$$

上式表明，无限深方势阱中粒子的能量是量子化的。式中 n 为量子数，n 为正整数的那些能量称为能级。$n=1$ 代表能量最低的态，就是基态；n 取其他值就是代表激发态。激发态能级的能量分别为 $4E_1, 9E_1, \cdots$。这充分说明能量量子化是量子力学的必然结果，不同于早期量子论中带有人为假设的成分。

至于常数 C，可以由波函数的归一化条件来确定，即

$$\int_{-\infty}^{\infty} |\Psi(x)|^2 \mathrm{d}x = \int_0^a |\Psi(x)|^2 \mathrm{d}x = \int_0^a C^2 \sin^2 \frac{n\pi x}{a} \mathrm{d}x = 1$$

解得 $C=\sqrt{\frac{2}{a}}$，这样式(13.52)的波函数为

$$\Psi(x) = \sqrt{\frac{2}{a}} \sin \frac{n\pi}{a}x, \quad 0 < x < a \tag{13.54}$$

势阱中粒子处于各能级的概率密度为

$$|\Psi(x)|^2 = \frac{2}{a}\sin^2 \frac{n\pi}{a}x \tag{13.55}$$

图 13.17 给出了势阱中粒子对应于几个能级的概率密度分布。

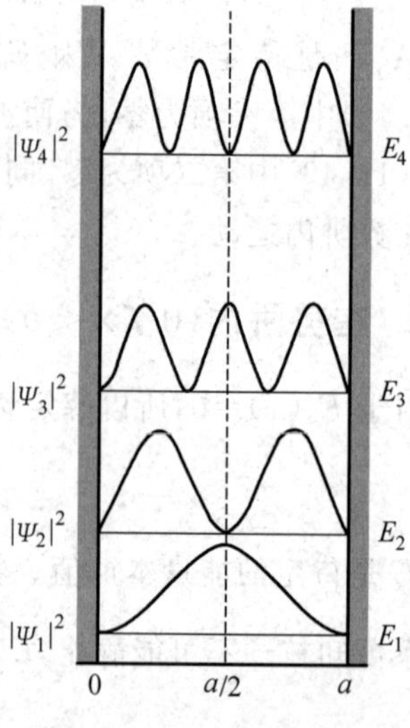

图 13.17 粒子在一维无限深方势阱中各能级的概率密度分布

从图中可以看出，粒子在势阱中不同位置出现的概率不同，比如在基态 E_1，粒子出现在势阱中央 $\frac{a}{2}$ 处的概率最大，而在第一激发态 E_2，粒子在势阱中央出现的概率却为零，显然有悖于经典理论。根据经典理论，粒子在势阱中任何位置出现的概率是相同的。从图中还可以发现，随着量子数 n 的增加，概率峰的个数也增加，同时相邻两峰的间距变小。因此可以想象，当 n 很大时，峰与峰将被挤压在一起，这才是经典理论中各处概率相同的状况。

除此之外，由式(13.53)可得相邻能级差为

$$\Delta E_n = E_{n+1} - E_n = \frac{h^2}{4ma^2}\left(n + \frac{1}{2}\right)$$

当 $n\to\infty$ 时，$\frac{\Delta E_n}{E_n}\approx\frac{2}{n}\to 0$，即在 n 很大时能量可看作是连续的，这就是经典物理的图像。

综上所述，经典物理可以看成是量子力学在量子数 n 趋于无穷大时的极限情况。

13.8.2 一维势垒 隧道效应

对于在一维空间运动的粒子，它的势能在有限区域内等于常量 $E_0(E_0>0)$，而在此区域外面等于零，即

$$E_p(x)=\begin{cases}E_0, & 0\leqslant x\leqslant a\\ 0, & x<0, x>a\end{cases}$$

其势能曲线如图 13.18 所示。我们把这种势场称为一维方势垒。具有一定能量 E 的粒子由势垒左方($x<0$)向右方运动，根据经典理论的观点，当入射粒子能量 E 小于 E_0 时，粒子不能进入势垒，将全部被弹回。然而，对于同样的问题，量子力学将给出完全不同的结果。我们将会发现，即使粒子的能量 E 小于 E_0，粒子仍有可能出现在势垒区域内，或在势垒的另一侧。这是一种粒子穿透势垒的现象，称为隧道效应。

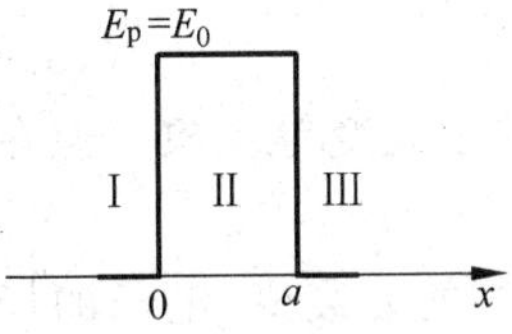

图 13.18 一维方形势垒

由于 $E_p(x)$ 与时间无关，所以它也是定态问题。其薛定谔方程为

$$-\frac{\hbar^2}{2m}\frac{d^2\Psi(x)}{dx^2}+[E_p(x)-E]\Psi(x)=0 \tag{13.56}$$

其中 m 为粒子的质量，E 为粒子的能量($E<E_0$)。

以下分别讨论势垒两侧和势垒区域内的波函数。

(1) 在势垒的两侧，即 $x<0$ 和 $x>a$，由于 $E_p(x)=0$，故薛定谔方程式(13.56)改写为

$$\frac{d^2\Psi(x)}{dx^2}+\frac{2mE}{\hbar^2}\Psi(x)=0$$

令 $k^2=\dfrac{2mE}{\hbar^2}$，则对区域Ⅰ和Ⅲ的方程而言，其解分别为

$$\Psi_1(x)=e^{ikx}+Re^{-ikx} \tag{13.57}$$

$$\Psi_3(x)=Ae^{ikx} \tag{13.58}$$

式中 R、A 分别为待定常数。式(13.57)右边第一项表示入射波，第二项表示反射波。波函数 $\Psi_3(x)$ 显然是透射波。

(2) 在势垒内部，即区域Ⅱ，$0\leqslant x\leqslant a$，$E_p(x)=E_0$，其薛定谔方程为

$$\frac{d^2\Psi(x)}{dx^2}-\frac{2m}{\hbar^2}(E_0-E)\Psi(x)=0$$

令 $\lambda^2=\dfrac{2m(E_0-E)}{\hbar^2}$，可得上述方程的解为

$$\Psi_2(x)=Be^{\lambda x}+Ce^{-\lambda x} \tag{13.59}$$

式中 B、C 为待定常数。全部区域的波函数曲线如图 13.19 所示，从图中可以看出，$\Psi_2(x)\neq 0$，这就表明在势垒内部存在出现粒子的可能，这与经典力学的结论完全不同。此外，只要 $A\neq 0$，$\Psi_3(x)$ 就不等于零，粒子就有一定的概率穿透势垒而发生隧道效应。粒子穿透势垒的概率称为穿透系数，用 T 表示，它等于透射波的概率密度与入射波的概率密度

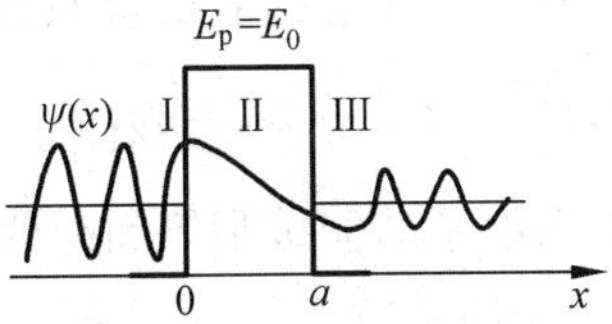

图 13.19 隧道效应

之比，即

$$T=\frac{|Ae^{ikx}|^2}{|e^{ikx}|^2}=|A|^2 \tag{13.60}$$

在 $x=0$ 和 $x=a$ 处，波函数和波函数一阶导数的连续条件为

$$\begin{cases}\Psi_1(0)=\Psi_2(0), & \Psi_2(a)=\Psi_3(a)\\ \Psi'_1(0)=\Psi'_2(0), & \Psi'_2(a)=\Psi'_3(a)\end{cases} \tag{13.61}$$

把式(13.57)～式(13.59)代入上式，可得关于 R、A、B、C 四个待定常数的方程组，从中可解出 A 并代入式(13.60)，在$\frac{\sqrt{2m(E_0-E)}a}{\hbar}\gg 1$ 的近似下，可求出穿透系数为

$$T=T_0 e^{\frac{2a}{\hbar}\sqrt{2m(E_0-E)}} \tag{13.62}$$

其中 T_0 是一个常数因子。利用上式可以成功地说明放射性元素的 α 衰变等现象。但在一般的宏观条件下，T 的值非常小，观察不到隧道效应。

微观粒子穿透势垒的现象已被许多实验所证实。例如：原子核的 α 衰变、电子的场致发射、超导体中的隧道结等，都是隧道效应的结果。利用隧道效应不仅制成了隧道二极管，而且也研制出了扫描隧道显微镜，它是研究材料表面结构的重要工具，对材料科学的发展起了具大的推动作用。

13.8.3 一维谐振子

简谐运动是一种最简单而又最基本的振动形式，它是研究复杂振动的基础。在微观领域中分子的振动、晶格的振动、原子表面的振动等都可以近似地用简谐振子模型来描述，因此对谐振子运动的研究无论在理论上还是在应用上都具有重要意义。

现在考虑一维空间运动的粒子，它作简谐运动时所受到的力与它的位移 x 成正比，但方向相反，即 $F=-kx$。它的势能函数为

$$E_p(x)=\frac{1}{2}kx^2=\frac{1}{2}m\omega^2x^2 \tag{13.63}$$

式中 m 是振子质量，k 是一个力常数，角频率 $\omega=\sqrt{\frac{k}{m}}$。相应的一维谐振子定态薛定谔方程为

$$\frac{d^2\Psi(x)}{dx^2}+\frac{2m}{\hbar^2}\left(E-\frac{1}{2}m\omega^2x^2\right)\Psi(x)=0 \tag{13.64}$$

根据波函数 $\Psi(x)$应满足单值、连续、有限以及归一化条件，求解式(13.64)可得谐振子的总能量为

$$E_n=\left(n+\frac{1}{2}\right)\hbar\omega=\left(n+\frac{1}{2}\right)h\nu,\quad n=0,1,2,\cdots \tag{13.65}$$

这说明，谐振子的能量也只能取分立的值，也是量子化的。n 是量子数。当 $n=0,1,2,\cdots$ 时，$E=\frac{1}{2}h\nu,\frac{3}{2}h\nu,\frac{5}{2}h\nu,\cdots$。相邻能级之差为 $\Delta E=h\nu$。这一点与无限深方势阱中的粒子不同，谐振子的能级是等间距的。

由式(13.65)可知，谐振子最低能量 $E_0=\frac{1}{2}h\nu$，为基态能量。在经典力学中，一个谐振

子的能量是连续的，且最小能量应该是零，相当于谐振子静止的情形。而量子力学给出谐振子的最小能量不是零，这意味着微观粒子不可能完全静止，这是波粒二象性的表现，符合不确定关系。

图 13.20 所示的是谐振子的势能曲线和能级以及概率密度 $|\Psi(x)|^2$ 与 x 的关系曲线。由图可见，在任一能级 E_n 上，在势能曲线以外，$|\Psi(x)|^2$ 并不为零。这也表示了微观粒子运动的特点，微观粒子在运动中有可能透入经典理论认为它不可能出现的区域。

谐振子模型可用于研究固体中的原子振动、分子振动和由于原子振动引起的固体的声学的和热学的性质，包含核的取向振动的固体的磁性质和在量子电动力学中正在振动的电磁波，一般来说，简谐振动几乎能够用于描述围绕一个稳定平衡点进行小振动的任何实体。

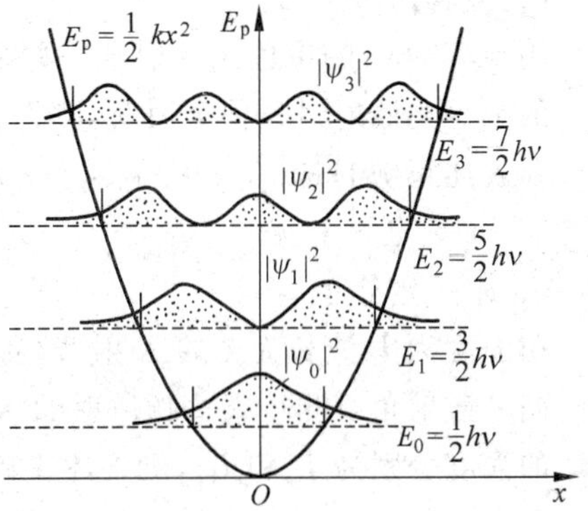

图 13.20 一维谐振子的能级和概率密度分布图

思 考 题

13.1 什么是黑体？关于黑体辐射的普朗克公式是否完全是根据经典物理理论得到的？

13.2 能否用维恩位移定律估计出人体的电磁辐射中单色辐出度最大的波长？

13.3 所有物体都能发射电磁辐射，为什么我们的肉眼看不见黑暗中的物体？

13.4 在光电效应实验中，对照射的可见波长有何要求？

13.5 在康普顿效应中，散射光的波长均比入射光的波长短还是长，为什么？

13.6 德布罗意的波粒二象性概念是什么意思？这一概念在量子力学的发展中有何重要意义？

13.7 说明波函数的统计意义以及概率波与经典波的区别。

13.8 分析下面几种说法是否正确：(1)“波是由粒子组成的”；(2)“粒子是由波组成的”；(3)“在某一时刻，在空间某一地点，粒子出现的概率正比于该时刻、该地点的波函数”。

13.9 怎样理解不确定关系？它是由什么因素引起的？它的发现有何意义？

13.10 你是怎样理解薛定谔方程在量子力学中的地位和作用相当于牛顿方程在经典力学中的地位和作用的？

13.11 一维无限深势阱与一维方势垒之间有什么区别和联系？

习 题

13.1 下列可以作为绝对黑体的物体有(　　)。

A. 不能反射可见光的物体　　　　B. 不辐射可见光的物体

C. 不能反射任何光线的物体　　D. 不辐射任何光线的物体

13.2 金属的光电效应的红限依赖于(　　)。

A. 入射光的频率　　B. 入射光的强度

C. 金属的逸出功　　D. 入射光的频率和金属的逸出功

13.3 用频率为 ν_1 的单色光照射某一种金属时，测得光电子的最大动能为 E_{k1}；用频率为 ν_2 的单色光照射另一种金属时，测得光电子的最大动能为 E_{k2}。如果 $E_{k1}>E_{k2}$，那么下列表述正确的是(　　)。

A. ν_1 一定大于 ν_2　　B. ν_1 一定小于 ν_2

C. ν_1 一定等于 ν_2　　D. ν_1 可能大于也可能小于 ν_2

13.4 用强度为 I、波长为 λ 的 X 射线(伦琴射线)分别照射锂($Z=3$)和铁($Z=26$)。若在同一散射角下测得康普顿散射的 X 射线波长分别为 λ_{Li} 和 λ_{Fe}($\lambda_{Li},\lambda_{Fe}>\lambda$)，它们对应的强度分别为 I_{Li} 和 I_{Fe}，则下述正确的是(　　)。

A. $\lambda_{Li}>\lambda_{Fe}, I_{Li}<I_{Fe}$　　B. $\lambda_{Li}=\lambda_{Fe}, I_{Li}=I_{Fe}$

C. $\lambda_{Li}=\lambda_{Fe}, I_{Li}>I_{Fe}$　　D. $\lambda_{Li}<\lambda_{Fe}, I_{Li}>I_{Fe}$

13.5 如果两种不同质量的粒子其德布罗意波长相同，则这两种粒子的(　　)。

A. 动量大小相同　　B. 能量相同

C. 速率相同　　D. 能量和动量大小均相同

13.6 关于不确定关系 $\Delta p_x \Delta x \geqslant \hbar\left(\hbar=\dfrac{h}{2\pi}\right)$，有以下几种理解：

(1) 粒子的动量不可能确定；

(2) 粒子的坐标不可能确定；

(3) 粒子的动量和坐标不可能同时准确地确定；

(4) 不确定关系不仅适用于电子和光子，也适用于其他粒子。

其中正确的是(　　)。

A. (1),(2)　　B. (2),(4)　　C. (3),(4)　　D. (4),(1)

13.7 根据氢原子理论，若大量氢原子处于主量子数 $n=5$ 的激发态，则跃迁辐射的谱线中属于巴耳末系的谱线有(　　)。

A. 1 条　　B. 3 条　　C. 4 条　　D. 10 条

13.8 测量星球表面温度的方法是将星球看成绝对黑体，按照维恩位移定律测量 λ_m 便可求出 T。如测得北极星的 $\lambda_m=350$ nm，天狼星的 $\lambda_m=290$ nm，试求出这些星球的表面温度。

13.9 假设太阳表面的温度为 5800 K，直径为 13.9×10^8 m，太阳一年中由于辐射而损失的能量是多少焦耳？按质能关系公式 $\Delta E=\Delta mc^2$，太阳每年损失的质量是多少千克？

13.10 设某金属的逸出功为 2.2 eV，现在以 450 nm 的蓝光照射，问能否产生光电效应？若钨的逸出功为 4.5 eV，恰能使它放出光电子的照射光的最大波长是多少？

13.11 若某物质光电效应的截止频率为 ν_0，当受到 $\nu=2.5\nu_0$ 的频率光照射时，逸出的光电子初速度是多少？

13.12 用频率为 7×10^{14} Hz 的光照射金属表面，电子逸出时的速度为 6×10^5 m/s，求此金属的逸出功和截止波长。

13.13 在康普顿效应中，入射光子的波长为 3.0×10^{-3} nm，反冲电子的速度为光速的60%，求散射光子的波长及散射角。

13.14 波长为 0.10 nm 的 X 射线，入射到碳上，从而产生康普顿散射。从实验中测量到散射 X 射线的方向与入射 X 射线的方向相垂直。求：(1)散射 X 射线的波长；(2)反冲电子的动能和运动方向。

13.15 计算巴尔末系中波长最短的谱线的波长及相应光子的质量和动量。

13.16 根据玻尔理论计算：(1)氢原子中在 $n=2$ 的轨道上运动的线速度；(2)电子在该轨道上每秒绕核旋转的周数；(3)电子的动能。

13.17 氢原子中绕核运动的电子从 $n=4$ 的轨道跃迁到 $n=2$ 的轨道时，所辐射光子的波长是多少？

13.18 设电子的德布罗意波长为 λ_e，中子的德布罗意波长为 λ_n，如果它们的动能相等，求两者的波长之比。

13.19 已知 α 粒子的静质量为 6.68×10^{-27} kg，求速率为 5000 km/s 的 α 粒子的德布罗意波长。

13.20 求动能为 1.0 eV 的电子的德布罗意波长。

13.21 质量为 m_e 的电子被电势差 $U_{12}=100$ kV 的电场加速，如果考虑相对论效应，试计算其德布罗意波的波长.

(电子静止质量 $m_e=9.11\times10^{-31}$ kg，普朗克常量 $h=6.63\times10^{-34}$ J·s，基本电荷 $e=1.60\times10^{-19}$ C)

13.22 一个中性 π 介子(π^0)是不稳定的，其平均寿命约为 8.4×10^{-17} s，以后衰变成两个 γ 光子。求 π^0 介子的质量不确定度。

13.23 已知一维运动粒子的波函数为

$$\Psi(x)=\begin{cases}Axe^{-\lambda x}, & x\geqslant 0\\ 0, & x<0\end{cases}$$

式中 $\lambda>0$。求：(1)归一化常数 A 和归一化波函数；(2)该粒子位置坐标的概率分布函数(又称概率密度)；(3)在何处找到粒子的概率最大？

13.24 已知粒子在无限深势阱中运动，其波函数为

$$\Psi(x)=\sqrt{\frac{2}{a}}\sin\left(\frac{\pi x}{a}\right),\quad 0\leqslant x\leqslant a$$

求发现粒子的概率为最大的位置。

13.25 一维无限深势阱中粒子的定态波函数为 $\Psi_n(x)=\sqrt{\frac{2}{a}}\sin\frac{n\pi x}{a}$。试求：粒子在 $x=0$ 到 $x=\frac{a}{3}$ 之间被找到的概率，当：(1)粒子处于基态时；(2)粒子处于第一激发态时。

$\left(\text{注意利用积分：}\int\sin^2 x\mathrm{d}x=\frac{1}{2}x-\frac{1}{4}\sin 2x+C\right)$

13.26 粒子在一维矩形无限深势阱中运动，其波函数为

$$\Psi_n(x)=\sqrt{\frac{2}{a}}\sin\left(\frac{n\pi x}{a}\right),\quad 0<x<a$$

若粒子处于基态，它在 $x=\frac{a}{2}$ 的概率密度及在 $0-\frac{a}{4}$ 区间内的概率是多少？

$\left(\text{提示：}\int \sin^2 x\mathrm{d}x=\frac{1}{2}x-\frac{1}{4}\sin 2x+C\right)$

13.27 宽度为 a 的一维无限深势阱中粒子的定态波函数为 $\Psi_n(x)=C\sin\frac{n\pi x}{a}$。

(1) 根据波函数条件确定 C 值；

(2) 计算粒子处于第一激发态时，在 $x=\frac{a}{4}$ 处的概率密度。

习题参考答案

第一章

1.1 B. 1.2 B. 1.3 B、C. 1.4 D. 1.5 D. 1.6 D. 1.7 B.

1.8 $\bar{v}=-0.5\ \mathrm{m\cdot s^{-1}}$，$v(2)=-6\ \mathrm{m\cdot s^{-1}}$，$a(2)=-15\ \mathrm{m\cdot s^{-2}}$，$s=2.25\ \mathrm{m}$

1.9 $v_0=18.0\ \mathrm{m\cdot s^{-1}}$，与 x 轴的夹角为 $123°41'$；$a=72.1\ \mathrm{m\cdot s^{-2}}$，与 x 轴的夹角为 $326°19'$或者$-33°41'$

1.10 $x=2t^3/3+x_0$ (SI)

1.11 $x=v_0t$，$y=\frac{1}{2}gt^2$，$y=\frac{1}{2}x^2g/v_0^2$；$v=\sqrt{v_0^2+g^2t^2}$，方向为：与 x 轴夹角 $\theta=\arctan(gt/v_0)$；$a_t=g^2t/\sqrt{v_0^2+g^2t^2}$，与 $\boldsymbol{v}$ 同向；$a_n=v_0g/\sqrt{v_0^2+g^2t^2}$，方向与 $\boldsymbol{a}_t$垂直。

1.12 $y=19-\frac{1}{2}x^2$；$\boldsymbol{v}=2\boldsymbol{i}-4\boldsymbol{j}\ \mathrm{m\cdot s^{-1}}$，$a_t=3.58\ \mathrm{m\cdot s^{-2}}$，$a_n=1.78\ \mathrm{m\cdot s^{-2}}$；$\rho=11.23\ \mathrm{m}$

1.13 $\omega=0.5\ \mathrm{rad\cdot s^{-1}}$，$a_t=1.0\ \mathrm{m\cdot s^{-2}}$，$a=1.01\ \mathrm{m\cdot s^{-2}}$；$\theta=5.33\ \mathrm{rad}$

1.14 $\boldsymbol{r}=r\cos\omega t\,\boldsymbol{i}+r\sin\omega t\,\boldsymbol{j}$；$\boldsymbol{v}=-r\omega\sin\omega t\,\boldsymbol{i}+r\omega\cos\omega t\,\boldsymbol{j}$，$\boldsymbol{a}=-r\omega^2\cos\omega t\,\boldsymbol{i}-r\omega^2\sin\omega t\,\boldsymbol{j}$；$\boldsymbol{a}=-\omega^2\boldsymbol{r}$，这说明 $\boldsymbol{a}$ 与 $\boldsymbol{r}$ 方向相反，即 $\boldsymbol{a}$ 指向圆心。

1.15 $v_a=25.6\ \mathrm{m/s}$ 1.16 $v_r=11.7\ \mathrm{m/s}$

1.17 (1)雨滴相对于地面水平分速为 0，相对于列车水平分速为 10 m/s，正西方向；(2)雨滴相对于地面的速度为 17.3 m/s，竖直向下；雨滴相对于列车的速度为 20 m/s，偏离竖直方向 30°角。

1.18 $v=1.5t^2\ \mathrm{m/s}$；$x=\frac{1}{2}t^3+10\ \mathrm{m}$

1.19 $v=2(x+x^3)^{1/2}$

1.20 $v=6t^2+4t+6\ \mathrm{m/s}$；$x=2t^3+2t^2+6t+5$ (SI)

1.21 $v=\left(v_0+\frac{g}{k}\right)\mathrm{e}^{-kt}-\frac{g}{k}$；$t=\frac{1}{k}\ln\frac{kv_0+g}{g}$

第二章

2.1 B. 2.2 D. 2.3 A. 2.4 A. 2.5 D. 2.6 D. 2.7 C.

2.8 (1)$\boldsymbol{I}_1=-mg\Delta t_1\boldsymbol{j}=-mv_0\sin\alpha\,\boldsymbol{j}$；(2)$\boldsymbol{I}_2=-mg\Delta t_2\boldsymbol{j}=-2mv_0\sin\alpha\,\boldsymbol{j}$

2.9 $v=2\ \mathrm{m\cdot s^{-1}}$

2.10 (1)$F_T=26.5\ \mathrm{N}$；(2)$-4.7\ \mathrm{N\cdot s}$

2.11 (1)$\overline{F}=\overline{f}+Mg=\dfrac{mv_2}{\Delta t}+Mg$,方向竖直向下;(2)$\Delta v=mv_1/M$

2.12 $W=882\ \text{J}$ 2.13 $W=16.0\ \text{J}$

2.14 $W=\dfrac{1}{2}mv_0^2(e^{-2\frac{b}{m}t}-1)$

2.15 (1)$\Delta v=7.7\times10^2\ \text{m/s}$;(2)$\Delta E_k=2.87\times10^{10}\ \text{J}$,$\Delta E_p=-2\Delta E_k=-5.74\times10^{10}\ \text{J}$;(3)$\Delta E=-\Delta E_k=-2.87\times10^{10}\ \text{J}$

2.16 $v=\sqrt{v_0^2+2k/M(1/x-1/x_0)}$;(2)$W=k(1/x-1/x_0)$

2.17 (1)$W_f=-\dfrac{27}{7}kc^{2/3}l^{7/3}$;(2)$W_F=\dfrac{27}{7}kc^{2/3}l^{7/3}+\dfrac{9}{2}mc^{\frac{2}{3}}l^{\frac{4}{3}}$

2.18 $v_0=2\sqrt{5bg}M/m$

2.19 $x_m=m_0v_0\sqrt{\dfrac{M}{(m_0+m)(m_0+m+M)k}}$

*2.20 $v_2=\begin{cases}0, & \text{最小速度}\\ \dfrac{2m_0v_0}{m_0+m+M}, & \text{最大速度}\end{cases}$

*2.21 (1)$W_f=-\dfrac{\mu mg}{2l}(l-a)^2$;(2)$v=\sqrt{g/l}[(l^2-a^2)-\mu(l-a)^2]^{1/2}$

第三章

3.1 C. 3.2 C. 3.3 C. 3.4 A. 3.5 A. 3.6 D.

3.7 (1)$\alpha=\dfrac{1}{4}\ \text{rad}\cdot\text{s}^{-2}$;(2)$N\approx669$

3.8 $v=at=mgt/(m+\dfrac{1}{2}M)$

3.9 (1)$\alpha=7.35\ \text{rad/s}^2$;(2)$\alpha=14.7\ \text{rad/s}^2$

3.10 $T_1=m_1g\dfrac{2m_2+\frac{1}{2}M}{m_1+m_2+\frac{1}{2}M}$,$T_2=m_2g\dfrac{2m_1+\frac{1}{2}M}{m_1+m_2+\frac{1}{2}M}$,$a=\dfrac{(m_2-m_1)g}{m_1+m_2+\frac{1}{2}M}$

3.11 $a=\dfrac{m_2g-m_1g\sin\theta}{m_1+m_2+\frac{m}{2}}$,$T_1=\dfrac{m_2+m_2\sin\theta+\frac{m}{2}\sin\theta}{m_1+m_2+\frac{m}{2}}m_1g$,$T_2=\dfrac{m_1+m_1\sin\theta+\frac{m}{2}}{m_1+m_2+\frac{m}{2}}m_2g$

3.12 $F=100\pi\ \text{N}\approx314\ \text{N}$

3.13 $n=\dfrac{J\omega_0^2}{4\pi M}=3R\omega_0^2/16\pi\mu g$

3.14 $W=(3mr_0^2\omega_0^2/2)+\dfrac{1}{2}mv^2$

3.15 $T=\dfrac{2\pi}{\omega}=\dfrac{2\pi}{4\omega_0}=\dfrac{T_0}{4}$(周期减小为原来的 1/4)

3.16 (1)$\omega=15.4\ \text{rad}\cdot\text{s}^{-1}$；(2)$\theta=15.4\ \text{rad}$

3.17 (1)$h=\dfrac{R^2\omega^2}{2g}$；(2)余下圆盘角速度不变，$L'=\left[J-\left(\dfrac{1}{2}M-m\right)\right]R^2\omega$

3.18 (1)$\omega=\sqrt{\dfrac{3g}{2L}}\ \text{rad/s}$；(2)$v_0=\dfrac{2ML}{3m}\sqrt{\dfrac{3g}{2L}}$

3.19 $s=\dfrac{v^2}{2a}=\dfrac{9v_0^2}{242\mu g}$

3.20 $\omega_0=\sqrt{\dfrac{3g}{l}}$；(2)$s=\dfrac{24l}{25\mu}$

3.21 $v=\dfrac{2M}{m}\sqrt{5bg}$，$v=\dfrac{4M}{m}\sqrt{2bg}$

3.22 (1)$\omega=\dfrac{mv_0}{\left(\dfrac{1}{2}M+m\right)R}$；(2)$\Delta t=\dfrac{3mv_0}{2\mu Mg}$

第四章

4.1 C. 4.2 B. 4.3 B. 4.4 D. 4.5 A. 4.6 C. 4.7 A. 4.8 D. 4.9 C.

4.10 (1)$\omega=25.12\ \text{rad}\cdot\text{s}^{-1}$，$T=0.25\ \text{s}$，$A=0.5\ \text{m}$，$\varphi=\dfrac{\pi}{3}$，$v_m=12.6\ \text{m}\cdot\text{s}^{-1}$，$a_m=316\ \text{m}\cdot\text{s}^{-2}$。

(2)$t=1\ \text{s}$，$\omega t_1+\varphi=\dfrac{25\pi}{3}$；$t=2\ \text{s}$，$\omega t_2+\varphi=\dfrac{49\pi}{3}$；$t=3\ \text{s}$，$\omega t_3+\varphi=\dfrac{241\pi}{3}$

4.11 (1)振幅 $A=0.1\ \text{m}$，角频率 $\omega=20\pi\ \text{rad/s}$，周期 $T=\dfrac{2\pi}{\omega}=\dfrac{2\pi}{20\pi}=0.1\ \text{s}$，初相

$\varphi=\dfrac{\pi}{4}$；(2)$t=2\ \text{s}$，$x=0.1\cos\left(20\pi t+\dfrac{\pi}{4}\right)=0.1\cos\dfrac{\pi}{4}=7.07\times10^{-2}\ \text{m}$

$v=-2\pi\sin\ (20\pi t+\dfrac{\pi}{4})=-2\pi\sin\dfrac{\pi}{4}=-4.44\ \text{m/s}$

$a=-40\pi^2\cos\left(20\pi t+\dfrac{\pi}{4}\right)=-40\pi^2\cos\dfrac{\pi}{4}=-279\ \text{m/s}^2$

4.12 (1)$x=0.106\cos(10t-\dfrac{\pi}{4})$ (SI)；(2)$x=0.106\cos\left(10t+\dfrac{\pi}{4}\right)$ (SI)

4.13 (1)$x=A\cos(\omega t+\varphi)=0.1\cos(2.0t)$；(2)$t=\dfrac{\pi}{3\omega}=\dfrac{\pi}{3\times2.0}=0.52\ \text{s}$；(3)$v=-A\omega\sin$

$(\omega t+\varphi)=-0.1\times2.0\times\sin\left(\dfrac{\pi}{3}\right)=-0.173\ \text{m/s}$

$a=-A\omega^2\cos(\omega t+\varphi)=-0.1\times2.0^2\times\cos\left(\dfrac{\pi}{3}\right)=-0.2\ \text{m/s}^2$

4.14 (1)$x_0=-A$，$v_0=0$；$\varphi=\pm\pi$，$x=A\cos(\omega t+\pi)$；

(2)$x_0=0$，$v_0>0$；$\varphi=-\dfrac{\pi}{2}$，$x=A\cos(\omega t-\dfrac{\pi}{2})$；

(3)$x_0=\dfrac{A}{2}$，$v_0<0$；$\varphi=\dfrac{\pi}{3}$，$x=A\cos(\omega t+\dfrac{\pi}{3})$；

(4) $x_0=\frac{A}{\sqrt{2}}, \upsilon_0>0; \varphi=-\frac{\pi}{4}, x=A\cos(\omega t-\frac{\pi}{4})$

4.15 (1) $\chi=0.06\cos\left(\frac{5\pi}{6}t-\frac{\pi}{3}\right)$ m; (2) $\varphi_P=0$; (3) $\Delta t'=0.4$ s

4.16 (1) $\begin{cases} x=4\sqrt{2}\cos(2\pi\cdot t+\varphi)\,\text{cm} \\ \varphi=\pi/2 \end{cases}$; (3) $\upsilon_{\max}=8\sqrt{2}\pi$ cm/s

4.17 (1) $\upsilon_0=-3.0$ m/s; (2) $F=-1.5$ N

4.18 $x=m\upsilon_0\sqrt{\frac{1}{k(M+m)}}\cos\left(\sqrt{\frac{k}{M+m}}\cdot t+\frac{\pi}{2}\right)$

4.19 (1) $T=2\pi\sqrt{m/k}=0.201$ s; (2) $E=3.92\times10-3$ J; (3) $\upsilon_m=\sqrt{2E/m}=1.25\ \text{m}\cdot\text{s}^{-1}$

4.20 (1) $E=E_p=\frac{1}{2}kA^2=2\times10^{-5}$ J; (2) $E=E_k=2\times10^{-5}$ J; (3) $x=0.71$ cm

4.21 (1) $A=0.05$ m, $\nu=50$ Hz, $\lambda=1.0$ m, $u=\lambda\nu=50$ m/s

(2) $\upsilon_{\max}=15.7$ m/s, $a_{\max}=4.93\times10^3$ m/s^2;

(3) $\Delta\varphi=\pi$,两振动反相

4.22 (1) $y=3\times10^{-2}\cos 4\pi[t-(x/20)]$ (SI);

(2) $y=3\times10^{-2}\cos\left[4\pi(t-\frac{x}{20})-\pi\right]$ (SI)

4.23 (1) $y=0.20\cos\left[\pi\left(t-\frac{x}{20}\right)+\frac{1}{2}\pi\right]$ (SI);

(2) $y_Q=0.20\cos(\pi t+\pi)$ (SI) 或 $y_Q=0.20\cos(\pi t-\pi)$ (SI)

4.24 (1) $y_0=\sqrt{2}\times10^{-2}\cos\left(\frac{1}{2}\pi t+\frac{1}{3}\pi\right)$ (SI);

(2) $y=\sqrt{2}\times10^{-2}\cos\left[2\pi\left(\frac{1}{4}t-\frac{1}{4}x\right)+\frac{1}{3}\pi\right]$ (SI);

(3) $y=\sqrt{2}\times10^{-2}\cos\left(\frac{1}{2}\pi x-\frac{5}{6}\pi\right)$ (SI)

4.25 (1) $y=0.1\cos\left[100\pi\left(t-\frac{x}{100}\right)-\frac{\pi}{2}\right]$ (SI); (2) $\varphi'=\frac{\pi}{2}$; (3) $\Delta\varphi=\pm\pi$

4.26 $\lambda=10$ cm

4.27 $A=0.464$ m

4.28 (1) $x<0$ 各点干涉加强; (2) $x>l$ 各点为干涉静止点

4.29 $x=5-2\cdot k$ $(-3\leqslant k\leqslant 2)$

*4.30 $\upsilon_0=7.5\times10^{-2}\ \text{m}\cdot\text{s}^{-1}$

第五章

5.1 B. 5.2 B. 5.3 B. 5.4 C. 5.5 C. 5.6 D. 5.7 D. 5.8 A.

5.9 (1) $n=2.44\times10^{25}\ \text{m}^{-3}$; (2) $\rho=1.30\ \text{kg/m}^3$; (3) $m_0=5.32\times10^{-26}$ kg;

(4) $\bar{d}=4.28\times10^{-9}$ m; (5) $\bar{\varepsilon}_k=6.21\times10^{-21}$ J

5.10　$\bar{\varepsilon}_{kt}=6.28\times10^{-21}$ J，$\bar{\varepsilon}_k=1.05\times10^{-20}$ J，$\bar{\varepsilon}=1.05\times10^{-20}$ J，$E=787$ J

5.11　$\bar{\varepsilon}_k=\dfrac{3}{2}kT$，$\sqrt{\overline{v^2}}=\sqrt{\dfrac{3kT}{m_0}}$或者$\sqrt{\overline{v^2}}=\sqrt{\dfrac{3kT}{m_0}}=\sqrt{\dfrac{3RT}{M}}$

5.12　(1)$E=1.56\times10^3$ J；(2)$E=2.5\times10^3$ J

5.13　$\Delta E=500$ J，$\Delta T=6.7$ K，$\Delta p=2.0\times10^4$ Pa

5.14　(1)$M=0.028$ kg/mol；(2)$\sqrt{\overline{v^2}}=493$ m/s；(3)$\overline{\varepsilon_t}=5.65\times10^{-21}$ J，$\overline{\varepsilon_r}=3.77\times10^{-21}$ J；(4)$E_k=1.52\times10^2$ J/m^3；(5)$E=1.70\times10^3$ J

5.15　(1)$\bar{v}=3.65v_0$；(2)$\sqrt{\overline{v^2}}=3.99v_0$；(3)$v_p=3v_0$

5.16　(1)$\bar{v}=1786.34$ m/s，$v_{rms}=1932.91$ m/s，$v_p=1578.02$ m/s；(2)5

5.17　(1)$C=\dfrac{2}{3v_0}$；(2)$\Delta N=\dfrac{2}{3}N$；(3)$\bar{v}=\dfrac{11}{9}v_0$

5.18　(1)$a=\dfrac{N}{v_0}$；(2)$3N/4$；(3)$\overline{\varepsilon_k}=\dfrac{23}{24}mv_0^2$

5.19　$\bar{\lambda}=7.11$ m

5.20　$\dfrac{d_{Ne}}{d_{Ar}}=\sqrt{\dfrac{\overline{\lambda_{Ar}}}{\overline{\lambda_{Ne}}}}$

第六章

6.1　B.　6.2　D.　6.3　D.　6.4　D.　6.5　A.　6.6　A.　6.7　D.　6.8　B.
6.9　C.　6.10　C.

6.11　(1)$\Delta E=623$ J，$A=0$，$Q=623$ J；(2)$\Delta E=623$ J，$W=416$ J，$Q=1039$ J

6.12　(1)$Q_V=683$ J；(2)$Q_p=956$ J

6.13　$E_2/E_1=0.82$

6.14　(1)$Q=4381.4$ J；(2)$Q=3805.3$ J

6.15　(1)$\eta=37.4\%$，不是可逆机；(2)$W=1.67\times10^4$ J

6.16　略

6.17　(1)是热机；(2)不是卡诺循环；(3)$\eta=12.3\%$

6.18　(1)$A\to B$ 是等温膨胀过程，气体从外界吸热；$B\to C$ 是等体降温过程，气体向外界放热；(2)$T_C=T\left(\dfrac{V_1}{V_2}\right)^{\gamma-1}$；(3)$\eta=1-\dfrac{1-\left(\dfrac{V_1}{V_2}\right)^{\gamma-1}}{(\gamma-1)\ln\dfrac{V_2}{V_1}}$

6.19　(1)$Q_1=5.76\times10^3$ J；(2)$W=1.52\times10^3$ J；(3)$Q_2=4.24\times10^3$ J

6.20　(1)$\eta'=29.4\%$；(2)$T'_1=425$ K

6.21　(1)$\Delta S=33.3$ J·K^{-1}；(2)$\Delta E=10^4$ J

6.22　$\Delta S=11.5$ J·K^{-1}

6.23　(1)$\Delta S_{1\to3}=R\ln 2$；(2)$\Delta S_{1\to3}=R\ln 2$

第七章

7.1 D. 7.2 D. 7.3 D. 7.4 B. 7.5 C. 7.6 C. 7.7 D. 7.8 B. 7.9 B. 7.10 B.

7.11 (1)$q'=-\frac{\sqrt{3}}{3}q$；(2)与三角形边长无关

7.12 $y_0=\pm l/\sqrt{2}$

7.13 (1)$E_{AB}=\frac{\lambda}{8\pi\varepsilon_0 R}$,方向由 AB 指向 O;$E_{CD}=\frac{\lambda}{8\pi\varepsilon_0 R}$,方向由 DC 指向指向 O;$E_{BC}=\frac{\lambda}{2\pi\varepsilon_0 R}$,沿 y 轴负方向。(2)$E=\frac{\lambda}{2\pi\varepsilon_0 R}$,沿 y 轴负方向

7.14 $E=\frac{\sigma}{4\varepsilon_0}$ 7.15 $\Phi=E\pi R^2$

7.16 (1)$\Phi_{OABC}=\Phi_{DEFG}=0$,$\Phi_{ABGF}=E_2a^2$,$\Phi_{CDEO}=-E_2a^2$,$\Phi_{AOEF}=-E_1a^2$, $\Phi_{BCDG}=(E_1+ka)a^2$；(2)$\Phi=ka^3$

7.17 两面间：$\boldsymbol{E}=\frac{1}{2\varepsilon_0}(\sigma_1-\sigma_2)\boldsymbol{e}_n$,$\sigma_1$面外：$\boldsymbol{E}=-\frac{1}{2\varepsilon_0}(\sigma_1+\sigma_2)\boldsymbol{e}_n$, σ_2面外：$\boldsymbol{E}=\frac{1}{2\varepsilon_0}(\sigma_1+\sigma_2)\boldsymbol{e}_n$,其中 $\boldsymbol{e}_n$为 σ_1指向 σ_2的单位矢量

7.18 $r<R$：$E=0$;$r>R$：$E=\frac{q}{4\pi\varepsilon_0 r^2}$,方向沿径向

7.19 $E_1=Ar^2/(4\varepsilon_0)(r\leqslant R)$,方向沿径向向外;$E_2=AR^4/(4\varepsilon_0 r^2)(r>R)$,方向沿径向向外

7.20 (1)$\sigma'=-\left(\frac{R_2}{R_1}\right)^2\sigma$；(2)在 $r<R_1$ 区域：$E=0$,在 $R_1<r<R_2$ 区域：$E=-\frac{\sigma}{\varepsilon_0}\left(\frac{R_2}{r}\right)^2$

7.21 (1)$r<R_1$：$E=0$,$R_1<r<R_2$：$E=\frac{\lambda_1}{2\pi\varepsilon_0 r}$,$r>R_2$：$E=\frac{\lambda_1+\lambda_2}{2\pi\varepsilon_0 r}$；

$$(2)E=\begin{cases}0, & r<R_1\\ \frac{\lambda}{2\pi\varepsilon_0 r}, & R_1<r<R_2\\ 0,r>R_2\end{cases}$$

7.22 $W'=\frac{Q^2}{8\pi\varepsilon_0 d}$

7.23 $V=\frac{q}{8\pi\varepsilon_0 l}\ln\left(1+\frac{2l}{a}\right)$

7.24 $V=\frac{\lambda}{4\varepsilon_0}$

7.25 $r<R$：$V=\frac{q}{8\pi\varepsilon_0 R}\left(3-\frac{r^2}{R^2}\right)$,$r>R$：$V=\frac{q}{4\pi\varepsilon_0 r}$

7.26 $r<R$：$V=-\frac{\rho\cdot r^2}{4\varepsilon_0}$,$r>R$：$V=-\frac{\rho R^2}{4\varepsilon_0}\left(1-2\ln\frac{R}{r}\right)$

7.27 $U_{AB}=\frac{\sigma R}{6\varepsilon_0}$

第八章

8.1 C. 8.2 C. 8.3 B. 8.4 B. 8.5 B. 8.6 C. 8.7 C.

8.8 点电荷 q 所受作用力大小为 $F=qE=\frac{q_1+q_2}{4\pi\varepsilon_0 r^2}q$，点电荷 q_1、q_2 受到的作用力为零

8.9 (1)$r<R$：$D=\frac{q}{4\pi\cdot r^2}$，$r>R$：$D=\frac{q}{4\pi\cdot r^2}$；(2)$r<R$：$E=\frac{q}{4\pi\varepsilon\cdot r^2}$，$r>R$：$E=\frac{q}{4\pi\varepsilon_0 r^2}$；

$r<R$：$V=\frac{q}{4\pi R\varepsilon_0}+\frac{q}{4\pi\varepsilon}\left(\frac{1}{r}-\frac{1}{R}\right)$，$r>R$：$V=\frac{q}{4\pi\varepsilon_0 r}$；(3)$\sigma'=\frac{(\varepsilon-\varepsilon_0)q}{4\pi R^2\varepsilon}$

8.10 $D_1=\frac{Q}{4\pi\cdot r^2}$ $(R_0<r<R)$，$D_2=\frac{Q}{4\pi\cdot r^2}$ $(r>R)$；$E_1=\frac{Q}{4\pi\varepsilon\cdot r^2}$ $(R_0<r<R)$，$E_2=\frac{Q}{4\pi\varepsilon_0\cdot r^2}$ $(r>R)$

8.11 (1)$r<R_1$：$E_1=0$，$R_1<r<R_2$：$E_2=\frac{Q}{4\pi\varepsilon_0\varepsilon_r r^2}$，$r>R_2$：$E_3=\frac{2Q}{4\pi\varepsilon_0 r^2}$，方向沿径矢方向；

(2)$V_0=\frac{Q}{4\pi\varepsilon_0\varepsilon_r}\left(\frac{1}{R_1}-\frac{1}{R_2}\right)+\frac{2Q}{4\pi\varepsilon_0}\frac{1}{R_2}$；(3)$P=\frac{\varepsilon_r-1}{4\pi\varepsilon_r}\frac{Q}{r^2}$，方向与电场强度方向一相同；

(5)$C=\frac{4\pi\varepsilon_0\varepsilon_r R_1R_2}{R_2-R_1}$

8.12 (1)$r<R_1$ $E_1=0$，$R_1<r<R_2$ $E_2=\frac{\lambda}{2\pi\varepsilon_0\varepsilon_r r}$，$r>R_2$ $E_3=0$，方向均沿径矢方向；

(2)$V_0=\frac{\lambda}{2\pi\varepsilon_0\varepsilon_r}\ln\frac{R_2}{R_1}$；(3)$P=\frac{\varepsilon_r-1}{2\pi\varepsilon_r r}\lambda\,(R_1<r<R_2)$，方向与电场强度同向；

(5)$C=\frac{2\pi\varepsilon_0\varepsilon_r l}{\ln\frac{R_2}{R_1}}$

8.13 (1)$C=\frac{2\varepsilon_0 S}{d}$；(2)$\Delta C=\frac{(\varepsilon_r-1)\varepsilon_0 S}{(\varepsilon_r+1)d}$

8.14 (1)$C=\frac{\varepsilon_1 S}{4d}+\frac{S}{2d}\frac{\varepsilon_2\varepsilon_3}{\varepsilon_2+\varepsilon_3}$；(2)$W=\frac{1}{2}\left(\frac{\varepsilon_1 S}{4d}+\frac{S}{2d}\frac{\varepsilon_2\varepsilon_3}{\varepsilon_2+\varepsilon_3}\right)U^2$

8.15 插入玻璃板时，电容器不会被击穿；插入玻璃板后，电容器完全被击穿

8.16 $S=0.42\ \mathrm{m}^2$

第九章

9.1 C. 9.2 A. 9.3 A. 9.4 D. 9.5 D. 9.6 D. 9.7 D. 9.8 B.
9.9 C. 9.10 C.

9.11 $R=\frac{\rho}{2\pi h}\ln\frac{R_2}{R_1}$

9.12 $R=\frac{\rho}{2\pi R}$

9.13 $B=\frac{\mu_0 I}{12a}+\frac{\mu_0 I}{2\pi\cdot a}\left(2-\frac{\sqrt{3}}{2}\right)$,方向垂直纸面向里

9.14 $B=B_1-B_2-B_3=\frac{\mu_0 I}{4R_1}\left(\frac{\sqrt{2}-1}{\pi}-\frac{3}{4}-\frac{R_1}{2R_2}\right)$,向外为正

9.15 $B=\frac{\mu_0 I}{2\pi l}\ln\left(1+\frac{l}{d}\right)$,方向垂直纸面向里

9.16 $\Phi_{S1}=-\pi R^2 B,\Phi_{S2}=\pi R^2 B$

9.17 (1)$r<R_1$:$B=\mu_0\frac{Ir}{2\pi R_1^2}$,$R_1<r<R_2$:$B=\frac{\mu_0 I}{2\pi\cdot r}$,$r>R_2$:$B=0$

(2)$\Phi_m=\frac{\mu_0 IL}{2\pi}\ln\frac{R_2}{R_1}$

9.18 $B=\frac{1}{2}\mu_0 i$

9.19 略

9.20 $F=2RIB$

9.21 (1)$F_{AB}=F_{CD}=\frac{\mu_0 I_1 I_2}{2\pi}\ln\frac{d+b}{d}$,$AB$ 方向向上,CD 方向向下;$F_{DA}=\frac{\mu_0 I_1 I_2 l}{2\pi d}$,方向向左;$F_{BC}=\frac{\mu_0 I_1 I_2 l}{2\pi(d+b)}$,方向向右;(2)$F=\frac{\mu_0 I_1 I_2 lb}{2\pi d(d+b)}$ 合力的方向向左,指向直导线。

9.22 (1)$M_{max}=\frac{1}{2}NIB\pi R^2$;(2);(3)线圈所受磁力矩与转轴位置无关

9.23 $r<R$:$H=\frac{I}{2\pi R^2}r$,$B=\mu_0 H=\frac{\mu_0 I}{2\pi R^2}r$;$r>R$:$H=\frac{I}{2\pi\cdot r}$,$B=\frac{\mu_0\mu_r I}{2\pi\cdot r}$

第十章

10.1 D. 10.2 A. 10.3 A. 10.4 D. 10.5 A. 10.6 D. 10.7 A.
10.8 C. 10.9 B. 10.10 C. 10.11 A. 10.12 A. 10.13 C. 10.14 B.
*10.15 B.

10.16 $\varepsilon=-\frac{d\Phi_m}{dt}=-\frac{1}{4}\pi kr^2$,方向沿顺时针方向;$I=\frac{\varepsilon}{R_{总}}=-\frac{\pi kr^2}{4R}$

10.17 $\varepsilon=\frac{\mu_0 Ibv}{2\pi}\frac{a}{d(d+a)}$,方向为 $ADCBA$

10.18 $\varepsilon=Bl_2 l_1\omega_1\sin\omega_1 t$,$I=\frac{Bl_2 l_1\omega_1}{R}\sin\omega_1 t$

10.19 $\varepsilon=v^2 t^3\tan\alpha$,方向沿逆时针方向

10.20 $\frac{B\omega L^2}{6}$,C 点电势较高

10.21 (1)$\varepsilon=\frac{\mu_0 I}{2\pi}v\ln\frac{a+b}{a}$；(2)杆的 A 端电势高

10.22 (1)$\Phi=\frac{\mu_0 Il}{2\pi}\ln\frac{b}{a}$；(2)$\varepsilon=\frac{\mu_0 kl}{2\pi}\ln\frac{b}{a}$，方向为逆时针方向

10.23 (1)$B=\frac{N\mu_0 I}{2\pi\cdot r}$，$\left(\frac{D_2}{2}<r<\frac{D_1}{2}\right)$；(2)$L=\frac{N^2\mu_0 h}{2\pi}\ln\frac{D_1}{D_2}$；(3)$\varepsilon_L=\frac{N^2\mu_0 h}{2\pi}\ln\frac{D_1}{D_2}\cdot\frac{dI}{dt}$

10.24 (1)$L=\mu_0\frac{N^2}{l}S$；(2)$\varepsilon_L=-\mu_0\frac{N^2}{l}SI_0\omega\cos\omega t$

10.25 (1)$\frac{R_2}{R_1}=e=2.718$；(2)$\varepsilon_L=-\frac{\mu_0 I_0}{2\pi}\omega\sin\omega t$

10.26 (1)图(a)：$M=\frac{\Psi}{I}=Nl\frac{\mu_0}{2\pi}\ln 2$；(2)图(b)：$M=0$

10.27 $M=N_1N_2\frac{\mu_0\mu_r S_1}{2R_2}$

10.28 $W_m=\frac{N^2\mu_0 I^2 h}{4\pi}\ln\frac{D_1}{D_2}$

10.29 $W_m=\frac{\mu I^2}{4\pi}\ln\frac{R_2}{R_1}$

10.30 $W_m=\frac{\mu_0 I^2}{16\pi}$

第十一章

11.1 A. 11.2 B. 11.3 C. 11.4 B. 11.5 C. 11.6 C. 11.7 B.
11.8 D. 11.9 C. 11.10 D.

11.11 (1)$\Delta x=0.47$ mm；(2)$\Delta x=0.047$ mm

11.12 $\lambda=632.8$ nm

11.13 $d=0.134$ mm

11.14 (1)$x_3=3.3\times10^{-3}$ m；(2)$\lambda'=660$ nm

11.15 (1)条纹向下移动；(2)$n=\frac{N\lambda}{l}+1$

11.16 $l=6.64\times10^{-6}$ m

11.17 $\lambda_1=673.9$ nm，$\lambda_2=404.3$ nm

11.18 (1)$d=97.4$ nm；(2)$d=195$ nm

11.19 16

11.20 $n=1.00025$

11.21 $D=5.75\times10^{-5}$ m

11.22 $d=1.27\times10^3$ nm

11.23 $R=6.79$ m

11.24 (1)$x_1=\pm6.0\times10^{-3}$ m，式中正负号表示关于中心对称；(2)$\Delta x=1.2\times10^{-2}$ m

11.25 $\lambda=500$ nm；(2)3

11.26 (1)$\lambda_1=2\lambda_2$；(2)$k_2=2k_1$

11.27 $a+b=3.36\times10^{-4}$ cm；(2)$\lambda_2=420$ nm

11.28 (1)$\lambda'=510.3$ nm；(2)$\Delta\varphi=25°$

11.29 $L=9.09$ km

11.30 $\theta=36.9°$

11.31 线偏振光占总入射光强度的$\frac{2}{3}$，自然光占$\frac{1}{3}$

第十二章

12.1 D.　12.2 C.　12.3 D.　12.4 C.　12.5 C.

12.6 $V=a^3\sqrt{1-v^2/c^2}$

12.7 $|\Delta x'|=1.34\times10^9$ m

12.8 $l'=l\left(1-\cos^2\theta\frac{v^2}{c^2}\right)^{1/2}$，$\theta'=\arctan\left[\tan\theta\left(1-\frac{v^2}{c^2}\right)^{-1/2}\right]$

12.9 $\Delta t'=5.77\times10^{-9}$ s

12.10 $\Delta x'=-6.71\times10^8$ m

12.11 (1)$t=4.33\times10^{-8}$ s；(2)$\Delta x=10.4$ m

12.12 (1)$u_x'=-1.125\times10^8$ m/s；(2)$u'_x=1.125\times10^8$ m/s

12.13 $v=2.6\times10^8$ m/s

12.14 $E\approx1563$ MeV，$E_k=625$ MeV，$p\approx6.68\times10^{-19}$ kg·m·s^{-1}

12.15 $\Delta E=23.88$ MeV

12.16 $v=0.866c$，$v=0.786c$

12.17 $(\Delta E)_D=3.55\times10^{-13}$ J$=2.22$ MeV，$\eta_D=0.12\%$

第十三章

13.1 C.　13.2 C.　13.3 D.　13.4 C.　13.5 A.　13.6 C.　13.7 B.

13.8 $T_1=8.28\times10^3$ K，$T_2=9.99\times10^3$ K

13.9 $\Delta E=1.23\times10^{34}$ J，$\Delta m=1.37\times10^{17}$ kg

13.10 (1)能够产生光电效应；(2)$\lambda\leqslant2.76\times10^{-7}$ m$=276$ nm

13.11 $v=\sqrt{\frac{3h\nu_0}{m}}$

13.12 $\lambda_0\approx6.63\times10^{-7}$ m$=663$ nm

13.13 $\lambda=4.35\times10^{-3}$ nm，$\theta=\arccos0.444=63°36'$

13.14 (1)$\lambda=0.1024$ nm；(2)$E_k=4.66\times10^{-17}$ J，$\varphi=44°18'$

13.15 $m_\varphi \approx 6.05\times10^{-36}$ kg, $p_\varphi \approx 1.81\times10^{-27}$ kg·m·s^{-1}

13.16 (1)$\upsilon \approx 1.09\times10^{6}$ m·s−1；(2)$\nu \approx 8.19\times10^{14}$ Hz；(3)$E_k \approx 5.41\times10^{-19}$ J

13.17 $\dfrac{\lambda_e}{\lambda_n}\approx 42.9$

13.19 $\lambda = 1.99\times10^{-5}$ nm

13.20 $\lambda = 1.23$ nm

13.21 $\lambda = 3.71\times10^{-12}$ m

13.22 $\Delta m \geqslant 1.39\times10^{-35}$ kg

13.23 (1)$\Psi(x)=\begin{cases}2\sqrt{\lambda^3}\,x\mathrm{e}^{-\lambda\cdot x}, & x\geqslant 0\\ 0, & x<0\end{cases}$；(2)$|\Psi(x)|^2=\begin{cases}4\lambda^3x^2\mathrm{e}^{-2\lambda\cdot x}, & x\geqslant 0\\ 0, & x<0\end{cases}$；(3)$x=\dfrac{1}{\lambda}$

13.24 $x=\dfrac{1}{2}a$

13.25 (1)$P=0.19$；(2)$P=0.40$

13.26 $|\Psi(x)|^2=\dfrac{2}{a}$, $P=0.091$

13.27 (1)$C=\sqrt{\dfrac{2}{a}}$；(2)$|\Psi_2\Psi_2^*|=\dfrac{2}{a}$